绿色复苏与韧性高质量发展

中国环境与发展国际合作委员会年度政策报告

2021

中国环境与发展国际合作委员会
年度政策报告

绿色复苏与
韧性高质量发展

中国环境与发展国际合作委员会秘书处 / 编著

2021

中国环境出版集团 · 北京

图书在版编目（CIP）数据

中国环境与发展国际合作委员会年度政策报告．2021：绿色复苏与韧性高质量发展 / 中国环境与发展国际合作委员会秘书处编著．— 北京：中国环境出版集团，2022.4

ISBN 978-7-5111-5086-8

Ⅰ．①中… Ⅱ．①中… Ⅲ．①环境保护—研究报告—中国—2021 Ⅳ．①X-12

中国版本图书馆 CIP 数据核字（2022）第 040037 号

出 版 人 武德凯
责任编辑 黄 颖
责任校对 薄军霞
装帧设计 宋 瑞

出版发行 中国环境出版集团
（100062 北京市东城区广渠门内大街 16 号）
网 址：http://www.cesp.com.cn
电子邮箱：bjgl@cesp.com.cn
联系电话：010-67112765（编辑管理部）
010-67147349（第四分社）
发行热线：010-67125803，010-67113405（传真）

印 刷 北京建宏印刷有限公司
经 销 各地新华书店
版 次 2022 年 4 月第 1 版
印 次 2022 年 4 月第 1 次印刷
开 本 787×1092 1/16
印 张 31.5
字 数 613 千字
定 价 188.00 元

出版说明

时值百年变局和世纪疫情相互交织，世界进入新的动荡变革期。2021 年对中国是具有里程碑意义的一年。第一个百年奋斗目标顺利实现，全面建成小康社会，历史性解决了绝对贫困的问题；开启全面建设社会主义现代化国家新征程，向着第二个百年奋斗目标迈进。

2021 年，中国环境与发展国际合作委员会（以下简称国合会）以发展成为全球包容、开放合作、互惠发展的新型环境与发展国际合作平台为目标，按照主席团会议批准的工作计划，紧扣“绿色复苏与韧性高质量发展”的年度主题，为推进中国环境与发展事业建言献策，为打造人类命运共同体、建设清洁美丽世界贡献智慧和力量。

为更好地凝聚绿色发展的共识，催生绿色转型和变革的行动，国合会秘书处每年将中外团队研究成果、关注问题报告、中国环境与发展重要政策进展与国合会政策建议影响、以及国合会给中国政府的政策建议等汇编成册，形成旗舰出版物——“中国环境与发展国际合作委员会年度政策报告”，与国内外各级决策者、专家学者、公众，分享国合会中外委员、特邀顾问及研究人员对环境与发展热点问题的观察和思考，建睿智之言、献务实之策。

2021 年“中国环境与发展国际合作委员会年度政策报告”涵盖了国合会 2021 年给中国政府的政策建议《推动战略转型，迈向低碳包容自然和谐的绿色发展新时代》，中外首席顾问编写的 2021 年关注问题报告《绿色发展新时代》，“全球气候治理与中国贡献”“2020 后全球生物多样性保护”“全球海洋治理与生态文明”“区域协同发展与绿色城镇化战略路径”“绿色转型与可持续社会治理”“重大绿色创新技术及实现机制”“绿色‘一带一路’与 2030 年可持续发展议程”“全球绿色价值链”“绿色金融”9 个专题政策研究报告内容和“气候变化背景下的流域管理”项目前期研究报告，以及“基于自然的解决方案”专项政策研究报告和 2020—2021 年专题政策研究性别主流化报告。

目 录

附　录 /426

综 述 绿色发展新时代

一、背景

自然风险众多：令人警醒的科学依据表明，需尽快开展大胆的气候行动。政府间气候变化专门委员会（IPCC）2021 年报告明确指出，地球正在升温，未来可能更加危险。2021 年已经出现了严重洪灾、长期干旱、致命热浪等危险事件，预示了未来趋势。中国遭遇了特大洪水，致命热浪侵袭北美和希腊，土耳其、北美西部等地区几周内相继发生森林火灾等。

极端天气导致的异常事件开始逐步发展成长期趋势。世界气象组织（WMO）指出，2020 年全球平均气温比工业化前高 1.2℃。2020 年是有记录以来最热的三个年份之一，也是欧洲有记录以来最热的年份。区域层面的平均气温甚至更高，欧亚大陆（包括中国）气温比平均气温高出 5℃。美国西部 2021 年气温比正常温度高 10 ～ 15 ℉ 1。1961—2013 年，平均干旱程度每年增加 1% [1]。巴西正在经历 91 年来最严重的干旱。

巴西潘塔纳尔湿地是全球最大的湿地，火灾导致的过火面积达总面积的 10%[2]。大火不仅摧毁了数百物种的关键栖息地，还在产生碳排放的同时削弱了湿地和草地关键的碳封存作用 [3]。潘塔纳尔的情况并非个例。生物多样性和生态系统服务政府间科学政策平台 [4] 警告，由于土地利用方式变化（特别是农业开垦）、气候变化等，目前约有 100 万种动植物物种濒临灭绝。

国际合作：政府间气候变化专门委员会指出，虽然一定程度上的气候变化不可避免，但迅速开展大规模、有雄心、大胆的行动可以将全球温升控制在 1.5℃以内。现在是开展真正的多边合作的最佳时期。《生物多样性公约》第十五次缔约方大会（CBD COP15）和《联合国气候变化框架公约》第二十六次缔约方大会（COP26）为推动可

1 1 ℉对应的摄氏度数应为 5/9（1 ℉ −32）≈−17.2℃。

持续转型提供了绝佳机遇。

综合政策：科学证据表明，全球生态系统是一个相互关联的整体，而 2021 年刚好提供了一个珍贵的机会，可以推动建立公平、碳中和与“自然向好”的综合性议程。“十四五”规划强调了政策融合和绿色发展的重要性，明确了一系列绿色目标，包括进一步发展可再生能源、绿色交通、绿色制造，制定国家节能和能效标准，建立农业生态食品系统等重点工作。

中国环境与发展国际合作委员会（简称国合会，CCICED）的工作提供了政策融合的具体实例。中国的生态保护红线制度是大规模空间规划的全球典范，减少自然灾害风险是其中一项划定标准。生态保护红线的划定标准范围不断扩大，碳封存也被纳入考虑。针对长江经济带全流域制定法律和政策，是克服跨区域合作挑战、共同推动绿色发展的典范。基于自然的解决方案（NbS）有助于保护生物多样性，支持气候适应和碳封存。2021 年联合国粮食系统峰会同样强调了粮食系统在碳中和与生态系统管理中的作用。

实施：中国的 2060 年碳中和愿景及“十四五”规划提出的、具有雄心的生态系统保护、污染减排和循环经济等目标，明确了目标时限。因此，国合会主要致力于研究如何开展绿色转型；清洁能源和绿色生产体系如何替代目前的碳密集型棕色模式；如何通过有约束力的监管体系和更加灵活的市场机制配合减少中国国内温室气体排放；如何通过建立海外可持续采购标准（特别是大宗软性商品），推进绿色“一带一路”和绿色价值链建设。科学已表明，需马上开展大胆的行动。从宏观层面和微观层面明确可以采取的行动，进一步发挥政策协同效应，是国合会研究工作的重点。

二、绿色经济新时代

回顾诺贝尔经济学奖获得者、经济学家西蒙·库兹涅茨（Simon Kuznets）的理论研究有助于分析绿色转型的挑战。中国专家在研究中国气候减缓策略时，就参考了库兹涅茨的研究。库兹涅茨对结构性经济转型（他称之为经济时代）的见解与短期的经济或商业周期相反，对思考绿色转型的方式和时间具有重要借鉴意义。他的 4 个观点有助于开展如下讨论：①短期经济波动、中期商业周期和长期结构转型的区别；②科技在推动结构性变革方面的作用；③高质量经济增长的重要性；④在结构转型期间解决不平等问题的重要性。

（一）短期和长波周期

库兹涅茨于1971年获诺贝尔奖，主要因为他提出了短期经济波动、中期商业周期和长期结构转型的区别，为熊彼得（Schumpeter）的创新周期或明斯基（Minsky）的金融超级周期等成果提供了补充。考虑生态文明建设和绿色经济新时代的复杂性，明确短期、中期和长期的社会、经济、财政、金融、技术等因素的先后顺序十分复杂且至关重要。

近期行动：迅速脱碳的科学依据和斯特恩等经济学家提出的绿色转型经济学依据非常充分。联合国环境规划署（UNEP）《排放差距报告》的结论是，除非在2030年前大幅减少碳排放，否则《巴黎协定》的目标将无法实现。许多国家及成千上万的公司、城市、大学、投资者等已制定2030年短期碳中和目标和本世纪中叶的净零目标。距离2030年已不远，需要根据计算出的允许排放的“碳预算”，尽快将计划转变为具体、一致的行动。

碳预算：《2020年全球碳预算》报告指出，为避免全球变暖带来的危害，需将全球气候变暖的可能性保持在66%，而可排放的碳预算仅剩8%。碳跟踪机构估算的碳预算表明，如果未来11.5年内的温室气体排放量保持在2019年的水平，即43.1 Gt CO_2，全球温升控制在1.5℃以内的可能性为50%。2021年6月，英国发布了第六次年度碳预算，预计2033—2037年碳预算总量为9.65亿t二氧化碳当量。部门层面预算包括煤炭、石油和天然气部门剩余温室气体排放量。碳预算有助于确保公司落实净零承诺，避免计划与预算不符及“洗绿”行为，也能突出国际清算银行等多家央行、监管机构强调的搁浅资产的金融风险。在国家碳预算减排目标和时间表下，净零路径决策支持工具等为电力、采矿、水泥和运输等部门绘制实现净零排放的去碳化途径。

许多行动可降低气候风险，避免生态系统遭到破坏。具体如下。

优先保护自然：维护并推进国家公园、自然保护区、海洋保护区等体制。“十四五”规划纳入支持国家公园体制的主要目标，推动保护森林、草地、湿地、自然保护区和绿化带。

短寿命气候污染物：减少和消除甲烷、氢氟碳化物、黑碳和污染物可避免高达0.6℃的全球温升[5]。中国于2021年接受《〈关于消耗臭氧层物质的蒙特利尔议定书〉基加利修正案》（简称《基加利修正案》），并将甲烷和其他非二氧化碳温室气体减排纳入“十四五”规划，重点推动完善监测系统，支持微观层面的减排计划。

气候适应： 近期的极端天气事件凸显了制定和实施具体、可落地和因地制宜的气候适应行动的紧迫性。全球适应委员会《2020 年气候适应现状与趋势报告》和全球气候变化适应网络等平台从微观层面和宏观层面分享了多种气候适应行动。美国向联邦紧急事务管理署（FEMA）划拨 35 亿美元用于降低气候风险，是将气候适应纳入灾害应对和恢复机构职能的领先做法。

基于自然的解决方案： 中国的海绵城市是利用基于自然的解决方案的一项案例，通过投资绿色基础设施，如城市湖泊、池塘、湿地、绿色屋顶、透水路面等，降低城市洪水风险，实现多种协同效益。《生物多样性公约》不限成员名额工作组在《2020后全球生物多样性框架》（GBF）草案中强调了基于自然的解决方案在碳封存中的作用。

电力部门转型： 在与净零转型相关的 400 多项措施中，国际能源署（IEA）将清洁、低碳的电力系统列为首要任务。与其他部门相比，电力部门以清洁能源系统（太阳能、风能、绿色氢能、生物能、地热能、电池储能、智能电网、需求侧能效标准）替代目前碳密集、低能效的能源系统是一项艰巨的挑战。然而，考虑到能源投资周期长达半个世纪，中国的碳达峰与碳中和工作需要将当前的基础设施投资情况考虑在内。国际货币基金组织（IMF）估计，全球生产总值（GDP）的 2% 将要用于绿色基础设施投资，以推动从化石燃料向可再生能源转型，其中大部分投资来自私营部门，并由公共和私营部门混合融资支持。

碳定价和补贴改革： 2021 年 7 月，中国全国碳排放权交易市场达成首笔交易，体现了基于市场的政策将在碳达峰与碳中和中发挥重要作用。电力行业初步覆盖后，预计下一步将包括水泥、化工等难减排的碳密集型行业。覆盖碳密集程度较低领域的补充性碳税计划正被纳入考虑。最近，国际货币基金组织表示，到 2030 年，全球二氧化碳当量平均价格需达到 75 美元 /t。而央行与监管机构绿色金融网络在 2021 年 6 月的一份报告中建议，为在 2030 年之前实现净零排放，碳定价应为 160 美元 /t。要实现绿色财政政策连贯性，就要确保碳定价不会由于对化石燃料的补贴而削弱，也不会受到破坏关键生态系统、造成环境（大气、水、土壤）污染的农场等补贴的影响。2009 年，二十国集团（G20）承诺应对化石燃料补贴问题。虽然过去 12 年间各国已投入数万亿美元，但识别并逐渐取消补贴，在经济、财政、环境和保护融资方面仍非常重要。

转型风险和政策协调： 绿色转型带来的公共政策挑战比以往经济范围的挑战更为复杂。然而，实践经验表明，绿色转型正在有力推进。国际可再生能源机构（IRENA）表示可再生能源价格稳步下降。国际太阳能联盟也指出太阳能总体商业成本有所下降。在超过 60% 的新能源项目投资中，太阳能和风能项目比煤炭项目更便宜。无煤电力联盟等平台强调了系统性去碳的重要性，包括如何让更便宜的绿色技术在协调碳定价、大规模绿色电力采购、电网连接、电池长期储能、需求方能源效率标准和消费者意识提升方面发挥最佳作用。

绿色工业和绿色创新政策：国家和企业往往制定了雄心勃勃的目标，但不清楚如何在中期实现这些目标。苹果公司在宣布其全球生产链将转向循环经济模式时，表示不知如何实现该目标。同样，全球最大的集装箱船公司马士基（Maersk）在承诺要实现净零排放时，表示不知如何基于目前技术水平实现这一目标。新型冠状病毒肺炎（简称新冠肺炎，COVID-19）疫情提醒我们，没有人能预测未来。然而，国家工业和创新战略取得成功的关键在于制定雄心勃勃的目标。丹尼·罗德里克（Dani Rodrik）和玛丽安娜·马祖卡托（Mariana Mazzucato）等经济学家研究了政府在推动有雄心的项目过程中的关键性作用，包括利用财政政策激励、大幅科技投资，减少和淘汰落后产业、增进社会福祉等。

碳中和蓝图：支持碳中和路线图的一项紧迫任务是制定、监测和调整微观层面的蓝图。详细的计划和中期目标有助于公司、投资者和市场更好地制作工作时间表，促进政策的协调性。中国碳达峰碳中和工作领导小组的成立是推动政策协调的一个重要案例，该小组第一次全体会议由中国国务院副总理韩正主持，成员单位和有关部门负责同志参加会议。其他案例还有：2021 年中期公布的欧洲绿色协议最新内容中包括了 12 项立法内容，美国国家科学院（NAS）提议建立一个新的国家转型公司等。

行政监管和市场定价：确保有约束力和时限的监管目标与基于市场的手段在微观层面发挥协同作用是一项重要挑战。监管措施对明确工作目标和结果至关重要，市场机制在确保灵活性上也必不可少，特别是在对率先实现碳中和的主体给予奖励方面。然而，监管措施和市场定价的重叠不但造成冗余，还导致低效，如无谓损失和工资黏性导致的劳动力市场转型放缓等。估算并保持持续动态的交叉价格弹性、保证定价不会为贫困家庭带来负面影响、保持具有雄心的碳定价与减少价格不稳定和通货膨胀之间的平衡，都是中央银行参与绿色转型面临的挑战。

国际协同：国合会工作重点之一是推动绿色转型国际合作。例如，棕榈油、大豆、林产品、咖啡、茶和畜产品等大宗软性商品贸易是森林砍伐、栖息地丧失、社区迁移和原住民受暴力侵害的直接驱动因素。为此，国合会围绕可持续采购标准和全球供应链追溯体系等工具持续开展研究，包括推动绿色金融在支持小规模农业和渔业经济中发挥作用。国际合作是保护海洋、解决一次性塑料污染和推进可持续渔业标准的核心。中国和欧盟在确定共同的可持续金融分类、气候和生物多样性风险报告、可比压力测试及其他技术领域取得了持续性进展。在碳边境调节政策背景下，碳定价行动的等价替换等技术问题或将更为重要。中国与合作伙伴在绿色“一带一路”下继续推动世界一流的融资标准和保障措施。例如，自 2021 年以来，“一带一路”合作下没有进行新的煤炭融资。相关国际合作具体案例将在落实 CBD COP15 和 UNFCCC COP26 成果方面发挥更大的作用。

责任风险：除自然风险和转型风险外，法院在气候变化议题上也变得越来越重要。在污染地块、土壤污染、采矿尾矿等许多领域已建立环境责任体系，但近期关于气候减缓的法院裁决可能会继续并增加，说明了以科学为基础的减缓和保护目标的重要性，在“一带一路”等海外融资中要积极主动实施相关环境标准和保障措施，加快推进停止煤炭等化石燃料融资的时间表。中国法院做出的更加重视气候变化的决策颇受欢迎。

公众参与：碳市场有序运作的先决条件是公众意识和广泛认可度。中国人民银行行长表示，将提高公众对气候变化的意识作为一项重要工作。此外，支持监管措施同样重要。有效的合规监管和落实需要监管主体有较高程度的认识和理解，特别是对于新采取的措施。

新冠肺炎疫情期间，公众对气候行动的支持持续增长。2021 年年初，联合国开发计划署（UNDP）和牛津大学公布了全球范围规模最大的气候变化民意调查情况[6]。结果显示，在来自 50 个国家的受访者中，有 64% 的受访者认为气候变化是全球面临的紧急挑战。保护森林和土地是获公众支持最多的气候政策，体现了将保护自然和气候行动结合起来的重要性。2021 年 4 月，英国进行的一项民意调查得出了类似且更详细的结果，其中有 83% 的受访者提出对气候变化的担忧，表示净零行动有益于公共健康、社会福祉和经济发展，并认为气候风险对其他地区造成的影响比对当地的影响更大。

（二）科技和创新

库兹涅茨认为，现代经济时代的划时代创新在于将科学应用到经济生产问题上。与以往将技术创新视为增长的外生动力的经济理论和模型不同，库兹涅茨认为技术变革是经济增长最重要的决定性因素。

除私营部门是绿色技术创新的主要来源外，基础研发、财政政策激励和税收减免、政府采购新兴技术，以及建立公私合营伙伴关系、帮助降低技术创新风险等公共政策也是政府部门在不同管辖范围内推动科技创新的举措。欧盟委员会和突破技术（由比尔·盖茨领导的公司）近期建立了合作伙伴关系，作为欧洲绿色协议的一部分，将筹集 10 亿美元用于绿氢、可持续航空燃料、碳捕获和储存及长期能源等。世界经济论坛（WEF）一直强调绿色技术创新的广泛范围和系统方法，评选出了 2021 年最具前景的绿色技术。世界可持续发展工商理事会则一直强调将绿色技术推广到不同部门的经济效益。

工业和难减排行业：“十四五”规划致力于能源、钢铁、石化等行业的绿色转型。能源转型委员会的《可完成的使命》报告估计，使用氢能等现有技术和措施，转向低碳、循环的经济商业模式，可以减少 40% 的碳排放。中国宝武集团、瑞典力矿公司、安赛乐米塔尔及德国蒂森克虏伯等公司不断投资开发净零、绿色钢铁，如更多地使用绿氢供能等。同样，水泥和铝行业也在开展类似的应用研究，探索净零路径。这些工作进展缓慢且代价高昂，凸显了应用能源效率等现有技术的重要性。

数字化和可持续性：数字经济的快速创新引领绿色技术创新，从金融科技到基于社区的可持续融资，再到广泛使用区块链技术支持可持续采购与认证的可追溯性。联合国秘书长于 2018 年成立的数字合作高级别小组及其可持续发展目标数字金融工作组强调了加速开放透明的数字化进程在支持联合国 2030 年可持续发展议程中的机遇和挑战。

（三）高质量发展

库兹涅茨的早期研究为现代国民收入账户和 GDP 的研究奠定了理论基础，强调了劳动力市场、非正规部门等要素的重要性及其对理解人力资本和社会资本的贡献。

各国专家在探索 GDP 之外的发展衡量标准方面不断取得进展。2021 年《达斯古普塔报告》对理解全球生物多样性丧失及其潜在驱动力发挥了重要作用。虽然 GDP 在衡量近期收入流动方面十分有效，但它从未打算评估背后的生态或人力资本价值和质量，或衡量污染的反馈效应等外部性。《达斯古普塔报告》以更加包容、全面的方式建立起方法严谨、统计一致的资产财富或资本衡量框架，以人力资本、自然资本、生产资本和社会资本为支柱。在新冠肺炎疫情全球大流行造成公共卫生和社会压力的情况下，经济合作与发展组织（简称经合组织，OECD）正在进行的衡量福祉的研究至关重要，而联合国环境规划署等机构已开始将新兴的生态恢复绿色融资机会与国家的自然资本联系起来。

2021 年 4 月，中国发布了《关于建立健全生态产品价值实现机制的意见》，提出建立健全生态产品价值实现机制是践行“绿水青山就是金山银山”理念的关键路径。计划到 2025 年，初步建立起比较科学的生态产品价值核算体系。中国专家在如何衡量不同生态资本服务价值方面也开展了研究，如基于“生态元”的生态资本服务价值核算体系，选择太阳能值作为核算量纲，将“生态元”作为核算基本单位，运用市场交易方式对核算的“生态元”进行货币化定价，为生态服务价值动态监测分析、各级政府政绩考核和日常工作评价、项目生态损害评估、绿色发展规划制定和实施、促进绿色金融发展、居民生活方式改进等提供参考。2020 年发布的《基于“生态元”的全国省市生态资本服务价值核算排序评估报告》指出，2015 年以来，GDP 和“生态元”呈现出双增加态势，反映出经济增长与生态保护协同发展的特征。

在过去一年中，包容性财富衡量也在国合会的研究工作中有所体现，包括了解基于自然的解决方案在成本效益分析框架之外的表现、评估可持续粮食系统对包容性财富的影响等。9 月的联合国粮食系统峰会和 10 月的共同融资会议为在可持续粮食系统方面进一步开展工作提供了机会。

（四）增长、平等与绿色发展

如果说各国要从此次全球疫情中学到什么的话，那就是系统性不平等仍旧广泛存在，这需要积极主动的社会安全网络、立法和体制改革。

在环境保护、生物多样性保护、气候行动和减污方面，实施促进平等的政策从未像现在这样紧迫。缩小收入差距、消除广泛的社会不平等是疫后重建和推动实现更好复苏目标的支柱之一。

绿色转型已经创造了数百万个新增就业岗位，这在十年前几乎是不可想象的。例如，国际可再生能源机构估计，2019 年，可再生能源的就业岗位达 1 150 万个；世界银行（WB）估计，到 2030 年，绿色投资能够创造 2 亿个就业岗位；美国节能经济委员会表示，尽管疫情封锁期间美国的绿色工作岗位有所减少，但清洁能源仍是能源领域岗位增长的最大来源，2021 年的预测表明，通过绿色基础设施投资将创造 40 万个就业机会。

虽然有很多对绿色就业的预测，但脱碳对劳动力市场的影响是复杂的，很少出现从旧的棕色产业向新的绿色产业进行一对一岗位转变的情况。例如，与组装内燃机汽车所需的工人相比，电动汽车目前需要的工人大约减少了三分之一。与此同时，国际清洁交通委员会估计，如果要实现电动汽车的市场份额占比达到 36% 的目标，到 2030 年仅美国就需要 240 万个电动汽车充电站，而 2020 年美国只有 21.6 万个电动汽车充电站。尽管不在同一个经济部门，但是停用加油站并建设新的绿色基础设施将带来新的就业岗位。公平转型基金是欧洲绿色协议中尤为重要的一部分，预计其中 193 亿欧元将用于调动额外的100亿欧元，以支持工人和区域（尤其是煤炭行业）实现碳中和。欧洲投资银行建立了新的贷款工具以支持劳动力和商业转型。

库兹涅茨分析了经济增长和收入分配不平等之间的关系，呈倒U形曲线，显示了人均增长和最终趋于平等的收入分配之间的因果关系。事实证明，这一假说基本上是不合理的。最新数据显示，世界上71%的人口生活在收入增加的同时不平等也在加剧的国家。托马斯·皮凯蒂（Thomas Pikkety）等学者研究了导致这种不平等加剧的结构、治理原因和其他原因，以及减少不平等的政策，但均未涉及收入增长的必然结果。

绿色库兹涅茨曲线：库兹涅茨经济—收入不平等假设的弊端也与环境库兹涅茨曲线的内容有关。环境库兹涅茨曲线引起了中国和其他地区在气候变化减缓研究领域的关注。经济学家格罗斯曼（Grossman）和克鲁格（Krueger）在1995年发表的论文中提出，当各国人均国内生产总值达到5 000～8 000美元时，环境质量（仅以氮氧化物和硫氧化物污染来衡量）会有所改善。经济学家及国合会随后的研究表明，这一假设在很大程度上不成立[1]。例如，印度的污染物减排拐点为人均国内生产总值2 000美元，一些撒哈拉以南非洲国家为1 500美元，远低于先前的研究估计。在气候变化减缓方面，以人均国内生产总值确定拐点，忽略了清洁能源技术成本的急剧下降、科学确定性的不断增强和公众对气候行动的广泛支持。

总之，绿色发展必须具有包容性，应该平衡经济发展、社会发展和环境保护的关系。中国正在向全面建设社会主义现代化强国的第二个百年奋斗目标迈进，因此，我们需要打造新绿色经济时代。

---

1 国合会在2014年的一份报告中指出，绿色库兹涅茨曲线假设总体上是错误的。该报告追踪了一段时间富裕国家环境政策的发展，最初是被动的，由偶然或单一事件引发，包括三个阶段：①受遵守规则驱动，主要是对行政政策做出回应；②遵循环境风险方法，更积极地避免损害；③实现可持续发展的整体综合方法。随着时间的推移，会出现从①到②再到③的变化。

参考文献

[1] IPCC. Climate and Land[EB/OL].(2020). https://www.ipcc.ch/site/assets/uploads/sites/4/2020/02/SPM_Updated-Jan20.pdf.

[2] NASA. Char the Pantanal[EB/OL].(2020-8-27). https://earthobservatory.nasa.gov/images/147269/fires-char-the-pantanal.

[3] Alho C, Mamede S B, Benites M, et al. Threats to the Biodiversity of the Brazilian Pantanal Due to Land Use and Occupation[J]. Ambiente & Sociedade, 2019, 22(4).

[4] IPBES. Nature's Dangerous Decline [EB/OL].(2020). https://www.ipbes.net/news/Media-Release-Global-Assessment.

[5] Molina M, Zaelke D, Sarma K M, et al. Reducing Abrupt Climate Change Risk Using the Montreal Protocol and Other Regulatory Actions to Complement Cuts in CO_2 Emissions[J]. Proceedings of the National Academy of Sciences of the United States of America, 2009, 106(49): 20616-20621.

[6] UNDP, University of Oxford. People's Climate Vote [EB/OL].(2021-01). https://www.undp.org/press-releases/worlds-largest-survey-public-opinion-climate-change-majority-people-call-wide .

第一篇

全球环境治理与生态文明

第 1 章　全球气候治理与中国贡献

一、引言

（一）绿色低碳发展成为全球经济社会发展的重要方向

1. 气候变化是疫后时代全球的紧迫挑战

联合国环境规划署对 2015 年 10 月 1 日前提交的国家自主贡献（NDC）目标进行评估（共 146 个国家，约占全球排放量的 90%），发现各国提交的 NDC 并不能满足 2℃温升目标，有的国家甚至还有很大差距[1]，为了实现《巴黎协定》规定的温升目标，就要求各国在 2020 年更新 NDC 目标时做出更有力度的减排承诺。2020 年 12 月 12 日，联合国秘书长古特雷斯在气候雄心峰会的致辞中再次呼吁每个国家宣布进入气候紧急状态，指出当前努力远不能满足《巴黎协定》提出的目标要求，同时宣布 2021 年联合国的核心目标是建立一个到 21 世纪中叶达成碳中和的全球联盟[2]。

自《巴黎协定》提出 2℃温升目标以来，国际减排形势越发严峻。IPCC 在《IPCC 全球升温 1.5℃特别报告》中提到，要想将全球升温控制在 1.5℃范围内，全球必须在 2030 年前将碳排放量迅速降至 250 亿 t 二氧化碳当量。而根据当前《巴黎协定》的减排承诺，全球 2030 年的碳排放量预计为 560 亿 t 二氧化碳当量，是目标水平的 2 倍多[3]。2021 年 8 月 9 日，IPCC 第六次评估报告第一工作组报告再次强调，除非立即采取快速的、大规模的温室气体减排行动，否则全球的 1.5℃温升目标将无法实现[4]。

2. 国际社会已基本就碳中和达成共识

《IPCC 全球升温 1.5℃特别报告》指出，全球只有在 2050 年左右实现人为二氧化碳净零排放，才有可能实现 1.5℃温升目标。截至 2020 年 12 月，已经提出或者准备提出碳中和目标的国家有 126 个[5]，覆盖全球 GDP 的 75%、总人口的 53%、碳排放的 63%。其中，有 25 个国家以纳入国家法律（或拟以立法方式）、政策宣示等形式，明确提出各自的碳中和目标，包括世界十大排放国中的中国、日本、德国、加拿大、英国和韩国等；还有 99 个国家以口头承诺的方式提出碳中和目标，但未给出目标的详细信息。

在 99 个以口头承诺方式提出碳中和目标的国家中，除乌拉圭拟在 2030 年实现碳中和外，其余各国均计划于 2050 年达到碳中和。由于各国的相关规划尚在制定中，绝大部分国家碳中和目标的温室气体覆盖范围及中期过渡目标都尚不明朗。美国总统拜登将气候变化作为施政的基础性纲领，并提出到 2050 年实现碳中和的目标。2020 年 12 月，欧洲议会和欧盟理事会就《欧洲气候法》关键内容达成临时协议，即与 1990 年相比，2030 年欧盟温室气体减排从 40% 提高到至少 55%，并在 2050 年实现气候中性，之后争取实现负排放。在 2021 年 4 月 22 日举行的气候峰会上，多国做出了更加有力的气候承诺。例如，美国承诺到 2030 年碳排放量从在 2005 年的基础上减少 26% ～ 28% 提高到减少 50% ～ 52%，日本承诺 2030 年前温室气体排放量较 2013 财年的水平降低 46%，加拿大承诺到 2030 年碳排放量从在 2005 年的基础上减少 30% 提高到减少 45%。

3. 中国提出 2030 年前碳达峰、2060 年前碳中和目标

中国一直是全球气候治理和环境保护的强有力支持者和拥护者。中国于 2015 年 6 月提交的 NDC 目标中，有 4 个指标已经全部达到甚至超过 2020 年的预期，例如，单位 GDP 二氧化碳排放在 2018 年就比在 2005 年下降了 45.8%，提前两年完成 2020 年计划目标（减少 40% ～ 45%）。作为负责任的大国，中国在统筹国际、国内两个大局下做出战略决策，习近平主席在第七十五届联合国大会一般性辩论上发表讲话时，提出中国提升减排力度的承诺，即“二氧化碳排放力争于 2030 年前达到峰值，努力争取 2060 年前实现碳中和”。这无疑体现了大国担当和为实现《巴黎协定》确定的目标做出更大贡献的决心，同时也有力提振了全球应对气候变化的信心。为落实碳达峰和碳中和目标，2021 年 3 月 15 日举行的中央财经委员会第九次会议把碳达峰、碳中和纳入生态文明建设整体布局。2021 年 4 月 16 日，习近平主席在同法国、德国领导人举行的视频峰会中宣布中国接受《基加利修正案》。2021 年 4 月 15—16 日，中国气候变化事务特使解振华与美国总统气候问题特使克里在上海举行会谈并发表《中美应对气候危机联合声明》。2021 年 5 月 27 日，中共中央政治局常委、国务院副总理韩正主持碳达峰、碳中和工作领导小组第一次全体会议，要求扎实推进生态文明建设，确保如期实现碳达峰、碳中和目标。2021 年 1 月 11 日，生态环境部印发《关于统筹和加强应对气候变化与生态环境保护相关工作的指导意见》，要求坚定不移实施积极应对气候变化国家战略，并于 2021 年 4 月开始第二轮第三批中央生态环境保护督察。

虽然中国宣布的碳中和时间比大多数发达国家承诺的 2050 年晚 10 年，但是应该看到，一般发达国家从碳达峰到碳中和的过渡时间为 50 ～ 70 年，而中国只有约 30 年。

这就意味着作为一个发展中大国，中国实现能源结构和发展方式转型、二氧化碳和其他温室气体减排目标的速度、力度和难度要比发达国家大得多。

4. 气候行动应与联合国可持续发展目标（如性别平等）齐头并进

气候行动并不是一个独立的话题。它是联合国所有会员国通过的 17 个可持续发展目标（SDG）之一，其中也包括性别平等目标（SDG 5）。

气候变化并不是社会性别中立的，它对男性和女性有着不同影响。这很大程度上源于男性和女性在家庭和社区层面因性别差异而产生的不同的权利、角色和责任。经济发展机遇和生产资料获得方面的差异也使女性更容易受到气候变化影响，因为她们往往很少参与到影响她们生活的政治、社区和家庭决策过程中[6]。

作为本报告的一部分，我们将性别平等视为一个重要的跨领域议题。我们也相信对于性别平等的考虑（和其他弱势群体的权利）应被纳入气候变化政策、战略和项目的主流。考虑到低碳转型的发展速度和巨大的社会经济影响，政策和规划从开始便应该考虑到性别平等和消除不平等。虽然我们认识到在这方面还有很多的工作要做，但我们希望，本文中提到的内容可以为今后的工作提供支持和帮助。

（二）碳中和愿景目标与中国气候政策一脉相承

1. 中国逐步构建了低碳发展政策体系

2012 年，党的十八大报告提出大力推进生态文明建设，将生态文明建设纳入“五位一体”总体布局，并首次提出“美丽中国”的概念，强调把生态文明建设放在突出地位，融入经济建设、政治建设、文化建设、社会建设各方面和全过程[7]。2013 年以来，党中央、国务院先后出台了《中共中央关于全面深化改革若干重大问题的决定》《关于加快推进生态文明建设的意见》《生态文明体制改革总体方案》等重要文件，通过了 40 多项生态文明重要制度，形成系统化的习近平生态文明思想，成为引领中国生态文明建设的根本遵循。

“十二五”时期，中国开始成体系地开展应对气候变化工作。《中华人民共和国国民经济和社会发展第十二个五年规划纲要》中首次将碳排放强度指标作为约束性指标纳入，形成包括能耗强度、碳排放强度、能源消费总量等在内的应对气候变化目标体系。在多边与双边合作方面， 2014 年 11 月和 2015 年 9 月，中美双方先后在北京和华盛顿一起发表了应对气候变化的联合声明，直接推动了《巴黎协定》的达成，为完善全球气候治理体系做出了重要贡献。2015 年 6 月 30 日，中国提交了《强化应对气候变化行动——中国国家自主贡献》，提出了到 2030 年的 NDC 行动目标。

“十三五”时期，中国进一步深化应对气候变化的目标和行动，《中华人民共和国国民经济和社会发展第十三个五年规划纲要》进一步延续“十二五”期间的能源和应对气候变化多维度目标指标体系，强化了能源双控制度。在能源部门低碳转型方面，2016年12月印发的《能源生产和消费革命战略（2016—2030）》提出了到2050年的中国能源发展远景目标。在市场机制方面，2017年《全国碳排放权交易市场建设方案（发电行业）》的出台，标志着全国碳市场正式启动。同时，围绕绿色低碳发展和应对气候变化的金融政策，中国开展了气候投融资相关的制度和实践探索。2020年10月20日，生态环境部等五部门联合发布了《关于促进应对气候变化投融资的指导意见》（环气候〔2020〕57号），并对碳排放总量控制制度进行初步探索。此外，2016年3月，中美还发布了第三个气候变化联合声明——《中美元首气候变化联合声明》，对《巴黎协定》的签署生效起到关键作用。在国内，应对气候变化司在2018年转隶到生态环境部，强化了气候变化与大气污染及其他生态环境问题协同治理的态势。

2021年3月15日，中央财经委员会第九次会议提出，实现碳达峰、碳中和是一场广泛而深刻的经济社会系统性变革，要把碳达峰、碳中和纳入生态文明建设整体布局。这意味着实现绿色发展成为中国战略导向，中国将系统性地贯彻绿色发展理念。

中国积极应对气候变化的政策和行动取得显著成效。截至2019年年底，中国碳排放强度较2005年下降了48.1%，非化石能源占一次能源消费比重达到了15.3%。能源消费和二氧化碳排放年均增长率由2005—2013年的6.0%和5.4%分别下降到2013—2018年的2.2%和0.8%，实现了经济发展与碳排放逐步脱钩，并提前和超额完成了2020年的国际承诺目标。

2. 新冠肺炎疫情等公共卫生事件促进应对气候变化行动提速

2020年，新冠肺炎疫情对全球多方面造成严重冲击，而且影响还在继续，未来发展还有多种可能情景和不确定性[8]。此次疫情的全球蔓延，首次让人们认识到非传统安全领域的问题有逐步升级的态势，因此必须高度重视对生态环境与气候变化等非传统安全问题和突发公共事件的应对。

中国当前正处在向经济社会高质量发展转型的关键期，社会对环境健康问题也越发关注，绿色消费意识逐渐强化。中国政府已经意识到，从“十四五”及中长期来看，绿色低碳发展将是经济社会高质量发展的重要机遇。在此背景下，2020年政府工作报告首提“两新一重”，即新型基础设施建设、新型城镇化建设，交通、水利等重大工程建设，在部署经济复苏的过程中，注重与绿色低碳要素的结合，同时，推动生产和消费模式的绿色转型。2020年3月11日审议通过的《关于加快建立绿色生产和消费法规政策体系的意见》明确了绿色生产和消费法规政策体系的系统框架，为经济社会发展的绿色转型提供了制度保障。

2020 年 9 月，党中央做出了 2030 年前实现碳达峰、2060 年前实现碳中和的重大战略决策之后，一系列的政策行动密集出台或加速部署。例如，当前正在编制中的“十四五”应对气候变化专项规划将提出与碳达峰目标相衔接的二氧化碳排放控制目标；国务院印发《2030 年前碳达峰行动方案》，拟明确地方和重点行业的碳达峰目标路线图、行动方案和配套措施，在“十四五”和“十五五”期间持续推进实施；同时，生态环境部将推动把碳达峰行动纳入中央生态环境保护督察［此为本专题政策研究（SPS）的建议之一］。

（三）碳中和目标下的绿色低碳发展是高质量发展的重要内涵

党的十九大报告指出，中国经济已由高速增长阶段转向高质量发展阶段，高质量发展需要贯彻“创新、协调、绿色、开放、共享”的新发展理念[9]。在碳达峰、碳中和目标下，全面绿色转型或绿色低碳发展可从以下 3 个方面促进高质量发展。

一是加速能源结构转型。引导化石能源有序退出，发展高比例可再生能源体系，安全发展核电，积极生产和利用绿色氢能、开发氢能产业，提高经济社会全程特别是终端用能的电气化水平，加强能源系统与数字信息技术的结合，实现能源体系智能化、数字化转型。

二是推动产业结构优化升级。通过产业的绿色低碳化，逐步淘汰落后产能，加速投资效率低下、高碳行业的退出，加快传统产业绿色化改造，扶持发展绿色战略性新兴产业，大力发展服务业并提升其水平，构建绿色供应链和发展循环经济，不断挖掘高质量发展的潜力。

三是推动绿色低碳技术变革。实现低碳、零碳技术转型对中国科技创新和经济高质量发展具有重要的战略意义，这不仅有助于提升中国在新科技领域的全球领导力，也有助于形成未来新型气候环境友好经济的核心竞争力，从而发挥重要的引领作用。中国已经在风电、太阳能光伏技术降低成本方面做出巨大贡献。目前，中国在可再生能源投资、应用，以及电动汽车的生产、消费等方面处于全球领先位置。中国也在积极探索氢能制造及其在工业和交通部门的应用，对灵活、安全、稳定的现代化智能电网系统的构建，以及二氧化碳移除等负排放技术做出了一些部署，但还远远不够。在未来低碳、零碳领域竞合并存的格局下，中国需要进一步加大力度，全面布局低碳、零碳及负排放技术的研发和商业化应用，通过自身绿色市场规模扩大和政策引领，不断降低绿色低碳技术成本，并在不远的将来为中国的经济增长注入系统新动能，为社会带来更多新的、高质量的就业岗位。

总之，碳达峰、碳中和目标对经济社会发展并非仅有约束的作用，还提供了一个重要的发展机遇，倒逼整个经济社会发展方式的变革。因此，我们必须转变观念和发展思路，主动寻求经济、社会、能源、环境和气候相互协调的内生增长动力，实现全面绿色转型和高质量可持续发展。

二、碳中和目标的机遇和挑战

（一）机遇

1.“十四五”规划将绿色低碳发展与经济转型有机统一

2021 年 3 月，《中华人民共和国国民经济和社会发展第十四个五年规划和 2035 年远景目标纲要》（以下简称“十四五”规划）提出，到“十四五”时期生态文明建设实现新进步。国土空间开发保护格局得到优化，生产生活方式绿色转型成效显著，能源资源配置更加合理、利用效率大幅提高，单位国内生产总值能源消耗和二氧化碳排放分别降低 13.5% 和 18%（“十三五”时期分别为 15% 和 18%），主要污染物排放总量持续减少，森林覆盖率提高到 24.1%，生态环境持续改善，生态安全屏障更加牢固，城乡人居环境明显改善。到 2035 年，“广泛形成绿色生产生活方式，碳排放达峰后稳中有降，生态环境根本好转，美丽中国建设目标基本实现”。

中共十九大对实现第二个百年奋斗目标做出分两个阶段推进的战略安排，即到 2035 年基本实现社会主义现代化，到 21 世纪中叶把中国建成富强民主文明和谐美丽的社会主义现代化强国。中共十九届五中全会对绿色发展的阐述更加系统全面，强调“推动绿色发展，促进人与自然和谐共生”；强调“广泛形成绿色生产生活方式，碳排放达峰后稳中有降，生态环境根本好转，美丽中国建设目标基本实现”；强调经济社会发展全面绿色转型，将发展与应对环境气候挑战在新发展阶段有机统一起来，规定了未来发展的重要特征和性质。“十四五”规划还明确了一系列具体任务，其中包括强化绿色发展的法律和政策保障，发展绿色金融，支持绿色技术创新，推进清洁生产，发展环保产业，推进重点行业和重要领域绿色化改造；推动能源清洁低碳安全高效利用；发展绿色建筑；开展绿色生活创建活动；降低碳排放强度，支持有条件的地方率先达到碳排放峰值，制定《2030 年前碳达峰行动方案》。“十四五”规划为“十四五”乃至中长期经济社会发展擘画了全面发展蓝图，为构建绿色低碳的生产生活方式，推动碳排放尽早达峰、碳达峰后稳中有降并实现碳中和目标奠定了重要基础。

2. 全球绿色低碳技术变革提速，为低碳转型奠定基础

目前，全球新一轮技术革命和能源革命正在加速进行，全球产业链面临绿色重构。太阳能、风能及储能技术的成本持续、快速下降，数字技术与经济社会深度融合，为绿色低碳增长奠定了基础。在全球经济艰难复苏和深度调整的大背景下，各国都力图倡导和追求绿色经济复苏。随着数字、信息及人工智能等高科技领域的快速发展，能源技术系统正面临着淘汰传统化石燃料，迅速转向更清洁、更安全、更便宜的可再生能源的挑战。新技术为实现这一转型提供了更经济可行的条件和支撑，资源、能源、污染密集型的增长模式也必然要转变为与上述转型匹配的经济发展模式，迅速转向可持续发展的道路。绿色技术和产业的发展本身有利于提高自然资源使用效率，为经济提供新动能 [10]，也有助于从根本上解决产业结构和能源结构固化所带来的环境污染和生态破坏问题 [11]，从而改善公共健康水平 [12]。此外，绿色技术和产业发展还将有效拉动就业形势，根据国际劳工组织 2018 年报告，到 2030 年，电动汽车、清洁能源、绿色金融等创新型新兴产业将为全球创造 2 400 万个就业机会，而同期煤炭、石油开采等高碳产业失去的工作岗位仅为 600 万个 [13]。

3. 数字技术和数字经济发展，助力绿色低碳转型

在各国提出的疫后经济复苏方案中，“绿色化”和“数字化”是不约而同的选择。疫情对实体经济产生了严重冲击，却为绿色低碳发展和“数字经济”带来了新的机遇，远程办公、视频会议、网上采购等绿色低碳工作和生活方式进一步普及，尤其是在经济恢复过程中，低碳能源、低碳建筑、低碳交通、节能环保等产业的数字化、智能化转型明显加快。

数字技术可以在提高资源能源使用效率、促进可再生能源开发利用，以及提高全社会产品和服务生产、销售和使用效率等方面发挥重要作用，还可以通过人类活动和交流的非物质化，降低能源材料需求。有研究指出，数字技术在能源、制造业、农业和土地利用、建筑、服务、交通和交通管理等领域的解决方案，可以帮助减少 15% 的全球碳排放 [14]。由德国信息技术、电信和新媒体协会、Borderstep 研究所和苏黎世大学 2020 年合作完成的一项研究也表明，数字技术可以使全球温室气体排放量减少多达 20%，并且在能源领域、交通运输领域和农业领域使用此类技术的效果明显。在德国，到 2030 年，数字技术的使用可能会减少 2 900 万 t 的二氧化碳排放量，约占预测温室气体排放量的 37%[15]。抓住机遇，促进绿色低碳发展与数字经济的融合，将有助于强化创新引领作用、释放发展新动能。

4. 独特的制度和市场优势，为深度减排提供有力保障

碳排放是典型的经济外部性行为，一般认为外部性的存在是市场机制配置资源的缺陷之一。也就是说，存在外部性时，仅靠市场机制往往不能实现资源的最优配置和社会福利的最大化。因此，一方面，要充分发挥政府的作用；另一方面，要促进市场与政府的有机结合，提供将碳排放外部性内部化为市场价格的新治理工具，包括碳总量目标、碳市场、碳税、产品碳足迹、气候损失核算等更广泛的统计工作。2060 年前实现碳中和目标为应对气候变化释放出强烈的积极信号，但也面临着巨大困难，仅靠市场的单一力量几乎难以实现目标。中国在抗击新冠肺炎疫情中体现出的制度优势可以在减排方面发挥重要作用，如集中优势力量办大事，在复杂局面下应对重大风险挑战的能力和效率，制度和政策传递的有效性、延续性和稳定性。

碳中和目标是在当前国际局势复杂多变、国内经济社会深度转型背景下做出的深远谋划，既符合国内高质量发展的要求，又符合全球未来发展的方向，但其路径选择仍具有一定的不确定性。这一方面需要集中优势资源，在产业转型升级、技术研发应用、资金制度保障等方面给予支持；另一方面需要促进各方达成共识，并通过政策和市场手段，释放明确稳定的长期政策和价格信号。只有这样，产业转型才会有明确方向，地方政府才会认真落实，市场也会做出积极反应，引导资金向低碳项目流动，采购和选择适宜技术、挖掘减排潜力，逐渐形成全社会崇尚绿色低碳生产生活方式的潮流。同时，中国已经开始运行全球最大的碳市场，市场机制的不断完善也将更有效地助力中国走向碳中和。制度优势、庞大的市场、利益相关方积极参与将会为碳中和目标的实现提供强有力的支持和保障。

（二）挑战

1. 国际政治经济格局面临高度不确定性，须做好应对准备

新冠肺炎疫情正在对全球经济社会产生全方位影响，联合国经济和社会事务部（UN DESA）发布的《2021 年世界经济形势与展望报告》称，2020 年全球经济萎缩 4.3%，萎缩幅度是 2008 年全球金融危机期间的 2.5 倍以上。同时，国际地缘政治和应对气候变化战略格局也在发生深刻的变化，各国需要加大应对全球气候变化合作力度，推动全球携手应对环境和气候危机。

拜登政府已推动美国重返《巴黎协定》，在多边主义平台上发挥气候领导力，并将着力推动美国主导的全球气候合作框架。由于美国参加《巴黎协定》是以总统行政

令的形式实现的，并没有批准成为联邦法律，所以未来美国在气候变化国际多边合作上是否会出现反复，仍然存在不确定性。

全球气候治理的不稳定因素依旧存在。新冠肺炎疫情在全球范围内尤其是发展中国家造成持续严重冲击且影响还在继续，发展中国家将把经济社会复苏问题放在显著位置，因此可能会削弱对气候变化工作的重视程度。2021 年 6 月召开的七国集团（G7）峰会提出到 2025 年取消低效的化石燃料补贴，但缺乏实质性进展，在气候融资方面，其他国家也未能像德国一样承诺加强气候资金供给。当前借气候问题构建绿色壁垒的声音在持续增强，主张采用碳关税提高贸易壁垒的保护主义趋势在扩大，欧盟已明确将从 2021 年开始建立碳边境调节机制，中国须做好充分应对准备。

2. 实现碳达峰与碳中和时间周期短，减排路径并非坦途

与欧美相比，中国实现碳中和目标需要付出更多努力。英、法等欧洲国家在 20 世纪八九十年代就实现了碳达峰，碳达峰之后经历漫长平台期后开始缓慢下降，且欧盟承诺的碳中和与碳达峰时间间隔有 50 ～ 70 年。中国则是主动设定了碳达峰时间表，现在中国的二氧化碳排放量仍呈现攀升势头，实现碳达峰本身就需要做出艰苦努力。如果中国在 2030 年前如期实现碳达峰，则从碳达峰到实现碳中和的时间只有约 30 年，这意味着碳达峰之后实现碳中和的路径将会异常艰难；如果由于内外部环境因素导致平台期波动和延长，则需要更剧烈的结构性变革才能实现碳中和愿景。无论如何，2030 年后中国每年的减排量要比上一年平均降低 8% ～ 10%，将远超发达国家减排的速度和力度，挑战巨大。实际上，无论发达国家还是发展中国家，其不同部门的减排路线都大致相同，但中国的实现周期更短，对经济结构转型、技术创新、资金投入等的要求也会更高（表 1-1）。

表 1-1 各国承诺从碳达峰到碳中和的过渡期对比

序号	国家	实际碳达峰年份[16]	承诺碳中和年份[17]	过渡期 / 年
1	英国	1973	2050	77
2	匈牙利	1978	2050	72
3	德国	1979	2050	71
4	法国	1979	2050	71
5	瑞典	1976	2045	69
6	丹麦	1996	2050	54
7	葡萄牙	2002	2050	48

序号	国家	实际碳达峰年份 [16]	承诺碳中和年份 [17]	过渡期 / 年
8	爱尔兰	2006	2050	44
9	西班牙	2007	2050	43
10	日本	2013	2050	37
11	奥地利	2005	2040	35
12	芬兰	2003	2035	32
13	韩国	2018	2050	32
14	中国	2030 前	2060 前	约 30

注：中国尚未实现碳达峰，表中为中国承诺的碳达峰时间。

3. 中国的基础研发能力仍显不足，关键低碳技术面临制约

中国原创性科技成果不多、科技成果转化面临众多体制机制障碍、创新要素依旧不能实现高效配置、创新人才数量和质量有待提升，这些因素使绿色低碳发展、碳中和目标的实现面临巨大挑战。当前中国的低碳技术更多关注技术细节和已有技术的改进与推广，对颠覆性技术的原始创新和关注不足，缺乏目标导向且兼顾环境气候与经济社会的综合考量的中长期减排技术战略及部署方案不够。一些关键低碳技术（如氢燃料电池汽车等）缺失，自主化程度不高，产业化不足。而在氢能工业方面，虽然中国制氢量居世界第一，但制氢原料 70% 为煤炭和天然气，“绿氢”占比低，且制备、储运和大规模利用氢能的技术都还没有实质性突破。深度减排的核心解决方案之一是技术突破，由于受国际经济利益博弈格局及贸易保护主义等影响，技术转移与合作面临更多阻碍，因此，中国亟待加快制定科技创新支撑方案，以助力碳中和目标的实现[18]。

4. 中国区域间发展差距大，碳中和下公正转型问题突出

中国区域间经济社会发展不平衡，整体呈现出东高西低、南升北降的格局。从碳排放方面来看，东部相对发达地区碳排放增幅有限，部分地区已经接近碳达峰，虽然这些地区碳减排能力强，但在经济复苏和碳达峰目标压力下，仍然存在利用传统经济复苏方式的路径依赖，有试图启动碳密集项目以拉动投资的冲动。相比而言，中西部地区的碳排放仍有一定的增长空间，短期内实现碳达峰难度较大，特别是化石能源富集省份。

与此同时，在碳中和目标下，中国长期退煤的方向和趋势已经确定，但退煤路线图需要结合经济发展阶段及能力条件审慎设计，充分考虑低碳转型的收益和冲击对不同行业、地区和人群的影响。传统的化石燃料行业，特别是煤炭上下游行业，包括开采、运输、煤电、煤化工等，在零碳转型中将受到巨大的冲击，而且，这些冲击将集中在严重依附煤炭发展经济和满足就业的地区。另外，由于机械化发展、淘汰落后

产能和产业升级等，煤炭行业的转型已使河南、山西等以传统煤炭工业为主的省份产生压力。煤炭退出历史舞台是必然的，而它所承载的工作机会也将随之消失。因此，利用政策手段妥善安置煤炭行业从业人员或保证他们再就业，为这些地区寻找新的发展模式，需要系统的解决方案，而且这些工作的开展宜早不宜迟。

总体来看，新冠肺炎疫情对经济社会秩序产生巨大冲击，但危中有机。从短期来看，抗击疫情降低了碳减排的紧迫性；但从中长期来看，绿色低碳发展仍然是未来发展的战略方向之一。新冠肺炎疫情冲击了经济增长，也带来了结构调整的契机。新冠肺炎疫情导致很多传统产业面临危机，但同时我们也看到了信息产业等新兴产业的强大生命力，这些大大拓宽了经济绿色增长的空间，为坚持绿色发展提供了可能，可以说新冠肺炎疫情提供了一个产业结构升级换代的绝佳机会。新冠肺炎疫情促使全社会反思过度追求速度和规模的发展模式，这无疑有利于在全社会范围内形成更加重视绿色发展、人与自然和谐共生的现代化等新发展理念，为在新冠肺炎疫情冲击下仍然坚持绿色转型创造了有利条件。同时，经济下行导致能源消费增长速度放缓，这将成为加速能源转型的机会，新增能源需求可更多地由可再生能源满足。中国应抓住当前经济能源系统重置的机会，为实现碳中和目标提供支持，创造一个更加绿色且更具韧性的世界。

三、中国中长期气候目标、路线图和政策保障体系

（一）阶段性目标和路线图

中共十九届五中全会建议提出，到 2035 年要广泛形成绿色生产生活方式，碳排放达峰后稳中有降，生态环境根本好转，美丽中国目标基本实现；到 21 世纪中叶，把中国建成富强民主文明和谐美丽的社会主义现代化强国，并确保生态安全，积极参与和引领应对气候变化等生态环境保护国际合作[19]。

要加快绿色低碳发展，实现温室气体的深度减排，就需要进行经济、社会、能源、环境和应对气候变化的协同治理，推进经济社会发展全面绿色转型。对内引领走向人与自然和谐与中华民族永续发展的可持续发展路径；对外引领全球气候治理的进程，保护地球的生态安全和人类的生存发展。

中国碳中和目标的提出，让全球看到将全球温升控制在 2℃以内并努力实现 1.5℃目标的可能性，也进一步明确了应对气候变化是中国建成社会主义现代化强国目标的重要组成部分。中国的长期低碳发展战略应与社会主义现代化建设两个阶段目标和方

略相契合[20]。要把 2030 年前碳排放达峰和强化 NDC 目标作为重要的内容纳入社会主义现代化建设的第一阶段战略规划中，促进经济高质量发展。将 2050 年近零排放、2060 年前实现碳中和作为社会主义现代化建设第二阶段的引领性目标和任务，推动建成美丽中国，形成绿色低碳循环的生产生活方式。

1. 近期推动分条块尽早碳达峰

“十四五”时期将是中国实现碳达峰的关键五年，也是把碳中和愿景纳入经济社会发展规划的第一个五年，难度与挑战不同以往，需要更加注重能源、产业发展规划与国家应对气候变化规划的衔接平衡，特别是要以实现碳中和、建设美丽中国的中长期战略目标锚定“十四五”时期能源和产业转型发展方向及重点，顺应绿色低碳要求，加快推动基础设施和产业适度超前部署，优化能源结构调整、产业绿色低碳改造及城镇韧性发展的空间布局，促进形成“投资于绿色、投资于增长、投资于就业、投资于未来”以及绿色低碳“双循环”的新发展格局。

“十四五”期间，碳排放增长应进入平台期，部分东部发达省市、西南可再生能源禀赋好的省市，以及电力、钢铁、水泥等高碳行业居多的省市应率先实现碳达峰。在一次能源消费比重方面，煤炭占比降到 50% 左右，可再生能源占比超过 20%，通过煤电结构性调整实现碳达峰，严格控制煤化工发展。在政策支持方面，要加快制定“十四五”应对气候变化专项规划、2030 年前碳达峰的行动方案、“十四五”节能减排综合工作方案，以及产业体系绿色化与绿色生活行动方案，促进不同规划和方案的协调衔接。建立碳排放总量控制制度，以更有效的温室气体减排约束性目标替代能源消费总量控制目标，拓展实现碳减排目标的灵活机制与路径，在执行上采取区域间指标交易、清洁发展、横向补偿相结合的机制。在情景分析和协商共识基础上，更新中国的 NDC 力度和广度，包括碳达峰及中长期的近零或净零排放目标，并将绿色复苏、基于自然的解决方案、非二氧化碳温室气体减排等内容纳入 NDC 范畴，增加目标指标范围和灵活调整空间。加强面向零碳社会转型的技术研发部署，为产业转型、生活方式转变以及可能发生的全球低碳技术竞争做好准备[21]，促进全球低碳、零碳技术的研发合作与推广。

2. 中期尽早总体碳达峰稳中有降

2025—2030 年，要推动碳排放尽早达峰。研究表明，在碳中和目标时间确定的前提下，越早实现碳达峰，全社会的总减排成本就越低[22]。但同时，实现碳中和的步骤也需要与中国社会经济发展条件相适应，量力而行，尽力超越，成本有效地达成阶段性目标，高质量实现 NDC 承诺，非化石能源占一次能源消费比重争取达到并超过

25%。同时，还要积极推动和引领全球碳中和的国际合作。

2030—2035 年，中国一次能源消费量有望进入稳定期，能源结构不断优化，整体能源结构呈现煤炭、油气、可再生能源三分天下的格局，终端电力消费大幅提升。全国所有省市碳排放均实现达峰，交通、建筑等部门碳排放也将相继达峰。在措施上，注重以结构调整和系统创新促进绿色转型，继续深化产业结构、能源结构、运输结构、用地结构等变革，围绕零碳目标加快推进和调整重大基础设施和相关产业布局，促进数字智能技术与经济社会各领域深度融合，巩固形成绿色低碳产业链、供应链和价值链，以及相应的绿色气候投融资政策体系及可持续商业模式。

3. 远期构建碳中和经济社会体系

2035—2050 年，构建形成以可再生能源为主的能源供给和消费体系，加快化石能源的退出，加快负碳技术包括碳捕集与封存（CCS）、生物能源结合碳捕集与封存（BECCS）等的部署，争取实现二氧化碳近零排放，进一步提升适应能力，不断完善绿色低碳循环和可持续发展的社会经济体系，形成可持续消费方式。

2050—2060 年，通过碳汇、负排放技术、非二氧化碳排放控制等措施，争取向温室气体排放中和迈进。

（二）实现中长期气候目标的转型路径

1. 调整发展模式，构筑绿色低碳产业结构

现代产业体系是推动碳减排的最大动力。研究表明，产业结构调整对实现中国碳强度目标的贡献最高可达 60% 左右 [23]，建立绿色低碳循环发展的经济体系是建设现代化经济体系的重要组成部分。壮大节能环保、清洁生产、清洁能源等绿色战略性新兴产业，创新形成与绿色低碳循环产业相适应的技术、金融支持体系和制度政策环境。加快推进以绿色化、低碳化、数字化为特征的新型基础设施建设，提升服务业绿色发展水平，打造绿色低碳循环发展的新动能。同时，要减少出口贸易的隐含碳，2016 年中国出口隐含碳占全国碳排放的 12.5%[24]，这将对中国碳减排带来重要影响，不仅推动中国制造业在全球价值链的高端跃升，也推动增加服务业的出口比重。

2. 贯彻能源革命，发展绿色低碳能源体系

能源结构去碳化是实现碳中和的关键路径，同时也有利于构建完善中国能源安全体系。一是要制定煤炭有序退出的路线图。采取更加有力的措施，控制化石能源消费特别是严格控制煤炭消费，不断优化和减少煤炭利用结构和规模，加大散煤治理力度，采取有效措施扼制一些地方行业上马煤炭相关项目的冲动，严控煤化工等高碳行业发展规模，避免由此带来的高碳锁定效应及高昂成本。二是大幅提升终端用能电气化水平。工业部门应在制造业生产环节加快电力对化石能源直接利用的替代，建筑部门采用分布式可再生能源系统并拓展电力在供暖中的应用，交通部门大力发展电动汽车，限制和逐渐淘汰燃油汽车，促进氢燃料电池汽车的商业化开发，以电气化、高效化、智能化为导向，推动各行业能源消费方式升级。三是构建高比例可再生能源供应体系。形成适应高比例可再生能源的基础设施，智能电网，分布式能源，储能、多能互补与灵活调节和智慧能源，推动颠覆性创新发展，促进各种技术、基础设施和模式相互结合配套并形成高比例可再生能源系统；稳妥推进梯级水电开发建设，打造一批水电、风电、光电一体化流域综合能源基地；大力推动风电协调发展，坚持集中式和分散式相结合的发展模式，本地消纳与外送并举，陆上、海上并举；加快拓展太阳能多元化的布局，中东部地区要创新“光伏+”的模式，加快推进农业和光伏互补、屋顶光伏，推动工商业分布式户用光伏发展，在“三北”地区结合生态治理推动光伏的建设，推动光伏基地的建设，总结和推广可再生能源与扶贫、农林生产、生态恢复、制氢相互结合的经验、协同模式和基于自然的解决方案；因地制宜地推进生物质能源的发展，积极推动地热能的开发应用。四是加快推动储能、氢能、智能电网的技术研发与应用，为高比例可再生能源的部署提供支持。五是建立、健全、完善、落实可再生能源电力消纳保障机制，并加快科技创新和体制机制创新，为可再生能源高比例高质量发展创造良好的条件。

3. 统筹推动区域多元协调低碳转型发展

我国幅员辽阔，区域间经济发展方式、经济结构、社会发展水平、自然资源禀赋和技术水平等方面都存在着显著差异，这对不同区域碳减排路径的设计提出了不同要求。基于国家经济社会发展的战略布局和中西部地区资源禀赋的现实情况，中西部地区在生产大量能源、电力的同时，也承担了来自东部省份的大量转移排放[25]。防范不同区域之间的碳泄漏，不仅关系到碳减排目标分解的合理性和公平性，而且关系到我国低碳发展目标的实现与公正转型问题。因此，应在现有排放责任区分的基础上，将消费和转移排放计入，确立差异化的区域低碳发展目标。

具体而言，东部沿海比较发达的地区以及西南一些可再生能源资源非常丰富的地区，应该研究和规划在“十四五”期间率先实现二氧化碳排放达到峰值，为“十五五”期间全国范围内碳排放达峰创造有利的条件。推动制造业加速向西北、西南地区的清洁能源基地转移，促进可再生能源的就地消化。同时，要特别关注转型过程中可能带来的公平公正问题，尤其是煤炭依赖地区的就业和经济发展问题，以及贫困地区的清洁能源可及问题，要通过能力建设、财政转移支付、生态补偿等手段妥善加以解决。此外，要认识到基于自然的解决方案将对碳中和目标的实现起到重要的补充作用。逐步增加自然保护地面积和加强自然修复，提高森林、草原、湿地、农业用地的储碳能力，并有意识地利用基于自然的解决方案，同时解决应对气候变化、支持可持续发展、保护生物多样性、减灾防灾、扶贫减困等问题，发挥多领域的协同效应[26]。

4.“软硬”兼施建设绿色综合现代交通体系

系统性推动交通系统和交通服务变革。目前，中国主要交通方式的低碳化技术障碍已基本扫清，但未形成有效的低碳综合交通运输体系和相匹配的低碳交通服务体系，以推动交通系统低碳转型。因此，应坚持把调整交通运输结构作为交通运输低碳发展的主攻方向，建设以低碳排放为特征的现代综合交通体系，充分发挥各种运输方式的比较优势和组合效益，建立现代综合交通体系。一是积极推进大宗货物的“公转铁”行动，加快推进“公转铁”重点项目建设。二是积极开展内河航运振兴行动，加快畅通重要航段和运输通道，补齐内河航运短板，提升内河航运干支联动能力。三是积极推进运输方式创新，加快推进先进运输组织方式的创新。着力优化旅客运输结构，推动中长距离的航空交通方式低碳转型，鼓励城际低碳出行模式构建便捷优质的客运服务体系，着力提升客运服务水平。优化交通运输网络布局，提升资源集约利用水平。坚持把倡导绿色交通消费理念、完善绿色出行体系作为交通运输低碳发展的重大战略选择。积极构建完善的绿色出行客运服务体系，积极开展全民绿色出行宣传教育活动。提升交通运输综合能效和减排效率。加快推进新能源汽车的电动化、智能化和共享化应用，加快提升低碳交通技术研发能力，加快完善低碳交通的科技创新机制。

5. 推进非二氧化碳温室气体减排

中国已经做出 2030 年和 2060 年的中长期减排承诺，但目前的承诺中并没有说明是否将非二氧化碳温室气体纳入编制清单和减排整体目标中。2014 年，非二氧化碳温室气体排放占中国温室气体排放总量的 16% 左右，未来随着能源领域深度减排目标的实现，非二氧化碳温室气体排放占比将呈上升趋势，其边际减排成本也呈陡峭上升趋势[27]，而当前还鲜有针对降低非二氧化碳温室气体减排成本的有效解决方案。因此，应针对具体来源的非二氧化碳温室气体和短寿命气候污染物的减排指标进行评估，制定涵盖所有经济部门的温室气体减排的整体目标，并适时纳入中国碳中和愿景，这将有助于中国更好地响应《巴黎协定》附件 4 的倡议——鼓励发展中国家“根据不同的国情，逐渐转向全经济范围减排或限排目标”[28]。应推动落实《基加利修正案》，加强非二氧化碳温室气体减排的突破性技术研发和应用，并提供足够的资金支持，将非二氧化碳温室气体（尤其是甲烷）减排同二氧化碳减排、有序退煤、消耗臭氧层物质替代、提高制冷效率、空气污染治理等相结合。

6. 部署面向碳中和的低碳技术支撑体系

碳中和愿景的实现，最终要落实到低排放、零排放和负排放技术在生产生活中的广泛应用。尽快面向碳中和目标需求，启动制定中长期低碳科技创新规划，加快碳中和关键核心技术研发与应用。建立世界领先的低碳科技创新体系，推动关键共性技术、前沿引领性技术和颠覆性创新技术的研发创新和商业化应用推广，包括能效、可再生能源大型并网、分布式可再生能源、先进核能、氢燃料电池、大规模储能、智能电网、再生资源回收、BECCS、直接空气捕集（DAC），以及碳捕获、利用与封存（CCUS）等。部署一批具有前瞻性、系统性、战略性的低碳排放技术研发和创新项目，突破碳中和发展中关键材料、仪器设备、核心工艺、工业控制装置等领域的技术瓶颈，逐步打造以新技术、新产品、新业态、新模式为特点的全球碳中和发展创新中心。

同时，要推动新一代信息技术和先进低碳技术的深度融合，全面大幅提升能源利用效率，通过碳中和愿景的引领和倒逼，在发展潜力大、带动性强的数字经济、清洁能源、智慧城市等高科技、高效益和低排放领域培育新的增长动能，逐步形成若干国际先进绿色低碳制造业集群。进一步加强碳中和导向的国际技术合作与技术援助，启动中国主导的应对气候变化与碳中和领域国际大科学计划，创建相关国际组织。

7. 改变需求结构，引导建立低碳消费理念

出台鼓励绿色低碳产品的消费政策与定价机制，扩大绿色低碳产品和服务的供给，推行低碳、零碳产品标识，降低绿色低碳产品的认证成本，提高绿色低碳产品在市场中的识别度和占有率，引导绿色消费时尚。加强绿色采购，创建节约型机关、低碳学校、低碳社区、低碳医院等。科学规划城市建设，促进城市发展“混合用地”，降低出行距离，发展低碳化的公共休闲娱乐设施和文化消费基础设施，大力发展城市公共交通，为低碳出行提供便利。引导社会公众形成勤俭节约的消费观念和文明简朴的生活方式，促进低碳社会建设。加强舆论引导和信息传播，提高公众对气候变化的认识，鼓励公众和社会基层团体的广泛参与和积极行动。

（三）政策保障体系

1. 建立健全以应对气候变化法为统领的法律法规体系

应尽快启动应对气候变化专门立法进程，将制定应对气候变化法或碳中和促进法列入当前立法计划及十四届全国人大常委会立法规划，推动中国气候立法，向世界积极展示负责任的大国形象。应对气候变化法应当构建以碳排放或温室气体排放总量控制制度为核心，以碳排放许可、碳排放空间配置、碳排放权交易、碳排放测量报告核查等配套制度为支撑，兼及清洁发展与绿色低碳转型等灵活执行机制的法律制度体系，促进实现碳中和与建设零碳社会。

在此基础上，考虑到实现碳中和目标的综合性和复杂性，应以调整优化能源结构为导向，统筹制修订能源法、电力法、煤炭法、可再生能源法、节约能源法等相关法律；以促进资源循环高效利用为导向，统筹修改循环经济促进法和清洁生产促进法；以构建国家公园为主体的自然保护地体系、适应气候变化为导向，统筹自然保护地法、国家公园法、湿地保护法、自然保护区条例等的制修订，为中国全面绿色低碳转型提供相关法律保障。各地区各部门也应该在上述法律框架下，制定相关行政法规和地方性法规，为碳市场、绿色低碳转型、清洁发展等的正常运行提供制度保障。此外，要建立围绕高质量发展和碳中和目标的渐进强化标准体系，根据实现碳中和的时间节点，设计基于高质量发展要求、产品使用周期及全生命周期影响的新型绿色低碳标准，有效地延长产品服务周期和提高服务质量，包括行业、技术、产品、气候投融资等标准，为实现碳达峰与碳中和提供技术规范与引领[26]。

2. 完善应对气候变化的宏观协调管理机制

应发挥好国家应对气候变化和节能减排工作领导小组的作用，完善办公室设置和协调程序，推动领导小组工作的制度化和常态化，加强统筹协调，进一步完善相关部门的职责和工作程序，确保应对气候变化工作得到中央各职能部门的重视和落实，形成更广泛的共识及协调合作机制。同时，进一步加强地方应对气候变化和低碳转型的能力建设。鉴于应对气候变化国际合作的重要性，需要健全中国对外谈判的领导机制。考虑到中欧已经达成的应对气候变化、发展循环经济等共识，建立环境与气候高层对话、绿色合作伙伴关系等机制。同时，考虑到美国拜登政府应对气候变化的官员及机构设置，中国也应加快已有交流渠道的制度化，建立对等领导和协调管理机制，加强各部门的沟通协作，统筹制定相关战略和措施，形成政策合力。

3. 建立碳排放总量控制目标体系及相关制度

与发达国家履约的绝对量碳减排不同，中国的碳总量控制目标要根据自身行政执行体制，建立自上而下与自下而上相结合并与经济复苏和适度超前发展相适应的目标体系。建议构建以碳排放总量控制目标为核心、碳排放强度和能耗强度双降的目标体系，完善现有的能源双控制度，并将其纳入“十四五”规划。这套目标体系一方面直接面向碳达峰和碳中和目标；另一方面有利于促进经济结构转型和构建安全高效清洁低碳的现代能源体系，特别是高比例可再生能源体系，同时避免现阶段能源总量硬约束对经济发展的不利影响。在具体目标值确立过程中，应充分借鉴现有能源、环境约束性指标的制定经验和实施办法，碳总量控制目标体系要反映经济、能源、环境全面发展状况，根据潜在的经济环境发展目标指标进行估算，并通过 GDP 发展目标、能耗强度下降目标、非化石能源占能源消费总量比重等目标，确定碳排放总量目标范围。同时，还要进一步完善碳排放统计核算体系及相关制度[26]。

通过中央与地方协商制定和分配碳排放总量控制目标，推动地方和行业形成政策合力。特定区域和行业的总量控制，应按照经济发展阶段、结构调整、技术升级、能源替代潜力、空气质量和大气污染总量控制要求等因素的变化，同时，考虑区域间电力调入调出以及人口转移等因素对碳排放转移产生的影响，合理进行空间配置、碳达峰总量及时间安排。此外，鉴于当前国际国内经济发展的不确定性，“十四五”期间应对减排形势进行定期评估，并根据实际情况对碳排放总量指标进行适当调整[29]。

4. 推动地方和行业形成促进碳达峰的政策合力

为确保推动地方、部门和行业采取行动的效力和国际显示度、影响力，建议由党中央、国务院发布 2030 年前碳达峰的行动方案。核心内容是推动地方和行业认识碳达峰行动的重要意义，并要求各地方和重点行业制定碳达峰路线图和行动方案，明确相关部门在碳达峰行动中的责任，推动形成促进碳达峰的政策合力和良治体系。

推动地方和重点行业开展碳达峰行动。建议生态环境部会同有关部门，支持和推动各省（区、市）结合各自经济社会发展实际和实现高质量发展要求，深入研究各地二氧化碳减排潜力，适时提出明确的碳达峰目标年，制定碳达峰路线图、行动方案、重点项目和配套措施计划，并纳入地方和行业发展规划，切实加以落实。对于已经提出碳达峰目标的省（区、市），要进一步加强对目标力度和可行性的论证，并在 2021 年发布碳达峰行动方案；对于东部经济发达和工作基础好的省（区、市），要求于 2021 年年底之前发布其二氧化碳排放达峰目标年和行动方案；对于经济社会发展相对落后、工作基础不足的省（区、市），要在 2023 年之前确定二氧化碳排放达峰目标年并发布行动方案。研究提出重点行业二氧化碳排放达峰的具体要求，包括碳达峰时间、重点技术、重大举措，优先推动在高耗能、高排放行业开展碳达峰行动。同时，探索地方和行业在碳达峰目标、政策措施上相互协调的手段和路径。

5. 加快由全国碳市场领衔的市场机制建设

一是继续完善全国碳市场顶层设计，提供长期稳定的市场预期。碳市场未来需要通过确保配额总量的稀缺性、包含碳金融在内的市场机制设计以及严格的市场监管，使碳价保持在一定水平，从而实现市场主体对市场碳价格的长期稳定预期，并通过有效的价格传导机制实现对企业投资决策的影响，从而推动企业加强低碳技术与产品的创新。二是夯实碳市场建设的法律基础。产权明晰是建立碳排放市场的前提要素[30, 31]，明晰碳排放权的资产属性，包括碳排放权是否需要以及是否能够赋予财产权属性，避免碳排放权分配和交易过程中的市场失灵，同时对于违约的严格执法也有法律依据，可以有效地保障碳市场的顺利运行。三是做好国家和地方机构改革过程中的政策衔接与能力建设。四是制定碳市场国际合作路线图，设定分阶段目标与重点任务。一方面，继续加强与英国和欧盟国家等发达国家和地区的合作，通过借鉴国际碳市场的发展经验和教训，完善中国碳市场的顶层设计，预判市场发展过程中可能出现的问题；另一方面，随着“一带一路”倡议的深入推进，中国可以考虑推动“一带一路”沿线国家加入碳市场互联互通合作，并在这个过程中参与相关国际规则的制定，制定碳市场国际合作路线图，设定分阶段目标与重点任务，从而与中国推进人类命运共同体建设的各项举措更好地衔接。五是在开展碳交易的同时，中国仍有必要为开征碳税预留政策窗口，并择机推动碳税政策落实。由于政府管理能力和企业交易能力的限制，碳交易市场并不能覆盖所有的企业和碳排放量，而且碳交易市场存在价格失灵的可能[32]。另外，由于中国地区发展差异大，单纯依靠碳市场难以有效调节各地的碳排放行为，只靠碳交易机制不能充分实现中国的碳减排目标。因此，基于实际国情，我们有必要为开征碳税预留政策窗口，择机与碳交易并行应用、协调配合。

6. 完善气候投融资政策体系

贯彻落实《关于促进应对气候变化投融资的指导意见》（环气候〔2020〕57 号），逐步构建气候投融资政策体系。将气候因素纳入现有的绿色投融资体系，从源头上确保气候友好的投融资导向，为引导市场主体开展气候投融资活动和规范金融机构产品创新提供分类标准和政策依据。加大各级政府对绿色低碳转型发展的财政投入和税收优惠，推动构建有利于气候投融资工作的政策环境，尽快启动气候投融资地方试点工作，鼓励开展气候投融资产品和工具创新，开发适用、高效、先进的气候投融资分类标准体系，完善多元资金的治理结构，防范绿色债务风险。在国家绿色发展基金中设立促进全面绿色低碳转型与创新的重点投资领域，或单独建立绿色复苏与公正转型基金，优先支持有序退煤、高耗能产业转型升级、落后困难地区公正转型相关项目。针对企业的环境责任和投资绩效，推进环境、社会和公司治理（ESG）综合框架，推动企业环境信息披露、长期环境气候计划制订和综合绩效评估，制定相应的投融资准则。

7. 加强气候变化与大气污染协同治理

气候变化与大气污染的协同治理符合中国国情与治理现实的需要。中国在工业化和城市化进程中消费大量能源，而当前中国的能源结构仍然以煤为主，这使温室气体与常规空气污染物排放总量居高不下，减排和环境质量改善还需要较长时间。中国作为世界上最大的发展中国家，治理空气污染更具有紧迫性，更加有必要将两类政策有效结合。过去长时间内，中国气候变化与大气污染治理职能分属不同主管部门。气候变化主管部门主要通过制定能源规划、能效标准与产业政策控制温室气体的排放，而大气污染治理主管部门则通过末端排放治理、企业生产调节等措施降低大气污染物的排放，两类政策的协同性相对较弱。

建议加强气候变化与大气污染协同治理。在社会经济发展规划、能源发展规划以及各部门专项规划中充分考虑气候变化与大气污染的协同效益，并将区域与行业碳排放量、单位 GDP 碳排放强度等指标和空气污染相关指标对接。加强气候主管部门与能源、资源、环境等主管部门的对接，推动建立气候友好的经济社会环境治理体系。在具体政策制定方面，实施气候友好的大气污染防治战略，协调常规大气污染物减排与温室气体排放控制措施，并通过两种措施的优化组合，以最小成本实现控制大气污染与应对气候变化的“双赢”。

四、以碳定价为核心的市场机制

（一）碳定价机制简介

在温室气体减排政策、措施和手段中，经济手段得到越来越多的重视和广泛应用。其中，以碳交易机制和碳税制度为主的碳定价政策成为世界上众多国家实现温室气体排放控制目标的主要经济手段。

碳定价是指对温室气体排放以每吨二氧化碳当量为单位进行明确定价的机制，主要包括碳税、碳排放权交易体系（ETS）、碳信用机制和基于结果的气候融资（RBCF）等。

碳税是指针对二氧化碳排放所征收的税，目的是通过税收手段将二氧化碳排放带来的环境成本转化为生产经营成本。

ETS 是一项减排政策工具，为排放者设定排放限额，允许其通过交易排放配额的方式进行履约。ETS 有总量控制和交易型、基准线和信用交易型两种主要形式。第一种形式，政府为某个特定经济领域设定排放总量限额，排放单位可以用于拍卖或配额发放，受约束实体每排放 1 t 二氧化碳温室气体，需上缴一个排放单位。受约束实体可自行选择将政府发放的配额用于自身减排义务抵销或进行交易。第二种形式，政府为受约束实体设立排放基准线，当排放量超过基准线时，受约束实体需上缴碳信用以抵销排放；当排放量减至基准线以下时，受约束实体可以获得碳信用并出售给有需要的其他排放者。

专栏 1-1 碳税和碳交易机制优劣势分析

碳税主要具备以下优势：一是见效快，可直接增加温室气体排放成本，快速挤压资源密集型企业的利润空间，倒逼其采取节能减排或限制升温的措施，在短时间内实现大幅减排。二是实施成本低，主要依托现有税政体系实施，无须设置新机构，也无须考虑配套基础设施等问题。三是税率稳定，形成稳定的碳价格预期指引，企业可安排中长期减排计划。但需要看到的是，碳税对碳排放总量控制力度不足。若碳税税率相对较低，高排放、高收益的企业可维持原有生产经营模式不变，减排意愿低。

碳交易主要具备三方面优势。一是减排效果具有确定性。在 ETS 制度下，政府直接确定一段时期内碳排放配额总量，即二氧化碳最大排放量，因此减排成果更直观、明确，不需要其他中间变量传导。二是通过价格手段促使企业减排，且具有较为完善的价格发现机制。除常规配额交易外，ETS 还可开展配额期货、期权等衍生品交易，进一步提高市场效率。三是促进跨境减排协调，不同的 ETS 间能实现互联互通，形成跨国、跨地区的碳排放权市场。联通后 ETS 能够在更大范围内优化减排安排，同时提高市场流动性。但 ETS 设计难度大，运行成本高，排放配额等关键参数的确定只能靠估算，且突发状况难以预见，很难保证按设想推进。政府需持续监测、评估 ETS 运行情况并进行相应的调整，这就需要占用大量的行政资源。

（二）碳定价实践在全球范围内不断推进

1. 碳定价机制国际进展

截至 2021 年 5 月，全球实施的碳定价机制有 64 项，计划实施的有 3 项 [33]，覆盖的碳排放量占全球总排放量的 21.5%，显著高于 2020 年的 15.1%。这一增长主要来自中国全国碳排放交易市场的启动。2020 年，碳定价机制在全球创造了 530 亿美元的收入，比 2019 年增加约 80 亿美元，主要来自欧盟配额价格的上涨。

（1）碳定价机制正在继续主流化，为加强气候承诺，很多国家和地区扩大了碳定价机制的覆盖面。越来越多的司法管辖区开始考虑在现有碳定价体系范围之外补充其他碳定价手段，以达到减排目标。例如，德国、奥地利和卢森堡计划对未纳入欧盟碳排放交易体系（EU ETS）的产业实行碳定价政策。为实现净零排放，很多司法管辖区都加强采用信用机制和基于结果的气候融资。随着碳边境调节机制这一议题在欧洲重新被提上日程，各国很可能因此受到激励，更加积极主动地实施碳定价机制。

（2）尽管碳价在许多地区不断提高，仍远远低于实现《巴黎协定》目标所需水平。据碳价格高级别委员会估计，若想以高成本效益方式减少碳排放，碳价在 2020 年前至少需达到 40 ～ 80 美元 /t，2030 年前达到 50 ～ 100 美元 /t。然而，当前碳定价机制所覆盖的温室气体排放量中，只有不到 5% 的价格达到这个范围。约一半的排放量价格低于 10 美元 /t。国际货币基金组织估算，目前，全球平均碳价格仅为 2 美元 /t。

（3）为减少碳排放，越来越多的企业开始使用内部碳定价的方式。2020 年，全球共有 853 家企业宣布已使用内部碳定价，1 159 家企业表示有意在未来两年内采用内部碳定价，包括世界 500 强企业中的 226 家，共比 2019 年增长了 20%，所涉及企业的市值总额从 2017 年的 7 万亿美元增长至 27 万亿美元。这表明，私营部门已经开始将气候风险纳入其长期战略，碳价也逐渐成为投资决策的重要参考。但内部碳定价存在缺乏透明度、标准不统一等问题，目前很难对比各企业的内部碳定价水平并评估其影响。

（4）越来越多的金融机构开始直接参与碳定价。当前，大部分碳市场对参与者有严格限制，但几个关键碳市场正逐步向金融机构开放。其中，欧盟碳市场中已有约 250 家投资基金积极参与。金融机构的参与有助于提升市场活力，但也带来了风险，例如，金融机构的投机行为会导致配额价格出现较大波动，需要强化监管。

（5）碳信用交易活动开始逐渐转移到“京都机制”之外的项目中。截至 2020 年 5 月，登记在册的碳信用项目共计逾 14 500 个，累计减排近 40 亿 t 二氧化碳当量。过去，清洁发展机制（CDM）经常在碳信用活动中占据支配性地位。但在 2012 年 CDM 市场价格暴跌之后，CDM 项目交易趋于稳定。企业在自愿碳市场上保持活跃，独立信用机制下的碳信用几乎占到 2019 年总量的三分之二。同样，各国政府也在发展国内碳信用机制。这些项目不仅会为当地带来收益，还为企业创造了一定的灵活性以适应国内碳定价政策。

2. 典型国家和地区碳定价机制进展

（1）欧盟

经过长期的实践探索，欧盟形成了以 EU ETS 为核心的碳定价机制。

EU ETS分为4个发展阶段，第一阶段为2005—2007年，第二阶段为2008—2012年，第三阶段为2013—2020年，第四阶段为2021—2030年。其中，第三阶段是EU ETS成熟发展阶段。除配额总量的确定由自下而上过渡到自上而下并由欧盟统一制定外，配额分配方式也从免费向有偿转变，2013年40%以上的配额被拍卖且该比例还会逐年递增（电力部门100%拍卖）。由于第一、第二阶段获取了大量企业级排放的微观数据，因而基准法替代了历史法，成为剩余免费配额分配的主要方式。其覆盖的行业更广，包括发电与供热部门、能源密集型工业部门，以及欧盟内部的商业航空公司；覆盖的温室气体也更全，从二氧化碳增加到二氧化碳、氧化亚氮与全氟碳化合物。为了解决前两个阶段配额供给过剩和碳价低迷的问题，欧盟决定在2019年引入“市场稳定储备”（MSR）机制，MSR发挥作用的核心在于削减市场流通的总配额以体现配额的稀缺性。EU ETS的灵活性机制是在《京都议定书》框架下规定的清洁发展机制以及联合履约机制，通过协助他国减排产生的国际信用核证减排量以及减排单位可以帮助抵销国内的排放，以实现具有成本效益的减排。EU ETS的惩罚机制也越发严格，对于未能完成减排目标的排放单位，不仅要求其在下一年补齐未完成的配额，罚款也从40欧元/t二氧化碳当量增加至100欧元/t二氧化碳当量。

为确保减排的全经济领域覆盖，《减排分担决议》（ESR）作为EU ETS的互补机制，于2009年正式通过并于2019年修订。ESR覆盖了EU ETS覆盖以外所有行业的温室气体排放，包括交通运输、民用建筑、小型工业（EU ETS覆盖以外的工业）以及农林牧渔业等。努力共享决定减排的对象是在《京都议定书》框架下规定的全6种温室气体（二氧化碳、甲烷、氧化亚氮、氢氟碳化合物、全氟碳化合物及六氟化硫）。ESR将EU ETS以外的排放额度分配到成员国，并设置了比较灵活的执行机制，允许配额跨期存储和使用，允许国家之间进行配额转让交易。

（2）美国

美国虽然缺乏联邦层面的碳交易机制，但地方碳交易较为活跃，出现了一些由州或企业发起，限制温室气体排放、鼓励能源创新技术及绿色就业的碳交易制度，其中以区域碳污染减排计划（RGGI）加利福尼亚州排放交易体系最具影响力。

自2018年以来，RGGI排放目标不断强化，到2020年，计划将电力部门二氧化碳排放在2005年水平上减排50%，2030年在2020年水平上再减排30%。RGGI的改革措施还包括建立成本控制储备库，以应对配额供需失衡情况，即当二级市场配额价格达到10美元/st[1]时，触发储备库释放配额以平抑碳价，触发价格还将逐年提高。

---

1 1 st（短吨）= 0.907 t。

2018 年年底，加利福尼亚州批准了其碳交易体系 2020 年后的改革措施。为助力实现加利福尼亚州 2030 年温室气体减排目标，碳交易体系在价格上限、价格控制措施、减少免费配额分配和减排量抵销的使用等方面进行修改，并于 2019 年 4 月起生效实施。

（3）加拿大

自 2019 年起，加拿大在《泛加拿大清洁增长与气候变化框架》下要求各辖区于 2018 年后建立碳交易、碳税或者两者混合的碳定价机制，否则将使用联邦后备碳定价机制。联邦后备碳定价机制主要包括两部分：一部分是化石燃料监管费，从 2019 年的 20 加元 /t 二氧化碳当量起征，每年增加 10 加元 /t 二氧化碳当量，直到 2022 年达到 50 加元 /t 二氧化碳当量；另一部分是一套基于产出的定价系统（OBPS），为发电及更多工业活动设定排放强度标准。OBPS 适用于辖区内每年排放 5 万 t 以上二氧化碳当量的设施或任何符合条件自愿参与的设施。这两部分可以共同实施，也可以分开实施。OBPS 实体也可用符合条件的碳信用抵销其排放。

部分省和地区开始实施联邦后备碳定价机制，除此之外，西北地区碳税于 2019 年 9 月 1 日起生效。新不伦瑞克省于 2020 年 4 月 1 日也开始征收碳税，税率为 30 加元 /t 二氧化碳当量，用碳税取代了联邦机制的燃料费。艾伯塔省于 2019 年 5 月 30 日取消了碳税，并用科技创新和减排计划（TIER）取代了碳竞争力激励条例。TIER 是一个基线减排和信用交易型碳排放交易体系，自 2020 年 1 月起生效。马尼托巴省、新不伦瑞克省和安大略省正考虑采用补充性碳定价机制。

3. 碳定价机制在实践中面临的挑战

一是存在碳泄漏风险，不利于全球减排联动。碳泄漏指实施碳税或 ETS 后，跨国企业可将高碳产业转移至低排放成本地区，致使本应减少的碳排放转移到其他地区排出，造成本地区碳税政策效果大打折扣。欧盟正在讨论于 2021 年启动碳边境调节机制，对从碳定价低的国家进口的特定高碳排放产品征税，或为碳定价高的国家出口商提供出口退税，避免减排的先行国家处于竞争劣势，同时规避碳泄漏问题。目前，碳边境调节机制仍未见实施，主要面临进口商品碳含量计算困难、与世界贸易组织规则不相容等挑战。

二是碳税税率水平较低，或碳排放配额过剩，不利于碳价格机制发挥调解作用。碳价格直接对标企业的碳排放成本。目前，在碳税制度上，整体税率普遍较低；在碳排放权交易制度上，政府往往高估了配额需求，甚至免费发放配额，且允许未使用配额跨年度累积，导致配额过剩，压低交易价格。对于高排放、高利润企业，碳价格偏低将削弱减排动力，达不到预想的政策效果。

三是可能会加剧社会不平等问题。碳价格可能推高部分生活必需品的价格，尤其是电价。生活必需品支出在低收入群体总支出中占比重更大，导致碳税或碳排放权交易体系对低收入群体的影响比中高收入群体更大。因此，部分碳税收入或碳排放配额拍卖收入可用于帮扶社会弱势群体。

（三）中国碳定价机制的进展与问题

1. 碳定价是中国碳中和的重要政策工具

通过显性或隐性两种方式为碳排放造成的外部性进行定价，从而激励排放主体将碳排放因素纳入生产与消费决策中，是控制温室气体排放政策的重要范式。长期以来，中国的气候政策主要依赖能源、环境、产业等领域政策发挥的协同效应，逐渐形成了“搭便车”式的政策结构。但是协同性政策并非专门针对碳排放管控而设计，随着国家持续提升应对气候变化的雄心，如果只依靠协同性政策，减排差距将会逐渐扩大，无法满足国家的中长期减排需求。在这种情况下，专门针对温室气体减排的碳定价会成为中国深化气候治理，实现碳中和的主导性手段。

碳定价是推动减排的重要工具。目前，国际上推动建立有效的碳定价机制是应对气候挑战的重要抓手。碳定价可以全面激励转型，为重点排放行业提供明确价值导向，碳定价机制产生的收入可用于支持公正转型。碳定价也是成本最小化的工具，其产生的价格信号可以遏制“搭便车”效应，引导社会自发进行绿色投资和创新。碳定价还可以提高高碳消费的成本，遏制不必要的高碳消费活动。在全球主要碳排放主体普遍建立碳定价机制的基础上，碳定价机制可以为全球合作提供价格信号。尤其在电力、水泥、钢铁等特定行业中碳定价可以发挥重要作用，加速重点排放行业的降碳进程。在未来，对其他种类温室气体进行碳定价也可以助力实现碳中和，IEA 的研究认为，碳定价可以将甲烷等其他温室气体纳入其中，模型研究认为 20 美元的等效碳价就可以充分推动甲烷减排，有事半功倍的效果。

2. 中国碳定价进展

中国正在加速建立碳定价机制。2020 年 10 月 28 日，《全国碳排放权交易管理办法（试行）》（征求意见稿）和《全国碳排放权登记交易结算管理办法（试行）》（征求意见稿）两个文件公开征求意见。正式文件已于 2020 年 12 月 25 日由生态环境部部务会议审议通过，自 2021 年 2 月 1 日起施行。生态环境部还在 2020 年 12 月 31 日印发了《2019—2020 年全国碳排放权交易配额总量设定与分配实施方案（发电行业）》。这些都将有力支撑全国碳排放权交易市场进入实质性运行阶段。2021 年 5 月 14 日，生态环境部发布《碳排放权登记管理规则（试行）》、《碳排放权交易管理规则（试行）》和《碳排放权结算管理规则（试行）》，进一步规范了全国碳排放权登记、交易、结算活动。2021 年 6 月 22 日，上海环境能源交易所发布的《关于全国碳排放权交易相关事项的公告》明确了交易细节等相关事项。2021 年 7 月 16 日，全国碳市场开始第一批交易，实现从十年试点到全国统一开市的跨越。

全国碳市场选择以发电行业为突破口，有以下 3 个方面考虑：一是发电行业的二氧化碳排放量比较大。包括自备电厂在内的全国 2 000 多家发电行业重点排放单位，年排放二氧化碳超过 40 亿 t，因此把发电行业作为首批启动行业，能够充分地发挥碳市场控制温室气体排放的积极作用。实际上，当前中国的碳排放权交易市场已经成为全球覆盖温室气体排放量规模最大的碳市场。二是发电行业的管理制度相对健全，数据基础比较好。准确、有效地获取排放数据是开展碳市场交易的前提。发电行业产品单一，排放数据计量设施完备，整个行业的自动化管理程度高、数据管理规范，而且容易核实，配额分配简便易行。三是发电行业二氧化碳排放量大、煤炭消费多，将其首先纳入，可以起到减污降碳协同的作用。

此次市场启动初期只在发电行业重点排放单位之间开展配额现货交易，并衔接中国正在实行的碳排放强度管理制度，采用基准法对全国发电行业重点排放单位分配核发首批配额，并严格落实碳排放核算、核查、报告制度，提升数据质量。目前，在全国碳市场相关的制度设计中，考虑通过改进配额分配方法、引入抵销机制等政策措施来引导市场预期，从而形成合理碳价。

下一步，按照成熟一个、批准发布一个的原则，将加快对相关行业温室气体排放核算与报告国家标准的制修订工作，研究制定分行业配额分配方案，在发电行业碳市场健康运行以后，进一步扩大碳市场覆盖的行业范围。

现有的碳定价实践已经显现成效。首先，在碳价的激励下，企业开始将排放配额作为生产要素之一，有利于碳排放的外部成本内部化。其次，促进了企业低碳创新，碳价信号越显著，对低碳技术创新的诱导作用就越强。再次，强化了应对气候变化的能力建设，增强了政府部门的碳排放监管能力，也提升了碳排放主体对自身排放行为的管理能力。最后，体现了中国参与全球气候治理的积极态度，通过加入国际碳定价体系，提升了中国在全球气候治理领域的话语权和影响力。

3. 中国碳定价机制面临的问题和挑战

（1）碳定价缺乏坚实的法治化基础，与总体政策目标的联系不足。当前仍未明确碳定价机制在碳达峰、碳中和目标中的地位，以及在碳达峰、碳中和目标下形成排放约束目标，未能形成长期有效的减排约束，严重依赖“搭便车”式的治理结构和运动式的治理模式。虽然碳排放强度目标的市场机制可以发挥减排作用，但难以契合碳达峰、碳中和目标的实现。中国碳市场应从基准线法逐步转向基于绝对排放上限的总量制度，以实现与碳达峰、碳中和目标的有效契合。

（2）中国碳定价机制的价格发现作用未实现。中国碳市场的碳配额属性仍未明确，分配方式仍以行政分配手段为主导，注重强调企业的减排责任。以行政手段分配配额的方式对主管部门提出中立的要求，但在政策实施层面容易受到利益相关者的影响，未充分实现市场均衡，也未起到降低成本的作用，碳市场难以发现碳的真实价格。

（3）中国碳市场的产权性质仍不明确。目前的碳配额由政府免费发放给企业，这种安排确实顺应减税降费的宏观政策取向，但忽视了企业本应承担的责任与义务。

（4）碳交易市场存在价格失灵的风险。碳价格是碳交易市场制度建设的核心，碳交易市场只有在市场供求机制和竞争机制的作用下，才能形成合理的碳价格，在价格机制的引导下合理配置减排资源，促使企业以最低成本进行节能减排。而这要求有准确的排放数据、从紧的配额总量、严格的履约法规、适度的流动性、相当规模的交易量、多元化的投资者结构等重要条件。从试点可以看到，在国内的市场经济环境下要具备上述条件还需要一定的时间。即使是市场经济发展较为完善的欧盟成员国，碳交易市场也曾经发生过价格失灵，全国碳市场发展过程中可能难以避免此类风险。因此，除碳市场手段外，还有必要考虑运用碳税手段及时解决碳交易的价格失灵问题。

（四）推动中国碳定价制度渐进完善的建议

实践表明，碳定价顶层设计应当坚持法治化和市场化两大原则。关于法治化，要利用法律的强制性为气候治理提供兜底保障，要利用法治手段的稳定性形成低碳转型的长效信号，也要利用法治手段保障碳定价的效率与公平。关于市场化，要利用显性碳价充分发挥市场对气候容量资源的配置作用，提高碳减排政策的成本有效性，尽可能降低碳定价对宏观经济的冲击。与基于政府调控的行政手段相比，市场化手段的减排效率更高，并可避免“由政府挑选赢家”的争议和政府补贴引发的国际贸易摩擦。

一是制定碳排放总量控制制度，为碳排放交易提供制度基础。研究构建中国碳排放总量控制制度，为碳市场提供顶层制度基础，以自下而上的方式确立市场覆盖范围内的排放配额总量，然后按照行业纵向分配到排放源。结合国家对地区的碳排放总量目标，形成体现市场排放者付费原则与地方政府对本地环境质量负总责原则的双重约束机制，并最终形成一个规划，初期末期依托行政考核，日常监督依靠法规制度，同时充分发挥碳排放总量目标实施考核体系的市场调控作用。

二是稳步加快全国碳排放权交易体系建设，适时建设混合式碳定价体系。逐步增加有偿拍卖配额的比例，优先将可再生能源尽早引入目前以电力行业为主的全国碳排放权交易体系，并逐步纳入钢铁、电解铝、水泥、化工和石油化工等其他重点排放行业。根据控制交易成本的原则建立混合式碳定价体系。将排放集中度较高的企业纳入碳交易体系，面向量大面小排放源应用控制减碳成本的碳税体系。

三是逐步引入碳金融工具，激发市场活力，加速低碳转型。鼓励相关金融机构和碳资产管理公司参与市场交易、创新产品工具，扩大低碳投资资金供给，引导形成稳定碳价预期。适当放宽准入，探索建立碳金融行业自律机制。培育中介机构和市场，鼓励数字技术与碳金融深度融合。

四是夯实碳排放核算基础能力，提高碳定价机制透明度。在现有企业碳排放核算体系的基础上，组织编制针对重点出口产品的碳排放核算标准。加快制定重点产品温室气体排放核算、报告和核查管理办法，完善温室气体核算报告指南与技术规范。设立与国际标准一致的碳排放信息披露制度。

五是促进《巴黎协定》有关碳市场机制的谈判取得成果，防止碳泄漏，促进公平贸易。一方面，以 COP26 为契机，推动《巴黎协定》第六条关于市场机制实施细则的谈判，就碳减排相关的市场机制达成一致。通过援助或者技术援助的方式，促进其他没有建立碳排放交易机制的国家逐步建立市场机制，让这些交易机制逐步趋同。另一方面，加强塑造与欧盟的伙伴关系，在国际多边气候治理框架中，促进中欧等联合气候行动。通过“一带一路”绿色投资、低碳零碳技术贸易等方式，促进与欧盟的经济贸易合作，通过务实合作提升应对气候变化的能力。

五、全球气候合作新时代与中国贡献

（一）疫后全球气候合作形势分析

新冠肺炎疫情后的绿色复苏成为国际社会的广泛共识，推动全球经济的绿色复苏，不但能合理利用公共资源，更能全面提升气候韧性，各国都在积极探索在经济复苏中实现低碳转型的路径。虽然新冠肺炎疫情暴发后，全球环境和气候领域的国际合作遭遇瓶颈，但合作发展共赢的历史趋势不会改变，共商共建共享的原则不会改变，实现绿色复苏和低碳转型更需要建立有效的多边合作机制，加强国际合作，共同应对全球性挑战。

1. 全球气候治理国际合作的总体形势

全球气候治理体系的形成经历了一个不断发展完善的过程。《联合国气候变化框架公约》（UNFCCC）、《京都议定书》和《巴黎协定》是全球气候治理体系得以形成的关键性文件，共同构成了气候治理的核心原则与关键制度设计[34]。其本质是发挥协调作用，以最优化的制度安排和以公共资金的方式向发展中国家提供充足及时的支持，维持气候治理体系高效运转，实现应对气候变化的长远目标。

在当前百年变局的新形势下，国际社会面临的问题更趋复杂，也对全球合作应对气候变化进程带来影响。各国在应对新冠肺炎疫情后经济社会复苏过程中多方面的复杂问题时，可能会因急迫解决国内产生的其他问题而降低应对气候变化政策和行动的优先权重，弱化应对气候变化行动的力度并迟滞其进程。在气候变化领域，发展中国家和发达国家“两大阵营”的划分和利益诉求差异明显，美国和欧盟成员国分别是发达国家“两股势力”的代表，而中国则是发展中国家集团的领导核心，中国、美国、欧盟相互之间的博弈关系将对推动全球气候治理进程产生关键性影响。

疫情促使各国深入思考绿色转型的路径，凸显全球合作应对共同挑战的重要意义，改革和完善全球气候治理体系成为国际社会共同关注的内容。气候变化是当前人类社会面临的共同挑战，所有国家都无法置身事外。在全球应对新冠肺炎疫情过程中取得的良好经验可以为“后疫情”时期的全球气候治理提供借鉴。新冠肺炎疫情需要加强全球协同和国际合作，共同提出全球性解决方案，凸显了人类命运共同体理念的价值。就此而言，全球气候变化带来的严峻挑战呈现的也是一种人类共同命运，正是这种共同命运为世界各国基于共识和规则合作应对全球气候变化奠定了深层次的道德和伦理基础[35]。正如习近平主席在气候雄心峰会讲话中强调的，在气候变化挑战面前，人类命运与共，单边主义没有出路。我们只有坚持多边主义，讲团结、促合作，才能互利共赢，福泽各国人民[36]。

2. 绿色复苏与低碳转型国际合作的现实需求

经济持续复苏是新冠肺炎疫情后各国面临的重要挑战，经济激励措施中的“绿色”和“低碳”成为国际社会共同关注的焦点。中国、欧盟及其成员国等都在复苏计划中对绿色发展和低碳转型做出了资金安排。实现绿色低碳发展和应对气候变化都离不开国际合作，各国在绿色基础设施、绿色贸易、绿色政策、低碳技术、清洁能源、循环经济等领域存在广泛的合作需求和合作空间。

（1）在新冠肺炎疫情叠加百年未有之大变局的形势下，各国的绿色复苏之路呼唤建立全球层面更为有效的合作机制。“后疫情”时期，重启经济和恢复民生成为各国面临的首要问题，而重启路径的选择将对全球气候治理走向产生极为重要的影响。实现可持续绿色复苏需要建立强大的生态体系和更高效的经济结构，世界各国都在重新思考实现可持续发展目标和重启经济的路径，在新的经济激励计划中坚持低碳发展道路，共同推动绿色复苏，在各国 NDC 的更新中考虑纳入对经济刺激计划中“绿色低碳”的具体考量。经济的绿色复苏和低碳转型需要国家间的深度合作，包括在技术、政策、标准、制度等层面的协调与交流。原有的全球气候治理体系已无法回应各国经济复苏过程中的现实诉求，无法有效应对诸如气候变化、公共卫生安全等非传统安全的现实挑战[37]，这对新形势下改革和完善全球气候治理体系，建立政府间、企业和行业协会间的多层次合作机制，推动更深层次、更富成效的国际合作提出了新的要求。

（2）国际政治经济格局面临高度不确定性，打破绿色壁垒、拓展资金渠道需要加强各国间的绿色金融合作。借助气候问题构建绿色壁垒的倾向在持续增强，采用碳关税提高贸易壁垒的保护主义势头在扩大，全球经济低迷甚至萎缩态势使援助资金和转移支付资金也面临大幅萎缩的风险。新形势下，各国政府、各级组织间需要进一步加强务实合作，在制定国际气候资金机制规则、气候投融资标准，开展气候投融资活动，建立完善多边金融机构平台，规范和统一气候投融资监测、报告与核查体系等方面发挥作用，多方位拓展合作及资金渠道，保障资金配置和使用效率，增进互信、扩大共识，降低绿色金融的识别成本，促进绿色低碳领域的跨国投资，为全球经济绿色复苏提供金融支持。

（3）新一轮科技革命和产业变革为绿色低碳技术的发展和应用奠定基础，实现低碳转型和共同应对气候变化需要加强技术领域的国际合作。全球正处在新一轮产业技术革命和能源革命浪潮之中，全球产业链面临绿色重构。以能效、储能、负排放技术等为代表的关键低碳技术的发展，以及数字技术与经济社会的深度融合，为绿色低碳发展奠定了基础。在全球经济艰难复苏和深度调整的背景下，欧盟坚持实施“绿色新政”[38]，意图通过发展新兴绿色产业，发掘新的绿色增长点，重塑全球产业链，将推动全球工业转入绿色化发展路径。为打造有竞争力和气候中性的世界经济体，加快全球能源与经济低碳转型的进程，不仅需要建立新的与绿色低碳技术相关的国际合作机制，还需要加强低碳技术、设备和产品的标准对接，共同推动绿色低碳产业的科技创新。

（二）加强气候国际合作的建议

国际政治经济环境和应对气候变化的战略格局正在发生深刻改变，国际关系发生长期性、根本性、结构性变化。当前民粹主义和反全球化潮流盛行，尤其是在新冠肺炎疫情暴发后，全球气候领域的国际谈判议程被迫延后，转型期延长，领导力缺失，全球公共物品提供乏力，全球气候治理面临新的困境，未来国际合作与共同行动的前景不容乐观。但气候变化是人类社会当前面临的重大而紧迫的全球性问题之一，人类是一荣俱荣、一损俱损的命运共同体。应对气候变化，推动绿色低碳发展，需要国际社会坚定信心，凝聚共识，积极努力，加强合作。中国是世界上最大的发展中国家，也是主要的碳排放国家之一，虽自身面临艰巨的发展任务和重重挑战，但仍应在应对绿色复苏和低碳转型的国际合作中发挥更加重要的作用。

一是积极承担推动全球绿色低碳发展的大国责任。作为一个发展中国家，中国在发展进程中为应对气候变化做出了不懈努力和积极贡献，中国取得的巨大发展成就有目共睹。《中共中央关于制定国民经济和社会发展第十四个五年规划和二〇三五年远景目标的建议》中也明确提出“碳排放达峰后稳中有降”和“积极参与和引领应对气候变化等生态环保国际合作”的建议[39]。在推动全球绿色低碳发展的国际合作中，担起大国责任，积极履行应尽的国际义务和责任，信守应对全球气候变化的承诺，不仅有利于中国在国际社会树立负责任大国的形象，在全球治理体系中争取更多话语权，同时也是中国在新的发展阶段加快新旧动能接续转换、推动经济高质量发展、实现可持续发展的内在要求。

二是构建更加公平合理的国际合作机制。全球气候治理是最复杂、最难以达成共识的国际公共问题之一，其背后的关键因素是气候变化，对发展中国家，特别是以农业生产为主的贫穷国家的影响更为直接。在开展应对气候变化合作的过程中，应积极倡导求同存异、相向而行的合作理念，在充分肯定各个国家经过长期努力凝聚的广泛共识的基础上，要在《联合国气候变化框架公约》下做出切实有效的制度安排，进一步推动发达国家与发展中国家开展密切合作，构建更为公平、公正、合理的全球气候治理秩序，力争把合作重点逐步转移到完成近期和中期减排目标上，促使发达国家兑现承诺，向发展中国家持续提供资金与技术支持，帮助发展中国家提升应对气候变化的能力。

三是在中美欧三方博弈中赢得对中国有利的合作格局。拜登政府如果与欧盟一道要求发展中排放大国进一步提高减排和出资力度，限制高碳能源利用，中国将面临巨大压力。一方面，通过加强中欧绿色合作伙伴关系，争取欧盟在绿色低碳发展路径上对中国的支持，创造绿色低碳技术上的中欧合作机会，一定程度上缓解中国与美欧联合体之间的力量制衡；另一方面，通过加强中美之间非国家层面的交流，开展省、州、城市层面的合作，推动智库、企业、高校、研究机构层面的交流，多渠道创造良好的合作氛围，平衡好中美气候竞合关系下的三方力量，创造更有利于中国的中美欧合作局面[29]。

四是扩大应对气候变化绿色低碳技术的国际交流。中国高度重视应对气候变化技术的研究，应对环境变化的资源投入力度持续加强。目前，中国已逐渐从绿色低碳技术的输入国转变为技术输入和输出并行的国家。但在全球层面，应对气候变化技术的全球分布呈现分散态势，技术研发标准存在地区差异，基础研发、系统化和定制化有待形成国际标准和统一范式，大幅增加了相关技术的转化成本，技术的国际标准化和规范化需求迫切。在新形势下，中国应积极把握机遇，做好战略性布局，通过开展多边和双边气候科研合作，构建气候科研合作和成果的共享机制，推动与欧美日等发达国家和地区的低碳技术联合研发计划，筛选气候优化的低碳技术，为全球应对气候变化提供有力的技术支撑，以应对气候变化领域国际科技合作为突破口，引领全球气候治理新方向。

五是推进应对气候变化的区域合作。中国一直是全球气候治理进程的推动者，积极倡导并参与气候变化的多边合作，努力兑现应对气候变化的承诺。面对世界格局的深刻变化，在积极推进应对气候变化全球治理的同时，还应更加关注应对气候变化的区域合作，充分借鉴中国在区域合作与区域治理领域取得的经验，持续推进应对气候变化南南合作计划，强化南南合作框架下绿色低碳技术走出去战略，为受援国家技术发展提供战略咨询和高新技术转移服务，做好适应技术援助最佳案例总结与宣传。提出国家间绿色低碳科技合作倡议，加快区域间共性技术研发合作，开展绿色技术的双边合作，完善气候变化信息全球共享平台建设，强化联合国工业发展组织（UNIDO）等多边组织在绿色技术扩散中的积极作用，增大科技成果共享力度。深化中欧气候变化伙伴关系，妥善处理中美气候合作，化整为零，减少争议，以小共识改善大环境、以小突破推进大变革，不断提升中国在应对气候变化合作中的话语权和影响力。

六是加强与东南亚、非洲、中亚等区域的重点国家进行第三方市场合作。通过支持发展中国家实现低碳转型与可持续发展，推动全球气候治理体系改革。一方面，在政府、企业、行业协会之间建立多层次合作机制，在风能、太阳能、生物能和核能等新能源领域建构起以企业为主体、市场为导向的技术创新体系，共同开发新能源领域的技术产品，推动科研成果在“一带一路”建设中得到转化和应用。另一方面，加强绿色标准的对接，共同开发“一带一路”沿线国家市场，共同制定国际规则，推进发达国家和发展中国家在全球环境治理问题上的沟通，加快六大经济走廊的合作平台建设，扩大与相关国际组织和机构的合作，建构合作共赢的全球气候治理体系，共同应对能源安全、环境污染和气候变化问题的挑战。

六、政策建议

（一）以碳达峰和碳中和为指导，逐步建立和完善碳排放总量控制制度

一是建议“十四五”期间在重点行业、重点地区率先结合能源双控与碳排放强度目标，试点碳排放总量制度，并逐步在全国范围以及全行业推广。二是继续推动应对气候变化立法工作，为碳中和提供法律依据。三是进一步完善碳排放清单和统计核算报告制度，并将非二氧化碳温室气体排放纳入其中，推动建立市场主体碳账户，并以许可证制度、能源审计制度等为基础，发展和建设碳核查基础设施。四是科学制定碳排放配额分配方法，考虑区域间人口转移、产业布局、电力调入调出等特征，完成碳排放总量控制目标在地方和部门的分配。五是尽快选择典型省市行业和企业，率先开展碳达峰和碳中和规划、政策、技术、投资的试点示范。六是强化碳达峰、碳中和工作领导小组的职能和工作制度化，加强应对气候变化职能与经济、能源、环境等方面的协同，统筹协调应对气候变化的国际、国内事务，确保应对气候变化工作得到国家各职能部门的重视和落实，形成更广泛的共识及协调合作机制，压实各方责任，指导各级政府部门、地方和企业落实碳达峰和碳中和目标。

（二）积极开展重点行业深度脱碳行动，实现经济复苏和绿色低碳发展的协同增效

一是推动制造业向低碳、脱碳纵深发展，严控“两高”行业新增产能，壮大节能环保、清洁生产、清洁能源等绿色战略性新兴产业。二是搭建政府—高校—企业研发平台，发展原料、燃料替代和工艺革新技术，推动钢铁、有色金属、水泥、化工、石油化工等高碳产业生产流程零碳再造，积极探索二氧化碳的捕捉与资源化利用技术。三是加快推进数字经济与传统经济部门的融合，拓宽和提升大数据、人工智能技术等在节能减碳中的应用场景和作用。四是加大对低碳基础设施的投资，严控新投资外溢到传统基建特别是高碳基础设施建设中，将低碳基础设施、高比例可再生能源配套基础设施纳入新基建范畴，并列入“十四五”重点支持项目和重大工程。五是加快交通运输结构调整，发展水运、铁路等绿色运输方式，以高铁、轨道交通网络引导城市群集约升级发展，制定汽车全面电动化战略和时间表，制定燃油汽车退出时间表和路线图。六是以安居工程和旧城改造为支点，通过发展大都市圈释放结构性潜能，示范和推广光储直柔、建筑光伏一体化等新型零碳建筑技术。七是保护并提高森林、草原、湿地、农业用地的储碳能力，并有意识地利用基于自然的解决方案同时解决应对气候

变化、支持可持续发展、保护生物多样性、减灾防灾、扶贫减困、社区发展等问题，发挥多领域的协同效应。

（三）构建以低碳能源为主体的新能源体系，加速煤炭控制和可再生能源规模化发展

一是加快研究以可再生能源为主体的新能源体系（特别是新电力体系）的建设，并加速建立相关支撑政策，因地制宜地推进集中式和分布式可再生能源的系统化发展，并谨防风光新装机目标下新一轮弃风弃光现象的出现，加速在不同地区试点与应用推广以可再生能源为主体的“源、网、荷、储”一体化能源系统，研究并解决“风光水储一体化”试点中出现的电力不平衡、电力安全性不高、省内消纳和外送不畅、区域电网协同发展不足、价格传递机制欠缺等问题，探索储能成本分摊模式，落实通过加强需求侧响应为调节用电峰谷提供经济激励的机制。从国家层面制定大型清洁能源基地总体发展规划，加大风能和太阳能资源规模化开发力度和大型基地建设，推动中东部地区和南方地区分布式风电和光伏发电优化发展，推动东部地区海上风电开发建设。以支撑风电和太阳能发电平价上网为导向，制定包括进一步降低可再生能源企业融资成本的政策，尤其在土地划拨、IPO 提前排队、定向贷款和降准等方面加大对可再生能源发展的支持。二是加快落实习近平主席在领导人气候峰会上提出的严控煤电项目，“十四五”时期严格合理控制煤炭消费增长、“十五五”时期逐步减少的要求，制定有序退煤的政策框架和实施路径，力争到“十四五”末煤炭的一次能源消费占比下降到 50% 以下。“十四五”期间严控新增煤电，去除散煤，加速工业领域去煤，严控煤化工等高碳行业发展规模；制定有助于退煤的财政金融政策和机制，严控涉煤项目导致的资产搁浅风险。三是加快煤炭资源型城市的经济和社会转型。培育多元化经济，推动适合当地区位优势的非煤产业，研究并提出安置补偿、就业转型等社会问题的解决方案，开展新兴产业相关的教育培训和能力建设，制定支持地方政府煤炭经济转型的专项补贴和转型基金。四是加快电能替代步伐，推动电炉钢、建材电窑炉的应用和电动汽车的快速发展，在城市大型文化体育设施、商场、办公楼、酒店、机场航站楼等建筑推广应用热泵、电蓄冷空调、蓄热电锅炉等，持续提高生产制造和交通运输等重点领域与居民生活用电占比。

（四）加快中国碳定价、碳市场和碳金融机制建设，推动绿色金融

一是加快碳资产产权确立的研究和实施，加强气候信息披露，为实现碳资产确权

提供政策支撑。二是稳步加快全国碳排放权交易体系建设，为碳市场设立明确的总量控制目标，逐步增加有偿拍卖配额的比例，优先将可再生能源尽早引入目前以电力行业为主的全国碳排放权交易体系，并逐步纳入钢铁、电解铝、水泥、化工和石油化工等其他重点排放行业。三是根据控制交易成本的原则制定混合式碳定价体系。将排放集中度较高的企业纳入碳交易体系，将排放集中度较低的企业纳入碳税体系。四是通过发展碳金融，以允许碳资产用作质押、发展碳期货等方式，建立碳市场与金融市场的连接，保证碳市场有足够的资金畅通流入，通过融通购买排放配额的资金支持碳价保持一定水平并形成碳价上升预期，加强低碳转型刺激，促进减排投资和技术创新。五是推动绿色金融，对接国际绿色金融标准和绿色产业分级分类引导，加强金融行业的环境及气候风险评估，推进金融机构气候相关信息的强制披露，推动绿色金融政策和产业政策、气候政策的协调融合。六是促进《巴黎协定》有关碳市场机制的谈判取得成果，防止碳泄漏，促进公平贸易。

（五）加强国际交流，广泛参与和引领全球气候治理，落实《巴黎协定》

一是克服新冠肺炎疫情以及复杂国际形势带来的人员互通和信息交流障碍，通过线上线下多种方式，利用包括国合会在内的多种平台，促进和加强中国与各国政府部门之间、非国家主体之间的国际交流，保持信息畅通，同时，政府应为促进国际交流积极创造便利条件。二是在专家层面积极展开气候 2 轨对话交流，并创造开展 1.5 轨乃至 1 轨对话的机会，通过交流解疑释惑，增强互信和理解，共同推动多边进程；提升中美、中欧以及中国与发展中国家之间的政治互信，及时管控分歧，加强合作，排除非气候变化领域的政治困难和干扰对全球应对气候变化造成的负面影响。三是以《联合国气候变化框架公约》和《巴黎协定》的治理结构为主渠道进行多边和双边气候对话合作，并利用气候峰会、主要经济体能源和气候论坛（MEF）、气候行动部长级会议（MOCA）、G20、CBD COP15 和 COP26 等多边机制探讨气候合作机制、绿色金融和碳金融政策、疫情后经济低碳复苏的财政政策、低碳基础设施投资合作等。四是限制并逐步停止公共资金海外煤电投资，尽快明确政策，指导政策性银行和国有商业银行停止“一带一路”地区的煤电投资，推进绿色“一带一路”建设，通过完善绿色投融资政策、加强技术合作、开展第三方合作等方式支持“一带一路”沿线国家建设低碳能源基础设施和加速发展可再生能源，探索商业可行的绿色能源发展模式。五是充分利用《区域全面经济伙伴关系协定》（RCEP）国家在全球低碳设备制造产业链中的优势地位，优化中国对外贸易和投资布局，促进区域低碳制造业产业链进一步整合，助推中国绿色经济复苏和低碳产业发展。

参考文献

[1] UNEP. The Emissions gap report 2015[R/OL]. [2020-10-31]. https://uneplive. unep.org/media/docs/theme/13/EGR_2015_301115_lores.pdf.

[2] Antonio Guterres. Secretary-General's remarks at the Climate Ambition Summit[R/OL]. [2020-12-14]. https://www.un.org/sg/en/content/sg/ statement/2020-12-12/secretary-generals-remarks-the-climate-ambition-summit-bilingual-delivered-scroll-down-for-all-english-version.

[3] UNEP. Emissions gap report 2019[R/OL]. [2020-10-31]. https://wedocs.unep. org/bitstream/handle/20.500.11822/30797/EGR2019.pdf.

[4] Solomon S, Qin D, Manning M, et al. Climate Change 2001: The Physical Science Basis. Contribution of working group I to the Third Assessment Report of the Intergovernmental Panel on Climate Change[J]. Intergovernmental Panel on Climate Change Climate Change, 2001, 996(2): 95-123.

[5] Energy and Climate Intelligence Unit. Net zero tracker[EB/OL]. [2020-12-31]. https://eciu.net/netzerotracker.

[6] Habtezion S. Gender and climate change: Overview of linkages between gender and climate change[R]. New York: United Nations Development Programme, 2016.

[7] 胡锦涛在中国共产党第十八次全国代表大会上的报告 [R/OL]. [2020-9-11]. http://www.xinhuanet.com//18cpcnc/2012-11/17/c_113711665_9.htm.

[8] 新冠肺炎疫情如何影响世界经济 [EB/OL]. [2020-11-20]. https://home.kpmg/cn/zh/home/social/2020/03/how-coronavirus-affects-global-economy.html.

[9] 习近平：决胜全面建成小康社会 夺取新时代中国特色社会主义伟大胜利：在中国共产党第十九次全国代表大会上的报告 [R/OL]. [2020-09-11]. http://www.gov.cn/zhuanti/2017-10/27/content_5234876.htm.

[10] Jiang Z J, Lyu P J, Ye L, et al. Green Innovation Transformation, Economic Sustainability and Energy Consumption during China's New Normal Stage[J]. Journal of Cleaner Production, 2020, 273: 123044.

[11] Zhu J M, Fan Y C, Deng X H, et al. Low-carbon innovation induced by emissions trading in China[J]. Nature Communications, 2019, 10:4088.

[12] Von der Goltz J, Dar A, Fishman R, et al. Health impacts of the Green Revolution: evidence from 600 000 births across the Developing World[J].Journal of Health Economics, 2020, 74: 102373.

[13] ILO. World Employment Social Outlook 2018: Greening with jobs[R/OL]. [2020-10-18]. https://www.ilo.org/wcmsp5/groups/public/---dgreports/---dcomm/ ---publ/documents/publication/wcms_734455.pdf.

[14] Falk J, Gaffney O, Bhowmik A K, et al. Exponential Roadmap[R/OL]. [2020-12-10]. https://exponentialroadmap.org/wp-content/uploads/2020/03/.

[15] Bitkom. Climate protection through digital technologies[R/OL]. [2020-12-15]. https://www.bitkom.org/sites/default/files/2020-05/2020-05_bitkom_ klimastudie_digitalisierung.pdf.

[16] IEA. CO_2 emissions from fuel combustion highlights 2019[R/OL]. [2020-12-15]. https://iea.blob.core.windows.net/assets/eb3b2e8d-28e0-47fd-a8ba-160f7ed42bc3/CO_2_Emissions_from_Fuel_Combustion_2019_Highlights.pdf.

[17] Energy & Climate Intelligence Unit. Net zero by 2050[R].

[18] 黄晶 . 中国 2060 年实现碳中和目标亟须强化科技支撑 [J]. 可持续发展经济导刊 , 2020 (10):15-16.

[19] 中共中央关于制定国民经济和社会发展第十四个五年规划和二〇三五年远景目标的建议 [EB/OL]. [2020-12-14]. http://www.gov.cn/zhengce/2020-11/03/content_5556991.htm.

[20] 何建坤 . 新时代应对气候变化和低碳发展长期战略的新思考 [J]. 武汉大学学报 (哲学社会科学版), 2018, 71(4): 13-21.

[21] 全国人大常委会委员王毅 : 要为全球碳中和的竞争做好充分准备 [EB/OL]. [2020-12-15]. https://view.inews.qq.com/k/20201215A03AKD00.

[22] Pan X Z, Chen W Y, Zhou S, et al. Implications of near-term mitigation on China's long-term energy transitions for aligning with the Paris goals[J].Energy Economics, 2020, 90, 104865.

[23] 王文举 , 向其凤 . 中国产业结构调整及其节能减排潜力评估 [J]. 中国工业经济 , 2014 (1): 44-56.

[24] 顾阿伦 , 何建坤 , 周玲玲 . 经济新常态下外贸发展对我国碳排放的影响 [J]. 中国环境科学 , 2020, 40 (5): 2295-2303.

[25] 吕洁华 , 张泽野 . 中国省域碳排放核算准则与实证检验 [J]. 统计与决策 , 2020, 36 (3): 46-51.

[26] 中国科学院可持续发展战略研究组 . 2020 中国可持续发展报告：探索迈向碳中和之路 [M]. 北京 : 科学出版社 , 2021.

[27] Teng F, Su X, Wang X. Can China peak its non-CO_2 GHG emissions before 2030 by implementing its nationally determined contribution? [J]. Environmental Science & Technology, 2019, 53, (21): 12168-12176.

[28] UNFCCC. The Paris Agreement[R/OL]. [2020-11-12]. https://unfccc.int/sites/ default/files/chinese_paris_agreement.pdf.

[29] 中国科学院科技战略咨询研究院绿色复苏课题组 . 实现经济的绿色复苏：中欧合作研究报告 2020[R]. 北京 : 中国科学院科技战略咨询研究院 , 2020.

[30] Partnership for Market Readiness, International Carbon Action Partnership. Emissions trading in practice: a handbook on design and implementation[M]. Washington DC: World Bank, 2016.

[31] 于天飞 . 碳排放权交易的产权分析 [J]. 东北农业大学学报（社会科学版）, 2007, 5(2): 101-103.

[32] Zhu Y F, Wang Z L, Yang J, et al. Does renewable energy technological innovation control China's air pollution? A spatial analysis[J]. Journal of Cleaner Production, 2019, 250: 119515.

[33] Marissa Santikarn, Angela Naneu Churie Kallhauge, Suneira Rana, et al. 2020 年碳定价机制现状和趋势 [R]. 华盛顿 : 世界银行 , 2020. DOI:10.1596/978-1-4648-1586-7.

[34] 牛站奎 . 全球气候治理体系的复合多层次分析 [D]. 北京：中共中央党校 , 2019.

[35] 李慧明 . 构建人类命运共同体背景下的全球气候治理新形势及中国的战略选择 [J]. 国际关系研究 , 2018(4):3-20.

[36] 习近平在气候雄心峰会上的讲话（全文）[EB/OL]. [2020-12-15]. http://www.xinhuanet.com/politics/leaders/2020-12/12/c_1126853600.htm.

[37] 刘洪岩 . 2020 后全球气候谈判 : 新问题 , 新挑战 , 新方案 [J]. 人民论坛 , 2020(28): 5.

[38] Watson, R. European Commission to publish a code of practice for websites[J]. BMJ (Clinical research ed.), 2019, 324(7337): 567.

[39] 中共中央关于制定国民经济和社会发展第十四个五年规划和二〇三五年远景目标的建议 [EB/OL]. [2020-11-15]. http://www.xinhuanet.com/2020-11/03/c_1126693293.htm.

附录 1-1 性别平等分析

性别平等是人类的基本权利。如果没有性别平等，那么半数人口将会丧失充分生活的机会。这在减缓和适应气候变化方面尤为显著。2020 年 2 月，在 IPCC 第 52 次全会上，专家组通过了《性别政策和实施方案》，旨在在其进程中提高性别平等，并推广性别包容的环境。《巴黎协定》同样提到了性别平等，并把它视为在采取行动应对气候变化时应考虑的诸多问题之一。在 2016 年提交的 NDC 中，64 个缔约方提到了女性或性别。当各国提交他们新的和更新的 NDC 时，大多数完善的 NDC 都提到了女性和性别，表明他们有更强的认知和意愿去处理气候考虑中的性别平等问题[1]。

性别平等是中国基本国策的一部分。为提升女性的地位，促进性别平等，中国注重确保女性的平等机会和其平等地参与经济活动、就业和创业[2]。最新的《中国妇女发展纲要（2011—2020 年）》将“女性与环境”确定为七大主题之一。继《联合国气候变化框架公约》和《巴黎协定》之后，中国应更进一步认识到性别平等和气候变化之间联系的重要性，并且在更新 NDC 时提及女性与性别，从而在实施其气候政策时将实现性别平等的认知和行动纳入主流。

具体而言，确保女性被视为积极的推动者是至关重要的。她们在相关方案和行动设计，决策和实施中具有同等发言权。并且，同等重要的是在设计阶段进行性别和脆弱性分析并建立性别非集计极限、指标和目标。在制定气候政策，以及减缓和适应气候变化战略时收集、使用和分析性别、年龄和残疾非集计数据和信息，也有助于确保性别包容的气候解决方案。我们列举了将性别平等与中国气候行动相结合的三个主要的具体工作领域。

（一）作为跨部门问题，性别和气候问题在很大程度上取决于多部委的努力

性别不是一个独立的话题。它是每个行业和地区必须面对的问题。在中国，国务院妇女儿童工作委员会（简称“国务院妇儿工委”）负责性别相关的工作，它负责协调相关政府部门落实女性和儿童相关的法律法规和政策措施的实施。其成员部门包括生态环境部、国家发展改革委、科技部等负责中国气候行动和低碳转型的部门。因此，必须充分利用国务院妇儿工委的协调力量，将性别、气候和低碳发展纳入主流。国务院妇儿工委负责起草《中国妇女发展纲要》，这是一份为期十年的针对性别平等和妇

女发展的指导性文件。最新的《中国妇女发展纲要（2011—2020 年）》针对的是女性平等地参与环境决策与管理。对于下一份纲要，通过与生态环境部和国务院妇儿工委的有效协调和沟通，与气候相关的目标可以被列入更进一步发展的目标。总体而言，必须加强跨部门协调与合作，确保落实并实现在气候行动和低碳转型以及性别平等和女性发展方面的协同努力和共有效益。

（二）女性参与碳中和就业市场

碳中和需要经济结构的系统性转型并将从根本上改变就业市场。通过逐步淘汰碳密集型的传统行业并建设新的高科技和低碳绿色经济，碳中和为女性对社会和经济做出贡献提供了起点，并提供了再评价女性的机会。根据国际劳工组织提供的数据，如果在能源部门采取行动，到 21 世纪末将全球变暖控制在 2℃以内，可以创造约 2 400 万个就业机会，在很大程度上抵销就业损失 [3]。男性和女性都有机会平等地接触到新兴绿色产业中的新就业机会，尤其是那些尚未被公认为“男性化”的工作，包括大量的技术和高新岗位，以及减缓和适应气候变化政策和项目的相关工作 [4]。因此，必须确保在传统能源和工业部门中原有的性别不平等不会被转移到新兴的绿色经济中。

将具有性别视角的积极引导、规划和规范纳入绿色转型政策，可以同时实现绿色发展和低碳发展与女性发展的协同效益。为了确保女性在绿色岗位中拥有均等的机会，还必须以社会性别中立的方式发展教育，实施女性能力建构项目，并提高对女性任职绿色岗位，尤其是领导岗位的认知。政策和决策制定者应确保绿色岗位的就业和能力发展政策是两性平等的、为人们所熟知的、连贯的，并被所有利益相关方广泛支持。他们必须保证绿色岗位政策利用现有国际性别框架和条约 [5]。雇主应确保岗位招聘是包容性的。

（三）女性的安全和交通出行

在中国乃至全世界，女性在公共场所的安全一直是一个重要的社会问题。它限制了女性像低碳模式转变所鼓励的那样自由地使用交通运输服务。2021 年 5 月发布的一份报告显示，超过 10% 的女性乘客都在使用拼车服务时遭遇过司机不当行为的侵害，并面临安全风险 [6]。另一份调查公共场合中对女性的暴力案件的报告显示，28.33% 的暴力案件发生在使用公共交通服务的过程中，还有 6.67% 的暴力案件发生在出租车和拼车服务过程中 [7]。对安全问题的担忧迫使许多女性放弃使用公共交通和共享交通，选择驾车出行，这也造成了更多的碳排放。提升女性在公共场合的安全，尤其是在公共交通领域的安全，可以促使女性选择更共享、更低碳的交通运输服务。

提高女性在公共场合中的安全需要利益相关方的共同努力。公共安全部门和媒体可以提高对性别和安全的认知，并确保有顺畅的报告和申诉渠道。立法部门可以完善相关立法，并确保立法的实施。鼓励和支持民间社会在这一领域的参与也是大有裨益的。一般而言，提升女性在公共场合和交通中的安全将会带来综合效益，包括减少女性的碳密集型交通出行。

虽然还有更多具体方面，但是上述三个示例阐明了如何在社会变化中，在中央和规划层面促进性别平等。在社会变化中，低碳转型将会推动性别平等。它也会作为多效行动提高性别平等水平，并促进环境友好行为的实现。

参考文献

[1] Gender Climate Tracker. Quick Analysis[EB/OL]. [2020-12-15]. https://genderclimatetracker.org/gender-ndc/quick-analysis.

[2] Women U N. Gender Dimensions of Vulnerability to Climate Change in China 2016. [EB/OL]. [2020-12-15]. https://asiapacific.unwomen.org/en/digital-library/publications/2016/12/gender-dimensions-of-vulnerability-to-climate-change-in-china.

[3] International labour office. World Employment Social Outlook 2018: Greening with Jobs[R/OL]. [2020-12-15]. https://www.ilo.org/wcmsp5/groups/public/---dgreports/---dcomm/---publ/documents/publication/wcms_615594.pdf.

[4] Pearl-Martinez R. Women at the forefront of the clean energy future[R]. Washington, DC: United States Agency for International Development, 2014.

[5] International Labour Organisation. Gender equality and green jobs[R/OL].(2015) [2020-12-15].https://www.ilo.org/wcmsp5/groups/public/---ed_emp/---emp_ent/documents/publication/wcms_360572.pdf.

[6] 网约车女性出行报告发布 -- 女性安全出行问题应得到持续关注 [EB/OL]. [2020-12-15]. http://www.nwccw.gov.cn/2021-05/10/content_292308.htm.

[7] 中国女性安全出行报告：女性出行暴力事件中，性骚扰最为多发 [EB/OL]. [2020-12-15]. https://zhuanlan.zhihu.com/p/26425179.

第 2 章 2020 后全球生物多样性保护

一、引言

2020 年 9 月，关于“自然”的议题在全球领导人的政治议程上占据了重要位置，这是历史性的时刻。在《纪念联合国成立 75 周年宣言》中 [1]，各国政府声明“我们将保护我们的地球”。124 个成员国第一次以这样高的级别参加了联合国生物多样性峰会 [2]，至少有 65 位国家元首和政府首脑发表了讲话。来自商业、国际组织、金融机构、科学家、民间社会、青年、原住民和地方社区的代表、议员和地方政府与政治领袖一起发出了明确的信息，即需要立即采取更强有力的行动来扭转生物多样性丧失的局面，并在这个十年中推动自然走向全面复苏。新冠肺炎疫情使原定于 2020 年年末举行的 CBD COP15 和 COP26 等重大国际会议推后一年召开。事实上，2021 年成为事实上的“环境超级年”。

毫无疑问，在强调从新冠肺炎疫情中恢复的同时，我们正面临着关键的联合国十年行动，联合国大会宣布实施“联合国生态恢复十年”（2021—2030）倡议，以期在世界范围内大范围地实现生态修复，实现气候变化和生物多样性和联合国可持续发展目标。这个十年应该成为新的绿色全球经济的基石，有助于到 21 世纪中叶全面建立更和谐的人与自然关系。一些解决方案正在出现，如应对气候变化的基于自然的解决方案。《领导人的自然宣言》[3] 通过 10 个方面的承诺，呼吁企业、社区、各类组织以及国家和地方政府在 2030 年实现逆转生物多样性丧失，走一条“自然向好”[1] 的道路以实现可持续发展目标。为了建设一个公平和可持续的未来，我们需要碳中和、“自然向好”、清洁和绿色的以及与自然资源使用脱钩的经济发展方式。

2020 年 9 月，中国在联合国宣布将努力在 2060 年前实现碳中和，这向世界发出了清晰而刚劲的信号。中国也有机会在昆明举办的 CBD COP15 之前，适时释放信号，表明国家在自然及生物多样性领域的决心。CBD COP15 以“生态文明：共建地球生

---

1 “自然向好”的英文为 Nature Positive，是指未来的自然生态比现在更充沛、更健康。

命共同体”为主题，顺应了变革的需要并强调了国际合作，中国新出台的“十四五”规划（2021—2025 年）包含了通过绿色发展、环境保护和生态建设实现生态文明，以及于 2035 年建成美丽中国的主要承诺。中国可以在这一时期加强《国家生物多样性战略和行动计划》（NBSAPs）的实施。中国正在深入开展的生态修复工作，将为其他发展中国家提供知识和创新的借鉴。

自 2018 年以来，本专题政策研究项目已经通过国合会向中国政府提出建议，强调需要提振国家领导人对自然、生物多样性议程的关注和决心，在 CBD COP15 上制定雄心勃勃的 GBF，提供支持保障条件，为尽快实施“生物多样性框架”奠定坚实基础，同时，也重点关注了中国正在进行的一些创新，特别是生态保护红线等引起国际关注的创新。这些建议已分别于 2018 年、2019 年和 2020 年在国合会年会上提交给中国政府。最近一段时间里，越来越多的人关注自然创新，并承诺尽早在 2021 年后采取行动，同时各方需要付出巨大努力才能在 2030 年时“彻底扭转”生物多样性丧失的趋势，因此，COP15 之后几年的过渡和实施工作具有重要意义。此外，迫切需要解决有关性别差距和资金缺口的严重问题，在各相关多边环境公约和其他可持续发展的努力之间建立寻求协同增效。CBD COP15、UNFCCC COP26、联合国全球粮食系统峰会，以及正在进行的新冠肺炎疫情绿色复苏等努力，是将生物多样性纳入国家和全球决策主流的重要契机。

在 2021 年之后，中国将继续担任《生物多样性公约》缔约方大会主席，直至 COP16，在此期间，中国可以充分发挥主席国的作用，将全球生物多样性治理进程推进到一个新的水平。全球需要利用这一重要的机遇，加强生物多样性保护，快速过渡到新的 GBF 的实施和执行，需要在多边、区域和国家级别同时启动，同时需要环境领域以外的各机构、部委及各方共同努力，国际社会必须采取中、长期战略，改善人与自然之间的关系。

本专题政策研究将关注在 COP15 之前的 GBF 的达成以及之后快速执行的过渡期中的一些关键问题。新冠肺炎疫情虽然将 COP15 推迟，幸运的是，各方充分利用了这段时间，对生物多样性和生态保护的关键议题进行了探讨，人们对在考虑生物多样性改善的条件下如何从新冠肺炎疫情中实现绿色复苏有了更好的认识。一些关于生物多样性经济学的里程碑式研究已经完成，有关将气候减缓与基于自然的解决方案联系起来以实现双赢的分析也十分出色，人们认识到了基于自然的解决方案在应对气候变化之外的其他社会挑战，如人类健康、粮食和水安全、自然灾害和生物多样性丧失等方面的作用[4]。

本报告涵盖了一系列我们认为将在 COP15 之前、期间，以及以后几年实施过程中具有重要意义的事项，共有 5 个主题（第二部分），每个主题都将用简短的内容介绍（第三部分至第七部分）。同时，每个主题都有更详细的研究报告。由于这份专题政策研究工作是在 CBDCOP15 召开前实时进行的，因此有可能在昆明会议召开前的几个月对一些研究进行必要的更新。第八部分提出了本研究的总体建议。

二、《2020 后全球生物多样性框架》进程与动态

新冠肺炎疫情比以往任何时候都更清楚地表明，健康完整的自然生态系统在我们的健康、社会和经济中起着举足轻重的作用。互相交织的气候、生物多样性和人类健康危机，使得我们面临的挑战令人生畏。值得欣慰的是，全球及各国已经逐渐清晰地意识到这个挑战。

受世界自然基金会（WWF）委托，经济学人智库（EIU）最近进行的研究发现，全球 54 个国家 / 地区的数亿人对自然的关注日益增加[5]。到 2021 年为止，89 位国家元首和政府首脑签署了《领导人的自然宣言》，承诺到 2030 年扭转自然丧失的趋势，我们还首次目睹了七国集团（G7）将自然与气候变化放在其议程的核心位置。我们现在必须利用民众的“生态觉醒”和国家首脑的承诺，确保应对气候和生态危机所需的关键行动，并将这些承诺和行动呼吁转化为国家行动，尤其体现在全球决策中，特别是将这些承诺转化为在 CBD COP15 中达成的兼具雄心和变革性的 GBF。

（一）国家首脑及国际机构领导人关注自然生态议题的分析

自 2020 年 9 月联合国生物多样性峰会以来（及本团队于 2020 年 11 月提交 SPS 2020 年报告以来），全球对自然及生物多样性议程的关注越发广泛，势头强劲。越来越多的国家首脑及国际机构领导人将自然问题放在首位，并致力于扭转自然丧失的趋势。中国也正在贯彻生态文明思想、践行“绿水青山就是金山银山”的理论，中国可以通过自己在全球层面的生物多样性高层倡议或在现有全球领导倡议的基础上发挥关键的领导作用，适时考虑加入风起云涌的各国领导人的倡议和行动，一起展示对生态自然环境健康的高度重视。下面就全球生物多样性高层倡议和行动提供最新观察、展示与分析。

1.《领导人的自然宣言》

自 2020 年 9 月以来，全球多个国家领导人背书了《领导人的自然宣言》，做出了 10 项承诺[1]，将采取紧急行动来扭转自然丧失的趋势。迄今为止（2021 年 7 月 2 日），已有 89 个国家元首和政府首脑签署背书了《领导人的自然宣言》，这是唯一的国家首脑级别的倡议和行动，代表了世界 GDP 的 37.45% 和分布在六地区（非洲、拉丁美洲和加勒比、亚太地区、欧洲、中东、北美洲）的 20 亿人口（全球四分之一的人口），其中包括 8[2] 个生物多样性丰富的国家。

女性领导人在这一过程中表现超常，签署了《领导人的自然宣言》的国家首脑中女性占 13%，高于 11% 的全球女性首脑构成，23 位女性领导人中有 12 位支持这一承诺，占所有女性首脑的 57%。

2.“一个星球”峰会

“一个星球”峰会（OPS）[3] 是法国总统马克龙于 2017 年发起，旨在关注自然和气候变化，将自然和环境置于经济发展的中心。2021 年 1 月 11 日，包括中国国务院副总理韩正在内的 13 个国家和欧盟委员会的领导人，以及 11 名来自金融机构、民间组织和银行业机构的领导人，参加了法国总统马克龙召集的 2021“一个星球”峰会，许多承诺和倡议利用此契机向世界宣布：

- 法国、哥斯达黎加以及 57 个国家一起发起了部长级的“自然与人类雄心联盟”（HAL）[6]，提出在 2030 年之前保护至少 30% 的陆地和海洋空间；
- 非洲的“绿色长城加速器”倡议的 11 个国家合作伙伴承诺到 2025 年，提供 168.5 亿美元国际融资；
- 自然资本投资联盟宣布，到 2022 年将为自然议题筹集 100 亿美元；
- 由包括大约 50 个金融机构在内的公共和私有利益相关者共同推动的自然相关财务信息披露工作组（TNFD）已获得政治支持，将建立一个衡量生物多样性对经济活动影响和风险的框架。在 2021 年 6 月，主要金融机构和跨国公司批准启动 TNFD，将支持企业评估与自然相关的新兴风险和机会。来自最大经济体 G7 的财

1 《领导人的自然宣言》包括以下十项：①支持雄心勃勃且具有变革性的《2020 后全球生物多样性框架》；②采取综合行动应对相互关联的环境挑战；③将生物多样性纳入政府和部门的主流；④过渡到可持续的生产和消费方式以及可持续的粮食系统；⑤减少对土地，水和空气的污染；⑥可持续管理我们的海洋；⑦推进“同一健康”以应对相互交错的生态、气候、健康危机；⑧共同将生物多样性，气候和环境作为新冠肺炎疫情恢复战略的核心，并促进绿色和韧性复苏；⑨加强资源调动（对生物多样性和基于自然的解决方案提供更多支持，包括取消对生态自然有害的投资和补贴，使资金流与环境承诺和可持续发展目标保持一致）；⑩支持更高的气候变化领域里的雄心目标和行动。

2 玻利维亚、哥伦比亚、哥斯达黎加、埃塞俄比亚、危地马拉、肯尼亚、墨西哥和秘鲁。

3 https://www.oneplanetsummit.fr/en/news-17#node-anchor-157.

长批准启动新的 TNFD。

- 英国和法国承诺将其海外公共气候资金的 30% 专用于基于自然的解决方案。

这些行动承诺表明，世界各国在逐渐采取具体行动，这些迹象令人鼓舞 [7]。

3. 联合国机构和联合国秘书长的领导力

联合国秘书长安东尼奥·古特雷斯正在倡导健康、气候和自然议程，自 2020 年以来，生物多样性已被他提上日程，在 2020 年 12 月发表的关于“地球状况”的演讲中他指出，“人类正在对自然发动战争”，并呼吁“与自然讲和”并“更好重建世界”，不仅在 COVID 之后“重启经济”，“但要转型”[8]。随后，环境署发布了报告《与自然讲和》号召积极应对气候变化、生物多样性和污染危机。这些表述为国家行动提供了指导框架，应体现在《2020 后全球生物多样性框架》中并激发各国采取行动 [9]。

4. 粮食系统峰会

农业和粮食系统是世界第一产业，有显著的生态足迹，使用了 34% 的土地，69% 的淡水，并产生了 24% ～ 30% 的温室气体排放。粮食产业导致 70% 的生物多样性丧失，然而，33% 的粮食浪费在其生产、运输、消费过程中。我们生产和消费食物的方式是造成生物多样性丧失的最大因素。

作为“联合国行动十年”的一部分，联合国秘书长将在 2021 年召开首次联合国粮食系统峰会 1，以期从粮食系统角度推动在 2030 年前实现可持续发展目标。粮食系统峰会将汇集来自科学、商业、政策、医疗保健和学术界的主要参与者，以及农民、原住民、青年组织、消费者团体、环境活动家和其他主要利益相关者，在以下五个行动议程中，收集和汇集可以在所有 17 个 SDGs 上带来根本性改变的行动方案，用于实现碳中和，“自然向好”和公平的未来：

- 确保所有人都可以获得安全和营养的食物；
- 转向可持续消费模式；
- 大规模促进为自然生态系统带来正面影响（“自然向好”）的生产模式；
- 推进公平的生计；
- 增强韧性和抵御冲击和压力的能力。

鉴于粮食系统是生物多样性丧失的最大驱动力之一，在包括 CBD COP15 在内的全球关键决策中，粮食系统首脑会议的成果应该为解决粮食系统和生物多样性的平衡问题提供一个前景。

粮食系统是全球生物多样性丧失的最大动力也是中国生物多样性丧失的最大因素

---

1 https://www.un.org/en/food-systems-summit.

之一。中国可以利用粮食系统峰会的契机，积极协调国内各方的努力，参与全球合作，借减贫、脱贫、粮食安全、碳中和和生物多样性保护方面取得的成就，从粮食、生物多样性、气候变化和全民健康的综合角度，整合各方行动推进美丽中国梦的建设， 这将是中国向全球讲述“中国故事”的绝佳机会[10]。

5. 海洋联盟

全球海洋生产总值的三分之二依靠健康的海洋，到 2030 年，海洋经济的年产值估计为 3 万亿美元[11]。海洋可以吸收人为二氧化碳排放量的 30%，是 5 亿人食物的来源。但是，目前 89% 的鱼类已经被过度捕捞或达到最大捕捞量。

没有健康的海洋，就没有健康的星球。但是，全球对海洋的关注尚不够。在机遇与挑战中，一些有远见的各国领导人正在行动起来：

- 14 位国家领导人[1]和意见领袖于 2020 年 12 月发起了可持续海洋经济高级别小组，以推动可持续海洋经济，使有效保护、可持续生产和公平繁荣等议题并驾齐驱。
- 全球海洋联盟的 39 个成员[2]支持保护至少 30% 海洋的目标，这与高雄心联盟保护至少 30% 海洋和陆地的目标遥相呼应。

这些行动让世界警醒，认识到健康海洋对人类可持续发展发挥的关键作用，综合解决气候变化、生物多样性丧失和污染危机，海洋的作用不容小觑，各国政府包括《领导人的自然宣言》的行动应该切实落实到海洋的保护和可持续管理中。

6. 国家领导力

英国作为气候变化框架公约 COP26 的主办国，最近发布了政策文件《竞争时代的全球英国：安全，国防，发展和外交政策综合评估》[12]，他们决定将应对气候变化和生物多样性丧失作为 2021 年及以后时段的头等大事。英国的这种决定伴随着其政治决心、金融支持和具体行动，如承诺保护至少 30% 的陆地和海洋以支持自然修复，他们的首要目标是在 2030 年前扭转生物多样性丧失的趋势，实现《巴黎协定》《生物多样性公约》《领导人的自然宣言》中所设定的目标和承诺。他们还表示愿意与中国合作应对跨国挑战。

在巴西的里约热内卢诞生的 3 个联合国公约《联合国防治荒漠化公约》（UNCCD）、《生物多样性公约》、《联合国气候变化框架公约》，这些公约对实现联合国可持续

1 这 14 个国家包括澳大利亚、加拿大、智利、斐济、加纳、印度尼西亚、牙买加、日本、肯尼亚、墨西哥、纳米比亚、挪威、帕劳和葡萄牙。

2 全球海洋联盟目前的 39 个成员：澳大利亚、比利时、伯利兹、贝宁、佛得角、柬埔寨、加拿大、智利、哥斯达黎加、克罗地亚、丹麦、厄瓜多尔、斐济、芬兰、法国、加蓬、德国、危地马拉、洪都拉斯、意大利、肯尼亚、卢森堡、马尔代夫、毛里塔尼亚、摩纳哥、尼加拉瓜、尼日利亚、帕劳、巴拿马、葡萄牙、塞内加尔、塞舌尔、西班牙、圣基茨和尼维斯、瑞典、多哥、阿拉伯联合酋长国、英国和瓦努阿图。

发展目标、联合国“行动十年”和“联合国生态系统恢复十年”都至关重要[13,14]，因新冠肺炎疫情影响，这三个公约的缔约方大会都推迟到 2021 年下半年和 2022 年。法国总统马克龙提议，在 2021 年三个联合国公约的缔约方大会之前在纽约举行峰会，以期给予三个公约必要的推动，协调决策的达成、公约决定的实施以期实现协同增效[15]。他呼吁国际社会在国家首脑层次上动员起来，第一次三个公约联手，传达出共同的雄心壮志[15]。

联合国大会于 2021 年 5 月 20 日决定，将于 2022 年 6 月 2 日至 3 日在瑞典斯德哥尔摩举行题为“斯德哥尔摩五十周年：健康繁荣的星球与我们的责任和机遇”的国际会议[16]，与世界环境日契合，纪念联合国人类环境会议和联合国环境规划署成立 50 周年。这将是人类集体回顾人类半个世纪以来为环境做出的努力，同时也是开始有力实施如 2020 后生物多样性框架等国际协议的关键。中国也可以考虑积极参与 2022 年斯德哥尔摩 +50 会议，届时中国仍将是《生物多样性公约》主席国，斯德哥尔摩 +50 会议可以集“里约三公约”之力，综合三大挑战：气候危机、生物多样性丧失和土地退化，以及新冠肺炎疫情绿色复苏。

7. 中国在全球舞台加强生物多样性领导地位

在过去的几个月里，中国在生物多样性公约的全球合作方面显著加强了高级别的全球对话。从 2021 年 5 月开始，中国牵头或联合其他国际机构，组织了多次以生物多样性为主题的部长级以上会议。

（1）5 月 20 日，“汇聚各方力量，共赴昆明之约”部长级在线圆桌会议在上海举行[17]。生态环境部部长黄润秋主持会议并致辞。联合国常务副秘书长阿明娜・穆罕默德，来自巴西、哥伦比亚、哥斯达黎加、埃及、埃塞俄比亚、欧盟、德国、印度、日本、新加坡的 10 位部长级代表，以及联合国开发计划署、环境规划署、粮农组织、教科文组织、《生物多样性公约》秘书处、《联合国防治荒漠化公约》秘书处、《联合国气候变化框架公约》秘书处等国际组织的代表出席会议并在线或视频发言。

CBD 执行秘书 Elizabeth Maruma Mrema 女士和环境署执行主任 Inger Andersen 发表了讲话，呼吁将昆明作为迈向可持续未来的重要跳板，并号召在所有利益相关者的充分和积极参与下，激发我们需要的深刻变革，转变路线并重新调整我们的价值观和行动，以实现我们与自然和谐相处的 2050 年愿景。

生态环境部部长黄润秋强调，坚持系统治理，实施生物多样性保护和生态保护修复重大工程，推进山、水、林、田、湖、草、沙综合保护修复。（中国）创新的空间规划体系和严守生态保护红线，有效保护了 25% 以上的陆地国土。他继续强调：一要坚持务实合作，共担使命。制定既有雄心又务实可行的“框架”，兼顾《生物多样性公约》三大目标，充分借鉴“爱知目标”经验，科学合理设置目标任务。二要坚持保护优先，绿色发展。秉持尊重自然、顺应自然、保护自然的理念，支持基于自然的解决方案，一体推进生态系统保护修复，坚定不移走生态优先、绿色发展之路。三要坚持加大投入，强化支撑。期待各方秉持人与自然生命共同体的理念，从全人类共同利益出发，持续加大投入，主动为生物多样性保护和可持续利用调动更多资源，提供更多资金支持。四要坚持凝聚合力，携手前进。

（2）2021 年 5 月 21 日，以庆祝“国际生物多样性日”为契机，常驻联合国代表团与《生物多样性公约》秘书处、联合国粮农组织共同举办网络研讨会，主题是“通向昆明之路，共建地球生命共同体”，各方围绕将于 2021 年 10 月在云南昆明举行的 CBD COP15 筹备工作进行深入讨论[18]。

联合国秘书长重申，“我们保护生物多样性的努力将是关键”，应利用“这一具有里程碑意义的一年”，“恢复与自然的平衡，应对气候紧急情况并提前应对污染危机”。

联合国大会主席博兹科尔发表评论，在去年生物多样性峰会和《领导人的自然宣言》基础上，随着《2020 后全球生物多样性框架》各方的努力，我们有一个非常真实的机会来“扭转自然丧失的曲线”。

中国驻联合国代表在致辞中指出，我们需要努力在 COP15 上通过一个全面、平衡、雄心勃勃和可执行的 2020 后行动框架。

英国常驻联合国代表说，习近平主席和英国首相鲍里斯·约翰逊一致认为，两国在应对气候变化和生物多样性丧失问题上负有共同责任。她在提到由英国主办的 COP26 时表示，期待与所有代表团一起为两届缔约方会议的协同开展工作，并继续与中国对话，以确保取得相互支持的结果。

常驻联合国代表张军大使、联合国秘书长安东尼奥·古特雷斯、第 75 届联合国大会主席博兹科尔、联合国经社理事会主席穆尼尔·阿克拉姆、《生物多样性公约》秘书处执行秘书伊丽莎白·穆雷玛、联合国粮农组织副总干事玛丽亚·海伦娜·赛梅朵在会上致辞，生态环境部部长黄润秋出席会议并全面介绍生物多样性昆明大会筹备工作进展。来自埃及、哥伦比亚、安提瓜和巴布达、欧盟、巴西、英国、挪威、哥斯达黎加、斐济、俄罗斯、土耳其、印度、德国等 30 多位常驻联合国代表或副代表，各国常驻团官员和中外媒体记者等约 200 名嘉宾与会。

（3）2021 年 5 月 21 日，CBD 秘书处与中国生态环境部（MEE）联合举办了主题为“COP15：昆明之路：我们是解决方案 #ForNature”的会议。5 月 21 日，中国外交部气候变化首席谈判代表、欧盟和埃及驻华大使、联合国开发计划署署长与中国环境部长共同庆祝国际生物多样性日。联合国副秘书长刘振民以及 CBD 执行秘书发来视频。

欧盟大使查普伊斯呼吁制定一个雄心勃勃且切合实际的全球生物多样性框架。他还对非政府组织在 COP15 的参与是否会因疫情控制而受到限制表示担忧。

（4）5 月 25 日，在联合国环境管理集团关于联合国系统支持全球生物多样性的远程对话会上，中国 CBD 首席谈判代表刘宁先生向联合国系统与会代表介绍了中国生态保护的进展和成果，中国准备 COP15 的进展，并呼吁需要“最高水平的政治智慧”，以达成和有效实施“一个全面的、广泛参与的、变革性的、雄心勃勃且切实可行的 2020 后生物多样性框架”。

（5）6 月 4 日，中国与“联合国生态系统恢复十年”高级别小组联合主办“沙姆沙伊赫到昆明之路——2020 后全球生物多样性框架中的恢复”[1]，生物多样性公约秘书处与埃及政府和韩国林业局与会。

生态环境部部长黄润秋先生分享了中国愿意“推动（全球）2020 后生物多样性框架的高层政治势头，增强全球生态系统恢复的雄心”。他呼吁，面对全球生态环境治理的严峻形势，国际社会应以前所未有的雄心和行动，探索一条与自然和谐相处的道路，像保护我们的眼睛一样保护自然和环境，拥有健全的生态系统来支持我们经济和社会的可持续发展。

他提议：

一是把生态系统恢复作为政策制定的核心，加大公共和私营部门对自然的融资力度，带动资源向生态系统恢复的方向发展。

二是采取和加强生态系统修复的系统性方法，坚持山、水、林、田、湖、草、沙形成生命共同体的理念，统筹保护、系统修复、综合治理、统筹规划和建设、综合实施。

三是提高生态系统恢复质量，充分考虑不同生态系统的特点，坚持以自然恢复为主、人工恢复干预为辅的原则，因地制宜地管理和恢复生态系统，不断完善生态系统恢复的质量和恢复力。

四是建立多元化的资源调动机制。

我们观察到，在中国国内，许多原本计划举办的 CBD COP15 平行论坛已经通过在线和现场相结合的方式进行，继续向更广泛的受众传播生物多样性知识，并保持

---

1 https://www.youtube.com/watch?v=s9LC86_E0nc.

COP15 的势头。

除官方参与者外，还有各种活跃的环境非政府机构和非国家主体利益相关方，他们在提升雄心和调动资源以及有效执行全球协议方面发挥着关键作用，与这些以自然和生物多样性为议程中心的组织接触对于中国来说将非常有帮助。由中国领导或与其他国家和国际机构共同领导的高层举措，如果能够充分利用这些非国家和非政府参与者的建议和影响，将大大有助于中国在全球舞台上的有效交流，也可以极大地促进中国在全球范围内，以国际社会容易理解的方式讲述“绿水青山就是金山银山”理论、生态文明和生态保护红线等中国故事。

部长级讨论对促进谈判也至关重要。借鉴日本主办 CBD COP10 的经验，早期组织部长级活动并与其他国家讨论可以：

（1）表现出在缔约方会议上达成共识的政治意愿；

（2）有机会尽早听取有关的问题；

（3）在缔约方会议期间为部长协调员提供早期提名和充分指导。

令人鼓舞的是，中国现在已经与其他各方和联合国系统参与者接触，探索共同关心的议题，并与多方参与者分享想法和雄心。参与这些活动的国家和联合国机构水平高，参与度高，体现了国际社会对中国领导力的期待。这些“绿色外交”源于中国中央政府，主要来自生态环境部和外交部。如果这些努力能够与中国驻各国大使馆、联合国和欧盟代表团、谈判前沿的谈判代表以及中国研究机构的对外推广活动相结合，可以在新冠肺炎疫情期间以及国际地缘政治分歧愈演愈烈之时，将中国置于自然议程方面的全球舞台中心，开拓出新的国际合作领域。

以上所展示的倡议及行动表明，将自然议题纳入最高政治议程的热度很高，但与此同时面临的挑战也是显而易见的，比如如何集合各国首脑在自然和生物多样性议题上的领导力，如何将这些领导力体现在国家行动中和各国的谈判立场中等。这些挑战主要体现在以下方面。

- 领导人对自然的承诺尚未体现在各国国家行动中，尚有重大差距；
- 生物多样性公约《2020 后全球生物多样性框架》的谈判进程缓慢，同时雄心不足；
- 在国家行动及生物多样性公约谈判进程中，对引起生物多样性丧失的直接和间接驱动因素尚未引起足够的注意和采取相应的行动；
- 各相关议题尚未整合，例如自然生物多样性、气候变化、新冠肺炎绿色响应和复苏以及经济发展仍未有效整合，表现在各国绿色复苏计划中碳中和和对自然有利的元素极为不足；

- 目前的资金流动不利于“自然向好”（Nature Positive），研究表明，对自然有害的投资和补贴是投向生物多样性保护和可持续利用资金的 10 倍之多 [19]。

中国领导人参与了其中一些全球性活动，如国务院副总理韩正在“一个星球”峰会上致辞，生态环境部部长黄润秋与埃及政府和 CBD 秘书处合作，推动沙姆沙伊赫至昆明的“自然行动议程”[1]，并在 UNEA 5.1 上呼吁采取全球行动解决环境问题。中国在国际舞台上的作用开始显现，但国际社会的期望仍然很高。总体而言，全球高度期待中国在国际环境与气候变化舞台上发挥领导作用。

中国国家领导人可以考虑在 2021 年 10 月的 CBD COP15 上与联合国秘书长一起发起类似于 2020 年生物多样性峰会的、有全球国家领导人广泛参与的 COP5 峰会，也可以利在 9 月举行的 UNGA76、10 月举行的 G20 会议、紧随其后的 UNFCCC COP26 以及 2022 年 6 月举行的斯德哥尔摩 +50 等契机，在全球舞台上展示和表达中国与全球合作的决心、承诺和意愿，使得“绿水青山就是金山银山”理论、生态文明的发展理念成为全球性、正面改进人与自然关系的运动。在新冠肺炎疫情的影响下，因网上连接技术导致的谈判延迟和障碍，中国更需要考虑以下步骤中的一个或多个步骤的组合，以显示领导力并为谈判创造有利条件 。具体建议：

- 积极参与联合国大会第 76 届（现场或远程）大会，呼吁或加入各国领导人的倡议和努力，向全球展示中国的雄心和承诺，以推动其他国家对生物多样性谈判的雄心设定和积极准备；
- 在联合国大会期间组织边会，共同推动 COP15 和 COP26 将生物多样性、气候和健康议题整合在一起；
- 与联合国共同邀请全球领导人举行 CBD COP15 的（线上）盛大开幕式，邀请国家 / 政府首脑，自然 / 环境 / 自然资源部以外的主要部门，共同推动和定下强有力和积极的基调，为 2020 年生物多样性框架指明方向的雄心；
- 中国生态环境部部长有机会考虑召集部长级高级别会议，包括来自各国的财政部部长、农业部部长、基础设施部部长、经济部部长、计划部部长和统计部部长等，分享中国生物多样性主流化经验，共议对策；
- 利用双边关系和外交影响积极推动筹备昆明 COP15；

---

1 《从沙姆沙伊赫到昆明——自然与人类行动议程》是中国和埃及政府在《生物多样性公约》秘书处的支持下发起的一项倡议。其目的是：在本十年内与非国家行为者建立接触，以告知、激励和展示自愿承诺，提高对减少生物多样性丧失及其原因的紧迫性、雄心和必要行动的认识，并向自然转变，取得积极成果。截至 2021 年 2 月 24 日，《行动议程》共有 169 项承诺，其中包括政府、私营部门、非政府组织以及学术和研究机构所采取的行动。https://www.cbd.int/action-agenda/newsletter.shtml.

- 开始在发展中国家、发达国家和生物多样性大国之间架起桥梁，充分发挥促进作用，以获得所有群体的最大承诺。

（二）其他社会各界的行动和倡议

1. 全球自然目标

气候变化目标明确，即实现碳中和。该目标明确提出了到 2050 年实现净零碳排放，以使全球升温保持在 1.5℃以下。自然议题也需要有一个类似的有时间限制的目标，以指导和确保我们以必要的速度遏制和扭转生物多样性丧失的趋势，从而支持气候变化的行动和可持续发展目标的实现（图 2-1）。

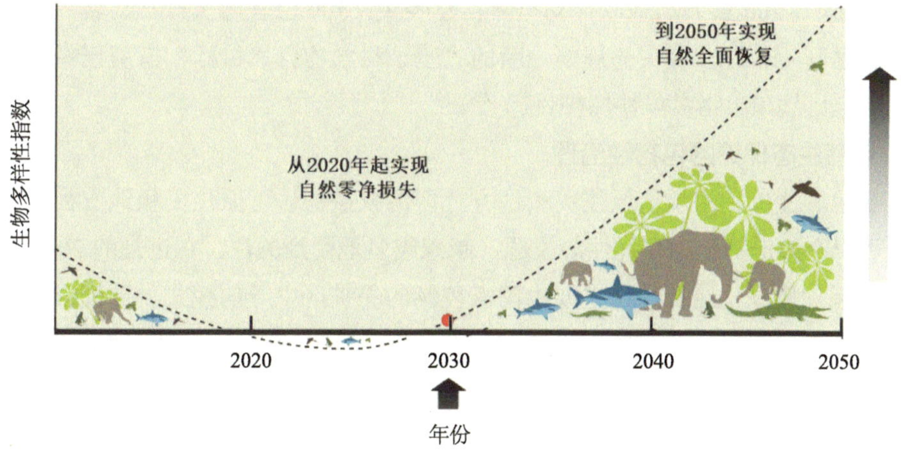

到 2030 年实现自然的净正值

图 2–1　到 2030 年实现“自然向好”（Nature Positive）

一个由 14 个国际知名的科学研究、生态保护和企业联盟机构的领导人组成的小组提出了，以 2020 年为基线，到 2030 年在全球范围实现“自然向好”的目标 [20]，即到 2030 年，自然生态系统及生物多样性无论从质量还是数量都好于 2020 年。这个与《联合国气候公约》的“碳中和、净零”目标相平行的“全球自然目标”，可以使各国政府整合资源、采取综合行动，确保到本十年末生态系统和生物多样性丧失的趋势得到遏制并扭转向好。

到 2030 年实现“自然向好”的全球目标，意味着通过改善物种、种群和生态系统的健康、丰富度、多样性和复原力，恢复自然，以便到 2030 年恢复到 2020 年基线以上。

全球自然目标可以使各国政府承诺现在就采取行动阻止生物多样性的丧失，并确保世界在本十年结束时对自然产生积极影响。自 2020 年 9 月以来，许多国家和企业家领导人在其谈话和演讲中都采用了“自然向好”的概念。到 2030 年达到“自然向好”以实现可持续发展的愿景，应该在 2020 年后的生物多样性框架中得到很好的体现。

2. 呼吁政府采取行动保护自然的呼声激增

早在联合国大会第 75 次会议期间召开的生物多样性峰会之前，非国家主体关注自然和生物多样性的行动激增，呼吁采取行动解决全球面临的生态危机[21]。数以十计、百计的环境与发展组织、人道主义组织、宗教信仰和精神团体和地方政府发出呼吁，号召政府采取行动，保护自然。数以千计的青年签署了《青年宣言》对伤害自然的行为说“不”。商业界对自然丧失也表示出前所未有的担忧：530 家公司承诺扭转自然丧失的局面，1 200 家公司采取行动扭转自然丧失，700 位首席执行官签署了《自然行动宣言》呼吁扭转自然丧失的局面，新的“基于科学的自然目标”指南已经发布，指导企业制定自然和生物多样性保护目标[22]。

3. 自然生态保护的包容性治理

关于包容性保护，承认原住民和地方社区的权益，认可原住民和地方社区所拥有的土地可以有效保护生物多样性等议题，越来越多地受到关注。在过去的 20 年中，基于区域的保护措施已经从一种主要由国家控制的保护区主导的模式，扩展成包括非国家行为者和保护区以外区域的保护模式，人们对各种有效和公平的治理形式有了更明确的认识和支持，这也反映在 2018 年《生物多样性公约》缔约方在第 14/8 号决定和生物多样性和生态系统服务政府间科学政策平台（IPBES）2019 年的评估报告中提供的，关于“其他有效的基于区域的保护措施”（OECMs）的定义和建议，以及关于保护区和 OECMs 治理的指南中。

4. 生态系统核算

联合国 2021 年采用了将自然资本纳入经济报告的框架：环境经济核算体系—生态系统核算（SEEA EA）作为国际统计标准使各国能够衡量其自然资本并了解自然对经济和社会繁荣巨大贡献以及保护自然的重要性[23]。中国已经在国内建立了自然资源资产审计系统试点，并将自然资源评估与领导者的绩效和管理相结合。对于中国来说，这是与联合国统计委员会合作，加速向全球推广有效管理生态系统和生物多样性的绝佳机会。

5. 基本生命支持区域

基本生命支持区域是一项由国家地理学会、全球环境基金、联合国开发计划署和许多其他合作伙伴支持的倡议，通过制作基本生命支持区域地图，提供丰富的空间信息，以促进基于区域的保护决策，特别是为 NBSAPs 提建议优先区域[24]。这可以与中国的生态保护红线倡议相结合，成为其他国家可以借鉴和利用的方法。

（三）《2020 后全球生物多样性框架》的进展

《2020 后全球生物多样性框架》（GBF）的谈判正处于关键阶段，在 SBSTTA-24 和 SBI-3 讨论了预稿的修改版以后，GBF 不限成员名额工作组（OEWG）的联合主席在 2020 年 7 月初发布了 GBF 第一稿。这份 GBF 将经过几个既定步骤（如 OEWG 第三次会议）的谈判，提交给 COP15 进行最终谈判和通过。

通过对 GBF 预稿的修订版以及第一稿的分析，其目前提议的目标难以满足到 2030 年实现生物多样性丧失趋势扭转并达到生态状况好于 2020 年的需要，需要提振雄心，《生物多样性公约》的缔约方和观察员还需要做出更大的努力，以扩大雄心、缩小差距。

总体而言，GBF 预稿的修订版以及当前的第一稿有几个问题尚未充分解决，而未来的版本则需要考虑以下问题。

- 2050 年的远景目标和 2030 年的目标仍然远远不足以实现领导人对自然的承诺所呼吁的，到 2030 年遏制并扭转自然丧失的趋势变革性目标。
- 来自各界的呼声要保护至少 30% 的地球表面（包括陆地和海洋），这对于亟须保护的生态系统和野生生物来讲是个利好消息。需要强调的是，我们应该在保护至少 30% 的最好的土地和海洋的基础上，对其余地球表面全部进行可持续管理，并对至少一半的退化土地进行生态修复。
- 仅靠生态保护不足以逆转自然丧失的趋势，更需要改变我们的生产和消费模式，减少生态足迹。造成生物多样性丧失的驱动因素包括粮食和农业（包括水产养殖）、林业和渔业、基础设施建设及其全供应链，如果不改变这些产业对生物多样性保护和可持续利用的有害影响，我们将无法扭转自然丧失的趋势。
- 应考虑从三方个面着手为自然筹资：①改革经济部门，以消除对自然有害的投资和补贴；②使全球资金流与生物多样性保护、可持续利用以及基于自然的解决方案相一致；③调集和筹集更多的资源用于保护和可持续利用生物多样性。
- GBF 需要各个政府部门共同参与、全社会共同努力来达成和实施。保护自然就是保护人类自己。
- GBF 还应发挥作用，增强多边环境公约和协定之间的协同作用。

为了在2030年之前遏制和扭转自然丧失的趋势，生态保护至关重要，但尚不足够。科学研究已经从土地利用的角度告诉我们，如果我们要扭转自然丧失的趋势，就需要采取干预措施：可持续生产、可持续消费，以及与更强的保护措施相结合[25]，如图2-2和图2-3所示。

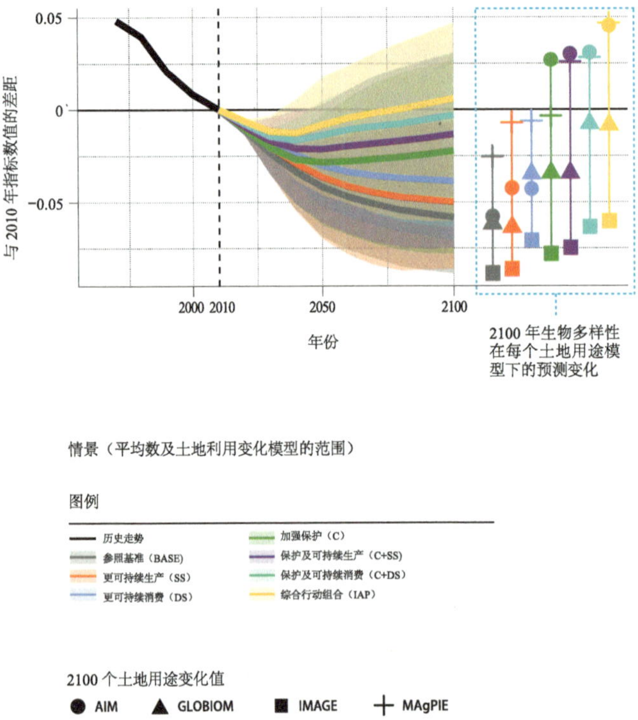

彩色粗线表示生物多样性在每种情景下的预期变化。由于使用了四种土地利用模型，因此图中显示的是所有土地利用模型计算所得的平均值。

灰线表示在参照基准“一切如常”的情景下，全球生物多样性将在整个21世纪持续下降，而在2050年前的下降速度将与近数十年的下降速度相若。

单一干预措施：

- 红线显示仅采取可持续生产措施的效果。
- 蓝线显示仅采取可持续消费措施的效果。
- 绿线显示仅加强保护措施的效果。

以不同方式结合三种类型的复合干预措施：

- 紫线显示加强保护措施与更可持续生产结合，生物多样性将如何改变。
- 浅蓝线显示加强保护措施与更可持续消费结合，生物多样性将如何改变。
- 黄线显示生物多样性如何在IAP下改变。IAP结合了所有三种类型的干预措施——加强保护的措施、更可持续生产及更可持续消费。

保护十分重要，但并不足够——我们的食物生产及消费模式也必须转型

此研究显示更大胆的保护行动是扭转趋势的关键。与其他任何单一行动相比，我们发现加强保护不但更能遏止生物多样性在未来进一步丧失，也更有效地把全球生物多样性推向恢复轨迹。只有采取复合行动方式，即结合更进取的保护行动与各种针对栖息地改变原因的措施（如可持续生产或可持续消费的措施，抑或两者同时进行），才可以成功扭转生物多样性丧失的趋势。

图2-2 各种扭转生物多样性丧失趋势（由改变土地用途所致）的措施及其预计成效

注：此图使用一种生物多样性指标，指出在七种不同情景（使用不同颜色来代表）下，扭转生物多样性下跌趋势的预期行动所产生的不同结果。每个情景的线条和阴影区域分别代表平均值和范围，反映四种土地利用模型（与2010年相比）的预测相对变化。此图使用了一种生物多样性模型（GLOBIO——有关所有生物多样性指标和模型的详细资料），显示了在不同情景下平均物种丰富度（MSA）有何变化。

资料来源：WWF地球生命力报告2020。

如图2-3所示，扭转生物多样性丧失的趋势需要做出以下努力：①增加保护和恢复；②增加气候行动；③增加可持续生产；④减少消费；⑤减少其他驱动因素[26]。

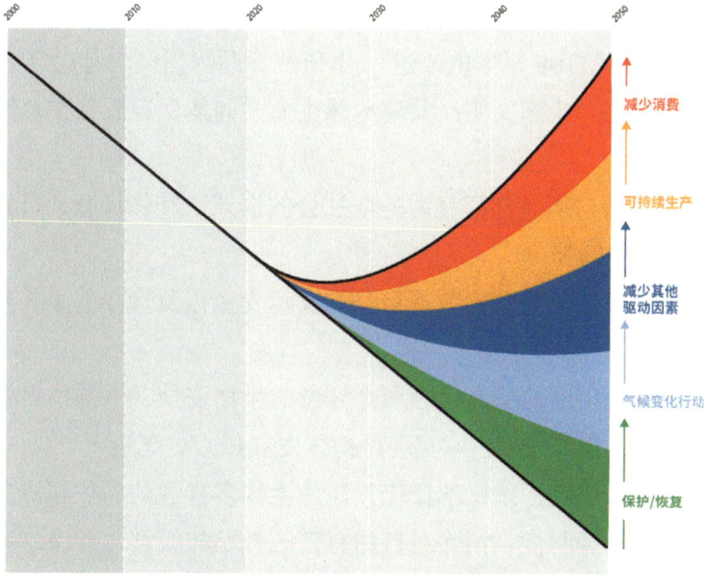

生物多样性趋势（各种计量数字，左轴）一直在下降，在一切照旧情景设想下将继续下降（趋势线）。各领域的行动可降低生物多样性下降的速度，所有行动组合加在一起可停止和扭转下降趋势（扭转曲线），可能到 2030 年后带来生物多样性净增加。这些行动组合是，从下到上：（1）加强生态系统的保护和恢复；（2）减缓气候变化；（3）采取行动处理污染、外来入侵物种和过度开发；（4）更可持续地生产货物和服务，特别是粮食；（5）减少消费和浪费。然而，没有一个单一行动领域或部分结合的行动领域能够扭转生物多样性丧失的曲线。此外，每个行动领域的成效都因其他领域而得到加强（讨论情况见《全球生物多样性展望 5》全文第三部分）。

图 2-3 减少生物多样性丧失和恢复生物多样性的行动组合

资料来源：全球生物多样性展望 5。[26]

2021 年 2 月的《生物多样性公约》文件 CBD/SBSTTA/24/3/Add.2 提出了进一步说明 2030 年目标的两种方法（图 2-4 中的 A 曲线和 B 曲线）[27]。世界需要的是 A 曲线所描述的路径，到 2030 年生物多样性和自然对人类的贡献净收益超出 2020 年。

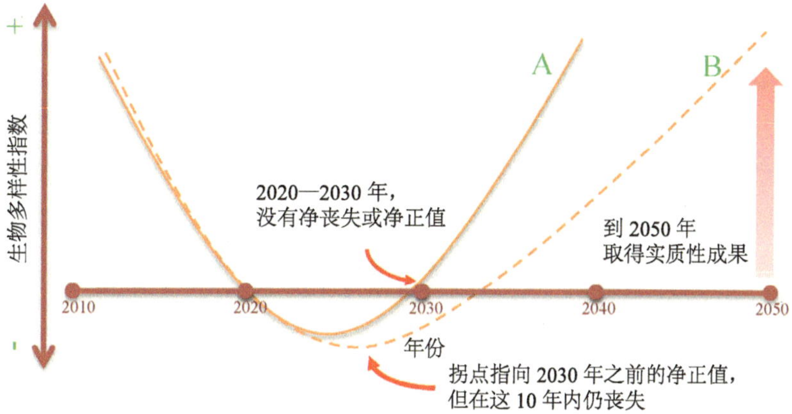

图 2-4 2021—2030 年及到 2050 年的生物多样性情况 [27]

注：到 2050 年，世界应该“完全恢复”并实现与大自然和谐相处，而不是如图 2-4 所示“到 2050 年取得实质性成果”。

关于 2020 年后 GBF 草案的改进，本研究课题组提议应考虑以下关注问题。

- COP15 的主题“生态文明：共建地球生命共同体”应反映在草案的前言或背景段落中；
- GBF 是包括政府所有部门在内的全社会的框架，其总目标、目标和指标应适用于各国所有有关部委；
- GBF 需要确保原住民和地方社区、妇女和女童以及青年的平等参与，需要全社会的广泛参与；
- 鉴于新冠肺炎疫情的暴发，必须充分考虑生物安全、生物技术的生物安全性和可能新出现的人畜共患病，以实现可持续发展和人类健康；
- 关于执行支持机制，建议不仅应关注为生物多样性的保护和修复筹集资金，还应改革金融和财务制度，消除对自然有害的补贴和投资，并将这些资金流引导向生物多样性的保护和恢复及可持续利用；
- 需要协调其他与生物多样性保护相关的多边环境协定并形成协同增效，包括《2030年可持续发展议程》以及全球、区域和国家各级的政策措施和合作机制；
- 为了跟踪 GBF 实施的结果，需要更快速的报告、回顾和提振行动目标。

一些具体的文本建议见附录 2-1。

基于中国东道国的中立角色，中国的谈判代表仍然可以展示中国在生物多样性领域积累的良好的经验和做法，在 GBF 至关重要的问题如生物多样性主流化和资源调动等议题上提出中国的主张。例如，中国提出并实施的“绿水青山就是金山银山”理论、生态文明、自然资源资产离任审计、五位一体等举措，实际上是生物多样性主流化的实践，中国应该在基于中国自身思想和实践上积极、公开地引领生物多样性主流化这一主题，这将极大地推动这一议题的积极势头。

中国可以考虑的另一个问题是资源调动。为自然融资，需要解决以下三个方面的问题：减少并最终取消对自然有害的投资和激励措施；重新调整这些投资和资金以投资于对自然产生积极和正面影响的行动和计划；将保护资金和投资于自然的国际发展援助翻倍。中国自身的生态补偿、转移支付制度、南南合作等实践，都可以用作借鉴，形成中国生物多样性融资倡议，引领对话，推动建立一个雄心勃勃、可实施的 2020 后生物多样性框架。

（四）为 COP15 之后加快 GBF 的实施做准备

在 COP15 上达成共识的 GBF 必须反映出全人类保护赖以生存的生物圈，并有效应对相互关联的生物多样性、气候和健康危机的雄心，同时迫切需要各国联合起来，保护生态系统、防止人为导致的受威胁物种的灭绝、变革陆地和海洋利用的方式、提高资源利用效率、改变生产和消费方式（尤其是粮食）、动员资源和包容性决策，才能到 2030 年实现生态系统健康和物种丰富度的净增长。

这些变化将要求各国强化政治意愿，认同 2030 年的宏伟目标，积极采取行动，建立对结果的有效监测，并在发现偏离目标时建立纠正机制，动员社会各方力量一同努力，立即将雄心勃勃的自然目标转化为积极行动。

同时应关注进度监控、提振目标、保障条件等其他关键元素。

三、2020 后保护地划定的关键问题

本节基于科学研究，探讨了基于区域的保护（Area-based conservation）建议。三项研究分别回答全球生物多样性保护的三个关键问题。第一，基于区域的保护应该采取什么样的策略，还是应当为不同国家制定差异化的目标？如果考虑生物多样性空间分布不均，以及各国对环境退化的贡献和保护能力的不同，各国应该采用统一的保护地目标（如正在讨论的 2020 年后 30% 和 2050 年后 50% 的目标）。第二，面对平衡保护与人类发展的困难，应采取何种策略来实现雄心勃勃的保护地目标？运用成本效益区的概念，将具有高的生物多样性重要性但受人为干扰影响较小的区域作为扩建保护地的解决方案。第三，当保护重点在不同的空间尺度上（如从全球、区域到国家尺度）有所不同时，该如何协调不同尺度的保护行动，以最有效地保护生物多样性？以亚洲为例[28]，表明需要考虑多尺度的愿景，并探索气候和生物多样性目标之间的协同增效，以优化保护成效[1]。

本节在针对 GBF 的系统研究基础上，提出了相关的政策建议。制定雄心勃勃的保护地目标对实现物种的有效保护非常必要，而且不同国家在生物多样性保护中应该承担共同但有区别的责任。研究结果同时证明了生物多样性与碳之间的协同增效是必要且可行的，同时，实现预期的保护目标需要新的机制的支撑，如在《中国生物多样性保护战略与行动计划》中采用国家自愿承诺，以及为保护责任重大同时经济较不发达的国家提供资金援助。

---

1 第二项研究详见 R Yang, Y Cao, KP Ma, et al. Cost-effective priorities for the expansion of global terrestrial protected areas: Setting post-2020 global and national targets. Science Advances 6, eabc3436, 2020。另外两项研究在审稿中。

（一）各国在实现全球保护地目标方面的不同责任

比较了陆地生态系统两种基于区域保护的保护方法的效率：（1）国家情境：为所有国家设定统一的保护目标（分别为 30% 和 50%），以国家为单元划定优先保护区；（2）全球情境：在全球范围内识别优先保护区，以此为基础，为不同国家设定不同的保护目标，同时保护地的总面积保持不变（分别为 30% 和 50%）。使用系统保护规划工具识别陆地保护优先区，在考虑其他因素（如生态区的代表性和保护成本）的同时，最大化地实现对脊椎动物的保护和减少碳排放。

结果表明，与为所有国家设定统一的目标相比，在全球情境下识别的优先保护区在保护陆生脊椎动物物种和碳储量方面更有效率。例如，以 30% 的保护地目标识别的优先保护区与国家情境相比，对受威胁物种的保护效力更高，各个类群有效保护物种增加的比例分别为：哺乳类 12.6%、鸟类 19.6%、爬行类 17.7%、两栖类 15.7%。同样地，以 50% 的保护地目标识别的优先保护区与国家情境相比，各个类群有效保护物种增加的比例分别为：哺乳类 10.6%、鸟类 15.3%、爬行类 10.6%、两栖类 16%。这些结果表明，相比所有国家采用相同的保护地目标，在全球范围内统一识别优先保护区和协调保护地的建立可以极大提高生物多样性的保护效力。

尽管在全球情境下的优先保护方案对物种的保护和减少碳排放更为有效，但各国在实现其保护目标方面面临巨大的挑战。各国的保护地目标在国家之间存在很大差异，经济上较落后的国家面临的保护挑战更大（图 2-5）。

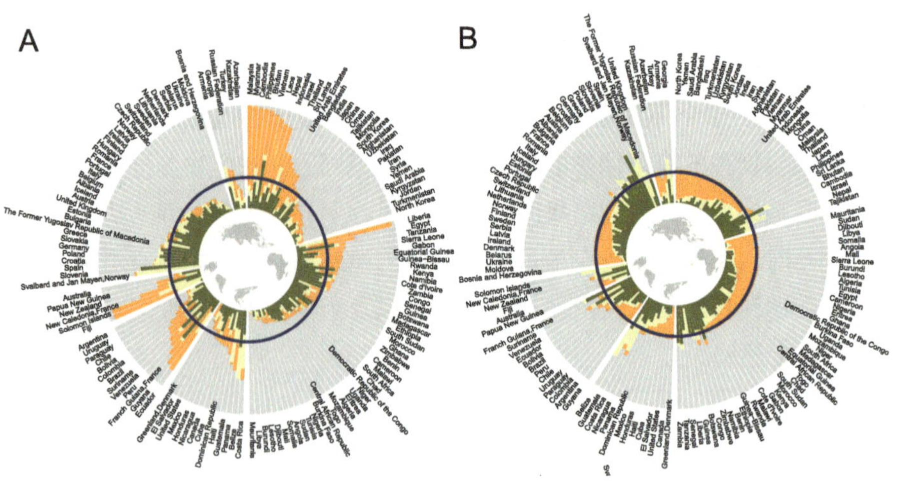

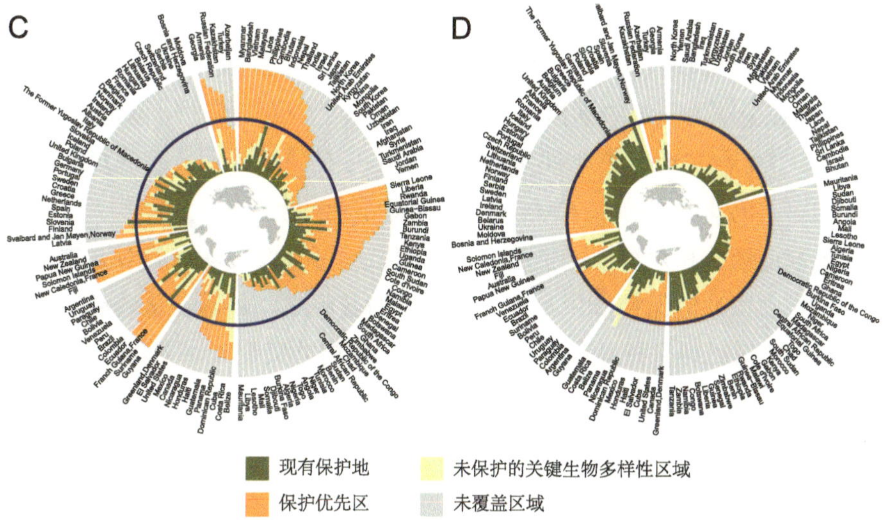

图 2-5　**在全球（A、C）和国家（B、D）情境下，每个国家现有保护地（PAs）、未受保护的关键生物多样性区域（KBA）、优先保护区域（不包括保护地和 KBA）和未覆盖区域（未被确定为优先保护的区域）分别在达成 30% 和 50% 保护地目标时的百分比**

注：每个条带代表一个国家 100% 的土地面积，是以上四种类型土地的百分比之和。保护地和 KBA 被视为优先保护地区。一个国家的保护地目标等于其保护地、KBA 和优先保护区域百分比的总和。A 图和 B 图中的蓝圈代表 30% 的百分比线，C 图和 D 图中的蓝圈代表 50% 的百分比线。一些国家在全球方案中被识别为具有非常高的保护地目标，比如在 30% 目标下的马来西亚、缅甸和柬埔寨（A），在 50% 目标下的斐济和所罗门群岛（C）。为了满足其他要求（如生态系统的代表性要求），少数国家在国家情境下的保护地目标超过了 30%（B）或 50%（D）。此处的分析结果不包括陆地面积＜ 18 000 km^2 的国家。

建议各国之间采取合作和协调的行动，以提高 2020 年后生物多样性保护的效力。同时需要建立相应的实施机制，以确保各国之间公平地分担保护负担并克服实施方面的实际障碍。《巴黎协定》的实施机制为此提供了很多参考。在此研究基础上，特别针对不同保护地目标在各国如何实施方面，我们提出以下具体建议。

- 建议《生物多样性公约》采用在全球划定的优先保护区以指导国家保护行动，将“维持或恢复到有利状态的全球优先保护区的比例”作为衡量进展的指标。
- 当地因素（如法律和政策、社会经济环境以及保护意愿和能力）将在很大程度上决定保护地目标的可行性。建议各国参考在全球情境下设定的优先保护地目标，根据国情设定国家目标，并将其承诺的目标（国家自愿承诺 NVCs）纳入 NBSAPs。
- 对于可能承担较高保护地目标的国家（如马来西亚、缅甸和利比里亚），建议其从较低的目标开始，未来逐渐增加目标承诺。在理想情况下，应定期（如每隔五年）审查各个国家的进展，以调整后续承诺。

- 建议保护负担低的国家（以优先保护区域除以国内生产总值衡量）向保护负担高的国家提供财务和技术支持。特别地，建议生态足迹较高的国家支持其他国家/地区（如在全球供应链中承担生态足迹的国家/地区）的保护，以抵消其生态足迹。
- 强调 OECMs 在实现保护地目标和实施 GBF 中的重要作用。应通过田野调查、建立数据库，记录现有的 OECMs，并支持其可持续管理。
- 呼吁采取创新性和包容性的措施，认可和鼓励可持续管理措施对人类主导的景观（城市和农田）的保护作用。在人类主导的景观中，强调多重效益（如环境和社会效益），对减缓保护地和社会经济发展之间的冲突至关重要。

（二）设定 2020 后全球和国家保护地目标：为扩大全球陆地保护地面积识别低成本高效益的优先保护区

通过空间荟萃分析，识别出全球陆地生态系统的保护优先区（CPZ）。CPZ 为被七个全球生物多样性模板中的至少一个覆盖的区域，这七个模板分别为关键生态区、生物多样性热点、特有鸟区、关键生物多样性区域、植物多样性中心、全球 200 个生态区和完整森林景观。根据生物多样性重要性的不同，将 CPZ 分为三个等级：被 3 个或者更多模板覆盖的区域为一级 CPZ；被 2 个模板覆盖的区域为二级 CPZ；被 1 个模板覆盖的区域为三级 CPZ。低成本高效益区（CEZ）是 CPZ 中受人类活动影响较小的区域，具有高生物多样性低影响的特征。在这些地区建立新的保护地将缓解土地使用方面的冲突，并减少保护成本。

结果表明，CPZ 覆盖了 77.2% 的陆地面积，包括几乎所有赤道附近的陆地面积。CEZ 覆盖了全球陆地面积的约 38%，而现有保护区仅覆盖了 24%。在此基础上，提出了保守、中等和雄心勃勃的 3 个全球保护地目标。这 3 个方案对应重要性不同的保护优先区（保守目标仅保护一级 CEZ，中等目标保护一级和二级 CEZ，雄心勃勃的目标保护 3 个级别 CEZ），分别占到全球陆地面积的 19%、26% 和 43%。

单个国家 CEZ 区域占国土面积的比例差异较大。如果要实现雄心勃勃的保护地目标，保护地扩展潜力最大的前十个国家（包括俄罗斯联邦、澳大利亚、加拿大、巴西、中国、美国（非 CBD 缔约方）、刚果、哈萨克斯坦、印度尼西亚和安哥拉）将贡献 66% 的新建保护地面积。

建议采用 CEZ 指导未来保护地的建设。目前，由于只有 24% 的 CEZ 受到保护，在 CEZ 建立保护地可以在未来快速地扩大保护地面积。195 个 CBD 缔约方（不包括欧盟）

的 CPZ 面积和未受保护的 CPZ 的比例（未受保护的 CPZ / 总 CPZ）、CEZ 面积和未受保护的 CEZ 的比例（未受保护的 CEZ / 总 CEZ）详见附录 2-3。特别地，我们强调需要关注以下四类国家。

- 超级 CEZ 国家 / 地区。CEZ 集中在少数几个国家，包括俄罗斯联邦、澳大利亚、加拿大、巴西、中国和美国，这些地区的 CEZ 合计占所有 CEZ 面积的 53%。这些国家对全球生物多样性保护至关重要，并且在提高其保护地目标方面具有巨大潜力。
- 需要保护更多 CEZ 的国家。全球未受保护的 CEZ 面积最大或未受保护的 CEZ 面积占其陆地总面积的百分比最高的国家，应立即采取行动在 CEZ 基础上扩建保护地。
- 具有大面积 CPZ 但有限 CEZ 的国家，如印度。这些国家具有重要的生物多样性保护价值，但同时自然生态系统严重受到人类活动的干扰。这些国家可能需要采取更具包容性的保护行动，如采用 OECMs，以及生态恢复和荒野化的措施保护和恢复生物多样性。
- 保护地很多但 CEZ 很少的国家。如德国，其陆地保护地占比 36.6%，但 CEZ 仅占 3.1%。这表明，CEZ 不应被视为保护地目标的上限，保护地系统可以扩展到 CEZ 之外，以保护其他具有国家生物多样性重要性的地区。

（三）亚洲区域多尺度优先区助力于国家生物多样性和碳储量协同保护规划

尽管“爱知目标 11”是世界各国实践最为成功的生物多样性保护目标，但是在设置生物多样性保护优先区时，物种或生态系统的代表性常常被忽视。目前，亟待寻找既能兼顾区域生物多样性热点又能在国家一级实施的切实可行的保护行动方案。本研究基于亚洲区域、生物群区和国家三个尺度生物多样性和碳储量热点区，利用分区保护软件划定 30% 和 50% 的国土面积（基于 2030 年 CBD 保护目标和 2050 年愿景）中最具保护价值的生物多样性碳储量协同增效保护优先区。

分析结果表明，目前现有的保护地对亚洲 8 932 种陆生脊椎动物的保护既不全面也不具有代表性，仅有 25% 的兽类、20% 的鸟类和 10% 的两栖与爬行类得到有效保护（基于 Butchart 等 [29] 的方法）。若将保护目标扩展至土地面积的 30%，则可以有效保护 70% 以上的物种，相比现有保护区，其保护增量可达 59%，同时可以保护 2 300

亿～3 600 亿 t 碳储量。但遗憾的是，这类区域目前大多数并未受到保护。生态区越复杂多样，其保护空缺往往越大。西亚和中国华南地区的保护空缺非常显著，而印度则有大面积保护优先区需要进行可持续的管理和生态修复。以生物多样性最丰富、遭受物种灭绝风险最高的东盟 10+3 各国（东盟及中日韩 3 个经济合作伙伴）为例，多数国家的保护优先区域都超过了 30% 的国土面积（图 2-6A），热带国家普遍达国土面积的 60%，文莱和老挝甚至占据 90% 以上的国土面积。

评估多尺度优先区在国家层面的生物多样性保护效率，将有助于探讨如何在国家层面上兼顾区域生物样性热点区的保护规划制定。一般来讲，区域尺度保护优先区可以有效保护各国的多数物种。但是对于印度尼西亚、菲律宾和中国等国家来说，区域尺度优先区保护效率远远不够（图 2-6B），30% 的保护目标不足以有效保护由人为干扰造成的生物多样性丧失。老挝当前和未来的保护负担（基于各国人类对生境改造不同程度加权后各类型保护面积之和除以按购买力平价调整后的国民总收入）最重；其次为缅甸和柬埔寨，实现未来 2030 年和 2050 年保护目标中承担额外的保护负担是老挝的一半（图 2-6C、D）。然而，东南亚正面临严重的生物多样性危机，虽然研究结果表明大多数东南亚国家达到物种有效保护均需要超过 30% 的土地面积，但作为全球栖息地丧失率最高的东南亚地区，这是巨大的挑战。因此，研究建议基于多尺度的研究角度优化保护方案，在提高保护效率同时，以减缓气候变化和生物多样性保护协同增效为未来的保护目标，在有限的土地资源基础上达成保护生物多样性和生态系统碳功能双赢。

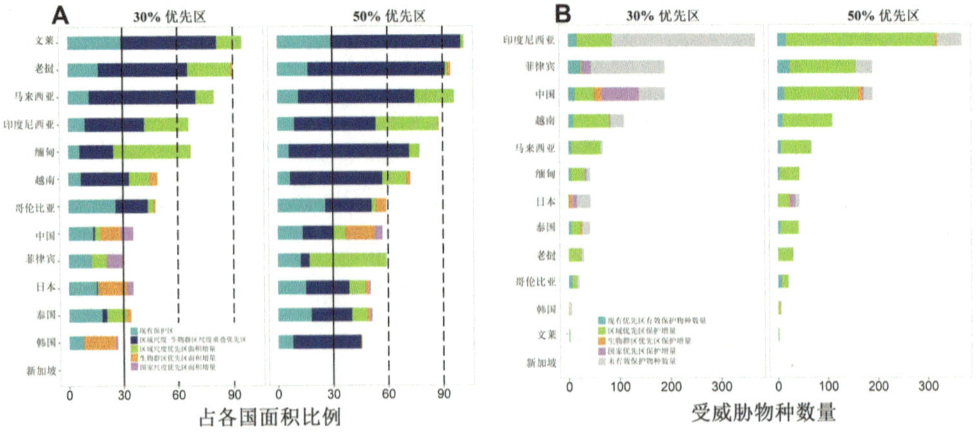

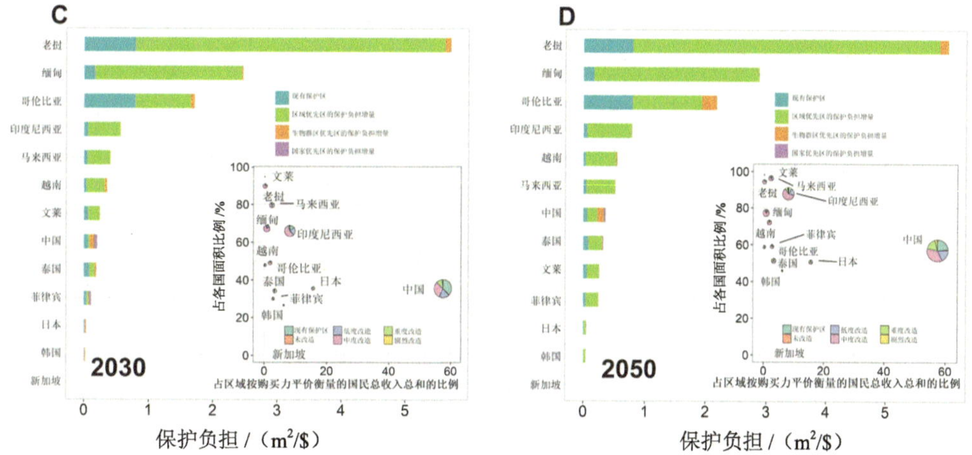

图 2-6　基于 2030 年和 2050 年保护目标，东盟 10+3 各国当前及未来的保护责任 (A)、贡献 (B) 和保护负担 (C-D) 的差异

（A）各国多尺度生物多样性与碳功能协同优先区占国土面积的百分比。区域尺度优先区的保护优先级高于生物群区和国家尺度，深蓝色表示三个尺度优先区一致性最高的地区，具有最高的保护优先级。（B）各级保护优先区对物种［包括《世界自然保护联盟濒危物种红色名录》（IUCN 红色名录）NT-CR 等级］有效保护的贡献，蓝色表示现有保护区有效保护物种的数量，绿色表示区域优先区的保护增量，橙色表示生物群区优先区保护增量，黄色表示国家优先区保护增量，灰色表示各国受威胁物种数。对于分布范围跨越国界的物种，其保护责任由分布区内的所有国家共同分担。保护责任的计算方法是：各国人类对生境改造不同程度（HM）加权后各类型保护面积之和除以按购买力平价调整后的国民总收入。HM 权重越高，保护负担越重。插图（饼图）显示了各国现有保护区和建议未来保护优先区内不同 HM 级别的生境占优先区的比例，饼图半径与各国优先区面积成正比。

- 未来应发展多尺度研究视角，支撑生物多样性与生态系统服务。集成不同尺度以减缓气候变化和生物多样性保护协同增效为保护目标，优化保护优先区。为了制定更为雄心勃勃且有效的国家保护目标，同时体现不同尺度之间的重要性、互补性和特异性来确定优先保护区域，可以采取逐级保护的行动方案：首先力求保护区域、生物群区和国家尺度 3 个尺度重叠地区；其次为区域和生物群区尺度相重叠的优先区；再次为区域和国家重叠优先区、区域优先区、生物群区与国家尺度重叠优先区；最后为尺度间非重叠优先区，以此优先级次序逐步扩大保护面积，实现更高的保护目标。更宏观尺度的优先区涵盖了整个亚洲地区生物多样性的纬度梯度，提高了物种有效保护的数量，具有更高的保护潜力和特异性，并扩展和补充了国家优先区，因此其保护优先级应高于国家尺度。这些国家优先区以外保护区域应通过非政府组织、国际合作和投资等资金机制得到最高优先级别的额外保护。因此，在高度多样性地区，30% 的土地不足以有效保护本地物种，需要额外的资金机制或新的方法，以实现更大范围的保护。
- 需要更多的资金资助机制或新办法帮助实现变革型转变，以便使 30% 的国土面积不足以为当地土著物种提供有效保护的生物多样性超级大国得到充分的保护。为实现《生物多样性公约》2030年保护目标和2050年远景目标，本研究确定的优先保护区域可以同时兼顾生物多样性和碳储量的保护潜力。在这些区域可以优先使用额外的气候基金，在自然的解决方案基础上缓解气候变化的同时，使物种得以保护。然而即便如此，老挝、缅甸和柬埔寨等地区的巨大保护负担仍需要建立进一步资助机制，将生物多样性纳入主流。目前，这种机制在全球保护行动计划中尚未得到充分体现。此外，尽管企业已开始参与CBD倡议，特别是在中国等地区，致力于保护生物多样性同时力争2030年碳达峰、2060年碳中和的目标，更迫切需要采取新型农业和可持续发展的方式来支撑关键区域的有效保护，包括绿色金融、认证计划、严格评估等可行性方案。

四、生态保护红线划定技术优化研究

（一）生态保护红线是生态空间范围内具有特殊重要生态功能，必须强制性严格保护的区域划定的技术体系

生态保护红线通常包括具有重要水源涵养、生物多样性维护、水土保持、防风固沙、海岸生态稳定等功能的生态功能重要区域，以及水土流失、土地沙化、石漠化、盐渍化等生态环境敏感脆弱区域。

根据中国政府2017年发布的《关于划定并严守生态保护红线的若干意见》以及《生态保护红线划定指南》[1]的要求，中国生态保护红线划定技术体系由指标选取、科学评估、综合制图等环节构成。指标选取涉及生态系统服务功能重要性和生态环境敏感性两方面指标，其中生态系统服务功能重要性指标包括水源涵养、水土保持、防风固沙、生物多样性维护等，生态环境敏感性指标包括水土流失、土地沙化、石漠化、盐渍化等。科学评估是按照资源环境承载能力和国土空间开发适宜性评价技术方法，选择恰当模型对上述指标进行定量评估，明确生态系统服务功能和生态环境脆弱性热点区，作为生态保护红线划定的参考。综合制图是以高精度遥感影像和土地利用数据为底图，通过空间分析对评估结果进行修正完善，形成边界清晰、符合实际、确保生态系统完整性的生态保护红线划定成果。

1 《关于划定并严守生态保护红线的若干意见》于2017年2月由中共中央办公厅、国务院办公厅发布，其中对生态保护红线划定的范围和边界进行了阐述。《生态保护红线划定指南》于2017年5月由生态环境部与国家发展改革委共同组织编制。

生态保护红线划定技术体系为中国各省（市、区）完善生态保护网络提供了有效途径。例如，位于青藏高原的青海省，通过划定生态保护红线构成了“一屏一带三区”[1]的生态保护网络，使全省冰川雪山、江河源头、森林灌丛、草地植被和荒漠植被得到有效保护。对于生物多样性丰富的省份而言，生态保护红线划定同样提升了生物多样性保护成效。例如，四川省作为中国生物多样性最丰富的省份之一，基于生态保护红线划定技术体系，将全省 30.45% 的区域划定为生态保护红线，构建起“四轴九核”[2]的生态保护网络，将大巴山、金沙江、若尔盖湿地等重点区域纳入生态保护，全省 95% 以上的物种资源也将在生态保护红线内得到保护。

目前，中国各省（市、区）已经应用此技术体系，基本完成了生态保护红线划定工作。划定区域以林地、草地、灌丛、水域湿地等自然生态用地为主，生态功能包括水源涵养、水土保持、生物多样性维护、防风固沙等。

（二）生物多样性保护重要区域识别技术方法优化

根据《生态保护红线划定指南》，生物多样性维护功能重要性评估有净初级生产力（NPP）法和物种分布模型法两种方法，NPP 法所需参数因子较少，因子获取较容易，在生态保护红线划定中应用较多；物种分布模型法需获取现有的物种分布数据，所需环境变量较多，实际计算较为复杂，在生态保护红线划定中应用较少。我们建议对红线划定中生物多样性维护功能重要性评估的方法进行优化，即在现有多参数评价模型基础上，综合考虑野生动植物丰富度、生态系统类型、特有物种数、受威胁物种数等资料，优化生物多样性保护重要区域识别方法，并以生物多样性保护重要区域作为生物多样性维护功能重要性评估的依据。

生物多样性保护重要区域包括：①使关键物种得到有效保护所需的区域。关键物种可以包括 IUCN 红色名录受威胁物种、国家物种红色名录受威胁物种、国家重点保护物种、特有物种。②生物多样性热点地区，即物种多样性高并且受威胁程度高的地区。③全球和其他国家水平认定的生物多样性保护重要区域，包括关键生物多样性区域（KBA）。

---

1 “一屏”：三江源草原草甸湿地生态屏障；“一带”：祁连山冰川与水源涵养生态带；“三区”：青海湖草原湿地生态功能区、柴达木荒漠湿地生态功能区、东部丘陵生物多样性功能区。

2 “四轴”：金沙江下游干热河谷土壤保持红线区、大巴山生物多样性保护—水源涵养红线区、川南生物多样性保护红线区、盆中城市饮用水源—土壤保持红线区；“九核”：雅砻江源水源涵养红线区、大渡河源水源涵养红线区、黄河源水源涵养—生物多样性保护红线区、沙鲁里山生物多样性保护红线区、大雪山生物多样性保护—土壤保持红线区、岷山生物多样性保护—水源涵养红线区、邛崃山生物多样性保护红线区、凉山—相岭生物多样性保护—土壤保持红线区、锦屏山水源涵养—土壤保持红线区。

目前，在全球和国家水平可获得的物种分布数据以IUCN红色名录数据库提供的被评估物种的分布区图为主，其对陆生脊椎动物（兽类、鸟类、两栖类、爬行类）的评估较为全面，也包括少数植物物种。植物分布数据可通过国家水平收集的数据进行补充，比如在中国，多家科研院所建立了中国木本植物的县级分布数据库。因此，不同来源的物种分布数据可能包括物种分布区地图、县域分布地图、物种分布区栅格图层等多种形式，均可用于后续的重点区域划定。根据Brooks等[30]的建议，在可能的情况下，将以上物种分布图叠加物种适宜分布的海拔和生境，进一步细化提取物种在分布区内的适宜生境（AOH），用于识别重点区域。

1. 识别关键物种得到有效保护所需的区域

只有当一个物种的分布区被保护的面积足够大时，该物种才能永续生存。通常认为，物种的分布区越大，需要保护的面积就越大。参考有效保护物种的国际标准[31-32]，制定在国家水平使物种得到有效保护的面积标准。叠加关键物种的分布图，采用系统保护规划软件，识别使关键物种得到有效保护的最小区域。

2. 识别生物多样性热点地区

叠加动植物物种分布图、指示人类干扰强度的数据图层（如Human Footprint Index，Human Modification、荒野地图等），给不同的地理单元赋值以反映采取行动对其进行保护的急迫性，生物多样性越高且受威胁程度越高的地理单元，赋值越高。确定国家尺度生物多样性热点地区的定义标准（如选取赋值高的前20%或者30%的地理单元），作为需要保护的生物多样性热点地区。

3. 完善生物多样性保护重要区域管理体系

从公开数据源获取关键生物多样性区域图层，全部纳入保护范围。根据综合以上分析识别的关键物种得到有效保护所需的区域和生物多样性热点区，识别物种多样性保护重要区域。认真评估重要区域内生物多样性保护价值，确定优先管理等级，解决好跨地区、跨部门的体制性问题，加强对自然生态系统的生物服务功能、文化价值功能的完整性保护，实现保护生物多样性的最终目标。

（三）识别划定固碳功能生态保护红线

习近平主席在第七十五届联合国大会一般性辩论和气候雄心峰会上宣布我国碳达峰目标、碳中和愿景。陆地生态系统通过植被的光合作用吸收大气中的大量CO_2，这一特性被视作减缓大气CO_2浓度升高最为经济可行和环境友好的途径。生态保护红线将森林、草原、湿地等具有重要固碳功能的生态系统纳入保护范围，有助于逆转生态退化趋势、增强生态系统碳储量和固碳潜力。但是，生态保护红线划定并不考虑碳汇功能，也没有发布固碳功能红线划定技术方法，这也使一些碳储量大的区域未能全部纳入红线控制范围，导致固碳功能保护存在空间缺失。因此，划定碳汇功能的生态保护红线，并实施严格保护和生态修复，可为完善生态保护红线体系和缓解全球气候变化、实现碳中和愿景做出重要贡献。

按照生态保护红线划定方法和管理要求，参考我国陆地生态系统现状以及碳汇相关的最新研究结果和政府文件，以森林、灌丛、草地等典型生态系统为划定对象，从碳储量、碳汇和固碳潜力 3 个维度构建固碳重要性评价指标体系（图 2-7，表 2-1），开展碳汇功能重要性评估，揭示固碳功能重要性程度和地域差异，将碳储量高、碳汇能力强和固碳潜力大的陆地生态系统划为固碳功能的生态保护红线。

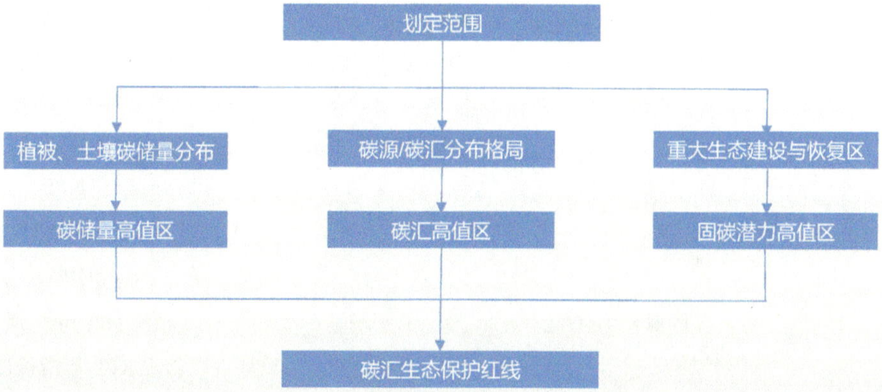

图 2-7　**固碳功能红线划定技术流程**

指标体系划分为目标层、准则层、要素层和指标层 4 个层级（表 2-1）。其中，目标层是生态系统固碳功能重要性，准则层包括生态系统碳储量、碳汇和固碳潜力。

- 碳储量是指生态系统通过光合作用吸收固定大气中的 CO_2，将 CO_2 以有机碳的形式固定于土壤或植被中，其固定量即为陆地生态系统碳储量。生态系统碳储量包含植被碳储量、土壤碳储量两方面。此外，由于农作物收获期短，农作物在生长过程中增加的生物量绝大部分又在较短时间内分解释放到大气中，其碳吸收与排放大体保持平衡。因此，分析植被碳储量时未考虑农作物生物量。
- 碳汇是指陆地绿色植物通过光合作用将大气中的 CO_2 转变为有机物储存起来的功能，主要反映单位面积陆地生态系统能够固定 CO_2 的量。通常采用净生态系统生产力（NEP）进行测度，在不考虑人类活动干扰的情况下，NEP 大于 0 即表明生态系统是碳汇。NEP 是植被 NPP 与土壤异氧呼吸（HR）之差。

- 固碳潜力是指在人为生态工程实施的情况下，自基准年到目标年期间可能增加的固碳量。生态系统固碳潜力取决于两个关键因素，即 NPP 的增长强度与碳周转时间。在固定碳周转时间内，NPP 增长强度越大，生态系统固碳潜力越高。

相对于生态系统碳储量和碳汇研究结果，固碳潜力预测存在更大不确定性且缺少可参考的空间分布成果图，其对碳固定功能红线范围界定的贡献相对较小。鉴于此，结合专家咨询，准则层指标权重设定采取“以碳储量和碳汇为主、固碳潜力为辅”原则，将碳储量、碳汇和固碳潜力的重要性权重值分别设置为 0.4、0.4 和 0.2。

表 2-1 固碳功能评价指标体系

目标层	准则层	要素层	指标层
固碳功能重要性	碳储量（0.4）	植被碳储量	森林地上生物量
			草地地上生物量
		土壤碳储量	土壤有机质含量
	碳汇（0.4）	NEP	植被 NPP
			土壤 HR
	固碳潜力（0.2）	碳增量	自然 / 半自然植被分布
			植被 NPP 年均值
			植被 NPP 年增长量

（四）生态保护红线划定技术自动化应用设计

生态保护红线划定技术可以通过地理信息系统、计算机信息技术等手段实现自动化的应用。为此，我们提出设计一个生态保护红线软件工具包，实现对生态保护红线划定方法和流程的集成，在此基础上可被其他地区、国家参考利用。

生态保护红线软件工具包的建设目标是，推动中国生态保护红线划定的理念、方法和工具在全球、区域生态环境保护规划、自然保护行动和自然资源管理决策过程中的推广使用，促进生态系统服务功能评估的科学化、简单化。政府机构、规划部门、区域机构组织及企业和环保人士等用户可利用生态保护红线软件工具包开展区域和国家层面的生态保护规划工作。

生态保护红线软件工具包可以实现对生态保护红线划定方法和流程的集成，具有独立数据模型、标准和方法，采用人机交互的方式，可辅助处理和生产生态保护红线划定的基础数据和参数，计算生态系统服务功能重要性，确立生态系统分级结果，最终生成生态保护红线边界数据。工具包运行基于 ESRI ArcGIS 程序运行环境，最终以可行性文件 *.exe 或 *.tbx 形式在 ESRI ArcGIS 环境支持下运行使用。工具包功能主要包括生态保护红线划定基础数据管理功能、生态系统功能评估功能、生态系统重要性分级功能、生态保护红线边界优化功能和生态保护红线制图功能。

生态保护红线软件工具包操作流程设计如图 2-8 所示。

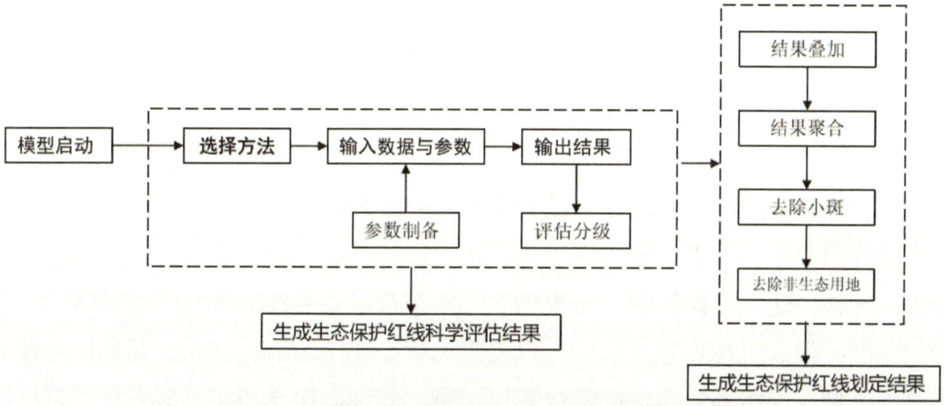

图 2-8　生态保护红线软件工具包操作流程设计

（五）国际推广生态保护红线的建议

中国在保护、改善和恢复其自然区域及其生物多样性，尊重生态系统及其服务的完整性，以及为农村人民带来经济效益等方面付出了巨大的努力，这些将在“十四五”及未来的规划中得到进一步加强。尤其是中国创新性地提出了生态保护红线，对维护中国或区域生态安全及经济社会可持续发展具有关键作用，其战略地位十分重要。生态保护红线的划定是推进生态文明建设的重要举措，是优化国土空间开发格局的根本，是中国生态环境保护制度的重要创新。在 COP15 上，中国有机会说明如何利用生态保护红线应对挑战以及如何为经济和社会带来福祉。目前，中国是世界上唯一划定生态保护红线的国家，应借助 CBD 这个生态大平台，以东道主的身份，向世界展示中国在生态环境保护工作中的创新与突破，阐述生态保护红线对生物多样性保护的功效。

1. 与基于自然的解决方案相结合，以减缓和适应气候变化影响

基于自然的解决方案是应对气候变化的有效途径之一。划定生态保护红线既有利

于增强生态系统的稳定性、恢复力和对气候变化的适应能力，也有利于增强生态系统固碳功能，减缓气候变化。在 2019 年 9 月召开的第七十四届联合国大会气候行动峰会期间，中国政府已向大会递交了“划定生态保护红线，减缓和适应气候变化——基于自然的解决方案行动倡议”。倡议认为，现有实践案例已证明，以生态保护红线确定保护区域，可实现“以较小面积提供较大固碳服务”的目的。

建议中国政府进一步推动倡议的执行和落实，邀请《联合国气候变化框架公约》《生物多样性公约》《联合国防治荒漠化公约》缔约方以及生物多样性保护相关国际组织、非政府组织和私营部门等共同参与，号召各方积极采取行动，从红线划定实践中总结凝练经验，探讨基于自然的解决方案的提供和实施，将其作为适应气候变化的自然解决方案行动倡议。因此，可为切实实现《联合国气候变化框架公约》和《生物多样性公约》提供方案，并对全球气候变化和 2020 后生物多样性公约目标的实现做出积极贡献。

2. 引入重要碳汇生态功能区，助力中国实现碳达峰和碳中和目标愿景

中国提出的生态保护红线水源涵养、水土保持、防风固沙等重要生态功能区和水土流失、土地沙化、石漠化等生态敏感区，将具有重要生态功能的区域基本纳入了红线划定范围，但由于在划定方法中，未将碳汇生态功能区单独作为一部分，导致部分重要碳汇区域未能纳入生态保护红线划定范围。此外，海洋和海岸碳汇也可以通过划定泥滩、红树林、离岸海洋保护区等海洋生态保护红线得到提高。

但从国际和国内来看，碳汇是缓减气候变化的重要手段，也是实现以自然方式应对气候变化的重要途径。中国的生态保护红线政策将开创科学保护自然的先河，这项政策最初的目的是保护具有重要生态功能和脆弱的区域，恢复野生动植物种群、保护人类从自然获得的福利。而如今，我们也正在探究生态保护红线在提升固碳能力、缓解气候变化方面的潜力，并取得了初步成果。生态保护红线将森林和草原等重要碳汇生态功能区纳入保护范围，也有助于气候行动。我们将进一步根据中国提出的碳达峰、碳中和等目标任务完善划定结果，为中国有效应对气候变化、推进《联合国气候变化框架公约》做出贡献。

3. 将生态保护红线融入“一带一路”建设，从源头预防开发活动对生态的破坏

“一带一路”沿线国家大多为发展中国家，正处于发展与生态保护的博弈期。通过预先规划设计，保护重要生态系统是避免生态破坏的重要手段，而生态保护红线的划定正好可解决这方面的问题，从源头减少“一带一路”项目的生态足迹。建议向“一带一路”国家推广中国生态保护红线划定的标准、经验和做法，鼓励“一带一路”国家制定基于生态保护红线的空间管理政策并作为国家政策提交至CBD/UNFCCC。

尽管各国可以并且应该采取适合自身情况的保护措施，但仍然可以从中国的生态保护红线制度中学到很多东西，尤其是以科学手段绘制空间图谱。我们相信中国在落实和执行这一政策的过程中将在方式上有所创新，并为其他国家提供经验。“一带一路”倡议正是中国分享其生态保护红线经验的一条可行的现成途径，中国可以为“一带一路”沿线国家采取类似划定生态保护红线的方法开展生态保护工作提供帮助。

五、生物多样性主流化和协同增效

本部分探讨如何在GBF和相关筹备文件中进一步加强生物多样性主流化和协同增效的作用[1]，从气候政策、城市背景、金融部门和国民经济核算框架的案例研究中汲取生物多样性主流化的经验。关于加强协同作用的努力，报告分析了《生物多样性公约》更新的GBF草案的不同章节，并强调了实现与生物多样性相关公约协同作用的切入点。

（一）将生物多样性纳入政府和社会主流以及加强环境和可持续发展议程之间的协同作用，是实现社会变革议程的关键因素

《2019年全球可持续发展报告》和生物多样性和生态系统服务政府间科学政策平台（IPBES）都呼吁进行变革，以引导我们走向在2030年实现可持续发展目标之路。GBF的形成过程中需要触发被IPBES确认的转变，虽然协同作用方面涉及与生物多样性有关的多边环境协议（MEAs）和组织领域，但生物多样性主流化（简称主流化）可以是专题的，涉及整个经济或社会部门。

GBF需要努力为国际组织、政府和利益相关方的成功主流化奠定基础，为了进一步细化主流化议程，《生物多样性公约》第十四次缔约方大会决定建立一个生物多样性主流化（LTAM）的长期战略路径。此外，还成立了一个非正式咨询小组（IAG），向CBD执行秘书和主席团提供关于进一步发展长期方法的建议，包括如何充分将主流化融入GBF的建议[33]，主流化和协同作用这两个方面都需要牢牢嵌入CBD COP15谈判的结果中。

1 德国联邦自然保护局（BfN）SPS1-2课题组组员Lennart Kumper-Schlake，在两个评论性报告和一个特别的技术报告中阐述了生物多样性的交叉性，以及关于在《2020后全球生物多样性框架》下的主流化和协同增效的作用。

（二）在 GBF 和 LTAM 之间建立有意义的联系，以加强《生物多样性公约》的主流化议程

2020 年 8 月，GBF 不限成员名额工作组共同主席发布了修订后的草案，讨论了 2050 年目标 B（自然对人类的贡献）和目标 D（实施手段）下的主流化问题。此外，若干具体目标与主流化议程高度相关，包括关于野生物种管理的具体目标 4、关于污染的具体目标 6、关于基于自然的气候变化解决方案的具体目标 7、关于生态系统管理和农业的具体目标 9、关于绿色基础设施的具体目标 11、关于综合生物多样性价值的具体目标 13、关于经济部门和企业可持续性的具体目标 14、关于可持续消费和生活方式的具体目标 15 和关于激励措施和资源调动的具体目标 17。

GBF 的目标更具战略性，而 LTAM 则将提供进一步的操作指导以支持 GBF 主流化的实施，然而，LTAM 在 GBF 中的具体整合以及后续落实仍需进一步讨论。一些缔约方担心会产生重复的结构，以及雄心勃勃的主流化目标和努力可能会从 GBF 外包给 LTAM，在 CBD COP15 之前即将举行的几轮谈判对澄清这些问题以及对 GBF 成型的过程中做必要的调整至关重要。

LTAM 和 GBF 将建立与其他国际协议和公约潜在的协同效应，这些关联仍在讨论中，并可能会在 GBF 和 LTAM 中进一步阐明。在 LTAM 及其行动计划中，只是部分包括了相关的可持续发展目标，应该可以更进一步清晰地解释。GBF 监测框架中也可以包括针对类似具体目标的相似的或对应的指标。

除金融部门外，LTAM 还没有明确指出其他经济部门的作用，仅指出金融部门对其他部门的独特杠杆作用，LTAM 将关注点放在 GBF 目标 13、14、15、17 以及金融部门中，重点放在导致生物多样性丧失的间接驱动因素上。由于对其他行业和有关生物多样性丧失的直接驱动因素缺乏更具体的指导，LTAM 受到了一些缔约方和利益相关方的批评。有人对 LTAM 的行动计划也提出了类似的关切，一些缔约国认为，行动计划应更清楚地概述最有关的经济部门的具体行动，并应调整拟议的时间表，以使其更具可行性。

IAG 认为，《生物多样性公约》第十三次、第十四次缔约方大会以及 IPBES 全球评估报告（2019 年）已经就如何在其他经济部门实现主流化提供了指导，然而，在这两个会议期间提供的指导在部门之间并不连贯和一致，因此可能不足以为各有关部门提供持续的势头和方向。

（三）生物多样性在气候政策、城市领域、金融部门和环境核算中主流化的切入点

尽管生物多样性尚未嵌入相关政策领域和部门中，在气候政策、城市规划、金融部门和环境会计方面却已经出现了有希望的进展。在这 4 个领域中，经济、政治和民间社会行动者的广泛联合使主流化取得初步成功。目前，数据可得性的不足和缺乏协调一致的方法仍然是环境会计和金融部门进一步实现生物多样性主流化的障碍。在城市领域和气候政策中，生物多样性的整合越来越多地采用基于自然的解决方案的概念。要想让基于自然的解决方案真正为保护生物多样性及其可持续利用做出贡献，就必须对其采取保障措施。这样，将确保生物多样性目标在基于自然的解决方案执行过程中得到考虑，并且不会不适当地仅服从于气候和城市规划目标。与此同时，人们应当意识到，基于自然的解决方案不仅有助于气候行动的措施，还服务于其他由世界自然保护联盟（IUCN）定义的社会挑战，如健康、提供食物和清洁水、自然栖息地的退化和自然灾害的预防。

进一步促进非国家和次国家行为体（如金融部门、企业或城市，它们对 GBF 的贡献需要进一步彰显）的行动，这样做可以增强行动者的动机，展示他们已经在做什么，并建立更多的问责制，以提升政府工作的透明度。

1. GBF 在气候政策中加强生物多样性主流化的切入点

LTAM 本身并没有提及太多气候变化，但它的许多行动都与气候变化有关。例如，在行动领域 1（将生物多样性纳入政策和规划主流）下，LTAM 包括一个具体涉及气候变化的指标（将生物多样性纳入国家气候行动计划主流）。根据行动 1.2.1，LTAM 行动计划建议各国政府将其《生物多样性公约》、《联合国气候变化框架公约》和《联合国防治荒漠化公约》的组成部分与可持续发展目标和主流化议程保持一致。

如果 GBF 要发挥总体框架的作用，强调生物多样性对实现其他社会目标的根本关联，通过生物多样性行动缓解和适应气候变化的机会就应该牢牢地锚定在 GBF 中。这样，现有的气候变化政策，包括 NDC，就可以纳入生物多样性政策考虑，确保应对气候变化的措施不会破坏实现生物多样性目标的潜力。让基于自然的解决方案在 GBF 中发挥强有力的作用，确保基于自然的解决方案在实施过程中，可以同时实现生物多样性目标和气候目标。这样，GBF 可以促使基于自然的解决方案不仅遵守生物多样性保护措施，还对自然生态系统产生正面积极的影响，强调生物多样性在气候变化适应和减缓方面产生的好处，也为生物多样性行动获得气候资金的支持提供了可能性。

2.GBF 在城市领域加强生物多样性主流化的切入点

GBF 直接提出了次国家一级的目标 11（通过绿色和蓝色空间实现健康）和目标 13。GBF 可以通过扩大 GBF 的城市生物多样性目标 11 的范围，来进一步加强次国家层面的生物多样性主流化。目标 11 不仅可以指绿色 / 蓝色空间，也可以指包含生物多样性的城市规划，如建筑和基础设施。城市还可以为实现其他一系列 GBF 目标和可持续发展目标做出贡献。

在通过一系列 GBF 目标加强与城市生物多样性的联系时，可以强调与可持续发展目标的多重联系，并在 GBF 中参考相应的可持续发展目标指标。特别是，关于弹性和可持续城市的可持续发展目标 11 包括可持续城市化和土地利用、保护自然和文化遗产、接近绿地、防范气候变化影响、防范灾害和空气污染等方面的目标。

NbS 这一概念的使用仍在 GBF 各方的讨论中。在关于“零”草案的第一次磋商中，已经就该概念的利弊进行了评论，特别是与使用 NbS 概念相比。通过使用 NbS 这一不仅强调气候效益，而且强调生态、社会或经济效益的概念，GBF 可以加强对 NbS 作为实现城市内外多重效益工具的认知和有效吸纳。

最后，GBF 可以借鉴全球参考指标和监测框架，从而提高数据的一致性、可得性和可比性。目前，城市部门在 GBF 的目标体系和监测框架中还没有得到充分的体现，如果得到公认标准的支持，城市部门在其中的体现将会更充分。在其三个战略领域之一，LTAM 针对的是地方政府，并可受益于将特定的城市元素纳入其目标 1.1（关于评估、估价、会计工具和方法），该目标来自新提出的 NbS 标准。

3.GBF 在金融部门加强生物多样性主流化的切入点

来自公共和私人源头的生物多样性融资的作用在更新后的“零”草案、LTAM 及其行动计划中占有突出地位。GBF 包括绿色投资目标（D. 2030 年里程碑，目标 B.2），GBF 目标 17 和 18 也直接涉及金融部门和所有来源的资源动员。

LTAM 仅为金融部门的金融机构概述了广泛的行动。然而，除绿色投资目标外，GBF 并没有明确在目标水平上提及私营金融机构。

GBF 可以通过更明确地包括公私合作和伙伴关系（参见 LTAM 行动计划 4.4），进一步加强生物多样性在金融部门的主流化，以促进可持续商业模式的发展和积极地追溯记录的产生。这些伙伴关系可以为结构性金融工具提供去风险工具，这些金融工具汇集了多个与生物多样性相关的项目，并将它们捆绑成一个为投资者量身定制的风险和回报组合产品。此外，GBF 需要包括为公共和私人生物多样性融资流动制定透明度框架更详细的指导，以增强生物多样性融资数据的一致性和可比性。

4. GBF 在国民核算中加强生物多样性主流化的切入点

国民核算牢牢地固定在 GBF、LTAM 及其行动计划中，遵循国民核算制度可以确保与经济进程的一致性（如不重复计算），从而在环境政策范围之外具有相关性。通过特别提及综合环境与经济核算体系（SEEA），LTAM 及其行动计划可以促进将生态系统服务纳入国民核算。LTAM 全球目标 1 侧重于使用 SEEA 体系进行生态系统或自然资本核算。然而，计算非市场交易商品的市场价格具有挑战性，并且不能提供生物多样性价值广泛范围的全面图景，如内在价值或相关价值等（IPBES 2019；CBD-SBI 2020）必须通过其他手段进行评估。

近年来，联合国统计司开发了一种生态系统核算方法，以补充 SEEA 体系。为了推进 GBF 在环境会计方面的实施，在应用 SEEA 体系时应考虑 3 个关键因素：第一，会计结果需要符合目的。一种方法不一定适用于所有的会计工作，但所有的会计工作都需要明确定义目的与使用方法以增强可比性。因此，最好建议各国政府提供一个工具箱，提供适合不同政策任务的工具，从报告到规划、管理、投资和确定优先次序。这样做将有助于 LTAM 行动计划中的行动 1.1.3。第二，需要就所需的生态系统会计（EA）数据类型进行明确沟通。这需要澄清哪些问题 EA 可以回答，哪些不可以。需要注意的是，EA 中的货币数据不能被误解为代表“自然的价值”。第三，数据可用性需要改善。这包括生态系统过程的生态学和建模知识，最新的生态系统和生物多样性现场监测数据，以及帮助将会计数据转化为政策建议的相关分析工具。为了使主流化产生可行的、相关的和有代表性的指标，SEEA EA 需要与负责国家生物多样性评估的机构协调实施。这样做将有助于实现 LTAM 目标 1.1。

（四）以 GBF 为契机，通过发挥协同增效作用来加强国际生物多样性协同治理

在过去十年中，各国已同意了多项与生物多样性有关的国际目标，例如，可持续发展目标在具体目标层面上有重点关注生物多样性的内容。2010 年，《生物多样性公约》缔约方通过了爱知生物多样性目标，该目标随后得到了整个联合国系统和其他机构的认可和支持，在多种战略和一系列目标和指标之间存在着许多主题和体制上的联系。

国际上一致通过和相互支持的生物多样性战略、目标和指标将促进国家和地区一级的合作、协调和协同效应。此外，NBSAPs 可以在将生物多样性主流化纳入农业或旅游业等不同生产部门方面发挥更强大的作用。因此，将 NBSAPs 与可持续发展目标联系起来，是一个将生物多样性与其他政策领域联系起来并重新叙述生物多样性的重要机会。

与生物多样性有关的多边环境协定秘书处一级已建立良好的合作，但它只是在有限的程度上制度化，政府迄今发挥的作用很小。为了在协同作用的潜力方面取得重大进展，各国政府和政府内负责不同多边环境协定的实体需要在它们所参加的所有公约中作出一致和相互支持的决定。

正在进行的 GBF 谈判过程为增强协同效应、合作和协调提供了机会和选择，它既体现在 GBF 的文本本身，也体现在 CBD COP15 上需要做出的多个决定上（如能力发展长期战略框架、GBF 监测框架、资源动员和知识的生产、管理和共享）。所有这些决定都与 GBF 有关，但存在一种风险，即它们仍处于 GBF 谈判的雷达之下，除《生物多样性公约》以外的与生物多样性有关的公约的管理机构参与机会有限。

实现主流化和促进协同实施 GBF 一个有希望的选择是，通过两个或两个以上的多边环境协议和潜在的其他国际组织或合作伙伴，建立新的、振兴或扩大现有的联合工作计划。这些工作方案可以是主题性的，也可以与一个或多个新的 GBF 目标有关，并构成 GBF 的执行计划。这样的主题和 / 或基于目标的工作方案将增加 GBF 所有参与者的所有权、设定里程碑、明确责任，并有助于管理 GBF 复杂性。

（五）对主流化和协同增效的建议总结

1. 主流化

除基于区域的保护措施外，将生物多样性融入其他部门和不同类型的决策（横向和纵向）也是促进“自然向好”发展和转型变化的先决条件，生物多样性主流化应在《生物多样性公约》中得到加强（包括国家和国家以下各级），以及更广泛地体现在涉及经济增长和发展的决策中。

有关主流化的议程可以在 GBF 中发挥更突出的作用，GBF“零”草案的目标和指标对于部门和非政府行为体的叙述是间接且不够明确的。此外，需要进一步确定 LTAM、行动计划和 GBF 之间的关系，以便采取变革行动。这对避免重复结构和将具有雄心的主流化目标和努力从 GBF 外包到 LTAM 非常重要。

LTAM 可以通过为各个部门的行为者提供自主组织的条件来确保必要的所有权。这样，LTAM 就可以制定一个如何进一步发展主流化议程的过程，而不是试图界定各个方面的内容。

2. GBF 中的 NbS 和气候变化

NbS 以及 NbS 与气候变化的联系可以在整个 GBF 中得到加强。

首先，GBF 可以比“零”草案更好地利用基于自然的解决方案。修订后的“零”

草案主要是指国家统计局在气候目标方面的做法。由于基于自然的解决方案可以应对气候变化之外更广泛的社会挑战，所以 GBF 应该强调这一点，如在城市生物多样性的背景下（目标 11）引用基于自然的解决方案。将基于自然的解决方案包括在 GBF 中可以促进与其他环境和社会议程建立重要联系，以及确保以一种环境友好的方式理解 NbS，符合 IUCN 标准和胜过“不伤害”生物多样性的标准。

其次，修订后的“零”草案在目标和指标层面上提出了气候变化目标，重点关注气候适应问题。如果 GBF 要作为一个总体框架发挥作用，强调生物多样性对实现其他社会目标的根本意义，减缓和适应气候变化的机会就应该牢固地锚定在 GBF 及其监测框架中，例如，与气候变化的联系可以列入或反映在与土地利用、海洋和农业有关的目标中。

3. 协同效应

GBF 提供了进一步将不同多边环境条约的战略和目标联系起来的机会，包括《联合国防止荒漠化公约》的土地退化平衡目标、濒危野生动植物种国际贸易公约（CITES）的 2021—2030 年战略远景，以及世界遗产委员会（WHC）的自然遗产。

一旦 GBF 被通过，NBSAPs 将被要求进行修订，这为包括中国在内的国家或地区利用协同效应加强生物多样性相关公约的执行提供了机会，这包括通过修订立法或开展能力开发活动对生物多样性进行监测、报告和审查，例如通过基于自然的解决方案，就生物多样性进行交流或最大限度的减少权衡。NBSAPs 修订准则应考虑到与生物多样性有关的多边环境协定以及联合国机构和其他国际组织的相关知识。

六、2020 后生态安全、韧性和复苏 [1]

（一）简介

新型冠状病毒在世界范围内传播新冠肺炎疾病所造成的危机再次提醒我们，即使是最小形式的生物多样性也可能给人类、全球化的经济和社会带来毁灭性的影响 [34]。“更好地重建”已成为全球呼吁建立一个更有韧性的地球、社区和经济的号召，但这到底意味着什么？联合国环境规划署描述了生态和环境的三重紧急情况：污染、气候变化和生物多样性丧失 [9]。除此之外，我们还有一个主要问题，即解决 17 个联合国 2030 年可持续发展目标（UN2030 SDG）中大多数目标的行动是滞后的，对于所有这

1 本部分内容参考 CCICED 网站上 SPS 1-2 工作组报告。

些可持续发展目标，包括那些与生物多样性直接相关的目标，由于各种因素，包括性别不平等和差距，近几十年来虽然对这一主要问题进行了详细探讨，但仍未得到充分解决且进展缓慢，主要原因在于未能充分考虑综合效益和协同增效，而是单独处理各个问题，尤其是对于气候变化、《生物多样性公约》和公共卫生这些相互支撑的问题，更是如此。“同一健康”[33] 是一个有希望的例子，它汇集了有关动物健康、公共健康和生态系统健康之间联系的宝贵知识，但在主流应用中仍然有限。变革性改革的必要性已得到充分承认，也已经有许多好的想法和一致意见，但尚未成为发展主流的一部分。

这些问题应该一起解决。它们有一些共同的根源，包括贫穷、不可持续的资源使用模式、过度消费、未能保护生态系统、政府的资金和其他政策支持不足、企业参与有限以及科学知识不完整。生物多样性和生态系统几乎总是受到损害（如 60% ～ 70% 或更多的流行病涉及动物、遭受破坏的生态系统、入侵物种）或受到经济破坏等后果的影响，对景观或物种造成不受控制的影响（如野火、濒危物种开发）。新冠肺炎疫情扰乱了我们的生活和思维方式，解决这一问题也可能为生物多样性保护等的加速行动和创新铺平道路。

（二）从危机到生态文明 [36]

如果不能综合解决各类危机形成合力，那么新冠肺炎疫情之后采取的大规模经济刺激计划是否真的能够取得成功？我们正处于一个可以寻求合理答案的阶段。自 2020 年年中以来，人们强烈呼吁“从新冠肺炎疫情的社会、经济和其他影响中实现绿色复苏”，全球层面和国家层面可以努力的方向是什么？ 2021 年，世界关注粮食安全首脑会议、CBD COP15 和 UNFCCC COP26 对这些问题的回答至关重要。通过确定未来十年的自然恢复议程，2030 年至 2050/2060 年的积极可持续性成果可以有更多的进展。对于中国来说，转型的目标是建设生态文明 [34]。

然而，每种类型的紧急情况仍然需要迅速采取行动，以及终极的恢复和修复。对于应对新冠肺炎疫情的巨额支出来说，行动的累积效应对自然、气候变化以及人类和地球未来的生活质量究竟是正是负？我们必须考虑到社会能够安全存在和运作的社会—生态—地球边界，如全球气温上升 1.5 ～ 2.0℃ ，提供基本生态服务的陆地、水生和海洋生态系统过度丧失，这些地球边界 [1] 需要与社会基础相联系，社会可以在此基础上定义他们对高质量生存的需求。这两种方法共同提供了一个社会生态概念模型，称为“甜甜圈经济学”[35]。它们界定了“安全操作空间”的界限，人类可以在其中持续生存。

1 Planetary boundaries and the socio-economic doughnut.

1. 既定刺激和复苏的标准可以用经济术语来定义，但通常很难用环境的方式来实现

1997/1998 年亚洲部分地区发生的金融危机，以及 2007/2008 年华尔街全球金融崩溃的后续行动，就是一个很好的例子。人们广泛表达了这样一个目标：在发生严重破坏之后，应该提高应变能力。要解决这些后果，就必须超越短期思维，具备长远目标。备受尊敬的国际金融专家、联合国气候变化特使马克·卡尼（Mark Carney）担心会出现“地平线上的悲剧”，即社会和政治无法找到可持续发展的道路或可采取行动。我们常常看不清楚，也不能根据政治和社会变革的道路采取行动，从而走向更美好的未来 [38]。

根据联合国环境规划署和牛津大学专家发布的报告 [39]，在 2020 年，有 14.6 万亿美元被用于 50 个大型经济体的刺激和复苏。大部分资金用于避免经济和公共卫生灾难的“急救”刺激计划。只有 1.9 万亿美元被分配到更长期的“恢复型措施”，其中，3 410 亿美元用于支持绿色复苏计划占比不足 18%，提供绿色支持的国家几乎都是富裕国家，与大多数国家不同的是，欧盟正在围绕 2019—2024 年欧洲绿色协议展开复苏行动，美国正在等待新政府的行动，中国正将其绿色努力纳入“十四五”规划的相关部分。总的来说，迄今为止，新冠肺炎疫情恢复资金计划仍未能与全球紧急情况顺利衔接，这应该是 CBD COP15 和 UNFCCC COP26 关注的问题。据估计，近十年生物多样性问题的资金缺口平均每年为 7 110 亿美元 [40]。2019 年，生物多样性保护全球融资估计为 1 240 亿美元至 1 430 亿美元。

幸运的是，马克·卡尼等金融部门领导人，以及世界经济论坛等组织和开发银行的其他领导人，正在积极参与绿色金融的研究。最近对生态服务的经济分析、环境风险和创新的筹资模式进行了有价值的研究 [41]。

2. 一些集成的解决方案可用，但没有得到应有的使用

一个突出的例子是“同一健康” [35]，与半年前相比，它的价值被更好地认可了，赞赏“自然友好”和“自然积极”的发展方法，进一步强调恢复生态服务和更广泛地提高其价值的重要性是至关重要的，自然基础设施和建设自然资本备受关注。这些主题和其他主题将被作为长期绿色恢复的基础主题进行探讨。

开展“同一健康”工作，国家间伙伴关系中与生物多样性的长期保护相关的内容，与中国和“一带一路”倡议等特定的发展关系，与东盟或亚太经济社会委员会等其他区域机构的合作，以及与亚洲开发银行（ADB）或亚洲基础设施投资开发银行（AIIB）等国际开发银行的合作，皆需要在绿色复苏的背景下进行审查。

（三）韧性：为何如此重要

国际货币组织的 Kristalina Georgieva 指出，绿色复苏是我们通向更具韧性的未来的桥梁。OECD 指出，复苏之路应为“坚强、韧性、绿色、包容性”之路，重点是“健康、工作、经济和环境”。C40 城市集团的市长们建议，复苏必须提高我们城市和社区的韧性。世界银行和全球减少灾害风险基金指出，可以通过投资更具韧性的基础设施来节省 4.2 万亿美元。

这种韧性的观念一直很流行，如今更是被世界各地的政治家和决策者所关注。韧性是科学家的难题（生态韧性），是工程师的工具（术语的起源），是社区领导者最喜欢的词，并被银行家用于压力测试。我们可以谈论管理韧性，对比易受灾地区的韧性和脆弱性，构建可持续和韧性的未来，缓冲冲击和压力，在跨越临界点后建立韧性、韧性供应链、全球金融韧性，维护责任韧性（如纽约市的“首席韧性官”）、区域组织中的“韧性多边主义”，作为决策者指导力量的韧性大战略、水韧性、韧性社会、韧性劳动力等。所有这些“韧性”都是当我们通过复杂的适应性系统来更好地重建、可持续地生活或提高风险的抵御能力时，具有的一定的潜在价值。“韧性”是个类似“自然”的词，令人感到舒适。无论个人和机构之间有多大差异，它们都有各自的意义。工程韧性是指被检查的物品在受到干扰后多长时间恢复到稳态。生态韧性是指生态系统在压力下的各种状态，而不是假定其可能恢复到稳定状态。贸易经济学家担心诸如最脆弱的链接崩溃之类的供应链韧性问题。“韧性城市”是指无论面对什么样的长期压力和紧急状况，均具有生存、适应和成长能力的城市。

当涉及流行病、濒危物种、珊瑚白化以及许多其他生物多样性和生态系统问题、环境和自然资源问题时，生态和其他类型的建模非常有用。在某些应用中，这样的食品安全、韧性可能非常有帮助，即使在复杂的多变量环境中也是如此。但是，正如渔业管理、综合治理倡议和土地管理所遇到的情况，将韧性作为一种定量机制或在制定长期方案方面存在局限性。

在全球层面，问题更加严重。地球及其生物圈的韧性有多大？斯德哥尔摩韧性中心[42]试图回答这些问题，并就我们不应超越的地球边界提出了有益的建议。但显然信息仍然不足。世界可持续发展商业理事会（WBCSD）根据长期恢复的需要，采取了仪表盘方法，以保障“地球韧性”。这种方法提出了投资大自然的方法，同时增强抵御能力，减少疾病、极端事件和跨越临界点[1]的风险。

---

1 https://www.wbcsd.org/Programs/Food-and-Nature/Resources/COVID-19-a-dashboard-to-rebuild-with-nature.

IUCN 有一个“韧性思维”框架用于理解生态系统变化的过程，这需要一定的适应性和可转换性。在这方面，IUCN 将韧性定义为“一个系统从压力和干扰中恢复，同时保留其基本功能、结构、反馈和特性的能力”。适应性是指人类 / 生物行为体影响韧性的能力；可转化性是指行为体在社会经济或生态因素使现有系统无法维持时，创造一个全新系统的能力。IUCN 认为，韧性思维符合《生物多样性公约》中提出的公平、包容和全面管理的生态系统方法的 12 项原则。IUCN 对“健康、有韧性的生态系统”的设想是一种“将各种各样的 IUCN 工作领域，如物种保护、生态系统恢复、包括公平和权利在内的治理、适应气候变化、粮食和水安全以及减少灾害风险结合在一起”的手段。也许这些观察是表达从生态 / 环境角度如何反映弹性最清晰的方法。

在 CBD COP15 的讨论中，以及设计新冠肺炎疫情绿色复苏倡议和可持续发展，粮食安全和“同一健康”倡议的项目时，都需要考虑以下 4 个问题。是否可以以集成方式定义韧性？是否可以衡量和监测韧性成功与否？如何将韧性与规模、可持续性或其他目标和成果进行有意义的关联？我们能否找到比这个术语更精确的语言？

（四）性别差距

性别平等对于 CBD COP15 的讨论至关重要。所有国家在妇女充分参与影响未来的决策，获得安全、健康的环境以及充分发挥技能和观点等方面仍然存在着严重的不平等现象。这种情况对所有人都是有害的，因为全面恢复地球需要所有人的充分参与[43]。显然，从现在到 2030 年的前进之路将是复杂且机遇与挑战并存的，应尽可能地以最积极的方式考虑性别因素。如果没有妇女的充分参与，完全实现 COP15 GBF 草案中提议的生物多样性目标的机会就可能很小。

全球环境基金对主要问题的描述如下：妇女依靠自然资源并直接使用自然资源，是自然资源的直接使用者和管理者，在能源和粮食系统等领域，妇女从事农业生产，并提供世界上大部分的粮食供应。然而，她们拥有不到全球 20% 的土地，仅在 90 多个国家 / 地区拥有平等的土地权利，与男子相比，在进入市场，资本培训和技术方面通常面临着更多的障碍，并且在决策领域中仍然没有代表所有级别。妇女的需求、角色和领导力历来未被认可且被低估，男女之间持续存在的社会和经济不平等阻碍了当今可持续发展和良好环境管理的前景[1]。

1. 在 1995 年北京妇女大会 25 周年高级别纪念峰会上，联合国秘书长古特雷斯说，尽管在女孩教育方面取得一些成果，但《北京宣言》雄心勃勃的愿景仍未实现。他和

1 https://www.thegef.org/topics/gendr.

其他几位领导人警示说，新冠肺炎疫情大流行可能会使一代人朝着实现性别平等方向的努力。不过，他希望新冠肺炎疫情的刺激和恢复也是一个让妇女成为恢复工作的重中之重的机会。 而且妇女的充分人权和自由对于健康星球上的和平与繁荣至关重要。

2. 为筹备纪念首脑会议，各国需编写一份关于 1995 年《行动纲要》进展情况的国家报告，特别是过去 5 年的进展情况[1]。中国报告了一些关于性别与环境的积极项目[2]：促进性别平等和环境保护不仅是宪法的要求，也是一项基本国策。五年来，这两大发展主题逐步形成常态化互动和制度化交叉。性别观点不断反映在环境保护、保护和项目中，在促进将性别观点纳入环境政策和做法主流方面仍有许多“盲点”。环境立法和政策往往不涉及两性平等和赋予妇女权力。

中国的报告提出：①将性别观点纳入环境立法和政策制定。在立法和政策制定中，应确定将性别观点纳入主流的潜在政策障碍。此外，应提高政策制定者 / 决策者的社会意识。②进一步保障妇女和其他受益人参与环境决策的权利。在环境保护和生态进步方面，应评估对两性平等的影响。中国将在包括财政支持在内的相关领域提高性别意识和人员能力建设。③进一步加强环境领域性别统计数据的收集、分析和使用。

3. CBD COP15 的筹备工作包括就性别问题进行广泛的审查和磋商。在 2021 年 2 月 18 日的 2020 年后性别行动计划纲要草案中[44]，提出了三个总体目标，并在每个 GBF 链接下都提到了几个目标。目标 1：妇女和女孩对生物多样性和生态系统服务，以及相关的经济资源和服务享有平等的获取权、所有权和控制权。目标 2：妇女和女孩从自然和生物多样性中平等受益。目标 3：生物多样性政策，规划和方案决定平等地处理妇女和女童的观点、利益和需求。

《生物多样性公约》秘书处编写了一份指南，旨在为各地的生物多样性专业人士提供“具体的思想和行动，以促进他们在实现性别与生物多样性目标、宗旨和指标方面取得进展”[45]。该文件将抽象的政策思想具象化，同时保留了在生物多样性和生态问题上保持“性别平等视角”的价值，提供了重要的路线图。

4. 在社区和陆上景观（或海上景观）层面上，生物多样性保护对于大多数人来说是现实的，许多积极支持基于社区的保护组织并没有忘记这一点。诸如 IUCN 和 WWF 之类的机构，在两性平等和赋能妇女方面开展了非常积极的项目。

IUCN 在处理暴力和性别问题方面发挥了领导作用，因为这些问题经常与自然资源纠纷联系起来。2020 年，IUCN 在这方面开创性地发布了相关报告即《基于性别的

1 https://www.unwomen.org/en/csw/csw64-2020/preparations#national-level-reviews.

2 https://www.unwomen.org/-/media/headquarters/attachments/sections/csw/64/national-reviews/china%20english.pdf?la=en&vs=2346.

暴力》[46]。基于性别的暴力形式包括恐吓和骚扰、剥夺权利、身体和性暴力、绑架和谋杀，发生的一些最严重的虐待是针对土著人民的。妇女通常在捍卫这些权利方面发挥领导作用，但可能会为自己的行为付出沉重的代价。2007 年 9 月，联合国通过了一项几乎得到普遍支持的《联合国土著人民权利宣言》[47]。DRIP 第 21、22 条指出："应特别注意土著老年人、妇女、青年、儿童和残疾人的权利和特殊需要。"在世界自然保护联盟的 2020 年世界自然保护大会期间，将举行一次土著民族与自然世界峰会[48]。其目的是"团结世界各地土著人民的声音，以提高人们的意识，即需要采取更多措施来保护土著人民的权利及其作为自然管家的作用"。这次峰会的成果文件将阐明在 2020 年后由土著领导的保护工作的一套既定的高水平成果。

WWF 等组织以及亚行和世界银行等许多发展组织所实行的基于社区的保护（CBC）直接关注当地社区的需求并支持性别平等计划[49]。在某种程度上，CBC 代表了从"堡垒保护"方法的转变，在这种方法中，当地人有时被禁止在公园、自然保护区或其他保护区的边缘使用资源。取而代之的是，可以结合当地知识和经过科学验证的方法，着重对某些具有生态意义的地区进行共同管理或联合管理。CBC 应该以妇女的平等、充分的权利和参与与联合国 2030 年可持续发展目标相关的机会为基础，包括与健康、营养和教育有关的机会。

5. 生物多样性保护依赖十年前无法想象或无法获得的信息技术、生物技术、市场营销和其他技能，变化的步伐很可能会继续并加速。世界经济论坛的重点是两性平等问题和第四次工业革命，它认为有必要通过吸引年轻女性进入被认为对未来经济至关重要的八类职业来做好准备。在八个集群中，只有人与文化（65%）和内容制作（57%）显示女性占主导地位。男性优势度最高的三个是数据和人工智能（74%）、工程（85%）和云计算（88%）。在所有集群中，男性占 61%，女性占 39%。世界经济论坛指出，有必要缩小这一差距，办法是" 在未来的工作中实现两性平等"，鼓励妇女和女孩接受科学、技术、工程和数学（STEM）教育……并为妇女就业提供一条加速途径，使她们在未来发挥最高增长的作用[50]。

6. 迫切需要将性别平等作为生物多样性保护和生态系统恢复的主要目标。它是一组包括与气候变化以及生物多样性有关的社会经济和生态学论据。性别方面的人权案例更加引人注目，剥夺某个性别充分发挥潜力并为子孙后代和自己带来积极影响的机会是不合理的。对于土著人民而言，很难理解为什么大多数国家都认可的《联合国土著人民权利宣言》并未成为针对土著人民及其社区采取行动的更强有力的基础。总的来说，需要通过更大的努力来监测举措，以确保获得良好的按性别分类的数据，出于多种原因，这是必不可少的，但最重要的是，确定是否在促进平等方面取得进展，以及是否需要进行适应性的计划和管理变更。

应该尽可能地将各地的妇女视为改变的重要推动者。这需要在整个十年中发生，对环境与发展至关重要。这将需要积极推动性别平等和积极对待自然的投资，包括在新冠肺炎疫情恢复阶段进行的投资，以及对绿色和技术非常先进的未来经济的投资。今天的女孩需要享有接受良好教育和培训的权利。公共部门和私营部门都必须采取积极主动的态度，吸引和欢迎受过良好训练的合格妇女担任领导职务。

《生物多样性公约》秘书处和许多团体都深切意识到消除与生物多样性和生态服务有关的阻碍性别平等进展的障碍的迫切需要，在筹备 COP15 的过程中，在这个问题上进行了大量的努力和投入。但其面临的挑战不只是使谈判文件中的措辞正确，事后发生的事情才是更令人担忧的。时不我待，实施目标必须按时完成，如果可能，则应超额完成。国家计划必须以更有效的方式纳入两性平等的需要并采取行动。这就需要更加重视创新的激励制度和其他手段。归根结底，必须把两性平等视为一个极好的机会，并以此为基础采取行动，推动全人类与自然建立一种新的更宝贵、更和谐的关系。

七、政策建议

尽管由于新冠肺炎疫情，原定在中国昆明举行的 CBD COP15 不得不推迟，但各方正在积极准备。在这一年中，各方并未消极等待，都充分利用额外的时间交流与讨论，加深对在 2030 年前扭转全球范围内生物多样性和生态服务的持续丧失趋势所需要采取的措施的理解。2050 年《生物多样性公约》的愿景是实现“人与自然和谐相处”，但令人遗憾的是，2011—2020 年的 20 个爱知生物多样性目标几乎都没有实现，这使制定和实施下一个十年兼具雄心与务实的 GBF 更加紧迫。

关键的谈判文件 GBF 在 2020 年年中得到了完善，但还有更多的工作要做。尽管谈判尚未完成，时间已进入框架实施的第一年了，各缔约方应该考虑如何将生物多样性纳入经济主流化决策中，以加快实施速度。尽管人们普遍呼吁“更好重建”，但是 2020 年用于应对新冠肺炎疫情并刺激和恢复经济的 16 万亿美元中，投入绿色复苏部分的资金极为有限，生物多样性保护和生态修复的资金缺口仍然很大。现在比以往任何时候都更需要将生物多样性纳入发展决策的主流，在与环境、社会和生态有关的各项决策和倡议之间寻求协同增效至关重要。

在过去的三届国合会年会上，2020 后生物多样性保护专题政策研究小组陆续提交了与提振国家领导人对自然、生物多样性议程的关注和决心，保护生物多样性、改善和修复生态服务，以及和 COP15 有关的建议。随着第十五届缔约方大会的临近，我们的关注点在昆明大会如何达成兼具雄心和务实的 GBF，以及昆明会议上形成决议后能够有效、快速地实施 GBF，中国在昆明大会之前、期间和其后的数几年中的角色和作用非常关键。

CBD COP15 的主题是“生态文明：共建地球生命共同体”，希望以下四项主要建议将为这个宏大主题的成功做出贡献，还就 GBF 草案的进一步改进提供了一些简短建议作为参考。

（一）2021—2025 年努力实现 GBF 的高效实施

行动实施的前几年是事关成败的关键阶段，需要克服爱知目标失败的因素，以及应对《巴黎协定》和《联合国 2030 年可持续发展目标》实施所面临的挑战，可以考虑以下几个要点：

1. 确保《中国生物多样性保护战略与行动计划》和 NDC 的各级目标都有可信的实操性强的指标体系支持，以评估进度并快速进行必要的更正。尽可能使用 UN SEEA 生态系统和环境核算，建立和确保区域和全球兼容性，评估过程中还应考虑将生物多样性进展与相关的联合国可持续发展目标联系起来。

2. 加大力度，将生物多样性纳入主流化决策，反映在乡村振兴和绿色城市化倡议以及主要的综合性和区域发展计划中，特别需要在与包括气候变化在内的多边环境协定之间建立协同增效。

3. 开展合作，在更大尺度上探索和促进基于自然的解决方案，寻找对自然产生积极效果的经济和社会发展路径。这种新的发展路径不应仅局限于气候/生物多样性领域，而应得到各国政府、国际开发银行、地方和区域商业银行以及其他投资者、私营部门以及社区组织的支持。

4. 将生物多样性和生态系统科学与公共政策制定、广适经济和社会价值紧密结合。这些广适经济和社会价值包括原住民的需求、保护经济学、循环经济、扶贫减贫、消除不正当补贴、衡量社会福祉的非 GDP 替代指标等。这种变革性思维已经展示了其价值，符合 CBD COP 15 的生态文明和可持续发展主题。但是，这种变革转型只有早日实施达成，方能在 2030 年实现生态扭转和可持续发展。

5. 将更多新冠肺炎疫情绿色复苏资金用于支持与生物多样性相关的需求。最显而易见的是，在所有国家采用一种“同一健康”方法，以满足动植物健康需求和疾病预防，同时投资于生态系统健康和人类健康，这将会减少未来流行病的风险。

6. 在 COP15 召开前和后，应更加重视部门内部和部门之间的“生物多样性主流化的长期行动”。IPBES 报告指出这是必不可少的，同时指出企业的角色、私营部门的融资、技术转型等将成为生物多样性主流化变革的驱动力，世界经济论坛和世界可持续发展商业理事会等机构以及越来越多的政治领导人，诸如 C40 城市集团等团体都非常认可生物多样性的主流化，尽管如此，许多的决定决策仍然忽略或低估了生物多样性和生态服务带来的价值和惠益。

（二）基于中国“绿水青山就是金山银山”理论和生态文明实践，将自然议题推向国际，同时将雄心壮志转化为实际行动

中国有机会基于“绿水青山就是金山银山”理论和生态文明实践，在国际舞台展示领导力，或可在适当的时机加入其他领导人如联合国秘书长，或《领导人的自然宣言》这一迄今为止唯一的国家首脑级别的承诺。可选择的时机有 9 月的联合国大会第 76 次会议，以及 10 月的 CBD COP15 之前。中国的加入可以在全球范围内提振信心、增强决心和实现雄心，重建人与自然的关系。

中国有机会作为东道国提议举办国家元首级的自然生态对话，可以就应对生物多样性、气候、健康、污染和土地退化等多重全球危机等主题，结合新冠肺炎疫情的绿色复苏，同与会各国领导人共商大策、提振信心、加速转变；也可以呼吁其他国家领导人一起，为在联合国“生态系统修复十年”期间实施所有三项里约公约（UNCCD、UNCBD、UNFCCC）奠定坚实的基础。在国家首脑峰会上，中国还可以呼吁推广普及基于自然的解决方案，将中国数十年来在粮食安全、生物多样性保护、生态系统恢复、全民健康、碳中和等方面的雄心壮志和最佳实践与其他国家的努力联系在一起，形成合力。

中国也有机会继续加强部长级别的领导力，引领和汇聚全球关注。为达成兼具雄心与实效，并在未来十年带来“自然向好”的 GBF，国家首脑级别、部长级、驻外使团外交官、谈判代表级别的双边接触都是迫切需要的。

在 GBF 谈判过程中，中国作为东道国，可以主导和引领“将生物多样性主流化”“资金机制”等关键问题，基于中国自身的经验和做法，推动生物多样性主流化和 GBF 的有效实施。

（三）与世界其他国家分享中国实施生态功能区划的经验

1. 将中国生态保护红线制度作为保护生物多样性和维护国家生态安全的一项重大创新实践介绍给世界其他国家。目前，中国是世界上唯一一个开展全国综合性、系统性国土空间规划的国家，通过国土空间规划可以保护大多数特殊的生态系统和生物多样性丰富的地区。生态保护红线是保障和维护国家生态安全的底线和生命线。在 CBD COP15 的帮助下，中国可以将此制度介绍给世界其他国家，并讨论其他国家如何从这一创新实践经验中获益的机制。

2. 将重要的碳汇生态功能区纳入应对气候变化的工作中，作为基于自然的解决方案的其他方法。生物多样性保护和气候变化倡议具有很多协同作用。改变土地利用价值以获取更多的碳汇，可以有利于应对气候变化，同时也可以确保生物多样性的利益。如果有更多重要碳汇领域能够通过生态保护红线得到保护，那将有助于中国实现碳达峰与碳中和目标。中国在碳汇方面的实践对其他国家也具有重要参考价值。在第七十四届联合国大会气候行动峰会期间，中国政府已向大会递交了“划定生态保护红线，减缓和适应气候变化——基于自然的解决方案行动倡议”，建议对这一建议采取后续行动，特别是呼吁一些全球公约、国际组织、非政府机构和私营部门可以通过安排一些试点工作来吸取中国的经验。

（四）通过加快推进社会生态安全、生态系统复原力和性别平等的工作，实现全球人类健康和福祉

为在 2030 年实现彻底扭转生物多样性灾难性丧失的趋势并走向坚实的恢复之路，特提出以下五个战略建议：①新冠肺炎疫情之后“更好地重建”必须纳入一种贯穿从地方到全球各个层面的改善人类与自然关系的社会生态方法。②诸如“生态和社会适应力”等概念已经得到科学依据的支持，但要想全面实操，就需要更好的数据收集基础和监测可持续性进展的指标的支持。③在多方面激励创新，以促进生物多样性保护以及生态服务和恢复。④与已经深入从事绿色复苏、绿色发展和绿色增长的发展组织和投资者建立更牢固的伙伴关系。⑤将性别平等作为生物多样性保护和生态系统恢复的首要目标。

附录 2-1 每个 CBD 缔约方的保护地特征

四种情景下的保护地面积占比，“保护优先区”（CPZ）的比例，未受保护的 CPZ 比例（未受保护的 CPZ / 总 CPZ），认定自然保护地的“高效益低成本区域”（CEZ）的覆盖率和未受保护的 CEZ 比例（未受保护的 CEZ / 总 CEZ）。统计数据仅包括 196 个 CBD 缔约方中的 195 个（除去欧盟）。

国家	不同情景				CPZs 覆盖率 /%	未受保护的 CPZs/%	CEZs 覆盖率 /%	未受保护的 CEZs/%
	现有保护地 /%	保守目标 /%	中等目标 /%	雄心勃勃的目标 /%				
阿富汗	0.2	0.8	8.4	31.4	99.9	99.8	31.4	99.5
阿尔巴尼亚	17.5	22	27	27	99.7	82.5	20.6	46.4
阿尔及利亚	7.8	10.3	10.3	36	46.4	84.5	34.5	81.5
安道尔	34.2	67.3	67.3	67.3	100	65.8	63.3	52.3
安哥拉	7	7	9.3	67.2	94.2	92.6	66.7	90.2
安提瓜岛和巴布达	13.9	13.9	14.3	14.3	100	86.1	2	22.2
阿根廷	8.4	21.5	27.7	33.4	98	91.6	29.6	84.4
亚美尼亚	22.8	30.1	30.1	30.1	100	77.2	14.8	49.6
澳大利亚	19.1	23.2	29.9	69.3	78.8	80.9	64.9	77.3
奥地利	28.5	29	39.5	39.8	77.2	66.8	23.1	49.2
阿塞拜疆	10.3	14.4	14.5	14.5	100	89.7	12.9	32.9
巴哈马	33.3	42.4	69.7	69.9	100	66.7	57.4	63.7
巴林	0.9	0.9	0.9	2.1	8.6	100	1.2	100
孟加拉国	4.7	6.7	7.2	7.5	99.1	95.4	5.5	50.5
巴巴多斯	0	0	1.1	1.1	99.8	100	1.1	100
白俄罗斯	9.3	9.3	9.6	20.5	46.9	86.7	16.1	69.4
比利时	24.7	24.7	24.7	25	18.4	30.1	3.7	9.1
伯利兹	37.3	38.1	57.9	74.8	100	62.7	71.4	52.5
贝宁	28.1	28.1	28.4	34.2	100	71.9	17.6	34.5
不丹	48	72.2	76.5	77.1	100	52	72.5	40.2
玻利维亚	30.3	40.7	55.9	62.4	99.9	69.7	55.5	57.8

国家	不同情景				CPZs 覆盖率 /%	未受保护的 CPZs/%	CEZs 覆盖率 /%	未受保护的 CEZs/%
	现有保护地 /%	保守目标 /%	中等目标 /%	雄心勃勃的目标 /%				
波斯尼亚和黑塞哥维那	1.7	5.3	33.2	34.6	66.9	97.8	33.5	98.4
博茨瓦纳	29.2	29.2	29.2	34.3	36.8	38.8	26.6	19.2
巴西	29.4	35.4	42.5	45.8	89.1	68.9	40.2	40.9
文莱达鲁萨兰国	44.2	70.7	74.6	76.6	99.7	55.6	73.8	43.9
保加利亚	40.6	41.1	49.8	52.8	98	59.5	30.5	40
布基纳法索	15.4	15.4	15.4	15.5	100	84.6	11	1.2
布隆迪	7.4	7.9	8	9.5	93.1	92.1	6.1	33.7
柬埔寨	25.9	38.1	45.6	45.6	100	74.1	42.2	46.6
喀麦隆	11.3	17	28.5	68.9	97.9	89.3	66.4	86.8
加拿大	10.3	10.3	20.6	50.4	60.9	88.4	46.2	86.9
佛得角	3	33	33.3	34.5	100	97	33.3	94.8
中非共和国	18	18	20.5	80	100	82	79.6	77.9
乍得	17.8	17.8	19.5	36.4	68.6	74	28.9	64.3
智利	19.5	51.4	66.8	70.3	95.7	81.4	63.5	80
中国	13.6	18.8	22.7	32.5	81.4	86.1	28	67.7
哥伦比亚	14.9	35.2	53	56.7	97.3	84.8	53.9	77.5
科摩罗	10	39.8	39.8	39.9	100	90	35	85.4
刚果共和国	37.8	39.5	55.4	90.3	100	62.2	86.3	60.7
库克群岛	0	20.9	21.3	21.3	96.5	100	21.3	100
哥斯达黎加	27.5	37.2	37.8	37.9	100	72.5	30.9	33.7
科特迪瓦	22.8	23.8	24.5	43.3	100	77.2	31.4	65
克罗地亚	36.8	40.3	44.8	45.3	54.5	41.8	25.4	33.6
古巴	15.3	17.7	18.8	18.8	100	84.7	14	25.6
塞浦路斯	36.9	39.7	39.7	39.7	100	63.1	10.9	25.1
捷克共和国	21.8	21.8	21.8	22	10.8	8.3	5	4.4
朝鲜	2.2	2.2	2.8	46.2	99.1	97.9	45	97.8
刚果民主共和国	13.7	24.9	41.3	78.1	99.2	86.2	76.5	84.2
丹麦	15.7	15.7	15.7	16.1	8.8	23.4	2.6	15.4
吉布提	1.3	1.5	24.7	28.7	99.9	98.7	27.3	100

国家	不同情景				CPZs 覆盖率 /%	未受保护的 CPZs/%	CEZs 覆盖率 /%	未受保护的 CEZs/%
	现有保护地 /%	保守目标 /%	中等目标 /%	雄心勃勃的目标 /%				
多米尼克	21.5	22.3	31.5	31.6	100	78.5	25.9	39
多米尼加共和国	25.9	29	29.7	29.7	100	74.1	23.3	16.3
东帝汶	15.5	20.7	20.7	20.7	100	84.5	10.1	51.6
厄瓜多尔	21.4	40	47.6	50.4	100	78.6	46.6	62.1
埃及	11.2	11.2	11.6	15.9	8.5	84.8	5.7	82.8
萨尔瓦多	9.2	13.8	13.8	13.9	100	90.8	5.6	82.4
赤道几内亚	19.2	23.1	81.4	81.4	100	80.8	80.3	77.4
厄立特里亚	4.9	5.3	21.6	26.2	100	95.1	26.1	81.5
爱沙尼亚	18.6	18.6	20	55.5	99	81.4	50.8	72.7
斯威士兰	4.1	4.6	4.7	4.7	100	95.9	4.2	15.6
埃塞俄比亚	17.6	19.9	23.1	25.7	99.6	82.7	13	61.9
密克罗尼西亚联邦	0	39.6	39.7	39.7	99.7	100	39.7	100
斐济	3.6	57	57.2	57.2	100	96.4	56.2	95.3
芬兰	12.9	12.9	13	14.3	8.7	28	7.3	19
法国	29.7	30.6	36.4	38.6	36.7	48.9	20.4	43.8
加蓬	23.4	39.7	74.7	93.5	100	76.6	91.2	77
冈比亚	4.1	4.1	4.7	6	83.8	95.3	2.1	89.8
佐治亚州	9.3	41.3	41.3	41.3	100	90.7	40.5	78.9
德国	36.6	36.6	36.6	36.9	26.3	50.4	3.1	12.2
加纳	15.1	15.8	16.4	27.7	100	84.9	21.6	58.4
希腊	34.6	43.1	48.9	49.2	99.1	65.2	31.2	46.6
格林纳达	10	11.3	15.6	15.9	100	90	12.7	46.8
危地马拉	19.9	33.9	36.9	39	100	80.1	30.8	62.1
几内亚	34.4	35.4	37.8	53.5	98.8	65.3	31.5	60.5
几内亚比绍	16	16	19.5	26.9	80.7	82.9	15.4	70.4
圭亚那	8.8	37.9	63.2	95.6	99.2	91.2	95.5	90.9
海地	7	7.3	7.3	7.3	100	93	1.2	31
洪都拉斯	23.7	33.7	39.2	42.1	100	76.3	36.9	50.1
匈牙利	22.6	22.6	22.6	23.1	15.2	19.1	5.8	9.3
冰岛	19.4	19.4	25.7	92.1	89.6	86.8	82.4	88.3

国家	不同情景				CPZs 覆盖率 /%	未受保护的 CPZs/%	CEZs 覆盖率 /%	未受保护的 CEZs/%
	现有保护地 /%	保守目标 /%	中等目标 /%	雄心勃勃的目标 /%				
印度	5.6	7.2	7.5	8.9	94.4	94.2	7.2	45.3
印度尼西亚	11.8	40.9	49.9	52.1	99.6	88.2	51.1	78.9
伊朗	7.2	7.6	8.6	27.3	99.6	92.8	24.1	83.3
伊拉克	1.5	2	3	15.5	67.2	97.8	14.7	95.3
爱尔兰	13.6	13.6	13.6	13.7	3.7	33.5	0.9	13.9
以色列	19.5	19.9	19.9	27.2	59.5	84.7	14	54.3
意大利	21.2	22.6	31.7	32.8	99.3	78.7	24.3	47.6
牙买加	15.4	22.6	23	23	100	84.6	15.2	49.7
日本	20.5	21.2	36.2	49.2	98.4	79.7	43.4	66.1
约旦	2.3	2.6	5.9	29.4	51.6	96.3	28.8	94
哈萨克斯坦	3.3	5.6	22.9	62.3	96.3	96.7	61.1	96.6
肯尼亚	12.4	13	13.3	15.9	84	85.7	9.5	37.8
基里巴斯	25.6	25.6	25.8	25.9	98.2	73.9	0.5	66.7
科威特	16.5	16.5	16.8	34.2	90.2	85.4	30.1	58.9
吉尔吉斯斯坦	7	47.1	47.1	47.1	100	93	43.3	92.8
老挝	16.8	42.4	49.3	65.3	100	83.2	62.9	77.3
拉脱维亚	17.9	17.9	18.4	56.7	100	82.1	51.4	75.4
黎巴嫩	2.7	6.7	6.7	6.7	100	97.3	4.5	89
莱索托	0.6	2.3	2.4	2.4	100	99.4	2.3	78.8
利比里亚	4	42.2	42.2	42.2	99.2	96.3	41	93.4
利比亚	0.3	1.4	1.6	20.8	25.7	99.3	20.5	99.9
列支敦士登	38.7	38.7	46.7	46.7	100	61.3	31.3	25.5
立陶宛	17	17	17.3	28	69.4	80.4	18.6	59.3
卢森堡	51	51	51	52.3	17.8	17.2	11.1	11.7
马达加斯加	5.5	37.4	37.4	37.4	100	94.5	35.4	90
马拉维	22.5	22.8	23.6	25.4	62.1	70.1	13.2	22.2
马来西亚	18.3	47.6	55.3	55.6	99.5	81.7	50	74.6
马尔代夫	0.6	0.6	0.6	1.1	38	98.5	0.6	100
马里	8	8	8.5	22.5	58.8	86.5	18.9	76.2

国家	不同情景				CPZs 覆盖率 /%	未受保护的 CPZs/%	CEZs 覆盖率 /%	未受保护的 CEZs/%
	现有保护地 /%	保守目标 /%	中等目标 /%	雄心勃勃的目标 /%				
马耳他	22.5	22.8	29.4	29.7	71.5	79.2	12	60.5
马绍尔群岛	3.6	3.6	3.6	4.6	88.2	96.5	1.5	66.7
毛里塔尼亚	0.6	0.6	0.9	44.2	62.4	99.1	44.2	98.8
毛里求斯	3.4	12.3	13	13	98.8	96.6	12.7	75.9
墨西哥	14.5	22.9	29.4	33.5	99.9	85.6	26	73.4
摩纳哥	25	25	37.5	37.5	100	75	12.5	100
蒙古国	17.3	17.6	35.4	55.5	83.7	85.9	48.9	78.3
黑山	8	19.9	50.5	50.9	99.7	91.9	47.3	90.7
摩洛哥	28.6	38.5	39.1	48.4	100	71.4	35.6	55.7
莫桑比克	21.2	22.7	26.4	39.3	61.8	75.9	28.4	63.4
缅甸	6.4	44.3	52.2	52.2	99.9	93.6	52	88.2
纳米比亚	37.8	38.7	43.8	57.5	55.1	46.6	42.1	46.7
瑙鲁	0	0	0	0	0	—	0	—
尼泊尔	23.5	24.2	25.2	31.4	99.7	76.5	20.8	38.3
荷兰	21.6	21.7	21.8	22.5	10.3	31.7	5.7	14.5
新西兰	32.1	35.4	37	37.3	99.5	67.8	29.3	17.8
尼加拉瓜	37.1	37.9	47.4	48.9	99.5	62.8	28.4	41.7
尼日尔	17.6	17.6	17.8	28.8	52.4	78	21.6	51.9
尼日利亚	13.9	14.3	16.5	28.5	97.9	86.4	20	73.1
纽埃	0	66.3	66.3	66.3	98.9	100	66.3	100
挪威	16.7	16.7	18.1	58.7	67.1	77.8	55.7	75.5
阿曼	2.6	5.2	6.8	29.4	53.5	95.2	29.3	91.7
巴基斯坦	11	11.1	12.3	25.9	88.9	92.4	19.6	76.2
帕劳	30.5	64.3	64.3	64.3	99.8	69.7	45.3	74.7
巴拿马	19.7	36.7	44.7	48.2	99.9	80.3	46	62.2
巴布新几内亚	3	41.7	74.2	79.4	99	96.9	78.5	97.2
巴拉圭	14.2	16.1	27.7	28.7	100	85.8	26	55.8
秘鲁	21.5	41.9	61.3	65.8	100	78.5	63.2	70.1
菲律宾	15.1	28.2	28.2	28.3	99.7	84.8	23.9	54.9
波兰	39.6	39.6	39.6	40	21.7	17.5	6.1	6.3

国家	不同情景				CPZs 覆盖率 /%	未受保护的 CPZs/%	CEZs 覆盖率 /%	未受保护的 CEZs/%
	现有保护地 /%	保守目标 /%	中等目标 /%	雄心勃勃的目标 /%				
葡萄牙	22.3	22.5	29.3	29.3	84.8	75.5	11.7	59.4
卡塔尔	12	12	12	22.5	41.8	88.3	14	75.1
韩国	14.9	14.9	14.9	23.6	96	85.3	15.7	55.1
摩尔多瓦共和国	3.6	3.6	3.6	4.5	52.6	95.2	1.1	73.6
北马其顿共和国	9.2	10.4	15.6	28.2	100	90.8	25.6	74.3
罗马尼亚	24.3	24.3	24.4	28.4	61.3	66.9	10.9	38
俄罗斯联邦	9	10.8	21.9	54.5	66.2	90.2	51.4	88.6
卢旺达	9	9.4	9.5	9.8	100	91	8.4	9
圣基茨和尼维斯	20.4	20.8	21.5	21.5	100	79.6	1.1	100
圣卢西亚	15.6	15.6	15.6	15.6	100	84.4	0	—
圣文森特和格林纳丁斯	21.9	26.5	33.4	33.4	100	78.1	30.2	38.2
萨摩亚	4.7	29.8	29.9	29.9	100	95.3	27.3	92.3
圣马力诺	0	0	1.7	1.7	100	100	1.7	100
圣多美和普林西比	28.4	54.1	54.2	54.4	100	71.6	52.5	49.4
沙特阿拉伯	4.7	8.6	8.7	10.7	13.5	86.1	7.5	80
塞内加尔	25.5	25.5	25.9	33	98.4	74.3	19.2	39.1
塞尔维亚	7.6	8.5	16	24.8	76.2	90.5	22	77.9
塞舌尔	36	41.3	41.3	41.3	100	64	8.7	61.9
塞拉利昂	10.7	17.5	17.9	26.5	91.4	89.4	20.9	75.3
新加坡	4.2	6.9	8.1	8.3	97.1	95.6	6.3	64.9
斯洛伐克	37.3	37.3	37.7	42.4	48	34.4	23.9	21.5
斯洛文尼亚	53.3	56.4	57.3	57.6	70.5	37.3	27.6	15.4
所罗门群岛	0.6	69.6	71.2	72.9	97.3	99.4	72.6	99.6
索马里	0	4.1	4.4	4.4	100	100	4.4	100
南非	7.7	16	30.9	31.1	85.3	91.4	28.1	83.2
南苏丹	16.3	16.3	17.7	32.5	100	83.7	27.4	59.2
西班牙	27.7	30	33.2	33.5	90.5	70.7	14.2	40.4

国家	不同情景				CPZs 覆盖率 /%	未受保护的 CPZs/%	CEZs 覆盖率 /%	未受保护的 CEZs/%
	现有保护地 /%	保守目标 /%	中等目标 /%	雄心勃勃的目标 /%				
斯里兰卡	29.5	31.6	36.4	36.4	100	70.5	32.3	21.3
巴勒斯坦国	8.4	9.6	9.6	9.7	89	91.3	3.6	34.7
苏丹	2.8	2.8	2.9	12.9	61.1	96.8	10.8	93.3
苏里南	11.3	48.8	74.7	96	100	88.7	95.7	88.5
瑞典	13.8	13.8	14.2	28.6	40.8	77.8	22.3	66.2
瑞士	6.9	10.3	28.2	28.9	100	93.1	26.4	83.2
阿拉伯叙利亚共和国	0.7	0.8	0.9	1.1	98.1	99.3	0.5	99.7
塔吉克斯坦	19	57.8	58.2	58.3	100	81	53.7	73.1
坦桑尼亚联合共和国	37.7	39.3	42	48.6	94.7	60.4	35.8	30.3
泰国	18.7	21	26.2	28.2	99.8	81.3	26.9	35.4
多哥	24.5	24.5	26.9	31.8	100	75.5	14.9	49.1
汤加	8.6	22.2	22.2	22.2	96.5	91.1	15.8	85.7
特立尼达和多巴哥	30.1	30.1	30.1	34.5	21.5	28.8	18.7	23.6
突尼斯	7.9	11	11.2	44.6	97.3	92.2	40.6	90.5
土耳其	0.2	8.9	11.2	11.4	100	99.8	11.2	99.6
土库曼斯坦	3.1	3.3	3.5	3.5	97.9	96.8	3	13.5
图瓦卢	0	0	0	0	90.9	100	0	—
乌干达	15.9	16.1	16.4	21.1	86.6	81.9	14.9	34.7
乌克兰	4	4.3	4.5	8.5	69.5	96.4	5.8	77.4
阿拉伯联合酋长国	17.7	17.7	17.7	20.1	21.1	83.8	3.5	69.7
联合王国	27.6	27.6	27.6	28.1	9.9	15.6	5.5	9.6
乌拉圭	3.5	3.6	3.6	4	99.9	96.5	0.7	74.6
乌兹别克斯坦	3.3	3.6	5.9	6	95.3	96.5	4.6	58.3
瓦努阿图	4.2	64	64.5	65.5	100	95.8	64.2	95.5
委内瑞拉	53.4	61.9	71.4	73.2	84.5	45.5	58.2	34
越南	7.5	27.2	30.2	30.4	99.9	92.5	29.1	78.7
也门	0.5	11.7	13.2	13.3	56.6	99	13	98.3
赞比亚	37.9	38	39.4	61.7	73.7	60.5	45.4	52.5
津巴布韦	27.1	27.4	27.5	28	31.9	60.4	7.6	11

附录 2-2　关于 GBF 第一稿的具体建议

D.2030 里程碑

1. 虽然已经有另外专门的 2020 年后生物安全议定书实施计划，但是 GBF 仍需要将生物安全议定书和 ABS 议定书包含在里程碑中。由于新冠肺炎疫情的暴发，为了可持续发展和人类健康，需要充分处置现代生物技术的生物安全和生物安保问题，以及新出现的人畜共患传染病。我们建议合并里程碑目标 C（1）和 C（2），这个已经在具体目标 13 中涵盖，用生物安全内容替换这个目标。

E. 2030 行动目标

2. 目标 17

人类开发生物技术的目的是满足人类的需求，因此人类需要有能力控制任何不利影响。并不是每个有潜在利用价值的生物技术都是必须应用的。有些应用可能为生物多样性保护和人类健康带来额外的负担，我们需要平衡这些惠益和风险。因而目标 16 不仅是以降低不利影响为目的，而且要限制有不利影响的应用。评估和监测指标应该如同文件 CBD/SBSTTA/24/3 的附录 1 中所建议的 GBF 的标题指标，以及文件 CBD/SBSTTA/24/INF/16 所建议的评分指标那样，包括必要的法律、管理、技术和其他的生物安全措施，通过监管那些对生物多样性和人类健康有害的生物技术应用和 LMOs 释放，降低其不利影响。这些也可以表述为生物安全议定书时间中的能力建设或能力发展程度。在 SBSTTA-24 非正式会议中，缔约方表达了对预稿中缺少惠益分享、生物安全和数字序列信息方面内容的关注，所以我们建议对该目标进行一定的文字修改：

“制定强化并实施措施，以预防、管理或控制生物技术对生物多样性和人类健康的潜在影响，并降低这些影响的风险，推动缔约方实施《卡塔赫纳生物安全议定书》和《卡塔赫纳生物安全议定书关于赔偿责任和补救的名古屋—吉隆坡补充议定书》。”

3. 目标 21

必须确保土著群众和地方社区、妇女、女孩以及青年在生物多样性保护决策中的公平和有效的参与，并尊重其对土地、领地和资源的所有权。很有必要提升原住民群众和地方社区、妇女、女孩以及青年的参与。然而当我们提到决策中的公平参与时，无论作为有义务的参与贡献的一方，还是作为公平参与的参照物，整个社会和男性的角色不能不提，因此建议修改目标 21 文字如下：

“通过全社会参与的方式，确保生物多样性的决策过程中的公平参与，并视国情确保土著人民和地方社区、妇女和女孩以及青年对相关资源的权利。”

4. 在 COP14 决议（14/29）中，缔约方承认必须要强化其 2050 愿景的实施和承诺。考虑到缔约方呼吁与其他多边环境协定的协同增效，并且 COP14 决议（14/5）认识到生物多样性和气候变化协同增效的作用，并且 UNFCCC 已经确立了 NDC，为强调生物多样性保护承诺的重要性，建议增加一个目标：

“目标 21. 至 2030 年，支持所有利益相关者，包括政府和非政府行动者，制定和展示其自愿生物多样性承诺。这些承诺可以纳入其 NBSAPs 或者作为其 NBSAPs 的额外部分，致力于支持和提升其实现 2050 愿景所需雄心。”

F. 实施的支持机制

5. 为了从所有来源产生额外的财务支持，与捐赠方的合作与协作是重要的，这样做将能够鼓励捐赠方的积极参与和有效实施计划。建议在 F（d）增加一个小点（iii）：

（iii）鼓励生物多样性保护财务和非财务捐赠方合理的合作和协作。

G. 扶持条件

6. 为实施和实现 2020 后 GBF 的目标，与其他多边环境协定间的协同增效非常重要，特别是在这些多边环境协定中与生物多样性相关的目标和进程。建议修改 G 部分的 e 点以表明其关注的焦点：

G（e）实现各项相关的多边环境协定及其他相关国际进程（特别是在有利于生物多样性以及对保护努力的承诺或贡献方面）的协同增效，包括《2030 年可持续发展议程》以及全球、区域和国家各级文书之间的协同，为此加强或建立合作机制。

7. 如前所述，缔约方关注 GBF 的制定要充分整合 LMOs 的生物安全以及来自遗传资源使用的惠益共享组分，因而 2020 后 GBF 的实施需要承认生物安全和惠益分享的作用，因此建议在该部分的 h 点增加对生物安全和惠益分享的考虑。

附录 2-3　关于 GBF 草案的补充意见

我们建议，将以下注释以及 2021 年 SPS 1-2 总结报告或报告概要与谈判团队非正式地分享；否则，谈判团队可能无法及时收到这些意见。

意见 1. COP 15 的主题：“生态文明：共建地球生命共同体”应该反映在 GBF 的背景段落中。建议文本为：“生态文明是指导变革性转变的一个好的案例，其为 GBF 的实施确定了保护战略和行动计划。”

意见 2. 除 GBF 中的生物多样性保护目标外，生物安全议定书和获取与惠益分享（ABS）议定书都应成为 2030 年里程碑的一部分，即便已经有关于生物安全实施的单独文件。关于新冠肺炎疫情和生物技术的其他安全和安保问题以及新的人畜共患流行病暴发等问题，应在可持续发展和“同一健康”的框架下应对。

意见 3. 合并目标 Goal C（1）和（2），用生物安全内容替代 Goal C（2）。

SBSTTA-24 讨论了 GBF 预稿的修改版，提出一些修改建议，但在最新发布的第一稿中没有解决或没有完全解决，主要集中在以下方面。

（1）2050 愿景、使命（mission）、长期目标、里程碑、行动目标和指标间的逻辑关系需要厘清，简化框架的结构，避免不同层级目标间的重叠，还应考虑到拟定《2011—2020 年全球植物保护战略》的后续行动。各方对 2020 年后框架的基线确定尚有不同意见。

（2）要避免重复。长期目标与行动目标有重复，如长期目标 C 和行动目标 13；行动目标与行动目标之间有重复，如行动目标 8 和行动目标 11、行动目标 5 与行动目标 9。

（3）一些术语需要明确定义，如健康人口、生态连通性、完整性、空间规划、其他基于面积的有效保护措施（OECMs）、优先地区、优先物种、过度消费和负责任的选择等。

（4）长期目标 B 以及其他部分中，“自然对人的贡献”的提法不合适，应该使用生态系统服务。强调人的做法不合适。

（5）目标所定的一些百分比目标，如 5%（A.1）和 50%（行动目标 6 等），尚缺少足够的科学依据。

（6）针对行动目标 17，一些缔约方建议本行动目标的措词应涉及《卡塔赫纳生物安全议定书关于赔偿责任和补救的名古屋—吉隆坡补充议定书》。我们可考虑建议补充这个信息，鼓励缔约方签署该补充议定书，推动其有效实施。

（7）关于监测框架草案中的标题指标，根据会议的在线调查，CBD/SBSTTA/24/3/Add.1 号文件所载监测框架草案中大部分拟议标题指标得到了缔约方的支持。有些缔约方建议指标、长期目标和行动目标应一起制定，以确保它们是可计量的。一些缔约方指出标题指标的使用不应妨碍缔约方使用其他指标，标题指标应具有灵活性，允许考虑国情。SBSTTA-24 建议 COP15 最终为 GBF 的监测框架定稿，并在 COP16 完成制定工作。在 COP15 后马上成立 GBF 指标问题 AHTEG 开展相关工作。

参考文献

[1] UN. Declaration on The Commemoration of The Seventy-Fifth Anniversary of The United Nations [R/OL]. https://www.un.org/pga/74/wp-content/uploads/sites/99/2020/07/UN75-FINAL-DRAFT-DECLARATION.pdf, 2020.

[2] CBD Secretariat. United Nations Summit on Biodiversity [EB/OL]. [2021-05]. https://www.cbd.int/article/2020-UN-Biodiversity-Summit.

[3] Leaders'Pledge For Nature, [EB/OL]. [2021-05]. https://www.leaderspledgefornature.org.

[4] IUCN. Nature Based Solutions [EB/OL]. [2021-05]. https://www.iucn.org/resources/issues-briefs/ensuring-effective-nature-based-solutions.

[5] KERLE A. Eco-wakening: measuring global awareness engagement and action nature [EB/OL]. [2021-05]. https://eiuperspectives.economist.com/sustainability/eco-wakening-measuring-global-awareness-engagement-and-action-nature.

[6] High Ambition Collation [EB/OL]. [2021-05]. https://www.hacfornatureandpeople.org/ .

[7] Action Commitments For Biodiversity [EB/OL]. [2021-05]. https://www.oneplanetsummit.fr/sites/default/files/2021-01/Relev%C3%A9%20des%20annonces%20OPS%20Biodiversit%C3%A9%20V5%20ANG.pdf.

[8] GUTERRES A. The UN Secretary-General speaks on the state of the planet [EB/OL]. [2021-05]. https://www.un.org/en/climatechange/un-secretary-general-speaks-state-planet. https://wedocs.unep.org/bitstream/handle/20.500.11822/35281/AWBBB.pdf.

[9] UNEP. Making Peace with Nature: A scientific blueprint to tackle the climate, biodiversity and pollution emergencies [EB/OL]. [2021-05]. https://www.unep.org/resources/making-peace-nature.

[10] 中华人民共和国农业农村部 . 中国粮食及农业生物学多样性国家报告 [R/OL]. (2016). http://www.fao.org/3/ca4831zh/ca4831zh.pdf.

[11] JOLLY C. The Ocean Economy in 2030 [EB/OL]. [2021-05]. https://www.oecd.org/sti/ind/Session%201_b%20-%20Claire%20Jolly%20-%20Web.pdf.

[12] Cabinet Office. Global Britain in a Competitive Age: the Integrated Review of Security, Defence, Development and Foreign Policy [EB/OL]. [2021-05]. https://www.gov.uk/government/publications/global-britain-in-a-competitive-age-the-integrated-review-of-security-defence-development-and-foreign-policy.

[13] UN. Decade of Action [EB/OL]. [2021-05]. https://unsdg.un.org/2030-agenda/decade-action.

[14] UN. Preventing, Halting and Reversing the Degradation of Ecosystems Worldwide. [EB/OL]. [2021-05]. https://www.decadeonrestoration.org/.

[15] MACRON E. Discours Du Président De La République À L'assemblée Générale Des Nations Unies. 2020.[EB/OL]. [2021-05]. https://www.elysee.fr/emmanuel-macron/2020/09/22/declaration-du-president-emmanuel-macron-pour-la-75e-session-de-lassemblee-generale-des-nations-unies.

[16] UN. International meeting entitled "Stockholm+50: a healthy planet for the prosperity of all–our

responsibility, our opportunity” [EB/OL]. [2021-05]. https://undocs.org/en/A/75/L.88.

[17] 生态环境部．“汇聚各方力量，共赴昆明之约”部长级在线圆桌会议在上海举行 [EB/OL]. [2021-05]. http://www.mee.gov.cn/ywdt/hjywnews/202105/t20210521_833797.shtml.

[18] FAO. COP15: Road to Kunming, Building a Shared Future for All Life on Earth [EB/OL]. [2021-05]. http://www.fao.org/new-york/events/cop15-road-to-kunming/en/.

[19] WWF& PWC. Nature is too big to fail [EB/OL]. [2021-05]. https://wwfint.awsassets.panda.org/downloads/nature_is_too_big_to_fail_en_web.pdf.

[20] A global goal for nature [EB/OL]. [2021-05]. https://www.naturepositive.org/.

[21] International Institute for Environment and Development [EB/OL]. (2020-09-18) [2021-05]. https://www.iied.org/act-nature-demand-hundreds-organisations-unprecedented-call-world-leaders.

[22] WWF. New Deal for Nature and People [EB/OL]. https://explore.panda.org/newdeal.

[23] UN. Ecosystem Accounting in the News [EB/OL]. [2021-05]. https://seea.un.org/content/ecosystem-accounting-news.

[24] OGWAL F., OKURUT T., RODRIGUEZ C. M. Mapping nature to create a global biodiversity framework [EB/OL]. (2020) [2021-05] https://www.undp.org/blogs/mapping-nature-create-global-biodiversity-framework.

[25] WWF. Living Planet Report 2020-Bending the curve of biodiversity loss [R/OL]. Almond, R.E.A., Grooten M. and Petersen, T. (Eds). WWF, Gland, Switzerland. 2020.

[26] CBD Secretariat. Global Biodiversity Outlook 5 [R/OL]. Montreal, 2020. https://www.cbd.int/gbo/gbo5/publication/gbo-5-en.pdf.

[27] CBD Secretariat. Post-2020 global biodiversity framework: scientific and technical information to support the review of the updated goals and targets, and related indicators and baselines [R/OL]. 2021. https://www.cbd.int/doc/c/9139/8957/661e2d7c33e590d55fdeae2f/sbstta-24-03-add2-en.pdf.

[28] YANG R, CAO Y, HOU S, et al. Cost-effective priorities for the expansion of global terrestrial protected areas: Setting post-2020 global and national targets [J/OL]. Science Advances 2020, 37, eabc3436.

[29] BUTCHART S HM, CLARKE M, SMITH R J, et al. 2015, Shortfalls and Solutions for Meeting National and Global Conservation Area Targets [J/OL]. Conservation Letters, 8: 329-337. https://doi.org/10.1111/conl.12158.

[30] BROOKS T M, PIMM S L, AKCAKAYA H R, et al. Measuring terrestrial area of habitat (AOH) and its utility for the iucn red list [J/OL]. Trends in Ecology & Evolution, 2019, 34 (11): 977-986.

[31] RODRIGUES A S L, MOHAMED I B, BOITANI L, et al. Effectiveness of the global protected area network in representing species diversity [J/OL]. Nature, 2004, 428, 640-643.

[32] MOGG S, FASTRE C, JUNG M, et al. Targeted expansion of Protected Areas to maximise the persistence of terrestrial mammals [J/OL]. bioRxiv, 2019, doi: https://doi.org/10.1101/608992.

[33] CBD Secretariat. Mainstreaming of Biodiversity Within and Across Sectors and Other Strategic Actions to Enhance Implementation. [R/OL]. 2020. https://www.cbd.int/doc/c/9c9a/5bbb/b1f388e36df7ccda6e010f57/sbi-03-13-zh.pdf.

[34] ARTHUR HANSON, LIN LI, JIXI GAO et al. Working Paper CCICED Special Policy Study 1-2 Post 2020 Global Biodiversity Conservation [R/OL]. 2020. https://cciced.eco/wp-content/uploads/2020/07/

cciced-2020-en-post-2020-biosecurity-global-emergency-to-ecological-civilization.pdf.

[35] One Health. What is one health [EB/OL]. (2021) [2021-05]. https://www.onehealth commission.org/en/why_one_health/what_is_one_health/.

[36] HANSON A. Ecological Civilization in the People's Republic of China: Values, Action, and Future Needs [R/OL]. Asian Development Bank, No. 21 Working Paper Series. 2019. https://www.adb.org/sites/default/files/publication/545291/eawp-021-ecological-civilization-prc.pdf.

[37] RAWORTH K. Why it's time for Doughnut Economics [R/OL]. IPPR Progressive Review, 2017, 24: 216-222. https://doi.org/10.1111/newe.12058.

[38] MARK CARNEY. Values: Building a Better World for All [M]. Canada: Penguin Random House, 2021.

[39] O'CALLAGHAN B J, MURDOCK E. Are We Building Back Better? Evidence from 2020 and Pathways to Inclusive Green Recovery Spending [R/OL]. UNEP, 2021.

[40] Paulson Institute. Financing Nature: Closing the Global Biodiversity Financing Gap [R/OL]. 2020. https://www.paulsoninstitute.org/wp-content/uploads/2020/10/FINANCING-NATURE_Full-Report_Final-with-endorsements_101420.pdf.

[41] DASGUPTA P. The Economics of Biodiversity: The Dasgupta Review [R/OL]. Abridged Version. London: HM Treasury. 2021.

[42] Stockholm Resilience Center. What is resilience? [EB/OL]. (2015-02-09) [2021-05]. https://www.stockholmresilience.org/research/research-news/2015-02-19-what-is-resilience.html.

[43] HANSON A. CCICED SPS on Post-2020 Global Biodiversity Conservation: Gender, Biodiversity and Ecosystems. [R/OL]. 2021.

[44] CBD Secretariat. Towards a Gender-responsive Post-2020 Global Biodiversity Framework. [R/OL]. 2021. https://www.cbd.int/gender/doc/cbd-towards-gender-responsive-post-framework-en.pdf.

[45] CBD Secretariat. Addressing Gender Issues and Actions in Biodiversity Objectives [R/OL]. 2019. https://www.cbd.int/gender/doc/cbd-towards2020-gender_integration-en.pdf.

[46] CASTAÑEDA CAMEY I, SABATER L, OWREN C, et al. Gender-based Violence and Environment Linkages: The Violence of Inequality [R/OL]. Wen, J. (ed.). Gland, Switzerland: IUCN. 272pp. 2020. https://reliefweb.int/sites/reliefweb.int/files/resources/2020-002-En.pdf.

[47] UN. United Nations Declaration on the Rights of Indigenous Peoples [R/OL]. 2017. https://www.un.org/development/desa/indigenouspeoples/declaration-on-the-rights-of-indigenous-peoples.html.

[48] IUCN. World Summit of Indigenous Peoples and Nature [EB/OL]. (2021-06) [2021-05]. https://www.iucn.org/sites/dev/files/content/documents/ip_summit_note_jan_2021.pdf

[49] Delfin Ganapin, Practice Leader, Governance, WWF International. Community-Based Conservation [EB/OL]. [2021-05]. https://www.cbd.int/gender/doc/wwf-community-based-conservation-gender-equality-women-empowerment-en.pdf.

[50] World Economic Forum. Global Gender Gap Report 2020 [R/OL]. 2019. http://www3.weforum.org/docs/WEF_GGGR_2020.pdf.

第 3 章　全球海洋治理与生态文明

一、引言

海洋对人类至关重要。 海洋对世界经济发展也至关重要。健康的海洋环境是利用海洋所提供的直接和间接收益的先决条件，而如今，全球海洋状况正受到诸如全球变暖、持续升高的大气二氧化碳水平加剧海洋酸化、微塑料污染以及自然资源过度开发等大规模环境压力的严重影响。海洋及其所提供的生态服务都面临比以往任何时候更大的威胁。同时，与其他许多沿海国家一样，中国面临着这样的现实：由于陆地和海洋的发展和活动，如陆源污染物向海排放增加、围填海、过度捕捞、海水养殖污染等，导致沿海海域生态环境质量下降。需要采取明确而有针对性的行动，以缓解各种威胁，并最大限度地减少对海洋的负面影响，从而使海洋能够继续作为人类生活的基础。为确保以可持续的方式发展现有的和新兴的海洋产业，人类需要更加努力。只有将基于生态系统的综合海洋管理原则像红线一样贯穿海洋管理，方能实现这些目标。

海洋渔业是人类开发利用海洋的主要方式之一。中国作为世界海洋渔业大国，一方面，在推动产业发展、维护世界粮食安全方面发挥了重要作用；另一方面，也在保护海洋生态环境、养护渔业资源、保证渔业可持续发展方面肩负着重大的责任。为此，国合会设立了“中国近海捕捞渔业的可持续管理”课题（TT1）。

随着社会经济的快速发展和沿海地区的城市化进程，陆源和海源污染引起越来越多的关注。改革开放 40 余年来，我国海洋生态环境质量经历了从整体良好到全面恶化，再逐步改善的历程。改革开放初期，我国海洋资源开发利用尚处于起步阶段，海洋生态环境质量整体良好，特别是党的十八大以来对生态文明建设的重视。尽管如此，我国沿岸及近海生态环境健康的恢复仍然任重道远。为此，国合会设立了“海洋污染”课题（TT2），旨在深入推动海洋污染的防控和管理，并推动海洋生态系统的健康发展。

国合会充分吸取国内外经验和能力，得以研判并强调可供中国政府采取的相关政策行动，以确保中国拥有健康的海洋，并为全球海洋可持续发展做出贡献。为此，国合会设立了“未来海洋研究路线图”课题（TT3），旨在为国合会提供今后继续推动有关海洋治理的政策研究。

二、中国近海捕捞渔业的可持续管理

海洋渔业是人类开发利用海洋的主要方式之一，与全球数亿人口的生产、生活乃至生存与发展息息相关。中国作为世界海洋渔业大国，一方面在推动产业发展、维护世界粮食安全方面发挥了重要作用；另一方面在保护海洋生态环境、养护渔业资源、保证渔业可持续发展方面肩负着重大的责任。在气候变化、过度捕捞、栖息地破坏、海洋环境污染和富营养化等多重因素的影响下，中国近海渔业资源严重衰退。近年来，中国不断改进和完善渔业政策，从捕捞产能控制、尝试推进限额捕捞管理、发展绿色水产养殖业等方面不断探索更加有效的管理政策和管理模式。这些尝试是积极有益的，也取得了一定的经济和生态效益。但是，中国海洋渔业体量庞大，从业人员众多，涉及的渔业作业方式、捕捞品种和渔业水域复杂多样，管理难度很大；目前的管理机制、管理手段和管理策略都有很大改进空间。为此，国合会设立“全球海洋治理与生态文明”专题政策研究（2020—2021 年）之“建立中国的可持续渔业政策”课题，旨在对比分析中国海洋渔业政策的实施成效，为中国改进渔业政策与管理，更好地平衡生态保护与渔业发展，同时在“十四五”期间提升海洋治理能力，提供重要参考。

（一）中国的近海捕捞渔业

中华人民共和国成立后，中国的海洋渔业发展迅速，海洋捕捞产量在 1995 年已超过 1 000 万 t，并在 2000 年达到 1 477.5 万 t，跃居世界海洋渔业捕捞大国前列（图 3-1）。

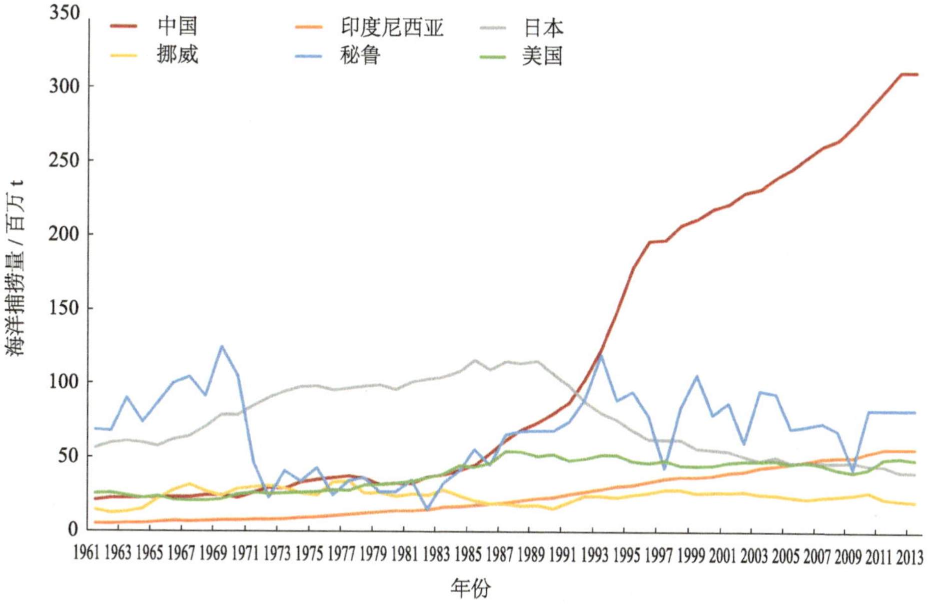

图 3-1　世界海洋捕捞大国及其捕捞量变化

1. 渔业经济

（1）渔船

中国近海渔船是根据马力大小进行分类的。根据《中国渔业统计年鉴》数据[1]，2019 年中国共有海洋捕捞渔船 14.7 万艘，总功率 1 354.7 万 kW。其中，大于 441 kW 的渔船占比 2.1%，在 44.1 kW 与 441 kW 之间的渔船占比 33.7%，小于 44.1 kW 的渔船占比 64.2%。

随着海洋捕捞产能控制政策的推进，中国的海洋捕捞渔船总数和总功率数在 2013 年和 2015 年达到峰值后保持下降趋势，年下降率分别为 3.6% 和 1.5%，如图 3-2、图 3-3 所示。其中，功率小于 44.1 kW 的渔船数量、功率数降幅较大，从 2012 年的 13 万艘、209 万 kW 降至 2019 年的 9 万艘、144 万 kW，分别降低 28.5%、31.3%；功率在 44.1 ～ 441 kW 的渔船数量、功率数降幅较小。功率大于 441 kW 的渔船数量、功率数都出现增长，从 2012 年的 1 737 艘、116 万 kW 增至 2019 年的 3 023 艘、279 万 kW，分别增长 74.0%、135.3%。因沿岸渔业界定困难且缺乏单独的产量统计，考虑数据的可获得性，以功率小于 44.1 kW 张网捕捞渔船和产量代表沿岸渔业。

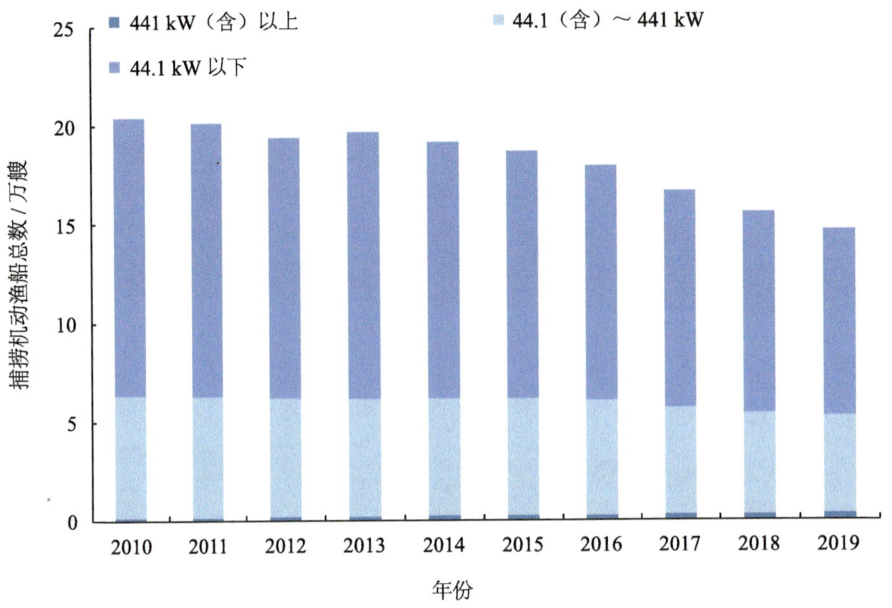

图 3-2 中国捕捞机动渔船总数

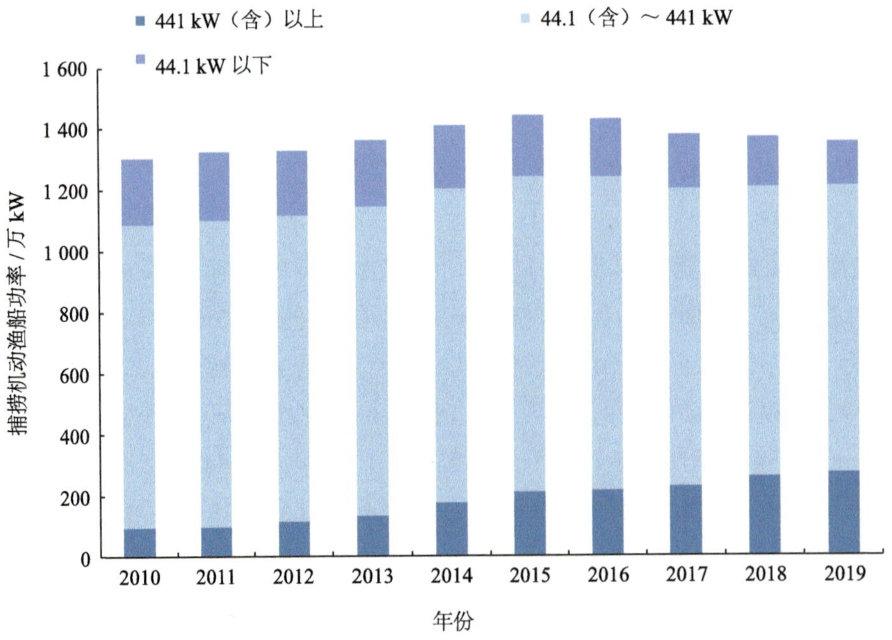

图 3-3 中国捕捞机动渔船总功率

（2）渔获量

2019 年，中国的海洋捕捞产量为 1 000.2 万 t，较 2012 年的 1 267.2 万 t 下降 21.1%。其中，东海区的捕捞产量最高，2012—2019 年平均产量为 475.5 万 t，约占全国近海捕捞总产量的 40.2%；南海和黄海的平均产量为 344.5 万 t 和 290.4 万 t，分别占全国近海捕捞总产量的 29.1% 和 24.6%；渤海的产量最低，为 90.19 万 t，约占全国近海捕捞总产量的 7.6%。

从作业类型来看，中国的海洋捕捞中拖网产量最高，2012—2019 年平均产量为 570.9 万 t，约占全国近海捕捞总产量的 48.2%。其次是刺网，平均产量为 265.6 万 t，约占全国海洋捕捞总产量的 22.4%。张网、围网和钓具等其他渔具的平均产量分别为 145.6 万 t、98.0 万 t 和 121.6 万 t，约占全国海洋捕捞总产量的 12.3%、8.3% 和 10.3%。

从渔获物的组成来看，鱼类的产量最高，2012—2019 年平均年产量为 827.1 万 t，约占全国海洋捕捞总产量的 69.9%。其次是甲壳类，年均产量 221.1 万 t，约占全国海洋捕捞总产量的 18.4%。再次是头足类，年均产量 65.5 万 t，约占全国海洋捕捞总产量的 5.5%。其他种类合计为 87.9 万 t，约占全国海洋捕捞总产量的 7.43%。

（3）渔业经济产出

根据《中国渔业统计年鉴》数据统计[1]，2019 年中国渔业经济总产值约为 2.6 亿元，其中渔业产值约 1.3 亿元，占总产值的 49.0%。在渔业产值中，海洋捕捞以约 2 116.0 万元的总量占据 16.4%，位列第三。占比最大的两种生产活动为淡水养殖和海水养殖，产值分别为 6 186.6 万元和 3 575.3 万元，占渔业产值的 47.8% 和 27.6%。从 2012—2019 年，中国渔业总产值持续增长，平均年增长率为 5.2%。总体上，淡水养殖和海水养殖产值逐年递增，年增长率分别为 5.7% 和 6.7%，海洋捕捞产值波动较大，在 2015 年后和 2018 年后分别出现两次下滑。在全国各省份中，山东、广东、福建、江苏、湖北和浙江等渔业总产值较高，2019 年共占全国渔业总产值的 71.4%。

2. 渔业资源

中国近海渔业资源较为丰富、物种较为多样。中国已记载的海洋鱼类达 2 028 种、甲壳类有 1 000 余种（磷虾类 40 余种、蟹类 600 余种、虾类 300 余种）、头足类有 90 余种，其中只有少数生物量高的种类成为主要捕捞对象[2,3]。另外，《中国渔业统计年鉴》[1] 显示，近半个世纪以来，中国近海主要捕捞对象具有明显的更替性。随着海洋捕捞能力的增强和捕捞规模的扩大，中国的渔业资源开始明显衰退，小型的中上层鱼类逐渐开始替代个体较大、经济价值较高的鱼类。例如，小黄鱼、带鱼和对虾等 20 世纪 50 年代末渤海的主要渔业资源均大幅衰减。黄海的渔业资源优势种也发生了较大变化。在 20 世纪五六十年代，黄海的渔业资源还是以小黄鱼、带鱼和鲆鲽类等经济价值较高的优质底层、近底层鱼类为主，进入七八十年代后，太平洋鲱、蓝点马鲛、鲐鱼等先后成为优势种；90 年代末，黄海的优势种逐渐变为低经济价值的黄鮟鱇和细纹狮子鱼。

研究证实，过度捕捞是造成渔业资源衰退和优势物种演替、物种多样性指数下降的主要原因。1959—1999 年的 4 次按季节进行的底拖网调查显示，莱州湾的渔业资源、优势种组成以及群落结构在这 40 年间均发生较大变化。其物种多样性指数在 1982 年达到峰值后便开始呈下降趋势，说明捕捞等外部扰动可能会在中等强度下使鱼类的多样性增加，但过高的捕捞强度又会使多样性指数下降。2009—2013 年每年 8 月在莱州湾水域进行的渔业底拖网调查也发现莱州湾的渔业资源逐年衰退、优势种更替明显、群落结构发生明显变化，且物种多样性呈下降趋势。

过度的渔业捕捞在加速渔业资源衰减的同时，也会进一步干扰海洋生态系统的生态均衡和生态健康，引发严重的生态环境灾害。中国东海、黄海等海域近年来频繁发生的水母灾害，即显示了过度捕捞对海洋生态环境与渔业经济产生的影响。

3. 渔业挑战

第一，虽然中国目前已是全球渔业大国，渔业捕捞和养殖量远超世界其他国家，但国内海鲜市场的供应缺口仍在加大。

第二，渔业执法体系尚不健全。近年来，中国不断加大对违法捕捞行为的打击力度，出台渔政亮剑系列专项执法行动方案，但各种违法捕捞现象、行为仍屡禁不止。

第三，沿海经济的快速发展给海洋生态系统带来了巨大环境压力。大量的农业源和工业源污染排放使许多野生渔业种群的栖息地受到破坏。如何管控好大规模水产养殖潜在的海洋环境问题，将是中国实现可持续渔业发展过程中的一大挑战。

第四，气候变化正在引起中国海域海洋资源的快速变化。在过去的一个世纪里，渤海、黄海和东海的海表温度显著上升，其中东海的升温幅度最大（约 1.96℃）[4]。预计到 2050 年，中国沿海地区的海平面上升速率为 3.1 ～ 11.5 mm/a，高于全球海平面上升速率 3.2 ～ 80 mm/a[5]，这将意味着更加严重的洪水和滨海湿地的潜在损失 [6]。

越来越多的文献清楚地表明，已经发生的气候变化给中国的渔业带来了许多挑战。不仅影响沿海海洋生境和海洋物种的转移，还给中国的渔业社区及其供应链带来风险。为了有效地减轻这些风险，需要提供资金和研究支持制定科学的适应计划。

另一个挑战是最近和潜在的灾难性事件，对整个中国水产品供应链造成严重破坏。灾难性事件发生的频率越来越高，其影响的范围和持续的时间不断刷新历史记录。特别是新冠肺炎疫情在全球范围内的流行引发了严重的公共危机，不仅对中国的渔业乃至全球渔业从捕捞、养殖、加工、运输，到批发和销售的产业链各环节都造成了很大的影响。有些灾害是短期的，但有些灾害可能持续数年。虽然中国已经积极采取对策减轻疫情的影响，并取得了良好的效果，但仍需加强对灾害的预警和长期影响评估。

（二）近海捕捞渔业管理体系

1. 中国渔业管理的顶层设计

中共十八大明确了中国统筹推进经济建设、政治建设、文化建设、社会建设、生态文明建设的总体布局。在生态文明建设的指引下，海洋生态文明的提出进一步推动了中国渔业管理模式的转变[7]。海洋生态文明强调利用健康的海洋生态系统来支持蓝色经济的繁荣与发展。通过加大政策力度，加强沿海和海洋生态系统的保护和恢复，提高渔业资源的利用效率[8]。为此，中国在“十三五”时期内出台了系列政策文件，强调加强海洋环境保护、渔业资源的可持续利用和建设生态友好型的海水养殖，并在“十四五”纲要中强调打造可持续海洋生态环境，优化近海绿色养殖布局，建设海洋牧场，发展可持续远洋渔业，进一步加强蓝色经济发展与海洋保护的协同作用[9]。

2. 基于投入控制的渔业管理制度

为了合理利用渔业资源，调整捕捞强度，维护生产秩序，中国在《中华人民共和国渔业法》的指导下设立了针对渔船、渔具、捕捞时间和区域的具体管理制度。此类制度侧重于避免不合理的渔业捕捞方式和捕捞产能的过度投入，从而保护渔业资源的可持续繁衍和渔业经济的良性发展。

（1）渔具管理制度

为有效降低捕捞生产对渔业资源的不利影响，中国对渔业生产过程中的准用渔具进行严格管控。一方面，为保护幼鱼、幼虾和幼蟹，中国禁止使用小于国家规定网目的渔具；另一方面，中国禁止使用电捕鱼、炸鱼和毒鱼等毁灭渔业资源的捕捞方式，并发布具体的海洋捕捞禁用渔具通告。

（2）水产种质资源保护

中国在 2006 年发布的《中国水生生物资源养护行动纲要》（国发〔2006〕9 号）中最早提出水产种质资源保护区的概念。该纲要第三部分要求，在具有较高经济价值和遗传育种价值的水产种质资源主要生长繁育区域建立水产种质资源保护区，并制定相应的管理办法，强化和规范保护区管理。截至 2021 年，中国已审定公布十一批共 535 处国家级水产种质资源保护区。这些保护区可保护上百种国家重点保护渔业资源及其产卵场、索饵场、越冬场和洄游通道等关键栖息场所，初步构建了覆盖各海区和内陆主要江河湖泊的水产种质资源保护区网络。

（3）伏季休渔

中国的伏季休渔制度最早开始于 1980 年。国家水产总局于 1980 年和 1981 年分别发布的《关于集体拖网渔船伏季休渔和联合检查国营渔轮幼鱼比例的通知》和《东、黄海区水产资源保护的几项暂行规定》要求，每年 7 月至 8 月对黄海区集体拖网渔船实行为期两个月的休渔，7 月至 10 月对东海区集体拖网渔船实行为期四个月的休渔。此后，中国不断根据渔业资源禀赋和生产情况调整休渔范围、时段和具体要求。截至 1999 年，中国的伏季休渔制度已覆盖到了渤海、黄海、东海和南海全部 4 个海区（不包括北纬 12° 以南海域）。2017 年起实施的伏季休渔制度被称为中国“史上最严”的伏季休渔制度。该制度将休渔起始时间提前至 5 月 1 日，休渔时段延长 1 个月，对休渔违规行为持续保持高压严打态势。2017 年，伏季休渔期间共查处违规案件 7 427 件，处理涉案人员 10 343 名，其中移送司法处理的涉案人员 1 369 名。清理取缔涉渔“三无”船舶 7 000 余艘、“绝户网”40 余万张（顶）[10]。

（4）渔船双控

为控制全国捕捞强度，养护和合理利用海洋生物资源，中国自“八五”和“九五”时期起已开始加强海洋捕捞强度的总量控制，实施渔船双控制度，并于 1999 年和 2000 年分别出台了海洋捕捞“零增长”和“负增长”政策。渔船双控制度对全国海洋捕捞渔船的船数和功率数设置了明确的控制目标。例如，2003 年原农业部渔业局印发《关于 2003—2010 年海洋捕捞渔船控制制度实施意见》（农渔函〔2003〕63 号），提出到 2010 年，全国海洋捕捞渔船船数和功率数要分别控制在 19.3 万艘和 1 142.7 kW 以内。但受沿海地区就业压力、捕捞渔民转产转业补助和渔业劳动就业政策不配套等因素影响，渔船双控制度的实施效果并不理想。2010 年中国的近海捕捞渔船仍有 20.5 万艘。

为解决这一困境，中国在“十二五”时期内重申 2010 年渔船双控目标，并于 2013 年发布《国务院关于促进海洋渔业持续健康发展的若干意见》（国发〔2013〕11 号），在强调严格执行海洋伏季休渔、捕捞业准入和水产种质资源保护等制度的同时，特别阐明要开展近海捕捞限额试点，严格控制近海捕捞强度，并完善海洋渔船管控制度，逐步减少渔船数量和功率总量。在此基础上，原农业部于 2017 年出台《农业部关于进一步加强国内渔船管控实施海洋渔业资源总量管理的通知》（农渔发〔2017〕2 号），以期进一步提高海洋渔业资源利用和管理的科学化、精细化水平，实现海洋渔业资源的规范有序利用。明确到 2020 年压减海洋捕捞机动渔船 2 万艘、功率 150 万 kW，国内海洋捕捞总产量减少到 1 000 万 t 以内。如前文所述，中国的海洋捕捞渔船数量自 2013 年起已开始保持下降趋势，2019 年已下降到 14.7 万艘。

3. 中国的限额捕捞试点

为加强海洋渔业资源总量控制，农业农村部于 2017 年在浙江省和山东省率先开展限额捕捞（TAC）试点工作，并在 2018 年将试点范围扩大到辽宁、福建和广东三省。自 2019 年起，依托伏季休渔期间的特许渔业捕捞，中国已在沿海的 9 个省份中全面开展限额捕捞试点工作。

虽然这些 TAC 试点的物种、分配方式和具体要求不同，但它们仍有许多相似之处。首先，几乎所有试点均使用专项捕捞许可证，限制 TAC 下的总渔获量，而专项许可证对渔民的捕捞水域、时间和品种进行了特殊的规定。其次，大多数试点均从单品种配额开始。虽然福建省的试点对象涉及 4 种不同的梭子蟹，但在配额分配与监测时，不会对这 4 种蟹差别处理。最后，大部分试点都通过实施捕捞日志、渔业观察员和捕捞配额预警等制度来完善渔获量监测。

这些试点的积极探索为 TAC 制度在全国范围内的展开积累了重要经验，同时也识别出了潜在问题和障碍：

第一，中国对渔业资源的调查和评估基础不足，难以为捕捞总量提供明确的依据。

第二，试点尚未建立实时、准确和高效的捕获监测系统。

第三，由于中国的大部分渔业都具有多鱼种的特征，现阶段以单一物种为主的试点工作很难为 TAC 在全国范围内的开展积累经验。此外，随着 TAC 管控范围的扩大，如何保障管控水域内的捕捞排他性，以及可能出现的跨区域渔业管理问题，是未来 TAC 制度发展过程中将会面临的重要挑战。

最后，在中国实施 TAC 的法律基础仍不牢固。虽然 2000 年修订的《中华人民共和国渔业法》已明确提出要实施限额捕捞制度，但相关配套文件迟迟未能出台，目前仍缺少对捕捞日志管理、渔船检查和指定交易机制等基本制度的具体规定。此外，虽然我国已将捕捞许可证界定为一种产权，但根据《渔业捕捞许可管理规定》，农业农村部仍禁止捕捞许可证的转让和交易。这一限制将对未来中国进一步发展个体可转让的配额制度造成影响。

（三）中国海洋生态经济的制度框架

1. 海洋保护地与生态保护红线

截至 2020 年，中国管辖海域内已建立各类海洋自然保护区 271 处，保护面积约

12.4 万 km^2，约占中国管辖海域面积的 4.1%。保护对象包括儒艮、斑海豹和中华白海豚等珍稀濒危海洋生物物种，红树林、珊瑚礁和滨海湿地等典型生态系统，海洋自然历史遗址等。沿海 11 个省（市、区）均有海洋自然保护区分布，初步形成了海洋自然保护区的网络体系。自 2018 年起，中国将海洋保护区统一纳入以国家公园为主体的自然保护地建设体系之中。

然而，中国目前的海洋保护区管理体系仍存在一定的局限性。首先，保护区数量虽然较多，但其占中国海洋总面积的比例只有 4.1%，低于《生物多样性公约》设定的 10% 的目标 [11]，以及《全国海洋主体功能区规划》设定的到 2020 年“海洋保护区占管辖海域面积比重增加到 5%”的目标 [12]。其次，在缺少顶层协调的情况下，许多海洋保护区分布与《中国生物多样性保护战略和行动计划》中确定的优先领域不一致 [13]，保护效果较差 [14]。最后，现有保护区的划定尚未充分考虑海洋的连通性和生物对不同栖息地的利用差异。海洋具有很高的流动性和连通性，这决定了许多海洋生物的活动范围都比较大，江海洄游性种类亦不在少数。生物在不同生活史阶段可能会利用不同类型的栖息地，其产卵场、育幼场和索饵场可能分布于河口、海草床、红树林和潮滩等不同水域。如果仅仅保护部分区域，就意味着仅有部分生活史阶段得到保护，无法达到全面保护海洋生物和生态系统的目的。因此，只有设置适当且足够面积和范围的保护区和保护地，才能达到延续和扩大保护对象种群的目的。

为加强海洋生态系统保护，原国家海洋局通过整合海洋保护区和水产种质资源保护区，在海洋功能区划的框架下以保护为重点划定海洋生态保护红线。海洋生态保护红线是海洋生态安全的底线，通过将重要的海洋生态功能区、生态敏感区和生态脆弱区划定为重点控制区，在自然生态服务功能、环境质量和安全，以及自然资源利用等方面严格保护空间界限和管理界限，以维护海洋生态功能、环境质量和安全以及自然资源可持续利用，促进经济、社会和环境的平衡发展，是中国环境保护的一项重要体制创新。

海洋生态保护红线保护对海洋生态系统健康至关重要。红线范围内包括海洋水产种质资源保护区，海洋特别保护区，重要沿海湿地（如红树林、珊瑚礁和海草床），需要特殊保护的海岛、自然景观和历史文化遗迹，稀有和濒危物种的集中分布区，以及重要的渔业水域。渤海是中国第一个采用海洋生态保护红线制度的区域 [15]。在与渤海相邻的 4 个省份中，海洋生态保护红线的覆盖范围约为各地管辖海域的 10%（天津）～ 45%（辽宁）[16]。借鉴渤海的经验，中国将进一步扩大海洋生态保护红线试点范围，并计划实现 30% 以上的海洋生态保护红线覆盖率 [17]。

2. 基于自然的海岸线修复方案

中国拥有近 300 万 km^2 的海域与 32 000 km 长的海岸线，有记录的海洋物种超过两万种，延绵的海岸带遍布着各种高生产力的栖息地，包括红树林、海草床、珊瑚礁、海藻林和滩涂湿地等，提供各种重要的生态服务功能。例如，红树林能过滤水中污染物，为沿海社区提供重要的木材和食物资源，储存大量的碳汇，并且是防止侵蚀和强风暴的天然屏障。

近年来，中国积极推进“退养还滩”“退垦还海”等海岸线修复工作。在此过程中，基于自然的解决方案得到越来越多的重视。基于自然的解决方案秉持“重自然、轻工程”的修复原则，避免通过大量工程措施进行人工景观营造的修复模式。这些解决方案包括保护、恢复和可持续地管理生态系统，提高生态系统的韧性和适应性，减少灾害风险和建设绿色基础设施，从而同时保护生物多样性和改善人类福祉。例如，通过建造牡蛎礁吸收波浪能量，可以保护海岸线免受波浪侵蚀和风暴破坏，并且过滤海水，改善水质，为经济物种提供育幼场和关键栖息地。另外，也有研究表明，珊瑚礁在降低海浪的高度和能量方面比传统的防波堤更有效。这些基于自然的解决方案可以从生态保护的角度为海岸线的保护提供解决办法。

在中国红树林修复的过程中，基于自然的解决方案可以发挥重要作用。中国在 20 世纪 80 年代有大量的红树林湿地被改造为养殖池塘。红树林湿地的减少严重破坏了当地的生物多样性，且养殖产生的污染废弃物使多数湿地失去了自然恢复的能力。中国在“十三五”时期开始推进“退塘还湿”工作，并提出要在清退自然保护地内养殖塘的基础上，到 2025 年营造和修复红树林 18 800 hm^2。目前，北海等地正在探索利用基于自然的解决方案实现废弃池塘的红树林修复工作。当地工作人员设计了红树林—乌塘鳢多营养层次复合生态系统，利用天然生产力和饵料，增殖红树林下经济生物并实施可持续的资源采捕，实现生态系统的不断改善和经济生物的持续产出，同时在净化海水、防风消浪、维持生物多样性、固碳储碳等方面发挥着极为重要的作用。

除海岸线修复外，基于自然的解决方案也在海洋生态与环境保护过程中发挥着重要作用。例如，基于多营养层次综合养殖的可持续海水养殖，可以利用滤食性贝类、大型藻类和底栖动物等多营养层级养殖生物，把系统中的残饵和生物排泄废物循环利用，尽可能降低营养损耗，进而提高整个系统的养殖环境容纳量和可持续生产水平。

3. 绿色海水养殖

海水养殖贡献了全球海洋渔业总产量的 40%，而中国的海水养殖产量约占全球总产量的 60% 以上。中国海水养殖业历史悠久、规模庞大、种类繁多。纳入渔业统计的海洋生物约有 70 多种，其中包括鱼类、虾蟹类、贝类、海藻、海参和其他品种。相当一部分养殖种类是通过光合作用或通过滤食浮游生物而生长的，在养殖过程中无须人工饲料；只有约 15% 的鱼类和甲壳类需要投喂饲料。

品质提升、尾水减排和减量增收是我国渔业发展的大战略，也是产业绿色发展的大方向。2020 年中央一号文件作出“推进水产绿色健康养殖”的重要部署。农业农村部随即发布的《农业农村部关于实施 2020 年水产绿色健康养殖“五大行动”的通知》（农办渔〔2020〕8 号），在生态健康养殖模式推广、养殖尾水治理模式推广、养殖用药减量、配合饲料替代幼杂鱼和水产种业质量提升五个方面提出具体要求。近年来，全国水产技术推广总站向全国推广了循环水养殖、多营养层级综合养殖、稻渔共作等生态友好型水产养殖技术。其中，海水池塘（或浅海）多营养层次综合养殖技术模式是通过鱼、虾、贝的生理、生态的不同特性进行养殖，根据混养品种在栖息水层、食性和生活习性等方面的互补特点，进行水中养鱼、池底养虾和泥里养贝的一种立体生态养殖模式。在养殖生产过程中，如何平衡水产养殖业增长和生态系统保护之间的关系，是发展绿色海水养殖需解决的重要问题。

4. 海水养殖空间规划

作为一种重要的用海方式，海水养殖的开展需符合国家和各省市的海洋功能区划要求。海洋功能区划是中国独有的海洋空间规划。海洋功能区划每十年左右进行一次修订和补充，以保持规划内容与中国海洋生态保护目标的一致，并促进包括海水养殖在内的海洋产业的可持续发展。2013 年修订的《中华人民共和国渔业法》规定，各级人民政府负责加强水域总体规划和管理，规范水域利用，并确定哪些区域可用于海水养殖。如果企业和个体养殖户决定使用水域和滩涂进行水产养殖活动，则需要向县级以上人民政府申请水产养殖许可证和海域使用证。另外，全国沿海市县从 2018 年到 2020 年全面划定了水产养殖“三区”（养殖区、限养区和禁养区），并相继编制了区域性水域滩涂养殖规划（2018—2030 年）。

但在中国渔业管理顶层设计协调不足的情况下，海水养殖区划与海洋生态保护红线间的重叠与冲突严重，而现行的《中华人民共和国渔业法》并未对海洋生态保护红线的相关管理作出规定。如何综合考虑渔业发展和海洋保护需求，制定合理的水产养殖区划是目前学界和业界关心的重要话题[18]。

5. 海水养殖尾水治理

海水养殖的尾水治理是发展绿色海水养殖的侧重点之一。2017 年修订的《中华人民共和国海洋环境保护法》明确提出，“国家建立并实施重点海域排污总量控制制度，确定主要污染物排海总量控制指标，并对主要污染源分配排放控制数量”。2019 年年初，农业农村部等十部委联合下发了《关于加快推进水产养殖业绿色发展的若干意见》（农渔发〔2019〕1 号），进一步提出“发展生态健康养殖模式，完善循环水和进排水处理设施，支持生态沟渠、生态塘和潜流湿地等尾水处理设施升级改造；推进养殖尾水治理，推动出台水产养殖尾水污染物排放标准，依法开展水产养殖项目环境影响评价”。

配合上述政策的颁布和落实，中国自 2017 年开始组织专家对现行《淡水池塘养殖水排放要求》（SC/T 9101—2007）和《海水养殖水排放要求》（SC/T 9103—2007）进行修订。沿海各省市也积极开展渔业污染源普查，编制和落实水产养殖尾水处理技术方案，并选取了典型养殖企业开展技术研发、应用与示范。上述工作在实施当中虽然取得了一些成果，但也暴露出不少问题。由于水产养殖的污染排放存在污染物浓度低、排水量大、非点源排放的特点，仅参照点源污染的防治和污水处理方式很难满足水产养殖尾水的处理要求。另外，养殖尾水排放标准的编制也未吸纳国内外的最新研究成果，对养殖品种、模式、水质、氮磷收支等内容的规定相对陈旧。中国还需结合养殖尾水的排放特征与发展趋势，制定更为灵活、全面、针对性强、切实可行的养殖尾水排放标准。

6. 持续增长的休闲渔业

我国的休闲渔业起步于 20 世纪 90 年代，略晚于欧美等发达国家，但发展迅速，已经成为现代渔业经济发展的新亮点。原农业部于 2011 年发布的《全国渔业发展第十二个五年规划》首次把休闲渔业列入渔业发展规划，并明确将其列为我国现代渔业的五大产业之一。“十三五”期间，中国进一步提出要基本形成养殖业、捕捞业、加工流通业、增殖渔业、休闲渔业协调发展和一、二、三产业相互融合的现代渔业产业体系。为了客观反映全国休闲渔业发展状况、引领休闲渔业持续健康发展，2017 年中国在全国范围内开展休闲渔业发展监测工作，并从 2018 年起发布《中国休闲渔业发展报告》。中国的休闲渔业开始走上规范化发展道路。

中国的休闲渔业分为休闲垂钓及采集业、旅游导向型休闲渔业、观赏鱼产业、钓具钓饵观赏鱼渔药及水族设备、其他五类。如图 3-4 所示，2019 年我国休闲渔业产值主要来源于旅游导向型休闲渔业和休闲垂钓及采集业，分别为 446.2 亿元和 284.2 亿元，分别占全国休闲渔业产值的 47.30% 和 30.13%，合计占全国休闲渔业产值的 77.43%，其余类别占比较小。

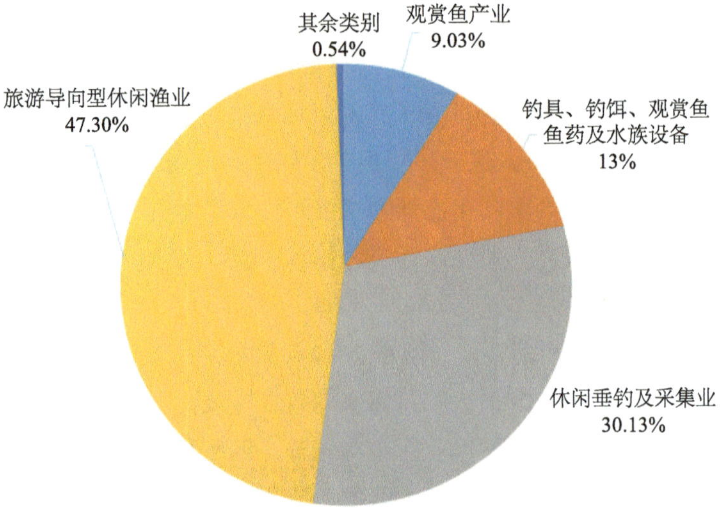

图 3-4 2019 年全国休闲渔业产业结构占比

《中国渔业统计年鉴》数据显示，自 2003 年实施休闲渔业监测统计以来，我国休闲渔业产值及其占渔业经济总产值的比例总体呈上升趋势，年均增长率为 19.6%。2019 年，我国全年休闲渔业产值达 943.2 亿元，占我国渔业经济总产值的 3.8%。

7. 渔业资源的可持续利用

近年来，海洋渔业资源面临的人为和环境压力不断增加，许多国家、地区以及非政府组织都在纷纷采取行动来维护海洋渔业的可持续发展。中国应充分发挥海洋环境和资源优势，开展生态养殖，加强科技创新，提高渔业生产装备水平；实施可持续渔业认证，降低水产养殖对环境和社会的影响，保障水产业的健康可持续发展，让最具生态、经济和文化价值的渔业生物种群得到恢复和发展。

（1）水产溯源体系

自 2003 年起，中国就开始在水产领域探讨溯源体系的建立。2020 年新冠肺炎疫情期间对冷链食品的安全防控进一步推动了国内水产品的溯源管理，包括溯源要求的广泛覆盖和技术的进步。建立完善的溯源管理体系，是发展可持续渔业的重点。我国长期存在不健全、不系统的溯源质量管理状态，但随着电商发展与消费者意识的提升，部分零售商已经开始通过信息技术建立可追溯的海鲜供应链。

目前，中国的水产品溯源硬件条件已处于较为先进的水平，但追溯体系中的相关信息尚未与可持续发展相挂钩，无法识别市场上的水产品是否来自过度捕捞区域、是否为濒危物种、是否涉及非法、不报告和不管制的渔业行为（IUU）等。

（2）可持续渔业认证

近年来，中国水产品生产和加工业发展迅速，出口创汇产值连续多年居大宗农产品贸易首位。认证作为可操作、可识别的手段，是通过市场撬动海洋保护和产业经济协同发展的有力工具。进行水产品认证，可以提升其在国内外市场的品牌竞争力，提高渔业生产可持续性和产品附加值，有效减少渔业资源压力。目前，国内采用的水产品标准体系主要有国际的最佳水产养殖操作规范（BAP）、水产养殖管理委员会（ASC）、海洋管理委员会（MSC），以及国内的有机产品和绿色产品。其中，有机产品认证标准严，有利于保护环境和生态的多样性，给消费者更多的选择，也让生产条件好的商家获得更高的利益。绿色产品相对于有机认证比较松，更贴合中国农业的实际，有利于促进渔民改善自己的养殖环境。

三、中国近海环境污染及其治理

20 世纪 90 年代到 2012 年，海洋开发强度日益增大，沿海地区经济进入了资源相互竞争，利用效率低，主要产业相同的发展模式，海洋生态环境质量全面恶化。过去海洋污染主要关注的是溢油、人为化学品和微生物废弃物污染及富营养化。近年来，对可见塑料、微塑料和纳米塑料、抗生素等新污染物的研究急剧增加。到 2015 年，全球已生产了 83 亿 t 新塑料，并产生了 63 亿 t 塑料废弃物。其中，9% 的塑料废弃物被回收，12% 被焚烧，79% 被堆放在垃圾填埋场或弃置在自然环境中。根据目前的生产和废弃物管理方式估算，到 2050 年将有 120 亿 t 塑料废物进入垃圾填埋场或自然环境。有研究估算，开阔大洋中漂浮的大块和微塑料垃圾总数为 5.25 万亿件，重量为 269 000 t。20 世纪末，我国管辖海域严重污染海域面积达到约 $3.26\times10^4\ km^2$，2012 年碳达峰，约 $6.79\times10^4\ km^2$。党的十八大以来，随着生态文明建设不断推进，沿海地区污染治理和生态修复力度加大，海洋生态环境质量步入改善期，我国近岸海域严重污染面积呈显著下降趋势，到 2020 年严重污染海域面积已下降到 $3.01\times10^4\ km^2$。

本部分聚焦海洋塑料污染、近岸海域富营养化和汞污染等问题，开展以下三个方面的研究：一是比较分析我国和欧盟等的固废管理、塑料污染防控相关的政策、措施，从生产设计、消费使用、固废处置等塑料产业全链条解析海洋塑料垃圾来源，评估海洋塑料垃圾的污染防控成效，优化我国塑料垃圾入海通量估算；二是考察在过量陆源营养盐输入 / 削减、气候变化、黄河调水调沙等共同作用下，渤海营养盐分布的变化，通过底层缺氧、叶绿素分布时空演变分析近海化学要素与生态环境的耦合作用，比较分析人类活动与气候变化对渤海、波罗的海营养盐循环的调控，就近海营养盐管控提出对策建议；三是梳理海水、沉积物和生物体中汞的监测、调查和研究数据，并与欧盟等进行比较分析，评估我国近海汞污染情况，分析海洋环境中汞的输入及迁移过程，为海洋领域评估《关于汞的水俣公约》（简称《水俣公约》）履约成效提供基础信息。

（一）中国近海富营养化与管控成效研究

1. 近海富营养化问题概述

海水缺氧（富营养化驱动的缺氧过程）对海洋生物产生了诸多的负面效应，严重的缺氧过程会导致海洋生物大量死亡，形成“海洋死亡区”。目前，全球近海缺氧区已超 500 处，近海缺氧已成为全球范围所面临的重大海洋生态环境问题。近海特别是河口区域受惠于陆源生源要素和有机质的补给，是初级生产力高的区域，层化的底层水体往往伴随着低氧的形成，这些低氧现象很大程度上与人类活动（城市排污、农业、废水处理、化石燃料燃烧等）引起的富营养化相关联，底层水体的缺氧不仅影响底栖生物群落的结构，而且控制水体中生源要素的生物地球化学循环，进一步影响温室气体的收支及其向大气的释放，从而影响全球气候变化。通常近海海域低氧水体的 pH 都较低，而富营养化又进一步强化了近岸水体的酸化。

2. 近海营养盐分布的变化特征与影响因素

（1） 渤海

渤海是我国受人类活动影响最严重的海域，人类活动对渤海的水动力特征、生态环境和渔业资源等都产生了深远的影响、制约了渤海生态系统的可持续发展。渤海水体中营养盐分布特征大多表现出从近岸到中部海区明显的营养盐浓度下降梯度。不同季节之间营养盐格局的差别同样是明显的。夏季营养盐分布体现了层化特点，而冬季营养盐分布呈强烈的垂直混合现象。渤海营养盐的组成和结构随着季节的不同发生了显著的变化，具有更强的磷限制特点，同时海水中溶解的硅酸盐也开始相对匮乏。

渤海营养盐的主要来源：一是河流输入。调水调沙的持续实施使黄河入海径流量更大程度地受到人为因素调控，改变渤海的淡水来源与季节分配。特别是考虑到黄河水体在渤海的存留时间较长，对渤海生态环境的影响虽有滞后但影响深远。黄河营养盐的组成具有高氮 / 磷比、高硅 / 磷比和低硅 / 氮比的特点。从输入黄河营养盐的主要来源分析，严格控制肥料用量并改进施肥方式，提高污水处理技术，以及大力推行“绿色出行”等可以减少排入黄河营养盐的量。二是其他来源，包括夏季沉积物中营养盐再生、大气沉降及地下水。与河流输入相比，夏季沉积物中营养盐再生对水体中营养盐载荷的贡献是河流输入的 2 ～ 3 倍，说明渤海营养盐的内循环很重要。大气沉降向渤海输入营养盐的浓度与通量的贡献，需要更多观测数据来说明。此外，尽管地下水向渤海输入营养盐的量仍存在较大的差异，但地下水输入渤海的营养盐量是高于河流输入与大气沉降的。大规模的海水养殖自身污染受到国内外学者的普遍关注，综合考虑投饵与非投饵两种养殖方式自身污染对海洋环境的影响，海水养殖产生的氮与磷仅占通过工业废水与生活污水排入渤海氮与磷的不到 5%。

（2）波罗的海

与渤海相似，波罗的海是一个半封闭的边缘海，仅通过斯卡格拉克等狭窄的海峡和北海以及大西洋相通。波罗的海不同海区的海水停留时间有所不同。波罗的海营养盐的分布特征要追溯到 20 世纪 90 年代初，波罗的海各子海域的溶解无机氮（DIN）浓度一直呈现上升趋势。此后各子海域 DIN 浓度几乎停止了增长并维持在较高水平，其中 17 个子海域中有 12 个海域的 DIN 浓度显著减少。部分海盆区有关溶解无机磷（DIP）的观测可以追溯至 60 年代，绝大多数海域的 DIP 浓度在 1960—1970 年显著增加，随后整体维持在较高的水平，在大多数海域中通常看不到明显的变化趋势。但在 1990—2016 年 Aland Sea 的 DIP 浓度持续增加，2011—2016 年博洛尼亚海、里加湾、格但斯克盆地和北波罗的海等子海域的 DIP 浓度明显增加。Fleming-Lehtinen 等研究表明波罗的海北部、芬兰湾和博思尼亚海从 1970 年年初到 1990 年年末硅酸盐（DSi）浓度先下降了 30% ～ 50%，随后增加了 20% ～ 40%。

波罗的海的总氮（TN）来源包括水源输入和大气输入，其中水源输入是河流输入和直接点源输入（沿海地区的工业、市政和水产养殖直接排入海洋的废水）之和，总磷（TP）主要来源于河流输入和直接点源。河流输入主要受到自然源和人为源的影响，其中人为源又包括面源和点源。除自然源和人为源外，还有部分来自河流上游的非赫尔辛基委员会（HELCOM）国家（主要为白俄罗斯），被单独定义为跨界输入。总体而言，近几十年来，波罗的海的氮、磷输入量有所减少。河流输入是向沿海海域提供溶解硅酸盐（DSi）的主要途径。

（3）渤海与波罗的海营养盐对比分析

渤海的 DIN 浓度在 1990 年以前浓度很低，随后开始明显增加并持续至近几年。自 1978 年以来，渤海的 DSi 浓度呈先降低后升高的趋势。绝大多数波罗的海子海域的 DIN 浓度和 DIP 浓度在 1990 年以前就已显著增加，随后在一些管理措施的实施下大部分子海域的 DIN 浓度和少数子海域的 DIP 浓度有所下降。

从浓度水平来看，目前渤海的平均 DIN 浓度比绝大多数波罗的海子海域最高平均浓度时期（1980 年）还要高，平均 DSi 浓度相当于大部分波罗的海子海域的中间水平，平均 DIP 浓度则与大部分波罗的海子海域较为接近。渤海区域相对更高的 DIN 浓度，相近的 DIP 浓度以及中间水平的 DSi 浓度导致的结果是在渤海出现了更高的 N/P 比和更低的 Si/N 比。虽然近几十年来在中国已实施相关的措施保护渤海，但是已有的研究结果表明，通过河流输入渤海的 DIN 总量并未明显下降，一直处于较高的水平。另外，环渤海地区的农业施肥量、市政污水排放量以及水产养殖面积均在增加，这也间接说明通过这些途径输入渤海的氮的总量也未得到有效的控制。因此，有效地控制渤海的氮输入量是改善渤海富营养化问题的关键。

3. 近海富营养化的生态效应

（1）富营养化对渤海的影响

2002—2014 年持续实施的黄河调水调沙不仅改变了水沙与营养盐入海的季节分配，高值提早了 2 个月，而且引起了渤海表层水体叶绿素的春秋双峰改变为春夏单峰形特征。随着物理化学环境的变化，1959—2015 年渤海网采浮游植物数据表明浮游植物的群落结构与组成也发生了显著改变，硅藻占浮游植物丰度的 65.3% ～ 99.8%，硅藻在低营养级中的主导地位在减弱。人类活动引起的富营养化会显著降低底栖动物的多样性。1959—2010 年，伴随着鱼类群落结构演替，鱼类种类生物量降低，鱼类种类多样性和种类数降低。

从 1978 年开始，渤海底部溶解氧（DO）整体呈现逐渐降低的趋势。从季节分布来看，渤海 DO 浓度在 4 月处于较高的浓度（10 mg/L）并逐渐降低，在夏季达到最小值，表现为季节性的低氧过程。总体来看，渤海缺氧区还处于初级发展阶段，相关研究还很少，尤其是对生态系统影响的研究。

（2）富营养化对波罗的海的影响

2011—2016 年波罗的海的富营养化状况综合评估表明：尽管波罗的海的富营养化程度有所改善，但仍然有 97% 的海域在不同程度上受到富营养化的影响，其中营养盐水平指标距离良好状态最远，因此对综合评估的结果影响也最大。营养盐的水平会直接影响海洋生态系统的各个方面。氮和磷的大量输入促使藻类大量生长，加剧水体富营养化，藻华强度和频率的增加会导致水体透明度下降和大量有机物的下沉。长期研究表明，近几十年来，波罗的海大多数子海域的水体透明度情况保持震荡变化或者持续恶化，尤其是在东北部的子海域，只有少数子海域的水体透明度有所好转。波罗的海营养盐输入量的减少在短时间内很难看到相应的富营养化状况的改善，即响应具有滞后性。

过去 100 多年波罗的海缺氧过程的发展是史无前例的，缺氧面积从约 5 000 km^2 快速增长至超过 80 000 km^2，增加幅度超过 10 倍，波罗的海已成为全球最大的近海缺氧区。波罗的海缺氧过程受物理过程、气候变化和人为过程等多重作用的影响，进入近代，人为活动导致的营养盐过量输入是造成波罗的海缺氧的主要因素。截至 1980 年，由于人类活动导致的波罗的海氮和磷输入分别增加了 4 倍和 8 倍。波罗的海缺氧区面积的变化相比 DIN/DIP 的变化滞后 2 年。波罗的海耗氧过程与氮、磷生物地球化学过程之间的耦合作用，决定了波罗的海缺氧区与氮、磷分布之间的关系。缺氧对波罗的海生态系统产生了严重的负面影响，包括渔业资源的减少、营养物质去除作用的削弱，以及藻华过程的加剧等。

4. 近海富营养化问题的治理经验

（1）波罗的海

波罗的海地区的治理是多层次的管控体系，包括全球公约（如 CBD）、区域公约与组织（如赫尔辛基公约）、欧盟、相关国家和地方当局、非政府组织和公众社会等。

1974 年，波罗的海国家加入了《保护波罗的海海洋环境公约》。2007 年，HELCOM 启动了波罗的海行动计划（BSAP），将最新的科学知识和创新的管理办法纳入管理政策的执行，并促进波罗的海沿海国家构建面向目标的多边合作模式。适应性管理措施是 HELCOM 的重要工作原则之一。2008—2013 年，HELCOM 对营养盐减排计划进行动态的更新和完善。欧盟非常重视近海富营养化问题，在若干区域海洋公约中都包含缓解沿岸富营养化的内容，同时也制定了一系列的欧盟指令来治理富营养化问题。由于管控措施得当，因此波罗的海比黑海和大堡礁等区域较早逆转了营养盐输入的增长趋势。

波罗的海在富营养化治理过程中取得了许多先进的治理和管理经验，包括：①加强跨区域、跨政府的政策制定及有效执行；②及早开展长时间序列监测，这对发现、了解问题，制定和实施管理政策非常重要；③首先解决容易处理的问题，这可以使环境状况得到显著改善，如首先开展点源污染的减排及治理；④全球与区域变化日益威胁初步取得的成效，这需要修订相应的管理措施；⑤制定基于利益相关者和跨部门协作等包容性的治理措施，对治理工作非常重要。

（2）渤海

我国通常将营养盐作为污染物进行管控和治理，目前，尚没有针对渤海富营养化的专项规划或治理行动。“十五”期间，按照国家环境保护工作的总体部署，环渤海三省一市地方政府及国家有关部门，依据国务院批复的《渤海碧海行动计划》《辽河流域水污染防治“十五”计划》《海河流域水污染防治“十五”计划》等规划，多方面地开展渤海环境保护工作，并取得了一定的进展和成效。然而，虽然渤海水质未出现明显恶化，但形势仍不容乐观。从污染物指标来看，虽然绝大部分水质指标满足二类海水水质标准，但无机氮、活性磷酸盐和石油类存在不同程度超标。该规划提出了面源点源治防联动，建立陆域污染源控制和综合治理系统。突出次级流域综合治理和农业面源控制，有效解决渤海氮、磷污染物持续增高的难点问题。推进营养盐减排的主要措施包括：①重点控制近海陆域农村面源；②继续削减工业污染源排放总量。③提高城镇污水处理设施运行效率。

2018 年，生态环境部、国家发展改革委和自然资源部联合印发《渤海综合治理攻坚战行动计划》，旨在通过科学谋划、多措并举，确保渤海生态环境不再恶化、三年综合治理见实效。该行动计划的重点任务之一是陆源污染治理行动，其中诸多措施有助于缓解渤海富营养化问题，包括：①入海河流污染治理；②直排海污染源整治；③农业农村污染防治；④城市生活污染防治；⑤水污染物排海总量控制。

（二）海洋塑料垃圾与微塑料的生态环境问题与政策研究

1. 海洋塑料垃圾与微塑料问题概述

海洋塑料污染问题几乎伴随着塑料的规模化生产和应用就被发现。2004 年，英国学者在其多年积累的海水样品中发现了塑料的存在，并且多数样品中的塑料颗粒需要借助显微镜才能观察，将这一类尺寸的塑料定义为“微塑料”。2008 年，国际相关领域专家组织研讨会，将微塑料上限阈值定义为 5 mm。

从 2014 年起，联合国环境规划署连续在五届联合国环境大会上提出海洋塑料及微塑料污染亟待关注、研究和应对。在 2019 年 6 月的 G20 峰会上，各国在《大阪宣言》中达成“蓝色海洋愿景”，承诺在 2050 年前实现海洋塑料垃圾零排放。此外，联合国“海洋科学可持续发展十年”（2021—2030 年），将海洋塑料污染作为优先解决的问题之一。

2. 海洋塑料垃圾与微塑料污染现状、来源、趋势及归宿

（1）海洋塑料垃圾与微塑料污染现状

海洋中塑料垃圾占全部废弃固体垃圾的 80%。Eriksen 等 [19] 和 Sebille 等 [20] 分别基于模型估算得出有 15 万亿～ 51 万亿件塑料漂浮在海洋中，重量为 9.3 万～ 26.8 万 t。研究发现，大洋中塑料污染物平均大小趋于小型化，微塑料的数量在持续增加。Isobe 等用数值模拟和跨洋调查相结合的方法，研究了 1957—2066 年太平洋微塑料丰度的长期变化，得出海洋亚热带辐合区附近的微塑料重量将比目前的状况增加约 2 倍。

（2）海洋塑料垃圾与微塑料的来源和输移路径

海洋塑料垃圾的来源主要为陆源输入和海源输入。其中，陆源输入包括垃圾填埋场、工业排污口、污水处理装置、滨海旅游区、农用地膜、航运，塑料从岸滩、河流、大气中通过径流和风力作用进入海洋；海源输入包括渔业、养殖、航运等海上活动产生的塑料垃圾排放入海。来自陆地的海洋塑料污染约占 80%，剩余约 20% 的塑料污染基于海洋，后者中有一半来自渔船作业，如遗弃的渔网、渔线和船只。海岸和河流是塑料垃圾入海的重要途径。

在微塑料污染方面，原生微塑料是海洋微塑料污染的一个重要来源，原生微塑料的损失和释放在全球范围内主要有 7 种方式：轮胎、合成纺织品、海事涂料、马路图标、个护产品、塑料微珠和城市灰尘。次生微塑料的释放主要来自塑料废弃物的管理不当，次生微塑料由于物理和生化作用破碎成碎片，进入海洋环境中，随着大塑料的不断裂解，次生微塑料含量会逐渐增多。

（3）海洋塑料垃圾与微塑料污染趋势分析及归宿

到 2015 年，全球塑料总产量约为 83 亿 t，超过 50 亿 t 使用一次后被丢弃，废弃率高达 79%，塑料污染占固体废物的很大比例且持续增长。如今塑料年产量已超过 3 亿 t，预计到 2050 年将超过 15 亿 t。最新研究表明，若不采取任何政策措施，则管理不当的塑料垃圾将从 2016 年的 9 100 万 t 增加至 2040 年的 2.39 亿 t；未来 20 年塑料废弃物的产生量将翻倍，泄漏到海洋的塑料将增加至近 3 倍，海洋中的塑料总量将增加至 4 倍以上。

海洋塑料和微塑料垃圾的归趋问题尚在研究中，塑料垃圾在海洋环境中会受到不同的环境作用，以不同的速率降解。海洋塑料垃圾进入海洋中将漂浮或下沉，最终聚集在深海或潮滩上，并可能出现在食物链中。

3. 海洋塑料垃圾管理现状与问题

（1）海洋塑料垃圾国际应对

为了减少海洋垃圾产生，应首先确保在固体废弃物产生、收集、中转、清运到焚烧、卫生填埋等无害化处理的过程中没有固体废弃物进入环境，杜绝露天填埋等不当处置方式，并通过实行“垃圾分类”等政策，让可回收废塑料进入固体废弃物处理体系从而得到回收利用，建设塑料的“循环经济”也是从源头预防塑料垃圾入海的有效方式。

涉及到海洋垃圾管理的法律公约早在 20 世纪 50 年代就已经开始实行，特别是海洋塑料污染问题被高度关注。2019 年 5 月《控制危险废物越境转移及其处置巴塞尔公约》（简称《巴塞尔公约》）修正案通过，新增一些废塑料种类，对其跨境运输和无害化处理进行规定。

（2）我国与欧盟的塑料污染防控政策措施分析

①欧盟

2015 年欧盟提出循环经济行动计划，旨在促进欧洲从线性经济向循环经济过渡，实现废弃物的再利用，塑料被列为循环经济下的优先级材料。2018 年欧盟出台循环经济一揽子行动计划，包括塑料战略、化学品废弃物管理、港口接收废弃物管理、关键原材料的管理相关政策以及循环经济进展监测体系等。该计划要求到 2030 年欧盟市场上所有塑料包装全部可重复或循环利用，且将橡胶轮胎摩擦尘埃、纺织物以及油漆都列为需要治理的塑料，这些是微塑料源解析工作中的重要来源。总体而言，这些策略旨在从源头解决塑料污染问题，避免塑料泄漏到环境，减少产品的微塑料排放，减少一次性塑料产品垃圾、渔业活动和水产养殖中产生的塑料垃圾，这将有助于减少流入海洋和排放到海岸的塑料垃圾。

同时欧盟采纳一系列目标：在 2025 年以前新产品中使用再生塑料达 1 000 万 t，2030 年以前塑料包装垃圾回收率达 55%，到 2030 年塑料饮料瓶中至少含有 30% 再生塑料成分。欧盟的具体政策主要集中在以下七个方面：塑料袋；一次性塑料；塑料废物装运；塑料包装废弃物；微塑料；生物基、可生物降解、可堆肥塑料；塑料全球行动。2021 年 5 月 31 日，欧盟委员会通过了关于一次性塑料产品的指导方针，以及关于渔具报告的执行决定，计划于 2021 年 7 月 3 日对某些一次性塑料产品的禁令生效。2019 年，欧洲化学品管理局（ECHA）提出了大范围地限制在产品中加入微塑料，以避免或减少其被释放到环境中，这项提议预计将在 20 年内防止约 50 万 t 微塑料的释放。塑料污染是一个全球性的问题，需要全世界的努力。欧盟正在努力达成一项关于塑料的全球协议，解决塑料在整个塑料生命周期中的污染问题，以便最大限度地减少塑料的管理不善，防止塑料废物进入环境。

②中国

我国是较早发布“禁塑令”（《关于立即停止生产一次性发泡塑料餐具的紧急通知》，2001 年）、“限塑令”（《国务院办公厅关于限制生产销售使用塑料购物袋的通知》，2007 年）的国家之一。

中国一直在清洁蓝色海洋中积极作为。具体来说，在法律政策方面，虽然中国尚无法律直接管控海洋垃圾，但国家很早就针对塑料垃圾污染防治制定了一系列法律法规及政策措施，并不断对其加以增补和修订。近年来，国家还相继出台了“水十条”（2015 年）、“土十条”（2016 年）、“河长制”（2016 年）等环境保护政策，沿海部分城市也开展了“湾长制”（2017 年）试点工作，防止垃圾直接入河或在水体边随意堆放，加强水体及其岸线的垃圾治理，及时对水体内垃圾和漂浮物进行清捞并妥善处理处置。

2018 年，生态环境部通过《关于全面落实〈禁止洋垃圾入境推进固体废物进口管理制度改革实施方案〉2018—2020 年行动方案》，全面禁止洋垃圾入境，有效控制了我国海洋塑料垃圾的一个重要源头。同时，从 2018 年起，生态环境部连续开展长江经济带“清废行动”以及《渤海综合治理攻坚战行动计划》等行动，开展长江以及渤海入海河流和近岸海域垃圾的综合治理，从源头上减少塑料垃圾入海。

2019 年 6 月 3 日，习近平总书记对垃圾分类工作作出重要指示，强调培养垃圾分类好习惯，为改善生活环境作努力，绿色发展可持续发展作贡献。2019 年 7 月 1 日，上海市生活垃圾管理条例正式实施，先行推行强制生活垃圾分类行动，截至 2020 年 11 月，生活垃圾分类体系基本建成，2020 年基本实现原生生活垃圾零填埋，干垃圾焚烧和湿垃圾资源化利用总量由 2018 年的 10 250 t/d 提升至 26 095 t/d，实施至今，整体成效远超预期。

国家发展改革委于 2019 年 10 月 30 日正式发布《产业结构调整指导目录（2019 年本）》，明确要求含塑料微珠的日化产品，到 2020 年 12 月 31 日禁止生产，到 2022 年 12 月 31 日禁止销售。2020 年 1 月 19 日，国家发展改革委、生态环境部公布《关于进一步加强塑料污染治理的意见》，禁止、限制部分塑料制品的生产、销售和使用，推广应用替代产品和模式（如非塑制品、可降解塑料袋和可降解地膜等），从源头上对塑料产品进行减量。中国将按照“禁限一批、替代循环一批、规范一批”的思路，加强塑料污染治理。

除政策外，还积极参与国际政府间组织以及双边、多边的海洋塑料垃圾防治活动。在这些政策助力下，过去几年我国废塑料回收率提升，在全球废塑料回收处理工作中处于较高水平。

（3）海洋塑料垃圾污染防控存在的主要问题

针对海洋塑料污染，国际社会虽然予以高度关注，且已制定并实行了许多法规和政策措施和具体行动计划，但目前国内外海洋塑料垃圾和微塑料污染治理还存在以下问题：

- 国际上尚未形成全球层面合作应对和消减海洋塑料垃圾且具有法律约束力的合力行动；
- 各国在相关的环保、产业发展和国际贸易等政策上存在分歧，导致部分国际公约及协定无法得到严格履行，无法有效遏制塑料垃圾和微塑料源头及全生命周期中的产生；

- 现行法律法规仍存在诸多不足；
- 海洋渔业、水上运输、滨海及欠发达地区的塑料垃圾的回收和分类体系尚不健全；
- 废塑料回收利用循环体系不健全；
- 对可降解塑料使用的本质存在认知误区；
- 部分公众对海洋塑料和微塑料污染问题科学认识不足。

（三）近海汞污染的来源、污染现状与演变趋势

1. 海洋环境中汞的来源

海洋中汞和汞化合物的主要来源包括自然源和人为源 2 个方面。汞的排放不受国界或者大陆边界的限制，汞释放到空气中，即可借由空气环流传播数千千米进行远距离迁移，大部分汞最终以干沉降或降雨形式进入水生生态系统，最终汇入海洋。

2. 我国近海汞的污染现状及趋势

（1）大气

我国目前针对近海大气汞的研究主要有 2 种方式：一种是长期观测，即在海岸区域和海岛开展的固定采样点的形态研究；另一种是短期观测，即跟随海洋科考船开展的移动采样点的形态研究。我国近海大气气态单质汞（GEM）浓度均高于北半球背景值（1.5 ～ 1.7 ng/m^3），且沿海区域监测的 GEM 浓度高于海岛及随船监测的结果。与世界其他海域的观测相比，我国的研究结果也显著偏高。虽然海洋区域的 GEM 受到了人为源排放的影响，但海洋大气中活性气态汞（GOM）和颗粒态汞（PBM）受到较快速的形态转化和沉降速率的影响，并没有显著的升高。我国海岸区域多为经济发达地区，人为源排放对当地大气中 GOM 和 PBM 浓度有着较强的影响。在当地人为源排放和海洋大气背景气团的协同作用下，海岸区域的大气汞各形态的浓度处于背景值与内地城市观测值中间的位置。

（2）海水

由于水体中汞的浓度通常很低，因此对各种汞形态的检测更加困难。受到诸多实验条件的限制，我国目前对海水汞浓度和形态分析的研究相对较少。我国边缘海远海区域表层海水中总汞（THg）浓度均值为 1.2 ～ 1.7 ng/L。与世界其他海域相比，该值高于开放性海域及公海海水中 THg 浓度，但略低于海湾、海岸等受陆源排放影响较大的区域。从形态上来看，我国海域表层海水的溶解性单质汞（DEM）浓度均值为 27.0 ～ 63.9 pg/L，占表层海水 THg 的 3% ～ 6%。与世界其他海域相比，该值与世界其他开放海域及海岸区域相当。黄海和南海表层海水的 DEM 浓度还呈现出季节变化趋势，

表现为暖季浓度高而寒季浓度低，该趋势也与世界其他海域类似。DEM 的空间分布趋势表现为近海区域浓度偏高而远海区域偏低，且远海区域 DEM 浓度与全球其他远海区域近似。

（3）沉积物

研究表层沉积物和沉积物柱芯中的汞成为一种可以从空间和时间两个尺度上揭示出汞的来源、迁移和转化的有效手段。我国近海沉积物中 THg 的浓度值（干重）大多数在背景浓度范围内（20 ～ 100 μg/kg），只有珠江口的大部分采样点（42/54）和渤海的个别采样点（1/29）显著高于背景值（> 100 μg/kg）。与世界其他海域相比，结果显著低于欧洲、北美、非洲和亚洲等很多国家的海洋沉积物 THg 值。

从空间分布来看，THg 富集的热点区域主要分布在渤海的黄河口、黄海的中部泥质区、东海的长江口及下游泥质区、南海的珠江口下游等，这些热点区域表现出较高的总有机碳含量或靠岸边受人为活动影响大等特点，且 THg 浓度与有机碳（TOC）呈显著正相关，这表明我国近海沉积物中的汞多富集在 TOC 含量较高的泥质区，且主要来自沿岸人为活动输入。从时间趋势来看，整体表现为从柱芯底层到顶层波动增加的趋势，尤其是靠近顶部的柱芯增加趋势更为显著，表明我国近海汞输入在持续增加，且近几十年增加尤为显著。

我国近海沉积物中有机汞的检测数据相对较少，现有数据显示甲基汞（MMHg）浓度大多在 0.1 ～ 3.2 μg/kg 的范围内，只有在个别河口区域的沉积物中发现相对较高的 MMHg 浓度（15 μg/kg）。在未来还需要加强对沉积物中汞形态的研究。

（4）生物体

海产品是人体甲基汞暴露的重要来源，对人体健康构成潜在威胁，需要格外关注。2007—2012 年从渤海采集了 11 种软体动物（包括 9 种双壳类和 2 种螺类）的研究结果显示，THg 和 MMHg 的浓度（干重）范围分别为 27.2 ～ 461.1 μg/kg 和 2.1 ～ 295.5 μg/kg，均低于我国对海产品中 MMHg 的限制标准（500 μg/kg）。从时间上看，这 6 年间软体动物中 THg 和 MMHg 浓度均没有显著变化。从空间上看，呈现出较为显著的区域差异。从物种上看，螺类中 MMHg 占 THg 的百分比（MMHg%）（57.3% ～ 65.8%）显著高于双壳类（21.1% ～ 49.5%），且 MMHg 不仅浓度与营养级（1.99 ～ 4.02）呈显著正相关，其营养级放大因子（1.85）也明显大于 1，表明低营养级软体动物中 MMHg 表现出生物放大效应，而无机汞主要表现为生长稀释效应。

与现有我国其他海域的数据相比，渤海生物体内 THg 和 MMHg 浓度与其他 3 个海域较为接近，只是有关南海鱼类的有关报道呈现出相对更高的 MMHg 浓度，高达

1 811 μg/kg。与世界其他海域相比，我国海域鱼体内 THg 浓度相对较低。

3. 国际海洋汞污染监测现状

（1）全球汞观测系统

全球汞观测系统（GMOS）旨在建立一个全球汞观测系统，通过网络设施所提供的支持，对全球汞排放情景进行研究以及区域和全球建模。系统通过测量环境空气和降水样本中的大气汞含量，提供南北半球空气和海洋生态系统中汞含量的可比监测数据，从数据上支持《水俣公约》的运转。GMOS 通过现场和卫星平台进行监测，由网络设施提供来自参与观测站的实时或近时数据。该项目采用全球监测的取向，将监测点遍及全球，覆盖了多海拔、多海平面以及气候多样化地区，以这些地点的测量数据来检验区域和全球范围内的大气汞模型，能够提高对全球汞迁移、沉积和排放的理解，为国际政策的制定和执行提供可行依据。但是由于该系统所能够提供的数据时间跨度有限，因此目前还难以提供更多时间趋势的信息，在改进排放清单和监测数据、对未来汞排放量的预测以及成本收益的方面仍需改进。

（2）欧盟环境质量标准及对水体和食用鱼汞监控

《欧盟水框架指令》要求根据欧盟环境质量标准（EQS，2008/105/EC 号指令）对汞和其他物质进行监测。欧盟会员国可以选择采用鱼类、软体动物和甲壳类动物等生物群作为适当的指标进行监测。通过对鱼类体内汞含量进行监测，控制人类通过进食暴露于汞污染，这也是欧盟应对水体汞污染的一项策略。（EC）1881/2006 号规章设定了鱼类含汞的上限为 0.5 mg/kg，某些大型鱼类为 1.0 mg/kg。欧洲食品安全局在 2012 年对甲基汞和无机汞进行了评估，将可接受摄入量制定在 1.6 μg/kg 体重和 4 μg/kg 体重的水平。

（3）英国对水体汞排放的监测

英国由大不列颠及周边岛屿组成，四面环海内部水系纵横，在对水体的汞污染监测上区别于海洋水域、淡水及河口沿海水域，采用了不同的监测方法。

一是对领海水域的汞监测，英国自 1999 年实行清洁海洋环境监测项目（CSEMP），通过收集领海（12 n mile）范围内盐水系统中鱼类、贻贝和沉积物中汞浓度的数据[21]来反映汞排在水体中的趋势。但英国环境署（EA）提醒对于监测数据，需要考虑短期条件的重大影响，如风暴、洪水都可能引起受污染沉积物的再悬浮，造成对数据趋势的干扰和覆盖。

二是对淡水、河口和沿海水域的检测，与对领海区域汞监测不同，英国对淡水、河口和沿海水域的监测仍旧采用欧盟的 EQS 系统。

（4）挪威的汞监测

挪威汞减排的行动计划（2010）要求汞检测由气候与污染局负责，目的在于监测环境中汞浓度的趋势；揭示河流流域汞径流的原因和机制；调查生物体对汞的吸收和鱼类及食物链中汞浓度增高的原因。长期的汞监测项目则以汞的生态全程为立足点，包括监测海洋生物的汞负荷量，同时对生物群的时间趋势、河流和工业部门的汞输入，以及对来自南北空气监测站数据进行分析。此外，还有其他的定期项目对汞进行取样监测，如对全国性湖泊沉积物监测方案，包括每 10 年测量一次汞含量、每 5 年测量苔藓中的汞水平和其他重金属含量。

尽管汞排放量在挪威录得显著下降，但监测站返回的结果（1990—2008 年）中汞浓度稳定，没有表现出降低；鱼类体内含汞量较 1990 年不但未出现减少，反而表现出了高度上升的趋势，挪威环境当局将此归因于大气远距离的汞传递，换言之，就是挪威以外的汞污染通过大气环流系统输入了挪威本地，而这比源于其本国的汞输入更为重要。但由于海洋汞循环和生物积累的过程具有极大的不确定性，因此实际原因仍处于需要探索的空白区。

4. 国际和欧盟汞污染控制实践

（1）《水俣公约》及其他国际公约

各国签署的一系列关于化学品或有机物全球性或区域性的治理公约中涵盖了部分汞污染治理的内容，如《巴塞尔公约》（1992）包括了汞废弃物的处置、鹿特丹公约（1998）涵盖汞的国际贸易问题、斯德哥尔摩公约（2004）涉汞重点在于甲基汞的问题。20 世纪末至 21 世纪初的这几项公约，较之前的国际条约扩大了参与范围，力图在全球语境下应对汞污染问题，但鉴于前述汞污染产生、扩散和传播的特点，这些公约尚不足以覆盖汞的生态全程，难以做到对污染的有效防治和治理。在此背景下，UNEP 将独立汞公约（《水俣公约》）的谈判列入政府间议程。

（2）欧盟的汞污染防控

2005 年欧盟指出汞污染已经成为全球性风险，推出《联合体关于汞的战略》（《汞战略》）及相应的指令和行动计划，强化以法律法规治理汞污染的机制。汞战略是解决汞使用和污染问题的综合计划，包括减少汞的排放、供给、需求与流通、避免公民汞暴露等 20 项行动计划是其核心内容。《汞战略》将国际合作列为一项重点，其中重要的发展之一即与 UNDP 共同积极推进多边汞公约（《水俣公约》）的谈判。欧盟在谈判的过程中，起到了重要的推动作用，条约的签订和多边合作的形成，是欧盟推进绿色外交的重要成就。

截至《水俣公约》生效，尽管既有涉汞法规和指令已经基本满足《水俣公约》要求，欧盟仍在 2017 年出台了进一步的措施，超越《水俣公约》要求，通过 852/2017 号规章（取代 1102/2008 号）加强了涉汞法律。该法规涵盖了汞的整个生命周期，强化和区别了此前涉汞环境法规的不足。通过以上法律法规的实行，欧盟试图创建无汞经济，而实施结果也令人欣喜，汞的排放、使用都得到了明显的减少。

（3）英国的汞污染防控

自 1990 年以来，英国限制汞的使用和排放，汞排放量已经下降了 88%。这一排放量的下降，与英国减少煤炭使用和氯碱工业改变汞电池制氯生产工艺相关。英国于 2020 年年末完成了在法律上退出欧洲联盟的程序，但在汞污染的控制和治理方面，至今没有出台新的规则，仍按照 2017 年《汞控制（执行）规章》继续直接遵循退欧之前的所有立法和规定，即仍执行（EC）852/2017 规章及其所联系的各项规定和指令，在设计汞和汞合金及添汞产品等的进出口、制造、储存、追踪和报告等与欧盟保持一致。

（4）挪威的汞污染防控

挪威是非欧盟欧洲国家，在汞治理思路上与欧盟保持了一致，即使采用以法律法规为基础的直接公共治理作为主要手段，但较之欧盟又具有更高标准。根据欧洲经济区协议，挪威共享了欧盟在化学品方面的立法，并且在本国内以《产品控制法》（1976）和《污染控制法》（1983）为基础，以许可制度为主要政策手段，对汞污染进行治理。

（5）欧盟和欧洲国家汞污染防控政策分析

欧盟以及主要非欧盟国家（英国和挪威）在汞污染的治理方面起步较早，政策框架相对完善，也取得了相对积极明显的效果，为其他国家提供了一些可借鉴的经验，主要有以下几个方面：

- 欧洲国家注重国际多边治理和国内法规政策相结合的方针；
- 欧洲的汞污染治理秉承硬政策为主，市场化工具和软政策为辅的核心理念；
- 在这样的多元政策框架里，欧洲的汞污染战略既包括顶层设计，也强调各地多政府部门间的协同合作，以及全民参与的必要性，其最终目标是建立一个跨行业跨部门的政策执行网络；

当然应该指出，欧洲各国虽然是汞污染治理的先行者和国际治理的领导者，但是其治理发展历程也有一些教训值得其他国家吸取。主要有以下几个方面：

- 欧洲各国的汞污染水平快速下降虽然体现了各国积极进行政策干预的良好效果，但这更是由全球化以来大量污染工业和制造产业转移到欠发达国家造成的；
- 欧洲各国的监测水平还有待提高，监测数据应为政策决策提供更可靠的科学依据；

- 欧盟的汞治理政策也尚未和气候变化等相关重大议题挂钩，而事实上两者有着非常密切的关系。

四、政策建议

1. 加强渔业资源调查研究，强化基于科学认知的管理制度建设

（1）加强海洋渔业资源调查、资本核算与管理体系优化

有效保护中国的海洋生态资源和渔业资源需要了解其价值与重要性。首先，中国应优先发展与海洋和渔业资源开发相关的科学研究与工具，通过海洋资源调查，探明物种多样性、指标物种的种群数量和分布、繁殖期、生态系统连通性以及生境破碎化等情况，并积极推动科学方法和技术的标准化，为保护地的科学划定和保护管理计划的设计和实施提供基础；对海洋生态系统价值核算进行基线研究，加强省级政府与研究机构合作，识别自然资本最高的海洋生态热点，加大保护力度。其次，重点研究全国的海洋经济活动和发展规划，了解其对海洋资本的依赖和相互关系，并正确评估海岸带发展与各种活动对海洋自然资本的影响。在有条件的情况下，还可以进行沿海社区经济发展情况的相关调研，为后续渔业可持续发展与产业转型提供科学依据。再次，在海洋自然资本管理方面，加强中央和省级政府的高级别沟通与合作，加强不同管理部门之间的协作，同时加强国际交流合作，优先创建海洋类型国家公园，构建合理有效的海洋保护地网络体系，增加海洋保护地面积以及对关键物种与栖息地的保护效果。

（2）加强基础研究、完善管理制度，建立气候适应型渔业

气候变化对海洋渔业资源的分布和生产力，以及渔民生计和社区的稳定都产生了显而易见的影响。建议中国从以下几个方面加强气候变化与渔业相关工作。首先，政策制定者应确定海洋资源管理的目标如何适应气候变化引起的生态系统的改变。将气候变化的适应性纳入海洋管理，提供必要的资金和投资，确定适当的管理基准，监测物种丰度和分布随时间的变化，并制定前瞻性政策，尽量减少不确定性风险。制定中国渔业适应气候变化的战略， 将渔业应对气候变化纳入国家和地方各种规划中，并优先考虑渔民和沿海社区，制定渔业应对气候变化的中长期规划。其次，中国应建立有效的渔业管理，减少气候和非气候压力因素对海洋生态系统的累积影响，规划海平面上升对沿海社区和生境的影响，保护和恢复本地物种和可能迁入的物种重要栖息地，从而提高海洋生态系统的韧性。最后，加强国际合作，增强中国管理新型渔业资源的能力并提高中国对其他受影响的国家的包容性。这需要在有关鱼类种群的基础科学研究方面进行合作，并就不

断变化的鱼类种群的管理目标达成区域协议，建立适应不同条件下的准入和资源共享协议，提升中国适应气候变化的能力和参与相关国际事务的能力。

（3）借助自然解决方案助力可持续渔业发展

基于自然的解决方案以自然的构造和力量修复生态环境，维持生态系统平衡，降低运营和维护的成本。因此，中国在推进可持续渔业发展的过程中，可以从多方面鼓励基于自然的解决方案，包括：探索相关的科学基础和技术，设计明确的指标、标准和管理机制，试点成果的规模化应用，支持开发长期并且盈利的商业模式等。在发展和设计基于自然的解决方案时，也应参考国际上已有的相关原则和标准，制定符合中国的实施方案和管理制度。例如，中国的实施方案应提升气候应对能力和生态系统功能；以科学为依据设定可实现和可衡量的目标；体现自然与社会的协同作用，同时保护自然并权衡其他社会目标；与沿海社区和利益相关方共同设计和实施，以了解他们最紧迫的挑战，并建立共同责任；确保项目成果可以通过强有力的监测、评价和报告框架加以量化，可衡量并且可追责。

（4）持续完善近海渔业限额捕捞制度建设

基于沿海九省（市）渔业限额捕捞试点工作经验，加强近海主要经济鱼种的单鱼种渔业资源调查及其可捕量评估。探索将限额捕捞试点鱼种逐步扩大到主要经济种类的方法，将捕捞产量高的小黄鱼、带鱼、蓝点马鲛、鲐、海鳗、梅童鱼、太平洋褶鱿鱼等鱼种纳入限额捕捞范畴。探索适于中国近海多鱼种渔业的限额捕捞新模式，提高限额捕捞制度在中国全面实施的可行性。结合试点经验，完善近海渔业捕捞的渔获量监测体系，整合渔政、海事和市场等多方监管力量，为限额捕捞制度的有序实施提供保障。最后，加强中央与地方的限额捕捞制度立法，为该制度在全国范围内的顺利开展提供法制保障。

2. 规范和提升管理手段，强化渔业资源保护力度

（1）加强沿岸拖网禁渔区渔业资源保护力度

底拖网作业会对海洋生态系统中的底栖生物和生态群落造成毁灭性影响，是最不可持续的捕捞方式。我国于 1955 年发布了关于渤海、黄海及东海机轮拖网渔业禁渔区的命令；自 1981 年起所有机轮底拖网都不得进入上述禁渔区线内作业。然而，底拖网作业在我国沿海（包括禁渔线以内的水域）仍屡禁不止 [22]。根据《中国渔业统计年鉴》[1]，中国近海的捕捞产量近 50% 来自选择性差的拖网作业，因此建议机轮拖网渔业禁渔区内禁止拖网作业，同时调整近海捕捞作业结构，逐步压缩近海拖网渔业的规模，增加钓、刺网渔业规模至合理水平。

（2）提升中国水产品供应链的可持续管理

目前，中国的水产品市场存在生产商良莠不齐、产品种类繁多、销售渠道多种多样等特点。为实现从源头到餐桌的全过程保障和管理，建议中国尽快制定统一认定标准，如渔业改进项目（FIP）、水产养殖改进项目（AIP）、可持续渔业捕捞和养殖模式标准。在广泛的行业及市场调研的基础上，吸收国际现行标准的可借鉴部分，针对国内销售及出口销售不同鱼种的特性进行标准制定，最终由权威机构进行标准的发布及推广应用，并在现行监管制度基础上，制定针对新标准的监管措施，切实保障实施的效果，增强消费者认可度。同时应增加中国水产品的溯源管理。在此过程中，不仅可以借鉴国际先进经验，还可以借助如 GDST 等平台与国际方面对标，以溯源管理促进产业可持续发展。

（3）科学、规范化休闲渔业管理，促进休闲渔业的持续健康发展

近年来，随着中国渔业减船转产政策的加强，中国城乡居民收入不断增加，生活方式不断改变，文化、旅游、休闲和体验等需求日益扩大。在乡村振兴战略的激励下，休闲渔业得到迅速发展，已经成为现代渔业经济发展的新亮点。然而，目前休闲渔业的发展还存在着认识不到位、管理制度不健全、法律法规缺失和自然环境遭到破坏等问题，需要加强制度建设，积极探索基于水域使用权的休闲渔业限额捕捞管理制度；科学、规范化管理，加强休闲渔业监测、报告和资源评估，加大资源和环境保护力度；提高休闲渔业从业者的综合素质，推动休闲渔业的可持续发展，让渔民在参与渔业资源保护的同时，获得可持续的经济收益。

（4）探索社区参与、共同管理的渔业资源保护模式

过往的渔业资源保护多通过由上至下的方式推进，对政府资源的需求较大，管理成效有限。建议整合社区与社会资源，探索共同管理的渔业资源保护模式。例如，充分发挥当地社区群众的积极性，通过举办培训、宣讲等活动，向本地居民深度科普生态功能、环境经济价值等知识，取得本地居民的认同和支持，引导本地居民在生产与生活中协助进行生态资源（如主要的渔场位置、当地重要自然资源的分布等）和文化的调研，开展社区参与的资源保护工作。可以借鉴守河人模式的公益诉讼经验，而公民科学有助于保护海岸带和举报违规行为。又如，引入当地社区、企业与渔业组织等主体，建立保护地观察员监测网络，鼓励本地渔业从业者参与监测观察，由点到面逐步扩大保护工作参与人员数量、提升保护人员素质、扩大保护项目影响范围，增强海洋保护地生态环境监管能力，实现海洋生态环境与资源保护目标。在此基础上，可以将具有一定经验、有意愿支持保护区工作和可持续产业转型的人组织起来，形成带头

人网络，提升本地居民的归属感，带动其支持和参与保护工作。

（5）借助绿色金融助力可持续渔业发展

目前，中国已将海洋保护纳入绿色金融体系之中。例如，国家发展和改革委员会于2019年发布的绿色产业目录中已将海洋生态友好型项目和技术（海水污染控制和海洋生态系统恢复）列入重点支持对象之中。在全球绿色金融快速发展的背景下，中国的可持续渔业发展还需借助绿色金融工具创新融资模式，为自然积极的渔业项目提供更多的金融激励。例如，构建渔业金融机构，为可持续渔业生产发放无须抵押的专项贷款，或者向金融机构的渔业贷款利息予以补贴；建立渔业担保保险制度，解决渔业生产者贷款时担保不足的问题；加强金融机构声誉风险监管力度，对非法渔业捕捞可能造成的潜在声誉风险予以提示并提供技术性导则；借鉴国际保护经验，以创新机制吸纳社会资本投入可持续海洋项目，推行绿色金融工具，拓宽资金来源。

3. 建立健全海洋大环保格局，推动构建流域—河口—近岸海域生态环境保护联防联控机制

（1）建立健全海洋大环保格局

以深入打好污染防治攻坚战的组织实施为契机，进一步完善中央统筹、省负总责、市县抓落实的海洋生态环境保护工作机制，明确细化中央与地方、部门与部门之间的事权划分，明确落实沿海地方党委、政府的主体责任和行业主管部门的常态化监管责任，进一步完善齐抓共管、各负其责的大环保格局。全面实行海洋生态环境保护目标责任制和考核评估制度，有效衔接中央生态环境保护督察。

（2）构建流域—河口—近岸海域生态环境保护联防联控机制

综合发挥生态环境部、流域海域局和省级生态环境部门以及其他行业、领域主管部门的职能，按照陆海统筹原则，探索建立沿海、流域和海域协同一体的综合治理体系，推进河口、流域和近海环境治理的统筹衔接，重点解决重点海湾、河口存在的突出环境问题和体制机制短板。

4. 推动减污降碳协同增效，提升海洋生态系统质量和稳定性

（1）推动海洋减污与应对气候变化协同增效

强化陆海统筹的污染治理，进一步削减河流入海氮、磷污染物，持续降低近岸海域富营养化水平，缓解气候变化下海洋酸化、缺氧、赤潮和绿潮等生态环境风险恶化趋势，提高滨海湿地等生态系统环境质量和固碳增汇潜力，增强气候变化适应能力。

（2）推动多部门联动综合治理缺氧

统筹考虑污染物减排与缺氧区综合治理，在“十四五”深入打好污染防治攻坚战中，将缺氧区综合治理作为工作目标之一。强化陆海统筹，一体推进陆源排放、海水养殖、农业面源、大气沉降等途径的污染物减排。综合考虑气候变化对污染物减排和缺氧区治理的负反馈作用，加强减污防灾和提高气候韧性的协同效用。

（3）加强沿海生态系统保护修复

推进海洋及海岸带生态保护修复与适应气候变化协同增效，将适应气候目标纳入海洋生态环境保护规划；推进海洋生态保护地建设，实施海洋生态保护红线监管制度，开展红树林、海草床、盐沼、珊瑚礁、沙丘和海岛等沿海气候脆弱生态系统保护及适应成效监测与评估；开展沿海生态系统修复，提升湿地水质净化、固碳增汇等能力，提升海洋生态系统质量、稳定性及气候韧性。

5. 完善生态环境监测体系，加强源头管控力度

（1）完善陆海一体化生态环境监测体系

按照陆海统筹、统一布局的原则，优化建设全覆盖、精细化的海洋生态环境监测网络，强化网格化监测和动态实时监视监测，对主要的入海河流、陆源入海排污口等实施在线实时监测，为海洋污染源头控制提供数据支撑。

（2）强化汞污染物分析监测与溯源能力建设

建议加快制定海洋环境中汞的形态分析的监 / 检测方法，推动相关标准物质研发应用，构建完善的汞形态分析和评价标准体系；加强相关分析技术和质量控制技术培训，加强业务监测机构形态分析能力建设。建设包括我国近海周边相关汞排放点源的清单和同位素“指纹谱”等的全源数据库，提高精细化溯源能力，构建污染源及其入海途径的管控体系。

（3）加强海洋塑料污染和微塑料的源头管控，提高废物管理和处置能力

加强技术创新，提高塑料废物的减量化、无害化和资源化的处置能力，加快推进废物回收和管理基础设施建设；制定国家层面的海洋垃圾与海洋微塑料污染防治综合行动计划，构建“源、汇”双截留的海洋塑料垃圾管控防治机制，从源头上防止陆源塑料垃圾入海。推进沿海地区塑料零排放试点，上下游协调、垃圾回收基础设施建设、公众宣传；将零塑料目标与更广泛的碳中和目标联系起来。

6. 建立健全联合科技攻关机制，提升对海洋污染问题的科学认知

（1）建立健全联合科技攻关机制

强化国家科技重大项目对重点海域深入打好污染防治攻坚战的科技支撑作用。涉海高校、科研院所等共同开展科技攻关合作，加快解决瓶颈技术和难点问题。加强海洋污染监管和治理理论与应用技术研究，加大对人才队伍建设和能力建设的投入力度，

积极推动科技成果转移转化和试点示范，着力解决和攻克海洋污染治理保护重大问题和技术难点。强化科技创新和成果转化应用，提升海洋生态环境治理能力的现代化水平。

（2）强化海洋污染物管控科学技术支撑

开展近岸海域污染源解析、流域总氮削减、河口区水质评价、海洋关键物种保护、应对气候变化、海洋生态保护修复等关键技术和重大问题研究。基于不同环境介质中汞、塑料/微塑料的立体监测数据，开展汞、塑料/微塑料等典型和新污染物输移路径和环境行为研究，评估污染物及其转化产物对海洋生态系统的影响，提升对汞、塑料/微塑料污染问题的科学认知。

（3）定期实施海洋污染物基线专项调查

通过定期专项调查，查明我国海洋环境中污染物种类、水平、分布等，摸清底数，评估海洋污染管控成效，编制并定期更新海洋新污染物优先控制清单，优化和完善海洋环境质量监测网络。

7. 丰富发展全球海洋公共产品，深度参与全球海洋环境治理

（1）推广中国治理经验，着力提供全球公共产品

对标国际大湾区海洋生态环境治理水平，将渤海和粤港澳大湾区等建设成“美丽海湾”保护与建设的先行示范区，向全世界展示中国在区域海洋生态环境综合治理和绿色高质量发展的成功案例，并率先在“海上丝绸之路”沿线区域、北部湾区域等推广我国海洋生态环境治理经验。将丰富发展全球公共产品作为“十四五”乃至今后一个时期我国海洋生态环境保护工作的重要战略目标，实现从管辖海域向全球海洋拓展、从聚力解决自身问题向深度参与全球海洋环境治理的深刻转变，积极探索在海洋垃圾与微塑料治理、海洋缺氧与酸化、极地环境和气候变化等重点领域提供全球公共产品。

（2）推动全球海洋环境治理体系向着更加公正合理的方向发展

在海洋命运共同体理念指引下，深度参与全球海洋环境治理行动，提升国际公约履约能力。充分利用联合国大会、联合国环境大会、海洋法公约缔约国会议、海洋法非正式磋商进程等平台，提出合作共赢的中国方案，引领全球海洋环境治理规则的发展方向。推动构建蓝色伙伴关系、积极参与极地国际治理、推进与欧洲国家的海洋合作等。在南海，推进海洋领域应对气候变化、海洋塑料垃圾等低敏感领域合作，以持续坚韧努力形成整体合作和双边合作共同驱动的良性格局。组织召开海洋生态环境保护高端峰会，积极发挥主场外交作用，贡献中国智慧，提出中国方案，展示大国形象和责任担当。

五、未来海洋研究路线图展望

（一）中国环境与发展国际合作委员会的海洋政策研究

全球“海洋治理和生态文明专题政策研究”项目在其第一阶段（2019—2020 年）将工作重点放在基于生态系统的综合海洋管理的中心主题和概念上。在这项工作的范围内启动了一系列相关问题的研究工作：海洋生物资源和生物多样性，海洋污染（尤其是塑料），绿色海洋运营，可再生能源系统和矿产资源开采。气候变化、技术、海洋经济和性别问题是贯穿各个主题的共同议题。

海洋项目组的工作清楚地表明，中国和全世界都应该马上行动起来，确保海洋环境在内外文明生态建设中发挥关键作用，从而确保人类未来的安全。报告还指出，需要持续地将工作重点放在海洋治理问题上，尤其是要进一步探索某些特定的议题，以便为未来发展指明道路。

（二）未来国合会海洋工作的国际框架

在过去的一段时间里，社会对海洋系统作为文明基础的总体重要性的认识和了解不断提高，从而形成了、并将继续形成几项关键的全球性努力和倡议，为全球、区域和国家行动提供了明确的框架。这些过程可以且应该成为提出政策建议的基础，帮助国家和国际社会设计海洋治理行动，并帮助中国参与这些行动。尽管有许多宏观的和包罗万象的海洋事业，我们只重点介绍 3 项关键举措，并指出其在指导未来海洋政策中的重要性。

联合国可持续发展目标 [23] 是全人类的共同心声，旨在消除贫困、保护地球并改善全球每个角落、每个人的生活和前途。作为 2030 年可持续发展议程的一部分，联合国所有会员国在 2015 年通过了这 17 个目标，其中提出了实现这些目标的 15 年计划。可持续发展目标 14 旨在可持续管理和保护海洋和沿海生态系统免受污染，并解决海洋酸化的影响。 通过国际法加强对海洋资源的养护和可持续利用也旨在帮助减轻全球海洋面临的一些挑战。

可持续海洋经济高级别小组 [24] 由来自世界各地的卓越带头人组成。该小组在 2020 年底提交了报告，提出了一系列改革性的建议和行动，以促进可持续的海洋经济，将健康的海洋与可持续生产放在首位，以造福世界各地的人民。专家小组强调，对海洋资源的合理管理将使海洋可持续地为社会带来更大的利益，但也指出，为了让保护海洋环境和发展海洋产业方面的投资产生重大的经济利益，需要各国政府采取一定的激励措施和良好的政策框架。小组的报告确定了 5 个主要变革领域：

- 海洋财富，强调确保海洋可持续地为子孙后代创造财富的必要性，包括可持续的海洋食品、海洋能源、海洋旅游、海洋运输以及其他产业。
- 海洋健康，强调国际社会必须采取紧急行动，以减少温室气体排放，防止生物多样性丧失，恢复和保护沿海和海洋生态系统，减少污染并采取预防措施进行海底经济活动。
- 海洋公平，可持续的海洋经济应以人为中心，为所有人服务，实现人权，促进海洋财富的公平分配，并确保人人机会均等。
- 海洋知识，其中强调我们需要提高素养和技能，并分享和应用有关海洋生态系统如何运作以及它们如何应对压力的认识，以更好地为决策提供信息，并指导海洋产业可持续发展。
- 海洋金融，确保获得融资的公平性并支持可持续性生产，要认识到发展中国家的需求，并注意到公共部门的融资可以帮助释放私营部门的融资。

联合国“海洋科学促进可持续发展十年”（2021—2030 年）[25]（简称“海洋十年”）旨在提供一个持续专注于研究和创新的国际框架，以确保更好地利用海洋和海洋资源。这对实现为联合国可持续发展目标 14 设定的目标至关重要。联合国大会授权教科文组织政府间海洋学委员会（IOC - UNESCO）协调“海洋十年”的筹备和实施，旨在获得以下社会效益：

- 清洁的海洋，可以识别、量化和减少污染源，并从海洋中清除污染物；
- 健康和有复原力的海洋，对海洋生态系统进行制图和保护，以测量和减少各种影响因素（包括气候变化），保持海洋生态系统服务的持续供给；
- 可预测的海洋，社会有能力了解当前和未来的海洋状况，预测其变化以及对人类福祉和生计的影响；
- 安全的海洋，保护人类社区免受海洋灾害的威胁，并确保海上和海岸作业的安全；
- 可持续生产和收获的海洋，确保提供粮食供应和替代生计；
- 透明而可触及的海洋，所有国家、利益相关者和公民都可以使用海洋数据和信息、技术，并有能力做出科学决策。
- 鼓舞人心且引人入胜的海洋，社会因而了解并重视海洋。

（三）确定和优先考虑未来的海洋议题

“全球海洋治理与生态文明专题政策研究”项目组在其第一阶段（2019—2020 年）

的工作中，针对几个关键领域开展研究并提出了一整套政策建议。项目组还强调，海洋研究有必要在国合会框架内继续进行，以充分反映海洋对社会、尤其是与中国国家战略休戚相关的蓝色经济振兴与实现碳中和等议题的重要性。

在新冠肺炎疫情期间，“全球海洋治理与生态文明专题政策研究”在周期较短的第二阶段（2021 年）关注了对中国近海海洋生态环境影响最大、最迫切需要解决的 2 个问题，即海洋生物资源和生物多样性丧失以及海洋污染。此外，“全球海洋治理与生态文明专题政策研究”还为“未来海洋”制定路线图——实质上是为国合会规划一个海洋领域工作方案，从而为国合会应对未来的海洋议题指明方向。作为这项工作的一部分，海洋项目团队通过一系列范围界定和对话会议与利益相关者进行了交流，邀请相关专家讨论并建议国合会在未来的 5 年内如何进一步解决海洋问题。

（四）未来海洋路线图

国合会未来海洋路线图是围绕着联合国“海洋十年”的 7 个社会需求而组织的，以可能有助于中国政府选择当前关键总体政策领域优先事项中的海洋行动为先导。各个政策领域下的主题清单反映了在与各个利益相关者讨论期间标记的主题，因此并非详尽无遗。与此同时，针对不同主题的描述与阐释也并非十分全面与详细，这样做的目的是指明未来政策相关讨论的潜在方向。

1. 海洋贡献的关键宏观政策领域

政策领域 1 发挥海洋之碳中和作用的政策行动

海洋作为地球上主要的热汇和碳汇，在减缓气候变化方面发挥着重要作用。红树林、盐沼、海草床和潮滩等沿海生态系统在碳捕获与封存方面发挥着至关重要的作用。单位面积的滨海湿地能够比陆地森林更快、更有效地固碳。这些生态系统通过它们提供的许多重要的生态系统服务，对世界各地的沿海和岛屿社区发挥着至关重要的作用。利用这些知识制订积极的政策行动计划，将有助于中国在 2030 年之前实现碳达峰、在 2060 年之前实现碳中和的目标。为此，让公众认识到海洋是实现碳中和目标的工具，提高人们对海洋碳汇重要作用的认识也很重要。

与该政策领域密切相关的国合会专题政策研究有气候变化 SPS 和绿色技术 SPS。

政策领域 2 发挥海洋之气候调节作用的政策行动

量化不同的减排措施对巴黎协定的贡献，可能有助于为未来的政策行动奠定基础，例如将特定海洋保护区（MPA）的影响作为案例研究。为此，可以使用可持续海洋经济高级别小组在其报告《海洋作为气候变化的解决方案：五个行动机会》[26]中采用的方法作为基本考虑，采取类似的方法来选定中国的海洋保护区。在这种情况下，这“五个行动机会”可分别与海洋可再生能源（主要是风能），海洋运输（“绿色运输”），沿海和海洋生态系统，渔业、水产养殖和饮食转变（从肉类到海鲜），以及海底碳储存（在此注意与上述碳中和政策领域的重叠）相关。在进行这样的案例研究时，可以考虑在国内实施上述“五个行动机会”的内容和方式，以及中国有什么样的机会帮助发展中国家实现公平。

与该政策领域密切相关的国合会专题政策研究有气候变化 SPS、绿色技术 SPS 和生物多样性 SPS。

2. 清洁的海洋

人类活动正日益污染其本地乃至全球环境。近海污染是近几十年来的主要环境挑战，因此，预防和控制海洋污染是一项重要任务。虽然海洋辽阔，看似能够消化任何外源输入，但各种污染的累积影响还是对海洋环境产生了明显作用。最具挑战性的海洋污染物包括大气中的 CO_2、农用化肥、未经处理的废水、入侵物种，以及微型和大型塑料垃圾。河流上游压力与下游影响之间的关系凸显了协调陆海统筹管理的重要性。“从源头到海洋的治理途径”对解决陆上活动和陆源污染至关重要。

政策领域 3 减少陆源污染物向海洋输送的政策行动——连接陆地、河流和海洋管理以支持清洁的海洋

近两个世纪以来，随着全球人口的增加，人类的需求也在不断增加，为满足生活必需品的需要，工农业迅速发展，大量的工农业废弃物和生活垃圾被排放到环境中。虽然生产和排放主要来自陆地，但海洋环境是人为污染的最终接收者。除了众所周知的由陆地养分过度输入导致的富营养化问题，日益严重的全球塑料污染也是这种陆海相互作用的另一个例子。制定积极的政策行动应对这些与海洋相关的挑战对保护人类健康和海洋健康非常重要。

与该政策领域密切相关的国合会专题政策研究有流域 SPS、绿色城市化 SPS 和绿色转型 SPS。

政策领域 4 海洋垃圾和微塑料污染全球治理

近年来，对可见塑料、微塑料和纳米塑料、抗生素等新型污染物的研究急剧增加。微塑料和纳米塑料在海洋生态系统中持久存在，由于其微米级颗粒性质，这些碎片被

一系列海洋生物误认为是食物而被摄取，包括珊瑚、浮游植物、浮游动物、海胆、龙虾、鱼类等，并最终被转移到更高的营养级。同时，已有大量研究表明海洋塑料和微塑料污染直接或间接影响到海洋生物多样性安全、渔业资源、旅游业与航运安全。海洋垃圾和微塑料污染已经成为全球高级别环境议题之一，影响深远。不仅涉及海洋生态环境治理，也直接影响陆地塑料经济行为及废弃物管理。海洋垃圾和微塑料不仅来自陆地废物管理系统泄漏、河—海输入，也包括废弃渔具、海水养殖及海上偷排，来源广泛。

与该政策领域密切相关的国合会专题政策研究有流域 SPS、绿色城市化 SPS 和绿色转型 SPS。

政策领域 5 打击不断增加的遗留基础设施和幽灵装备的政策行动

退役和废弃的石油和天然气基础设施（遗留基础设施）可能对当地环境构成威胁，其他即将建成的海洋基础设施，如风电场、海底采矿等也可能对当地环境构成威胁。需要为此类基础设施的报废处理建立强有力的监管基础，以尽量减少其对海洋环境和生态系统的影响。废弃渔具（“幽灵渔具”）是指海洋环境中任何丢弃、丢失或遗弃的渔具。这种渔具留在海洋中继续缠绕和捕杀水生动物，并扼杀和破坏栖息地。废弃渔具是当今影响海洋环境的主要垃圾类型之一。制定积极的政策行动，以尽量减少遗留废弃设施对海洋环境的潜在负面影响非常重要。

与该政策领域密切相关的国合会专题政策研究有绿色金融 SPS 和“一带一路”SPS。

3. 健康而有复原力的海洋

为了使海洋和海洋资源成功地促进人类福祉，就需要生态系统的完整性以及生物地球化学和物理过程的正常运行。这不一定是指未受任何扰动的生态系统，但必须是没有遭受严重或不可逆转伤害的生态系统。在过去的 50 年中，由于众多压力的存在，因此海洋生态系统的退化大大加速了。所有国家都将受益于健康有弹性的海洋，并通过保持其提供食物、收入、支持运输和可持续发展的许多其他要素的能力而受益。

政策领域 6 促进绿色海洋产业以支撑健康海洋的政策行动

船舶和港口都是 CO_2 排放的重要来源和更大的气候问题的诱因，同时它们也加剧了海洋污染问题。 船舶和港口造成的污染包括石油泄漏、化石燃料、塑料垃圾和人类排泄物等。 船舶还会造成噪声污染，扰乱海洋动物的生活平衡。渔业不仅会造成污染，还有可能以多种方式影响海洋环境，包括过度捕捞、栖息地破坏和兼捕的渔获物。航运和渔业都有可能成为引进非本地物种的途径。港口造成当地水污染，包括广泛的沉积物污染。新兴的海底采矿业有可能成为主要的污染源。钻探这些物质时产生的硫化物沉积可能会造成难以估量的环境影响。材料泄漏和设备腐蚀只会加剧问题。

与该政策领域密切相关的国合会专题政策研究有绿色技术 SPS、“一带一路”SPS和绿色金融 SPS。

政策领域 7 保障海洋持续 / 更多作为重要食物来源的政策行动

海洋在全球粮食供给中发挥着重要作用，并且有可能发挥越来越重要的作用。增加海洋食品生产和消费的潜力将取决于自然因素、政策、技术和制度。 海洋、气候和生物多样性是相互关联的问题，其中核心问题是食物；海洋食物问题是不能独立于其他问题而存在的。要促进海洋食物持续产出，就需要在中国国内和国际上都考虑到这些方面的政策。有必要考虑如何在这一政策领域内寻找机会制定相关政策，以支持国际上（如“一带一路”沿线国家）针对保护海洋食物产出价值的投资。

与该政策领域密切相关的国合会专题政策研究有生物多样性 SPS。

政策领域 8 提升和建立一体化海洋治理的基础的政策行动

一般认为，综合海洋管理（IOM）是在充分考虑到科学认知和生态系统的特殊性的前提下，确保海岸和海洋得到保护和可持续利用的适宜方法。完全一体化的海洋管理需要在环境、经济和社会之间，以及在短期经济收益和生态系统服务的长期繁荣之间取得平衡。

与该政策领域密切相关的国合会专题政策研究有生物多样性 SPS 和流域 SPS。

政策领域 9 支撑可持续的和健康的未来全球海洋生态系统的政策行动

虽然国际政策普遍认同用生态系统方法来改善海洋治理，但其在实践中的应用仍然有限。 这在很大程度上是由于实施过程中存在相当大的实际困难，包括难以获得足够的和适当的信息，以及缺乏支持该过程的分析和科学工具。

与该政策领域密切相关的国合会专题政策研究有“一带一路”SPS。

政策领域 10 考察如何开展健康海洋价值核算的政策行动

海洋和沿海生态系统具有非常高的生态系统服务和经济价值。如果能够计算出这些价值，在我们做出影响海洋健康的决策时就能计算出生态成本，并进一步考虑如何节约成本。需要平衡生态服务与生态价值的许多组成部分，如市场和非市场价值、生物和非生物资源以及现在和未来的用途。

与该政策领域密切相关的国合会专题政策研究有绿色金融 SPS 和绿色供应链 SPS。

4. 可预测的海洋

理解海洋系统与海洋中发生的，或对其有影响的人类活动之间的关系，为我们更好地预测海洋的未来提供了基础，也为形成影响海洋可持续性的决策和行动提供了重要的知识。持续进行的海洋观测对于建立可预测的海洋至关重要。可在各类海洋环境都能进行观测（如深渊和极地）需要依赖新技术。国家和海洋商业财团，无论是在国家管辖范围之内还是之外运营，都越来越需要这些信息。

政策领域 11　维持 / 增加中国对海洋知识体系的贡献以支撑海洋管理的政策行动

浩瀚的海洋及其复杂的海岸线既没有得到充分观察，也没有得到充分理解。尤其是深海，这是海洋科学的前沿领域。需要持续和系统的海洋观测，记录海洋变化、建立海洋数值模型并提供关键信息以增进我们对海洋的理解，并以此为未来管理海洋奠定基础。

5. 安全的海洋

沿海休闲旅游业和海洋经济发展的热潮使更多的人接触到海洋，也催生了越来越容易受到海洋极端事件影响的新建基础设施。风险来源于障壁岛的移动、海平面上升、飓风和东北季风、地震、洪水、水土流失、污染和沿海地区的人类开发。它们还可能对沿海景观造成持久和破坏性影响，导致长期的海岸侵蚀以及对海洋生态系统的影响。迫切需要采取适应性措施，以增强脆弱的沿海社区及其基础设施，以及提供生态服务的海洋系统的恢复力。

政策领域 12　海洋防灾减灾政策行动

减少海啸、风暴潮、有害藻华和其他沿海灾害的风险需要重点实施适应措施，以加强脆弱的沿海社区、其基础设施和提供服务的生态系统的复原力。

6. 可持续生产和收获的海洋

海洋是营养的重要来源，直接支持约 5 亿人的生计。海洋经济是世界上发展最快、最有前途的经济之一。许多具有重大经济价值的行业都从中受益，如渔业、生物技术、能源生产、旅游业和运输业以及许多其他领域。海洋经济的安全和可持续运行将帮助决策者和利益相关者实现真正的可持续蓝色经济。

政策领域 13 建立可持续的近海和远洋渔业的政策行动

过度捕捞导致生物多样性减少。顶级生物群落（如鱼类）的衰退导致生态退化。健康的渔业资源将是海洋生态系统健康的重要指标，支持渔业资源结构健康的条件包括适度的捕捞强度、良好的仔稚鱼和幼鱼栖息地等。中国已开展了一系列基于生态系统的渔业管理，包括伏季休渔、渔船数量和功率“双控”、强化增殖放流、海洋牧场建设、海洋捕捞渔业“零增长”“总量控制”等制度措施，以及建立水产种质资源保护区等。

与该政策领域密切相关的国合会专题政策研究有绿色金融 SPS、绿色供应链 SPS 和气候变化 SPS。

7. 透明而可触及的海洋

健康、安全、可持续的海洋在很大程度上取决于全球能力建设和国家之间的资源共享。 迫切需要科学的，政府、私营部门和公共层面的更多海洋信息。新技术和数字革命正在改变海洋科学。

政策领域 14 促进数据获取和使用的政策行动

数据和信息在连接知识生成者和使用者方面发挥着至关重要的作用，但在跨区域获取、共享和使用海洋数据方面仍然存在许多挑战和差异。

8. 鼓舞人心且引人入胜的海洋

向所有人开放海洋信息和海洋知识的获取，必将促使全体公民和利益相关者对海洋及其资源采取更负责任且遵循科学指导的行为。这是提高海洋意识和促进更好解决方案的关键。

政策领域 15 促进公众成为海洋大使的政策行动

让普通人了解海洋在我们社会中的作用，从而使他们自己成为向他人传播知识的大使，对提高海洋意识、支持实践活动非常重要。

参考文献

[1] 董金和 . 中国渔业统计年鉴 [M]. 北京 : 中国农业出版社 , 2013.

[2] 成庆泰 . 中国鱼类系统检索 [M]. 北京 : 科学出版社 , 1987.

[3] 卢继武，罗秉征，兰永伦 , 等 . 中国近海渔业资源结构特点及演替的研究 [J]. 海洋科学集刊 , 1995(00):195-211.

[4] Cai R S, Chen J L, Tan H J. Variations of the sea surface temperature in the offshore area of China and their relationship with the East Asian monsoon under the global warming[J]. Climatic and Environmental Research, 2011, 16(1):5549-5551.

[5] Cai F, Su X Z, Liu J H. Problems and countermeasures of China's coastal erosion under the background of global climate change[J]. 2008, 28: 1093-1193.

[6] He X J, Zhang J T, Ji T Y, et al. Study on the sea level rising in the China coast and its adaptation strategy[J]. Marine Forecasts, 2012, 29: 84-91.

[7] AHanson A J. The Ocean and China’s Drive for an Ecological Civilization. In The Future of Ocean Governance and Capacity Development[M] (pp. 59-66). Brill Nijhoff, 2019.

[8] 中华人民共和国农业部 . 养鱼护水生态优先——党的十八大以来渔业可持续发展综述 . [EB/OL]. (2017-10-10). http://www.moa.gov.cn/ztzl/xysjd/201710/t20171010_5836798.htm.

[9] 新华网 . “十四五”规划和 2035 远景目标的发展环境、指导方针和主要目标 . [EB/OL]. (2021-03-15). http://www.xinhuanet.com/politics/2021-03/05/c_1127172897.htm.

[10] 中华人民共和国农业农村部 . 农业部就渔业执法监管有关情况举行发布会 . [EB/OL]. (2018-01-05). http://www.cjyzbgs.moa.gov.cn/gdxw/201904/t20190428_6220380.htm.

[11] CWR. 2019 State Of Ecology & Environment Report Review. [EB/OL]. (2020-07-18). https://www.chinawaterrisk.org/resources/analysis-reviews/2019-state-of-ecology-environment-report-review/.

[12] 国务院 . 全国海洋主体功能区规划 . [EB/OL]. (2015-08-20). http://www.gov.cn/zheng ce/content/2015-08/20/content_10107.htm.

[13] 生态环境部 . 中国生物多样性保护战略与行动计划 . [EB/OL]. (2010-09-17). http://www.mee.gov.cn/gkml/hbb/bwj/201009/t20100921_194841.htm.

[14] Li Y, Fluharty D L. Marine protected area networks in China: Challenges and prospects[J]. Marine Policy, 2017, 85: 8-16.

[15] 中华人民共和国中央人民政府 . 关于建立渤海海洋生态保护红线制度若干意见 . [EB/OL]. (2012-10-17). http://www.gov.cn/gzdt/2012-10/17/content_2245965.htm.

[16] Lu W H, Liu J, Xiang X Q, et al. A comparison of marine spatial planning approaches in China: Marine functional zoning and the marine ecological red line[J]. Marine Policy, 2015, 62: 94-101.

[17] 中华人民共和国中央人民政府 . 国家海洋局全面建立实施海洋生态保护红线制度 - 牢牢守住海洋生态安全根本底线 . [EB/OL]. (2016-06-16). http://www.gov.cn/xinwen/2016-06/16/content_5082772.htm.

[18] 刘慧，蒋增杰，于良巨 , 等 . 海水养殖空间管理 [M]. 北京 : 科学出版社 , 2021.

[19] Eriksen M, Lebreton L C M, Carson H S, et al. Plastic Pollution in the World's Oceans: More than 5 Trillion Plastic Pieces Weighing over 250,000 Tons Afloat at Sea[J]. PLoS ONE, 2014, 9(12).

[20] Van Sebille E, Wilcox C, Lebreton L, et al. A global inventory of small floating plastic debris[J]. Environmental Research Letters, 2015, 10(12): 124006.

[21] DOME: Date Portals. https://www.ices.dk/data/data-portals/Pages/DOME.aspx.

[22] 法制时报 . 禁渔线内拖网违规作业 . [EB/OL]. (2015-08-12). http://fzsb.hinews.cn/html/2015-08/12/content_4_6.htm.

[23] UN. THE 17 GOALS. [EB/OL]. https://sdgs.un.org/goals.

[24] Oceanpanel. Towards a Sustainable Ocean Economy. [EB/OL]. https://www.oceanpanel.org/.

[25] Oceandecade. The Science We Need for the Ocean We Want. [EB/OL]. https://www.oceandecade.org/.

[26] Oceanpanel. The Ocean as a Solution to Climate Change. [EB/OL]. (2019-10-19). http://live-oceanpanel.pantheonsite.io/sites/default/files/2019-10/19_4PAGER_HLP_web.pdf.

第二篇

绿色城镇化与环境质量改善

第 4 章　全球碳中和背景下中国城镇化的绿色再造

一、引言

全球范围碳中和的实质，是工业革命以来发展范式最全面而深刻的转型。城镇化是经济发展的空间表现形式，其出现的根本原因是促进经济发展，从而提高人的福祉。不同内容的经济活动需要不同的空间分布形式。人口大规模的城镇化是工业时代的现象。从农业时代到工业时代，再到现在的互联网条件下的绿色发展时代，由于发展内容和技术条件发生变化，对空间就有了不同的需求，经济活动的空间形态就发生了实质性的变化。

全球范围的碳中和，实质是发展范式的变化，具有不同的空间含义。现有的城镇化模式，无论是城市承载的内容还是城市的组织方式，很大程度都是传统工业时代的产物。当作为城镇化基础的发展模式发生根本变化，则相应的城镇化模式也要发生根本性变化。因此，思考中国未来绿色城镇化模式，必须跳出传统工业时代关于城镇化的思维框架。

本报告研究全球碳中和背景下中国城镇化的绿色再造。报告的结构如下：第一部分揭示碳中和对中国经济发展模式转型以及城镇化的深刻含义。第二部分在全球碳中和这一新的背景下，进一步思考中国绿色城镇化战略。第三部分集中讨论中国城市的碳达峰和碳中和的情况和面临的挑战。第四部分至第六部分依次讨论中国绿色城镇化的“三大任务板块”，即现有城镇的重塑（或城市更新）、新增城镇人口的绿色城镇化、城乡协调背景下的乡村振兴。第七部分揭示中国城镇化如何从 GDP 导向城镇化模式转向福祉导向的城镇化模式。第八部分是政策建议。

二、绿色城镇化的新背景：全球碳中和

（一）传统工业时代的落幕，一个新发展时代的开启

2020 年 9 月 22 日，习近平主席在第 75 届联合国大会一般性辩论上宣布，中国二氧化碳排放力争于 2030 年前达到峰值，努力争取 2060 年前实现碳中和。这个宏伟目标是中国在新发展阶段、新发展理念、新发展格局下的战略选择，是实现高质量发展、深化供给侧结构性改革，实现人与自然和谐共生的现代化，以及构建人类命运共同体的必然要求。如果说碳达峰目标在传统工业化模式下也可以实现，那么碳中和目标则需要在新发展理念下通过生产方式和生活方式的根本转变才能实现。碳中和目标固然是一个艰巨挑战，但它更是中国以新发展理念在新发展阶段开启中国下一个“四十年发展奇迹”的契机。如果说工业革命开启了西方引领世界发展的时代，以碳中和为标志、由生产生活方式转型推动的绿色发展，则为中国引领全球可持续发展提供了可能。[1]

据不完全统计，目前已有 130 多个国家承诺在 21 世纪中叶实现碳中和或净零碳排放。这些国家占全球碳排放和经济总量的 90% 左右。更为重要的是，其中 70% 为发展中国家[1]。这意味着，过去一直被奉为圭臬的所谓环境倒 U 形曲线已不再成为经济发展的规律。一个处于低发展水平的国家，也可以实现低碳起飞。这与 2009 年各国为如何分担减排负担的情形，形成了鲜明的对比。这种戏剧型变化之所以发生，固然有全球气候变化危机日益加深的原因，更重要的是，这些国家看到了碳中和的可能性和背后的巨大机遇。从哥本哈根到现在，新能源的成本在过去 10 年大幅下降，已成为可以同煤电竞争的能源。其他绿色技术也大量涌现。在碳中和时代，谁及早行动，谁就有可能赢得先机。那些不参与全球碳中和的国家，将可能成为全球竞争的失败者。

中国作为世界上最大的发展中国家和世界第二大经济体，宣布 2060 年实现碳中和，极大地鼓舞了全球应对气候变化的信心，有力推动了全球碳中和共识与行动。

（二）“三新”格局下的绿色城镇化

制定中国的碳达峰、碳中和战略，必须从新发展阶段、新发展理念和新发展格局的高度认识中国提出这一目标的背景和深意。如果用过去传统工业化思维理解碳中和目标，可能更多地就只是看到挑战和负担；如果从新发展阶段、新发展理念、新发展格局的视角看碳中和，就会更多地看到大量新发展机遇。[1]

第一，碳中和目标的提出不只是由于中国发展阶段的变化。发展阶段并不必然意味着高减排承诺。如唐纳德·特朗普任内的美国，不仅没有提出碳中和，更是退出《巴黎协定》，甚至不承认气候变化问题的存在，其信奉的是传统化石能源时代的陈旧发展理念。

第二，碳中和目标的提出不是因为所谓的国际压力，而是由于碳中和符合自身战略利益。减排在中国早已成为自愿行动，而不是国际压力下的结果。而且，国际社会也普遍未预料到中国会主动宣布 2060 碳中和目标。如果中国没有在战略上认同 2060 碳中和符合中国国家利益，那么再大的国际压力也不可能让中国做此承诺。

第三，碳中和目标的提出，根本上是由于中国发展理念的变化。这些理念体现在习近平主席的系列讲话和中国的成功实践上："绿水青山就是金山银山"理念（2013 年纳扎尔巴耶夫大学演讲）、2015 年巴黎气候大会（两个"共赢"）、联合国大会一般性辩论（2020）、气候雄心峰会（2020）等。例如，在 2015 年巴黎气候大会讲话中，习近平主席提出了两个"共赢"的观点。一是绿色复苏可以实现经济发展与应对气候变化之间的共赢；二是应对气候变化可以实现各国之间的共赢，各国可以做到机遇共享，而不是零和博弈。

第四，中国对碳中和的艰巨挑战有清醒认识。碳中和是解决传统发展模式不可持续危机的必然选择，不是要不要的问题，而是如何实现的问题。对于碳中和的挑战，习近平主席在第七十五届联合国大会一般性辩论上宣布中国 2060 年碳中和目标时指出，这场疫情启示我们，人类需要一场自我革命，加快形成绿色发展方式和生活方式，建设生态文明和美丽地球。

（三）作为城镇化基础的发展模式发生深刻转变

碳中和意味着发展范式的根本转变。这意味着，作为城镇化基础的发展模式，正发生自工业革命以来最深刻的转变。这种绿色转型，同我们从 20 世纪 80 年代起就开始讲的发展方式转型有实质区别。过去更多的是讲技术进步、产业升级，并不涉及发展理念、价值观念、消费模式等的转变。但是，靠技术进步、产业升级，可以解决个别国家的减排和问题，却无法解决全球的减排问题。

碳达峰与碳中和有着本质区别，其对转变生产方式和生活方式有着不同的要求。碳达峰更多地对应我们过去传统意义上的经济转型。碳中和则对应着发展方式的根本性转变，是工业革命后生产生活方式全面而深刻的转型。

就实现碳达峰目标而言，它并不必然要求生产方式和生活方式的深刻转变。在传统工业化模式下，一个正常的经济体，在经历经济起飞进入成熟期后，碳达峰通常会在照常（BAU）情景下达到峰值，然后稳定在高位。因此，单纯的碳达峰并不必然要求转变生产方式和生活方式。那些 20 世纪 80 年代碳达峰的工业化国家，比如德、匈、法、英等国，碳达峰是一个自然发生的过程，当时并没有减排的要求。在碳排放达峰后，如果技术进步和产业海外转移等因素超过本国产量扩张对碳排放的影响，则碳排放会出现一定程度的下降。如果进一步采取大力度的减排措施，包括开发清洁能源和新技术等，其下降幅度会加大，峰值会更早出现且峰值更低。但是，这种下降是有限度的，不可能自然下降到碳中和的程度。

对于碳中和而言，不仅需要生产方式的转变，更需要生活方式的深刻转变。如果转变生产方式，即用更绿色的生产方式降低单位产品的碳强度，则单位 GDP 产生的碳排放会减少。但是，如果碳强度降低的幅度赶不上经济扩张的幅度，则生产方式的转变就不一定能降低总的碳排放，更不用说实现净零排放。因此，生活方式的改变，即消费内容的改变就成为必须。当人们发展理念发生改变，不以一味追求物质消费扩张为目标，而是转向人的全面需求的满足，就会带来发展内容的深刻转变，经济增长和碳排放在很大程度上就会脱钩，最终实现碳中和下的高水平现代化。

三、全球碳中和背景下绿色城镇化总体战略

全球碳中和就是建立新的发展范式，而新的发展范式必然要求新的城镇化模式。现有城镇化模式，无论是城市承载的经济内容，还是城市自身的组织方式，很大程度上都是传统工业时代的产物。跳出传统工业化的思维框架，基于生态文明推动绿色城镇化，是实现城市可持续发展的根本出路。

（一）绿色城镇化的战略任务

生态文明视角下的“绿色城镇化”，不是“在现有城市里建公园”，而是在“（自然）公园里建城市”，即在不破坏生态环境并充分利用自然力的前提下，创造繁荣的城市经济。这意味着发展理念、城市承载的内容、城市的组织逻辑及其区域经济含义的深刻转变。基于生态文明重新塑造中国城镇化，应围绕“三大任务板块”和“两大战略抓手”来推进。[2]

“三大任务板块”——一是根据数字绿色时代新的生产生活方式要求，对传统工业时代形成的现有城市进行重塑，包括催生新的绿色经济、城市基础设施绿色改造等；

二是以绿色方式实现未来新增城镇人口的城镇化；三是对乡村功能的重新认识和定位，实现城乡协调发展。

“两大战略抓手”——一是占全国 GDP、人口和土地面积比重分别超过 90%，70% 和 30% 的城市群的绿色转型；二是县域城镇化。除了人口向县城集中外，大量人口会以特色小镇的形式，就地实现城镇化，同时利用城镇和乡村的好处。此外，城镇应从功能型城市向亲自然城市模式转变，不再将自然视为外部性，而是将自然的价值引入城市规划和决策中。

（二）决定城镇化的关键条件正发生深刻变化

随着人类社会从传统工业时代进入数字绿色时代，决定城市化模式的三个关键因素，都在发生剧烈的变化。这些变化在中国尤为剧烈。这意味着，中国未来的城镇化模式，将发生深刻变化。

首先，交易效率的戏剧性提高。随着移动互联技术、数字时代和快速交通体系的来临，传统时空概念正在发生巨大的变化，很多经济活动不再需要像工业时代那样高度赖生产要素和市场的大规模物理集中，也不再必须在城市或固定地点就能完成。

其次，技术条件的变化，使得一些原先依赖物理空间集中的公共设施和服务，很多都可以通过分散化的方式提供。比如，供暖、污水处理、分布式能源和垃圾处理等，在很多条件下均可从集中式供给转向分布式供给。这意味着，在一些小城镇和乡村，也可低成本地实现高品质的生活。在数字时代，很多政府服务还可通过数字平台来提供。

最后，更重要的是发展内容的变化。传统工业化模式必然导致环境不可持续，绿色城镇化转型的重要内容之一，就是要改变供给的内容。其中，满足人们“美好生活”新定义的大量新兴服务需求，正是绿色发展的方向，也是绿色城镇化新的经济基础。虽然城市的集聚依然非常重要，但很多内容不再需要像传统工业生产那样大规模地集中，尤其是很多环境和传统文化等无形资源都分布在乡村和小城镇。因此，乡村可能会出现很多新的经济活动，城市和乡村的关系也会被重新定义。[2]

（三）绿色城镇化的再定义

需要特别指出的是，虽然上述三个变化导致很多经济活动不再像过去那样高度依赖生产要素的物理集中，但这并不意味着“城市的衰落”，也不意味着大量经济活动会离开城市，而是传统的城市概念和乡村概念都需要被重新定义，从而形成新的增长来源。

城市承载的经济活动发生深刻改变。人们对“美好生活”的需求，并不只是物质财富。随着人们需求的升级，经济发展内容从传统的物质财富，更多地向新兴服务拓展。很多在传统发展定义下不存在的经济活动会大量出现。比如，现有城市依靠其人口集中的优势，可以发展文化创意和体验经济，从而实现发展内容的转型。乡村不再只是从事农业生产的场所，而是成为一个新型的地理空间，可以容纳很多新的非农经济活动，包括体验、生态观光、教育、健康等。

城市自身的组织方式以及地理空间布局均会发生改变。比如，吃、穿、住、行的方式，均会发生很大的变化。原先集中式的能源供给，可能部分地被分布式能源替代。城市基础设施，会更多地基于生态原理等。

上述变化，既有促进经济活动进一步集聚的效果，也有促进经济活动分散的效果。未来城镇化的地理空间分布，究竟是会出现集聚化还是分散化，则取决于上述三个决定因素中，哪些因素占据主导地位。[2]

四、中国城市率先碳达峰和碳中和问题

碳中和意味着发展范式的根本转型。碳中和成为全球共识与行动，城市必须根据发展范式转变的要求进行彻底的绿色转型。从空间范围来看，城市是经济活动中心，也是温室气体排放的重要主体。城市往往承担着一个国家的政治、经济、文化和社会等活动中心的职能，同时也是一个国家能源的主要消耗单位。城市通常承担约 75% 的能源消耗和 80% 的温室气体排放。

习近平主席 2020 年 9 月 22 日在联合国大会一般性辩论上宣布 2030 年碳达峰、2060 年碳中和目标后，国内城市加快了减排步伐。由于中国是一个幅员辽阔、发展不均衡的国家，不同的城市具有不同的发展水平、经济结构和资源禀赋，如何梯次有序实现碳达峰和中和就成为一个非常重要的问题。

（一）中国城市碳达峰现状

虽然“双碳”目标 2020 年才正式提出，但中国一直在采取强有力的手段进行减排。自 2010 年以来，中国国家发展改革委于 2010 年、2012 年和 2017 年先后在 6 个省和 76 个城市开展了三批国家低碳省市试点，旨在探索不同地区率先实现碳排放达峰的低碳发展模式和有效路径。国家低碳试点城市重点围绕碳排放达峰目标，倒逼低碳发展转型，加大低碳技术和产品推广应用力度，推进工业、建筑和交通等重点领域低碳发展，形成各具特色的低碳发展模式。

参与试点的大多城市都提出了二氧化碳排放达峰的目标年份。北京、天津、山西、山东、海南、重庆、云南、甘肃、新疆等9省（市、区）在其“十三五”期间发布的控制温室气体排放的相关实施方案或规划中，提出了明确的整体碳排放达峰时间（表4-1）。还有部分省（市、区）虽未针对省域整体提出碳达峰时间，但根据各自省情，针对重点地区、试点城市或重点行业提出了碳达峰目标，开展了碳排放达峰相关研究，并制定了方案（表4-2）。

表4-1 部分省市碳排放达峰目标

省市	碳排放达峰目标
北京	提出2020年尽早达峰
天津	提出2025年左右达峰
云南	提出2025年左右达峰
山东	提出2027年左右达峰
上海	提出2025年前达峰[1]

表4-2 重点地区、试点城市或重点行业峰值目标

省市	碳排放达峰目标
江苏	提出支持苏州、镇江优化开发区域在2020年前实现碳排放率先达峰
广东	提出广州、深圳等发达城市争取在2020年达峰
江西	提出力争部分重化工业2020年左右实现率先达峰
四川	提出部分重化工业2020年左右与全国同行业同步实现碳排放达峰

此外，大部分低碳试点城市也在各自试点方案中提出了具体的碳排放达峰目标。

在“双碳”目标之后，尤其是2020年年底的中央经济工作会议提出将“双碳”目标纳入2021年八大重点工作任务，以及2021年3月中央财经委员会第九次会议提出将“双碳”工作纳入“生态文明建设整体布局”之后，各地加大力度贯彻中央部署，“双碳”工作进入新的阶段。

（二）城市“双碳”目标：如何梯次有序进行

所谓全国一盘棋，就是国家设定减排目标，然后为了实现减排成本最小化，各地

1 《上海市城市总体规划（2017—2035年）》。

区协调行动，根据自身条件，以全国总成本最小化的方式实现全国目标。如果不同条件的地区都同全国一样保持同步碳达峰和碳中和节奏，肯定不会是最有效率的做法。要根据“30·60 目标”目标制定国家碳中和路线图，并据此有序推进；既要防止一些城市不采取有力减排行动，又要防止一些城市盲目冒进。

为了实现全国的碳中和目标，并不要求每个城市都同等程度地减排。为了最有效率地实现全国减排目标，可能需要一些地方多减排，一些地方少减排，最后梯次实现碳达峰和碳中和目标。

城市碳排放：

生产端碳排放：$E_y = e_y Y$

消费端碳排放：$E_x = e_x X$

下面三种情况均有可能：（1）$E_x > E_y$；（2）$E_x = E_y$；（3）$E_x < E_y$

$$\text{消费 } X \text{ 碳排放} = \text{生产 } Y \text{ 碳排放} + \text{贸易净增碳排放 } I$$

假定两个城市形成这样一个产业分工体系：

城市 A：生产低碳的产品，然后卖低碳产品给城市 B，并从城市 B 购买高碳产品（或电力）进行消费。

城市 B：生产高碳产品（或提供电力），向城市 A 出售高碳产品（或电力），并从城市 A 购买低碳产品。

此时，从生产端看，城市 A 经济增长与碳排放实现强脱钩，城市 B 则属于高碳经济。

但是，从消费端看，城市 A 和城市 B 的碳排放并无区别。而且，通常因为城市 A 的收入更高，消费也更高，其消费端的碳排放较城市 B 更高。

显然，城市 A 的强脱钩（经济增长＋排放绝对量下降），是以城市 B 的弱脱钩为代价（经济增长＋碳排放强度下降，但总量上升）。城市 A 的脱钩模式，无法解决全局的问题。

在此情况下，我们不能说强脱钩的城市 A 就一定对全国碳中和做出了更大的贡献，而弱脱钩城市 B 对全国碳中和的贡献就小。甚至我们也不能说，那些由于产业结构原因导致碳排放继续增长的城市，对全国碳中和的贡献就更小。

（三）城市减排离绿色转型有多远

Shan Y 等[3]对中国 294 个地级城市的经济增长与碳排放的情况进行了研究。这些城市涵盖了中国 55% 的国土空间，94% 的人口和绝大部分 GDP 和碳排放。

该研究将这些城市分为4个类型，即强脱钩（strong decoupling）、弱脱钩（weak decoupling）、挂钩（coupling）、负脱钩（negative decoupling）。强脱钩即碳排放绝对下降且经济增长。弱脱钩即碳排放强度下降，但排放总量继续增长且经济也增长。结果显示，目前，有11%的城市实现了强脱钩，即在经济增长的同时，碳排放量绝对下降。65.6%的城市虽然碳排放强度下降，但总排放在增长。其余城市则是碳强度或总排放均在上升。

虽然“脱钩与否”是评价一个城市减排工作的重要标准，但我们不能简单地用“脱钩与否”来评价一个城市减排工作的好坏，还需要看这些城市是如何脱钩以及脱钩的影响。那些所谓“强脱钩”的城市，并不一定就意味着其对中国减排做出了更大贡献，而其他未脱钩的城市也未必就对中国减排“拖了后腿”。还需要进一步考察其碳排放绝对量下降的原因。对于碳排放量绝对下降的城市，需要进一步分析：

第一，生产端的排放下降，是否意味着其消费端排放也同时下降。如果没有，则其碳排放下降就很大程度上是建立在其他地区高排放的基础之上，其模式无法扩展到其他地方，对全国减排和示范的意义就大打折扣。

第二，如果消费端排放也同时下降，那么消费端在全生命周期对生态环境和资源消耗的效果是不是也出现了改善？由于数据和时间的原因，我们未及时对此展开详细研究。

从宏观数据判断，这些强脱钩的城市，大多处于高收入阶段，其生产结构升级，产业处于分工链条的高端，即处于所谓微笑曲线的两端。从这个角度来看，其碳排放下降和经济增长同时出现就并不奇怪。

如果考察这些强脱钩城市的消费端就可以发现，这些强脱钩的城市的消费结构，同其他处于同一收入水平但非强脱钩的城市并无明显的差别。也就是说，他们在消费端并没有实现经济增长同碳排放的脱钩，其生产端的强脱钩可能更多的是靠产业分工来实现的。

根据对中国家庭消费碳排放的研究，家庭生活消费碳排放是全球碳排放的重要组成部分并已成为新的碳排放增长点，而中国家庭直接和间接的能源消耗及碳排放量占有率，则呈明显的逐渐扩大趋势。[4] 根据刘世锦团队的研究，不同发展阶段的省市间终端产品结构存在明显差异，同时随着发展阶段的变化呈现出明显的规律性。[5] 这就带来一些问题：一个城市固然可以实现经济增长和碳排放的脱钩，但什么样的脱钩才有全局性意义？怎样才称得上是真正的低碳城市？那些处于高收入水平的城市，可以依托自己的竞争优势，通过产业升级到低碳高附加值价值链条，或将低端高污染的产业转移到其他地区以降低自己的碳排放，并实现经济增长。同时，从其他地区购买消费品，维持一个消费端的高排放。

（四）民众对“双碳”的认同：部分高碳城市的居民更支持“双碳”

通过对网民评论文本进行基于机器学习的语义分析，识别情绪倾向，并由正面情绪与负面情绪的数量和占比的差值，课题组评估了不同城市居民对“双碳”的认同度。

图 4-1 显示，全国对“双碳”工作的认同度均较高。一般认为，那些传统的煤炭型城市中的群众，由于他们对煤炭的依赖度高，因此，对“双碳”的认同度应该相对不高。但与人们直觉不符的是，大数据显示，不少高度依赖煤炭的城市，其居民对“双碳”目标的认同度反而排在全国前列。究其原因，可能是煤炭会造成空气污染、城市负面形象，且大部分的居民并不直接受益于煤炭相关行业。相对于居民对煤炭的依赖度，实则是政府更加依赖这些行业的税收。

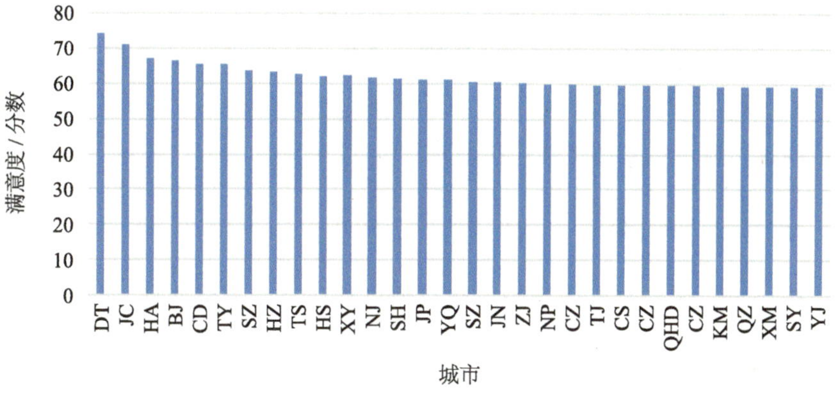

图 4-1　基于大数据分析的城市居民对“双碳”的认同度 TOP30

说明：此图为用“舆论认同度”表征的对“双碳”认同程度最高的 30 个城市。研究目的在于揭示“双碳”认同背后的原因及政策含义，为避免不必要的“排名”困扰问题，特隐去城市名称。
资料来源：RIEco 联合研究项目。

在接下来的部分，我们依次分析中国绿色城镇化面临的三大主要任务，一是传统工业时代形成的城镇化如何按照生态文明要求进行重新塑造。这个可以理解为目前正在进行的城市更新。二是未来新增城镇化人口如何以新的方式实现城镇化。三是如何对乡村进行重新定义，以实现乡村振兴。

五、生态文明视角下的城市更新

（一）城市更新成为中央重点工作

绿色城镇化转型的一个重要内容，就是用新的发展理念重新塑造传统工业时代形成的城市，即城市更新。新的发展理念意味着发展内容、资源概念、商业模式等的系统性转变。中央经济工作会议在部署2020年经济工作时，首次提到“城市更新”一词。2020年，党的十九届五中全会审议通过的《中共中央关于制定国民经济和社会发展第十四个五年规划和二〇三五年远景目标的建议》中明确提出“实施城市更新行动”。这些都标志着城市更新在中国受到前所未有的重视，开启了城市更新发展的新阶段。

根据中央部署，2020年全国计划完成城镇老旧小区改造6.03亿 m^2、改造689.13万户、改造楼栋25.19万栋、改造小区3.9万个。这一阶段的城市更新，以老旧小区改造为重点，但不仅仅局限于老旧小区的改造。2020年，国务院办公厅发布了《关于全面推进城镇老旧小区改造工作的指导意见》提出城镇老旧小区改造是重大民生工程和发展工程，对满足人民群众美好生活需要、推动惠民生扩内需、推进城市更新和开发建设方式转型、促进经济高质量发展具有十分重要的意义。

2021年，十三届全国人大四次会议通过的《“十四五”规划》，进一步明确提出：加快推进城市更新，改造提升老旧小区、老旧厂区、老旧街区和城中村等存量片区功能，将城市更新同推动城市空间结构优化和品质提升结合起来。

（二）城市更新存在的突出问题

目前，中国城市更新已取得不错成绩，但也存在一些突出问题。其中，最重要的问题就是一些地方用传统工业时代的旧思维，进行生态文明时代的城市更新，突出表现就是“大拆大建”。

根据中央要求，城市更新要顺应城市发展规律，绿色低碳发展为路径，转变城市开发建设方式。这些绿色低碳理念，在文件中得到了体现。

2014年《国务院办公厅关于推进城区老工业区搬迁改造的指导意见》和《国务院办公厅关于进一步加强棚户区改造工作的通知》都提到了“绿色建筑”。

2016年《关于深入推进城镇低效用地再开发的指导意见（试行）》提出要“牢固树立创新、协调、绿色、开放、共享的发展理念”。

2020年国务院办公厅《关于全面推进城镇老旧小区改造工作的指导意见》提出结合城镇老旧小区改造，同步开展绿色社区创建。

但是，由于传统的思维惯性和体制惯性，绿色低碳的理念在城市更新中如何实施、由哪个部门监管、通过哪些指标体现等问题都没有一定之规，各地在进行城市更新时，往往难以跳出传统工业化模式。这些新的理念，在各地城市更新的具体操作中并没有得到很好的贯彻。

传统工业化思维在城市更新中最典型的表现就是“大拆大建”。为此，住房和城乡建设部发布《关于在实施城市更新行动中防止大拆大建问题的通知》指出：近期，各地积极推动实施城市更新行动，但有些地方出现继续沿用过度房地产化的开发建设方式、大拆大建、急功近利的倾向，随意拆除老建筑、搬迁居民、砍伐老树，变相抬高房价，增加生活成本，产生了新的城市问题。

杨保军[6]对城市更新进行了深入分析。他将城市更新行动的目标与任务归纳为：完善城市空间结构；实施城市生态修复和功能完善工程；加强历史文化保护，塑造城市风貌；建设完整居住社区；推进新型城市基础设施建设；加强城镇老旧小区改造；加强城市防洪排涝能力和推进以县城为重要载体的城镇化建设。

（三）城市更新：传统工业化思维 VS 生态文明思维

传统工业化模式主要是基于物质财富的大规模生产和消费，看重的是有形的物质资源投入和物质产出，对无形的文化、生态环境等资源则熟视无睹。因此，如果用传统的工业化思维方式进行城市更新，可能就习惯性地按照“大拆大建”的方式进行更新。

为了比较直观地说明传统工业化思维下的城市更新与生态文明思维下的城市更新的本质区别，以北京 798 艺术区的案例为例。如果按照传统工业化思维对 798 厂区进行改造，可能最先想到的就是将原先老厂区的建筑拆掉然后建高楼。这些做法没有考虑到，城市大量的无形文化和生态资源，其实是可以转化为经济增长来源的。按照生态文明思维，工业遗址同样是非常宝贵的资源，可以催生大量新的经济活动。

当然，上面的例子并不是说所有城市更新都要走文化创意方向，而是用这个例子说明不同的思维如何产生不同的效果。各地情况千差万别，需要根据自身情况因地制宜。要充分认识到无形的文化和生态环境等资源的重要性，并通过新的商业模式实现其价值。也就是将传统工业化视角下“视而不见”的“绿水青山”资源，转化为“金山银山”。这些资源有一部分是可以通过市场转化成“金山银山”，有一部分则不能市场化，但可以大幅提高民众福祉。例如，小区环境优美虽然未能给居民带来直接的货币收入，但可以显著提升居民幸福感。

资源概念。在传统工业时代，经济发展以物质财富的大规模生产和消费为中心，而生产工业需要的资源，主要是物质资源，如原材料。相反，无形的文化、生态和环境等，在工业生产过程中则缺乏作用。不仅没有作用，更糟糕的是，它们很大程度上还被工业化的生产模式毁坏。例如，拆掉传统的老胡同兴建工厂，胡同文化就随之消失。这种城市发展的过程，实际上是工业化逻辑对原先历史形成的无形的社会和文化脉络的破坏。工业遗址、当地文化沉淀，都是宝贵的资源，只是在传统工业化视野下不被注意，或者即使被注意到，其价值也无法在商业上实现。这些无形资源，经济学上具有非竞争性的特性。例如，一个城市高品质的生态环境可以被很多人同时享受，不像一件物质商品无法被很多人同时消费。

福祉概念。发展的目的是追求更美好的生活，而美好生活不仅是市场交易的内容，还包括无法市场化的内容，如优美的生态环境。假定两个人的收入相同，但其中一个人居住在生态优美的小区，另一个人居住在环境污染的小区。在其他因素相同的条件下，居住在生态优美环境条件下的人福祉显然更高。或者说，那些居住在环境优美地方的人，同样的收入会产生不同的福祉水平或满意度。如果按照传统工业化的概念，这两个小区的价值应该没有差别。但实际上，两人虽然拥有同样的收入水平，但产生了不同水平的福祉。

商业模式。一个老旧街区，如果其环境品质得到提升、文化得到活化就可以带动很多基于环境和文化的新业态，成为经济增长的动力。但是，由于生态环境和文化等无形的内容很难在市场上直接交易，因此也就难以在市场上自发出现。解决这一问题有两个基本途径：一是通过政府投资。但是，由于文化等产品具有高度的创造性，政府通常不具备直接提供这种产品的能力，但可以采取政府购买的方式。这个商业模式是政府从市场上购买服务，这些服务促进当地新的经济业态，这些业态又产生税收成为政府新的收入。二是完全市场化。例如，一个企业负责一个老旧街区的改造，改造完成后会提高物业价值并形成新的业态，企业可以在这些新的业态中持有股份，获得持续的回报。同时，企业也可以持有这些物业，通过城市更新使其升值，带来持续的租金。

生产力的含义。对老旧城区的绿色更新，看起来投资回报低，但实际上回报非常高，只是其回报的形式不同，属于一次性投入，长期回报。回报的形式，除了促进城区经济发展，也提高了居民非货币福祉。

可持续发展的含义。无形的生态环境和文化由于属于非物质资源，不同于物质资源会枯竭，而且文化还将随着时间的累积变得更加丰富，因此也具有可持续发展的含义。

当然，并不是所有的旧城区改造均有这样良好的物质基础。根据住房和城乡建设部要求，除一些经专业机构鉴定为危房且无修缮保留价值的建筑外，不大规模、成片集中拆除现状建筑，原则上城市更新单元（片区）或项目内拆除建筑面积不应大于现状总建筑面积的 20%。

六、中国城镇化的变化趋势：本地城镇化

中国绿色城镇化的第二大战略任务，就是未来新增城镇化人口如何以新的方式实现城镇化。在过去，农村劳动力向大中城市转移被视为城镇化的重要方向。但是，目前中国本地城镇化的趋势似乎更加明显。

（一）中国本地城镇化趋势

从 2009 年开始，国家统计局每年进行农民工流动状况跟踪监测，并发布《农民工监测调查报告》。根据其定义，本地农民工是指在户籍所在乡镇地域以内从业的农民工；外出农民工是指在户籍所在乡镇地域外从业的农民工。从 2010 年左右开始，本地农民工的比重就出现持续上升趋势，外地农民工比重则开始下降。可以看出，如果将本地农民工的定义扩大到县域或周边区域，则这一变化趋势会更加明显。

2008—2019 年，全国农民工中外出农民工所占比例在 60% 左右，而本地农民工所占比例在 40% 左右，农业转移人口中外出到户籍地所在乡镇以外工作的农民工较多。但是，从 2010 年开始，外出农民工在全部农民工中所占比例逐步下降，同时本地农民工在全部农民工中所占比例逐步上升（图 4-2）。跨省流动的外出农民工比例从 2008 年的 53.3% 逐年减少至 2019 年的 43.1%；省内流动的外出农民工比例则从 2008 年的 46.7% 持续上升至 2019 年的 56.9%（图 4-3）。

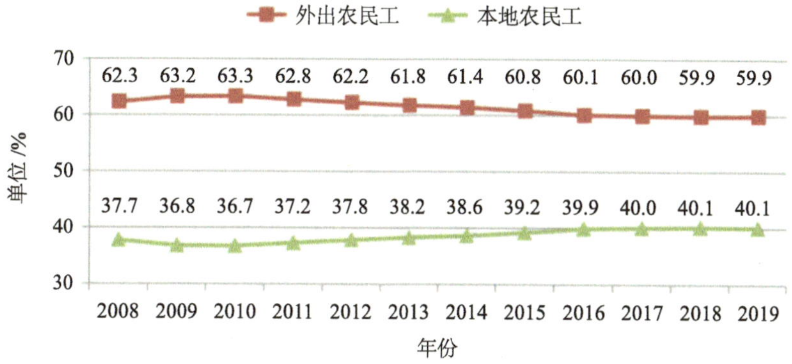

图 4-2　2018—2019 年全国农民工外出与本地务工情况

资料来源：根据国家统计局历年《农民工监测调查报告》整理。

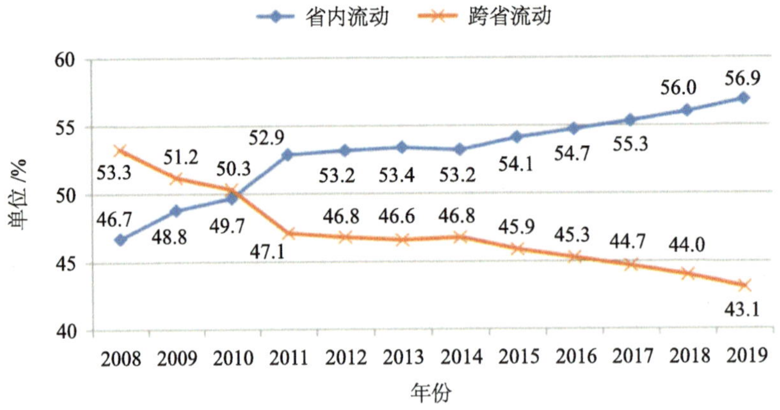

图 4-3 2009—2019 年农民工省内及跨省流动比例

资料来源：根据国家统计局历年《农民工监测调查报告》整理。

（二）城市规模与经济发展

规模经济被很多人视为城市经济发展的驱动力。在城市发展中扮演着主要角色。但是，无论是在理论上还是实践上，城市规模都不是越大越好。

在经济增长理论中，人口规模并不总是有利于经济增长。例如，在索洛增长模型、内生增长理论和刘易斯剩余劳动力理论中，人口规模对经济增长分别有着负面、正面或中性作用。以 Krugman 和 Fujita[7] 等为代表的新经济地理强调人口规模对经济增长的好处。但是，正如 Young[8] 指出的，斯密定理强调的“市场大小”并不是“大规模生产”和人口规模。

张永生和赵雪艳 [9] 的研究显示，Fujita-Krugman 城市化模型中的企业规模经济同现实不符。一些强调城市规模的经验研究显示，城市规模与人均 GDP 之间存在强相关。[10] 但是，结论可能并不是如此简单，大中小城市的层级结构是在市场中内生的。由于大城市市场规模大、分工水平高，其名义 GDP 通常会高于中小城市，但大城市的 GDP 中包含更多的交易成本（通勤成本、房价和拥挤等），所以净效用并不一定更高。如果对城市人口和 GDP 进行回归分析，就只能得出“城市越大，人均 GDP 越高”的结论，但这个结论可能会产生一定误导。

在现实中，我们既可以发现大量“城市规模小却经济发达”的例子，也可以发现大量“城市规模大却贫穷”的例子。在欧洲，超过一半人口生活在 5 000 ～ 100 000 人口的中小城市。同时，城市人口规模并不等于繁荣，世界上 29 个超大城市中，有 22 个在非洲、亚洲和拉丁美洲，这些超大城市并没有因此繁荣。在中国，很多城市的发展不再依靠人口的增长，人口和城市经济增长之间，呈现了倒 U 形关系。此外，作为城镇化基础的工业也不是分布在大城市。[2]

以原农业部口径统计的乡镇工业从业人数比例超过 50%，农村规模以上工业从业人数比例也从 2004 年的 40% 增加到 2013 年的 50%。2004—2008 年农村工业从业人数比例为 46%。总之，无论是普查资料还是年度资料都显示，2000 年以后中国农村工业都没有衰败，反而保持较为稳定的增长趋势。[2]

七、城乡协调背景下的绿色乡村振兴

城市和乡村是一个问题的两面。当经济发展内容和方式发生改变时，乡村的定义和城乡关系也会发生相应改变。在全面实现小康和完成脱贫攻坚任务后，农村工作的重点是全面转向乡村振兴。要实现乡村振兴，首先必须深入认识乡村落后的原因。乡村落后是传统工业化模式的必然结果。

乡村振兴必须跳出传统的“农村”概念，因为“农村”更多的是传统工业化的概念，而不是生态文明的概念。党的十九大提出的是“乡村振兴”而不是“农村振兴”，背后具有深刻含义。“农村”是一个非常传统工业化的概念。“农”对应的是“工”，意味着“农村”只能从事农业，是农民劳作和居住的地方，也就是传统的“三农”概念。实际上，乡村的功能远不只是传统的“三农”范畴。“乡村”是一个空间概念，意味着乡村除农业外，还可以有大量其他功能，如生态服务、文化体育、教育、休闲、康养和观光体验等功能，这些功能可以催生出大量的新兴经济和非经济活动。

过去乡村衰落的根本原因在于工业革命后建立的传统工业化模式。这种模式以工业财富的大规模生产和消费为中心，经济发展被认为是一个工业化、城镇化和农业现代化的过程。农村在传统发展模式中一直处于从属地位，就是为工业和城市提供农产品、劳动力、原材料和市场。经济发展的过程，被认为就是将大量农业劳动力转移到城市去发展工业，同时传统生态农业也用工业化的逻辑改造成化学农业。

这种以工业物质财富为导向的发展理念，以及以城市和工业为中心的农村概念，大大限制了乡村的发展空间。以工业财富为中心的传统工业化模式，主要依赖有形的物质资源投入，从而乡村大量无形的生态和文化资源就难以发挥作用，“绿水青山”的价值也就难以被充分认识，更难以转化成“金山银山”。而且，这种传统工业化模式还会破坏乡村的文化和生态资源。例如，高污染的工业、采掘业和化学农业对乡村生态环境的破坏。正是这种传统工业化发展理念和发展模式，导致乡村发展相对滞后、生态环境破坏，以及大量社会问题。

因此，乡村的问题，根源在于传统工业化模式的不可持续。乡村问题只是传统发展模式不可持续后果的一个侧面。可以说，几乎所有的乡村问题，都对应着相应的城市问题。解决乡村问题，本质上是解决传统发展模式的问题，不只是乡村本身的问题。爱因斯坦说，“我们不能用过去导致这些问题的思维来解决这些问题”。因此，乡村振兴必须跳出传统工业化思维，从传统工业文明向生态文明转变，以实现可持续的绿色发展。这就是乡村振兴和生态文明之间的内在逻辑关系。

这正是为什么党的十九大提出“乡村振兴”而不是“农村振兴”的深刻背景。当前我们面临的问题实际上是两个层面的：一是要解决传统工业化模式的不可持续问题，即从传统工业化模式转变为基于生态文明的绿色发展。二是要跳出传统工业化思维，在生态文明概念下重新定义乡村。乡村不只是传统意义上的“三农”概念，而是一个可以承载各种现代活动的地理空间。尤其是在移动互联和数字时代，传统的空间概念很大程度上被重新定义，乡村可以从事很多过去难以想象的经济活动。如此一来，乡村的发展空间就会大大拓展，乡村振兴才能真正实现。

八、从 GDP 导向到福祉导向：新发展时代的城镇化

经济发展的根本目的是提高人们的福祉。传统工业化模式的弊端之一，就是发展目的和手段的本末倒置。大量研究表明，包括中国在内的很多国家，传统工业化模式下的经济发展并没有像人们以为的那样持续同步提高了国民幸福水平。这就是著名的伊斯特林悖论，又称“幸福—收入之谜”或“幸福悖论”[11]。由于现代经济学是构建于“财富增加将导致福利或幸福增加”这样一个核心命题之上，因此这个悖论就引发了一个重要问题：为什么更多的财富并没有带来更大的幸福[12-15]。

斯密[16]指出，市场经济的高生产力是由一个误导的信念所驱动，即物质财富带来幸福。正是这一幻觉，激发并保持了人类产业的不断进步，从而彻底改变了地球的面貌。因此，经济发展必须从为 GDP 导向，转向民生福祉导向。GDP 只是民生福祉的一部分，且 GDP 中的部分内容，也需要进行调整，形成新的供给内容，以实现福祉最大化。

相应地，在传统工业化模式基础上形成的城镇化，也需要进行战略性调整。因此，必须跳出传统的城市大小之争，回到为什么发展以及为什么有城市这个逻辑起点，在生态文明的框架下对城市和乡村进行重新定义。

正如 Stiglitz 指出，GDP 更多的是一个错误的测度。GDP 只是测度市场交易的活动。而且，这些活动还不都是增进人们福祉的活动。其中，一部分是交易成本，另一部分则是凯恩斯意义上“挖沟、填沟”的无效活动。如果用传统的 GDP 概念来测度，则城市规模越大，人均 GDP 就越高，似乎城市越大越有效率。但是，一旦我们回归到发展的根本目的这一标准，则城镇化的最优空间格局就会发生大的变化。[17]

这种工业化视角和生态文明下的城市化，类似从地心说到日心说。一旦跳出传统工业化视角看待城镇化，则关于成本、收益、效用、福祉和最优化等概念就会发生深刻变化，在传统工业时代下形成的标准经济学结论可能就不再适用。

如果用 GDP 来测度，则城市规模越大、人均 GDP 就越高。但是，如果用居民福祉来测度，则小城镇的居民同大城市并无实质差距，甚至小城镇的福祉更高。

我们用目前国际上关于福祉的主流定义和研究方法，来对不同大小城市的福祉进行测度。根据 Easterlin[18] 对福祉的主要测度，是自我报告的对生活的满足感。这也是 Stiglitz-Sen-Fitoussi 报告推荐的测度方法之一。即“如果考虑到所有的因素，你对自己目前的生活满意程度如何？请在 1 ～ 10 进行选择。其中，1 代表不满意，10 代表很满意”。

由图 4-4 可知，在 2015 年和 2017 年居住在直辖市或省会或地级市的受访者，生活满意程度明显高于县城或镇或农村的受访者，但是到 2019 年县城受访者的生活满意度最高，说明随着年份的增长，县城居民的幸福度也在增长。

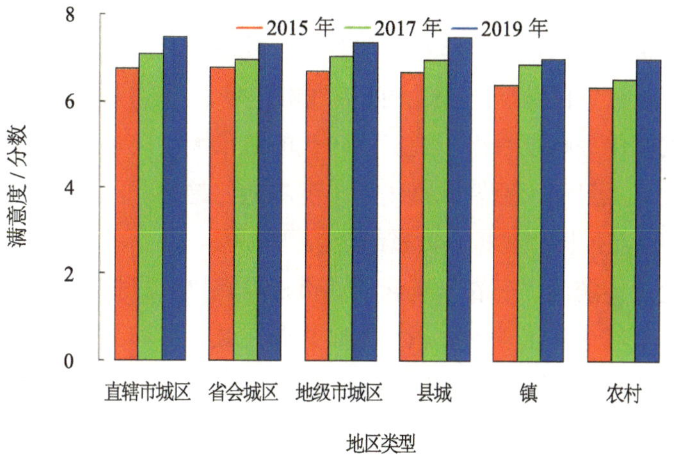

图 4-4　**不同层级满意度**

注：由于人口的流动性，要准确识别居民的居住地点比较困难，我们用居民第一套住房作为居住地点的代理变量。这种处理会带来一定的偏差，需要进一步完善。
资料来源：中国社会质量基础数据库（Chinese Social Quality Data Archive）。

九、政策建议

全球范围碳中和共识与行动，标志着传统工业时代的落幕，一个新的生态文明绿色发展时代的开启。这意味着，传统工业时代建立的发展理念、资源概念、发展内容、商业模式和体制机制等都面临着自工业革命以来最全面而深刻的转变。相应地，传统工业时代形成的城镇化理念与模式，都需要根据新的生态文明的内在要求进行全面而深刻的转变。

（一）总体思路

第一，将“双碳”目标作为绿色城镇化的重要战略抓手，推动城市有序率先实现碳达峰和碳中和。率先达峰城市的重点工作，应从生产方式转变的同时，进一步转到推动消费方式转变上。现有碳达峰城市的减排模式，还远远谈不上真正的绿色转型，更多的只是传统意义上的产业升级。为此，应充分考虑城市碳达峰路径的差异性，建立多样化的高效型政策措施体系，鼓励率先碳达峰城市成为绿色低碳发展的排头兵。

第二，将城市更新作为绿色城镇化转型的重大契机，避免用传统工业时代的旧思维进行生态文明新时代的城市更新。不仅要树立以生态环境和生活品质提升为主导的城市更新，也要按照新发展理念树立新的资源观，充分认识老旧城区独特的文化历史价值，并以各种形式进行活化，将其转化成“金山银山”。严控“大拆大建”，严控城市建设超高层建筑与高层住宅；坚持“留改拆”并举，以保留保护为主的城市建设原则。在城市更新中充分利用存量建筑，降低城市开发、建设过程中的碳排放。

第三，中国城镇化战略要跳出传统工业时代的城市大小之争，在生态文明思维下对城市进行重新定义。目前，新增城镇化已出现本地化趋势，应将城市群和县域绿色城镇化作为工作的重点，同乡村振兴紧密结合。

第四，要避免用传统的“三农”概念和城市视角搞“乡村振兴”。乡村是一个新型地理空间，不只是城市和工业的附属。尤其是要在城市群和县域城镇化的背景下推动乡村振兴，发挥县城连接城乡两端的独特优势。

第五，在新发展格局和绿色城镇化大背景下，用全生命周期和多维度可持续视角（碳排放、资源消耗、生物多样性、环境保护等多维度，以及经济—社会—环境多维度）重新思考城市基础设施和城市建筑的生态环境效应。严控城市建设超高层建筑与高层住宅，减少由此带来的高能耗和高资源消耗（如建筑钢材强度）。在城市更新中充分利用存量建筑，降低城市开发、建设过程中的碳排放。加大城市绿色基础设施改造力度。吸取郑州特大暴雨灾害教训，加大城市雨洪体系建设和管理，在气候变化背景下提高城市韧性。

（二）具体领域：四大政策支柱

政策支柱 1　关于城市更新和老旧城区绿色化改造相关对策建议

1. 树立以环境提升与生活品质提升为主导的改造目标体系

（1）城市建设应聚焦于经济、人文、生态和生活等领域品质的提升，整体设计城市更新和老旧城区绿色化改造提升战略与政策措施体系，确定环境提升指标体系，切实提出提高民生福祉的具体措施。

（2）在改造过程中增强生物多样性保护，推进生物多样性恢复，在城市整体规划及改造中综合考虑生物多样性以及生态系统等要素，由各地市政府机构牵头推进相关项目试点与推广，沿不同层次的城市化程度制定将自然资本（生态系统服务）最优化配置的具体方案。

2. 设计以落实改造升级效果及效益为目标的路线图

（1）构建以实际效果为考核标准的综合考评体系，明确工作思路及重点环节，避免盲目“大兴土木”“大干快上”，聚焦重点领域，力争以“微改造”带动“大提升”。

（2）通过建立新的环境市场为生态系统服务赋予价值，鼓励社会资本投资于自然资本，提高资源与资金配置效率以及建设成效，出台公共政策与金融政策，制定市场激励措施，鼓励社会资本为改造升级提供基于项目的技术创新和最低成本的解决方案。

3. 因地制宜定制系统化的绿色改造方案

（1）根据基础类、完善类、提升类等区域分类，确定改造内容清单、标准和支持政策等细则，以区域为单位明确改造升级的内容与重点工作。

（2）将环境保护与提升纳入城镇绿色化改造的考核范围，设置环境改善、环境治理考核指标，建立有效的监管机制，全面提升绿色改造的长期效果。

（3）建立以人为本的广泛征求公众意见的参与机制，畅通线上线下信息互动渠道，将建议权下沉到社区与现场，深化社区议事协商机制，激发社会参与积极性，建立健全公开透明、开放参与和民生为本的改造工作协调机制。

（4）探索“政府＋居民＋企业”的共建共享治理模式，聚焦老旧小区硬设施及软环境双提升，打造区域性环境保护与改善的长效机制。

政策支柱 2 关于城市率先碳达峰和碳中和相关对策建议

1. 需充分考虑城市碳达峰路径的差异性，建立多样化的高效型政策措施体系

（1）应鼓励省、市、区主管部门因地制宜，根据各城市资源禀赋、工业化进程及社会经济情况，规划、设计和制定适合本地碳达峰工作需要的政策措施体系。

（2）支持各省市围绕全国碳达峰的共同目标和导向，采取不同的低碳路径及措施，兼顾全局层面通盘考虑与个性化发展要求，制定城市碳达峰路线图与时间表，明确各地市碳达峰的进度与步骤。

（3）采取切实措施避免“大锅饭”、“一刀切”和“放卫星”，实现根据发展情况的梯次达峰。为欠发达地区提供切实指导与要求，根据实际情况确定碳达峰时间表，提供更大的调整期与缓冲期，不搞政治正确化的碳中和跃进。

2. 鼓励主动型碳达峰城市成为绿色低碳发展的排头兵

（1）出台指导意见，鼓励主动型碳达峰城市建立一个有力度的达峰目标，尝试更快速、更深入地实现碳达峰与碳中和目标，为中国整体实现碳达峰与碳中和目标创造提前量，为欠发达地区创造更多减排空间。

（2）出台激励政策，鼓励具备条件的主动性碳达峰城市进一步加强绿色低碳转型，在新型城镇化建设中坚持生态文明发展观，兼顾城市经济与生态环境保护的均衡发展，打造培育绿色经济增长新动能的标杆与示范，为其他城市提供建设经验与工作指导。

3. 推进自然型碳达峰城市补足短板弯道超车

（1）开展专项指导，引导被动碳达峰城市正视碳排放下降主要原因，认真分析传统经济增长乏力、工业化进程动能不足所导致的发展问题，鼓励地市主管部门着重解决新兴绿色技术推广面临的体制和机制性障碍等问题，重新寻找本地市碳达峰碳中和发展禀赋与优势，在建设生态文明的前提下，逐步增强绿色发展核心能力。

（2）引导自然型碳达峰城市将碳达峰碳中和目标视为新的发展机会，以绿色低碳发展为指导，逐步由少排、缓排和减排走向碳中和，有序展开绿色低碳发展为主导的转型升级建设工作。

（3）自然型碳达峰城市应坚持科技创新与技术创新驱动，高度重视成本低、发展较快的绿色适用技术的应用与推广，以潜力大、难度小的绿色技术为突破口，打开城市整体转型的突破口，实现可持续的绿色发展。

政策支柱 3 县域绿色城镇化发展战略相关对策建议

1. 健全县域城镇化发展战略体系

（1）研究制定具体而有针对性的发展战略，切实推进各县市工业、农业、市政、

教育、医疗、养老和就业等领域的政策建设，研究制定的推进城乡发展差距的科学方法与行动方案，推动整体升级方案与规划建设，促进资源优化配置、产城融合发展、生态环境优美、自然与社会环境和谐的新型城镇建设升级。

（2）重点解决基层改革中普遍存在的体制机制缺失等问题，鼓励县市联合制定行动方案，整体规划产业体系、经济结构、社会服务、公众事业、生态环境的融合提升。

（3）根据国家土地利用规划制定本地市利用自然资本的政策，打造景观经济发展战略，鼓励有条件的县市根据实际情况打造农业旅游和生态旅游等新兴绿色服务业，实现环境保护与经济发展的深度结合。

2. 推进核心绿色要素改造升级

（1）快速推进农业用地征用、土地流转制度等领域的改革，合理扩大农民土地交易自主权等合法权益，推动农村土地资源优化配置深度对接第一产业升级、工业布局调整、农民职业化发展、农村人口收入稳定增长，实现人口、土地、产业“城镇化三同步”。

（2）定制县域城镇化战略中产业调整方案，在县域及县域乡、镇周边打造农民依托产业而集中的生产生活区，同步提升乡、镇产业化服务能力与公众服务能力，构建绿色发展基础体系。

（3）推进第一产业规模化、机械化、绿色化和高效化发展，构建县、乡、镇及其各产业融合发展模式，构建联动、共赢、相互促进的城乡一体化发展态势。

（4）新型城镇化应聚焦核心县、乡、镇建设发展，建立健全适合本地区的县域城镇化绿色发展的政策体系与统一考评制度，打通市—县—乡镇通道，建立产业体系、生产要素、社会资源之间的融通机制，带动城市与乡村同步发展。

政策支柱 4 绿色乡村振兴相关对策建议

1. 深入开展农业绿色转型升级的理论研究与实践

（1）分析研究“现代农业”建设成就与面临的挑战，探索工业化农业、化学农业的绿色转型。

（2）有序推进乡村绿色发展实践方法与路径研究，明确保障农村生产生活、保护生态环境、发展农业文明等基本要求与产业特点。

（3）结合乡村人力资源空心化问题研究，开展乡村人才培育工程，加速推进城乡人才流动、农业职业培训与技能培训，对符合条件的农民进行资格认证，制定和出台城市资本到农村投资开发的扶持政策与管理政策，打造试点示范样板，打通投资通道，带动农村技术与人才体系建设。

2. 建立健全乡村绿色发展规划体系

（1）切实提升城乡“三农”发展规划工作中系统、科学、可行、连续推进、量化考评等核心能力，切实增强各地区整体规划与系统解决方案建设能力。

（2）打破现阶段专业规划过多、过细等现状，实现规划的有机融合，与城镇规划相互衔接、联动，全面覆盖乡村绿色发展的各个方面，打造城乡协同发展的规划体系。

（3）由县级统筹制定乡村绿色发展规划及实施管理，科学论证，充分细化，加强规划的执行、实施、监督及管理。

3. 推进乡村融合发展模式建设

（1）以全新的视角重新定义乡村绿色发展，协助各地市明确自身绿色发展的优势，推动理念、资源、模式和内容等方面的创新发展，大幅拓展绿色发展空间，帮助欠发达地区通过绿色转型实现蛙跳式发展。

（2）坚持绿色发展为主导，多元化发展为支撑的“一极多翼”建设模式，引导乡村因地制宜推动生态环境资源及优势向经济发展、产业升级动能的转化，因地制宜发展旅游及美丽田园与美丽乡村等环境友好型产业，在广大乡村全面实现环境保护、环境改善、特色经济的协同发展，实现以绿色农业为导向的多种形式的适度规模农村产业经营发展。

（3）加大“互联网 +”“科技 +”服务乡村绿色发展的力度，提高科技助农的水平与质量，引导支持农业产业拓展新业态，实现农业与信息化、市场化、科技化以及专业人才的供需结合，深度融合农、林、文、旅、加工等产业，推进农业产业链接共生和绿色发展，提高农业产业的融合性与产业容量，加速农业高效化、生态化以及服务性新业态的协同发展进程。

参考文献

[1] 张永生，禹湘．中国碳中和的战略与实现路径 [M]// 谢伏瞻．中国经济形势分析与预测（经济蓝皮书）．北京：社科文献出版社 ,2021.

[2] 张永生．基于生态文明推进中国绿色城镇化转型：中国环境与发展国际合作委员会专题政策研究报告 [J]. 中国人口·资源与环境，2020, 30(10):9.

[3] Shan Y, Fang S, Cai B, et al. Chinese cities exhibit varying degrees of decoupling of economic growth and CO_2 emissions between 2005 and 2015[J]. One Earth, 2021, 4(1).

[4] 王悦，李锋，孙晓．城市家庭消费碳排放研究进展 [J]. 资源科学，2019, 41(7): 1201-1212.

[5] 刘世锦．从终端需求视角分析中国经济未来新增长点 [M]// 刘世锦．中国经济增长十年展望（2020—2029）：战疫增长模式．北京：中信出版社 ,2020.

[6] 文林峰，杨保军．全面实施城市更新行动推动城市高质量发展：专访住房和城乡建设部总经济师杨保军 [J]. 城乡建设，2021(16):32.

[7] Fujita M，Krugman P . When is the Economy Monocentric?[J]. 1995, 25(4):505-528.

[8] Young A A . Increasing Returns and Economic Progress[J]. Economic Journal, 1928, 38(152):527-542.

[9] Zhao Z X . Testing the scale effect predicted by the Fujita–Krugman urbanization model[J]. Journal of Economic Behavior & Organization, 2004.

[10] Bettencourt, Luis M A . Impact of Changing Technology on the Evolution of Complex Informational Networks[J]. Proceedings of the IEEE, 2014, 102(12):1878-1891.

[11] Easterlin R A. Does Economic Growth Improve the Human Lot? Some Empirical Evidence[J]. Nations & Households in Economic Growth, 1974:89-125.

[12] Ng Y K. From preference to happiness: Towards a more complete welfare economics[J]. Social Choice and Welfare, 2003, 20(2):307-350.

[13] Jackson T. Prosperity without growth : foundations for the economy of tomorrow/[M]. 2017.

[14] Skidelsky R, Skidelsky E. How Much Is Enough? Money and the Good Life[J]. TLS - The Times Literary Supplement, 2012(5703):6.

[15] Scitovsky T. The Joyless Economy: The Psychology of Human Satisfaction[J]. Oup Catalogue, 1992.

[16] Ashraf N, Camerer C F, Loewenstein G. Adam Smith, Behavioral Economist[J]. Journal of Economic Perspectives, 2005, 19.

[17] Stiglitz, J. GDP is a wrong tool for measuring what matters[EB/OL].(2020-08-01)[2022-03-22]. https://www.scientificamerican.com/article/gdp-is-the-wrong-tool-for-measuring-what-matters.

[18] Easterlin R A, Morgan R, Switek M, et al. China's life satisfaction, 1990—2010.[J]. Proceedings of the National Academy of Sciences of the United States of America, 2012, 109(25):9775-9780.

第三篇

创新与可持续生产和消费

第 5 章 绿色转型与可持续社会治理

一、引言

中国已经进入高质量发展阶段。中国共产党第十九届五中全会全面擘画了中国“十四五”时期经济社会发展目标以及 2035 年远景蓝图，促进经济社会发展全面绿色转型成为实现全面建设社会主义现代化国家宏伟目标的内在要求和必然选择。因此，准确判断新发展阶段下中国绿色生产与消费的关键性重大问题，完善调整推动绿色生产与消费的重要政策，对于加快促进经济社会发展全面绿色转型极为必要。

与“十三五”时期相比，中国“十四五”时期经济社会发展进入“深度”绿色转型期，绿色生产与消费实践进入实质性的实践阶段，这也是衡量“深度”绿色转型的标志，非常关键。根据“十四五”规划，未来全面深入有力地推动绿色生产和消费，需要更加具体的配套行动方案和切实管用的政策措施；需要部门的统一协调和分工细化；需要尽快制定重点消费领域和重点生产行业的绿色行动方案，形成推动绿色生产和消费的施工图。

二、中国绿色消费的经济贡献分析与综合评估

（一）绿色消费的经济贡献实证分析

当前，中国在消费结构、消费方式、消费人群和消费市场格局等方面出现了不同于以往的深刻变革，绿色消费已经成为中国消费变革中的重要内容与特征。绿色消费通过产业链上、中、下游传导机制可以带来整个产业链的绿色重构，这对于推动中国经济质量变革、效率变革和动力变革，从而牵引经济高质量和绿色发展发挥着重要的积极作用。

1. 居民收入现状分析及“十四五”展望

中国2020年的GDP为101.6万亿元，按14亿人口计算，人均GDP达到了7.26万元，折合成美元约为1.05万美元。分地区看，北京、天津、上海、江苏、浙江等省（市）的人均GDP已达1.5万美元，而全国尚有20个省市的人均GDP尚未超过1万美元。预测表明“十四五”时期，中国各区域发展格局不会出现明显变化，地方发展水平有望整体持续提升，人均GDP超过1万美元的省（市）扩大到19个，不足1万美元的省还有12个，但绝大部分省（市）人均GDP都会接近人均1万美元（图5-1）。

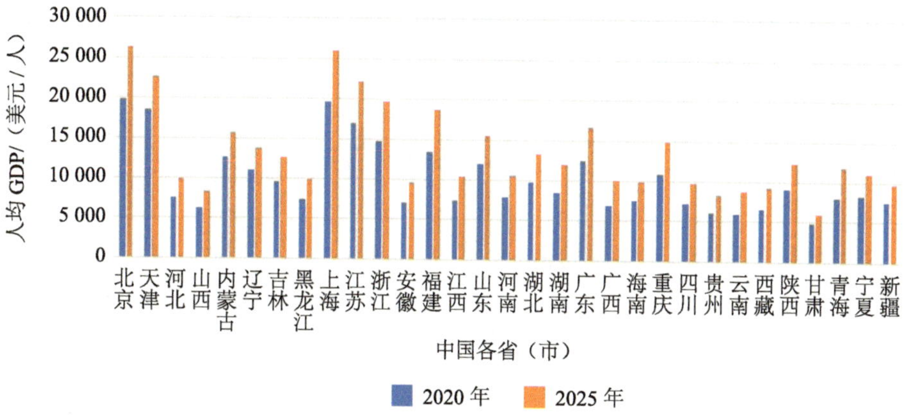

图 5-1 “十四五”时期各省（市）人均 GDP 走势展望

注：本土未统计香港、澳门、台湾数据。

基于对全国2 851个区县的城镇和农村人均可支配收入数据（2018/2019）以及相应的城镇及农村人口数的统计分析，按照世界银行公布的中等偏上收入国家标准（4 000美元，约合人民币2.8万元），提取人均可支配收入超过该标准的区县，匹配相应人口，估算中国当前收入水平在中等偏上水平的人口规模约为4.5亿人。考虑“十四五”时期，人均收入有望随经济发展同步增加，预计中等收入人口规模有望再增加1亿人以上，达到5.6亿人。预计“十四五”时期，中国消费率将由2020年的54.3%升至2025年的60%左右，投资率将下降至40%左右。因此，总体判断，人民收入的不断提升，使绿色产品的消费潜力大幅提升。“十四五”时期绿色消费有望进入快速发展阶段（图5-2）。

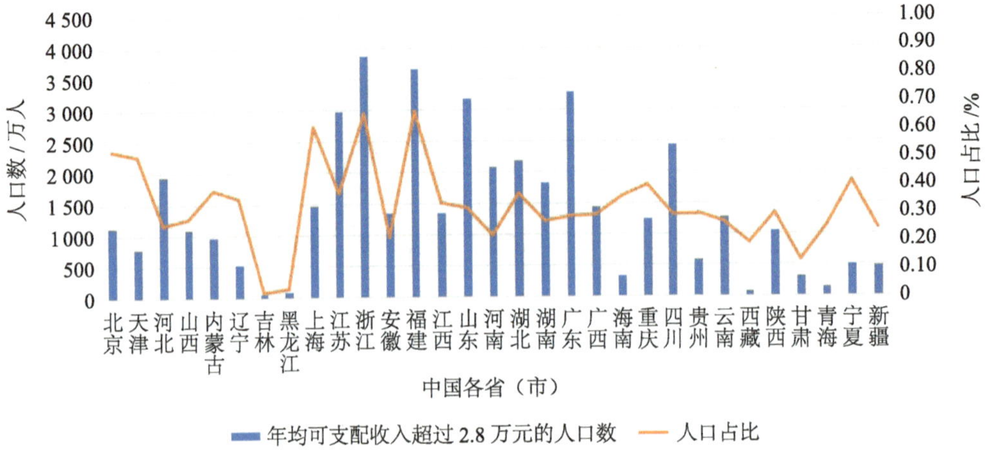

图 5-2 各省（市）收入水平在中等偏上的人口数量

2. 中国绿色产品的消费情况分析

基于生态环境部环境发展中心的研究，2020 年国内得到环境标志认证的企业约有 8 800 家，环境标志认证产品重点分布在 20 个行业，产值规模已超 5 万亿元，中国绿色产业发展初具规模。本课题根据数据可得性，主要以中环联合（北京）认证中心有限公司开展的环境标志产品认证、绿色产品认证、绿色包装认证、有机产品认证、中国低碳产品认证为基础界定环保认证，进行相关定量测算。

2017 年投入产出表的估算显示，环境标志认证产品在最终需求中的使用比例仍然不高，且主要呈现出口拉动的特征。总体来看，最终消费、投资和出口中认证产品占相应部门产品总产出的比重分别为 1.6%、1.9% 和 5%。其中，最终需求中，环境标志认证产品占该产品最终使用总额的比例最高的是视听设备，其中国内消费和出口的比重都占到 27%。但是例如电子元器件、其他电气机械和汽车、计算机征集、通信设备和家具等产品，其在消费中的比重远低于在出口中的比重。表明目前国内绿色产品的生产拉动主要还是靠出口，而不是国内消费和投资。

利用可计算的一般均衡（CGE）模型模拟绿色消费品（环境标志认证产品）未来的发展潜力。本研究基于 2017 年投入产出表拆分出环境标志认证产品，构建了可开展绿色消费经济影响的 CGE 模型。首先利用 CGE 模型开展基准情景分析。其中，按照

BAU 情景设计思路，假设不施加额外的补贴政策，对未来的绿色消费品市场规模进行预测。初步测算表明，2020 年绿色消费品规模在 2.2 万亿元，到 2025 年将扩大到 3.1 万亿元，比 2020 年增长 40%；到 2035 年将达 5.6 万亿元，是 2020 年的 2.6 倍，比人均 GDP 翻一番的发展速度略高（图 5-3）。

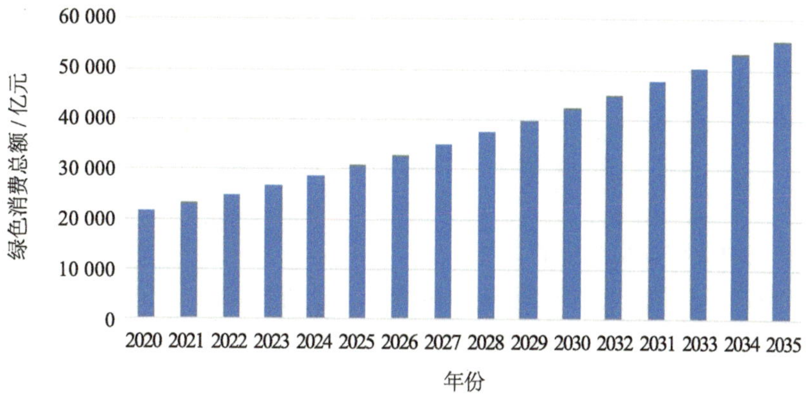

图 5-3 基准情景下绿色消费总额的增长趋势展望

3. “十四五”绿色消费潜力及影响的多情景分析

在基准情景基础上，开展政策情景研究，重点假设“十四五”时期通过为绿色消费品减税的方式激励绿色消费发展，重点分析绿色消费对经济的拉动作用。

（1）绿色消费规模预测分析

政策情景：为推动绿色消费，给用于消费的绿色产品价格补贴是主要的可行手段。因此，本研究初步假设通过消费品补贴的方式来保持绿色消费品价格基本不变，支持绿色消费。具体而言，假设自 2021 年起，中国启动刺激绿色消费发展的政策措施，按照小步快走的方式，在“十四五”时期，每年为用于消费的绿色产品提供补贴或者减税，实现绿色消费品价格相对基准情景每年下降 2%，即相对基准年保持稳定，支持绿色产品消费。计算结果表明，通过补贴的方式能够有效促进绿色消费的扩大，2025 年和 2035 年的绿色消费规模分别为 3.25 万亿元和 5.9 万亿元，较基准情景分别提高了 1 700 亿元和 3 400 亿元（图 5-4）。

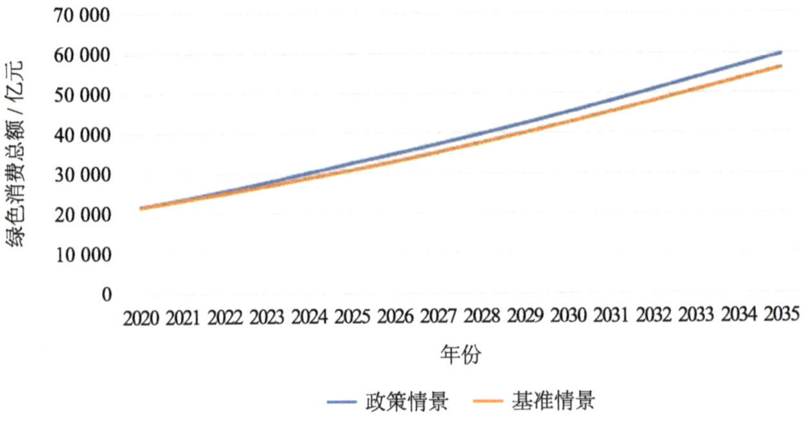

图 5-4 绿色产品消费减税对绿色消费的刺激作用

（2）绿色消费对宏观经济的贡献

绿色消费增长总体上既扩大了消费规模，又能够拉动 GDP 增长。“十四五”期间，减税效应持续释放，居民消费规模较基准情景持续扩大，2025 年较基准情景提高了 0.2%。同时，消费扩大会产生一定的出口替代效果，2025 年出口相对基准情景下降 0.24%。消费拉动 GDP 相对基准情景持续扩大，2025 年较基准情景增长 0.08%。“十四五”之后，考虑政策的技术溢出效益，经济增长规模还将持续扩大（表 5-1）。

表 5-1 绿色消费减税情景的宏观经济变量相对基准情景的比重

单位：%

	2021 年	2022 年	2023 年	2024 年	2025 年	2030 年	2035 年
GDP	0.03	0.05	0.06	0.07	0.08	0.1	0.12
消费	0.05	0.10	0.14	0.17	0.20	0.22	0.24
投资	0.01	0.02	0.02	0.03	0.04	0.06	0.08
出口	0.00	-0.03	-0.08	-0.15	-0.24	-0.20	-0.19
进口	0.03	0.07	0.11	0.16	0.21	0.22	0.20

（3）绿色消费对节能减排的影响

2025 年绿色产品产出相对基准情景增加了 1 300 亿元，略小于消费的增幅，反映了一定程度的出口替代效益。2035 年绿色产品产出相对基准情景增加了 2 800 亿元。

从节能角度看，通过补贴的方式推动绿色消费将从两个路径影响碳排放效果。一方面是消费总规模扩大，产出规模扩大，会刺激碳排放量上升；另一方面是推动消费结构转向绿色化，降低单位消费品的碳排放强度。这两方面综合作用决定了绿色消费激励政策对我国碳减排的效果。综合来看，短期内消费规模扩大的影响是主要矛盾，使得刺激绿色消费的政策出台后，能源和二氧化碳排放在短期内微弱增长；但长期来看，消费结构优化的作用更强，将产生持久的节能降碳效果（表 5-2）。

表 5-2　绿色消费产品减税政策对能源需求的影响

单位：%

	2021 年	2022 年	2023 年	2024 年	2025 年	2030 年	2035 年
煤炭	0.02	0.03	0.03	0.03	0.00	−0.04	−0.05
石油	0.01	0.02	0.02	0.01	−0.01	−0.02	−0.04
天然气	0.01	0.01	0.01	0.00	−0.01	−0.07	−0.12
电力	0.02	0.03	0.03	0.03	0.03	−0.02	−0.05

4. 提升绿色消费潜力

中国当前收入水平在中等偏上的人口规模约为 4.5 亿人。考虑“十四五”人均收入有望随经济发展同步增加，预计中等收入人口规模有望再增加 1 亿人以上，达到 5.6 亿人。人民收入的不断提升，使绿色产品的消费潜力大幅提升。

当前我国绿色产品产业发展还主要由出口来拉动。未来随着人民收入的提升，国内绿色消费潜力将大幅提升，为从出口拉动为主向出口和国内消费协同拉动国内绿色产品产业发展转变奠定了基础。

为扩大绿色产品消费，在消费环节进行补贴是行之有效的政策措施。为此“十四五”时期可适当出台补贴政策，以此激励绿色产品消费增长。具体措施上，建议按照小步快走的方式，持续补贴，稳步培育绿色产品消费市场发展。

（二）中国绿色消费指数构建与综合评估

构建绿色消费综合指数，形成系统的量化评估体系，对不同地区绿色消费的水平进行科学、客观的评价，对于衡量不同地区绿色消费的发展水平和发展程度、识别绿色消费发展的短板和不足、推动经济社会发展全面绿色转型具有重要意义。

1. 中国绿色消费综合指数构建

（1）构建原则

本研究的绿色消费行为主体界定为社会居民消费者，关注于产品和服务消费的使用及处置，以及对经济、社会状况和资源环境状况产生的影响。构建的基本原则包括：

科学性。每项指标的设计应该具有明确的实际意义，能够保证评估方法的科学性、评价结果的真实性和公平性。

独立性。所选取的指标在同一层次上要相对独立，彼此间不存在因果关系，不相互重叠。

政策相关性。所选指标不能与绿色消费的政策相背离，要能够跟踪、引导和反映政策的效果情况。

数据可得性。在数据获取上需具有现实可行性，以便于操作，最终便于对中国绿色消费水平做出科学的评价。

（2）核心指标框架

基于上述构建原则，本研究构建了以下指标体系（表 5-3）。在指标的选取上，主要选取了反映消费行为对环境影响和对能源资源消耗的综合性指标，包括生活二氧化碳排放量、生活用电量、生活用水量、生活垃圾清运量四个逆向指标，以及人均公园绿地面积、城镇每万人口公共交通客运量、城镇人均环境基础设施建设投资三个正向指标。前者用来反映消费的资源环境影响，后者用来反映推进绿色消费所做出的努力。

考虑到绿色消费是建立在一定生活水平之上的，为了剔除不同地区收入水平差异带来的绿色消费的不可比性，对逆向指标进行相应的处理，将其确定为每万元消费支出人均生活二氧化碳排放量、每万元消费支出人均日生活用电量、每万元消费支出人均日生活用水量、每万元消费支出城镇人均生活垃圾清运量四项指标（表 5-3）。

表 5-3 绿色消费指标体系

序号	指标	指标类型
1	每万元消费支出人均生活二氧化碳排放量 /kg	逆向指标
2	每万元消费支出人均日生活用电量 /（kW·h）	逆向指标
3	每万元消费支出人均日生活用水量 /L	逆向指标
4	每万元消费支出人均日生活垃圾清运量 /kg	逆向指标
5	人均公园绿地面积 /m^2	正向指标
6	城镇每万人口公共交通客运量 /（万人次 / 万人）	正向指标
7	城镇人均环境基础设施建设投资 [1]/ 元	正向指标

资料来源：国家统计局官网及各省（市、区）统计年鉴。

2. 中国绿色消费指数实证评估

考虑中国各省（市、区）之间经济发展程度不同，城镇化率、收入水平和消费习

1 注：城镇人均环境基础设施建设投资包括燃气、排水、园林绿化和市容卫生等，不包括集中供热投资。由于缺少垃圾产生量数据，采用垃圾清运量进行替代。

惯等差异较大，即使在同一省（市、区）城乡之间的消费环境与生活方式也存在较大差别。因此，为规避城乡之间的消费差异，本研究主要选取了北京、天津和上海三个直辖市进行地区比较，来初步衡量中国不同地区间绿色消费水平的差异。

这三个直辖市城镇化率都超过了 80%，经济发展水平较高且较为接近，能在一定程度上规避绿色消费评价中的城乡差异和收入水平差别较大带来的不一致性影响。具体而言，在城市规模上，上海市位居第一，消费总量较大，居民人均可支配收入和人均消费支出也较高。若以消费阶段来看，上海市最为领先。北京市人均 GDP 最高，发展水平和发展程度较为领先，天津市在发展程度及居民收入支出上表现相对较弱。

（1）绿色消费综合指数

从绿色消费综合指数变化情况来看，全国、北京市、天津市和上海市的绿色消费综合指数均呈波动上升趋势，2014 年之后增速开始放缓，在 2015—2017 年达到峰值，之后则在此水平下波动（图 5-5）。对相关指标进行分析可以发现，一方面，2014 年之后，居民人均生活用电量等不利于绿色消费的指标增速较快；另一方面，人均绿地面积、环保基础设施投资等正向指标增速减缓。两类指标相向而行，导致绿色消费综合指数增长趋势放缓甚至有所下降。

对不同城市进行比较可以发现，北京市的绿色消费综合指数一直处于领先水平，天津市的绿色消费综合指数和全国平均水平基本处于相当地位，上海市的绿色消费综合指数则略高于全国平均水平和天津市，低于北京市。从具体指标上来看，北京市人均公园绿地面积和环境基础设施建设投资显著拉高了绿色消费水平，天津市的生活二氧化碳排放量和公共交通两项指标降低了其绿色消费水平，其他指标上三个城市则未表现出显著差异。

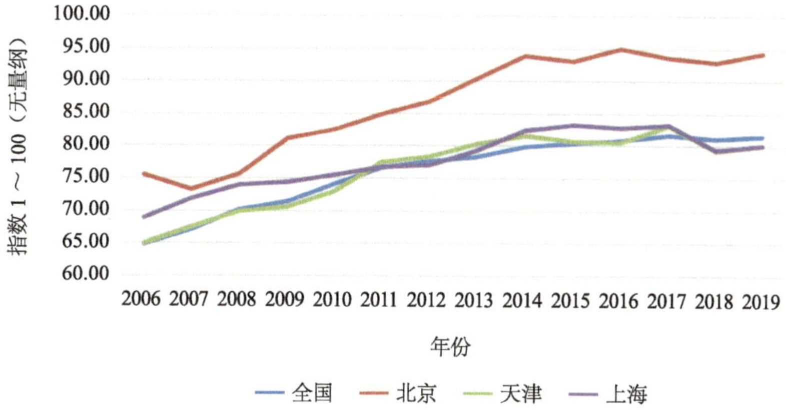

图 5-5　2006—2019 年绿色消费综合指数变化情况

（2）绿色消费指标分析

1）每万元消费支出人均生活二氧化碳排放量。整体来看，该项指标表现的是消费对资源环境的影响，在排名上，天津市>北京市>全国>上海市，且差异较为明显。生活领域的二氧化碳排放量在一定程度上源于生活用能强度，而生活用能的差异主要表现为消费结构的变化，间接可以反映出消费阶段的不同。天津市在家电、建筑和交通等领域消费强度较高，而北京市、上海市在休闲、娱乐、文教等方面消费强度较大，这构成了城市间在该指标上的差异（图 5-6）。

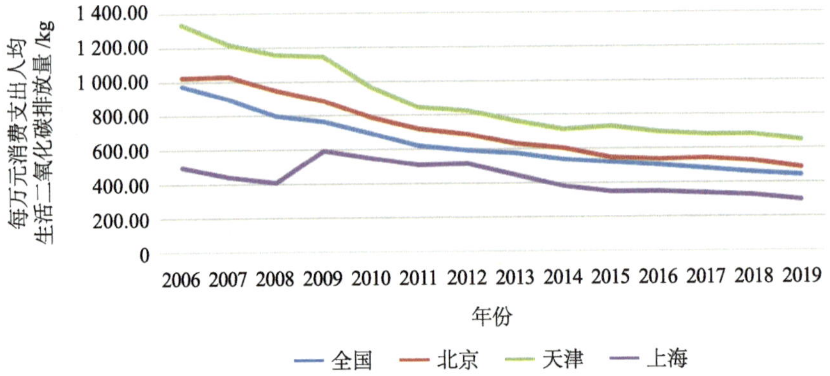

图 5-6 2006—2019 年每万元消费支出人均生活二氧化碳排放量变化情况

2）每万元消费支出人均日生活用电量。生活用电强度上三个直辖市没有显著的大小差异，该项指标对绿色消费综合指数的排名影响较小。从时间序列来看，近年来人均消费支出和人均日生活用电量均表现出较高的增长趋势，表现出每万元消费支出人均日生活用电量下降趋势放缓甚至有所波动回升（图 5-7）。

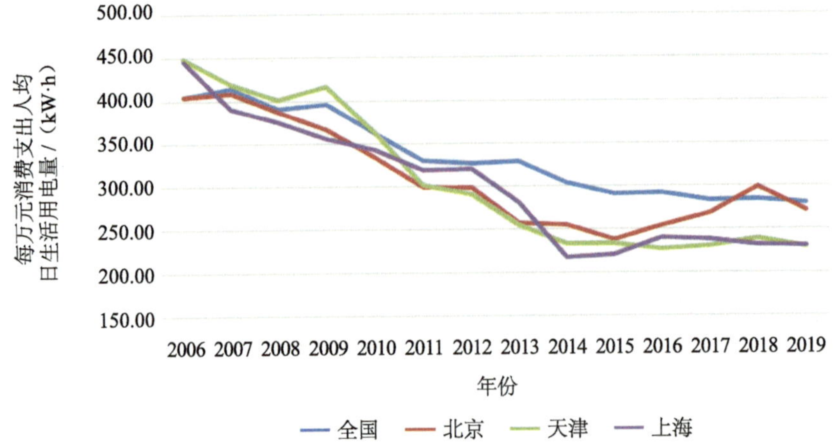

图 5-7 2006—2019 年每万元消费支出人均日生活用电量变化情况

3）每万元消费支出人均日生活用水量。整体来看，天津市、北京市和上海市均明显低于全国平均水平。相比较而言，该项指标明显拉低了全国平均的绿色消费综合指数，部分原因在于，这 3 个城市的城镇化水平明显高于全国，而城市人均日生活用水量相较于农村更加集约（图 5-8）。

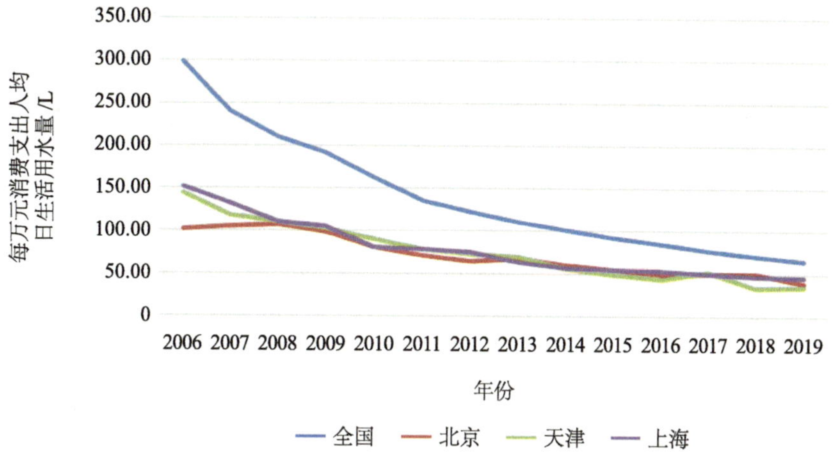

图 5-8　2006—2019 年每万元消费支出人均日生活用水量变化情况

4）每万元消费支出人均日生活垃圾清运量。比较来看，北京市明显高于全国平均水平，天津市明显低于全国平均水平，上海市和全国平均水平相当。在消费水平和消费结构接近的情况下，该项指标更多地体现为消费行为方面的差异。北京市人均生活垃圾产生量相对更多，也反映出其消费行为更为粗放且不绿色（图 5-9）。

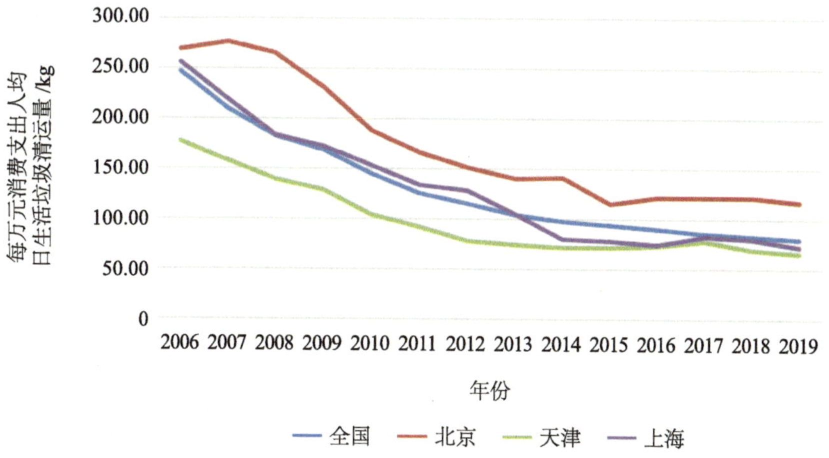

图 5-9　2006—2019 年每万元消费支出人均日生活垃圾清运量变化情况

5）人均公园绿地面积。整体来看，该项指标呈现上升趋势。北京市波动上升，略高于全国平均水平，而天津市、上海市则明显低于全国平均水平，一定程度反映出这两个城市人均公共绿地供给的不足（图 5-10）。

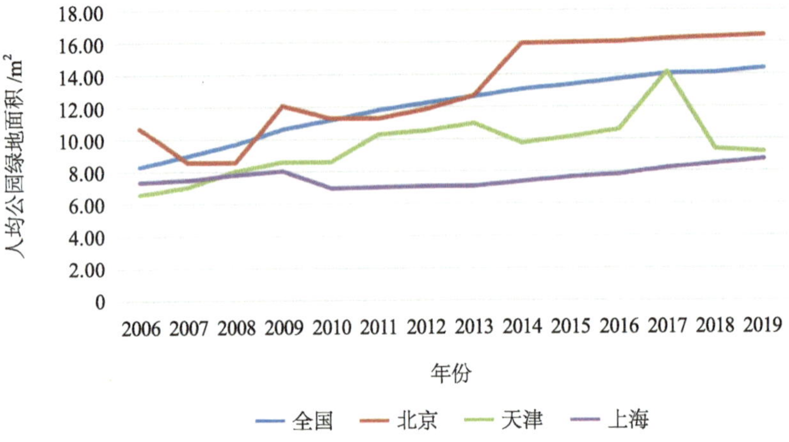

图 5-10 2006—2019 年人均公园绿地面积变化情况

6）城镇每万人口公共交通客运量。该项指标在不同城市间差异较大，对绿色消费综合指数差异的贡献较大。北京市远高于全国和其他地区平均水平，上海市次之，天津市略高于全国平均水平。这反映出，北京市和上海市公共交通领域更高的绿色化程度（图 5-11）。

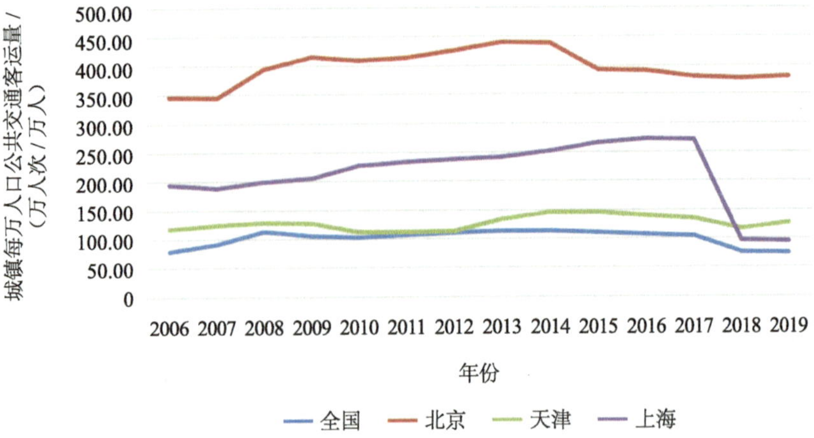

图 5-11 2006—2019 年城镇每万人口公共交通客运量变化情况

7）城镇人均环境基础设施建设投资。该项指标体现出城市绿色基础设施的供给能力，绿色基础设施供给能力越高，越有利于形成绿色消费方式，越有利于减缓消费活动带来的资源环境影响。2010 年之后，北京市在环境基础设施建设投资方面的大幅增长，显著拉高了北京市的绿色消费综合指数（图 5-12）。

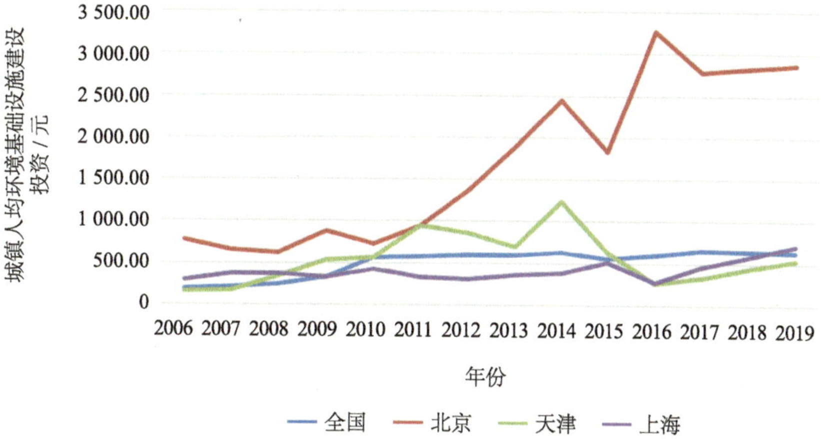

图 5-12　2006—2019 年城镇人均环境基础设施建设投资变化情况

3. 分析结论和政策启示

基于绿色消费指数的构建和分析，主要得出如下结论：一是绿色消费指数整体呈上升趋势，但由于 2014 年以来生活领域人均用电、用能等指标上升趋势加快，导致绿色消费综合水平上升趋势放缓。二是从 3 个直辖市的比较来看，北京市在人均公园绿地供给、城镇公共交通的绿色化程度以及环境公共基础设施供给上具有明显优势，为北京市带来了整体较高的绿色消费水平。天津市每万元消费支出人均生活二氧化碳排放量表现较差，但每万元消费支出人均日生活用水量表现优异。上海市的每万元消费支出人均生活二氧化碳排放量表现优异，但人均公园绿地面积和城镇人均环境基础设施建设投资表现较弱。

针对绿色消费综合指数构建和评估，相关学者已开展了一些研究，评估手段和方法也逐渐成熟。但多数研究都局限于数据的可得性和相关性，这跟我国目前对绿色消费相关统计数据的采集、监测和分析水平整体较弱有关。“十四五”时期乃至未来相当长一段时期，我国消费领域的绿色转型仍面临着巨大挑战，建立相关数据的统计和监测制度则是未来绿色消费评估的重中之重。本研究的政策启示：为促进国家各地方层级社会消费领域绿色转型，一是要根据当前绿色消费的政策和实践进展以及未来经济绿色转型和高质量发展的要求，考虑制定推动绿色消费的长期战略性目标，明确具体的目标性指标作为主要抓手；二是要制定地方绿色发展指标体系和监测考核体系，为政府部门做出决策提供科学依据，建立健全激励约束到位的绿色消费政策体系，加速推动消费领域绿色转型；三是要针对各地区社会经济发展水平和当前消费阶段，形成推动绿色消费的差异化路径，明确针对性的重点领域和任务，推动消费方式向绿色低碳节约转变。

三、中国绿色生产与消费的行业与领域案例研究

（一）基于碳中和目标的中国汽车行业绿色税制

汽车是中国国民经济支柱型产业，汽车产销量已连续 12 年居全球首位。2020 年，虽然受新冠肺炎疫情影响，中国汽车产业链、供应链均受到较大程度的冲击，但随着中国疫情防控形势持续向好、促消费政策措施持续发力，产销量增速自 3 月开始逐步回升，全年累计产销规模均超过 2 500 万辆。与此同时，汽车产业是能源消费和温室气体排放的重要部门：交通运输领域作为化石燃料消耗较高的行业，汽油、柴油消耗量分别占全国总消耗量的 46% 和 68%（国家统计局 2018 年数据）；汽车的碳排放量约占全国碳排放总量的 7.5%（其中大部分来自汽车运行使用阶段消耗的汽柴油等化石能源）。有效控制汽车行业碳排放总量，对中国尽早达到碳排放峰值，尽快实现碳中和尤为重要。

上年度课题首先明确了汽车绿色消费与生产的战略地位，参考国内外新能源汽车绩效评价方法，得出新能源汽车在 CO_2 排放、能源消耗等方面的生态效益；其次从顶层设计、消费端和生产端 3 个方面对国内外政策现状及我国政策面临的主要问题进行分析；最后基于前面的研究，从顶层设计、汽车生产、购置、使用和报废回收 5 个方面提出促进汽车行业绿色消费与生产的政策体系，具体包括建立汽车产品绿色税制，完善节能与新能源汽车经济激励政策，推进研究空调制冷剂 HFCs 替代技术方案，健全汽车零部件再制造政策法规体系，推动动力蓄电池回收利用行业规范及可持续发展等。

本年度课题研究在上年度研究基础上，将碳中和目标同汽车税制改革有机结合，聚焦绿色税制，研究提出通过绿色税制推动汽车行业绿色低碳发展的政策措施。

中国已初步建立推动汽车行业绿色低碳发展的政策体系。在汽车生产端，中国相继颁布的《中华人民共和国固体废物污染环境防治法》《中华人民共和国清洁生产促进法》《中华人民共和国循环经济促进法》等法律，在源头削减污染、提高资源利用

效率、生产者责任等方面提出了相应要求，并陆续出台了一系列相关的政策和标准。在汽车消费端，中国已初步建立推动绿色消费的若干政策体系，涵盖税收政策、财政补贴和交通政策 3 个方面。其中财政补贴包括整车购置补贴、城市公交车运营补贴、充电基础设施奖励补贴，以及地方政府出台的相关配套财政补贴，总体上，目前中国通过发挥中央及地方的财政合力，在加快推进新能源汽车产业发展。税收政策主要是运用税收杠杆引导汽车消费，调节产品结构，包括制定差别化税率和实施新能源汽车税收优惠政策等。交通政策以地方政策为主，用于提升节能与新能源汽车使用便利性，并降低使用成本，包括购置环节的申请牌照优惠、保险费用优惠，通行环节的路桥通行费优惠、高速通行费优惠、停车费减免优惠、路权便利特权和停车便利特权等。

但目前的政策仍存在问题，未能充分发挥对绿色低碳发展的引导作用。一是政策缺乏系统统筹和长期规划。汽车行业绿色消费与生产政策未进行统一规划，尚未形成涵盖法律法规、标准、技术规范的政策体系；政策涉及多个部门，各类支持政策缺乏系统性和协调性；生产消费政策未能有机结合。二是环保制冷剂的替代缺乏激励机制。目前，中国汽车生产企业在环保空调制冷剂替换及减排方面的社会意识并不明确，尚未建立淘汰 HFCs 的资金机制。三是生产者责任延伸制度尚未落实。后端拆解环节的运转困难，也为生产者落实生产者责任造成了障碍。四是尚未建立奖惩结合的绿色消费政策。中国前期绿色消费引导政策手段仍侧重于奖励机制，包括财政补贴或税费的减免，需要直接或间接投入，尚未形成长期引导绿色消费的良性机制。

对于中国解决汽车行业绿色低碳发展存在的上述 4 个问题，特别是后 3 个问题，进行绿色税制改革至关重要，具有牵引和多赢的作用。结合政策效果和实施特点，在政策设计中，重点考虑以税收政策为主，财政补贴政策作为有效补充，共同推进。

（二）中国钢铁行业绿色设计政策

2013 年，中华人民共和国工业和信息化部、国家发展改革委、原环境保护部联合发布《关于开展工业产品生态设计的指导意见（工信部联节〔2013〕58 号）》，明确了中国工业产品生态设计的概念，指出生态设计是按照全生命周期的理念，在产品设计开发阶段系统考虑原材料选用、生产、销售、使用、回收和处理等各个环节对资源环境造成的影响，力求产品在全生命周期中最大限度地降低资源消耗、尽可能地少用或不用含有有毒有害物质的原材料，减少污染物产生和排放，从而实现环境保护。在实践中，为了和绿色制造体系结合，通常称“生态设计”为“绿色设计”，在本报告中，对“生态设计”“绿色设计”“工业生态设计”等概念不做严格区分，但核心内涵都与上述界定的“生态设计”概念相一致，以“产品”或“设施”为基础，向生产、消费和回收利用及处置延伸。例如，在本节中，为与现行说法保持一致，称“钢铁行业绿色设计”；下一节，针对垃圾焚烧设施，称“生态设计”。

1. 钢铁行业绿色低碳发展的意义

据统计，2019 年中国粗钢产量为 9.96 亿 t，占世界钢产量的 53.3%；生铁产量为 8.09 亿 t，占世界生铁产量的 64.2%。目前，中国钢铁工业碳排放贡献量约占全球钢铁工业碳排放总量的 60% 以上，占全国总碳排放量的 15% 左右，在国内所有工业行业中居首位。“十四五”期间，中国粗钢产量总体仍将处于高位，面临的减污降碳压力仍然巨大。另外，随着关税壁垒逐步降低，绿色贸易壁垒等非关税措施很可能成为制约中国钢材产品出口的主要手段。在钢铁行业推行产品绿色设计，从源头提升产品绿色水平，才有可能应对绿色贸易壁垒，对钢铁行业减污降碳和实现绿色贸易具有重要作用。

2. 钢铁行业绿色设计发展现状和总体评估

为解决钢铁行业产能过剩、行业污染严重和高碳排放等问题，中国政府有关部门和地方政府出台了 30 余项有针对性的规划和产业政策，为钢铁行业实现绿色发展提供了重要的政策支撑。但当前针对钢铁行业的政策更侧重于能源高效利用、产业结构调整及关键技术的绿色化改造，缺乏对钢铁产品从全生命周期角度进行绿色设计的整体考虑。各地政府对钢铁企业采取的则是以限制发展为主的政策，例如将钢铁企业搬迁出城的规划与政策。政府对钢铁行业的强力干预，虽然便于管理和对产品质量的把控，但不利于钢铁行业产品的差异化和企业独特优势的形成。

随着 2016 年《工业和信息化部办公厅关于开展绿色制造体系建设的通知》《绿色制造标准体系建设指南》等文件的发布与实施，明确了加快推进绿色设计产品等重点领域标准的制修订工作。据统计，钢铁行业已有 30 余项绿色设计产品行业标准正式立项并正在制定，待上述标准发布后，钢铁绿色设计产品评价标准体系将逐步建立。

专栏 5-1 包头钢铁绿色设计

包头钢铁（集团）有限责任公司（以下简称“包钢”）是中国千万吨级钢铁工业基地、世界最大的稀土工业基地。在绿色设计方面，自主研究开发了集数据采集、运算分析、结果展示等功能于一体的钢铁产品生命周期评价在线系统。利用该系统，包钢进行了稀土、稀土钢等多个产品的全生命周期评价，并将评价结果应用于产品开发和工艺改进中。例如，通过评价发现钢铁产品的成材率是影响环境负荷的最关键因素，现场生产时着重保证成材率，以实现能耗和环境排放最低。在此基础上，包钢牵头起草了稀土钢、铁精矿（露天开采）、烧结钕铁硼永磁材料等3项绿色设计产品评价标准，有9种产品纳入中华人民共和国工业和信息化部绿色设计产品名单。通过开展绿色设计实践，包钢实现吨钢耗电下降约4%，吨钢耗新水下降约19%，烟粉尘排放量降低约14%，二氧化硫排放量降低约74%，绿色产品销售创造直接经济效益9 600多万元，有效提升了企业的绿色影响力及产品知名度，取得了良好的环境和经济效益。

3. 中国钢铁行业绿色设计存在的政策问题

（1）绿色设计相关政策缺乏整体性设计，部门间协同性需进一步提升。中国尚未建立针对绿色设计的整体性顶层制度体系。例如，中国设立了环保、节能、节水、循环、低碳、再生、有机、绿色产品、生态设计产品等产品认证评价体系，这些产品评价体系在一定程度上存在交叉与重合。以卫生陶瓷为例，由中华人民共和国工业和信息化部发布的《绿色设计产品评价技术规范 卫生陶瓷》（T/CAGP 0010—2016，T/CAB 0010—2016）和国家市场监督管理总局发布的《绿色产品评价 卫生陶瓷》（GB/T 35603—2017）存在80%的高重合度，这种现象易导致社会对绿色化产品概念不清。

（2）钢铁行业绿色设计产品相关标准建立有待进一步推动。按照中华人民共和国工业和信息化部提出的到2020年在重点行业出台100项绿色设计产品评价标准，在已出台的129项绿色设计产品评价标准中，钢铁行业仅占9项。从现有钢铁行业的标准体系看，除了少数针对产品层面的评价技术规范，其他均为末端排放控制标准，在源头替代、过程管控、资源能源消耗等方面均缺乏相应的技术指导和标准引导。中华人民共和国工业和信息化部先后公布的绿色设计产品类别主要包括家用洗涤剂、厨房厨具用不锈钢、稀土钢等近百种产品，产品数量总计2 176种。但截至目前，仅有5家钢铁企业，10余种钢铁产品入选绿色设计产品名单，入围的钢铁企业数量在全行业具有冶炼能力的钢铁企业中占比不足1%，入选的钢铁绿色产品在绿色设计产品名单总产品数量中占比不足1%。

（3）协同推进绿色设计与低碳发展的指导方法尚未建立。安赛尔米塔尔、中国宝武、韩国浦项、日本 JFE 和河钢集团等诸多国际知名钢铁企业均已发布碳减排的时间表和路线图。而中国针对钢铁全行业低碳发展的政策体系，碳达峰、碳中和方案路径，碳排放控制要求、标准等指导性文件尚处于缺失状态。

（4）钢铁行业绿色设计相关激励机制有待完善。开展生命周期评价较好的多为行业内实力雄厚的企业，主推力来自下游企业的采购准入要求，而政府对行业绿色化转型的引导力度不足，尚未出台明确的激励办法，缺少实际、有效的激励措施，在产品设计、创新以及关键绿色产品技术突破方面不利于调动企业积极性，企业开展工作动力不足。

（5）生命周期评价（LCA）理念的推广与应用力度有待提高。中国对 LCA 理念的宣传贯彻力度不足，未形成社会辐射力。国内钢铁企业与下游用户普遍仍对全生命周期概念模糊不清或认识不足，参与 LCA 的积极性不高，只有少数技术实力雄厚的企业积极主动参与，但往往都是单打独斗，缺乏交流沟通，没有形成合力。

（6）人才培养机制及能力建设工作需进一步完善。在中国高质量发展、绿色发展以及“双碳”目标背景下，钢铁行业以低能耗、低排放和低污染为主要特征的绿色低碳发展已势在必行。但中国钢铁行业正面临人员结构臃肿、低端人才过剩、高端人才缺乏、劳动生产率低、产能利用率低和人才开发体系不健全等一系列问题，导致钢铁行业创新能力薄弱，科研产出不足，绿色化进展缓慢。

4. 钢铁行业推行绿色设计政策建议

（1）强化绿色设计政策的顶层设计，促进部门间协同。绿色设计相关工作涉及中华人民共和国工业和信息化部、发展和改革委员会、生态环境部以及各行业协会等机构，应强化顶层设计，建立横向合作机制，明确各自的工作内容，形成推动绿色设计理念应用的合力；发挥多部门协作优势，协调强化上下游行业标准关联性和适用性，新材料研发与生产标准、使用规范的同步制定，体现产用目标的一致性。

（2）推动以全过程环境诊断与碳减排为核心的钢铁行业绿色设计标准和评价工作。标准是开展绿色设计的基础，相关协会组织、钢铁企业应积极参加绿色设计技术规范系列标准的制定。同时，钢铁行业作为中国碳排放量最高的工业行业，直接关系到中国 2030 碳达峰和 2060 碳中和目标的实现。“十四五”时期应紧紧牵住降碳这个“牛鼻子”，建立有效融合生命周期理念与低碳理念的方法学，在构建钢铁行业绿色设计体系的同时，以国家碳达峰、碳中和目标为导向，统筹谋划目标任务，科学制定行动方案，推动行业碳排放尽早碳达峰。

（3）出台激励措施，促进钢铁行业绿色设计工作和评价结果的采信。通过实施绿色采购、降低税收、提高绿色产品价格优势等措施，激励企业探索绿色设计路径，加快推广绿色设计产品、技术和服务；支持绿色设计评价标准体系的建设和绿色设计产品清单发布；充分利用“新基建”带来的消费内容和渠道升级机遇，大力推行工业绿色设计，带动“产业”和“消费”绿色双升级。此外，充分运用环境经济政策激励机制，探索将绿色设计评价结果同企业环境信用评价、环境税、资源综合利用税收政策和环境污染责任保险等相互挂钩的管理新模式。

（4）积极引导全生命周期评价在钢铁行业推广应用。推动建立健全钢铁绿色产品评价体系，加快完善产品全生命周期资源环境影响数据库，量化单位钢铁产品的资源、能源消耗和环境指标，明确产品的绿色程度；鼓励研发产品生命周期各环节绿色改进方案，为钢铁企业节能降耗、减少污染提供决策依据；积极引导生命周期评价推广运用，强化钢铁行业上下游用户环境交流，推动环境友好型钢铁绿色供应链的构建与发展。

（5）建立健全基于钢铁行业的绿色设计人才培养机制。着力提升钢铁企业积极开展绿色设计工作相关意识。加强绿色设计人员队伍和技术支撑能力建设；加大对绿色设计相关技术研发、宣传培训等方面的资金支持力度；鼓励企业引进国外高级绿色设计人才，重视人力资源的开发。

（三）中国垃圾焚烧设施生态设计政策与标准

1. 生态设计对促进焚烧设施健康有序发展的意义

（1）中国垃圾焚烧设施建设发展的特点

垃圾焚烧已经成为中国生活垃圾处理的主流方式，未来 10 年中国生活垃圾焚烧设施建设将进入高峰期，任务重、风险高。根据《“十三五”全国城镇生活垃圾无害化处理设施建设规划》，到 2020 年年底，城市生活垃圾焚烧处理能力占无害化处理总能力的 50% 以上，其中东部地区达到 60% 以上。焚烧具有占地小、减量效果明显、生产的电力、余热资源可利用等特点，是解决垃圾围城的重要手段，焚烧已逐步取代传统填埋成为无害化处理的主流。中国首座生活垃圾焚烧设施（珠海市城市固体废弃物处理中心）于 2000 年 7 月 18 日开始投产，其后生活垃圾焚烧设施每年新增数量逐年增长，2017 年达到峰值，当年新增生活垃圾焚烧设施数量为 76 座，此后呈现下降趋势。截至 2020 年年底，中国共有生活垃圾焚烧设施 519 座，其中山东省已建生活垃圾焚烧设施数量最多，达 66 座，建设 50 座以上的省份有浙江省（52 座），广东省（51 座）和江苏省（51 座），生活垃圾焚烧设施多分布于东部沿海地区。此外，据不完全统计，已有 18 个省（市）发布《生活垃圾焚烧发电中长期专项规划》，2021—2030 年全国拟新建 476 座（含新建和改扩建项目）生活垃圾焚烧设施，其中新增数量排名前三的省份依次为山东省（54 座），广西壮族自治区（49 座）和江西省（35 座），内陆省份生活垃圾焚烧设施数量逐步增长。

（2）中国垃圾焚烧设施建设面临的挑战和应对方法

垃圾焚烧设施的“污名化”印象和“邻避”困境亟待破除。根据生态环境部舆情监测数据，2017—2020 年，全国范围内“邻避”设施的环境社会风险（因环境问题引发的社会风险）事件达 330 余起，其中大部分为垃圾焚烧项目。垃圾焚烧设施的“污名化”印象成为诱发“邻避”问题的重要因素，严重阻碍了公共基础设施的建设和可持续发展。垃圾焚烧设施的“污名化”及产生“邻避”冲突的主要原因：一是早期部分项目在焚烧工艺、环境保护措施方面的设计不完善、标准不高，导致污染物无法连续稳定达标排放、臭气污染严重，群众对现有设施的生态环境绩效不满，引发其对新建设施的抵触；二是部分项目忽视工业建筑和生态景观设计的融合，在垃圾焚烧项目“污名化”印象还未根本改善的情况下，工业建筑和生态景观的割裂和反差容易加重周边公众心理的不安和排斥；三是部分垃圾焚烧设施不注重邻里关系，在科普宣传、惠民设施设计方面存在不足，在正面宣传、公众参与不足的情况下，不利于进一步增进公众对垃圾焚烧设施的认知。垃圾焚烧设施的“污名化”，导致其新建常常面临周围居民的反对，陷入“一建就闹、一闹就停”的困境，不仅影响了重要公共基础设施的建设，还造成了诸多不良社会影响，影响社会稳定。

现行垃圾焚烧设施整体环境表现良好，但尚未关注景观协调和人文和谐等要求。为了促进垃圾焚烧行业的环境治理和绿色发展，中国针对垃圾焚烧厂提出了若干标准规范性文件。这些规范文件多侧重末端管控，其中环境治理的要求最全面，有关污染排放方面的标准要求最多，且很多已经接近国际标准，如废气产生后的收集和处理方式、渗滤液的排放达标率等。通过对国家焚烧厂监测数据公开平台（https://ljgk.envsc.cn/manage/index.html）所有在运行的 519 家生活垃圾焚烧设施的环境表现数据进行分析，发现几乎所有生活垃圾焚烧设施烟气排放浓度均能满足国家标准，大部分设施烟气排放浓度优于现有国家标准。根据《生活垃圾焚烧污染控制标准》（GB 18485—2014），2019 年 12 月至 2020 年 12 月，5 种烟气污染物共 1 961 626 次检测记录中，发生 29 次污染超标情况，达标率达到 99.99%。根据《生活垃圾清洁焚烧指南（RISN-TG 022—2016）》的排放水平等级划分，90% 以上的二氧化硫、颗粒物、一氧化碳排放达到Ⅰ级基准值（国际清洁生产领先水平），90% 以上的氮氧化物和氯化氢达到Ⅱ

级基准值（国内清洁生产先进水平），整体环境表现良好。然而现有的垃圾焚烧设施仍然欠缺高水平的管控标准指导，此外当前规范文件在公众关注的景观协调和人文和谐的设计方面仍有不足，需要进一步加强规范和约束，进行案例总结和经验推广。

应用生态设计的理念和方法，将垃圾焚烧设施提升为向公众提供良好人居环境产品的绿色设施。要破除“邻避”困境，首先应破除公众“污名化”印象，让垃圾处理设施回归其“处置垃圾、还人们良好人居环境质量”的本来功能和使命。由于垃圾焚烧设施具有双重属性，一方面垃圾焚烧设施作为焚烧处理垃圾的设施，是一种工业处理设施；另一方面垃圾焚烧设施通过处理垃圾，实现垃圾的减量化，能够治理垃圾带来的土地占用、水污染、土壤污染和恶臭污染，为人们提供美好环境的产品和服务，是一种绿色设施。将生态产品设计理念用于垃圾焚烧厂的设计、建设和运行，对推动垃圾焚烧绿色发展具有重要意义，既是理念创新，又是方法和工具的创新，必然为相关“邻避”问题防范带来政策和机制的变革。

2. 焚烧设施生态设计标准研究

（1）焚烧设施生态设计评价标准构建

本研究以现有相关评价指标和要求为基础，以现有焚烧设施发展水平为重要依据，以综合性、系统性为原则，建立符合产业发展需求的焚烧设施生态设计评价模型，旨在给出综合性评价指标和要求。最终生态设计评价指标体系包括“环境安全”“生态和谐”“社区友好”“经济有效”4 个方面 28 项指标（表 5-4），并初步形成焚烧项目生态设计评价标准文件和标准设置、发布建议。其中“环境安全”要求环境排放达到或优于国家或地方相关法律法规及标准的要求；“生态和谐”要求建筑、垃圾焚烧和污染物处理设施要深度融入自然生态景观和城镇人文景观，减少其在自然环境或群众居住区域中的突兀和不适感；“社区友好”要求要符合准入要求，并建设宣传教育设施和惠民设施；“经济有效”要求能源资源投入以及投资运行成本合理。

表 5-4 焚烧设施生态设计评价标准

序号	一级指标	二级指标	三级指标
1	环境安全	设施	专用设备
2			污染物处理设备设施
3		烟气排放	烟气排放
4			VOC 排放（可选指标）
5		污水处理	渗滤液排放
6			全厂污水排放
7		炉渣处理	炉渣热灼减率

序号	一级指标	二级指标	三级指标
8	环境安全	飞灰处理	飞灰处置
9		环境噪声	厂界噪声
10		温室气体	温室气体排放（可选指标）
11	生态和谐	选址	规划选址
12 ～ 15		建筑	建筑用地集约
16			建筑景观和谐
17		绿化	绿化率
18	社区友好	信息公开	环境信息公开
19		附属设施	宣传教育设施（可选指标）
20			惠民设施（可选指标）
21	经济有效	循环利用	炉渣综合利用率
22			余热利用率
23		资源节约	吨入厂垃圾耗电量
24			汽轮机汽耗率
25			单位发电水耗
26 ～ 27		投资费用	投资费用合理
28		运行费用	年运行小时数

（2）焚烧设施生态设计评估案例

研究团队以绿色动力集团股份有限公司的“惠州市惠阳区榄子垅综合处理项目”和中国光大环境集团股份公司的“常州市城市生活垃圾焚烧项目”为案例开展调查研究，并从“环境安全”“生态和谐”“社区友好”“经济有效”4个方面进行生态设计评估，尝试打造焚烧设施的生态设计雏形。其中“惠州市惠阳区榄子垅综合处理项目”以产业循环为典型特征，通过科学规划设计，将循环经济产业园内各项目所采用的工艺有机的连接起来，构成相辅相成的工艺链，使园区形成一个资源循环再生利用的有机整体，真正地实现节能减排，从而实现城市的绿色低碳可持续发展。“常州市城市生活垃圾焚烧项目”以社区互动为典型特征，在景观设计，信息公开设计、惠民设施和措施的设计方面均具有丰富的经验。分析结果表明，两个生活垃圾焚烧项目在污染排放、公众开放和便民设施等方面都表现优异，发挥了行业引领作用，但其经济成本均略高，在今后垃圾焚烧项目设计中应重点关注这一问题。

3. 政策建议

（1）充分发挥中国焚烧业后发优势，引入生态设计理念，实现生态环境保护和变

"邻避"为"迎臂"的统一。当前中国垃圾焚烧新建设施无论在环境安全技术还是生态、社区友好等领域均具备了达到国内外先进排放标准和设计建设能力。建议大力宣传垃圾焚烧设施生态设计的先进设计理念，同时将生态设计的方法和模式引入垃圾焚烧行业，将中国垃圾焚烧设施环境表现普遍提升到国际先进水平，加快推进行业绿色发展，助力"邻避"问题防范。

（2）积极整合焚烧行业现有的相关"涉绿"标准，推动焚烧行业生态设计工作。当前，焚烧设施绿色标准规范性文件来源各异且发挥源头预防的机制有限。建议由行业主管部门牵头，联合生态环境等部门及行业协会，强化顶层设计，建立横向合作机制，统一评价标准和技术规范，搭建垃圾焚烧设施生态设计政策框架，包括"构建评价指标体系""制定生态设计指南""开展生态设计评估"等，形成推动生态设计理念应用的合力。

（3）推行焚烧设施领跑者制度。建议打造垃圾焚烧厂生态设计的先进典型和"领跑者"，并与企业监管相结合。对获得"生态设计"环保标识的垃圾焚烧厂，给予相应的资金投入和税收优惠政策支持，使垃圾焚烧厂的生态设计得到市场化推广。同时，构建焚烧设施生态设计企业清单，激励、倒逼企业开展工业生态设计和绿色转型。

（四）中国食物的绿色消费政策

食品的可持续消费越来越受到国际社会的重视，食物的损耗和浪费不仅意味着食物生产时资源投入的无效消耗和温室气体的大量排放，而且废弃食物在不同的处理方式下会产生大量温室气体，如二氧化碳、甲烷和一氧化碳。如果将全球废弃食物看作一个国家，则这个国家将是第三大温室气体排放国。为此，从降低碳排放、保护生物多样性等角度出发，本报告分析了中国食品浪费问题，并提出应对措施建议。

本报告中食物的绿色消费，是指以节约资源和保护环境为特征的食物消费行为，主要表现为崇尚节俭，减少损失浪费，选择高效、环保的食品和服务，降低食物消费过程中的资源消耗和污染排放。

1. 中国食物消费的资源环境问题现状

（1）食物供应链总体损失与浪费量大

中国作为一个农业大国，用仅占世界 7% 的耕地养活了占世界 22% 的人口。中国的主要食物，从农业生产到消费，每个阶段都存在不同程度的损耗和浪费。在中国，60% 以上的粮食储存在 2 亿多农户手中，产后处理、加工和运输等方面缺乏专业化的技术指导，工具设备简陋，加工处理粗疏，市场信息获取能力有限等问题造成供应链各环节产生大量的食物损耗与浪费。2016 年国家粮食局抽样调查结果显示，从田间到餐桌每年粮食损失数量约为 675 亿 kg，占当年粮食总产量的 10.9%。其中，仅农户储粮环节，每年的粮食损失量就达 400 亿 kg，占储粮量的 8% 左右，相当于 6 160 万亩（1 亩 ≈ 666.67 m^2）良田粮食产量。由于专业化程度低、果蔬加工转化率不足和冷链物流发展滞后等，中国水果物流阶段的平均损耗率为 20% ～ 30%，蔬菜损耗率接近 30% ～ 40%，每年约有超过 1 亿 t 果蔬农产品腐烂，造成的经济损失高达 1 000 亿元人民币。

（2）消费端是食物浪费的重要环节

据估计，约有 35% 的食物损耗和浪费发生在消费端[1]。在中国的整个粮食供应链中，消费端为粮食损失率占比最大的环节[2]，尤其是近年来，由于生活水平的提高，居民在外就餐消费频次逐渐增多，餐桌上铺张浪费之风严重，根据调查报告，中国在 2013—2015 年，每年仅餐桌上的浪费量就高达 1 700 万～ 1 800 万 t，相当于 3 000 万～ 5 000 万人一年的口粮[3]。2016 年，中国的餐厨垃圾产量在 9 700 万 t 左右，其中主要城市餐厨垃圾产生量 6 000 万 t。餐厨垃圾在城市生活垃圾的占比为 37% ～ 62%。而在 2018 年，全国餐厨垃圾产生量超过 1 亿 t，达到 10 800 万 t，日均近 30 万 t。

（3）食物损耗与浪费造成巨大的经济损失

一方面，消费端食物浪费给食物消费者本身带来了经济损失。例如，2010 年芬兰家庭食物浪费的经济价值相当于每人每年损失 70 欧元。另一方面，食物浪费给社会也带来一定的损失。根据意大利一家零售商店的食物浪费记录，这家商店 2015 年产生的食物浪费量为 70.6 t，浪费的食物主要为面包和新鲜的蔬菜、水果，总价值近 17 万欧元。了解食物浪费的经济成本可能会促进消费者改善其消费行为，减少食物浪费而节省的资金被视为预防消费者食物浪费行为的驱动因素。

从全球范围来看，2015 年 FAO 提出，以 2012 年全球损耗和浪费的食物计算，其经济价值达到 9 360 亿美元，相当于荷兰一年的国民生产总值，减少食物损耗与浪费的实践对于经济具有积极影响。餐饮行业减少食物浪费的平均收益和成本比例可达 7 ∶ 1。澳大利亚有研究表明，在非政府组织开展的减少食物损耗与浪费的活动中，每投入 1 美元可使价值 5.71 美元的食物免于浪费。

（4）食物浪费造成一定的环境代价

中国健康和营养调查（CHNS）数据研究表明，中国家庭食物浪费对气候、水和土地资源造成负面影响，2011 年中国家庭人均每年浪费 16 kg 食物，相当于 40 kg 二氧化碳的排放量、18 m^3 水的额外损耗。清华大学对食物的温室气体排放特征进行了分析，并对 1996 年、2000 年、2005 年和 2010 年食物的全生命周期碳排放进行了估算，得出中国的食物全生命周期碳排放为 16.05 亿 t 二氧化碳当量 /a。假设，中国即使只有 1/5 的食物损耗和浪费（而非 FAO 提出的全球平均水平的 1/3），那么碳排放也将超过 3 亿 t。数量巨大，不容忽视。此外，中国的厨余垃圾产量大。国内学者通过对 2015 年中国 9 个省（市）7 年的家庭食物垃圾的研究发现：1 kg 厨余垃圾在完全发酵的状况下产生 0.34 kg 甲烷，在标准状态（0℃、1.013×10^6 Pa）下，甲烷的理论产气量为 0.44 m^2/kg。如果中国 9 省 7 年中的食物浪费被填埋发酵，则相当于造成 1 900 万 t 二氧化碳排放，若这些食物完全资源化利用可节约标准煤 845 万 t。

2. 促进食物绿色消费的政策建议

（1）政府部门

第一，加强食物浪费立法与监督检查，制定反对食物浪费的地方性法规和规章，制定餐饮顾客用餐浪费处罚的相关规定，以法律公文的形式制止浪费。第二，开展多元化、多渠道的宣传教育。加大反对食品浪费的多渠道宣传报道力度，曝光浪费现象，弘扬先进典型，促进反对食品浪费成为全社会的自觉行为。第三，遏制公务消费，杜绝用餐浪费。对公务消费继续采取高压态势，以公务用餐文明引领社会消费文明，实现自上而下的社会风气和饮食理念转变。第四，加强引导，继续优化餐饮结构。着力推进商务部 2014 年出台的《关于加快发展大众化餐饮的指导意见》，促进餐饮结构不断向理性健康的方向发展。第五，完善厨余垃圾回收与循环利用法规和应用系统。加强立法，杜绝厨余垃圾的非法加工。完善现有垃圾回收机制，鼓励厨余垃圾资源化处置和循环利用。第六，加强食物消费和浪费领域的科学研究和平台支撑。构建典型城市和主要食物供应链食物浪费基础信息数据库，建立减少食物浪费的决策支持系统，并积极发挥相关领域研究所和高校的优势和积累，开展食物浪费相关调查和研究。

（2）行业协会与 NGO 组织

第一，制定行业规范。推进行业组织职能提升和强化，拓展行业监管领域，促进食物生产、运输、加工和消费各环节的标准化、规范化和科学化发展。第二，发挥中介组织作用。组织业内交流，加强企业与市场之间、企业与消费者之间、企业与政府之间的沟通和协调，促进餐饮行业整体的健康发展。第三，加强舆论监督和公共宣传。积极呼吁、倡导和引导科学、适度和绿色的食物消费模式，避免餐桌浪费，提倡文明就餐和树立餐饮新风尚。

（3）餐饮企业

第一，合理定位，积极发展完善供餐方式。提供标准化菜品，方便消费者自主调味，发展可选择套餐，提供小份菜；倡导一料多菜、一菜多味，物尽其用，避免浪费食材。第二，积极负责，合理引导消费者文明用餐。重视点菜服务与提醒消费，注重就餐服务导向，推荐合理配置的菜单，主动提供打包服务，推进科学消费、健康消费绿色消费和文明消费。第三，增强责任感，配合处理厨余垃圾。积极配合政府规定处理或者利用厨余废弃物，杜绝非法收集和加工厨余垃圾并流转进入食品领域的情况发生。

（4）消费者

第一，树立正确的食物消费理念，遵循科学、适度和绿色的消费模式。一是科学消费，科学理性地开展健康的饮食习惯和口味与营养均衡搭配的用餐行为；二是适度消费，根据自身的经济能力和实际需要进行合理消费，按需点餐；三是绿色消费，尽量做到环境负面效应最小化和长期环境收益最大化的消费行为。第二，积极参与公益宣传教育活动。积极参与“绿色消费、健康消费、低碳消费”等活动，促进可持续消费意识的增强和消费习惯的养成；鼓励消费者对食物浪费现象和存在餐饮消费安全隐患的问题进行监督和举报，提升全社会的节约风尚和反对食品浪费的自觉行为。第三，积极提倡分餐制。分餐制不仅可以预防和减少各种疾病交叉感染的机会，更重要的是还可以减少餐饮浪费现象，使全国餐饮每年节约可观数量的粮食和农副产品。

（五）绿色标识认证政策

1. 绿色标识认证对促进绿色生产与消费的作用

建立统一的绿色产品标准、认证、标识体系，可以推动绿色低碳循环发展，培育绿色市场，加强供给侧结构性改革，提升绿色产品供给质量和效率，引导产业转型升级，提升制造竞争力，引领绿色消费，保障和改善民生。 在中国实现高质量发展和推动绿色发展的新阶段，绿色标识认证对绿色生产与消费可以发挥很好的促进作用。

首先，从消费端倒逼企业绿色创新和转型升级。绿色标识认证，例如，环境标志制度秉持产品全生命周期过程管理的理念，以产品为载体，一端连接生产者，通过产品的认证，在产品设计、原材料使用、生产工艺、产品使用和废弃物回收的全生命周期环节，提出绿色标准和要求，为市场提供绿色产品的供给；另一端连接消费者，通过向消费者释放绿色标识产品的信息，促进消费者绿色选择，并倒推生产绿色转型，为供给侧改革提供动力。以中国环境标志绿色标识认证为例，获证企业在 2017—2019 年度产生的环境绩效如表 5-5 所示。

表 5-5　2017—2019 年度中国环境标志产品环境绩效

类别	污染因子	2017 年减排量	2018 年减排量	2019 年减排量
大气污染	VOCs	47.24 万 t	52.49 万 t	80.55 万 t
	NO_x	1.34 万 t	1.64 万 t	2.90 万 t
	SO_2	0.35 万 t	0.43 万 t	0.76 万 t
	CO_2	302.52 万 t	368.05 万 t	653.75 万 t
水污染	总磷	3 780 t	4 574 t	5 297 t
固废危废	塑料垃圾	6 411 t	7 566 t	5 026.6 t
	重金属汞	8.89 t	11.00 t	10.998 t
节约能源	节电	102.19 亿 kW·h	172.60 亿 kW·h	194.03 亿 kW·h
	节水	6 842.2 万 t	13 140.8 万 t	25 335.30 万 t
节约资源	节约塑料	0.993 万 t	1.136 万 t	0.952 万 t
	工业废渣	274.87 万 t	190.61 万 t	314.18 万 t
	减少纸浆消耗	141.74 万 t	132.29 万 t	149.04 万 t
	鼓粉盒 / 喷墨盒	2 161.74 万只	2 500.01 万只	221.77 万只

其次，促进政府、各行业企业和消费者之间的环境信息沟通。绿色标识认证，尤其是绿色标识认证制度围绕国家生态文明建设和碳达峰、碳中和总目标，充分利用绿色标识认证这一市场经济手段，倡导绿色消费，促进社会经济的可持续发展，改善环境质量，保护消费者权益，实现了运用市场机制介入微观环境治理的制度创新，为绿色消费政策提供技术支持。越来越多的消费者感受到绿色产品的环境优越性，主动选择购买绿色标识产品。反过来，通过公众的消费选择，使绿色标识产品成为联系公众与绿色发展的纽带，从而进一步推进绿色消费。绿色标识认证将充分发挥标准的指挥棒、认证标识的公信力作用，成为推动企业打造绿色循环低碳发展模式的有力工具。

2. 绿色标识认证发展中存在的问题

近年来，中国政府对绿色标识认证的发展及制度建设给予了高度的重视，各类绿色标识认证的发展有效推动了绿色制造的进步，为构建高效、清洁、低碳循环的绿色制造体系发挥了积极作用。但随着相关实践的深入开展，绿色标识认证工作中存在的问题也逐渐凸显出来。

（1）缺乏顶层设计，政府监管职能不统一。绿色标识产品认证存在多种类型、多头管理、监管职能交叉、权责不一致的情况，不利于现有政策法律法规的调整。企业在认证评估过程中存在重复评价和检测的现象，增加了企业的负担。

（2）缺乏持续有效的激励手段。现阶段，在绿色标识认证方面的持续财政投入机制尚未明确，财政投入缺乏长久性和稳定性。在市场及产品评价方面也缺乏明确税收、扶持和优惠等激励机制，市场调节不积极。

（3）法律法规和标准规范体系不完善。现有的指导绿色标识产品认证的政策规范主要有《关于建立统一的绿色产品标准、认证、标识体系的意见》及《绿色产品评价通则》（GB/T 33761—2017），由于该通则指导认证的时间相对较短，认证水平和管理经验不足。总体上，目前绿色标识认证的法律法规和标准规范基本处于空缺状态，不能满足对有关技术和产品进行科学评价的需要。

（4）认证有效性存在争议，认证评价体系有待完善。中国目前多种绿色标识产品认证制度并存，尚未形成统一的标识、标准和认证体系，针对统一的产品范围，未形成统一的标准和合格评定程序，企业对认证标识采信度不足，消费者辨识困难，市场认可度不高。

3. 政策建议

在绿色标识认证领域，应逐步建立系统科学、开放融合、指标先进和权威统一的绿色标识产品标准、认证、标识体系，健全法律法规和配套政策，实现一类产品、一个标准、一个清单、一次认证、一个标识的体系整合目标，形成合力，显著扩大绿色标识产品市场认可度和国际影响力，提升绿色标识产品市场份额和质量效益，扭转目前国内绿色标识产品供给与需求失衡现状，显著增强国内消费者的获得感。

（1）发挥绿色标识认证引领作用，促进形成绿色生产生活方式。在消费领域，充分发挥绿色标识认证 / 评价标准体系的引领作用，实现生产与消费的系统性有效连接。在工业领域，在推进工业绿色升级和碳达峰工作中，重点研发和完善绿色生产以及绿色化改造相关重点行业的绿色标识标准体系，例如钢铁、化工、有色、建材、纺织品、造纸和皮革等行业，以绿色标识产品认证为手段，引领行业绿色低碳发展。

（2）加强顶层设计 , 打造统一的绿色标识产品认证体系。在绿色标识认证领域，加强国家市场监督管理总局、生态环境部、中华人民共和国工业和信息化部、国家发展和改革委员会以及各行业协会等多个部门的协同管理，发挥目前多种绿色相关标书的各自优势，形成标识认证推动合力，强化绿色标识认证领域顶层设计，构建合理的管理体系，建立横向合作机制，从时间和空间维度确定标识管理任务，统一评价标准和技术规范，形成科学合理、高效有力的管理机制。建立标识认证部际联席会议制度，协调统一不同绿色标识认证工作。

（3）完善绿色标识产品认证激励机制。注重以认证标识推动企业实行工业生态设计，通过环境经济政策激励机制的运用，将工业生态设计纳入企业环境管理的目的和措施，指导企业形成全链条的生态环境管理制度体系。政府部门应继续发挥在绿色标识产品认证中的引导作用，通过政府采购经过标识认证的绿色标识产品，进一步凸显标识认证在推动企业绿色发展中的突出地位。

（4）提高绿色标识认证结果的有效性和国际互认。进一步加强事中、事后监管，强化标识与认证结果的有效性，落实认证机构主体责任，形成来源可查、去向可追和责任可究的信息链条形成完善的绿色标识认证评价体系，提高绿色标识认证的有效性。在建立绿色贸易体系方面，推动政府间合作，继续深化国际绿色标识认证的互认机制，发挥绿色标识认证贸易通行证的作用。

四、国际经验研究——绿色转型的加速与深化

（一）行动的紧迫性

2020 年是联合国《可持续消费和生产十年方案框架》（又称“一个星球网络”）诞生十周年，传播其核心主张恰逢其时：“我们当前不可持续的消费模式和生产模式是环境恶化的主要原因[4]。”“一个星球网络”是一个多方利益合作关系，旨在完成该计划预定的承诺，它主要涉及以下几个领域：可持续公共采购、旅游、消费者信息、建筑与建设、食物系统、生活方式、教育。其中许多领域与 17 项可持续发展目标紧密相关，特别是可持续发展目标第 12 项（SDG12）：负责任的消费和生产。

过去，在解决可持续方面的问题时，我们往往没有全面地审查其涉及的一系列消费和生产过程或者厘清其价值链。只要再循环材料的市场一天不出现，任何再循环方面的激励举措都只能发挥有限作用。只要还没有使用清洁能源、再循环材料和可持续性资源来生产产品，污染问题就会继续存在。当前，我们需要的是全生命周期的方法，即将材料和能源投入的可持续性、生产工艺、产品设计、产品使用以及产品零部件的可复用性和可循环性都考虑在内的一整套方法。从系统的角度来看，需要采取对环境和社会影响较小的创新商业模式来缓解对商品和服务日益增长的需求。

此外，我们还要激励消费者以更可持续的方法去消费，让消费者减少浪费，同时更多地关注产品质量及其购买行为带来的社会和环境影响。这也从另一角度对产品开发提出了要求，即要为消费者提供合适的产品选择和相关信息，以便他们能够选择可持续产品。瑞典战略环境研究基金会（MISTRA）可持续消费研究项目的研究结果显示，如消费转向更具可持续性的产品和服务，温室气体减排量可以达到 40%。例如，

从肉食到素食的转变，或从购置新家具到购置二手家具的转变（Carlsson Kkanyama 等，2019）。虽然具有向可持续消费的转型需求对新基础设施和深度可持续产品开发的投资项目，但是该项目的研究结果表明这一转型可以带来立竿见影的重大影响。

过去几十年来，绝大多数国家将主要目标确立为通过工业生产和消费促进经济增长，而很少关注这种经济增长模式给环境和社会带来的负面影响。虽然我们在再循环纸、玻璃和金属的推广、汽车尾气排放标准和食物安全标准等领域取得了一定进展，但现实是逐渐增长的消费导致的包装类、产品类、纺织类和食物类垃圾越来越多。虽然在一些方面我们已经取得进展，但是仍然有许多问题需要解决，例如，许多产品和材料并没有实现循环使用。交通运输仍然是温室气体排放的主要来源之一，食物安全也面临着气候变化、塑料污染和农药过度使用带来的新风险。

绿色转型需要将可持续性概念融入商业、金融、政府和社会中。对可持续性性别维度的敏感性也同样重要，因为男性和女性并不总会有同样的偏好和机遇。

德国、瑞典、日本政府以及欧盟日益担忧糟糕的全球环境，开始越来越多地关注绿色转型。他们正在制定绿色转型的愿景和路径，要求可持续性贯穿运行的各个层面，同时推出了大量新的监管和市场化政策、措施以及教育活动。越来越多的研究和实践提供了如何实现基础系统变革的思路（欧洲环境：国家和展望，2020）。

（二）采取绿色复苏计划应对新冠肺炎疫情

新冠肺炎疫情放大了绿色转型的重要性。短短数月时间，疫情就席卷了全世界，给所有经济体带来了严重影响，酿成了死亡的悲剧、引起了疾患、造成了严重的经济问题和损失。我们有充分的理由相信，随着人类与野生动物的接触日益频繁，环境恶化和自然栖息地的丧失将不断加剧人畜共患病的传播，气候变化一定会产生更大的经济社会影响。风暴、洪水、飓风、干旱及其他气候相关的影响已经让我们付出了巨大的代价，而且随着气候持续变暖，将给人类的生产生活带来更大的影响。生物多样性的缺失和环境恶化的大规模出现，不仅会给这一代人，而且会给子孙后代带来严重影响。

（三）超国家层面：《欧洲绿色协议》和绿色复苏计划

在制定宏大的绿色复苏计划方面，欧盟一直都走在前面。目前，欧盟正在积极指导成员国限制资源使用和浪费、发展新产业、促进绿色就业发展、推动城市再设计、以绿色转型促社会行为转变。在《欧洲绿色协议》中，欧盟制定了一项新的增长战略，旨在“将欧盟转变成一个公平繁荣的社会，打造一个现代化、节约型以及具有竞争力的经济体，确保到 2050 年实现温室气体净排放为零的同时经济增长与资源利用脱钩”。欧盟已决定将其 2030 年温室气体减排目标提升至 55%（相较于 1990 年的减排目标），并到 2050 年实现气候中和。

欧盟抗击新冠肺炎疫情复苏计划由德国和法国牵头实施，呼吁对非再生塑料征税，同时从 2023 年起开始对碳排放标准低于欧盟的国家生产的产品征收碳边境税。该复苏计划共有 1.8 万亿欧元的预算，对多年期财政框架和“下一代欧盟”计划进行了整合，其中 30% 的资金将用于气候相关的项目。

恢复和复原基金是该复苏计划的核心，旨在为欧盟成员国应对新冠肺炎疫情的社会经济影响提供资金支持。“下一代欧盟”计划的资金规模高达 8 071 亿欧元，其中 7 240 亿欧元划拨给恢复和复原基金。各国计划必须包含与欧盟优先事项相符的改革和公共投资项目，反映本国特有的挑战，支持绿色转型，推动数字转型。各项改革和投资必须在 2026 年之前实施。

（四）各国政府关于应对新冠肺炎疫情的复苏和绿色转型战略

下文将以案例研究的方式介绍德国、瑞典和日本的相关背景信息，重点突出每个国家采取的独特方法，为中国制定绿色转型政策和社会治理体系提供有益借鉴。

1. 德国

2020 年 6 月，为促需求保就业，同时以对气候更友好的方式推动经济走出危机，德国推出了“一揽子经济刺激计划”。为开展经济刺激计划的后续工作，2020 年 12 月，德国联邦内阁通过了“恢复和复原计划”。

“恢复和复原计划”的发布是德国从欧盟抗击新冠肺炎疫情复苏计划“下一代欧盟”中获取资金的前提条件之一。“恢复和复原计划”明确了六大重点领域：①气候变化（瞄准 2050 年德国碳中和目标）；②经济和基础设施的数字化转型；③教育数字化；④增加社会参与度（如介绍退休计划的数字门户、托儿所）；⑤加强疫情防控的医疗体系建设；⑥行政现代化和消除投资壁垒。

德国联邦环境、自然保护和核安全部在国际气候倡议下开发了新冠肺炎疫情应对计划。该计划共有 6 800 万欧元的预算，主要支持国际气候倡议伙伴国应对新冠肺炎疫情，旨在稳固现有社会结构，推动加速经济转型，重点关注减缓气候变化和保护生物多样性，预防未来流行病的发生。为提速增效，对这一快速通道程序进行了简化，重点任务包括：采取紧急措施防止自然保护区和生物多样性热点区因旅游资金减少而遭受日趋增多的偷猎和乱砍滥伐；为面临严重风险的本土人口提供帮助；

为 12 个伙伴国的经济顾问提供资金，从而支持规划和财政部门设计气候友好型经济刺激计划；资助对就业有特殊影响、对能效有长期影响、促进可再生能源利用、推动城市发展和可持续投资的国际气候倡议项目；支持新型全球生物多样性框架和生物多样性融资倡议的设计和实施，填补有效实施伙伴国生物多样性战略所需的实际成本方面的知识缺口。

2. 瑞典

瑞典政府关于绿色复苏的议案（2021—2023 年）旨在通过转型瑞典工业来促进减排，推动瑞典向可持续的交通体系转型，防止生物多样性减少，支持资源节约型、低碳、循环、无毒材料和能源的利用。此类举措预计会提升环境质量，促进就业，增强竞争力。

政府信用担保就是一个例证。2021 年，瑞典政府提供了高达 1 000 万克朗的绿色信贷，以推动促进绿色工业转型和未来绿色就业的长期资本投资。该信贷额度预计到 2022 年增加至 150 亿克朗，到 2023 年增加至 250 亿克朗。

新冠肺炎疫情的传播及其导致的经济危机给瑞典社会造成了严重影响。瑞典政府预见了通过绿色复苏加速循环经济转型的新机遇，并于近期（2020—2021 年）出台了一项关于发展循环经济（包括可持续消费）的国家战略和行动计划。推动供需数字化也是一项重大战略。2021 年 5 月，政府提出了一项关于数字化和可持续化的国家战略。

3. 日本

虽然第二十六届联合国气候大会等很多气候变化相关的活动因新冠肺炎疫情而延期举办，但是我们在 2020 年 9 月还是举办了一场聚焦于“线上平台”的部长级会议，旨在交流共享新冠肺炎疫情应对措施以及不同国家针对气候变化和环保采取的具体行动和进行的考虑，同时呼吁采取全球行动，确保气候变化应对措施不会受新冠肺炎疫情所干扰。该会议的主席总结肯定了通过“三大转型”进行“重新设计”的重要性。

2020 年 10 月，日本首相菅义伟宣布，日本政府将尽最大努力实现绿色社会，重点关注经济与环境的良性循环，并将其作为日本增长战略的一大支柱，同时设定“到 2050 年实现碳中和、建成脱碳社会”的目标。2020 年 12 月，日本内阁官房长官加藤胜信主持召开增长战略会议，将《绿色增长战略：到 2050 年实现碳中和》确立为实现“经济与环境良性循环”的一项工业政策。该战略呼吁为预计增长的行业设置高目标并制定相应的政策，这些行业包括离岸风力发电、氨燃料、氢、核、汽车及蓄电池、半导体、信息通信技术、海运、物流、人口流动和民用基础设施、食物、农林水产、航空、碳循环、住房与建筑、下一代太阳能、资源循环及生活相关行业。

充分发挥社区力量被证明在新冠肺炎疫情时期和后疫情时代都非常重要。2018 年，日本内阁批准了第五期《环境基本计划》。日本政府推动建立该计划中提出的“地域循环共生圈”。“地域循环共生圈”旨在建立一个自给自足和去中心化的社会，对自然美景等地方资源进行最大化利用，根据地方特色对资源进行相互补充和支持，从而最大限度地激发地域活力。目前，日本环境省对致力于打造“地域循环共生圈”的组织提供支持。

从新冠肺炎疫情期间吸取教训后，日本预计会向新的生活和工作方式转变，例如，感染风险较低的户外休闲活动将越来越受欢迎，越来越多的日本人想移居至府级区域，“远程办公”这种工作方式正在受到关注。“远程办公”指的是人们一边远程工作，一边在工作间隙进行休闲活动。甚至早在新冠肺炎疫情发生之前，日本地方政府及其他官方机构就已经在推广这一工作模式，主要是为了促进农村地区人口增长，同时减少城市人口。2019 年，“日本远程办公联盟”成立（截至 2021 年 7 月，已有 195 个成员，其中包括 23 个府和 172 个市），地方政府开始“招兵买马”。日本环境省对该联盟表示支持，截至 2021 年 5 月，已支撑了 269 项“远程办公”活动。一些企业已经加入了该联盟。数据显示，当身心得到放松、工作与生活之间达到一种更好的平衡时，工作效率就会得到提升。

（五）推动低碳转型

本部分将以案例形式介绍在减少温室气体排放、引导工业和社会向碳密集型较低的方向转移这两个方面采取的一些创新性和具有一定影响力的举措。

1. 德国

德国在 2019 年颁布的《联邦气候保护法》规定，到 2030 年减排量至少要达到 55%（相较于 1990 年的水平），能源、工业、交通、建筑、农业、废弃物行业每年设立排放目标，到 2050 年实现气候中和。政府运行和投资则需要到 2030 年实现气候中和。然而，在 2021 年 5 月，德国联邦宪法事务法院颁布规定，要求联邦政府提高未来几年的温室气体减排目标，以便更均匀地将减排负担分摊到几代人之间。法院给出相关解释，政府为 2030 年设定的 55% 减排目标（与 1990 年相比）意味着需要在仅仅 20 年（2030—2050 年）内完成碳中和排放目标所需的其他剩余减排量（进一步减少 45% 的温室气体排放量）。法院认定这对年轻一代和后代是不公平的。作为回应，联邦政府于 2021 年 6 月修订了《联邦气候保护法》，将 2030 年的二氧化碳减排目标提高到 65%，设定了 2040 年减排 88% 的目标，将实现碳中和的日期提前到 2045 年，以及后续的目标是实现负排放。

德国出台了一系列政策和计划来鼓励工业、社会、能源生产者推动可持续发展。建筑能效标准变得更加严格，过度消费和浪费成为打击对象，循环再利用的力度进一步加强，数字化被用于提升流程效率和资源利用率，新的交通运输方式也处于不断探索之中。气候政策和能源转型举措聚焦于创新型能源系统，例如氢能技术、气候友好型基础设施和建设。电动交通获得越来越多的政治支持，交通行业可持续发展获得大量资金支持。气候友好型建设旨在增加木材作为建筑材料的利用度的同时，在木材建筑领域打造创新集群。为到 2030 年将建筑业温室气体排放量减少到 7 000 万 t 二氧化碳当量，同时到 2030 年实现本国和欧洲能源气候目标，对建筑改造进行财政投资以及转向可再生能源进行发热是很关键的举措。

德国《联邦气候保护法》为各行业（例如能源、建筑、农药、交通和环保）确立了减排目标，在 2021 年法案进行修正后这些领域的减排工作进一步被重视。为推动气候目标的实现，德国在 2021 年年初推出了全国住房和交通部门化石燃料燃烧排污权交易制度。过去，温室气体排放许可证的价格是固定的，单位是欧元 /t 温室气体排放，不过以后每年都会上调。起始价格是 2021 年的 25 欧元 /t 二氧化碳，2022 年将上涨至 30 欧元 /t 二氧化碳，2023 年将达到 35 欧元 /t 二氧化碳，最后在 2050 年实现 35 欧元 /t 二氧化碳。此举也将对家庭能源消费产生直接影响。

《德国可持续发展战略》也旨在减少家庭人均温室气体排放量。在 2021 年 5 月，联邦政府的“绿色内阁”提出新目标，即到 2030 年（与 2016 年基准年相比），将基于消费层面的人均温室气体排放量减少一半，进一步推行国家的可持续消费计划。该计划旨在引发关于“预算方法”的社会讨论，以提高消费者对“个人消费足迹”的认知，并使他们思考如何减少自身温室气体排放，最终目标是实现消费者观念的转变。该战略还包括到 2030 年要实现的一些其他目标，例如将食物浪费减半、自行车使用量增加一倍，以及将电子商务中通过认证的可持续产品的市场份额提高到 34%。

关于是否需要像整体的温室气体减排那样设置“消费类排放到 2030 年也实现 50% 的减排目标”，有关讨论已经开展。

2. 瑞典

2015 年，瑞典政府启动了“零化石瑞典”的计划，旨在动员全社会参与气候相关行动，同时让企业、城市和组织有机会展示各自为一项共同的事业所做的努力，通过实现“零化石瑞典”的计划来提升产业竞争力、促进就业、拉动出口[5]。

2017 年，瑞典议会通过了一个包含新气候目标的气候政策框架、气候法案以及关于组建气候政策委员会的计划。瑞典计划到 2045 年实现温室气体净排放量为零并在此后实现负排放[6]。

在政府的要求下，瑞典环境保护署制定了通过 5 个方面来跟踪主要消费领域的温室气体排放轨迹，包括个人交通、航旅、食品、建筑以及纺织品[7]。这种以消费为基础的排放跟踪可用作区域排放跟踪的补充，并促使居民和企业采取减排行动。基于消费的温室气体排放总体指标被用作《2030 年可持续发展议程》中目标 12.1 的后续工作开展标准。

2020 年 11 月，瑞典政府呼吁环境议会筹备委员会制定一项战略，考虑以国家消费目标和政策为基础，减少消费带来的气候影响[8]。研究结果将在 2022 年 1 月公布，并有助于实现“为下一代创造一个没有重大环境问题且不向世界其他国家和地区输出此类问题的社会”的代际目标（以下简称“代际目标”）、“限制气候变化”的环境质量目标以及《2030 年可持续发展议程》。

瑞典的电力行业和供热行业已经实现了一定程度的脱碳化，因此瑞典当前关注的重点是交通业和重工业的脱碳化以及负排放的实现[9]。工业部门的温室气体排放量占瑞典温室气体排放总量的 1/3 左右（2019 年为 32%）。为落实“零化石瑞典”的计划，瑞典各行各业均制定了路线图，提出了如何通过实现零化石或气候中和来增强竞争力[9]。这些路线图明确了机遇与挑战、产业承诺以及政治建议[10]。瑞典钢铁生产者协会负责确保钢铁生产过程中无化石，同时确保从能源到采矿再到钢铁生产的整个价值链环节中无化石。

系统性转型需要有全面的政策和治理手段。路线图的实施需要满足这些条件：为长期研究和知识开发提供资金支持；能够以在国际上具有竞争力的成本获取电力和生物能源；支持进一步开发基于生命周期的合适的气候影响模式；支持创造无化石钢铁的市场需求和根据价值链进行成本分摊的新型商业 / 定价模式[11]。接触下游产业和消费者需要创新型成本分摊和新型商业模式。无化石钢铁生产有助于汽车厂商和消费者转向气候友好型交通方式。开发有助于催生更多循环型和无化石解决方案的气候智能型技术，有助于创造竞争性优势、促进就业、拉动出口。

3. 日本

在日本，“全球变暖对策计划“完成修订后，升级版减碳措施的具体细节将被公布，新框架中有两点值得关注。第一，最大限度地引进可再生能源类国家项目，推广使用高新技术。2020 年 12 月提出的绿色增长战略重点关注包括氢能在内的 14 个绿色增长优先行业，这将是国家政府在绿色转型方面进行的前所未有的大范围投资。第二，建立一个新发展模式，鼓励当地社区尽可能地减少温室气体排放的同时保证自身经济的积极发展。日本许多地方政府已经宣布了 2050 年温室气体零排放成为“零碳城市”的宣言，但许多其他地方政府仍然缺乏实现碳中和的全面计划和具体措施。

2021 年 5 月 26 日，日本国会一致通过修改了《全球变暖对策推进法》。修订后的法律中新增了一项基本原则：日本的所有利益相关者都必须按照巴黎协定相关规定，到 2050 年实现脱碳社会。另一个主要内容是推广可再生能源，并将其作为促进区域振兴的措施。该法案建立了一个系统，市政当局通过该系统认证有助于该地区脱碳以及通过利用当地可再生能源解决地区问题的项目。 同时，对此类项目采取特殊措施，如相关行政程序一站式制度，以促进区域内顺利达成共识，促进引入对区域有贡献的可再生能源。

为实现脱碳化目标，除了国家工业政策，参与社区直接相关的活动的地方政府也需要出台脱碳化政策。2020 年 12 月，日本成立了国家和地方建设脱碳化社会委员会，由日本内阁官房长官加藤胜信担任主席，旨在通过国家与地方政府之间的合作和共创到 2050 年实现社区层面的脱碳化。该委员会研究了消费者、各部委、机构和地方政府的看法，并于 2021 年 6 月制定了脱碳路线图。这包括到 2025 年的 5 年内集中开展最新技术区域性试点，到 2030 年创建 100 个以上脱碳领先区域，以在全国范围内大胆推动气候行动。

家庭和企业部门也是温室气体排放的主要来源。日本环境省正在全国范围内推广一个被称为“酷选择”的运动，旨在鼓励人们做出有利于应对全球变暖的明智选择，例如，在购买产品、使用服务和选择生活方式时要考虑它们是否有助于推动脱碳化社会的建设。“凉装”运动、“暖装”运动倡导在夏、冬两季合理使用空调、穿着合适的服装，“生态活动”“智能移动”运动鼓励人们合理使用汽车及其他交通工具，“点亮未来计划”运动则呼吁节能和高效照明的推广。

2011 年，东日本大地震和福岛第一核电站事故给福岛县造成了严重破坏。如今，福岛县正在努力实现“福岛创新海岸构想”(在日本政府2014框架政策中得到了明确)。这一国家级项目旨在通过建立新产业基地恢复福岛县东部沿海地区及其他区域受灾害影响的产业。2016 年，日本经济产业省主持召开的“福岛新能源社会构想实现会议”确定了“福岛新能源社会构想”（2021 年 2 月修订），以加快推进该构想在能源领域的落实。中央政府、福岛县政府以及有关企业正在共同努力，推广可再生能源和氢能的应用，力争到 2040 年左右使可再生能源占福岛县一次能源需求的比例超过 100%。

（六）电动出行

在本次国际经验研究调研的国家中，交通部门是一个很重要的经济引擎。交通部门在应对温室气体排放上正面临着与日俱增的压力。本报告在案例中介绍了目前正在采取的各种应对措施。

1. 德国

德国汽车产业是欧洲最大的客车生产基地，也是德国经济极其重要的组成部分。尽管德国政府过去设定了自主减排目标（如到 2030 年投入使用 100 万辆电动汽车），但是德国汽车生产商在电动出行领域仍然进展缓慢，相关目标也没有实现。德国汽车产业在实现温室气体减排目标上的缓慢进展受到越来越多的关注，该产业对环境和气候有重大的影响，同时还面临着与日俱增的国际竞争。在此背景下，德国政府开始通过更加强有力的干预措施来推动电动出行。德国政府在 2011 年出台了《国家电动交通工具发展计划》，在 2016 年推出了包括临时采购激励（针对混合 / 非混合动力电动汽车的环保补贴）在内的“一揽子市场刺激计划”，同时公布了关于加强充电设施建设、公务人员购置电动汽车的方案。

为加速转向零排放汽车的使用，德国设置了新的目标。到 2030 年，预计有 700 万～1 000 万辆电动汽车投放到市场，100 万个充电桩投入使用。德国“恢复和复原计划”旨在提高对电动汽车的环保补贴。德国联邦政府将国家资助的电动汽车买受人佣金提高了一倍，截至 2021 年年底，即所谓的“创新补贴”，是对 2016 年启动市场激励计划（预计延续至 2025 年年底）以来推出的环保补贴的一个补充。插电式混合动力电动汽车、二手混合动力电动汽车以及二手纯电动汽车也受益于该政策，不过不包括内燃机驱动型汽车。目前，德国联邦政府很明确地告诉个人消费者，德国政府将斥资约 30 亿欧元用于电动汽车购置补贴。净标价在 4 万欧元以下的电动汽车的补贴标准：纯电动汽车（蓄电池或燃料电池驱动型汽车）最高补贴 9 000 欧元，插电式混合动力电动汽车最高补贴 6 750 欧元。净标价在 4 万欧元以上的电动汽车的补贴标准：纯电动汽车（蓄电池或燃料电池驱动型汽车）最高补贴 7 500 欧元，插电式混合动力电动汽车最高补贴 5 625 欧元。相比之下，纯电动汽车的补贴过去最高为 4 000 欧元，插电式混合动力电动汽车的补贴过去最高为 3 000 欧元。除此之外，新电动汽车购置者，从最初注册之日起，可享受 10 年免缴汽车税。该免税政策的实施将延续至 2030 年年底。为配合环保补贴的延续，德国将推出专为低噪电动汽车设计的音响报警信号，相关补贴统一为 100 欧元。

在用人单位办公地点享受电动汽车免税充电服务是德国推动电动出行的另一激励

举措。这笔费用没有像公司汽车、餐券等其他应纳税的用人单位福利那样被征税。

德国联邦政府正在支持构建一个需求导向型全国充电设施网络，以满足用户的充电需求。为配合资助政策的落实，德国联邦交通与数字基础设施部计划建设运行一个覆盖 1 000 个地方的全国快速充电网络。不过，德国联邦政府并不打算自己来运行这些充电设施。另外，德国联邦交通与数字基础设施部还在制订进一步资助的计划，旨在斥资 60 亿欧元将充电设施全国性开发推广至私营部门和商业部门。

为推广低排放机油驱动型客车，进一步考虑二氧化碳排放的问题，德国议会在 2020 年 10 月修订了德国机动车税的法律草案。与瑞典的做法类似，德国也会对二氧化碳排放量较高的车主征收更高的税费，同时低排放汽车车主也会享受减税政策。税费标准将取决于发动机容量和二氧化碳排放量。二氧化碳排放量不超过 95 g/km 的汽车无需缴纳税费。除此之外，在 2020 年 6 月至 2024 年 12 月购置汽车的车主将享受一定的年度税收奖励。根据修订后的德国机动车税的法律草案，二氧化碳含量上升，车主年度纳税也会增加。不过，环保人士指出，德国的征税额度仍然太低，产生不了太大影响，建议德国借鉴法国高税收的做法。

公共采购是德国推广清洁汽车使用和竞争力的另一手段。根据修订后的欧盟《清洁汽车指令》，德国联邦政府在 2021 年 1 月通过了《推广清洁和节能汽车法》，要求公共机构采购较大比例的清洁汽车，同时对电动公共汽车设置了配额——2021—2025 年为 22.5%，2026—2030 年为 32.5%。

2. 瑞典

瑞典 1/3 的二氧化碳排放量都来自交通行业，而且一直保持着这一比例。长期以来，瑞典的汽车以相对老旧的高耗能大型车辆为主。对此，瑞典政府设置了到 2030 年交通行业减排 70%（相较于其气候议案中指出的 2010 年的水平）的宏伟目标 [9]。2018 年 7 月 1 日，瑞典推出了“奖惩系统”，该系统根据汽车排放量，为环境友好型汽车提供补贴，向内燃机驱动的汽车征税。该系统旨在实现三大政策目标：①调整高排放、低排放、零排放汽车的相对价格，鼓励气候友好型汽车的采购；②加速本国汽车行业的转变，实现欧盟制定的到 2021 年新车二氧化碳平均排放量达到 95 g/km 的目标；③通过“罚金”税收提供的“奖励”，为零排放和低排放汽车支持方案的实施减轻资金负担。在瑞典，化石燃料需缴纳增值税和燃料税（碳和能源税）。此外，车主还需缴纳年度汽车税。这样设计的考虑是，该系统应该自己为自己埋单，而不是依靠财政供养。那些购买二氧化碳排放量较高的汽车的车主需要为购买二氧化碳排放量较低的汽车的车主提供补贴。该系统是“一揽子市场刺激计划”的一部分，其组合工具会影响汽车的购买、使用和技术开发。

为进一步巩固减排成果并确保该系统得到资金支持，瑞典政府在 2020 年提议对新轻型汽油车和柴油车进一步增加汽车税。瑞典政府还宣布将加大对购置零排放汽车的激励力度[12]。2019 年，瑞典电动汽车注册比例达到了 18% 的历史高点。2020 年，在新售的可充电汽车中，电动汽车占 32%[13]。不过，为实现欧盟 2021 年二氧化碳平均排放目标，仅有包括“奖惩系统”在内的当前“一揽子市场刺激计划”是不够的。就未来政策设计而言，为确保可持续成果，该系统需要考虑汽车的全生命周期以及与发电相关的排放问题。为确保公平性，需要推出奖励措施，让低收入群体能够有更多可持续的选择，如电动汽车。

3. 日本

2000 年，日本国土交通省首次推出了环境标签系统，对符合一定排放和燃料效率标准的汽车予以认证。2009 年，针对下一代汽车（电动汽车、燃料电池汽车、天然气汽车、插电式混合动力汽车、清洁柴油汽车）和符合一定排放和燃料效率标准的汽车，日本启动了环保汽车减税计划。该系统对汽车的购买和所有权均征税（税率或高或低），以此促进对环保效果更好的汽车的购买和保有，同时减少对环境影响大且超过一定车龄的汽车的使用。日本 2020 财年预算共有汽车相关税收 26 180 亿日元，占日本全年总税收的 2%（以 2020 财年初期预算计算，即国税与地税之和）。

（七）循环经济与生态设计

1. 欧盟

关于零配件的恢复性、持久性和可用性等循环经济和资源效率方面的规定，以及关于维修的强制性指令和针对不同产品种类的单独指令[14]均收录进《欧盟生态设计指令 2009/125/EC》。《欧盟生态设计指令 2009/125/EC》在促进节能（2020 年降低欧盟能耗约 9%，到 2030 年预计降低约 16%）和温室气体减排方面非常有效。除此之外，该指令还促进了资源节约，例如水资源的节约、污染物的减少。

尽管如此，欧盟委员会在 2020 年就可持续产品计划展开协商，进一步研究如何通过产品立法和行动推动向循环经济的转型，同时促进消费、生产、气候、空气、水资源和生物多样性方面可持续发展目标的实现[15]。普通民众也被邀请为《欧盟生态设计指令 2009/125/EC》的重新编写出谋划策。

欧盟在 2020 年发布了《新循环经济行动计划：创造一个更清洁和更具竞争性的欧洲》，旨在让可持续产品“常态化”，让消费者选择可持续的消费方式，通过向更可持续的产品模式转型以及在生产过程实现循环利用，保证更少的浪费，涵盖了包括电子和信息通信技术、电池和车辆、包装、塑料、纺织品、建筑住房以及食品、水和营养物质等在内的主要商品价值链 [16]。2021 年，欧盟委员会提议修订电池指令，拟对电池（从小型家用电池到大型车用电池和工业电池）的原料采购、设计以及废旧电池的处理等进行进一步全面规范 [17]。

为实施《新循环经济行动计划：创造一个更清洁和更具竞争性的欧洲》，关于纺织行业的规定也正在审议之中。纺织业在全球范围内造成了很大的环境和社会影响。在快速时尚逐渐流行之际，人们越来越担忧纺织业产生的影响，包括水资源和土地利用、有害气体排放、塑料垃圾、纺织废料以及众多发展中国家面临的人口健康和工作条件相关问题。欧盟计划在 2021 年年底前发布一项纺织品战略，采取整体手段，并涉及纺织品的全生命周期，包括天然纤维的培养以及废旧纺织品收集与其再利用/回收的分离，旨在减少对纺织品供应链的负面影响，同时提升纺织品的循环性、持久性和再利用。该战略可能会明确如何利用指标等工具服务新纺织品中的再回收成分或可持续公共采购 [18]。从 2025 年起，欧盟废弃物管理法将要求对纺织品进行专门回收。

2. 德国

德国推广循环经济的概念已有几十年了。1991 年，德国出台了《德国包装条例》，这是全世界首部在某一经济部门推行生产者责任延伸制度的规定。1996 年，德国联邦政府通过了首部《循环经济法》，这是一部聚焦于废弃物管理的法律。与此同时，人们对循环经济的概念开始有了更广泛的理解。

新修订的《循环经济法》（2020 年）触及了诸多产品政策领域和已经形成的“丢弃文化”。它涵盖了公共采购需偏向可持续产品尤其是有助于推动循环经济发展的产品的义务。它还提出了一个叫“Obhutspflicht”（义务）的新方式，即保管商品的义务。过去，生产商、零售商和销售平台（如亚马逊）会将客户退回来的商品（未使用过的且往往还在原包装里面的商品）当成垃圾处理。如今，他们有义务捐赠或销售此类商品。除此之外，他们还有义务汇报对这些退回来的商品进行了什么处理。

推广更可持续的产品并推动循环经济发展的另一法律是新修订的《德国包装法》，于 2021 年 1 月在德国联邦内阁通过。修订后的《德国包装法》规定，所有一次性塑料瓶和易拉罐均收取 0.25 欧元的法定押金。此规定旨在给予多用途饮料瓶（玻璃瓶或塑料瓶）竞争性优势，因为它们更环保。此外，从 2025 年起，PET 饮料瓶必须含有 25% 的可回收材料。

修订后的《德国包装法》还规定，从 2023 年起，餐厅、外卖商店以及销售食物的咖啡馆必须提供多用途容器，且多用途容器不得比一次性容器贵。该规定旨在减少不断增多的外卖消费主义相关的包装垃圾。

为回应拉格纳广场纺织厂倒塌造成 2 000 人死亡的灾难性事件，德国联邦经济合作与发展部成立了纺织联盟。该联盟成员占德国纺织市场的 45%，并致力于改善其纺织价值链的社会及部分环境影响。为了让这些努力有显示度，德国联邦经济合作与发展部发起了一项新的标签计划——“绿色按钮”，该联盟成员企业可以参与。尽管如此，德国服装市场可持续纺织品仍然维持在 5% 以下的比例。

德国联邦政府为联邦政府机构可持续纺织品的公共采购设置了目标：50% 的采购纺织品必须符合全球有机纺织品标准、“绿色按钮”“蓝色天使”等被推荐的可持续性标准。

除“蓝色天使”标准中规定的零部件可修复性、持久性、可用性的欧盟规定外，德国还为自己设置了更宏伟的目标，这些目标也将在公共采购决策中得到落实。

3. 瑞典

《欧盟生态设计指令（2009/125/EC）》及其产品规定在瑞典可以直接施行，并由瑞典能源局通过信息运动和市场监督予以保障。瑞典能源局内部实验室在欧盟是独一无二的。瑞典通过谈判和市场调节来确保生态设计与能源标签的一致性[19]。该内部实验室在培养专业性方面发挥了作用，而且是瑞典能源局常常向欧盟委员会建言献策的原因之一。

瑞典能源局通过网络、研讨会和新闻通讯向生产商、零售商及其他利益相关方通报欧盟生态设计相关政策。瑞典能源局预计可以通过生态设计进一步设定资源效率相关的产品要求，不过此举需要经济刺激和信息的配合，可能还需要新商业模式的配合。这些要求有助于延长产品寿命，促进产品回收利用，从而有助于加强各方在用电安全和化学问题等其他问题上的合作。

欧洲协商、制定和实施生态设计、能源标签等节能产品政策的方式值得其他国家借鉴。瑞典能源局参与了瑞典国际开发合作署资助的联合国工业发展组织节能型照明和家电项目，将为南部和东部非洲对生态设计和能源标签进行产品立法提供支持。瑞典能源局还促进与工商界的对话，旨在建设实验室，开发测试活动，为政策官员、实验室技术人员、市场监督部门、制造商、进口商和公私采购商等各类利益相关方组织高级培训。通过支持政策能力建设、技术转移和商业开发实现欧洲以外地区向更节能型产品和服务的市场转型的总体目标。

4. 日本

为实现可持续的消费和生产体系，目前日本对完成从设计到处理的闭环越来越感兴趣。过去，由于垃圾产生和垃圾非法倾倒的增加，日本基于《环境基本法》在 2000 年通过了《循环型社会形成推进基本法》。该法强调了垃圾的减少、重复使用和循环利用，推出了生产者责任延伸制度，推动了相关法律的修订和新法律的通过，旨在解决包装、家电、食物和汽车等领域的垃圾和循环利用的问题，同时提出了绿色采购的要求。

为落实以上法律规定，日本各大工业组织和企业提出了各种方案。例如，日本汽车工业协会制定了《推动报废汽车数量减少、重复使用和循环利用的产品设计阶段提前 评估指南》，丰田正在积极设计易于拆解分类的新款汽车。休闲时尚服装零售商优衣库在全国连锁店里放置了回收箱，对回收的衣服进行再利用，同时将这些衣服送给世界各地有穿衣需求的群体，包括与联合国难民事务高级专员办事处、非政府组织和非营利组织合作，以紧急赈灾的形式向在难民营和受灾地区的人群提供衣服。无法被重新利用的衣服则会被处理成燃料或隔音材料进行循环使用。近期，优衣库正在推广“衣服到衣服再循环”的运动。

除公司和组织的举措外，政府还采取措施实现向循环经济转型。2019 年，日本环境省联合其他省厅制定了“塑料资源循环战略”，以应对海洋塑料危机。2021 年 6 月，国会一致通过《塑料资源循环促进法》，到 2050 年实现塑料材料的循环，涵盖从产品设计到废物处理的所有过程。

（八）可持续食物系统

1. 欧盟

欧洲“从农场到餐桌”战略是“绿色协议”的一个关键组成，它有助于可持续食物系统的形成，包括可持续农业，让健康和可持续的选择变得简单的食物环境，以及让消费者选择健康饮食和社会及环境友好型食物的可持续食物标签框架。它涉及食品安全、推进可持续的食品的加工、批发和零售以及医院和餐饮行业的服务培训，最终目标是改善食物浪费现状。该战略对实现气候中性和减少其他环境外部效应具有重要意义[20]。

2. 德国

德国联邦食品与农业部农业政策、食品及消费者健康保护科学咨询委员会为营造公平的食物环境和促进可持续食物消费提出了 4 个方面的目标：健康、社会层面、自然环境和动物福利。

关于食物环境，首先是食物暴露和食物刺激物暴露（如广告和社交媒体上出现的食物和食物刺激物）。暴露会影响我们的感知域。目前，我们的感知域一般倾向于营养价值低的产品（如快餐、软饮料）和气候足迹多的产品。我们对食物的获取取决于各种因素，包括价格、对信息的掌握程度、社会饮食习惯和行为准则。在实际生活中，我们对食物的选择受社会经济因素、个人偏好、态度、知识、社会准则和习惯的影响。市场营销和社交媒体，尤其是社交媒体，会将食物与特定的价值观和特征联系起来，从而影响消费者偏好。这些因素对我们的消费起着决定性作用，即决定着我们吃什么、吃多少以及吃得快慢程度。

德国政府已经开始意识到，有必要采取统一政策促进可持续食物消费，大幅改善食物环境。目前，个人承担了过多责任。德国可持续发展国务秘书委员会正在处理这一问题。该委员会（又称“绿色内阁”）负责国家可持续发展战略具体措施的制定，同时正在监测各项指标的动态，确保与 17 个可持续发展目标保持一致。2020 年 7 月，该委员会发布了针对食物系统的可持续发展要求。

外包装营养标签系统的简单化和扩大化是推动健康饮食整体性政策的一个关键环节。2019 年，德国就不同营养标签系统进行了一次具有代表性的消费者调查。调查发现，德国消费者偏爱 Nutri-Score 营养标签——在一部分欧洲国家已经得到推广的一种食物标签框架。该营养标签采取了独立科学家开发的分级体系，利用 5 种颜色进行从 A 到 E 的 5 种分级，以体现食物的不同营养程度。能量含量、营养价值高的营养、营养价值低的营养会相互抵销。例如，纤维、蛋白质、蔬菜、水果和坚果被归类为营养价值高的成分，而能量含量、饱和脂肪酸、盐、糖则被归类为营养价值低的成分。Nutri-Score 可以实现同类产品的比较。它仅适用于标有营养价值表的食物，不包括水果、蔬菜等生鲜产品。目前，Nutri-Score 还只是一个自主标签系统，尚未被强制要求在欧盟普及。

在应对食物带来的环境影响方面，还有很多不同的标签系统。基于欧盟法律建立的 Bio-Label 标签系统是当前最常用的标签系统。其他在更高标准基础上建立的标签在市场上也发挥着一定作用。Eponymous Consulting 咨询公司推出的 Eaternity Score 标签系统可以为餐饮供应商和餐厅经理开展气候足迹和水足迹的定量评估以及动物福利和雨林保护的定性评估。德国联邦环境、自然保护与核安全部在其食堂采用了该标签系统引导就餐者。

为解决食物垃圾的问题，德国联邦食品与农业部发起了“不宜扔掉”的运动。据估计，每人每年扔掉的食物垃圾大约 75 kg，而其中很大一部分食物垃圾是可以避免的。消费者可以通过浏览网页或智能手机应用，来找到如何在日常生活中避免扔垃圾的小技巧（例如，如何更好地采购食物、存储食物和消费食物）和烹饪食谱。

2020 年下半年德国担任欧盟委员会轮值主席国期间，欧洲理事会一致通过了德国关于开发动物福利标签的提议，并委派欧盟委员会制定一项关于所有畜种全生命周期的详细规定[21]。

3. 瑞典

2017 年，瑞典政府出台了一项长期食物战略，其愿景是到 2030 年实现具有全球竞争力、创新性、可持续和富有吸引力的瑞典食物链[22]。其主要目的是促进生产，支持有竞争力的食物链，促进就业，增强创新能力，提升盈利能力，实现相关环境目标。该战略明确了需要采取战略行动的三大领域——规章制度、消费者和市场（让消费者对食物充满信心且能够做出明智和可持续的选择），以及知识和创新，从而提高食物供应链上的生产率，促进食物的可持续生产和消费。瑞典政府认为，解决方案就是加大节能环保型生产，尤其是要加大对全球环境影响较小的生产。

地方、地区和国家层面的利益相关方之间的相互协调配合对该战略的实施非常关键。瑞典政府在 2017 年、2019 年和 2021 年发布了一系列行动计划。

一期行动计划（2017—2019 年）设定的目标是：将 30% 的瑞典农业用地用于发展有机农业，将 60% 的公共消费食物（如公立学校和公立医院提供的食物）变成经认证的有机食物[23]。

瑞典农业委员会正在与其他政府机构、企业和组织代表以及食物链、消费者及环境组织商讨制定一项行动计划和里程碑目标，以实现 2030 年目标。食物和膳食（如校餐）的公共采购可以更好地推动动物保护并缓解环境问题。另一个需要采取行动的领域是通过加强食物链上的行为体与政府机构的合作，减少整条食物链上的食物垃圾。面向消费者的信息也非常重要。

二期行动计划（至 2025 年）指定瑞典经济与地区增长局负责更有效地实施相关规章制度，同时指定瑞典创新局和瑞典可持续发展研究委员会负责推动创新研究。三期行动计划（从 2021 年 1 月起）的核心是所谓的“一揽子简化措施”；有关当局需要在加强有关规章制度有效实施的同时对其进行简化处理[24]。

针对 2020 年的评估发现，瑞典企业需要增加其产品附加值，努力增加产品价值而非产量，同时知识和创新对食物链的长期发展至关重要。随着生产日益高科技化和知识密集化，企业和国家的竞争性优势日益取决于其能否在知识和研究领域占据领先地位。如不加强对食物链的教育和研究，瑞典食品企业就会在全球发展中落后。

在瑞典环境目标体系中，有两大减少食物垃圾的里程碑目标，且都需在 2025 年之前实现[25]。目标一旨在减少食物在到达商店和消费者手中之前的生产过程中产生的食物垃圾。瑞典农业委员会将监测有关进展情况。目标二旨在于 2020—2025 年将人均食物垃圾量减少至少 20%，相关进展情况将由瑞典环保局来监测。

Röös 等（2020）关于食物政策工具的研究强调了以下 4 点：①要在国家层面上设定可持续食物消费的目标；②除信息规定外，还要出台对生产商和零售商提出要求、调整价格的规定；③要意识到如与加征红肉税收等措施配合实施，同时对果蔬降税，政策会得到更大的公众支持；④以公共部门的餐饮（学校、医院和幼儿园等地方的餐饮）为例，推广可持续餐饮。

4. 日本

日本正在将食物生产与可持续发展目标联系起来，例如，为学校儿童提供有营养的食物（为贫困儿童提供免费食物）（可持续发展目标 1：无贫穷）；通过推动可持续农林水产业发展开展改善营养的国际合作（可持续发展目标 2：零饥饿）；创建福利院雇佣残障人士（可持续发展目标 3：良好健康与福祉）；开展食物方面的教育（可持续发展目标 4：优质教育）；促进农林水产业中的性别平等（可持续发展目标 5：性别平等）；推动发展中国家灌溉用水的可持续使用（可持续发展目标 6：清洁饮水和卫生设施）；在农村、山村和渔村推广可再生能源的使用（可持续发展目标 7：经济适用的清洁能源）；通过农林水产业智能化推动创新（可持续发展目标 9：产业、创新和基础设施）；减少食物损失并促进食物循环利用（可持续发展目标 12：负责任消费和生产）。

目前，日本农林水产省正在推广追求完美营养平衡的“日式饮食”。日本农林水产省会举办关于开展饮食教育的全国性会议，为饮食教育活动给予奖励，同时提供体验农林水产和公共食堂的机会。关于减少和利用食物垃圾和食物损失，据估计，日本在 2017 财年产生了 2 531 万 t 食物垃圾，其中 600 万 t 可食用食物垃圾被丢弃。《食品循环法》于 2001 年颁布，旨在通过控制食物垃圾生产和减少食物垃圾数量来减少其最终处理量，同时对食物垃圾进行再利用，转化为饲料和肥料作为资源使用或进行热回收。日本还采取了措施促进餐饮业务的再循环，例如，制定再循环标准和目标，要求定期汇报，营业登记，商业计划认证。根据这一法律，日本环境省正在匹配餐饮业务、再循环业务、农林水产业务等，以扩大食物再循环范围。

为减少食物浪费，日本在 2019 年颁布了《减少食物浪费促进法案》，旨在到 2030 财年将家庭和企业食物浪费量减少一半（相较于 2000 财年）。为促进企业和消费者采取行动，日本环境省正在实施“拒绝食物浪费青年行动项目”，日本所有想参与减少食物浪费活动或项目的学生都被组织起来，就如何在社区开展减少食物浪费活动建言献策。此外，日本环境省、消费者厅、农林水产省正在组织“打包袋创意比赛”，征求公众关于普及和确立新的打包方式的意见。

（九）性别平等

性别平等是可持续社会发展的前提，对培养创新能力十分关键。只有所有人的经验、技能和知识得到发挥，全社会的创新潜力才能被完全发掘出来。

过去几十年来，性别平等在德国社会和政治中发挥着举足轻重的作用。不过，性别平等现在仍然是一个不断发展的问题，而且向性别平等的努力仍然在不断进行之中。德国的社会生活和工作环境还没有完全实现性别平等。

性别平等不仅被写进了德国的《德国基本法》（第三章平等条款），而且在 1999 年 6 月 23 日被一项内阁决议确立为德国联邦政府行动的通用指导原则之一。自 2000 年以来，性别平等还被载入德国《联邦行政程序法》。当时，德国决定通过性别主流化来推动性别平等。性别主流化作为性别平等的法律依据被写入德国《一般平等待遇法》。不过，对这些原则的一致性应用及其与政策措施的统筹考虑在当今仍然是一项政策挑战。同样，气候政策也日益受制于司法要求。

用于保障和推动性别平等的政策措施绝大多数存在于这些领域：待遇平等、工作无歧视、平等晋升机会等。2021 年 1 月通过的新法规定，如上市企业董事会成员在 4 人及以上，至少要有一位女性执行董事。2016 年通过的另一法律则规定，女性在上市企业监事会成员中的比例应至少为 30%，国有企业的这一比例则应达到 50% 以上。

虽然在可持续性问题上的态度、消费习惯和饮食习惯等都存在现实的差异，但是环境政策往往没有解决性别平等的问题。不过，可持续消费与生产领域的工具一般并没有对某些社会特殊群体进行区分（也没有进行老幼、男女和贫富区别），似乎也很难做到区分（与歧视无关）。这就是为什么到目前为止性别因素一直没有在可持续消费和生产政策中发挥重大作用。不过，这种状况可能会随着社会发展而改变。

瑞典性别平等政策的核心明确指出，女性和男性有同样的权利来改善社会和她们自己的生活。以这个出发点，政府正在努力实现 6 个子目标：①权力和影响力的平等分配；②经济性别平等；③教育性别平等；④无偿家务和护理工作的平等分配；⑤保健、护理和社会服务方面的两性平等；⑥制止对女性的暴力[26]。

在瑞典，人们普遍认为男性和女性应该平等地受益于税收。瑞典创新局的政策是，要将平等的概念融入其各项活动中，同时在资助研究和创新的过程中要保障性别平等。

只有当所有政府和企业活动都考虑到性别平等的因素时，才有助于性别平等的政策目标的实现，即男性和女性在塑造社会及其生活上应该享有同等的权利[27]。必须将性别平等纳入绿色转型政策措施的制定，包括可持续消费和生产领域。最新新研究表明，在支出相同的情况下，瑞典男性的温室气体排放量比瑞典女性高 16%。男性在车辆以及燃料的高消费可能是造成这种情况的原因。

1999 年，日本政府颁布了《男女共同参与社会基本法》。“第五次性别平等基本计划”（2020 年 12 月 25 日经内阁批准）指出，为建成可持续社会，日本政府应在应对气候变化等环境问题的同时，促进女性参与政策制定的过程，在考虑国际形势的基础上，努力在具体计划中突出性别平等。日本中央环境委员会在《环境基本法》下成立，是日本环境省的咨询机构，其 30 位专家中有 14 位是女性（截至 2021 年 2 月的数据）。

该计划还呼吁在实施官方发展援助计划和项目的过程中推动性别主流化，促进性别平等和女性赋权，以推动女性参与发展合作的所有阶段，并确保她们从发展活动中平等受益。2020 年 4 月，日本政府依据《巴黎协定》第 6.2 条规定，发布了针对联合信贷机制补贴项目的性别指南，明确了在联合信贷机制补贴项目周期（规划、实施、运行阶段）中实现性别平等所需采取的行动，并敦促联合信贷机制补贴项目承接方，尤其是负责项目实施的代表性实体和联合企业，为性别平等采取行动。

（十）结论

新冠肺炎疫情可以说造成了自第二次世界大战以来甚至是大萧条以来最严重的全球经济危机。导致这场流行病的原因有很多，但是环境恶化必定在其中占了一定地位。此外，新冠肺炎疫情还提醒我们，未来一定还会有危机出现。而应对未来此类经济社会冲击的最好方式，就是调整我们的经济社会制度，实现深度的生态可持续性和社会可持续性。随着人们日益意识到全球环境的不稳定性以及助长行业和流程污染的不合理激励举措，我们看到当前的重要举措没有“走过去的老路”，而是开始让欧洲和日本经济走上更可持续的新路上。

现在，很多唾手可得的成果都已经被“摘掉了”，各国政府于是将注意力更多地放在了如何激励或授权重污染行业减少其能源足迹和资源足迹之上。我们已经考虑了如何通过后疫情时代恢复计划和新规处理重大行业污染问题的一些案例，涉及能源、交通、钢铁、农业和食物等行业。新冠肺炎疫情复苏计划应该被用于建设更有韧性和生态环境更好的社会。

为达成《巴黎协定》的要求，还需要做出更多根本性变革，例如，从个人消费转向公共投资，减少工作时间。

公众接受度也很关键。影响公众对某一政策接受程度最重要的因素是该政策的公平性和有效性（Matti et al，研究即将发布）。就环境政策制定而言，这意味着在设计“一揽子市场刺激计划”时要让公平发挥更为核心的作用，既包括对公平的解读方式，又包括实现公平的方式。对企业提出要求的政策（如生物燃料的使用和气候标签）比针对消费者的政策（如飞机乘客和对肉类征税）能够获得更大的公众支持。

本文只是抛砖引玉，有关内容并不详尽，但是从中可以得到的一个重要启示是，实现气候中和以及循环经济需要对消费和生活进行更深入的结构性调整和采取社会性手段。这意味着要开发系统来审查产品生命周期各个阶段的生态足迹和社会足迹。消费者需要选择更加理智的消费方式同时减少垃圾丢弃，而实现它的前提是，产业行为体和消费者同时得到了考虑并共同寻找有利于消费者的产品设计、循环利用、重复使用的方法。促进公众参与对推动社会发展转型进而实现可持续消费和生活至关重要。

五、政策建议

2021 年度的专题研究结论和政策建议是基于中国和国际最新的相关形势和本年度内的研究成果，2020 年度的若干政策建议对相关决策依然有价值。

（一）中国“十四五”进入“深”绿色转型期，推动形成绿色生产消费方式进入实质性的实践阶段，并将发生重要变化

第一，中国在全面建成小康社会后进入现代化强国建设的新阶段，新阶段发展的主题是高质量发展，实现高质量发展的原则是贯彻创新、协调、绿色、开放、共享的新发展理念，绿色必然是高质量发展的基本特征和衡量标准。这样的战略思路和原则决定着中国“十四五”及未来发展的方向、目标和任务。

第二，与以往的五年规划相比，在继续对资源能源节约与效率提升、生态保护、环境质量改善等方面提出更高要求的同时，中国的“十四五”规划和 2035 年远景目标纲要首次将绿色发展内容独立成章，首次对推动绿色生产消费提出目标要求。即到 2025 年，生产生活方式绿色转型成效显著；2035 年，广泛形成绿色生产生活方式。

第三，中国将实现碳达峰与碳中和的承诺纳入“十四五”规划，纳入生态文明建设总体布局，把实现减污降碳协同增效作为促进经济社会全面绿色转型的总抓手。

第四，中国已进入全面小康社会，人均 GDP 超过 1 万美元，公众的绿色生活方式

意识在较快提升，新冠肺炎疫情也在增强绿色意识。预计“十四五”中国中等收入人群达到 5.6 亿左右，消费率提升到 60% 左右，绿色消费潜力巨大，推动绿色消费具有越来越好的社会基础。

第五，新冠肺炎疫情放大了绿色低碳转型的重要性，绿色低碳复苏已成为国际社会的潮流，对中国进行深绿色的转型有较大的促进和借鉴意义。

（二）实现“十四五”规划相关目标，中国推进绿色生产与消费还需要解决好若干具体政策问题

中国的“十四五”规划尽管对生产生活方式绿色转型提出了明确目标，但对相关任务和措施只能是提出方向性和框架性的要求。因此，在落实层面，不仅需要细化的行动方案，更需要明确的法律法规、具体的政策机制以及扎实的基础能力建设来保障。

1. 将建立完善绿色生产与消费法律议题纳入国家立法进程

在中国，与绿色生产消费关系最密切的现行法律包括 2002 年颁布、2012 年修订的《中华人民共和国清洁生产促进法》和 2008 年颁布、2018 年修订的《中华人民共和国循环经济促进法》。建立完善以绿色生产消费为核心内容的法律，可以考虑两种思路：一种是整合《中华人民共和国清洁生产促进法》和《中华人民共和国循环经济促进法》，形成一体化的《中华人民共和国绿色生产与消费法》；另一种是根据绿色发展的最新要求，修订现行的《中华人民共和国清洁生产促进法》和《中华人民共和国循环经济促进法》，合理界定 2 个法律所规范的边界，并去掉“促进”两个字，增强法律的约束性，作为推进绿色生产与消费的主干法律。

2. 进一步制订绿色消费国家行动计划

绿色生产的管理主体主要包括政府的资源能源、工业、基础设施建设、经济综合、生态环境等主管部门，实施主体主要是企业，中国“十四五”规划有关绿色生产的工作可以纳入相关政府部门的职责和政策措施中。然而，绿色消费涉及更多的管理部门，覆盖所有组织和个人，领域宽泛，影响因素复杂，统筹协调和具体实施难度大。根据德国、瑞典等国经验，在国家“十四五”规划之下，有必要进一步制订配套的绿色消费专项国家行动计划，形成更全面、深入、具体推动形成绿色消费和生活方式的中长期施工图。

3. 注重源头性措施和系统性方法，全面推广工业产品生态设计工具，大力构建绿色供应链

有研究表明，80% 的资源能源消耗和环境影响取决于产品设计阶段。工业产品生

态设计是指，按照全生命周期的理念，在产品设计开发阶段系统考虑原材料选用、生产、销售、使用、回收和处理等各个环节对资源环境造成的影响，力求产品在全生命周期中最大限度降低资源消耗、尽可能地少用或不用含有有毒有害物质的原材料，减少污染物产生和排放。欧盟早在 2009 年就对生态设计进行立法，中国近年来也有一些好的探索实践，中国政府应该对高能耗、高碳高污染排放的产品生产，制定生态设计技术规范，推行生态设计方法。同时，实施全生命周期管理，不仅关注产品和企业，而且要落实到整个产业链，应在目前推动的构建经济“双循环”（国内大循环为主体、国内国际双循环相互促进）新发展格局中嵌入绿色供应链的理念，形成绿色的“双循环”。

4. 加大绿色低碳标识产品、服务和企业的认证力度，倒逼生产与服务绿色化，扩大绿色产品与服务供给，引导绿色消费。

绿色产品与服务是绿色消费的重要内容，扩大绿色产品与服务供给是推进绿色消费的基础。专题模拟分析显示，在绿色产品消费环节进行持续适当的补贴，对培育绿色产品消费市场是一种行之有效的政策选择。

绿色低碳产品与服务认证一端连着消费者、一端连着生产者，可以同时撬动绿色消费和绿色生产，是一项有效的市场机制和领跑者制度。欧盟和中国在这方面都有丰富的实践经验。中国政府应进一步重视发挥该制度对推动绿色生产消费的作用，首先，加强顶层设计，打造统一的绿色低碳产品与服务认证体系，并将其与相关约束性管制措施和激励政策相融合，协同增效；其次，将认证拓展到企业的绿色低碳行为，发挥领跑者的作用；最后，修改《中华人民共和国政府采购法》，将各级政府部门、事业单位、国有企业等主体纳入绿色采购范畴，并扩大绿色采购产品和服务范围，探索实行强制绿色采购制度，建立鼓励其他社会团体和企业绿色采购的激励政策。探索建立各级政府部门、事业单位和国有企业举办大型活动（会议、赛事）要采取碳中和行动的制度，鼓励其他主体采取碳中和行动。

5. 着手建设促进绿色生产消费的基础设施和能力

专题组连续两年对建立中国绿色消费评价指标体系和评估方法开展了研究，结果不能令人满意，其中一个重要的原因是不少重要的指标缺乏相关的数据。中国在“十四五”全面启动绿色生产消费工作后，相关的基础设施和能力建设必须同步跟进，主要包括：

（1）构建绿色消费统计制度，开展绿色消费的监测、数据收集、统计和评估报告。

（2）在此基础上，建立绿色消费评价指标体系和中长期目标指标。由于城乡之间、地区之间的自然条件与经济发展差距较明显，评价指标和目标指标可以分区分类建立。

（3）建立全国统一的绿色消费信息平台，发布绿色产品和服务信息情况，提高绿色产品生产和消费的透明度，鼓励相关方采信绿色产品和服务认证和评价结果。

（4）加强对政府、社会组织、企业和公众关于绿色消费的能力建设和培训，构建各利益相关方的合作伙伴网络建设，促进多方利益相关者参与。

（5）充分利用数字化技术，支撑绿色低碳生活方式，例如搭建具有全国性影响力和统一适用标准的数字化绿色低碳生活方式平台，支撑所有消费者个体和团体的绿色低碳行为。

6. 鼓励新冠肺炎疫情下出现的绿色低碳工作和生活方式常态化，警惕经济复苏过程中和碳达峰前依赖高能耗、高污染行业的增长冲动

一方面，新冠肺炎疫情下，在线办公、视频会议、线上消费等工作和生活方式普及，催生了“无接触”产业的快速发展，应全面评估这些新业态的经济和环境影响，鼓励那些绿色低碳的工作和生活方式常态化。另一方面，要加强资源环境管制，加大碳达峰、碳中和知识和政策的宣传培训力度，防止地方和企业通过新上高能耗、高污染项目恢复新冠肺炎疫情下的经济，拉高碳排放峰值。同时，高度重视线上消费带来的物流包装大幅增加等新问题，加大绿色物流建设力度。

（三）实施汽车行业绿色税制改革

汽车产业是中国经济的支柱性产业，也是能源消耗、污染和温室气体排放量大的行业。2018 年，交通运输领域行业的汽油、柴油消耗量分别占全国总消耗量的 46% 和 68%，汽车碳排放约占全国碳排放总量的 7.5%，汽车 NO_x 排放量占全国 NO_x 总排放量的 43.6%，但其贡献的 NO_x 减排量却不足 20%。因此，应将汽车行业放在推动绿色消费与生产的重要位置。

2020 年，专题研究从生产、购置、使用和回收 4 个环节提出了推动汽车行业绿色发展的政策建议；同时，认为对汽车行业税制进行系统的绿色化改革，对汽车行业的绿色发展具有牵头抓总的作用。为此，在综合考虑原材料和燃料节约、污染减排、碳中和等要求的基础上，今年就汽车行业绿色税制改革提出如下建议。

1. 实施鼓励开发和使用非 HFCs 类替代品和替代技术的财税政策

环保汽车空调制冷剂的推广可通过纳入汽车产品奖罚税政策体系来实现，即将制冷剂排放要求纳入排放考核指标中，对满足制冷剂排放要求且达到其他相关节能环保指标要求的车型，给予消费税、车辆购置税等税收优惠。同时，继续沿用现行关于 1.6 L

及以下节能环保汽车推广实践的做法，并将制冷剂排放要求纳入其中，直接鼓励环保制冷剂等节能环保技术和产品的使用。

2. 实施推动建立生产者责任延伸制度的税收优惠政策

针对企业在回收报废汽车过程中较难取得增值税进项发票、可抵扣的进项税额有限这一问题，实行简易征收方式。针对报废汽车回收拆解先进技术和设备购置投入高、投资回报周期长等问题，对环保投入高，符合相关评审要求的企业，减征企业所得税。为推动报废汽车回收拆解企业提升环保水平，提高汽车回收价格，减少废车流入非法市场，提升汽车整体回收利用率，可比照研发费用加计扣除政策，再按实际发生额的 50% 抵扣应纳税所得额。

3. 实施汽车产品奖罚税政策

在保证汽车税收总体平衡的前提下，以现行汽车税制为基础进行优化调整，加强现有税种对节能环保的调节作用。政策设计近期与远期目标相结合，依据产业竞争力发展水平设定政策实施阶段。2021—2025 年，继续实施现行新能源汽车免征车辆购置税政策并逐步退坡；2026 年起，引入基于能效指标的车辆购置税和消费税奖罚税政策。目前，中国建立了较为完善的乘用车燃料消耗量标准体系，将乘用车燃料消耗量指标纳入汽车税制已具备一定基础。实施奖罚税制度，首先可在原有税制基础上增加乘用车百 km 燃料消耗量指标，待时机成熟可逐步加入排放指标、电动汽车的电耗指标等。

模拟分析显示，实行上述汽车行业绿色税制，无论是在减少汽车生产的原材料投入、增加新能源汽车生产，还是在化石燃料节约、制冷剂替代、二氧化碳和常规污染物减排方面，都会产生显著的效果。

（四）在钢铁行业全面推行绿色设计政策

2019 年，中国粗钢产量占世界的 53.3%，生铁产量占世界的 64.2%。钢铁行业不仅是中国常规污染物排放的大户，也是碳排放的第一大工业行业，占全国碳排放总量的 15% 左右。 在钢铁行业推行产品绿色设计，从源头提升产品的绿色化水平，对钢铁行业的绿色发展和绿色贸易有重要意义。

近年来，中国政府高度重视钢铁行业的绿色发展问题，采取了产业布局和结构调整、资源能源效率提升、污染防治和关键生产技术改进等措施，明确实施了行业绿色制造体系计划。在绿色设计方面，正在研究制定 30 余项钢铁产品绿色设计行业标准。但总体上看，绿色设计理念尚未成为钢铁行业绿色发展的主流理念，相关标准建设滞后，缺乏激励措施，相关能力不足，直接影响到行业绿色发展向纵深推进。为此，建议如下。

1. 强化绿色设计政策的顶层设计，建立部门和产业上下游的协同推进机制

绿色设计政策顶层设计是为了解决全面系统和长期推动的路线图和施工图问题。建立协调机制，既要使相关政府管理部门形成合力，又要让行业上下游遵循一致的标准规范，构成绿色产业链。

2. 在钢铁行业推行全生命周期评价方法

引导钢铁企业广泛深入应用全生命周期的理念、方法、数据和方案，开展生产和服务。为此首先要，建立健全钢铁绿色产品评价体系，建立产品全生命周期资源环境影响数据库，量化单位钢铁产品的资源、能源消耗和环境指标，明确产品的绿色程度；研发产品生命周期各环节绿色改进方案，建立钢铁企业实施绿色设计的技术服务体系。

3. 建立减污降碳协同增效的钢铁行业绿色设计标准、评价体系和认证认可制度

绿色设计标准是钢铁企业实施绿色设计的基本技术遵循，对企业相关行为建立评价体系和认证认可制度是管理与市场的“分向标”。相关标准、评价体系和认证认可制度的制定要在全生命周期中，统筹考虑资源能源效率、污染防治和碳减排等方面的要求，协同增效。

4. 采信钢铁行业绿色设计评价、认证认可结果，建立激励机制

将钢铁企业绿色设计评价、认证认可结果与企业环境信用评价、环境税、资源综合利用税收、环境污染责任保险、环境监管频次、政府绿色采购、企业税收和财政补贴等政策与管理措施挂钩，对钢铁行业绿色设计实践形成综合性的激励政策与机制。

5. 帮助钢铁行业实施绿色设计人才培养和能力建设

依托行业协会、大学和科研机构，国家和地方政府在资金、智力资源和技术上支持钢铁企业培养绿色设计专门人才，提升专业能力。

（五）应用生态设计的理念和方法，将垃圾焚烧设施提升为提供良好人居环境产品的绿色设施

在中国，焚烧发电已成为生活垃圾处理的主流方式，相关设施建设进入高峰期。2020 年，中国有生活垃圾焚烧设施 519 座。根据 18 个省市已发布的相关规划，未来 10 年还将拟新建 476 座生活垃圾焚烧设施。

中国在建设和运行垃圾焚烧设施进程中遇到两大难题：一是部分运行设施的环境绩效不好，对周边居民产生了环境影响，引发不满；二是随着生活水平的快速提升，公众对环境质量和环境风险变得非常敏感，存在将垃圾处理设施归为一种“脏”的设施的误解，从而对已建或拟建在身边的垃圾处理设施产生强烈的抵触情绪，出现典型

的“邻避”问题。

针对第一个问题，近年来中国政府通过强化监管已取得显著成效。国家垃圾焚烧发电厂监测数据公开平台显示，目前几乎所有生活垃圾焚烧发电设施烟气排放浓度均能满足国家标准，大部分设施烟气排放浓度优于现有国家标准。从技术能力看，中国目前的垃圾焚烧发电技术及装备已处于国际领先水平。

针对第二个问题，中国政府近年来从技术、管理、社会和信息等维度，采取了综合性措施，“邻避”事件大幅度下降。然而，垃圾处理设施建设的“邻避”问题是由设施环境绩效和环境风险、经济社会发展状况所影响的利益相关方的认知和心理及利益诉求等综合因素构成的问题复合体。从中国经济社会与环境保护发展进程的状况看，环境领域引发的“邻避”问题在较长的一段时期内会持续发生。因此，长期、稳定和有效的解决方法是提升垃圾焚烧发电设施的“功能”，改变其在公众认知中的“形象”。

按照绿色发展的思路，专题组在借鉴相关国际经验和研究中国典型案例的基础上建议：应用生态设计的理念和方法，将垃圾焚烧设施提升为提供良好人居环境产品的绿色设施。

具体方法是，建立包括环境安全、生态和谐、社区友好和经济有效等四大类若干项技术标准。按照该技术标准建设和运行垃圾处理设施，设施就会具备多重功能：首先，既解决垃圾污染问题，又不会产生新的环境风险；其次，设施与当地的生态景观、城镇建设格局及风格、人文习俗相融合协调；最后，设施运行惠及当地社区，形成良性互动。当然，实现多重功能要经济有效。目前，中国的惠州、常州和杭州等市已有类似的成功案例。

实施步骤是，首先，整合现行有关垃圾焚烧发电设施建设和运行的规定，建立统一的绿色标准和技术规范；其次，按照绿色标准实施领跑者制度，积累一定经验后全面推行。

（六）实施食物的绿色消费政策

食品的可持续消费越来越受到国际社会的重视，食物损耗和浪费不仅意味着食物生产时资源投入的无效消耗和温室气体的大量排放，而且废弃食物在不同的处理方式下也会产生大量温室气体。如果将全球废弃食物看作一个“国家”，则这个“国家”将是第三大温室气体排放国。

中国的相关情况同样不容乐观。一方面，食物供应链总体损失与浪费量大。2016 年，中国国家粮食局抽样调查结果显示，中国从田间到餐桌每年粮食损失约 675 亿 kg，占当年粮食总产量的 10% 左右。中国水果物流阶段的平均损耗率为 20% ～ 30%，蔬菜损耗率接近 30% ～ 40%。另一方面，更多的食物损耗和浪费发生在消费端。中国科学院地理科学与资源研究所 2018 年发布的调查报告显示，中国在 2013—2015 年，每年仅餐桌上的浪费量就高达 1 700 万～ 1 800 万 t，相当于 3 000 万～ 5 000 万人一年的口粮。2018 年，全国餐厨垃圾产生量超过 1 亿 t，日均近 30 万 t。有学者估算，每年中国的食物全生命周期二氧化碳排放为 16.05 亿 t；假设只有 1/5 的食物损耗和浪费（FAO 估计的全球平均水平约为 1/3），那么碳排放也将超过 3 亿 t。

正当本研究就食物绿色消费提出若干政策建议之际，专题组高兴地看到，中国的《反食品浪费法》于 2021 年 4 月 29 日发布实施，绿色低碳消费方式是该法的重要原则，并在不同消费环节和主体做出了诸多明确的规定。在此基础上，专题组认为《反食品浪费法》不只是反对食品浪费的法律，更是中国推行绿色低碳生活方式领域的首部法律，必须落实到位，使其发挥引领作用。为实施好该法，还需要做好 4 个方面的工作：一是食品绿色消费涉及千家万户，需要开展声势浩大且持续的普法宣传，提高公众和其他利益相关者的意识，引起广泛的重视；二是针对具体的法律规定，制定可操作的实施细则和方案，使之落地见效；三是建立政府主导、行业协会和社会组织引导、餐饮企业带头、消费者自律的协同机制；四是加强食物绿色消费的科学研究、数据调查统计工作，建立信息定期发布机制。

（七）借鉴国际经验、加速深化绿色消费转型

促进可持续消费的国际经验，包括 2012 年启动的联合国《可持续消费和生产十年方案框架》，表明过去解决可持续性问题的努力往往未能全面审查消费和生产过程的复杂性或完整价值链。需要遵循系统视角来降低环境和社会影响的创新商业模式，以缓解对产品和服务日益增长的需求。还必须激励消费者以更可持续的水平进行消费，减少浪费，更多地关注产品质量以及其购买行为对社会和环境的影响。可持续性的考量需要贯穿制定绿色转型的愿景和路径以及实施运行的各个层面，同时推出大量新的监管和市场化政策、措施以及教育活动。

在当前和向低碳发展转型的背景下，以下建议或许可以为中国设计自己的绿色转型政策和社会治理体系提供一些借鉴。

1. 采用整体性可持续消费手段、整合可持续性与后疫情时代复苏

在开发支持可持续消费的方法时，要采用整体性方法。这意味着要关注完整价值链，即从材料和能源投入到产品设计和生产流程，再到产品使用和后消费管理，都需

要得到关注。绿色转型和社会可持续性是需要从系统角度全面考虑的复杂挑战。此外，须将可持续性与后疫情时代的复苏联系起来。新冠肺炎疫情复苏计划有助于推动绿色复苏所需的重大基础设施投资和政策转型。如果上述资金用于绿色转型、促进绿色就业、推动绿色基础设施建设，那么将极大地促进绿色创新繁荣发展。

2. 推广示范可持续生活方式教育、新数字技术融入产品价值链

倡导发动教育示范运动推广可持续生活方式，参考瑞典和日本共同领导的一项关于可持续生活方式和教育的计划（2012—2022 年），旨在推进将可持续生活方式作为应对全球挑战的共同规范，例如生物多样性保护、资源效率、减缓气候变化、减少贫困和增加社会红利。认识到子孙后代的可持续发展和 2050 年 1.5℃温控目标对于实现绿色转型和提升幸福感具有重要意义。应借鉴日本等国际经验，通过网络、教育运动和认证体系为消费者提供产品可持续性的相关信息。

将新兴数字技术融入整个产品价值链的生产流程，以提高效率。充分利用互联网平台和社交媒体传播绿色转型的重要性，同时强调为作出改变个人和企业可以采取的措施。考虑《2030 年可持续发展议程》中设定的目标和指标，绿色转型需要全面数字化结构转型。

3. 积极利用绿色税收和经济激励措施、鼓励后疫情时代平衡生活方式

积极利用绿色税收和经济激励措施。对环境外部性较高的产品征税，采取激励措施促进人们购买环境可持续性更高的产品。关注迄今为止在可持续性讨论中得到很少关注的领域，如食物供应系统和纺织业等生态足迹较多的领域。鼓励后疫情时代继续调整生活方式，更加注重生活与工作的平衡，同时更持续的享受自然。

参考文献

[1] WRI: Reducing food loss and waste [EB/OL]. (2013-06-04). https://www.wri.org/publication /reducing-food-loss-and-waste.

[2] Liu J, Lundqvist J, Weinberg J, et al. Food Losses and Waste in China and Their Implication for Water and Land[J]. Environmental Science & Technology, 2013, 47(18):10137-10144.

[3] 成升魁，刘刚，刘晓洁，等．中国城市餐饮食物浪费报告 [J]. 中华环境，2018, 000(004):63.

[4] EU: One Planet Network: Global partnership for a sustainable future [EB/OL]. (2018-08-16). https://europa.eu/capacity4dev/articles/one-planet-network-global-partnership-sustainable-future.

[5] Faktablad: Målet är ett Fossilfritt Sverige [EB/OL]. (2015-11). https://www.regeringen.se/4add1a/content assets/790b8b0d7c164279a39c9718ae54c025/faktablad_fossilfritt_sverige_webb.pdf.

[6] Government Offices of Sweden [EB/OL]. https://www.government.se.

[7] Naturvårdsverket: Regeringsuppdrag Mätmetoder och indikatorer för att följa upp konsumtionens klimatpåverkan [EB/OL]. https://www.naturvardsverket.se.

[8] Regeringen: Parlamentarisk utredning ska ta fram strategi för minskad klimatpåverkan från konsumtion https://www.Regeringen.se.

[9] Fossilfrittsverige: Roadmaps for fossil free competitiveness [EB/OL] https://fossilfrittsverige.se/en/roadmaps/.

[10] Fossilfrittsverige: Roadmap for fossil free competitiveness [EB/OL]. (2020-12). https://fossilfrittsverige.se/wp-content/uploads/2020/12/Sammanfattning_Webb_ENG_2020.pdf.

[11] Fossilfrittsverige: Climate roadmap for Swedish steel industry [EB/OL]. (2021-03-19). https://www.jernkontoret.se/en/vision-2050/climate-roadmap-for-a-fossile-free-steel-industry/.

[12] Regeringskansliet: Förstärkt och förenklad miljöstyrning i bonus–malus-systemet [EB/OL]. (2020-10-28). https://www.regeringen.se/rattsliga-dokument/departementsserien-och-promemorior/2020/10/forstarkt-och-forenklad-miljostyrning-i-bonusmalus-systemet/.

[13] Bilsweden: Definitiva nyregistreringar under 2020 [EB/OL]. (2021-01-08). https://www.bilsweden.se/statistik/Nyregistreringar_per_manad_1/nyregistreringar-2020/definitiva-nyregistreringar-under-2020.

[14] Official Journal of the European Unio: DIRECTIVE OF THE EUROPEAN PARLIAMENT AND OF THE COUNCIL [EB/OL]. (2009-10-21). http://eur-lex.europa.eu/LexUriServ/LexUriServ.do?uri=OJ:L:2009:285:0010:0035:en:PDF.

[15] EC: Sustainable products initiative [EB/OL]. https://ec.europa.eu/info/law/better-regulation/have-your-say/initiatives/12567-Sustainable-products-initiative_en.

[16] EC: A new Circular Economy Action Plan: For a cleaner and more competitive Europe [EB/OL]. (2020-03-11). https://eur-lex.europa.eu/resource.html?uri=cellar:9903b325-6388-11ea-b735-01aa75ed71a1.0017.02/DOC_1&format=PDF.

[17] European Parliament Briefing: New EU regulatory framework for batteries, setting sustainability requirements [EB/OL]. (2021). https://www.europarl.europa.eu/RegData/etudes/BRIE/2021/689337/

EPRS_BRI(2021)689337_EN.pdf.

[18] European Commission: EU Strategy for Sustainable Textiles, Roadmap [EB/OL]. https://ec.europa.eu/info/law/better-regulation/have-your-say/initiatives/12822-EU-Strategie-fur-nachhaltige-Textilien_de.

[19] Legislation.gov.uk: REGULATION (EU) 2017/ 1369 OF THE EUROPEAN PARLIAMENT AND OF THE COUNCIL [EB/OL]. (2017). https://www.legislation.gov.uk/eur/2017/1369/article/12.

[20] EC: Food Safety [EB/OL]. https://ec.europa.eu/food/index_en.

[21] Eu2020: EU Agriculture Council launches European animal welfare label [EB/OL]. (2020-12-15). https://www.eu2020.de/eu2020-en/news/pressemitteilungen/animal-welfare-kloeckner-eu/2427904.

[22] Government Offices of Sweden：A long-term food strategy for Sweden [EB/OL]. (2017-04-06). https://www.government.se/articles/2017/04/a-long-term-food-strategy-for-sweden/.

[23] Regeringskansliet: Regeringens handlingsplan: En livsmedelsstrategi för Sverige – fler jobb och hållbar tillväxt i hela landet [EB/OL]. (2017-02-15). https://www.regeringen.se/informationsmaterial/2017/02/handlingsplan---en-livsmedelsstrategi-for-sverige--fler-jobb-och-hallbar-tillvaxt-i-hela-landet/.

[24] Regeringskansliet: Regeringen lanserar ny handlingsplan för livsmedelsstrategin [EB/OL]. (2021-01-21). https://www.regeringen.se/regeringens-politik/en-livsmedelsstrategi-for-jobb-och-hallbar-tillvaxt-i-hela-landet/handlingsplan-for-livsmedelsstrategin/.

[25] Sverigesmiljomal: Etappmålen ska göra det lättare att nå generationsmålet och miljömålen och identifierar en önskad omställning av samhället [EB/OL]. https://www.sverigesmiljomal.se/etappmalen/.

[26] Government Offices of Sweden: Gender equality policy in Sweden [EB/OL]. (2021-06-08). https://www.government.se/49c604/contentassets/efcc5a15ef154522a872d8e46ad69148/gender-equality-policy-in-sweden-210608-ny.pdf.

[27] Vinnova: Jämställd finansiering av innovationer [EB/OL]. https://www.vinnova.se/m/jamstalld-innovation/.

第 6 章　重大绿色创新技术及实现机制

一、引言

碳中和目标需要尽快对城市进行系统性强化干预。2020 年 9 月习近平主席提出中国将力争于 2060 年之前实现碳中和。这对中国社会经济发展的影响是广泛而具颠覆性的，中国将开启全新的阶段。数据显示，城市是能源消费的主要场所，消费占比可达 85% 左右。而中国城市生活领域的资源能源需求还将持续增长，以生产为主的能源消费和碳排放也将随着经济转型而转变为以生活消费为主。只有进行系统性强化干预，才能使中国城市在走向碳中和的进程中健康可持续发展。

中国城镇化方式正在从扩张发展转向城市更新。国家“十四五”规划纲要明确提出要加快推进城市更新。城市更新也需要采取绿色方法，相比扩张发展模式，以存量资源利用为主的城市更新模式可以减少资源能源消耗，使城市发展更加绿色低碳。因此，关注城市社区绿色更新是城市发展的重要议题。

绿色技术 SPS 二期工作重点：社区绿色更新。在一期研究的城市绿色发展愿景、路径以及绿色技术推荐基础上，二期将进一步聚焦国家碳中和目标与城市更新战略，从社区层面探索具有针对性、实效性、可负担的绿色发展策略与绿色技术应用，力求在满足人民美好生活需要的同时更高质量地实现国家双碳承诺。

社区绿色更新需要掌握碳排放实际状况并判断未来需求增长趋势。国际经验表明，人均 GDP 达到 1 万美元以后能源资源消费增长最快，中国城市居民消费与欧美发达国家差距很大[1]，未来的新需求将带来更多的消耗与碳排放。因此，选择不同城市及不同类型和人群的社区，并对其实际碳排放进行全面采集与分析，对居民未来的需求和社区更新的碳排放进行预测，才能为去碳设计合理有效的方案。

社区绿色更新需要推广绿色技术与绿色生活方式。先进国家零碳社区的实践，本项目的实证表明，仅靠绿色技术的应用推广难以实现零碳目标。因此，既要通过对不

1 数据来源于 Wind。

同人群、建筑特征的各类社区提供适用的绿色技术及集成应用方案，还要通过向居民推广绿色生活方式，以控制城市与社区碳排放峰值，促进提前实现碳中和。

社区绿色更新应当学习国际经验。欧洲、北美的一些城市在绿色发展与零碳社区发展方面有不少成功的案例，也探索出成熟的治理机制。研究借鉴国际成熟的经验，是加快社区绿色更新的有效途径。

社区绿色更新需要充分利用数字技术和体制机制创新。诸多领域的技术创新需要充分利用数字与人工智能技术的支持。绿色更新的复杂性需要政府、企业和公众的多方参与，更需要在法律、政策和技术标准等多层次开展制度创新。

社区绿色更新不仅是去碳重要领域，也是社会公平正义的综合议题。女性更乐意接受并践行绿色发展，社区更新需要女性的广泛参与。绿色更新也是与生活质量相关的重要民生议题，应当给社会各阶层人群创造更多福祉。

（一）社区绿色更新的重要性

社区更新与碳排放。社区和街区更新将成为我国城市更新的主要方式。社区是城市生活、居住的主要场所。从国际经验来看，居民生活品质的提高普遍会推高人均碳排放，而社区更新改造的本质就是要改善居民生活品质，中国未来社区 / 生活碳排放有很大的上涨可能。因此，如果不提前采取绿色技术与绿色生活方式的积极干预，社区更新很可能成为中国实现“双碳”目标的巨大阻力。

中国政府倡导社区绿色改造。国家从 2020 年起将城乡老旧小区改造定义为重大民生工程和发展工程，国务院办公厅《关于全面推进城镇老旧小区改造工作的指导意见》提出到“十四五”期末，结合各地实际，力争基本完成 2000 年年到底前建成的需改造的城镇老旧小区的改造任务。据估计，改造任务涉及约 22 万个小区、居民上亿人，拉动投资达万亿元级。2020 年 7 月，国家印发了《绿色社区创建行动方案》，倡导将绿色发展理念贯穿社区设计、建设、管理和服务等活动的全过程，以简约适度、绿色低碳的方式，推进社区人居环境建设和整治。随着未来中国城市碳中和战略的逐步落地，社区绿色低碳改造工作将获得更多的政府政策与财政支持。

社区绿色改造是城市碳中和解决方案的关键支点。社区是生活能源低碳最务实、最直接的应用场景，社区层面的小型试点和生活实验室已经被广泛使用于世界各地的领先城市，成为各类绿色低碳技术在应用推广前期的成熟测试工具和手段。社区改造的经验及商业模式是低碳技术推广的关键因素。可以更加广泛地动员公众参与，推动绿色生活观念的形成，还可以有助于相关政策法规的制定。

（二）社区绿色更新的愿景准则与目标

1. 社区绿色更新的愿景

以绿色营建、管理、服务方式和绿色生活方式实现人民美好生活的愿望，建设绿色繁荣、低碳集约、循环利用、公平包容和安全健康的宜居社区，为世界可持续社区更新提供“中国样本”。

2. 社区绿色更新的准则

（1）绿色社区发展应以满足人民美好生活的需要为目的，提倡可持续的消费和生活模式，充分考虑妇女、老人、儿童的需求，充分尊重弱势群体的发展权利，改善所有人的生活质量，让人人享有优质的绿色环境与设施，实现生活领域的永续发展。

（2）绿色社区要采用绿色低碳的规划、设计和运营方式，提供可负担的住房、服务、设施、交通、能源、水和空气质量等优质公共产品，为居民提供满足需要的良好空间品质，激发全社会共同参与的可持续生活方式。

（3）绿色社区要采取有效的手段，循环高效利用资源，降低生态脆弱性，增强韧性，以及对自然和人为灾害的反应能力，最大限度地实现人与自然的和谐，促进减缓和适应气候变化。

（4）社区更新中运用的绿色技术应充分考虑不同地域的气候特征、地理特点、发展水平和发展模式等因素，成本可控且安全稳定。社区更新中推广的低碳生活方式应具有社会可接受性，且易于复制和推广。

（5）绿色社区倡导所有利益相关方根据国家政策和法律，建立和加强伙伴关系，改善协调与合作，最终促进社区居民乃至全社会的生产方式、生活方式和价值观念向绿色低碳方向转变，以实现共同的绿色愿景。

3. 社区绿色更新举措

基于“双碳”目标的紧迫性，城市社区须采用“绿色技术＋低碳生活方式”的强化干预路径来实现绿色社区目标。

（1）广泛采用绿色技术。在社区更新中采用降低能源消耗，提升能源利用效率的绿色技术；以及减少资源消耗，促进“循环利用”。

（2）全面推广绿色建筑和绿色建造。通过老旧建筑改造，大力提高绿色建筑的比例，通过推广绿色建材和循环利用拆除改造的建材，推动资源的循环利用。

（3）倡导紧凑混合的土地利用。形成更多混合利用的公共空间，促进地上地下空间集约利用。通过管理实现更多建筑物的分时高效利用。推广公共餐厅等共享建筑模式，营造适老化、生活化的公共空间和居家生活、工作场所。

（4）塑造更加绿色、健康和韧性的公共开放空间。通过社区更新，扩大社区绿地空间，增加碳汇，改善微气候；扩大社区共享的公共空间，引导更加健康活跃的居民交往；建设更加安全韧性的市政基础设施。

（5）实现更加低碳绿色的生活方式。为居民就近提供便捷完善的公共服务，引导居民绿色出行；支持居民采用节能环保和减少资源消耗的生活方式；建设社区屋顶农场、垂直花园等，打造立体微农场；利用建筑外立面，打造垂直绿化。

（6）鼓励市场主体和社区居民参与社区绿色更新。制定鼓励性政策、明晰的规则和社会公约，保障各类群体，特别是女性、儿童、老人等群体的利益。鼓励居民直接参与社区碳排放相关活动，让社区成为公民履行减碳社会责任的主要载体。

二、全球经验与实践：从城市到社区

（一）国际视野的城市 / 社区脱碳路径

1. 能源领域

能源转型是中国实现净零排放的根本。这不仅因为中国电力行业占其能源相关排放量的 50% 左右（占全球能源相关排放量的 14%），还因为电气化将是未来能源系统的核心，对其他行业实现净零增长至关重要。

中国已经是全球可再生能源生产的领头羊，在太阳能光伏和风力发电方面的潜力巨大。如果全球可再生能源和储能平均成本继续快速下降，到 2030 年，中国可实现 62% 的非化石能源发电（“十四五”规划中该目标为 50%），电力部门碳排放量可降至 2015 年的一半 [1]。在电气化不可行的部门，将需要氢气、碳捕获、利用与储存技术以及可持续的生物能源。当前绿色氢发展势头较好，宝丰能源集团在中国投产了世界上最大的太阳能制氢厂，据介绍，绿色氢气的成本与棕色氢气（煤气化产生）相比具有竞争力，同时每年可减少煤炭消耗量 32 万 t。

2. 交通领域

首先，低碳交通选择的可用性和交通效率的提高是城市交通领域碳中和的重点。便利的步行、自行车设施与可选择、高效的公共交通系统可以明显地促进居民的绿色出行和生活。如快速公交（BRT）使用专用车道为公众提供快速的城际和城内移动，通过降低车速和加宽人行道，创造慢行安全空间。中国城市正在广泛推行 15 min 社区生活圈以减少出行量；墨尔本也在“2017—2050 年墨尔本计划” [2] 中规划一个 20 min

的社区，覆盖人们的“本地生活”，有安全的自行车和本地交通选择。

其次，交通需求管理，共享乘车和出行方式，移动即服务（MaaS）等技术支持为消费者创造了低碳交通激励和解决方案。自动驾驶也有助于通过按需服务扩展公共交通。北京市交通运输委员会与高德公司共同推出了交通绿色出行一体化服务平台，这是中国第一个落地实施的 MaaS 平台，拥有超千万级用户。通过平台的碳普惠激励，鼓励市民通过碳包容性的方式参与绿色出行。

最后，可继续大规模推广新能源汽车，并建设充电基础设施（但该措施与希望减少私家车使用的城市规划目标相矛盾）。中国现有 500 万辆新能源汽车，将太阳能、电池储能、快速充电和电池交换站结合起来，可提高运输系统对非碳能源的应用。此外，替代推进系统和替代燃料，如燃料电池电动汽车、绿色制氢和氨燃料等的推广应用将是必要的，尤其在重型运输等领域。

3. 建筑领域

从全生命周期来看，建筑施工和材料制造产生的二氧化碳排放量占全球的 11%，建筑运营占全球的 28%[3]。建筑脱碳要求新建建筑实现净零能耗，并对现有建筑进行提高能效和电气化改造。净零能耗建筑的商业化，需要将绿色建筑的外部成本整合到初始资本投资和运营成本上，配合程序标准化。同时，尽可能地利用再生能源供暖，如北方城市的工业废热用于区域供暖。在建造方面，如钢结构—模块化内部空间建筑的材料和施工方法可减少排放，提高建筑寿命。建筑集成光伏和其他形式的分布式储能将通过数字化和物联网实现电网的灵活性。太古地产通过在建筑中安装智能仪表和物联网传感器，更好地掌握了电、水、废物的消耗以及室内空气质量，并通过云平台来监控、分析和优化建筑资源环境和能源管理，实施中效果较好。

4. 水务领域

快速城市化和气候变化导致水资源短缺，给各行各业带来了重大挑战。水管理战略和技术可以保护水资源，提高效率，减少能源消耗和碳排放。通过减少水渗漏来提高非收入水的管理效率，促进污水厂能源自给是城市水务脱碳的重要途径[4]。海绵城市是一个关于雨洪水管理以及含水层补给的新概念，中国计划到 2030 年让 80% 的城市地区吸收和再利用至少 70% 的雨水。

5. 土地利用与规划领域

技术、土地利用与规划战略的整合是城市绿色转型的关键支柱。可再生能源的生产将对土地利用产生巨大影响；海绵城市有助于解决城市人工水体和城市绿地问题；欧洲城市正在试行减少私人汽车拥有量，增加城市公共空间。在比利时的首都布鲁塞尔，如果当地居民在不购买新车情况下出售汽车，就可以获得当地为期一年的公共交通费[5]。新加坡的研究发现，共享出行可以减少 86% 的停车位[6]，以用于其他用途。同样，新技术与新冠肺炎疫情减少了人们对办公和零售场所的需求，建筑“底层”空间可用于共享工作空间和城市农业等[7]。通过系统性、可持续性和社会性的城市规划来支持未来新技术带来的城市空间的变化。

6. 食品领域

在全球范围内，农业食品系统产生了 1/3 的温室气体排放，中国食品供应链占 11% ～ 12%。发展农业技术、减少粮食损失和浪费，改变饮食模式是减少农业粮食系统温室气体排放，实现碳中和的重要举措。农业技术可以直接减少温室气体排放，也可以通过提高生产效率和改善供应链联系等方式间接减少温室气体排放。大多数与食品有关的温室气体排放来自农田排放、动物肠道发酵、水稻种植、粪便管理和农业残留物[8]。

中国肉类消费量增长是导致农业食品系统中温室气体排放、水消耗和土地资源压力的主要因素[8]。因此，减少食物浪费，摆脱肉类消费，发展城市型农业技术对碳中和十分重要。垂直农业是一项新兴技术，具有产量高、用水量低、可高效利用自然资源等特点。目前，北美大多数垂直农业都专注于高价值作物，但在中国此项新兴技术仍存在成本过高的争论。

（二）国内外社区绿色改造技术经验

国际绿色社区重点关注绿色技术、生活方式、公约保障与政策支持等方面。

1. 绿色技术

绿色技术的应用逐渐从单项技术向多维度一体化集成技术进化。例如，瑞典哈马碧和皇家海港城提出“共生城市”理念，包括城市空间、交通、能源、水、固废、绿色建筑、智能管理和环境绿化 7 大维度 42 项绿色技术。根据技术与外部系统的关联性和本地适用性，本研究将 42 项技术分为 3 大类。

（1）外部系统支持的绿色技术。这类绿色技术需要在更大范围内实施，或需要城市市政进行系统配套，包括比较成熟的紧凑街区、混合功能、公共交通等。其他 9 项技术可以总结为 2 个趋势：一是市政基础设施向分布式转变。传统的垂直电力系统能源平均利用率为 36% 左右，而分布式能源系统通常利用燃气轮机、太阳能、生物质、燃料电池、热电联产、冷热电三联供等多元能源供给方式，综合能源利用效率可以达到 70% ～ 90%。二是能源、水、固废系统由独立运作向跨网协同、循环共生转变，包括污水制沼、生物堆肥等，但需要在更大范围内布置。以哈马碧为例，区域能源 50% 来自太阳能，50% 来自废物发电、沼气发电和废水余热。

（2）新建区域的绿色技术。这类绿色技术通常对配套设施要求较高，适用于新建区域。包括区域供冷、地下真空垃圾收集系统、绿色建材、被动建筑、柔性配电等。目前，国外案例应用较为广泛、国内逐步开始尝试的绿色技术有两项。一是区域供冷技术，利用夜间低谷电制冷蓄冷，日间进行区域集中供冷，适用于冷量需求密度较高的区域。二是地下真空垃圾收集系统，目前有近千个运营成功的案例，在国内由于垃圾分类不足与管理制度问题，尚未出现成功的实践案例。

（3）街区更新的绿色技术。以小体量设施或智能化系统为主。其中光伏技术、绿色屋顶、中水回用和大部分绿色建筑技术国内已经开始推广。此类技术代表三个大趋势：一是能源供给端、存储端、使用端对直流的需求越来越强烈，直流微电网逐渐成为电力系统的重要发展方向。根据直流电的最优传输距离，可建立 300 m×300 m 的直流微电网街坊，依托分布式发电与储能设施，打造直流供电系统，使每个用户都可成为清洁电力提供者。二是利用热泵技术回收余热，进行热（冷）量梯级供应，提高能效。瑞典等北欧国家非常注重室内废气、交通场站废气、废 / 污水和焚烧发电过程中产生的余热回收，形成污水源热泵、空气源热泵、地源热泵等多种模式。热泵技术在国内的应用正在开展。三是由实体设施优化向虚拟运行优化转变，智能微电网和虚拟电厂是两种常用技术。智能微电网可在本地发电量充足时，形成独立社区自循环，过量时本地储电或并网售电，不足时城市电网补充。虚拟电厂将分布式发电机组、可控负荷和分布式储能设施有机结合，通过调控和通信技术实现整合调控，从而作为一个特殊电厂参与电力市场和电网运行。

2. 绿色生活方式

发达国家和绿色组织都在持续广泛地宣传绿色生活方式。如 WWF 发布的《可持续生活指南》，包括衣、食、住、行、乐五大方面，提倡选择环保织物、旧衣送人、在家吃饭、点餐不浪费、选择并使用节能家电、垃圾分类与减量、共享单车出行、选购低碳车、享受自然、不消费一次性日用品等具体行动。美国忧思科学家联盟（UCS）通过延续数十年开发的经济模型，得到美国人真实的碳排放图像，梳理出 10 项最低碳生活点子，包括使用混合动力汽车、少吃 1/2 的肉、不喝瓶装饮料、少购物 20% 等。美国 Curbed 网站也发布了《101 种应对气候变化的行动》，提出在家里、出行路上、社区里如何实现低碳生活。

在欧洲和北美许多城市和社区，越来越多的居民开始接受并践行绿色生活方式。

尤其在零碳社区和提出实现碳中和目标的城市，如哈马碧和哥本哈根，绿色消费与生活方式被广泛接受，奠定了他们实现碳中和目标的社会与民意基础。

3. 公约保障

在发达国家的绿色社区均有政府或社区公约来约束碳排放行为。如哈马碧，政府要求所有居民在入驻前签订环保合约，承诺共同努力达到一定的节电、节水目标，并严格执行垃圾分级分类和按重收费制度，还成立了共享汽车团体，提供随时可领取的环保物品等。德国沃邦社区致力于让市民进入决策过程，无车社区和“零容忍停车政策”就是居民自行讨论出来的公约内容，实现了汽车保有率仅为 174 辆 / 千人，远低于德国的 504 辆 / 千人。

加强公众低碳意识是推进社区公约施行的重要保障。哥本哈根将培养“气候公民”列为灯塔计划的重要内容。英国施行“绿色家居计划”，向伦敦市民提供家庭节能咨询。中国目前已经建立并正在推进全国低碳日主题活动。

4. 政策支持

经济手段是国际最常用的手段。经济激励政策包括税收、补贴和价格政策。哈马碧规定如开发商、承包商经过环境负荷工具评估，可获得政府补贴。建设初期政府提供约 2 200 万欧元用于补贴自主环境保护措施和技术的额外成本（真空垃圾系统的建设成本补贴达 50%）。在建设过程中，政府通过城市建设开发合同约束开发商，要求其符合城市对能源效率解决方案的基本要求和目标。

行政手段是国内最主要的手段。通过一系列政策法规，明确节能产品标准与建设要求，如要求建筑企业公布能耗、排放标准，以及设备、材料是否节能环保等。把碳排放列为政府招标考虑因素之一。皇家海港城提出将可持续要求列入土地开发条件，纳入早期规划，成为中标的影响因素。开发商的具体环保条件包括单位面积能耗水平、通过风能或太阳能集热标准、用水量、环保建材、废弃物收集真空管道系统、环境管理体系等。对于公共区域的设计，还增加了广场和街道使用浅色涂料，慢行和公交系统优先，共享汽车点设置。

三、基于案例实证的城市社区碳排放特征

（一）案例社区的选择

案例社区选择的因素主要包括：①不同时期社区建设的技术水平。案例社区的建

设年代从 20 世纪 80 年代到 21 世纪，反映不同阶段社区的建设特点和问题。②不同人群与居住形态。包括中等收入社区、低收入社区、以年轻人为主的租房社区、以核心家庭为主的标准社区、以城市原住民为主的老龄化社区。不同产权和居住形态：不同类型的商品住房社区、私有产权社区、高密度的农村集体产权住房社区。③考虑不同的气候区和不同规模城市。既有超大、特大城市，也有小城市；有平原城市与山地丘陵城市；有南方炎热地区城市与夏热冬冷地区城市。综合考虑了社区区位以及绿色技术等因素后，最终选定 4 个城市中的 5 个社区（上海世博家园社区、上海景江苑社区、重庆红育坡社区、深圳和一社区、江山东塘社区）作为案例社区。

（二）案例社区的基本情况与人口经济社会特征

1. 社区基本情况（图 6–1）

世博家园和景江苑均位于上海市闵行区浦锦街道，距离中心城（人民广场）15 km，附近轨道交通 8 号线可直达中心城区。500 m 内有三甲医院、中小学、大型超市和教堂等公共服务设施。具有较为完善的社区级公共服务设施和较好的绿化水平，并通过“美丽家园改造”工程，对外墙防水、公共照明、垃圾分类等基础设施进行了更新改造。世博家园还采用了保温隔热墙体和双层玻璃的绿色技术。

红育坡社区位于重庆市九龙坡区，所在的石桥铺地区为主城区传统商贸中心之一，人口密度高，交通便利，丘陵山地地形。建筑整体质量较差，普遍存在屋顶漏水、墙体开裂、墙面污损等问题。社区公共环境亟待改善，水源问题、排污问题、垃圾桶清洗和物业配合等问题严重，市政设施维护难度大。

和一社区位于深圳市宝安区，社区周边多为工业园区，企业类型为电子信息零部件制造企业。新建的多层城中村，建筑密度很高，无公共空间。住宅底商为主要的服务空间，提供面向租客的饮用水站、餐馆、社区商铺和网吧服务。

东塘社区位于江山市老城区核心。社区居民来往老城中心区仅需步行，周边 500 m 范围内有沿街商业、江山市图书馆、科普活动中心等多处城市级公共服务设施。社区土地产权归居民私人所有，多为 1 ～ 3 层的独栋安置房、集资房和自建房。房屋较为简陋，但保温通风性良好。社区内无明确的公共空间和公共服务设施，缺少路灯照明。部分住户的供水和燃气未接入城市市政管网。

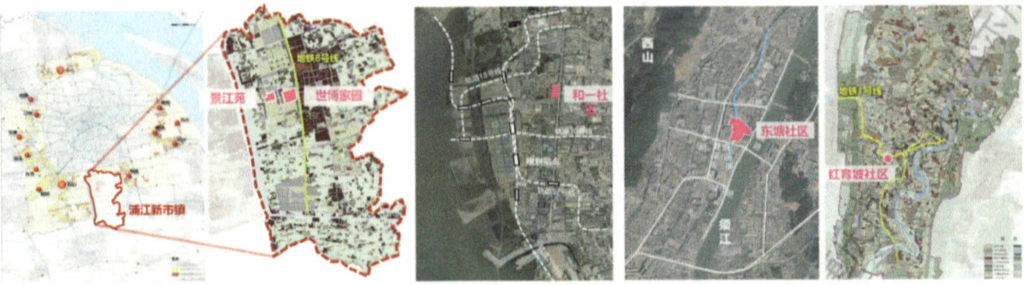

	世博家园社区	景江苑社区	红育坡社区	和一社区	东塘社区
区位	上海市闵行区江浦镇	上海市闵行区江浦镇	重庆市九龙坡区	深圳市宝安区沙井街道	江山老城区核心
建设时间 / 年	2006	2004	1970—1980	2010	1990
特点	有低碳技术的新社区	无低碳技术的新社区	老龄化社区	城中村出租屋	老龄化私有产权
地块面积 /hm^2	29	18	40	8.1	5.3
容积率	1.28	1.24	1.34	2.19	0.88
建筑层数	多层为主，少量小高层	多层	小高层为主，少量多层	多层为主	多层为主
建筑质量	良好	良好	较差	良好	较差
绿化面积 /m^2	90 364	66 744	132 671	0	0
可更新建筑面积 /m^2	0	0	107 025	0	46 800

图 6-1 五个社区基本信息一览图

2. 社会经济情况

世博家园和景江苑是以核心家庭为主的中等收入社区。景江苑社区为本地动迁安置住宅，受教育水平和收入水平低于世博家园社区，但年龄结构相对年轻。红育坡社区为以主干家庭为主的老龄化社区，居民收入水平较低，出租房比例也较高，租户多为外来打工人员和高校毕业生，租金便宜、交通便捷是吸引租户的核心优势。和一社区以周边工业区就业的人群为主，均为租赁房屋；租户基本为单身人群。年龄相对年轻，受教育水平以初高中为主。东塘社区为小城市私有产权社区，以核心家庭为主，老龄化程度不高，收入水平和受教育水平在五个社区比较中最低（表 6-1）。

表 6-1　5 个社区居民社会信息

社区名称	上海—世博家园社区	上海—景江苑社区	重庆—红育坡社区	深圳—和一社区	江山—东塘社区
总人数 / 人	10 119	6 268	16 000	11 891	1 734
户数 / 户	4 195	2 420	5 383	8 252	789
户均人数 /（人 / 户）	2.41	2.59	3.0	1.4	2.2
家庭结构	核心家庭	核心家庭	主干家庭	单双人租户	核心家庭
老龄化比率（60 岁及以上）/%	35	22	60	1	13
租赁比例 /%	20	29	60	98	0
收入水平	中等偏高	中等	中等	较低	较低

（三）案例社区碳排放数据收集、计量与分析

1. 案例社区数据收集

社区碳排放计量需采集四类数据，分别是家庭用能数据、居民出行数据、衣食生活数据和绿化固碳数据，本次研究主要通过社区和物业获取相关数据。

家庭用能采集了高峰月的电、水和燃气的使用情况，根据高峰月与全年的比例进行年度核算。居民出行数据受疫情影响不便入户采访，通过手机信令数据进行计算，然后通过城市出行调查报告进行校核。衣食生活数据根据垃圾收集量、供水量、城市城镇居民食物消耗量进行测算。绿化固碳根据社区平面图测算获得。

2. 碳排放计量方法

基于碳排放计量相关研究，社区碳排放总量的具体计算公式为：$E = E_e + E_m + E_l - E_g$。$E$ 代表社区碳排放总量，E_e 代表社区用能碳排放总量（附录 6-1），E_m 代表居民出行碳排放总量（附录 6-2），E_l 代表衣食生活碳排放总量，E_g 代表绿化固碳总量。

（四）案例社区碳排放结构及影响因素分析

1. 5 个社区碳排放结构

从人均年碳排放总量来看，上海的两个社区高碳排放特征明显，人均年碳排放量达 2.2 ～ 2.3 t，是其他社区 2 倍左右；深圳和江山两个社区人均年碳排放量较低，约为 1 t/（人·a）；重庆处于中间水平为 1.66 t/（人·a）。

从碳排放结构来看，不同城市有着较大的差异，居住用能和交通出行碳排放占主要比重。上海的两个社区居住用能最高，人均年碳排放量达到 1 ～ 1.2 t/（人·a），占总碳排放量的一半左右，由于通勤距离较长，交通人均年碳排放量也高，达到 0.6 t/（人·a），约占总碳排放量的 30%。深圳和江山两个社区居住用能人均年碳排放总量仅为上海的 1/3 ～ 1/4，交通出行的人均年碳排放总量也很低。重庆红育坡社区位于中心城，同时老龄化程度较高，居住用能和交通的人均年碳排放总量约为上海的 1/2。生活人均年碳排放总量差异不大，各社区均在 0.35 t/（人·a）左右。固碳贡献由于社区绿化不同有所差异，但在整体占比不高，约 3%（表 6-2）。

表 6-2 各社区人均年碳排放总量和结构比较

单位：t/（人·a）

碳排放情况		世博家园社区		景江苑社区		和一社区		东塘社区		红育坡社区	
		人均	比例 /%	人均	比例 /%	人均	比例 /%	人均	比例 /%	人均	比例 /%
居住用能	水	0.02	0.80	0.02	1.00	0.01	0.70	0.01	0.80	0.04	2.20
	电	0.94	43.00	1.01	43.40	0.31	27.90	0.27	28.60	0.34	20.30
	气	0.12	5.60	0.18	7.70	0	0.00	0	0.00	0.26	15.60
	总量	1.08	49.30	1.21	52.10	0.32	28.60	0.28	29.40	0.63	38.10
交通	总量	0.64	29.20	0.64	27.60	0.19	16.90	0.02	2.20	0.32	19.30
市政	固废	0.17	7.50	0.17	7.20	0.23	20.50	0.28	29.30	0.26	15.70
	污水	0.04	1.80	0.05	2.10	0.01	1.30	0.02	1.80	0.19	11.20
	总量	0.21	9.30	0.22	9.30	0.24	21.80	0.3	31.10	0.45	26.90
生活	呼吸	0.08	3.50	0.08	3.30	0.08	6.90	0.08	8.10	0.08	4.60
	食物	0.26	11.90	0.26	11.30	0.28	25.80	0.28	29.20	0.24	14.50
	总量	0.34	15.40	0.34	14.60	0.36	32.70	0.36	37.30	0.32	19.10
固碳	植物	−0.07	−3.20	−0.08	−3.60	0	0.00	0	0.00	−0.06	−3.40
总碳排		2.2	100	2.32	100	1.11	100	0.95	100	1.66	100

从单位面积碳排放总量来看，深圳和一社区最高，建筑达到 104 kg/（m^2·a）。和一社区人均居住面积低，人均碳排放量不高，但是单位面积碳排放总量接近常规社区的 2 倍。上海两个社区和重庆社区相差不多，约 60 kg/（m^2·a）。江山社区由于生活水平较低基础设施不完备，单位面积的碳排放总量放最低，约 35 kg/（m^2·a）（表 6-3）。

表 6-3　各社区单位面积碳排总量和结构比较

单位：kg/（$m^2 \cdot a$）

碳排情况		世博家园社区		景江苑社区		和一社区		东塘社区		红育坡社区	
		单位面积碳排	比例 / %	单位面积碳排	比例 / %	单位面积碳排	比例 / %	单位面积碳排	比例 / %	单位面积碳排	比例 / %
居住用能	水	0.47	0.80	0.63	1.00	0.69	0.70	0.3	0.80	1.51	2.20
	电	25.21	43.00	28.12	43.40	29.14	27.90	10.05	28.60	13.72	20.30
	气	3.27	5.60	4.98	7.70	0	0.00	0	0.00	10.53	15.60
	总量	28.95	49.30	33.73	52.10	29.83	28.60	10.34	29.40	25.76	38.10
交通	总量	17.13	29.20	17.9	27.60	17.69	16.90	0.76	2.20	13.03	19.30
市政	固废	4.41	7.50	4.65	7.20	21.39	20.50	10.32	29.30	10.61	15.70
	污水	1.04	1.80	1.38	2.10	1.38	1.30	0.65	1.80	7.59	11.20
	总量	5.45	9.30	6.03	9.30	22.77	21.80	10.97	31.10	18.2	26.90
生活	呼吸	2.03	3.50	2.14	3.30	7.24	6.90	2.84	8.10	3.1	4.60
	食物	7	11.90	7.32	11.30	26.92	25.80	10.25	29.20	9.79	14.50
生活	总量	9.03	15.40	9.46	14.60	34.16	32.70	13.09	37.30	12.89	19.10
固碳	植物	−1.89	−3.20	−2.35	−3.60	0	0.00	0	0.00	−2.33	−3.40
总碳排		58.68	100	64.76	100	104.46	100	35.16	100	67.55	100

2. 碳排放影响因素分析

通过五个案例社区对比分析可以看出，社区碳排放的主要影响因素包括居民生活水平、居住形态及社区类型、交通出行特征、用能行为等。

第一，居民生活水平越高，碳排放越高。居民碳排放与人均 GDP 水平呈正相关[1]，社区同样遵循这一规律，收入水平直接带来居民生活能耗和交通碳排放的提升。收入水平较高的社区，人均居住面积较高，家用电器使用的种类更多、频率更高，小汽车的保有率和机动化水平也更高，这些因素都会增加碳排放量。在案例社区中，世博家园社区即便使用了绿色节能技术，人均碳排放水平依然较高。

第二，社区周边功能混合度越高，碳排放越低。功能混合度高的职住平衡，可以大幅缩减居民交通碳排放，从而影响碳排放总量。位于中心城区的红育坡社区、东塘社区的交通碳排放相对较低。和一社区位于工业聚集地区，租户又是企业员工，都在步行可达范围内就业，交通碳排放降至很低水平。相反，上海的两个社区位处郊区，周边就业较少，居民通勤出行时间和距离远高于其他社区，交通碳排放总量高，占比

1 在一些经合组织国家，收入的提高已经导致人均温室气体排放量的下降。

接近 30%。

第三，居住形态决定单位面积碳排放水平。景江苑社区、世博家园社区和红育坡社区均为常规商品房小区，以家庭居住为主。虽然用能强度不同、出行距离有所差异，但是整体单位面积碳排放位于同一水平。东塘社区是私有住房，管网建设水平相对较低，居民生活中更倾向于利用天然水源、自然通风等，单位面积碳排放只有常规住区的一半。当然，居住形态对于碳排放的影响是综合的，包括人群结构的差异和用地混合度等。

第四，日常行为对碳排放影响很大。红育坡为老龄化社区，用能行为较为节约，人均碳排放相对较低。深圳和一社区出租率高，早出晚归，不在室内做饭，建筑能耗也相对较低。即便是同一个社区，如世博家园社区，老年人群家庭有强的节能意识和节俭的生活习惯，家庭用能也低于普通家庭，最高可减少 15% 用能。

第五，节能技术确实带来了碳排放的减少，但也带来了持续成本的增加。一般情况下，应用绿色技术的低碳社区比普通社区人均建筑能耗更低，比如位于相同区位、人口结构类似的世博家园社区人均能耗较景江苑社区更低。但是调研中发现，由于当时低碳技术并不成熟，带来了很高的后续维护成本，每年都需要对墙面和屋顶进行维修，也给居民的生活带来了不便。绿色技术成熟度及后续维护成本也应当纳入技术选择的考量。

此外，社区物质空间对碳排放影响还可能包括建筑高度对社区碳排放有一定影响；居住区设计、建筑设计等物质规划要素对社区微环境有影响，从而间接影响碳排放；人口较多的家庭会增加家庭总碳排放，但是却有利于削减人均碳排放。

四、“双碳”目标下的城市社区碳减排路径

（一）城市社区碳排放的前景分析与去碳难点

随着中国社区未来需求的快速增长，社区能耗与碳排放还将继续增长，同时，社区更新本身也会带来大量的新增建造碳排放，若不在社区更新过程中积极应用绿色技术，采用绿色更新方式，城市更新将成为中国“双碳”目标的极大阻力。

1. 城市社区未来需求与趋势

中国城市社区未来需求主要来自住宅、交通、市政和生活四个领域。

（1）住宅用能趋势

我国住宅建筑能耗增长趋势十分明显，未来仍会有较大的需求增量。根据《中国建筑能耗研究报告（2020）》统计，2020 年绝大部分城市居住建筑能耗均有 2 倍以上涨幅，大部分地区建筑能耗年均增速在 6% ～ 10%。2017 年中国人均生活能源消费

量为 415.6 kg 标准煤，仅略高于世界平均水平，为日本的 82%、欧盟的 54%、美国的 39%。根据相关统计，美国人均 GDP 从 1.7 万美元发展至 2.5 万美元期间，欧盟及日本人均 GDP 从 1.0 万美元发展至 2.0 万美元期间，都伴随能源消费的快速增长，我国目前正处于这个区间。根据《中国建筑能耗研究报告（2020）》预测，在不进行人为干预前提下，我国城镇居住建筑运行总能耗将在 2045—2050 年碳达峰，预计从 2017 年的 3.61 亿 t 标准煤增加至 5.10（±0.52）亿 t 标准煤，还有 40% 以上增量需求。

案例社区主要居住用能为电力及天然气。电力主要包括照明、热水、家电及厨房电器、采暖、制冷等。预计照明不会明显增长；热水有较大增量，特别是东塘社区、和一社区；家电均会明显增长，上海、重庆的三个社区厨房电器用电和深圳社区智能电子产品用电增量较突出；位于夏热冬冷地区的景江苑社区、世博家园社区、红育坡社区和东塘社区采暖等能源需求增量较大，空调制冷频率与时长也会提高。因此，案例社区用电需求均处于上升期，预计 2035 年左右趋近峰值。天然气主要用于炊事及热水；预计世博家园社区、景江苑社区、红育坡社区无外部干预下会保持稳定；和一社区为租住社区，炊事用气等现状及未来需求较小；东塘社区待天然气管网接入后，用气需求会有一定增量（表 6-4）。

表 6-4 案例社区及所在城市住宅用电需求分析

社区名称	上海景江苑	上海世博家园	重庆红育坡	深圳和一	江山东塘
案例社区 2020 年人均住宅用电量 /（kW·h/a）	1 700	1 601	590	743	525
所在城市 2035 年人均住宅用电量预测 /（kW·h/a）	1 940		1 352	1 417	1 289
案例社区 2035 年人均住宅用电量预测 /（kW·h/a）	2 300	2 150	1 100	1 290	1 300
案例社区 2035 年单位住宅建筑面积用电量 /（$kW·h/a·m^2$）	61	60	45	87	48
未来用电增长重点方向	采暖、家电		采暖、制冷、家电	热水、家电	家电、采暖、热水

将各社区预测结果折算成能耗后，形成住宅用能需求曲线（图 6-2）。发现各社区住宅能耗均有明显增长，因社区所在气候区、人均住房面积及发展水平不同，人均住宅能耗增幅、碳达峰时间会存在差异。2035 年世博家园社区、景江苑社区增幅仅为

20% 左右；红育坡社区增幅为 37%；东塘社区增幅达到 77%；和一社区增幅 42%。

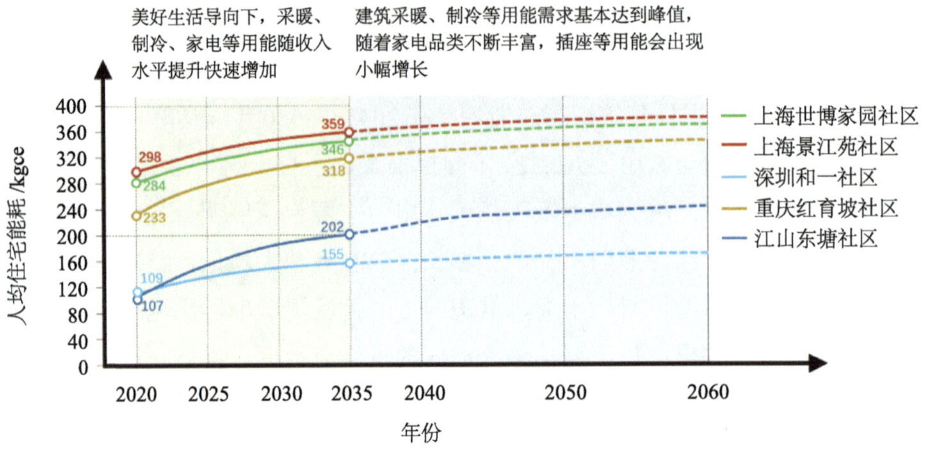

图 6-2　案例社区居住能耗需求曲线（无干预）

（2）交通能耗趋势

2020 年全国汽车保有量为 2.6 亿辆，千人汽车保有量为 180 多辆，与发达国家相比尚有较大差距。随着经济持续发展，若无国家、城市和社区的交通政策管控和引导，未来个人机动化出行需求仍会继续增长。

表 6-5　三种典型模式方式构成比较

单位：%

类型	公共交通比重	个体机动比重	慢行交通比重
北美模式	＜ 10	＞ 50	10 ～ 20
欧洲模式	30 ～ 40	30 ～ 40	30
亚洲模式	＞ 50	＜ 20	20 ～ 30

资料来源：陆锡明 . 亚洲城市交通模式 [M]. 上海 : 同济大学出版社 , 2009.

案例社区 2020 年个体机动化出行占比 10% ～ 20%，人均年交通能耗最低为江山东塘社区 26 kg 标准煤，最高为上海世博家园社区 83 kg 标准煤。在没有绿色干预下，未来个体机动化比重将持续增加，公共与慢行交通持续下降，交通能源消耗将大幅增加，发展成类似欧洲模式的结构。2035 年，由于所在城市人口规模、出行距离，以及社区区位、人群收入水平、住宅形态等差别，各社区交通能耗存在较大差异。上海两个社区个体机动化水平可能达到 45%，和一社区、红育坡社区及东塘社区可能达到

30%。人均年交通能耗最高为上海世博家园社区的 182 kg 标准煤，最低为江山东塘社区 49 kg 标准煤，基本达到欧洲国家同等城市水平（图 6-3）。

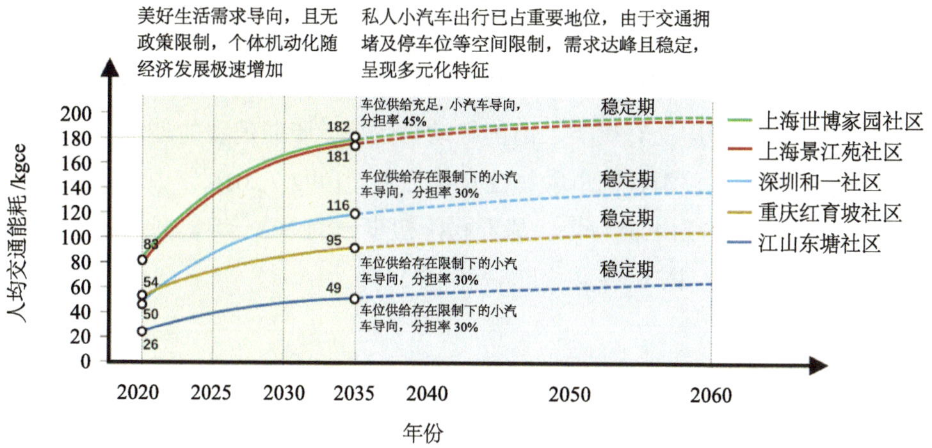

图 6-3　案例社区交通能耗需求曲线（无干预）

（3）市政领域碳排放趋势

5 个案例社区未来的用水与固体垃圾是市政领域碳排放的主要来源。随着未来居民生活水平提高，生活习惯改变，在不考虑政策调控和绿色技术推广的情况下，随着人均收入和住房面积增长，案例社区人均日生活用水量和人均生活垃圾产生量将保持增长趋势。以城市用水总量、垃圾产生总量的未来增长趋势和相应的碳排放数据测算，社区产生的市政碳排放将会有较大的增量。目前，各社区之间存在较大差异，未来的差距将会快速缩小趋于相近，而且绿色行为的削减量难以完全抵消生活品质改善带来的碳排放增量（图 6-4）。

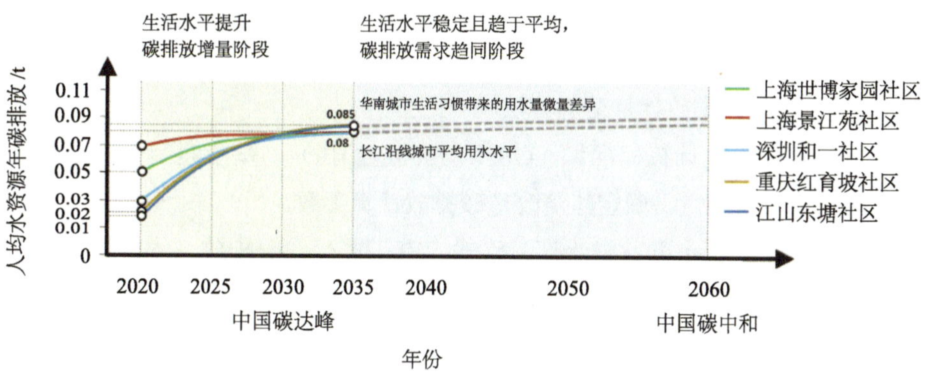

图 6-4　案例社区市政碳排放趋势曲线（不干预）

（4）生活领域碳排放趋势

生活领域碳排放主要指食物消费碳排放，随着我国城市居民饮食结构向高碳模式转变，人均食物消费碳排放将出现显著增长态势，食物消费碳排放在居民生活碳排放中占比也可能有大幅提升。2016 年中国居民植物性食物占人均食物消费总量的 81.40%，素食消费仍在中国居民日常饮食消费中占有重要地位，食物消费仍属于相对低碳消费模式[9]。随着居民对奶类、肉类等动物蛋白、脂肪消费的增加，食物消费结构将从植物性食物为主逐渐转向以动物性食物为主，1997—2016 年中国居民食物消费人均碳排放年均增长率为 1.68%[10]。基于此，初步预测 2035 年案例社区将达到人均年 0.31 t 或更高的水平（图 6-5）。

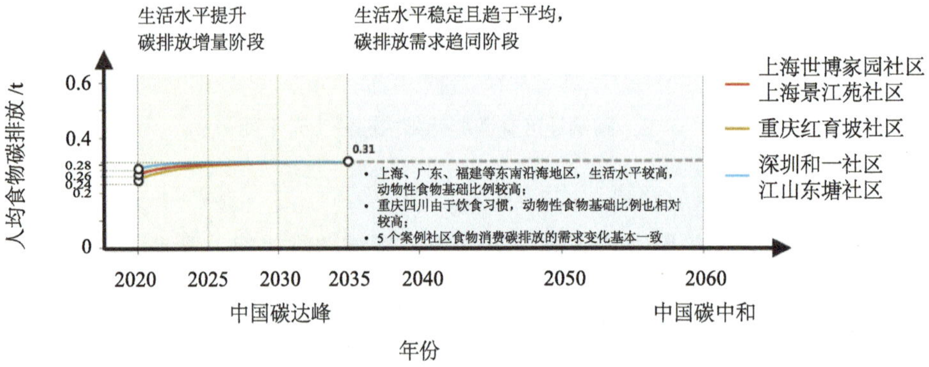

图 6-5 案例社区生活碳排放趋势曲线（不干预）

2. 案例社区建筑改造方式与碳排放、能耗影响

在五个案例中有三个社区在 2060 年以前还会发生规模不同的建筑改造。从建筑全生命周期分析，建造与拆除环节的碳排放所占的比例很高，因此社区更新中分析评估建筑改造的碳排放影响十分重要。

（1）更新改造碳排放计量估算方法

依据《建筑碳排放计算标准》（GB/T 51366—2019），基于案例社区更新改造需求和碳排放数据可获得性，确定建筑改造碳排放计算参数。

新建阶段碳排放：包含建材生产及运输、施工产生的碳排放。依据相关研究[11-13]保守原则下取新建住宅碳排放为 0.6 tCO_2/m^2。

拆除阶段碳排放：包括拆除施工和废弃物处理产生的碳排放。根据相关研究[12,14]，取值 0.05 tCO_2/m^2。

绿色化改造阶段碳排放：包括围护结构节能改造、高能效设备更换、室内环境改善、装饰装修等产生的碳排放，涉及建材生产及运输、施工等。绿色化改造可以改善居住环境品质，促进、运行节能。根据多项相关研究[15-16]，绿色化改造阶段按新建阶段碳排放的 40% 估算，取值 0.24 tCO_2/m^2。

结构加固工程碳排放：涉及建材生产及运输、施工等。杨石春[17]研究表明按 50 年使用寿命设计建造的建筑工程，出现不能容许的开裂和变形状态的平均年限为 88.5 年；因性能退化最终导致承载力失效的平均年限为 150 年。而延长 20 年寿命可按建造能耗25%估算，碳排量为0.145 tCO_2/m^2。本项目案例社区最早建设时间在1970—2010年，推测服务至 2060 年尚无须进行全面加固。本研究取建筑总量 20% 加固，并根据各社区房屋现状及更新改造需求估计加固时间，加固碳排放取建造阶段碳排放的 25%，为 0.15 tCO_2/m^2（表 6-6）。

表 6-6　建筑更新改造碳排放估算标准取值

阶段	单位住宅建筑面积碳排放 /（tCO_2/m^2）
新建（建材生产及运输＋施工）	0.6
拆除（拆除施工＋废弃物处理）	0.05
绿色化改造	0.24
结构加固	0.15

（2）建筑案例社区更新改造时间、方式与内容

更新改造时间主要受社区品质提升需求和政府计划影响。红育坡为老旧社区，和一社区以 15 km 单间为主，面积过小，且建筑密度过高，这 2 个社区品质提升需求强烈，且均被政府列入老旧小区近期改造计划，因而设定在 2025 年前进行改造；东塘社区建筑质量差，社区品质提升需求强烈，但全部为私人产权住房，尚未列入政府改造计划，可能在 2025 年以后开始进行改造。上海世博家园社区、景江苑社区建设年代较近，建筑质量较好，2060 年以前没有建筑改造需求。

更新改造方式主要受政府计划和建筑产权影响。红育坡社区是商品房，且已列入政府改造计划，由政府组织集中改造可能性大，建筑拆建量不大，改造周期 4 ～ 5 年。和一社区集体建设用地的农房已列入政府改造计划，房屋可能以村集体组织作为改造主体联合进行改造，改造周期 4 ～ 5 年。江山东塘社区为私有产权房屋，未列入政府改造计划，集中改造的可能性非常低，假设 2026 年起由居民自发分散改造，改造周期 10 年。

各个社区的更新改造内容差异较大。红育坡社区的高层建筑较新，无须进行更新改造；基于实际情况对 3 栋危房及 4 层以下特别老旧的建筑进行拆除重建；对 6 层的多层建筑进行绿色化改造，并对其中约 20% 质量较差的建筑进行结构加固。和一社区均为多层建筑，需要进行整体改造，对少量建筑进行拆除。东塘社区均为老旧且质量差的建筑，全部拆除重建（表 6-7）。

表 6-7　案例社区建筑更新改造时间及内容

社区名称		重庆红育坡社区	深圳和一社区	江山东塘社区
改造时间 / 年		2023—2026	2023—2026	2025—2035
改造后常住人口 / 人		14 200	8 822	1 734
总建筑面积 /m^2		392 152	17 7274.9	46 800
绿色改造，更新改造比例 /%		27	100	100
更新改造内容 /m^2	绿色化改造居住建筑面积	99 668	160 557.9	0
	拆除建筑面积	7 357	7 565	46 800
	重建绿色建筑面积	7 357	0	46 800
	结构加固建筑面积	19 933.6	0	0

（3）案例社区建筑改造碳排放计量

根据 3 个社区改造方式、改造面积及改造时间的差异，按照前文不同改造阶段单位面积碳排放量计算参数，得到各社区历年改造碳排总量如图 6-6 所示。深圳和一社区涉及绿色化改造和拆除，总碳排放量 3.89 万 t；江山东塘社区涉及拆除和重建，总碳排放量 3.04 万 t；重庆红育坡社区既涉及绿色化改造和结构加固，也涉及拆除和重建，总碳排放量 3.17 万 t。根据计算结果可以发现，建筑改造会显著增加社区总碳排放量。在建筑改造时间段，各社区每年改造碳排放均达到建筑运行能源碳排放总量（2020 年基准）的 5 ～ 6 倍，为社区每年总碳排量（2020 年基准）的 1.5 ～ 2.2 倍，说明建筑改造本身是一种高碳排放行为。因此，未来在社区建筑改造过程中应尽可能同步加入建筑绿色化技术，避免后期因节能等需求而再次进行改造，同时要尽可能降低改造过程的碳排放，此外在建筑能够使用的情况下，应尽可能减少拆除重建。

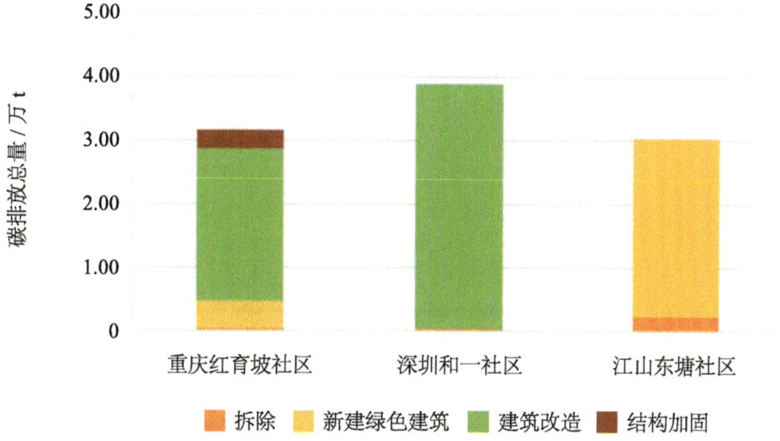

图 6-6　**三个社区改造碳排放情况**

（4）案例社区更新改造与绿色改造能耗曲线对比（图 6-7 至图 6-9）

红育坡社区与和一社区均采用少量建筑拆除，并对其他低品质建筑进行绿色化改造的更新方式，通过提高房屋保温隔热性能、改善房屋采光及通风、采用更高能效的电器等，照明、采暖、制冷、热水等能耗均会低于不采用绿色化改造的情景。红育坡社区与和一社区当前的建筑用能水平较低，随着空调使用时长提高及家电能耗增加，人均能耗会呈现增长趋势。但完成了建筑绿色化改造，2035 年的建筑运行能耗峰值将明显降低，建筑绿色化改造对节能的贡献突出。其中，红育坡社区采用空气源热泵取代部分燃气热水器后，建筑节能效果更为显著突出，总建筑能耗可降低 13% 左右。和一社区由于采暖、制冷能耗占比低于红育坡社区，节能效果不够显著，总建筑能耗可降低 6% 左右。因此，从节能减排的角度，在老旧小区建筑更新中应积极推广，同时以绿色化的方式实施建筑改造。

东塘社区采用的是全部拆除，以绿色建筑标准进行建筑改造的方式，改造后建筑节能水平会显著提升。但东塘社区当前人均建筑用能水平很低，未来人均能耗将会显著增长，如果在 2035 年前完成改造，即使采暖、制冷等用能需求持续增长，但由于绿色建筑可显著降低采暖、制冷能耗，按照 65% 的节能标准，2035 年东塘社区总建筑能耗对比不改造的情景可降低 19% 左右，节能效果十分显著。

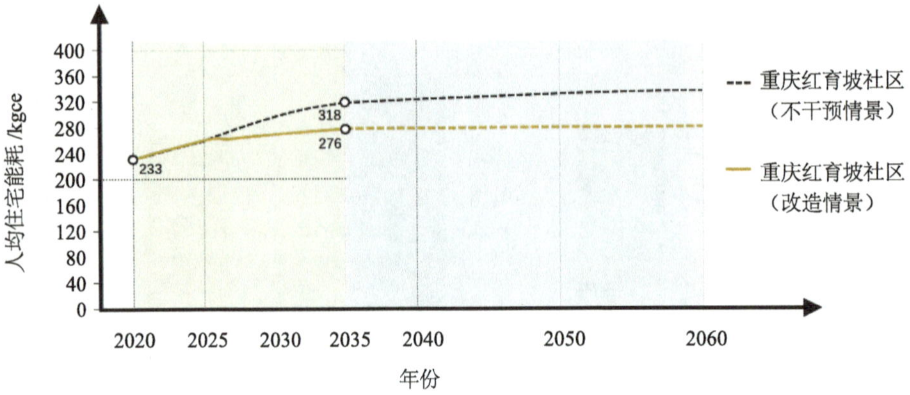

图 6-7 重庆红育坡社区建筑绿色化改造情景与无改造情景建筑能耗对比

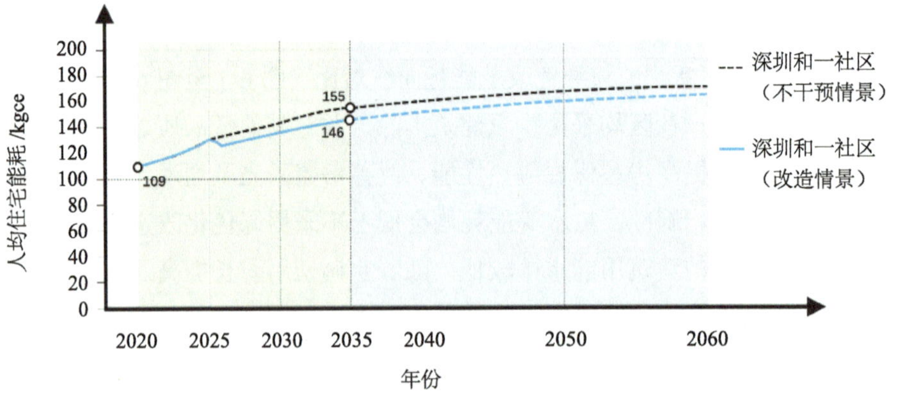

图 6-8 深圳和一社区建筑绿色化改造情景与无改造情景建筑能耗对比

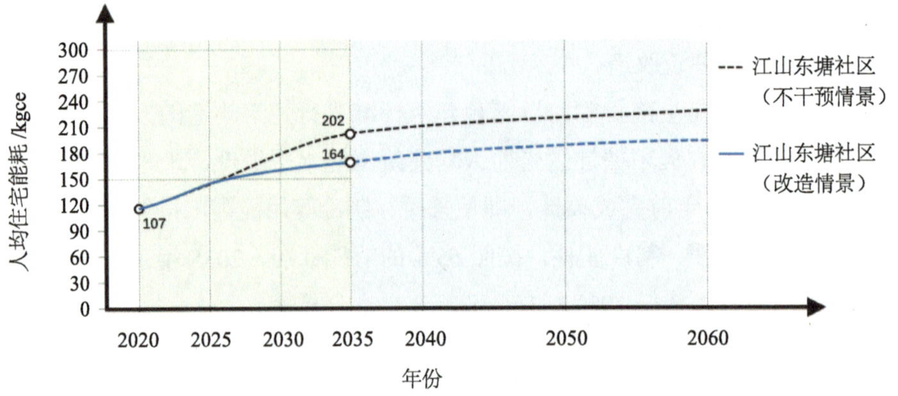

图 6-9 江山东塘社区建筑绿色化改造情景与无改造情景建筑能耗对比

3. 城市社区去碳的难点与挑战

（1）居住用能领域

根据案例社区研究，未来建筑能耗需求（特别是电力）会有较大增长，将显著推高国家碳排放峰值，使碳中和的难度与代价更高。因此，2035 年前居住用能领域重点任务为通过建筑绿色技术推广和社区更新同步植入建筑绿色改造技术，从而有效降低建筑能耗，同时，倡导绿色生活方式，控制住宅能耗的过快增长。

2035—2045 年，案例社区建筑能耗会达到峰值。因此 2035—2060 年居住用能领域的重点任务是：通过提升设备能效减少能源需求，通过电气化替代天然气，通过分布式可再生能源部分替代等方式降低直接碳排放，通过电网能源结构非碳化，最终实现碳中和。

（2）交通领域

交通领域减排主要为出行需求、出行方式结构和交通能源 3 个方面。由于全国新能源汽车占比不足 2%，交通能源结构调整难以在 2035 年前发挥主导作用。因此 2035 年前交通能源需求控制的重点是有效推进交通结构绿色化转型，同时，通过有效的城市功能与服务组织减少出行次数和距离。

2035 年，案例社区绿色交通分担率（公共交通＋非机动车＋步行）可能达到 80% 以上，交通方式结构转变已难以进一步降低交通能耗，因此 2035 年至 2060 年交通碳排放降低重点任务是如何优化交通能源结构。当交通能源效率达到极限后，进一步降低能耗与碳排放的重点在于清洁能源替代化石燃料成为机动交通的主体。

（3）市政和生活领域

第一，应当尽早展开社区绿色生活方式的推广与实践。随着生活水平提高，居民用水、生活垃圾产生量、动物性食物消耗量将持续增长。在社区层面，需优先实现人民高品质生活的目标，同时还要增强居民对绿色生活方式的接受度，综合考虑节水、垃圾分类、节约食物等绿色生活方式推广普及所需要的时间周期，这些都可能导致社区层面碳达峰节点滞后于国家碳达峰的时间目标节点。

第二，应当充分保障基础设施和绿色装备的投入力度。在水务方面，应加快基础性市政管网的更新改造，采用新型污水收集、雨水利用技术；在生活垃圾方面，主要通过有效分类实现碳减排；在食物消费方面，可通过屋顶农场、垂直农业、建设社区公共食堂等方式实现碳减排。这些设施均应优先实施，且需要较大的资金支持。

第三，必须借助外部及相关领域辅助才能实现碳中和目标。由于市政和生活领域是居民基本生活需求，经过绿色化改造后，碳排放将出现一定下降，但整体幅度不大，仅靠社区层面的改善，至 2060 年无法实现二氧化碳近零排放。

（二）“双碳”目标下社区绿色更新与绿色技术推荐建议

国合会绿色技术 SPS 一期研究报告中，中外专家共同提出了城市绿色技术发展六个重点领域和 20 项在“十四五”期间率先推广的绿色技术建议。总体而言，这些技术重点考虑了技术就绪度、减碳效益和财务可行性。

当二期的研究重心下沉至社区层面时，我们发现，社区层面的技术应用表现得更加复杂多元，绿色技术的推广需要考虑社区的诸多差异性和建议的针对性。尤其在中国已经做出“双碳”目标承诺的背景下，绿色技术的建议需要更多考虑其对实现“双碳”目标的作用与贡献。

1.“双碳”目标、社区多元性的认识与应对

（1）“双碳”目标下两个阶段绿色发展策略的差异性

案例社区的碳排放计量和需求分析表明，当前社区人均碳排放量并不高，但未来需求还将有着巨大的增量。因此，与欧美发达国家单一的减碳导向不同，中国社区的绿色更新与绿色技术推广应当关注两个阶段的差异。

阶段一：2030 年碳达峰前，重点考虑以绿色方式满足人居的新增生活需求，推动成熟绿色技术应用与普及，推广绿色生活方式，压低峰值。

阶段二：2060 年碳中和前，全面推广创新绿色技术在社区的应用，全面形成绿色生活方式与治理体系，实现净零排放。

（2）社区多元性视角的三个认识维度

社区绿色更新与绿色技术必须充分考虑社区的多元性和人群的复杂性，至少应当考虑 3 个维度认识社区的差异特征。

1）人群特征的维度。包括了老龄化、中等偏上收入、中低收入人群，以及外来年轻租住人群四种类型。四种人群的收入水平、长期改善意愿各不相同。

2）建筑特征的维度。案例社区代表了中国社区的四种主要类型：集合住宅的老旧小区、私有住房老旧小区、2000 年以后建设的次新小区、城中村。四类社区的更新主体、房屋改造模式、绿色改造方式的要求与实施途径有很大的差异。

3）资源禀赋与基础条件的维度。案例社区的可再生资源丰富性存在很大差别，和一社区属于可再生能源（太阳能和风能）富集区，景江苑社区和东塘社区属于可再生能源（太阳能）较好地区，而红育坡地区则是可再生能源贫瘠区。此外这些社区气候条件不同（重庆、上海和江山地区冬冷夏热，有冬季采暖需求），区位条件不同，这些差异也决定了绿色技术推广的不同需求。

2.2030 碳达峰前社区绿色技术推荐

（1）建筑领域推荐技术

应当高度重视绿色建造技术问题，同时，也要重视在既有建筑中推进建筑能效提升改造技术与智能楼宇管理技术，以实现建筑营建、运营全过程减碳。

1）绿色建造技术。包括绿色建材、装配式建造及装修。应优先选择使用低碳、无污染、低能耗的当地材料，经绿色建材认证的建材。装配式建造和装修可以提高质量，降低材料消耗和现场施工能耗，也可减少改造施工扰民问题。

2）建筑能效提升改造技术。主要是提升热工性能的围护结构节能改造，包括更换节能门窗、增加遮阳设施、增加保温隔热层、平改坡屋顶和采用浅色饰面等。

3）建筑立体绿化技术。指建筑屋顶、架空层、阳台、窗台、墙面或其他部位进行绿化的技术，包括建筑构造、维护管理系统和植物选择。这些技术具有提高热工性能、改善微气候、在地生产食物、贡献碳汇、重建生物多样性等多重效益。

4）智能楼宇管理技术。采用在线监测、云计算和物联网等技术，对楼宇供能与耗能实时监测、匹配；通过重点能耗设备监控、能耗费率分析等手段，准确掌握能源成本比重和发展趋势，制定有效的节能策略。

（2）能源领域推荐技术

节约能源，实施电能替代及可再生能源替代，是当前社区能源低碳转型的主要方向，也是社区绿色更新的重点技术方向。

1）节能电器与设备。节能型电器，比如采用热泵技术的高效空调及热水器等，可平抑新家电不断出现、使用频次不断提高的需求增长带来的能耗增量，也可应用于社区公共用能效率的提升。

2）分布式能源开发利用技术。分布式能源，包括太阳能（光伏、光热）、风能、浅层地热能、空气源热泵等可再生能源的利用，天然气热电冷联供系统的应用，对社区减碳十分重要。

3）多能互补能源供应技术。在采用分布式能源的社区中，将传统能源系统与分布式能源系统及储能整合在一起，既可实现分布式能源优先利用，也可实现传统能源的高效、低成本利用。该技术需要在社区更新中利用闲置用地增建互补能源站，也可对既有热力站、变电站改造升级。

4）智慧能源管理技术。对社区能源供应系统进行智慧化改造，增加负荷侧在线监测、重点耗能设备监控、供能、储能主动响应设施，实现能源供需实时平衡。

（3）交通领域推荐技术与策略

1）步行和自行车出行品质提升策略。通过改善步道铺装及宜人环境控制车速和引导交通流，提升慢行出行方便性和舒适度，吸引出行方式向低碳绿色转变。可以利用城市过街天桥、公共建筑、空间开放等实现慢行交通顺畅安全衔接。可以根据地形和气候条件增加垂直交通、有盖廊道、风雨连廊等形式多样的连续步行道。

2）公交及轨道接驳优化技术。通过设置慢行专用路、增设小区开口等，增加公交站点、轨道车站入口，提升公共交通吸引力。高峰时段开通社区巴士，改善公交地铁接驳难和有效覆盖等问题。

3）共享交通精细管理技术。按需科学配置共享交通工具（共享汽车、共享自行车、共享电单车等）的数量和规模，提高共享交通工具使用率。

（4）市政水领域推荐技术

在社区更新时提高内部供排水单元效能，是提高城市水系统整体运行效率、降低水领域碳排放的主要技术发展方向。

1）社区污水提质增效（雨污分流）技术。在社区层面重点开展分流制地区雨污分流改造和消除雨污水错接，实现雨水浅层排水、污水纳管集中，提升污水收集效能。逐步取消社区化粪池，降低甲烷和一氧化二氮等温室气体排放，同时提高污水浓度，有利于污水处理节能减排。

2）社区低影响开发技术。建设海绵社区，加强源头雨水资源利用，保障防涝安全。优化场地竖向设计，合理配置植物；灰绿结合，提高基础设施绿色水平。

3）社区无收益水（NRW）管理技术。根据水源布局及地形特征，优化社区供水接入口布置，接入点供水压力与二次供水方式；降低管网漏损。加强夜间流量监管，加快老旧供水管道和破损管道更新，加快雨污分流改造，减少雨水进入污水系统，同时提高雨水利用与污水资源化利用水平。

（5）市政生活垃圾领域推荐技术

1）不同的处理工艺对生活垃圾最终产生的碳排放量有较大的影响，从源头减量，优化处理模式是降低生活垃圾领域碳排放的关键。

2）家用餐厨垃圾粉碎脱水技术。发展对厨余垃圾进行脱水或磨碎的家用电器设备，并可对残渣进行烘干或排入下水道中，减轻分类工作量，减少收集储运。

3）智慧化垃圾分拣回收技术。采用机械臂、风选和磁选等手段，实现垃圾自动、连续、大规模分拣回收，数据采集上传，提高资源回收比例。

3. 基于社区类型的绿色技术集成建议

（1）老旧小区更新的绿色技术集成建议

在社区更新中，老旧小区数量多、规模大，改造需求与资金有限之间的矛盾最大。因此，应当从投入相对小，效益突出的领域入手，逐步升级改造。老旧小区的绿色更新关键在于市政水、交通和建筑领域。

①市政水领域，通过老旧破损管网更新，取消化粪池，建设海绵社区，实现节约用水，减少排放。②交通领域，老旧小区的停车位有限，应当综合应用公交及轨道接驳优化技术、步行和自行车出行品质提升等策略，提高慢行出行舒适度和便捷性，保持绿色化的交通出行结构。③建筑领域，应当首先考虑降低建筑闲置率、营造公共生活空间等非技术方式减碳。要重视既有建筑的能效提升改造技术，推广更换门窗、外遮阳等投入少见效快的技术手段；在进行建筑改造时，严格采用绿色建造技术；在公共建筑中积极推广建筑立体绿化技术。

（2）老龄化与中低收入家庭社区更新的绿色技术集成建议

对于老龄化与中低收入人群，要充分考虑其经济承受力有限，用能和出行限制多的特征，更多采用低成本技术，在减碳的过程中降低居民的生活成本。

①交通领域，更便捷的低成本低碳交通对中低收入人群意味着更高的移动能力；更好的步行环境对于老年人意味着更安全舒适的生活，因此和老旧小区相似，公交及轨道接驳优化技术、步行和自行车出行品质提升策略是重中之重。②建筑领域，应当在建筑改造的同时，注重社区公共环境品质提升。通过门窗更换、外墙保温、通风采光条件改善，在减碳的同时提升居住舒适度、降低生活成本。社区公共建筑中，可采用高标准的建筑能效提升技术，为居民提供居家之外舒适的交流和第二活动空间。

（3）可再生资源富集地区的社区更新绿色技术集成建议

中国发达地区的社区更新已具备了全面采用绿色技术和充分利用可再生能源的可能性。深圳和一社区太阳能和风能资源丰富，同时农村集体产权相对清晰，具备进行全面绿色改造的条件，应当鼓励探索建设低碳甚至零碳的先锋示范地区。

①能源领域，大力推动分布式能源开发利用、多能互补能源供应，以及直流微网、储能等可再生能源高效使用高度相关技术集成应用；②交通领域，积极探索新能源车辆推广与充电设施配套技术；③建筑领域，全面推广以提升建筑能效为核心的近零碳与零碳建筑，同时应用智慧楼宇技术和建筑立体绿化技术；④在可再生资源相对贫瘠的地区不鼓励盲目使用能源和建筑领域的高代价绿色技术，不鼓励建设零碳社区。

此外，对于私有住户、各家各户分散更新的东塘社区，应针对独特的更新方式和老龄化、低收入人群特征，重点关注低成本、分布式技术的集成应用，把建筑建造、绿色改造和市政设施的绿色技术进行高度集成。

4. 面向 2060 碳中和的绿色技术创新建议

为实现 2060 碳中和目标，社区绿色更新必须高度关注深度减排，高度关注绿色创新技术的创新与应用。国合会绿色技术 SPS 一期已经推荐了 20 项绿色技术，这一推荐清单仍然是二期研究认为应该继续推广实施的。在此基础上针对社区的需求和应用场景在第一期建议清单的基础上，在一些领域增加了部分创新与推广的绿色技术，以系统性强化干预，实现碳中和目标（表 6-8）。

表 6-8 “十四五”期间六个重大领域的绿色技术推荐

重点领域	技术发展方向	推荐技术
水	污水处理与水循环经济	污水处理与厂网河一体提质增效技术
	再生水利用	再生水系统水质保障技术
	再生水利用和无收益水管理	再生水系统智慧运行技术
能源	一体化绿色能源电网	微电网技术
	近零排放制冷与供热	工业余热集中供暖技术
		中深层地热利用技术
	能源互联网	能源互联网综合管理平台技术
交通	智慧交通系统	MaaS 出行服务技术
	新能源交通工具及配套设施	氢能源车辆技术
		智能充电系统技术
	交通需求管理与自行车出行	自行车专用路技术
建筑	健康建筑	建筑立体绿化技术
	绿色建筑	“钢结构＋模块化内部空间”技术
	近零能耗建筑	光伏、建筑集成光伏，分布式储能与直流供电技术
	建筑智慧运维	群智能建筑系统技术
土地利用和规划	绿色城市形态	绿色城市形态技术包
	绿色宜居、碳中和社区	绿色宜居、碳中和社区技术包
食物	食物溯源	食物安全信息监控和追踪技术
	城市农业	垂直农业技术
	智慧农业	数字食物平台技术

（1）能源领域创新技术推荐

1）氢能利用及燃料电池技术。在技术及成本获得突破后，未来在建筑领域具有一定使用前景。可再生能源制氢—规模化储氢—天然气管网送氢—燃料电池用氢将构成一个完整的氢能源生产供应系统，有利于实现能源供应多样化与城市能源安全。其中燃料电池技术在社区中有望替代天然气供暖及制冷系统。

2）高效空调技术。指制热能效比（COP）不小于 7.0 的空调技术。近年来主流空调产品能效持续提高，特别是热泵技术使热效提升更快。目前已出现 COP 大于 12 的大型空调设备，未来可能会出现小型的、安装使用灵活的家用高效空调。

3）区块链技术。区块链技术在社区能源交易，特别是点对点交易中将起到重要作用，可用于隔墙售电、电价政策等。

（2）生活垃圾领域创新技术推荐

1）垃圾低碳收集管道技术。通过管道系统，利用负压技术将生活垃圾抽送至中央垃圾收集站，再由压缩车运送至垃圾处置场的过程，整个收运过程可以完全实行自动化，垃圾收集方便、快捷、干净。

2）垃圾焚烧发电技术。将生活垃圾中热值较高部分用于焚烧发电，减少垃圾填埋量、土壤污染和碳排放，回收垃圾热能。

3）餐厨垃圾集中式厌氧发酵技术。对城市大规模的餐厨垃圾进行集中厌氧发酵处理，回收粗油脂、固渣和液体，实现生物质资源回收和沼气发电。

4）餐厨垃圾分散式好氧成肥技术。对社区内收集的餐厨垃圾进行就地好氧堆肥处理，减少餐厨垃圾收储运比例，生产有机肥料，也可将社区餐厨垃圾好氧成肥后直接用于绿化养护。

（三）社区绿色更新中倡导绿色生活方式

绿色生活方式倡导包括三个方面：一是低碳消费，侧重于消费品和消费过程的低碳化，提倡购买使用绿色低碳产品。这些产品能耗低、排放低、更耐用，也包括选用绿色出行、低碳饮食。二是减量使用，侧重于使用过程的减量化，减少家电、交通工具等使用过程的碳排放。三是缩短碳链，侧重于活动链的缩减，指通过改变工作学习生活模式与场所，缩减通勤过程的碳排放。

1. 低碳消费

1）购买低碳生活用品。主要包括：①购买电器时查看能效标识，选用能耗等级较高的各类家用电器，如节能灯、节水马桶、变频电器等，可减少 10% 以上的能耗和碳排放；②选用太阳能等清洁能源产品，包括家电，如太阳能热水器、太阳能路灯等；③选择循环耐用的低污染产品，如可降解材料制品、非一次性用品等；④购买少包装、无包装、回收包装的商品；⑤避免使用含微塑料的产品，如某些洗面奶和沐浴露，寻找更绿色的替代产品。

2）选择绿色出行工具。中长距离选择轨道交通，短距离选择步行和自行车。根据英国商务能源与产业战略部 2018 年发布的不同交通工具碳足迹：轨道交通比汽车碳排放量更低，短途通勤碳排放量由高到低依次为汽车、公共汽车和摩托车、地铁、自行车、步行；车型越小，碳排放量越低；电动及插电式混合动力汽车的碳排放量是汽油、柴油汽车的 1/3 左右。

3）低碳饮食。鼓励增加食用果蔬类低碳食品，减少农业生产过程的碳排放量。研究表明，无论从单位重量还是单位蛋白质供给角度，果蔬等植物类食品比肉、奶制品等动物类食品的碳排放更低，鱼类、禽类和猪肉较反刍动物类更低。

4）适度消费、减少浪费。理性判断生活需求，践行简约适度理念，适量购买，减少因不适用、用不完等带来的浪费。避免冲动消费、攀比消费等非理性行为，理性对待商家促销活动。杜绝食品浪费行为，适量购买食品，适量点餐 / 光盘行动。《2019 世界粮食安全和营养状况》表明，中国人均粮食浪费为每年 44 kg，居全球 22 位，城市每年的食物浪费量可抵补进口的主粮总量。

2. 减量使用

1）家电使用减量化和绿色化。主要包括：①减少生活电器依赖，如用手洗代替洗衣机、洗碗机等机器，传统牙刷代替电动牙刷，自然晾干代替烘干机，扫把代替吸尘器，改电子钟为发条闹钟，低楼层尽量不使用电梯等。②增加户外活动，减少室内健身器械使用，以及室内运动所增加的照明和空调能耗等。③采用节能低碳的方式使用家电、水具等，同时配合节能家用器具、智能家居控制系统，在满足生活需求的同时降低能耗。例如，空调、供暖等温度设定更接近室外环境，关闭不需要制冷或采暖房间，出门提前关闭空调，随手关灯关水，洗衣机、洗碗机放满再用，不使用的电器直接断电等。

2）共享出行。鼓励多人拼车出行，共同分担出行碳排放量，可大幅降低个人出行的碳排放量，降低居民私家车购买意愿。网络运营商与社区或其他机构搭建共享出行的网络平台，供居民匹配出行路线和出行时间，实现多人共享交通工具出行，尤其适用于相同目的地的通勤通学出行。

3）循环使用。通过废弃物改造或旧物交换交易等方式，实现日常用品循环利用，可延长物品的使用时间，省去物品处理、再制造、再供应的过程。循环使用需要社区提供相应支持，引导并教学旧物改造技能，组织跳蚤市场等交易市场，搭建二手物品交易网络平台。

3. 缩短碳链

1）远程居家办公学习。远程方式可以减少通勤通学需求。对于部分类型工作，如互联网、媒体或语言类课程辅导等，借助网络即可实现远程工作。即使选择部分时间的远程办公学习，也可以显著减少碳排放量。研究表明，100 人每周 3 天居家办公，全年可减少 70t 温室气体排放[18]。但这需要企业提供远程办公的条件与可能。

2）种植并食用本地食物。社区践行都市农业，居民参与社区农园种植，减少食物供给。动员居民充分利用社区废弃用地、屋顶等空间种植居民日常所需的蔬果等食材，同时结合新的农业技术，拓展社区垂直农业，增加果蔬种植面积和收成。社区种植的果蔬既能减少食品运输、包装、零售等过程的碳排放量，又能减少种植类食物的土地占用。在本项目执行进程中，中国城市规划设计研究院上海、重庆团队尝试了在办公楼屋顶种植果蔬，获得了不错的收获及有趣的体验。

4. 绿色生活方式的保障条件

绿色生活方式不仅来自社区居民的良好意愿与自我组织，也离不开良好的政策、治理与设施保障，具体内容如下。

1）政策保障。国家或城市应当对低碳产品进行价格控制和生产补贴，增加低碳产品标识。加强政府的绿色采购，包括公共部门的低碳饮食等。社区加强低碳产品宣传，支持购买低碳生活产品。城市政府和企业应当推广鼓励远程办公制度，支持远程居家办公。

2）治理保障。社区应当组织教学旧物改造，推动开展跳蚤市场等旧物交换或交易市场，或搭建二手物品网络交易平台支持物品循环使用；推广教学家电低碳使用方法，支持家电使用的减量化和绿色化；组织搭建共享出行平台，支持共享出行。

3）设施保障。城市应当优化社区附近公交站点换乘，配置新能源车共享充电桩和太阳能充电桩，支持选择绿色出行；社区应当优化户外公共活动空间和设施，建设办公、学习、食堂等共享空间；利用废弃地、屋顶等空间推广都市农业等。

五、中国城市绿色转型的机制保障

（一） 推动中国城市的数字化绿色转型

1. 数字化绿色转型的五个因素分析

近几十年，城市更加宜居、包容和可持续的行动明显加强，绿色和可持续城市转变与数字转型或第四次工业革命（4IR）两个全球大趋势正在相融。城市的实体和数字基础设施融合为中国城市绿色和智能转型带来了许多机会，在智能和可持续城市转型中，基础设施、经济、治理、市民和环境这五个因素是关键所在（表 6-9）。

表 6-9 数字技术在不同领域的潜在应用实例

领域	数字技术的潜在应用
能源	启用可再生能源，包括点对点能源解决方案（能源消费者），提高能效，对能源系统进行预防性维护，改善能源规划
建筑	完善以人为本的城市规划。改善光、热管理
交通	促进新形式的共享交通，改善交通系统以减少交通碳排放和噪声，提高公共交通效率和降低价格，半自动和自动驾驶
土地使用	通过资源与市民行为数据分析，支持土地利用规划编制及市民参与
食品	促成参与式城市农业和食品生产，促进食品共享平台
水	改善水资源管理，监测水质，提高生活和工业用水效率

资料来源：基于世界经济论坛 2020 年的数据，由作者补充。

（1）基础设施

智能城市改变了人们对基础设施的传统理解。传统基础设施如道路、供水、供电等，越来越多地与数据基础设施层（如传感器和网络）结合在一起，与城市管理和公共服务更紧密地联系在一起。数字技术和数据收集可以支持传统硬件基础设施的效率、可靠性和可持续性，使之更加耐用，并减少重建它们的资源消耗。数字技术还可以管理复杂系统，增强系统灵活性，如促进可再生能源整合开放；可以监测环境条件，更好地管理基础设施。

然而，基础设施数字化升级的成本十分昂贵，需要熟练的管理和应用能力。此外，数字技术也可能创造新的漏洞，并对其复原力构成威胁。如对基础设施的网络攻击可能导致严重的后果[19]。因此，用数字化升级实体基础设施需要新的整体性观念，应更全面地看待其与社会、环境互动及可能的弱点和风险。

（2）经济

城市空间的数字化被视为重要的经济因素和创新驱动力。生产和服务行业可以使用数据来提高其运营效率，跟踪环境影响并改进流程，从而减少资源消耗。企业也可以由此减少碳排放。公共机构和城市空间产生的数据可以帮助企业为其客户开发适应需求更好、价格更低的新产品和服务。

如果城市数据生态系统及治理体系缺乏精致有效的设计，可能会产生权力失衡或数据鸿沟，从而导致竞争力和数据创造价值的失衡，并最终阻碍社会的学习、创新和将数据用于共同利益。因此，城市需要仔细设计数据治理计划，以真正支持其智能和碳中和创新。

（3）治理

数字科技有助于改变城市治理。数字系统可以为市民与其行政部门提供直接反馈，促进社区学习进程，促进市民参与城市治理；数据可以反映市民生活质量，有助于改善城市空间规划；环境监测数据有助于管理城市资源；数据还可以识别事故黑点，为居民提供安全信息，提高城市灾害和风险管理能力。

然而，数字科技也会给市民和政府带来风险和挑战。发展中国家城市往往依赖技术供应商，因此损害了他们对满足其需求技术的选择能力。而信息通信技术公司往往有意将自己置于智能城市的控制地位，并从城市数据流中获益 [20]。

此外，大量数据并不必然导致更有价值的认识或更好的决策。政府部门需具备理解和充分利用数据的能力，认识其应对居民现实问题的价值。否则，数字工具非但不能支持治理改善，反而使效率更加低下，甚至加重地方政府负担。

（4）居民

智能绿色城市应以生活质量和人的需求为中心。智能城市可以使居民在能源、交通、公共服务和行政事务的快速处理等方面获益，可以促进市民与行政部门之间直接对话，也可以促进居民之间的交流，在困难时期可以提高社区意识复原力，还可以使弱势群体相互支持，解决他们的需要和困难。开放数据可以为市民提供追求目标和偏好所需的信息，参与城市发展（附录 6-3）。

但是，数字科技并不能确保包容性。即使技术先进的社会，仍然存在性别、年龄、收入和数字技能的巨大差距。数字工具的设计与实施必须考虑边缘化和处境不利群体的需求，还应包括更多线下服务，防止造成排斥和不利。此外，智能城市中数据生成技术的普遍存在引起了人们对隐私权和个人权利的关注，备受争议。城市需要提高数据生成技术使用的透明度，保护个人权利（附录 6-4）。

（5）环境

数字技术可以帮助城市改善环境和碳足迹。信息通信技术可以管理可再生能源的分布式能源系统，降低城市能源消耗；还可用于替代移动，如拼车或汽车共享。但数字技术本身对于环境也有很大的影响。相关研究认为，2020 年信息和通信技术占全球碳排放量的 1.8% ～ 3.2%[21]，未来几十年还会大幅增加。边缘计算、分布式账本技术和 5G 等新技术的整体环境影响仍有很大不确定性。此外，还缺乏稀土金属等资源的数据，这些珍贵资源的开采往往对人和环境危害较大，且很少能被回收利用。全球电子废弃物监测报告估计，2019 年全球产生 5 360 万 t 电子废弃物，五年内增加了 21%，只有 17.4% 被回收。

因此，评估数字科技对环境的全面影响具有挑战性。在实施数字技术前需要仔细评估生态和社会价值，依据有意义、可衡量的指标进行操作，并在使用阶段密切监测和评估。为了改善数字技术和系统的生命周期评估，还需要收集生产阶段资源使用数据。德国联邦政府 2019 年推出了“环境数字政策议程”，以使数字化转型与可持续发展相一致，并将其应用于气候、自然和环境 [22]。

2. 城市绿色智能转型建议

绿色智能城市转型不会通过数字增强传统基础设施而自动发生，需要平衡使用数字技术的机会和挑战整体推动，并需要一个由以下要素组成的有利环境。

1）城市可持续性战略。城市转型需要立足于一个强大的、长期的、可持续的碳中和城市愿景。这个愿景应该由市民、利益相关者参与制定，包括如何使技术为实现绿色智能城市愿景做出贡献的思考，以及采购技术和数据中心的原则和规则。战略目标的制定需要具体、可衡量、可实现、相关联、有时限的指标，以及如何实现这些目标的具体步骤，还应当对战略实施进行监测，以检查其进展是否达到预期。

2）数据治理。数据治理必须遵守国家和国际层面的法规。尤其在使用社区层面产生的数据目标上，城市应与市民、企业、利益相关者共同制定数据治理战略，支持可持续发展目标，为公共利益服务。数据治理应该认真考虑数字化的社会兼容性，并评估使用数据的环境影响 [23]；应当加强个人的数据主权，提高透明度，并强化企业和政府数据生成、使用的责任；应当包含开放数据战略，以便企业、学术界、社会等能够从数据中受益。最后，数据治理需要有机构设置，明晰地实施监督数据治理原则，以创造一个繁荣的生态系统，支持不同行为者间数据共享。

3）公众参与。绿色智能城市需要市民参与，尤其应关注弱势群体以提高包容性和公平性。管理部门需要公开透明、可靠负责以及长久持续的实现参与，应当就进程、问题的处理及结果、持续的监测和评估进行沟通，以激励市民进一步参与。

4）实验性和体验性空间。绿色智能实验室的想法已经在国际上得到了广泛的关注。为了探索超越特定领域的解决方案，使居民、企业和教育机构共同参与城市的创新，方法之一就是与城市教育和学术系统合作建设绿色智能实验室。通过实验室与居民共同确定、开发、实施绿色智能的解决方案。实验室本身也成为知识群体交流、联网和合作的中心，形成科技和可持续发展研究群体。

5）地方政府的能力建设。政府或社区为了管理绿色和智能转型，需要全新的技能组合。包括对数字技术趋势、潜在风险和好处的深刻认识，对数字技术如何在各个领域为管理所用的实践知识，以及与市民和变革者进行建设性互动的能力。要满足这些要求，政府和社区还需要有足够能力、训练有素的工作人员，以及适当的内部体制、文化和对自身角色的理解，以支持学习、交流和共同创造。

6）为转型提供资金。转型的财政支持手段之一是将地方基础设施项目支出的一定比例用于实施共同创造的过程。此外，还需要为企业提供激励：一是激励私营部门投资城市可持续转型的领域和项目；二是激励推广数字服务或产品以形成可持续优势，如“绿色和智能城市转型基金”以支持初创企业；三是投资者可以在企业社会、生态和经济可持续性方面得到指导，以支持投资决策。

（二）创造绿色技术应用的有利环境

1. 绿色技术应用面临的关键挑战

通过专家磋商以及来自 20 多家在中国开展业务的大型国企和跨国公司的意见，确定了六大领域绿色技术推广所面临的技术、监管和社会障碍与挑战。

（1）基础设施壁垒

除技术成熟度外，许多技术在扩展过程中，面临更大的问题是缺乏基础设施（硬件设施和软件设施）。我国现行的能源体系不支持可再生能源推广，未来智慧能源系统转型需要对资产结构进行代价高昂的重大调整。有企业提出，新能源汽车充电基础设施选址在实施阶段遇到了许多障碍，包括土地使用审批、电网连接、电网和社区安全以及环境和城市规划法规等。

（2）监管障碍

数据共享机制至关重要，而目前缺乏汇集所有部门和行业专家的跨领域合作机制。食品领域，研究人员无法获取平台公司生成的大量数据，这些数据对食品系统的可持续性至关重要。建筑领域的营业执照管理制度造成了建筑设计与施工分离，给全生命周期管理带来了诸多困难。

市场机制不足妨碍了采用绿色技术。例如，碳捕获、利用与封存技术应用于燃煤电厂需增加 14% ～ 25% 的能耗和 20% ～ 30% 的额外投资[24]。由于缺乏政府的政策和财政支持，加上碳交易价格低廉，企业没有动力应用该技术。

标准体系、认证体系和合规性制度的缺乏，妨碍了绿色技术推广。在自动驾驶汽车方面，智能电网与自动驾驶汽车之间的传感器系统和通信缺乏标准化，加上保险和责任规定等监管障碍，使其无法跨越示范阶段。电动汽车和电池缺乏标准化，接口无法兼容，导致电池交换业务不成熟。中国与国际绿色建筑标准之间缺乏兼容性，制约了绿色建筑发展。蛋白质替代食品、生态食品的食品标签十分重要，但由于缺乏信息或不被信任，对激励中国消费者购买作用不大。

（3）社会障碍

低碳转型面对着重大社会挑战。如山西省等地区，煤炭行业是就业、GDP 和税收的最大来源之一，如果没有援助政策，将会面临就业机会不足、公正转型等困难。转型需要一支既满足新型就业需求又熟悉环保的劳动力队伍，但目前社会技能培训尚未纳入气候变化和绿色转型内容，也缺乏相应的部际协调机制[25]。绿色建筑企业一致认为，在该行业构建全生命周期管理方面，技能型人才缺口很大。

提高公众对气候问题的认识和参与可以推动城市消费者更广泛地采用绿色技术。越来越多的中国公众意识到了采用低碳生活方式的重要性，消费者在饮食、出行方式等方面的需求和行为变化有助于推动绿色技术规模化发展和净零转型。

2. 创造绿色技术部署的有利环境

绿色技术推广需要政府、公众、企业和学术界的共同参与。政府应当有针对性地解决在绿色技术推广中的各种障碍。从战略规划设计，利益相关者、跨部门及国际合作开始，采用有效的政策和融资工具，并培养创新文化和公众意识。

1）战略规划与设计。实现碳中和目标，首先需要制定明确的长期愿景和顶层战略，以指导技术发展，防止资源分配不当和浪费，应当既支持新技术开发，也支持现有技术推广。战略规划和设计应当覆盖碳中和的所有领域，应特别关注包含高比例可再生能源、智能能源基础设施所需的大量投资。输电、新能源汽车充电、储氢和配电网络的建设都是智能能源系统基础设施的组成部分，需要政府的战略设计和承诺。同时，还应强化国家与省、城市政策相互支持。城市中长期规划与国家顶层战略设计相辅相成。城市在数据收集、开发和共享方面可发挥重要作用。

2）利益相关方和跨部门合作。应当推进各级政府间、不同部委间以及与企业、金融机构、学术界和民间社会组织的合作，利益相关方的伙伴关系将有助于制定推广绿色技术、技术创新和基础设施投资的政策。实现碳中和需要建立跨部际合作机制，同时政府还应在技术推广和数据管理方面与私营部门合作，通过不同领域、部门合作，提高系统效率。中国已经成立了一个高级别的气候部级委员会，由副总理主持，由 17 位部长 / 机构负责人和负责经济规划的副总理组成。

3）国际合作。今年中欧气候对话为在气候问题上达成雄心勃勃的共同承诺提供了一个平台；中美也共同宣布合作应对气候危机，更多分享国际最佳做法，推进减少碳排放的政策和市场机制[26]；2019 年成立的“一带一路”绿色发展国际联盟，旨在促进国际共识、理解、合作和协调行动，实现“一带一路”的绿色发展。这些活动为中国进一步开展国际合作奠定了坚实的基础。绿色技术的应用和推广需要全球商界领袖、顶尖学者、政府官员和投资者的共同努力，以实现技术突破和投资可行性。国际标准和协调机制将有助于绿色技术的全球推广。

4）优惠政策。财政补贴、税收优惠及价格政策是重要工具。非财政激励也可以刺激推广。如交通领域的优先车道、零排放区、限号出行和购车资格限制等都会鼓励新能源汽车购买。最佳策略是多措并举，在实现利益最大化的同时避免不利负面效应。例如，在推广电动汽车的同时，不扩大清洁能源和共享经济的规模，可能反而导致机动车碳排放量增加。

5）利用市场的机制。碳市场有助于企业将碳排放成本内部化，并为企业把投资转向绿色技术提供价格信号。中国碳市场需要进一步优化，向电力以外的行业延伸。

6）监管。当成本以外因素阻碍绿色技术的推广，造成价格信号失灵时，监管可以成为更有效的政策工具。优化监管环境，可以鼓励包括国有企业在内的更多企业进行绿色创新。中海油公司已经宣布“绿色发展行动计划”，并拓展了海上风电等可再生能源新业务，江苏的第一个海上风电项目已于 2020 年投产。

7）融资机制。基础设施、绿色技术创新所需投资应由公共和私人资金来满足。政府政策需要发出市场信号，动员民间资金。技术研发的公共财政应优先用于绿色技术，特别是处于早期技术准备阶段的技术，如碳捕获、利用与封存和氢气。绿色技术推广的资金最终大部分将由私营部门提供[27]，但政府可以通过降低风险来鼓励调动私人资金，采用适当的政策和监管框架吸引更多的私人投资。加强知识产权、税收支持，以及专用产业基金等其他机制，也可以支持中国的绿色投资环境改善。另外，标准化的 ESG 披露可以帮助企业降低绿色融资成本，增加绿色投资。公私合作伙伴关系有助于降低企业财务风险，尤其在水务等公共基础设施工程中。

8）创新文化。碳中和需要包括 4IR 技术在内的跨部门创新。技术、商业模式、政策和富有远见理念的创新，是培育创新文化、推进碳中和议程的关键。政府在创造创新环境方面发挥着核心作用，如知识产权保护、基础研究投资、克服市场失灵有助于市场主体协调的标准以及为创新提供低成本资金[28]。

9）绿色公众意识。提高公众意识、气候教育和公众参与势在必行。55% 的碳减排需要绿色技术与市民、消费者的积极参与，8% 的碳减排需要行为改变和材料效率提高[4]。政府可以通过优化基础设施，如为蛋白质替代产品贴上可信食品标签，引导消费者选择低碳替代产品。政府还应考虑碳中和的社会和经济影响。确保能源价格可承受，对工人进行再培训等，确保公平转型。

（三）性别与人群视角：分享与共同参与

1. 女性在社区绿色发展中的角色和作用

（1）女性在绿色生活方式中发挥主导作用

女性在环保行动领域的参与，早已超过男性。在不同的年龄组和国家，包括中国，女性生活更加环保[28]。同时，女性在绿色生活方式主导上还发挥着重要的影响力。由于社会传统及性别分工，中国女性更多地承担了抚育幼儿、照顾老人及从事家务劳动的责任；在采购和食物方面拥有更多话语权，更重视健康，并在家庭绿色观念的培养和教育上承担重要责任。中国女性相对更倾向于合作、聚集与交流，因此更多参与社区进步的改造。因此，从绿色个人行为到绿色社区活动，女性都具有主导作用。社区共享洗衣房、共享厨房、社区陪护、本地绿色食品、低碳教育、旧物回收等众多绿色生活方式离不开女性的参与甚至引领。

（2）绿色发展需要女性的参与和领导

女性在气候变化问题面前更脆弱。由于根深蒂固的社会传统和经济结构，女性比男性更容易因为气候变化而遭遇健康、就业、家庭问题[29]。因此，通过女性视角可以更完整地理解气候带来的影响，以及气候和性别之间可能产生的恶性循环。

女性参政能有效地提高政府应对气候变化的能力。有证据显示，妇女参政水平较高的国家在减少二氧化碳排放方面最为成功[30]。欧洲女性领导人的行动证明了女性能够比男性同行更好地管理危机[31]。因此，女性是可持续发展非常有效的领导者。中国城市和社区应该拥有更多女性领导人，她们可以在技术创新、包容性、公众参与、使生活变得更加智能，且在宜居方面取得成功，还可以帮助女性在绿色发展的重大领域提出需求和观点，让女性作为重要利益相关者和创新者参与到绿色发展中。

（3）绿色技术转型发展中女性具有巨大潜力

STEM 领域是创新、社会福利、包容性增长和可持续发展的基础。联合国报告中指出，“全世界只有 35% 的女孩学习 STEM 科目，高等教育中只有 3% 的女学生选择学习信息和通信技术（ICT）”[32]。帮助女性学习和从事 STEM 相关职业，能在绿色技术繁荣的同时提高女性的经济稳定性，也使女性有更大动力从事绿色技术转型发展。而绿色转型本身也是一个解决性别不平等和歧视、促进包容性和公平性的机会。

2. 有利于老人和儿童的社区绿色更新建议

在城市绿色发展、社区绿色更新和绿色技术推广的讨论中，对青壮年的关注较多，往往忽视了老人与儿童。而中国社会的老龄化和少子化正在产生越来越多的社会问题。因此，社区绿色更新应当尽量采用老人和儿童友好的更新模式，关注老人和儿童的需求、能力和适应性。充足的开放空间，良好的步行性，完善的生活服务设施，令人愉悦的环境设计，可促进老人与儿童户外体力活动，有效增加社会交往，建立情感纽带，促进社区归属感；其本身也是绿色低碳的减排行为。因此，在社区绿色更新中应当重视以下几项内容：①组织提供共享式养老和儿童照料看护服务，健全社区保障体系的同时节约居家碳排放。②设计屋顶农场，不仅可以满足老年人的喜好，还能实现家庭食物的供给，促进资源的节约利用。③建设公共空间，但要选择具备防滑性和透水性的低碳材料，为老人提供安全、无障碍的路径和设施。④社区绿化改造中，降低水面深度，设置坡地式岸线，创造适宜儿童集聚游乐的场所。⑤利用自然地形、植物材料建造儿童场所，帮助孩童与大自然建立亲密关系，培养绿色生活方式。此外，社区还可以充分利用老年人力量，组建老年人低碳环保志愿者队伍。

3. 有利于低收入人群和弱势群体的社区绿色更新建议

社区绿色发展，还应重点关注低收入人群和弱势群体，包括贫困者、下岗职工、农民工、非正规就业者和残疾人等。应当倾听他们的声音，保障他们的基本权利，帮助他们自立自强，提供低成本高质量的绿色生活，具体包括：①让更多的低收入人群和弱势群体参与社区活动，尤其是绿色更新改造项目应充分考虑他们的实际需求；②打造更具适应性的公共空间，减少弱势群体的室内活动时间，更多地融入社会；③加强建筑的自然通风采光，减少电、气等能源消耗；④采用低价格更新改造，避免提高住房与设施成本；⑤绿色更新改造、共享设施运营中创造更多的就业机会，提供给本地的低收入人群和弱势群体。

六、政策建议

（一）促进碳中和与城市、社区绿色发展的建议

1. 加快国家实现“双碳”目标的制度建设

加强和扩大中国碳市场的覆盖面，制定碳价策略，完善碳交易体系；在减碳困难行业实行碳排放额度分配，并最终涵盖所有行业；尽快制定具有明确目标和时间表的能源转型路线图，并为整个系统层面的绿色转型提供指导。

2. 加快鼓励企业参与去碳进程和低碳发展

通过发放低碳产品与服务的经营许可，改善业绩评估等方式，促进国有企业在去碳和绿色技术发展中的领导力；通过更广泛多样的激励政策和约束机制引导民营企业参与绿色技术创新与低碳产品生产，低碳建筑与基础设施建设；通过“绿色基金”等方式，支持中小企业和初创企业低碳发展；通过“碳标签”制度，明确生产者对产品全生命周期的低碳责任；倡导居民购买低碳产品。

3. 高度重视并积极推动城市与和社区碳减排

制定城市层面碳减排战略总体方案，推进能源、建筑、交通、土地利用和基础设施等领域协同转型；将气候风险纳入城市与社区规划；加快推进“零碳城市”试验项目；建设一批“零碳社区”示范项目；将数字技术与人工智能技术应用于绿色管理；设计透明、负责任和持续的制度与机制，鼓励企业、公众的广泛参与。

4. 加强社区绿色技术推广与应用

构建社区级碳排放监测、评估系统，掌握社区碳排放现状特征，采取更有效的绿色发展策略；在能源、建筑、交通、市政等领域加快推进成熟绿色技术的应用，加快技术创新与推广；加快完善社区低碳技术应用的标准规范。

5. 倡导践行绿色生活方式

通过碳中和、可持续发展的主流价值观培养，激发居民的气候危机社会责任感，转变居民消费方式，增强绿色生活意愿；通过学校、社区培养新一代气候公民；引导并保障公众和社会组织参与社区绿色低碳事务。

6. 加强去碳与绿色发展的社会影响评估

充分认识并评估“双碳”目标进展中不同社会群体获得的福祉和可能受到的不利影响；在城市绿色发展与社区绿色更新、绿色技术应用中，高度重视女性、老人、儿童，低收入人群以及其他弱势群体的风险和脆弱性，在公平、包容等方面制定相应策略机制。

7. 加强绿色发展与更新的国际合作

进一步开展学术与专业部门在绿色低碳发展中的交流与合作，积极学习发达国家在零碳城市、社区领域的实践经验，推进企业部门在绿色技术全产业价值链的国际交流。

（二）社区更新绿色技术的政策建议

1. 能源领域

推动电力需求侧响应的市场价格机制。扩大峰谷时段电价差额，对高效能源利用技术与高效节能产品进行补贴，包括节能效果突出的家电产品。

鼓励储能市场发展，激励车辆到电网（V2G）业务和更多换电站的建设。鼓励隔墙售电，放开可再生能源电力销售权，激活分布式发电市场，促进可再生能源的消纳。

2. 建筑领域

制定与发达国家一致或兼容的绿色建筑标准。建立对建筑设计、施工、运营、拆除全生命周期监测与评估的方法和治理体系，推进绿色建筑全生命周期管理。

建立家庭 / 个人减碳激励机制。对能耗达到优秀标准的家庭，纳入个税专项扣除优惠，能耗超标严重的居民可申请政府补贴进行节能改造，并接受监测。

3. 交通领域

推进交通低碳激励政策。包括低碳出行积分政策，老旧车辆淘汰补贴，低碳车船使用奖励优惠等。试点城市交通低碳排放区示范项目。

优化城市交通结构。发展自行车专用路，保障人行步道的连续性和网络性；优化轨道线网规划，提升轨道交通的通勤覆盖率。

改善交通能源结构。加速新能源车辆推广与置换；持续降低新生产燃油车污染和碳排放强度，建立全生命周期的汽车行业碳足迹评估。

4. 市政领域

改革水价，通过阶梯水价市场调节机制，促进节水和高效利用；实现城市、社区水资源与供排水能耗的协同治理；将新鲜水、雨水、再生水等多源水分质协同智慧管理，实现系统效率提升、用能降低、碳排放减少。

完善垃圾分类监管体制，制定奖惩措施，提高分出垃圾的质量；优化垃圾处理收费制度，促进垃圾源头减量；加快建立可回收物体系，引入市场机制，激励社会资本参与，促进可回收物回收增量和其他垃圾末端处置减量。

5. 食物领域

优化食物和农业补贴政策，建立可信赖的食品标签体系，推广可持续食物；提高公众对可持续粮食系统的认知，鼓励减少食物浪费和改变饮食习惯。

推广都市农业与垂直农业，在资源紧缺条件下推动实现食物本地化生产、配送与绿色食物需求，改善环境。积极探索降低垂直农业的经济成本。

参考文献

[1] He G, Lin J, Sifuentes F, 等 . 可再生能源和储能成本的快速下降加速了中国电力系统的脱碳 [J/OL]. 自然通讯 , 2020: 11. https://doi.org/10.1038/s41467-020-16184-x.

[2] 国合会与世界经济论坛 . 中国城市主要绿色技术及实施机制 . 2020.

[3] Wang M, Hao Y. 在城市发展中实施生命周期碳排放标准 [Z]. 落基山研究所 , 2020.

[4] 沃尔顿·M. 能源部门应该关心废水 [Z]. 国际能源署 . 2018.

[5] 布鲁塞尔低排放区 . https://www.lez.brussels/mytax/en/.

[6] Ratti C. 停车位：下一个伟大的城市前沿 [J]. 世界经济论坛 . 2020.

[7] Ratti C, Catella M. 进入底层：街道地块如何重振后 COVID 城市 [Z]. 世界经济论坛 . 2021.

[8] Zhang Y. Fan S, Chen K, et al. 转变农业食品系统以实现中国 2060 年碳中和目标 [R]. 中国和全球粮食政策报告 , 2021.

[9] 曹志宏 , 郝晋珉 , 邢红萍 . 中国居民食物消费碳排放时空演变趋势及其驱动机制分析 [J]. 地理科学进展 , 2020, 39(01): 91-99.

[10] 雷思雨 . 中国食物消费碳排放计算及研究 [J]. 北京环境 , 2018, 30(11): 100-101.

[11] 仓玉洁 , 罗智星 , 杨柳 , 等 . 城市住宅建筑物化阶段建材碳排放研究 [J]. 城市建筑 , 2018(06): 17-21.

[12] 林波荣 , 彭渤 . 我国典型城市全生命周期建筑焓能及 CO_2 排放研究 [J]. 动感 : 生态城市与绿色建筑 , 2010.

[13] 王上 . 典型住宅建筑全生命周期碳排放计算模型及案例研究 [D]. 四川：西南交通大学 , 2014.

[14] 浙江省城市住宅生命周期 CO_2 排放评价研究 [D]. 浙江 : 浙江大学 , 2012.

[15] 时元元 . 既有居住建筑超低能耗节能改造全生命周期碳排放研究 [J]. 建筑技术 , 2021, 52(4): 417-420.

[16] 彭路续 . 既有建筑改造过程碳排放计量及其综合评价 [D]. 辽宁：东北大学 , 2015.

[17] 杨石春 , 李祥军 . 延长既有建筑使用年限的价值分析 [J]. 工程经济 , 2021, 31(2): 67-72.

[18] GlobalWorkplaceAnalytics.com.

[19] 国家科学院利奥波第纳，德国工程院—德国科学与工程学院，德国科学与人文学院联盟 . 数字化能源系统的恢复力 : 如何控制停电的危险？ [Z]. 2021.

[20] Söderström Ola, Paasche Till, Klauser Francisco. 智能城市是企业的故事 [J/OL]. 城市 , 2014, 18(3): 307-320.

[21] Bieser Jan, Hintemann Ralph, Beucker Severin, et al. Klimaschutz durch digitale Technologien – Chancen und Risiken. Berlin: Bitkom.

[22] BMU - 德国联邦环境、自然保育及核能安全部 . 环境数字政策议程 .

[23] Schnabel Frieder, Heydkamp Constanze, Schmitz Michael, et al. 智能环境基础设施：市政角度的应用领域、需求、实践经验 [Z]. 2020.

[24] http://www.tanjiaoyi.com/article-27399-1.html.

[25] 国际劳工组织 . 中国绿色就业技能 [Z]. 2018.

[26] 发言人办公室 . 中美应对气候危机联合声明 [R/OL]. https://www.state.gov/u-s-china-joint-statement-addressing-the-climate-crisis/.

[27] 国际能源署 . 到 2050 年净零：全球能源部门的路线图 [Z]. 2021.

[28] 桑德洛·D. 为什么政府需要在创新中发挥作用 [Z]. 格林比兹 . 2011.

[29] 联合国妇女署 . 中国社会性别视角的气候变化脆弱性研究 [R]. 2016[2021-07-03].

[30] https://static1.squarespace.com/static/559d276fe4b0a65ec3938057/t/55df34f2e4b08e5b 72c24ede /1440691442499/ Gender-and-the-climate-change-agenda-212.pdf.

[31] https://www.greenbiz.com/article/25-badass-women-shaping-climate-action-2021.

[32] https://unesdoc.unesco.org/ark:/48223/pf0000253479.

附录 6-1　社区用能碳排放的计算方法

社区用能碳排放量包括社区消耗的电能、燃气、水三大主要能源的碳排放量。计算公式为

$$E_e = E_{电} + E_{燃气} + E_{水};\ Q_i = Q_{电} + Q_{燃气} + Q_{水};\ f_i = f_{电} + f_{燃气} + f_{水}$$

$$其中:E_{电} = Q_{电} \times f_{电};\ E_{燃气} = Q_{燃气} \times f_{燃气};\ E_{水} = Q_{水} \times f_{水}$$

式中：Q_i 表示各类用能总量；f_i 表示各类用能碳排放因子；$f_{燃气}$和 $f_{水}$分别取自《2006 国家温室气体清单指南》和中国科技部《公民节能减排手册》，$f_{电}$来源于 2019 年中国区域电网基准线排放因子 [1]，采用各城市所属区域电网的排放因子计算。

附录 6-2　居民出行碳排放的计算方法

交通碳排放量为每人每次出行的碳排放量，受出行距离、出行方式的影响。计算公式为

$$E_m = \sum_{i=1}^{40} \sum_k A_{k,i} \cdot L_{k,i} \cdot GHG_{k,i}$$

式中：$A_{k,i}$ 表示交通方式 k 第 i 年交通出行量；$L_{k,i}$ 表示交通方式 k 第 i 年交通出行距离，两者均可通过居民出行调查获得，出行距离可通过信令数据获取。$GHG_{k,i}$ 表示交通方式 k 第 i 年的碳排放因子，可依据报告文献研究取得该参数，或采用城市情景年测算数据，也可采用考虑新能源车辆替代情景条件进行折算。

附录 6-3　深入分析共享经济与气候

随着信息通信技术，特别是智能手机的普及，共享经济见证了无数平台和应用程序的诞生，人们可以在这些平台和应用程序中共享商品，如汽车和工具、技能和服务、住房和住宿等。但随之而来的是，共享是否有助于环境和气候？关于这个问题的科学文献显示出矛盾的结果。一方面，共享有助于避免或减少消费，减少对某些商品的生产需求，从而节约资源，减少碳排放。另一方面，这些潜能是否真的被涵盖，取决于许多不同的因素。

1 http://mee.gov.cn/ywgz/ydqhbh/wsqtkz/202012/W020201229610353340851.pdf.

例如，通过共享应用程序，某人可以向其他人借用他或她并不经常需要的工具，如电钻。这将使新的或最初购买的工具过时。在其生命周期内，电钻产生约 28 kg 二氧化碳当量，使用该工具仅占该量的 2%[1]。如果使用频率更高，其能源消耗的碳排放量可能会增加（取决于所使用的能源组合），但新电钻生产阶段产生的碳排放量会减少。但是，计算并不是那么简单，因为还需要了解工具需要共享多少次才能显著减少电钻产量，从而显著减少相关的二氧化碳排放总量。此外，还可能出现所谓的反弹效应，从而减少、消除甚至逆转积极的环境效应。反弹以不同的方式发生，例如，当借用电钻的人把攒下的钱投资于购买另一个产品，甚至可能是碳密集型产品时。

考虑这些不同的因素——对于其他共享的例子，它们也以类似的方式成立，很明显为了成为气候和环境挑战的真正解决方案，需要做的不仅仅是共享。只有融入向更可持续的生活方式和行为（包括充分消费和更可持续的生产模式）的全面转变，才能提升其潜力。

附录 6-4 多伦多智能城市码头区案例

2017 年多伦多市宣布将其滨湖区一块 49 000 m^2 的土地开发为智能城区 [2]。为此，多伦多海滨区开发署与 Alphabet-daughter Sidewalk 实验室展开合作。一开始人们对利用数据和机器人、地下垃圾处理等最新技术创建智能绿色住宅区和商业区寄予厚望和赞誉 [3]，很快就变成问题案例，引起当地民众的极大批评。

特别是，围绕智能城市项目数据治理方法的担忧成为公众不满的焦点，并刺激了一个名为“BlockSidewalk” [4] 的维权组织的发展。分析该案例的研究人员指出，除其他遗漏外，公共咨询过程不充分且无效，多伦多滨湖区缺乏数字专业性和合法性，以及对计划用于该项目技术的经济、社会和生态分析不存在或不合理 [5]。此外，他们还认为，由于加拿大数据治理框架发展薄弱，没有公开问责的多伦多滨湖区土地开发署将获得前所未有的权力，以制定未来的加拿大数据监管政策 [6]。多伦多人行道实验室的强大存在可能进一步对加拿大决策者施加压力，迫使他们监管数据，而不是为了谷歌的利益，忽略了加拿大科技公司的利益，更不用说加拿大公民的利益 [7]。

第四篇

绿色能源、投资与贸易

第 7 章　绿色“一带一路”与 2030 年可持续发展议程

第 8 章　全球绿色价值链

第 9 章　绿色金融

第 7 章 绿色“一带一路”与 2030 年可持续发展议程

一、引言

“一带一路”倡议（BRI）提出八年来，成果丰硕，影响深远。作为广受欢迎的全球公共产品，“一带一路”倡议秉持共商共建共享原则，绿色、开放、廉洁理念，以政策沟通、设施联通、贸易畅通、资金融通、民心相通为核心内容，为自全球金融危机以来饱受挑战的“全球化”进程注入了强大动力，为共建“一带一路”国家共同发展、共享繁荣创造了新机遇。

（一）共建“一带一路”迈向高质量发展

八年间，“一带一路”已发展成为一条互利共赢之路，联结共建“一带一路”国家共赴美好前景，对推动构建人类命运共同体产生了积极影响。截至 2020 年 2 月，中国已与 140 个国家、31 个国际组织签署了 200 多份“一带一路”合作文件 [1]。“一带一路”倡议及其核心理念已写入联合国、G20、亚太经合组织以及其他区域组织等有关文件中 [2]。聚焦“六廊六路多国多港”主骨架，中国有序开展港口、铁路、公路、电力、航空、通信等领域的“一带一路”标志性合作项目，大幅提升共建“一带一路”国家基础设施建设水平，有效释放贸易和投资潜力。截至 2019 年年底，中国在“一带一路”沿线国家建设的合作区累计投资 350 亿美元，上缴东道国税费超过 30 亿美元，为当地创造就业岗位 32 万个 [3]。此外，世界银行估算，“一带一路”基础设施建设所带来的贸易成本下降将促使全球实际收入增加，“一带一路”相关投资将帮助 760 万人口摆脱极度贫困、3 200 万人口摆脱中度贫困 [4]。

尽管新冠肺炎疫情令全球发展一度陷入停滞，但“一带一路”仍然展现出强大的韧性和活力。2021 年上半年，我国对“一带一路”沿线国家进出口额为 5.35 万亿元，同比增长 27.5%[5]；对“一带一路”沿线国家非金融类直接投资 620 亿元，增长 8.6%[6]。

在各国防疫措施收紧，海运、空运受阻的情况下，“中欧班列”发挥跨境铁路货运服务优势，帮助共建“一带一路”国家克服疫情等不利因素的影响，为稳定国际供应链，加速绿色物流网络建设，助力全球共同抗疫提供了有力支持[7]。

疫情的暴发再次表明，人类是一个休戚与共的命运共同体，后疫情时代，绿色复苏将为“一带一路”倡议贡献新的发展机遇。绿色是“一带一路”的鲜明底色，在推动共建“一带一路”高质量发展进程中，绿色丝绸之路建设大有可为。《“十四五”规划》中指出，中方将继续加强发展战略和政策对接，推进基础设施互联互通，深化经贸投资务实合作，架设文明互学互鉴桥梁，进一步提出将“加强应对气候变化、海洋合作、野生动物保护、荒漠化防治等交流合作，推动建设绿色丝绸之路”。[8]2021 年 4 月，在博鳌亚洲论坛上，习近平主席表示，“我们将同各方继续高质量共建‘一带一路’……努力实现高标准、惠民生、可持续目标，我们将建设更紧密的卫生合作伙伴关系，更紧密的互联互通伙伴关系，更紧密的绿色发展伙伴关系，更紧密的开放包容伙伴关系，为人类走向共同繁荣作出积极贡献”。加强绿色基建、绿色能源、绿色金融等领域合作，完善“一带一路”绿色发展国际联盟、“一带一路”绿色投资原则等多边合作平台，让绿色切实成为共建“一带一路”的底色。[9]2021 年 6 月，在“一带一路”亚太区域国际合作高级别会议期间，中国等 29 个国家共同发起“一带一路”绿色发展伙伴关系倡议，呼吁开展国际合作以实现绿色和可持续经济复苏，促进疫情后的低碳、有韧性和包容性经济增长。[10]

（二）绿色“一带一路”为落实 2030 年可持续发展目标注入新动力

生态环保合作是“一带一路”倡议的重要组成部分。将“一带一路”打造成为共建“一带一路”国家携手应对环境和气候挑战的绿色发展之路，是中国政府的初心与愿景，也是构建人类命运共同体的关键行动。八年来，中国在加强自身生态文明建设的同时，积极携手共建“一带一路”国家一道打造“绿色丝绸之路”，依托双多边及区域和次区域生态环保合作，为落实 2030 年可持续发展目标注入了新动力。

依托“一带一路”绿色发展国际联盟（简称绿色联盟）、“一带一路”绿色发展国际研究院、“一带一路”生态环保大数据服务平台等多边合作机制，绿色丝绸之路建设的政策对话、知识共享和技术交流平台得以不断完善，共建“一带一路”国家持续深化环境治理、生物多样性保护和应对气候变化等领域的合作，绿色发展的国际共识得以不断凝聚。

依托“一带一路”应对气候变化南南合作计划，中国帮助易受气候变化影响国家提升应对气候变化能力；与老挝、柬埔寨、塞舌尔共建低碳示范区；向巴基斯坦、孟加拉国、伊朗、智利、乌拉圭、古巴、博茨瓦纳、埃及等国家援助应对气候变化相关物资。通过实施绿色丝路使者计划，中国累计为 120 余个共建国家 3 000 多人次提供了培训机会，被联合国环境规划署誉为“南南合作典范”。

（三）“一带一路”投资合作呈现规模增长、绿色主导发展趋势

“一带一路”不仅是经济繁荣之路，也是绿色发展之路。八年来，中国与共建国家经贸合作持续深化，投资活力不断增强，带动了相关国家工业化进程，为共建“一带一路”国家和沿线地区的绿色发展带来全新机遇。

一是区域经贸合作高度活跃，对外直接投资规模总量持续提升。中国商务部、外汇管理局的统计数据显示，2013—2019 年，中国对“一带一路”沿线国家累计直接投资 1 173.1 亿美元，年均增长 6.7%，较同期中国全国平均水平高出 2.6 个百分点。除 2016 年受对外直接投资总规模大幅提升影响外，对“一带一路”国家直接投资规模占比持续增长（图 7-1）。

图 7-1 中国对“一带一路”沿线国家直接投资情况

资料来源：《中国对外直接投资统计公报》、《中国对外投资合作发展报告》以及商务部官方网站。

二是气候变化引发区域共识，可再生能源投资占比不断提高。“一带一路”倡议不仅带动了共建国家的经济增长与社会发展，也为应对全球气候变化作出了积极努力。2020 年 9 月，中国提出力争 2030 年前实现碳达峰、2060 年前实现碳中和的目标愿景，进一步丰富了“一带一路”绿色投资的内涵。在“一带一路”建设投资中，可再生能源投资占比也在不断提高。到 2020 年上半年，中国对“一带一路”建设相关国家的可再生能源投资首次超过化石能源投资 [11]，逐步形成集设备制造、联合研发、工程设计与建设、项目投资与运营的清洁能源国际合作体系。根据中央财经大学绿色金融国际研究院绿色“一带一路”中心发布的《2020 年中国“一带一路”投资报告》，能源行业依旧是 2020 年“一带一路”建设投资的重点，在投资金额和项目数量上均位列各行业首位，而包括太阳能、风能、水电在内的可再生能源投资占比从 2017 年的 35% 上升至 2020 年的 56%，已构成中国海外能源投资的主要部分。

三是投资领域和主体日趋多元，第三方市场合作模式逐渐兴起。“一带一路”建设投资早期集中于能源、交通、通信和水利等基础设施领域，投资主体多为国有企业。近年来，中国对“一带一路”沿线国家和地区直接投资行业日趋多元，包括制造业、租赁和商务服务业、批发和零售、建筑、采矿、金融、电力生产和热力供应、农林牧渔等 [12]。越来越多的民营企业和外资企业正在加入“一带一路”投资之中，第三方市场合作模式随之逐渐兴起。[1] 第三方市场合作以“优势互补”为基础，以“平等协商”为理念，主张通过“企业主导”的自主合作实现“三方共赢”，与“一带一路”倡议的“共商共建共享”原则高度契合。作为一种全新的国际经济合作模式，第三方市场合作受到了发达国家相关企业与“一带一路”沿线国家和地区的广泛关注和普遍欢迎。2015 年以来，中国先后与 14 个国家签署了有关第三方市场合作的联合声明或文件 [2]，合作呈现出模式多元化、项目规模大等特点。国际双多边金融机构也不断强化融资支持，探索扩大第三方市场合作的渠道。

（四）关注境外项目环境管理的出发点和目标

中国政府高度重视“一带一路”生态环境保护工作。随着中国绿色金融体系建设持续完善和可持续投资理念在全球范围内的广泛传播，“一带一路”投融资环境管理已成为关系绿色“一带一路”高质量发展成效的关键性行动。聚焦对外经贸合作、绿

1 第三方市场合作是由中国企业与发达国家跨国企业在与双方贸易互补性较高的第三方市场开展的经贸合作，形式包括但不限于对外直接投资、基础设施建设、金融产品供给、产能利用、对外援助等。

2 14 个国家指的是法国、韩国、加拿大、葡萄牙、澳大利亚、日本、意大利、荷兰、比利时、西班牙、奥地利、新加坡、瑞士、英国，由课题组根据中国商务部、外交部官方网站及《人民日报》的相关报道整理。

色丝绸之路建设、绿色金融等政策领域，中国政府已发布30余份政策文件，就“对外投资”生态环境保护提出了一系列管理层面的要求、指导性意见和支持政策，也为“一带一路”各参与主体开展投融资环境管理提供了明确的政策指引。

2013年，商务部和环境保护部联合发布《对外投资合作环境保护指南》（商合函〔2013〕74号），倡导企业树立环保理念，依法履行环保责任，遵守东道国环保法规，履行环境影响评价、达标排放、环保应急管理等责任和义务。2017年，环境保护部、外交部、国家发展改革委、商务部联合发布的《关于推进绿色“一带一路”建设的指导意见》（环国际〔2017〕58号），以及环境保护部发布的《“一带一路”生态环保合作规划》（环国际〔2017〕65号），都对“一带一路”投资建设项目的环境管理提出了明确的要求。2021年7月，商务部和生态环境部联合印发《对外投资合作绿色发展工作指引》，进一步提出“推动企业按照境外项目生态环境保护有关要求开展生态环境风险防范工作，提高境外企业生态环境管理水平……采取合理、必要措施降低或减缓投资合作可能产生的不良生态环境影响”。此外，2021年4月发布的《绿色债券支持项目目录（2021年版）》也删除了化石能源等高碳项目，强化了绿色金融对应对气候变化的支持力度。可以预见，以上新规将对“一带一路”投融资的绿色化水平提出更高的要求，并将进一步强化“一带一路”投融资环境管理在绿色“一带一路”建设中的重要性，进而加速绿色“一带一路”与2030年可持续发展议程的全面对接。

鉴此，本年度专题政策研究第一部分将以加强“一带一路”项目环境管理为重点，综合分析国内外环境管理相关政策、方法和实践经验，提出构建“一带一路”项目绿色管理体系的政策建议，为“一带一路”高质量发展提供绿色保障和动力。报告第二部分将立足国内实践，对中国对外投资环境管理体系及其建设进展进行回顾分析。第三部分将研究视野拓展到国际，重点关注世界银行等开发性金融机构环境管理实践经验，同时聚焦日本和韩国——东亚地区除中国外最大经济体和最主要投资输出国，分析其官方发展援助（ODA）环境管理实践对境外项目环境管理的借鉴意义。最后，基于以上分析，第四部分将进一步研究提出促进绿色“一带一路”与2030年可持续发展议程全面对接的政策建议。

二、中国对外投资环境管理体系

“一带一路”对外投资环境管理的参与者众多，需要政府相关部门、金融机构、企业和专业技术力量的协同合作。其中，企业是项目环境管理的决策主体、执行主体和责任主体；行政管理、政策规范、金融支持以及专业技术工具为企业开展全生命周期的环境管理设置“护城河”，提供不可或缺的外部约束和基础支撑。除此之外，东道国需求和反馈对项目环境管理实践同样也具有重要意义。从政策研究的定位和需求出发，本部分将重点关注适用于“一带一路”项目的对外投资环境管理政策。

（一）对外投资环境管理政策

通过梳理公开资料，本研究共收集到中国各级政府发布的 32 份适用于“一带一路”对外投资环境管理的政策文件（表 7-1 至表 7-3）。尽管目前尚未在上述政策框架内发布“一带一路”对外投资环境管理相关的专门性文件，仍从对外经贸合作、绿色丝绸之路建设、生态环境保护、绿色金融等政策领域出发，就“对外投资”生态环境保护提出了一系列管理层面的要求、指导性意见和支持政策。尤其是 2021 年 7 月，商务部和生态环境部联合发布《对外投资合作绿色发展工作指引》（商合函〔2021〕309 号），明确提出推动企业对外投资“生态环境管理”“生态环境风险防范”；推动企业在遵守《联合国气候变化框架公约》、《生物多样性公约》、2030 年可持续发展目标、“一带一路”绿色投资原则等要求的条件下，开展对外投资合作。

表 7-1　“一带一路”对外投资环境管理相关政策——国务院层级

发布年度	文件名称	制定及发布单位	关键内容
2017	行政法规：对外承包工程管理条例（修订）（中华人民共和国国务院令第 676 号）	国务院	遵守所在国家 / 地区法律，信守合同，尊重当地的风俗习惯，注重生态环境保护
	国务院规范性文件：关于进一步引导和规范境外投资方向指导意见的通知（国办发〔2017〕74 号）	国家发展改革委 / 商务部 / 人民银行 / 外交部（国务院办公厅转发）	限制开展不符合东道国环保、能耗、安全标准的境外投资项目
2016	国务院规范性文件：国务院关于印发“十三五”生态环境保护规划的通知（国发〔2016〕65 号）	国务院	建立健全绿色投资与绿色贸易管理制度体系，落实对外投资合作环境保护指南

资料来源：北大法宝，http://www.pkulaw.cn/。

表 7-2 “一带一路”对外投资环境管理相关政策——部委层级

发布年度	文件名称	制定及发布单位	关键内容
政策领域 1-1：对外经济合作管理			
2021	部门规范性文件：对外投资合作绿色发展工作指引（商合函〔2021〕309 号）	商务部 / 生态环境部	（七）防范生态环境风险。 推动企业按照境外项目生态环境保护有关要求开展生态环境风险防范工作，提高境外企业生态环境管理水平。 推动企业按照东道国法律法规要求，采取合理、必要措施降低或减缓投资合作可能产生的不良生态环境影响。 对生物多样性的不良影响，依法或按照国际惯例做好生态环境保护和修复。 （八）遵循绿色国际规则。 推动企业在遵守《联合国气候变化框架公约》、《生物多样性公约》、2030 年可持续发展目标、“一带一路”绿色投资原则等要求的条件下，开展对外投资合作
2019	部门规范性文件：商务部等 19 部门关于促进对外承包工程高质量发展的指导意见（商合发〔2019〕273 号）	商务部 / 外交部 / 国家发展改革委等	基本原则： 引导企业坚持开放、绿色、廉洁理念，注重生态环境保护； 建设高质量、可持续的基础设施等工程项目； 指导企业树立正确义利观，切实履行社会责任； 构建综合性风险防控体系，积极防范和化解各类风险
			具体意见： 按照国际普遍接受的规则标准，将可持续发展理念融入对外承包工程的项目选择、实施、管理等各方面； 引导企业加强同项目所在国政府、企业和民众的沟通和利益融合，注重环境保护，履行社会责任； 切实规范对外承包工程经营行为，在环境保护等关键环节严格遵守我国和项目所在国法律法规、相关国际规则标准； 推进对外经济合作信用体系建设，完善对外承包工程失信行为认定和信息记录规定
2017	部门规章：企业境外投资管理办法（国家发展改革委令第 11 号）	国家发展改革委	倡导投资主体保障员工合法权益、尊重当地公序良俗、履行必要社会责任、注重生态环境保护
	部门规章：中央企业境外投资监督管理办法（国务院国有资产监督管理委员会令 第 35 号）	国务院国资委	树立正确的义利观，坚持互利共赢原则，加强公共关系建设，积极履行社会责任；依法合规，遵守我国和投资所在国（地区）法律法规、商业规则和文化习俗
	部门规范性文件：关于发布《民营企业境外投资经营行为规范》的通知（发改外资〔2017〕2050 号）	国家发展改革委 / 商务部 / 人民银行 / 外交部 / 全国工商联	民营企业境外投资应注重资源环境保护，包括保护资源环境、开展环境影响评价、申请环保许可、制定环境事故应急预案、开展清洁生产、重视生态修复

发布年度	文件名称	制定及发布单位	关键内容
政策领域 1-1：对外经济合作管理			
2014	部门规章：境外投资管理办法（中华人民共和国商务部令 2014 年第 3 号）	商务部	应当要求其投资的境外企业遵守投资目的地法律法规、尊重当地风俗习惯，履行社会责任，做好环境、劳工保护、企业文化建设等工作
2013	部门规范性文件：对外投资合作环境保护指南（商合函〔2013〕74 号）	商务部 / 环境保护部	指导中国企业在对外投资合作中进一步规范环境保护行为； 引导企业积极履行环境保护社会责任； 推动对外投资合作可持续发展
2013	部门规范性文件：商务部关于印发《规范对外投资合作领域竞争行为的规定》的通知（商合发〔2013〕88 号）	商务部	应遵守项目所在国（地区）法律法规，尊重当地风俗习惯，重视环境保护履行必要的社会责任。 违反规定构成不正当竞争的对外投资合作经营行为将记录在案，涉及企业 3 年内不得享受国家有关支持政策
2008	部门规范性文件：关于进一步规范我国企业对外投资合作的通知（商合发〔2008〕222 号）	商务部 / 外交部 / 国务院国资委	要增强“知法守法，诚信经营”的自觉性。……深入研究并遵守所在国家的法律法规，特别是环境保护、劳动用工、出入境管理、安全生产、招标投标等方面的规定； 对违法违规并造成严重后果的企业做出处理或处罚
2012	党内法规：商务部　外交部　国资委关于印发《中国境外企业文化建设若干意见》的通知（商政发〔2012〕104 号）	商务部 / 中央外宣办 / 外交部 / 国家发展改革委 / 国务院国资委	将履行社会责任……做好环境保护，注重资源节约，将企业生产经营活动对环境的污染和损害降到最低。纳入中国境外企业文化建设范畴
政策领域 1-2：对外经济合作信息备案、信用体系建设			
2018	部门规范性文件：商务部　人民银行　国资委　银监会　证监会　保监会　外汇局关于印发《对外投资备案（核准）报告暂行办法》的通知（商合发〔2018〕24 号）	商务部 / 人民银行 / 国务院国资委等	要求投资主体依据“凡备案（核准）必报”原则定期报送对外投资关键环节信息；包括对外投资存在主要问题以及遵守当地法律法规、保护资源环境、保障员工合法权益、履行社会责任、安全保护制度落实情况等
2017	部门工作文件：关于加强对外经济合作领域信用体系建设的指导意见（发改外资〔2017〕1893 号）	国家发展改革委 / 人民银行 / 商务部等	如出现违反国内及合作国家和地区相关法律法规以及违反国际公约、联合国决议……的行为，相关主管部门将失信主体、责任人和失信行为记入信用记录

发布年度	文件名称	制定及发布单位	关键内容
政策领域 1-2：对外经济合作信息备案、信用体系建设			
2013	部门规范性文件：商务部等 9 部门关于印发《对外投资合作和对外贸易领域不良信用记录试行办法》的通知（商合发〔2013〕248 号）	商务部 / 外交部 / 公安部等	将破坏当地生态环境，威胁当地公共安全的对外投资行为列入“对外投资合作不良信用记录”
政策领域 2：绿色金融			
2020	部门规范性文件：关于促进应对气候变化投融资的指导意见（环气候〔2020〕57 号）	生态环境部 / 国家发展改革委 / 人民银行 / 银保监会 / 证监会	鼓励金融机构支持“一带一路”和“南南合作”的低碳化建设，推动气候减缓和适应项目在境外落地。 规范金融机构和企业在境外的投融资活动，推动其积极履行社会责任，有效防范和化解气候风险
2016	部门规范性文件：关于构建绿色金融体系的指导意见（银发〔2016〕228 号）	人民银行 / 财政部 / 国家发展改革委 / 原环境保护部等	指导金融机构支持促进生态文明建设，提升对外投资绿色水平
2012	部门规范性文件：中国银监会关于印发绿色信贷指引的通知（银监发〔2012〕4 号）	中国银监会	金融机构应当加强境外项目环境和社会风险管理
政策领域 3：绿色丝绸之路建设			
2017	部门工作文件：关于推进绿色“一带一路”建设的指导意见（环国际〔2017〕58 号）	原环境保护部 / 外交部 / 国家发展改革委 / 商务部	融入资源节约和环境友好原则； 推动企业遵守国际规则和东道国生态环保法律法规、政策和标准； 加强对外投资环境管理
	部门工作文件：关于印发《“一带一路”生态环境保护合作规划》的通知（环国际〔2017〕65 号）	环境保护部	遵守法律法规，促进国际产能合作与基础设施建设的绿色化； 引导投资决策绿色化。加强环境风险管理，提高环境信息披露水平，使用绿色债券等绿色融资工具筹集资金，在环境高风险领域建立并使用环境污染强制责任保险等工具开展环境风险管理
2015	部门工作文件：推动共建丝绸之路经济带和 21 世纪海上丝绸之路的愿景与行动	国家发展改革委 / 外交部 / 商务部（国务院授权发布）	在投资贸易中突出生态文明理念，加强生态环境、生物多样性和应对气候变化合作，共建绿色丝绸之路。 促进企业按属地化原则经营管理……主动承担社会责任，严格保护生物多样性和生态环境

资料来源：北大法宝，http://www.pkulaw.cn/。

表 7-3　“一带一路”对外投资环境管理相关政策——地方政府层级

发布年度	文件名称	关键内容
2018	地方规范性文件：山东省发展和改革委员会关于印发《山东省企业境外投资管理办法》的通知	投资主体企业应当要求其投资的境外企业： 遵守投资目的地法律法规； 积极开展企业文化建设； 尊重当地风俗习惯； 履行社会责任； 做好环境、劳工保护等工作； 创新境外投资方式； 坚持诚信经营原则； 避免不当竞争行为； 促进与当地的融合
	地方规范性文件：北京市发展和改革委员会关于印发《北京市企业境外投资管理办法》的通知	
	地方规范性文件：江西省发展和改革委员会关于印发《江西省企业境外投资管理办法》的通知	
	地方规范性文件：重庆市人民政府关于印发《重庆市企业境外投资管理办法》的通知	
	地方规范性文件：四川省商务厅关于印发《四川省〈境外投资管理办法〉实施细则》的通知	
2015	地方规范性文件：广东省商务厅关于印发《境外投资管理的实施细则》的通知	
	地方规范性文件：青岛市商务局关于印发《青岛市商务局境外投资管理办法》的通知	
	地方规范性文件：天津市人民政府办公厅关于转发《市商务委拟定的中国（天津）自由贸易试验区境外投资管理办法》的通知	
	地方规范性文件：湖南省商务厅关于印发《湖南省〈境外投资管理办法〉实施细则》的通知	

资料来源：北大法宝，http://www.pkulaw.cn/。

（二）对外投资环境管理政策体系建设特征分析

1. 政策覆盖领域

对外投资环境管理政策覆盖对外经济合作（境外投资、对外承包工程）管理、绿色金融、绿色丝绸之路建设三个主要领域，进一步可细分为：①境外投资主体投资理念、投资行为、投资风险管理、投资方向、投资项目选择、投资遵循规则以及对外投资信用体系建设、失信行为处罚等方面的具体内容；②金融机构资金投向、投资绿色化水平、投资项目环境和社会风险管理的等方面的具体内容；③绿色丝绸之路建设的总体原则、产能布局、企业绿色行为指引，对外投资环境管理和生态环境风险防范等方面的具体内容。但中国政府目前尚未出台“一带一路”对外投资环境管理的专项政策文件。

2. 政策内容

结合对外投资环境管理政策具体内容来看，现有政策主要从三个方面规范和引导企业对外投资（包含“一带一路”对外投资）的环境保护行为：一是倡导企业树立环保理念，履行环境保护社会责任，尊重东道国宗教信仰、风俗习惯，保障劳工合法权益，实现自身盈利与环境保护“双赢”；二是要求企业遵守东道国环境保护法律法规，要求投资合作项目依法取得当地政府环保许可，履行环境影响评价、达标排放、环保应急管理等环保法律义务；三是鼓励企业与国际接轨，研究和借鉴国际组织、多边金融机构采用的环保原则、标准和惯例。

2015 年，中国国家发展改革委、外交部和商务部共同发布《推动共建丝绸之路经济带和 21 世纪海上丝绸之路的愿景与行动》。作为第一份关于“一带一路”的政府白皮书，也是中国有关“一带一路”带有规划性质的文件[13]，该文件首次就“一带一路”对外投资提出明确的环境管理要求，强调企业“在投资贸易中突出生态文明理念，加强生态环境、生物多样性和应对气候变化合作，共建绿色丝绸之路”，并鼓励企业主动承担社会责任，严格保护生物多样性和生态环境。

3. 政策效力等级

根据《中华人民共和国立法法》“效力等级取决于制定主体等级”原则，分析以上政策的效力位阶，需从政策制定主体等级角度出发，依次将其细分为四类：①国务院制定或发布的政策文件（3 份），即行政法规 1 份、规范性文件 2 份；②国务院各部委制定或发布的政策文件（18 份），即部门规章 3 份、部门规范性文件 11 份、部门工作文件 4 份；③地方政府制定并发布的政策文件（10 份），即北京、天津、山东、湖南、四川、重庆、江西、甘肃、广东 9 个省市政府规范性文件 10 份；④党内文件（1 份），即党内法规 1 份。

国务院各部委是现行政策框架下的政策制定主体，其中，商务部牵头发文 9 份。生态环境主管部门自 2013 年起参与该领域政策制定，与商务部共同发布了具有中国对外投资环境管理标志性意义的《对外投资合作环境保护指南》《对外投资合作绿色发展工作指引》，并在绿色丝绸之路建设领域牵头制定并发布了《关于推进绿色“一带一路”建设的指导意见》以及《关于印发〈“一带一路”生态环境保护合作规划〉的通知》等推进绿色丝绸之路建设的专项文件。

4. 政策约束效力

从政策内容的约束效力出发，以上 32 份文件中：17 项政策文件对投资主体行为提出明确要求，如应当依法合规、遵守中国和投资目的地法律法规，履行社会责任，加强与投资所在国（地区）社会各界公共关系建设，限制开展不符合东道国环保标准的境外投资项目等。需要投资主体贯彻、遵照或参照执行，并设有相应的处罚机制；其余 15 项文件则倡导投资主体遵守投资目的地法律法规，尊重当地风俗习惯，做好环境保护，履行社会责任，但未就投资主体行为做出强制性要求，政策约束力较弱。

（三）小结

在共建“一带一路”国家的投资是中国对外投资的重要组成部分之一，应遵守中国对外投资环境管理的相关政策。中国政府长期以来高度重视对外投资过程中的生态环境保护，要求境外投资主体遵守投资目的地法律法规，履行企业社会责任，做好环境保护、劳工保护等工作，现行对外投资政策的“绿色”底色突出。

为增强对“一带一路”境外项目环境管理的规范和引导，中国各级政府发布了 32 份适用于“一带一路”对外投资环境管理的政策文件，分别从对外投资、绿色金融和绿色丝绸之路建设 3 个角度出发，融入了绿色和可持续发展的理念和具体要求，为境外投资主体履行其环境管理主体责任、遵守中国和东道国法律法规、履行社会责任提供了明确的政策规制和倡议指引。

但随着“一带一路”境外投资规模持续增长，以及气候危机对共建“一带一路”国家的影响进一步加剧，“一带一路”建设高质量发展对项目环境管理提出了更高的要求。与此同时，自 2017 年起，绿色金融概念和市场快速兴起。作为一种通过调节资本供给倒逼投资主体关注环境影响、优化投资决策的反馈影响机制，绿色金融体系的有效运行需以海量环境信息为基础，也需要推动包括环境风险评估、环境效益评价等在内的环境管理环节落地，对境外投资项目环境管理的精细化水平提出了更高的要求。

从上述两方面出发，已有政策面临法律位阶较低、约束力较弱、规制约束细化程度相对较低的现实挑战，仍需进一步强化政策引导约束和行政管理支撑。

三、对外投资环境管理国际经验：开发性金融和官方发展援助

（一）国际开发性金融机构环境管理实践分析

过去十年里，国际开发性金融机构（DFI）呈现出两大发展趋势：对内制定了更强有力且全面的监管机制，对外更加注重理解和支持借款国国内的管理体系。尽管作用对象不同，但它们在实践中是相辅相成的。开发性金融机构逐渐意识到潜在的环境和声誉风险，不断优化其内部项目筛选和管理流程。与此同时，这些开发性金融机构也在采取行动，为借款国项目环境管理能力的提升提供支持。

1. 研究对象的选择

本部分将深入研究全球 450 多家开发性金融机构中的代表性样本，选取活动水平

与中国金融机构接近，且尽可能覆盖多种业务的 8 家代表性机构，其资产管理规模将超过 11 万亿美元 [14]。

首先，本研究所选取的研究对象代表了 3 个最常见的地理范围：①世界银行（WB）和国际金融公司（IFC）是全球性的开发性金融机构；② ADB、AIIB 和拉丁美洲开发银行（CAF）是区域性的开发性金融机构；③南非开发银行（DBSA）、日本国际协力机构（JICA）和日本国际协力银行（JBIC）则是双边性质的开发性金融机构。此外，本研究选择的多边开发银行（MDB）也包括高收入国家参与度较高的多边开发银行，如 WB、IFC、ADB 等，以及南南合作伙伴机构，如 AIIB、CAF。三家双边机构也代表了 3 种不同类型的关系，虽然 DBSA 提供区域性贷款，但它归属南非政府管理，JICA 是日本的官方发展援助机构，JBIC 则是日本的出口信贷机构（ECA）。

整体而言，开发性金融机构内部的项目评估和监管措施涵盖的环境要素日趋增加，内容更为全面。如表 7-4 所示，近期 WB、IFC、DBSA 和 AIIB 均对其环境管理政策进行了修订和更新，提出了更加完善的管理要求。ADB 和 JICA 的管理框架近年来并未进行修订，仍保留了一些基础性要求。除 JICA 外，所有的开发性金融机构都将温室气体排放纳入其环境管理标准框架（以下简称标准框架）。生态系统服务则被除亚行外的所有开发性金融机构纳入标准框架。该趋势表明，开发性金融机构已逐渐认识到环境风险管理的重要性。

从借款方（以下简称借方）来看，开发性金融机构已充分吸纳国际投融资合作需要推动“借贷双方共享监管”这一观点。尽管贷款方（以下简称贷方）可通过内部的风险管理系统来确保自身免受环境和声誉风险侵害，但要做到“高效管理”，他们还需要认可和鼓励借方采取管理措施。与借方的接触甚至早于项目立项。本研究关注的 8 家开发性金融机构都积极地参与到项目“上游”的战略规划和准备工作中，协助借方将环境管理的优先事项纳入具体融资方案。在项目实施过程中，所选开发性金融机构也参与到借方国家的环境管理体系之中。

因此，贷方需要充分了解东道国和项目所在地的管理体系。举例来说，尽管亚行的管理框架与其他 7 家开发性金融机构相比最为“古老”，它依然囊括了借方国家管理体系评估的完整流程，以及进一步加强地方执行机构管理能力的评估和协作机制。除此之外，WB、ADB 和 DBSA 均要求对贷方国家管理体系开展评估，并在项目筛选中酌情考虑评估结果。在实践中，几乎所有的开发性金融机构都要求提高借方透明度、促进项目文件公开。最后，除 JICA 和 JBIC 外，其余 6 家开发性金融机构还依赖第三方监督。

该趋势表明，开发性金融机构已经认识到，建立自己的环境管理体系与认可借款国的环境管理体系是相辅相成的。如许多学者[15-17]指出，贷方正逐渐认识到，最有效的环境管理方式是建立一种伙伴关系，识别借款人的优先事项，给地方当局以适当的政策空间，从而尽可能地确保开发性金融机构的管理要求能够得到落实，与此同时，推动与地方机构的协同合作，共同履行贷款人管理职责。

如表7-4所示，本研究所选的开发性金融机构包括主要向主权政府提供贷款的金融机构、主要向私营部门商业借款人提供贷款的金融机构，以及在两个领域都充分发挥作用的金融机构。

表7-4 本研究关注的开发性金融机构及其业务范围

服务范围	主要借款人（服务对象）		
	主权实体	二者兼有	非主权实体
全球性	WB	—	IFC
区域性	AIIB，ADB	CAF	
双边性	DBSA，JICA	—	JBIC

专栏7-1 开发性金融机构构建环境管理体系的动机

借款国政府在项目便利化和项目监管之间面临诸多利益冲突，可能会引发潜在重大问题。拉丁美洲开发银行研究了拉丁美洲过去40年发生的200次基础设施相关社会冲突。结果表明，在86%的冲突中，东道国政府低估了风险或未充分制定风险缓和计划，导致问题加剧[69]。Unruh等研究发现，在东非地区，虽然国际开发性金融机构或捐资方通常采取通用做法，如环境影响评价和工厂搬迁，但在实施有效监督和开展必要环境社会风险管理（ESRM）方面，东道国政府的能力不一且意愿迥异。[66]研究了东亚和太平洋地区的基础设施发展情况，发现这些不一致往往皆由针对特定项目的短期治理措施（如环境可持续性指标），与政府促进整体增长和长期发展的目标之间统筹不足所致。当两者之间关系紧张时，就会给政策制定者带来利益冲突，导致对国际贷款人或投资者的治理承诺缺乏后续跟进。[68]

尽管Warford只专注于亚洲区域的研究，但其他研究人员发现上述现象在全球发展中国家都很常见。例如，Ebeke等发现，低收入国家的选举周期会影响其政府的支出欲望，特别是针对重大基础设施项目。政府支出会在选举前达到峰值，一旦政策制定者不再面临选举压力，相关支出就会下降。[30] 此外，Ray 等和 Sanborh 在对南美的一系列基础设施进行案例研究后发现，政治考量经常促使政府将某些特别重大的基础设施项目定义为“战略项目”，战略项目通常无须全面的环境和社会风险管理，以加快项目实施。[56] 此举通常导致项目失败、延迟或诱发冲突事件。Ballón 等研究了拉丁美洲地区，发现上述所有因素都因受到全球大宗商品超级周期影响而变得更加复杂。大宗商品市场繁荣过后，全球商品价格下跌，依赖大宗商品出口获取外汇的发展中国家往往会放松对新增外商投资项目的监管。正如 Ray 等研究发现，这些失误可能会令外国投资者和贷款人投资当地政府规划和监管力度不够的项目，导致国际合作伙伴声誉损害，当地生态环境遭到损害，周边社区出现社会冲突。[57]

基于以上原因，开发性金融机构开展了成熟的管理实践，保护其投资组合免受此类利益冲突的影响。这种保护措施通常不会干预借款人的国内政策，只需确保开发性金融机构不参与那些可能陷入技术、环境或社会困境的项目。

2. 国际开发性金融机构积极参与上游业务

在拟议项目之前，每家开发性金融机构都会与借方合作，制定行业性或区域性战略，并提出财务和环境可持续的项目建议。该环节主要依赖三种支持：战略支持、技术支持和融资支持。在战略支持方面，借贷双方将开展战略合作，为项目发展制定长期规划，包括跨行业的国家发展战略，面向特定行业或主题（如绿色交通或清洁能源转型）的具体计划，或在区域一级建立跨国协调的项目网络。在技术支持方面，包括与借款人共享开发性金融机构知识库，帮助他们将想法转化为具体项目。在融资支持方面，可通过赠款或减让性融资（如低息贷款）提供财务援助（表 7-5）。

表 7-5 开发性金融机构积极参与上游业务

	全球性		区域性			双边性		
	WB	IFC	ADB	AIIB	CAF	DBSA	JICA	JBIC
项目选定战略支持								
国家层面	B	P	B	X	X	X	P	X
行业层面	B	B	B	B	B	B	P	P

	全球性		区域性			双边性		
	WB	IFC	ADB	AIIB	CAF	DBSA	JICA	JBIC
项目选定战略支持								
主题层面	B	B	B	X	B	B	X	X
区域层面	B	X	B	P	P	X	X	X
项目筹备技术支持								
技术人员直接支持	B	P	B	B	B	B	B	P
第三方间接支持	B	B	B	B	B	B	B	X
项目筹备融资支持								
一般性赠款	B	X	B	B	B	B	B	X
面向特定主题的赠款	B	B	B	X	X	B	X	X
面向特定公司的赠款	X	B	B	X	X	X	X	X
一般性贷款	B	X	B	B	B	B	X	X
面向特定主题的贷款	B	B	B	X	X	B	X	X
面向特定公司的贷款	X	B	X	X	X	X	X	X

图例

B	广泛适用。
P	部分适用，适用于特定行业或主题，如公共交通、基础设施或区域一体化。
X	几乎不涉及。

资料来源：改编自 Rahill （2021）。

有几个值得特别提及的例子。一是 ADB 积极实践上述所有战略沟通方法。ADB 国家伙伴关系战略属于一种国家层面的战略支持，其能源产业战略和气候战略则属于行业和主题层面的战略支持。在区域层面，ADB 推行的中亚地区经济合作战略设计了跨区域伙伴的交通连接网络。ADB 最新内部评估结果表明，“上游”参与是驱动新项目开发的重要因素。[18] 二是尽管 AIIB 是 8 家金融机构中成立时间最短的开发性金融机构，但它同样制定亚洲可持续能源战略方针并投入使用，共同规划绿色互联的能源网络。

此外，还可通过技术支持或财务支持开发全新合作项目。例如，DBSA 为市政当局提供基础设施规划解决方案，为能力较弱的地方政府提供项目选定支持。在财政方面，CAF 的公共交通改善计划和区域物流发展计划为特定领域的新项目开发提供投资前的融资支持。JBIC 推出的全球高质量环保和可持续增长基础设施投资基金跨越多个行业，受益范围更广。

3. 项目筛选

表 7-6 探讨了开发性金融机构对拟议项目开展环境评估时重点关注的 13 个常见领域。如表 7-6 所示，开发性金融机构普遍在其经营活动中考虑了环境污染相关问题，经常在高级别政策中提及这些问题，以强调其重要性。值得注意的是，大多数开发性金融机构都通过虫害治理或危险废弃物管控缓解气候变化。唯一没有从制度上解决污染问题的开发性金融机构是 JICA，在政策和行动上都没有采取措施应对资源效率或温室气体排放问题。

同样值得注意的是，CAF 和 DBSA 这两家南南合作开发性金融机构在业务上广泛地关注了以上大多数环境问题。这一发现使得其在项目评估过程中兼顾国家利益的同时，也能够重点考虑环境问题。

表 7-6 基础设施项目环境评估标准

	全球性		区域性			双边性		
	WB，2016	IFC，2012	ADB，2009	AIIB，2019	CAF，2015	DBSA，2020	JICA，2010	JBIC，2015
污染：预防、管理、控制、消除	PO	PO	PO	PO	PO	PO	O	O
资源效率（尤指能源和水）	PO	PO	O	O	O	PO	X	O
废弃物（包括危险废弃物）	O	O	O	O	O	O	O	O
虫害管理	O	O	O	O	O	O	O	O
温室气体排放	O	O	O	O	O	O	X	O
生物多样性、栖息地和森林	PO	PO	PO	PO	PO	PO	PO	PO
生物自然资源：农作物、牲畜、渔业资源	O	O	P	X	PO	O	O	O
外来入侵物种	O	O	O	O	O	O	O	O
生态系统和生态系统服务	P	O	X	O	O	O	P	O
生物多样性补偿的具体规定（超出缓解等级）	O	O	X	P	O	O	X	O
无净损失规定（生物多样性和 / 或栖息地）	O	O	P	X	O	O	O	O
净收益规定（丧失重要栖息地）	O	O	X	X	O	O	X	O
供应链（农作物、牲畜和森林砍伐）	O	O	X	X	X	O	X	O

图例

PO 涵盖最高级别的政策 / 标准 / 要求和运营。

O 在政策 / 标准中明确提及，纳入开发性金融机构运营但未纳入高级别政策。

P 在政策或指南中引用，未具体说明和 / 或纳入运营。

X 在政策或实践中没有解决。

资料来源：改编自 Rahill（2021）。

表 7-7 更深入地探讨了各家开发性金融机构在筛选项目提案过程中的具体做法和机制。可以清楚地看到，尽管 CAF 对这些措施的应用也较为有限，但相较于双边机构，多边开发银行的技术要求范围更广。

本部分研究的每家开发性金融机构几乎都根据行业和地点等因素将项目划分为几个风险类别，进而确定项目提案获批前需进行的审查程度。WB 和 IFC 对这些风险因素采取动态评估方法，并在项目实施过程中根据绩效进行相应调整，从而影响和调节在后续执行过程中的项目监督水平。

表 7-7　开发性金融机构筛选项目时与环境和社会（E&S）风险管理相关的流程和程序

	全球性		区域性			双边性		
	WB，2016	IFC，2012	ADB，2009	AIIB，2019	CAF，2015	DBSA，2020	JICA，2010	JBIC，2015
筛选和风险分类								
在项目筹备阶段开展风险 / 影响评级（3 分制或 4 分制）	X	X	X	X		X	X	X
实施阶段特定评级	X	X						
排除 / 撤资清单								
公司级排除清单 / 撤资承诺	X	X	X	X	X	X		
附加 E&S 排除清单	X	X	X	X	X			X
使用国家或行业标准								
采用借款方标准的门槛和条件	X		X	X				
参考技术 / 行业标准	X	X	X	X		X	X	X
E&S 尽职调查：关于特定类型贷款的规定								
金融中介	X	X	X	X	X	X	X	
咨询服务和 / 或技术援助	X	X				X	X	
共同融资安排 / 共同方案	X		X	X	X			
紧急贷款	X		X	X			X	
实施过程中确定的项目（框架协议、设施等）	X		X	X		X		
贷款和赠款以外的金融产品（股权、担保等）	X	X						

资料来源：改编自 Rahill（2021）。X 表示有相关流程或程序。

另一种常用的高风险项目筛选机制是使用排除清单或撤资承诺。本部分研究的几乎所有开发性金融机构都约定了正式或非正式承诺，规避某些环境或社会风险特别高的活动。在这些承诺中，开发性金融机构同意将贷款活动与减缓气候变化的目标联系起来，通常将煤炭融资项目从其投资组合中移除。例如，世界银行虽未制定正式排除清单，但取消了几乎所有煤炭融资项目。日本也已收紧对煤炭项目的贷款，但限制范围较小（目前仅为已制定脱碳规划的国家提供煤炭项目融资）。

同样值得注意的是，贷款人虽制定了保障措施，但并不意味着这些措施完全独立于借方的国家体系。事实上，本章研究的几家大型开发性金融机构（AIIB、ADB 和 WB）在特定条件下依然依赖借方的国家体系，其依赖程度取决于东道国标准的高度。

专栏 7-2 煤炭：限制贷款的特殊案例

排除清单是开发性金融机构开展风险管理的重要工具，煤炭行业在这方面受到国际社会广泛关注 [49][61]。开发性金融机构逐步剥离煤炭融资业务，部分开发性金融机构甚至出台了相关的正式制度承诺。值得注意的是其中也包括日本的开发性金融机构，而日本是近几年为新建电厂提供煤炭融资的主要来源之一 [33]。本报告中研究的全球或区域性开发性金融机构自 2013 年起便停止向煤炭项目提供直接融资，且部分金融机构在积极地推动绿色能源转型 [26][70]。

2013 年，世界银行表示，除非发生“罕见状况” [72]，否则将收紧对煤炭的支持。世界银行在过去十年里未对任何燃煤发电厂提供直接资金支持 [70][72]，同时也开始积极支持有长期煤炭开采史的国家实现“公正转型”（在不损害依赖煤炭的社区和人民生计的前提下实现脱离煤炭的转型），实施了一系列项目，包括发布支持煤炭区域转型的平台倡议 [71]。

IFC 也并未明确禁止全部煤炭融资支持，但发布了“30 · 30”政策，承诺到 2030 年将气候相关的贷款在投资组合的比例增加至 30%，对煤炭的支持减少到零或近零 [38]。此外，它还针对其他金融中介机构如何使用其投资资金制定了限制条例：必须保证 IFC 投资资金的安全，确保 IFC 不对煤炭活动提供支持。

亚洲开发银行是本研究中唯一一个采取正式政策反对煤炭相关融资的区域性开发性金融机构 [21]，尽管本报告所研究的区域性开发性金融机构自 2013

年起就不再为燃煤电厂提供积极支持。尽管 CAF 没有正式禁止煤炭项目，但近期年度报告显示，在过去 20 年里 CAF 未有任何煤炭投资记录[26]。

双边开发性金融机构的方法路径则更为多样。2021 年 3 月，JBIC 成为首个宣布不再接受煤炭项目申请的双边金融机构，但 JICA 并未作出类似承诺，且目前仍在支持孟加拉国的玛塔巴瑞燃煤发电厂项目[43][54]。DBSA 承认煤炭在南非历史上的重要地位，但在最近的年度报告中并未提及对煤炭的支持；相反，相比其他开发性金融机构，它资助了更多的区域可再生能源项目（33）[29][48]。

4. 项目实施和监测

提案得到批准后，国际开发性金融机构将继续通过监测、信息披露协助、独立问责机制等提供监管和支持，解决项目实施和运营过程中可能产生的问题。若借款国发现自身负担有不可持续的债务负担，则国际开发性金融机构也会参与旨在促进可持续发展的债务再谈判，包括为保护、减缓、适应气候变化项目进行债务互换（如“债务换自然”或“债务换气候”）。新兴工具如自然关联债券等也为未来的开发性金融业务开辟了新的环境管理途径。

表 7-8 列举了用子监督已获批项目的多种体制机制。如上所述，JBIC、JICA 和 CAF 的覆盖面最窄，只采用了其中 2 ～ 3 项要求。表 7-8 中的项目管理机制展示了开发性金融机构与当地政府共同治理项目的各种方法，由当地政府监督项目建设和运营的日常细节。最常见的方法之一是授权当地社区在规划和实施阶段与开发性金融机构直接进行沟通。在规划阶段，在信息获取和利益相关方咨询过程中，可能会暴露出可行性研究和环境影响评价过程中无法立即明确的风险。一旦项目开始实施，借助投诉和申诉机制可以提前暴露风险，防止其对项目本身或周围社区构成危险。

表 7-8 项目实施期间与 E&S 风险管理相关的开发性金融机构流程和程序

	全球性		区域性			双边性		
	WB，2016	IFC，2012	ADB，2009	AIIB，2019	CAF，2015	DBSA，2020	JICA，2010	JBIC，2015
披露要求								
披露贷款人出具的文件—项目实施过程中持续进行	X	X		X			X	X

	全球性		区域性			双边性		
	WB，2016	IFC，2012	ADB，2009	AIIB，2019	CAF，2015	DBSA，2020	JICA，2010	JBIC，2015
促进借款人文件的披露	X	X	X	X		X	X	
监督和监测								
使用独立 / 第三方监测	X	X	X	X	X	X		
由贷款人确定广泛的社区支持	X	X	X	X		X		
项目竣工条款	X		X	X	X	X		
高危 / 复杂操作的特殊规定		X		X		X		
问责机制								
独立问责机制（IAM）	X	X	X	X		X	X	X

资料来源：改编自 Rahill（2021）。X 表示有相关流程或程序。

专栏 7-3　增加透明度：对性别和种族的特别考量

除了表 7-6 和表 7-7 中描述的一般要求，许多开发性金融机构也认识到，它们还需扩大关注范围，尤其是受环境影响较为严重的特定社区和群体。特别地，不同种族和性别的利益相关方所受到的环境损害影响会有所不同。

2020 年国合会绿色“一带一路”与 2030 年可持续发展议程专题政策研究报告[74]中指出，许多农业社区按性别划分日常任务，意味着男性与女性同自然环境的接触程度不同。女性往往被安排生产家庭食物，而男性往往被有偿雇用；女性的任务更直接地受到水源、土壤等环境损害的影响。按性别划分劳动分工意味着破坏生物多样性对女性的影响比男性大，同时对家庭食物安全和整个社区也会造成严重影响。然而开展性别劳动分工的社会往往也存在分性别的社区集会和议论，因此可能不会在全社区的会议上讨论女性议题。许多开发性金融机构已认识到有必要将性别议题纳入透明度考量。举例来说，《生物多样性公约》下的“2015—2020 年性别行动计划”呼吁分开计算利益相关方社区中男性和女性的项目成本与收益。2019 年由亚行、亚投行和世界银行等共同合作的跨开发性金融机构报告建议将性别纳入透明度和责任机制。

不同种族群体遭受的环境影响也有所差异，特别是土著居民社区。尽管不同土著居民社区之间差距较大，但仍具有两大共同属性，土著居民的传统谋生技能（狩猎、捕鱼和采集）高度依赖完善的生态系统，但传统支持他们生计的土地和水源并未从法律上认定归其所有。因此，许多开发性金融机构制定了特别条例，确保土著居民的需求在项目筹备和监管过程中得到满足。本报告中提及的所有全球和区域性开发性金融机构都出台了特别政策，将对土著居民的投入纳入项目规划和责任中，最大限度地减少或减缓对土著居民的环境损害，若存在任何不可避免的损失或移民搬迁，需对土著居民进行补偿。

5. 增强可持续性的债务再谈判

当借款国债务不可持续时，国际开发性金融机构会积极参与到增强债务可持续性的重新谈判中。这些谈判形式各异，但整体来说主要包括借款国和贷款国之间开展合作，将现有偿债承诺转换为环境保护或气候项目。重要的是，这类安排并未强加债务重组或免除条件，而是要求债务国在数年时间里领导规划新基金的结构和管理[19]。

当执行情况较好时，债务—自然转换将避免处于长期负债的国家通过破坏自然环境的方式来偿还债务。这些国家也可以建立全新机制，监管新保护区的可持续经济活动，为新保护措施提供财政支持，确保当地社区充分参与执行新保护措施。然而，债务—自然转换并不能作为债务危机的快速解决方案，也无法立即终止持续性的生态灾难。保护区的建立是一个长达数年的过程，因此此类措施不是灾难发生时的最终手段或挽救方案，而应被视作一种推动环境保护的长期积极有效的方法。在这方面，该方案非常适合目前正在规划疫后经济复苏的借款国家。

由于各借款国面临着疫后重建的挑战，增强可持续性的双边债务重新谈判将扮演重要的角色。除传统转换机制外，自然关联债券等新型工具在当前的背景下还将变得尤为有效。此类工具将偿债条件与借款国在实现可持续发展目标方面的进展挂钩，但资金与具体项目不挂钩。因此，借款国可利用相关资金直接资助人道主义行动，进而更好地实现可持续发展目标。此类工具对双边金融机构言特别有吸引力，因为它们可以轻松地将现有债务转变为债券，甚至可能选择以本国货币计价。尽管这些新工具可能特别适合双边金融机构，但它们也吸引了 ADB[20]、WB[21] 等多边金融机构的注意。

（二）日本和韩国官方发展援助环境管理模式分析

中国、日本和韩国是东亚地区最主要的经济体，三国同为区域全面经济伙伴关系协定（RCEP）成员国，国内生产总值占全球 1/5 以上，在世界经济格局中具有极其重要的地位。日本和韩国曾是历史上“海上丝绸之路”的重要节点，也是全球对外投资活动的主要参与者。2019 年日、韩对外投资流量分列全球第 1 位、第 11 位；2020 年分列第 3 位、第 10 位。[1] 本节将以日、韩两国为研究对象，总结分析其在官方发展援助（ODA）环境管理的机制设计、政策制定以及管理实践中的具体做法和经验，及对“一带一路”项目环境管理的借鉴意义。

1. 日本官方发展援助环境管理模式分析

（1）管理机制

1988 年，日本成为世界上提供 ODA 最多的国家，但接受援助的国家并没有在发展中减少对当地的环境破坏，由此导致日本的 ODA 也饱受外界诟病。针对外界质疑，日本开始思考如何在提供对外援助，助力他国发展的同时又敦促其考虑环境保护，即把一般的 ODA 拓展为“绿色 ODA”，主要管理机制包括以下三个方面。

一是设立专门机构制定环境指导方针。日本环境厅于 1986 年设置开放援助环境保护研讨会，1988 年成立从属日本国际协力机构（JICA）的环境领域研究会。根据该研究会的调研报告，JICA 与海外经济协力基金（OECF）制定了环境指导方针，1992 年通过阁僚会议后写入日本的 ODA 大纲，明确强调环境保护与经济发展同等重要 [22]。

二是制定海外投资环境社会标准及原则。为减少境外项目的环境影响，JICA 及日本国际协力银行（JBIC）分别制定了《关注环境社会指导原则》《以确认保护环境社会为目的的国际协力银行导则》等环境导则。在充分考虑对地区社会和自然环境潜在影响的基础上，根据环境导则推进实施项目。

三是政府与民间组织携多元主体推动。市民联盟、市民团体等通过媒体对 ODA 存在的环境问题进行监督和批评，倒逼外务省关注 ODA 运作质量，制定相关环境政策方针（图 7-2）。

1 World Investment Report，https://unctad.org/topic/investment/world-investment-report。

保护环境社会的确认流程

保护环境社会的确认事项，是按照在确定投资和贷款之前。根据对象项目对环境的影响程度进行分类的“过滤审查”、确认保护环境社会的适当性的“环境评估”、确定决定投资和贷款后的实际影响的“确认监测结果”的流程执行的。

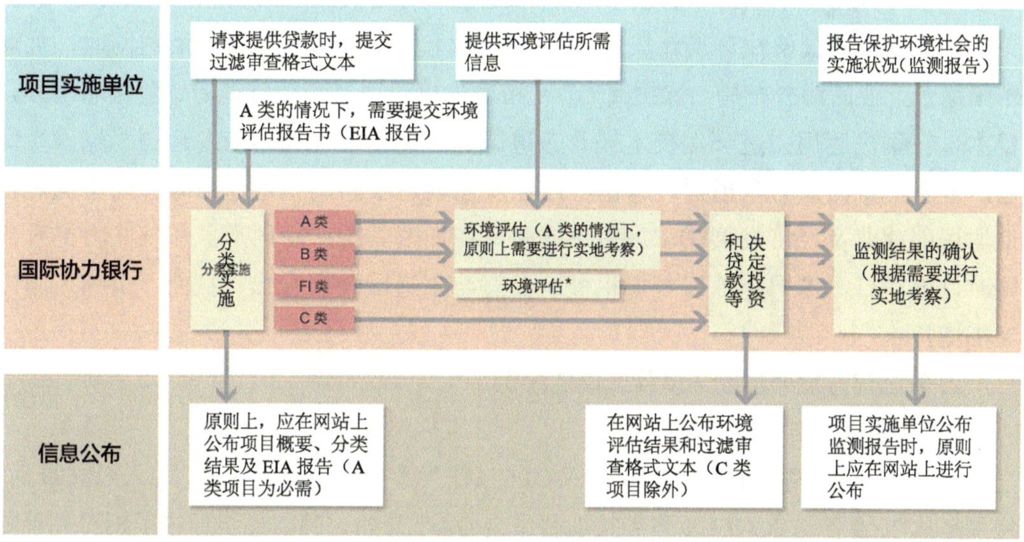

* FI 类的情况下，通过融资中介确认，确保项目遵从环境导则中对适当保护环境社会的要求。

在过滤审查中，根据项目实施单位等提供的信息，按照项目对环境影响程度的大小等，分为以下 4 类。

A 类	可能对环境造成重大不良影响的项目。
B 类	对环境有不良影响，但比 A 类项目影响小的项目。
C 类	对环境有很轻微的影响或完全没有不良影响的项目。
FI 类	JBIC 的投资和贷款等由融资中介实施，在 JBIC 承诺投资贷款后，融资中介等选定具体的子项目进行审查，在 JBIC 承诺投资贷款前未确定子项目的情况，且预计该子项目对环境会有影响的情况。

图 7-2　日本国际协力银行确定投资和贷款前的保护环境社会的确认流程

资料来源：日本国际协力银行，《国际协力银行的作用与职能》，https://www.jbic.go.jp/ja/。

（2）良好实践

一是制定明确的绿色 ODA 策略。日本通过积极申办《濒危野生动植物种国际贸易公约》第八届缔约方大会（COP8）、加入联合国环境规划署的国际环境技术中心（IETC）等举措，将环境问题纳入政府议程，使得政府内部逐步形成着眼于环境的共识，“自上而下”走上了绿色 ODA 之路。1986—1996 年，环境相关 ODA 占比从 4% 上升到 27%。

二是设立专门机构制定环境指导方针并落实。日本通过 JICA 及 JBIC 的支持引导国内企业参与海外援助及投资项目，并制定一系列环境规划导则及项目流程来约束和规范对东道国的环境影响。在项目实施过程中，JICA 及 JBIC 也将进行全流程的评估监控，一旦确认项目违反环境规范，将采取暂缓或停止贷款等惩戒措施。

三是为东道国解决环境污染问题并从技术上支持其绿色产业发展的同时，加速本国绿色产业的海外布局。除提高 ODA 和境外投资项目环境管理的绿色化水平外，日本也在积极运用先进环保技术提升东道国的污染治理能力，向东道国“输入”绿色产业。一方面，为东道国“绿色”产业发展创造了新的机遇，同时有助于满足当地居民的就业及经济发展需求。另一方面，在加速其国家正面形象和软实力提升的同时，推动日本本国企业以更加积极的姿态与东道国开展合作，从而“反哺”国内经济增长。

2. 韩国官方发展援助环境管理模式分析

（1）管理机制

韩国 ODA 历程，可以 1996 年加入 OECD 作为节点分为两个阶段。加入 OECD 后，特别是从 2009 年进入 OECD 发展援助委员会 DAC 开始，韩国逐步形成了相对完善的 ODA 体系（图 7-3）。

为加强对 ODA 政策执行的统一管理，韩国于 2006 年 1 月设立由国务总理直管的国际开发合作委员会，并下设韩国国际合作机构（KOICA）和经济发展合作基金（EDCF）两个平行机构，分别隶属韩国外交部和企划财政部。国际开发合作委员会作为国务总理室下设机构，由国务总理统领，负责审议企划财政部及外交部制订的无偿或有偿投资计划及报告，同时负责相关评估工作。

隶属韩国外交部的 KOICA 和隶属韩国企划财政部的 EDCF 采取分领域的总—分式模式，形成了较为完善的 ODA 管理体系，基本实现了战略统一前提下的明确分工。KOICA 主要承担无偿援助计划制订和实施工作，涉及的主要领域包括物资支援、紧急救援、开发调查、研修生申请、海外志愿者活动、国际机构合作、无偿援助项目实施等，负责各领域基本计划和年度执行计划的制订及项目落实情况的评估。EDCF 由韩国进出口银行负责运营，主要承担有偿援助的基本计划和当年执行计划的制订、对外援助基金的募集和使用，负责向受援国家直接提供资金或通过国际金融机构合作提供贷款。

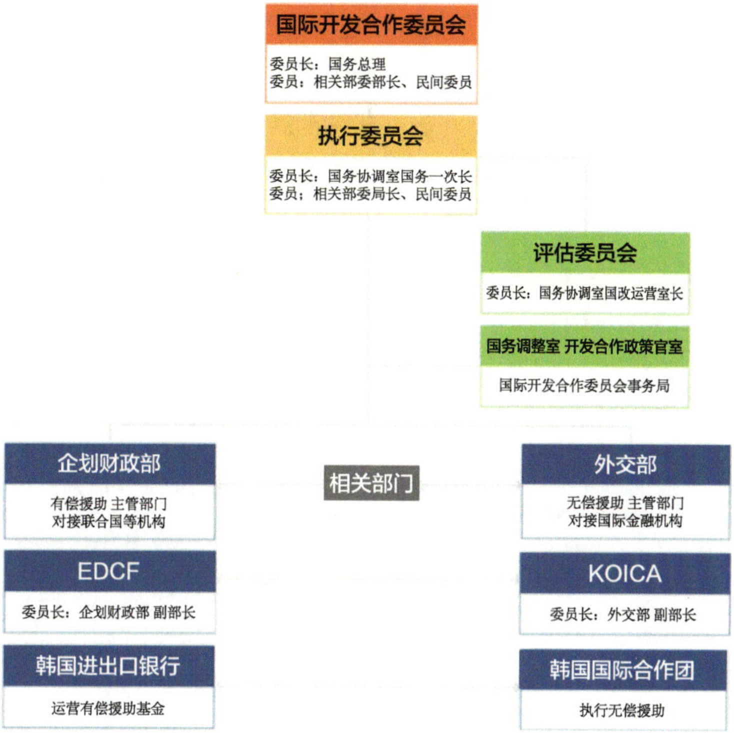

图 7-3　**韩国政府官方发展援助管理组织架构**

资料来源：韩国官方发展援助综合网站，国际开发合作委员会组成，https://www.odakorea.go.kr/ODAPage_2018/category02/L04_S01_01.jsp，2021.03。

（2）良好实践

一是建立较为完善的对外经济合作法律体系并关注可持续发展。1986 年 12 月 26 日，韩国制定了第一部关于对外经济合作的法律——《对外经济合作基金法》，1987 年 4 月 23 日，该法案正式生效，“可持续发展及人道主义”即其五大原则之一。该法案为 EDCF 的设立提供了法律依据，规定 EDCF 交由企划财政部统辖，并设立基金运营委员会来运营、管理基金。该法案与 1991 年颁布的 KOICA 相关基本法案共同构成了韩国对外经济合作政策早期法规体系。为进一步从制度层面确定其优先地位，韩国于 2010 年 1 月制定了《国际开发合作框架法》，并于当年生效。该法明确了开发援助的目的及定义，阐明了对外经济合作政策的基本精神和原则，规定了其执行机制和模式，确保了韩国对外经济合作政策的连续性。

二是明确落实联合国可持续发展目标的规划实施体系。在相应法律法规的保障下，韩国编制规划部署海外投资。最上层的规划是持续五年的《国际开发合作基本计划》，作为韩国双边合作（有偿、无偿）及多边合作的战略性文件，该计划指明了国际开发合作政策的基本方向、规模及执行方法，并对重点合作国的中长期投资方案制定了清晰的规划。该计划的颁布也将韩国对外投资政策上升为到了国家战略（图 7-4）。

图 7-4 韩国官方发展援助管理实施体系

资料来源：韩国官方发展援助综合网站，实施体系，https://www.odakorea.go.kr/ODAPage_2018/category02/L02_S02_01.jsp，2021.03。

历经 3 次修订，该规划始终将可持续发展、环境保护和绿色发展视为其重要组成部分。尤其是在《第三次国际合作开发基本计划（2021—2025 年）》评估体系中，进一步明确了相关的保障措施，重点强调项目实施全过程，强调有义务将环境和社会影响最小化。

三是执行全周期、多角度的项目评估机制。评估机制作为政策执行过程中的重要组成部分，可以起到完善政策准备、指导政策执行、修正政策执行中错误的作用。韩国 ODA 评估机制贯穿对外投资全周期，包括前期的可行性研究、中期评估以及建后评估等。在此基础上，韩国还面向境外项目开展包括实施主体自评估、评价委员会评估，以及 OECD 国家间同行评估和民间团体第三方评估等在内的评估工作。评估标准设计则主要基于 OECD 的评价标准，其主要原则包括适度性、效率性、成效性、影响力和可持续性等。

（三）小结

正如本部分所述，开发性金融机构在贷款组合的环境风险管理方面拥有许多共性。近期开展风险管理系统改革的开发性金融机构已深刻意识到环境风险管理工作的重要性。此外，上述各家开发性金融机构均普遍采用风险管理体系的必要组成部分，这一点对于旨在解决环境问题的任何开发性金融机构来说都是必不可少的。

环境风险管理系统强调从上游开始参与项目，与借款人合作，开发在环境和财务方面都具有可持续的项目组合。在此过程中，贷款机构将运用自身的专业知识为借方国家提供服务，将它们的优先事项发展成具体的高质量项目建议。虽然开发性金融机构参与上游业务的方式各不相同，但主要集中在三类工作上：项目规划战略支持、项目筹备技术支持和项目筹备融资支持。

借款人提交项目建议书后，开发性金融机构将根据高效环境管理系统（EMS）对项目实施筛选，以保护贷款人的声誉和财务利益。在筛选过程中，会将某些风险过大的行业或公司排除在外，比如信用记录不佳的受托方（承包商）。此外，还会考虑环境污染、温室气体排放、生物多样性和生态系统服务等环境和气候要素的预期影响。

在项目建设和运营过程中，为确保项目开发商履行其管理计划和承诺，更具前瞻性的开发性金融机构会将工作重心从评估潜在风险转移到项目监督实施上。同时，为全面了解项目绩效，开发性金融机构将优先选择通过独立的第三方实施项目监控。独立第三方还将定期协助项目团队发布各类文件，以便任何利益相关方都能就项目环境绩效与贷款人或开发商展开沟通。综上，走在环境管理实践前列的开发性金融机构已建成世界一流的环境风险管理体系、独立的问责机制，并接受公众申诉。

作为 OECD-DAC 成员国，日本和韩国在 ODA 环境管理方面的做法与多边开发性金融机构相对一致，但又充分凸显了国家主体在政策体系和管理机制建设中的积极作用，其主要经验可进一步总结如下。

一是充分对接东道国诉求，积极关注其在应对气候变化和环境保护领域遇到的问题和挑战，与共建国家共同面对，探索将高质量、可持续、抗风险、价格合理、包容可及的目标融入项目建设全过程，将切实提高沿线国家环境治理能力。同时，加大对东道国的绿色投资规模，结合本国在绿色技术和产业发展等方面的优势，助力东道国传统污染行业向绿色低碳转型升级。

二是完善投资项目全周期、多角度管理和评估机制。针对境外项目开展事前—事中—事后全生命周期环境管理和评估。项目前期侧重开展可行性评估和环境影响评价；中期关注对项目实施的有效监管，以确保项目实施不会偏离初衷；项目建成后，继续对项目落实后的运营效果，进行科学合理的评估反馈，总结对后续同类投资项目的可借鉴经验。

三是充分发挥外派机构在东道国的作用。加强外派机构重点投资行业和生态环境专业人员配置，帮助企业在深入理解东道国相关法律法规、习俗和价值观的基础上，采取更有效的“本地化战略”，切实减少对项目地和周边区域的环境和社会影响，在推进相关合作领域时发挥重要作用。例如，外派机构可与东道国共同开展区域生态环境本底情况调查；建立本地化的信息沟通机制，在项目全周期过程中保持与东道国政府、企业、居民和非政府组织的充分沟通，确保项目顺利进行并切实将环境和社会影响降到最低。

四、政策建议

基于以上研究，本章立足境外项目环境管理，研究并提出促进绿色“一带一路”与 2030 年可持续发展议程全面对接的政策建议，具体包括从战略层面出发，推动“一带一路”项目可持续发展的 4 个重点领域；从公共治理层面出发，引导非政府主体开展“一带一路”投融资环境管理的 4 条政策建议；从具体实践层面出发，加强“一带一路”项目全生命周期环境管理的 5 个关键节点，旨在推动构建“一带一路”项目绿色管理体系，引导和支撑“一带一路”绿色发展。

（一）推动“一带一路”项目可持续发展的重点领域

1. 拓宽“绿色”边界，深度对接落实 SDG 7/12/13/14/15[1]

全球气候变化已成为 21 世纪人类生存发展面临的重大挑战之一。尽管受经济发展模式和水平影响，部分共建“一带一路”国家的二氧化碳排放强度和总量并不突

1 目标 7：确保人人获得负担得起的、可靠和可持续的现代能源。目标 12：采用可持续的消费和生产模式。目标 13：采取紧急行动应对气候变化及其影响。目标 14：保护和可持续利用海洋和海洋资源以促进可持续发展。目标 15：保护、恢复和促进可持续利用陆地生态系统，可持续管理森林，防治荒漠化，制止和扭转土地退化，遏制生物多样性的丧失。

出，但“一带一路”合作仍汇集了诸多最具增长潜力和活力的新兴经济体[23]。考虑到共建“一带一路”国家经济增长的潜力以及对气候变化的敏感性，将应对气候变化、生物多样性保护等可持续发展目标的落实，纳入绿色丝绸之路建设和“一带一路”项目合作，并加强可持续发展目标间的协同增效，推动绿色基建、绿色能源、绿色金融等跨领域合作，对共建“一带一路”国家可持续发展和疫后绿色低碳复苏至关重要。

2. 推动形成绿色项目在共建“一带一路”国家中的普遍共识

随着生态文明和绿色发展理念的传播与推广，以及全球对 2030 年可持续发展议程重要性认识的不断加深，绿色发展理念已受到世界各国的广泛接纳和欢迎。建议推动绿色规则标准“软联通”，以项目目录形式明确“一带一路”绿色项目范围，加快中国、共建“一带一路”国家、国际社会绿色项目标准的对标对表和共同化进程，支持引导“一带一路”绿色投资决策，加强绿色低碳技术合作，加大对“一带一路”可持续发展的资金支持力度。

3. 加大公共部门对“一带一路”绿色融资的支持和引导

投融资在“一带一路”项目建设过程中具有重要的引导和倒逼作用。公共部门参与是绿色“一带一路”建设和可持续发展不可或缺的重要力量。建议整合利用优惠政策、财政支持、对外援助等公共部门资源，引导和鼓励国际投资者、共建“一带一路”国家公共和私人部门投资者自主开展 ESG 责任投资。立足项目绿色投融资管理需求，探索建立“一带一路”绿色投融资评估体系，切实发挥投融资对绿色丝绸之路建设的引导作用。开发规范化、标准化和差异化的绿色评估工具，为“一带一路”项目提供生态环境风险预警和绿色解决方案，为政府监管和指导提供技术支持。

4. 加强国际合作交流，促进能力建设

促进共建“一带一路”国家在顶层设计、污染防治、环境治理、生物多样性保护、应对气候变化和绿色低碳转型等关键领域的沟通交流和监管合作。加强与开发性金融机构、双多边金融机构和区域性金融机构在环境管理方面的合作，与有关国家共同推动共建国家经济系统绿色低碳转型。依托“一带一路”绿色发展国际联盟、“一带一路”生态环保大数据服务平台、“一带一路”绿色投资原则等多边合作机制，加强共建国家信息和经验共享，推广项目环境气候管理的最佳实践，提高“一带一路”项目绿色口碑，吸引全球投资者共同参与。依托“一带一路”应对气候变化南南合作计划、绿色丝路使者计划等开展能力建设，帮助共建国家建立和完善绿色金融和投融资环境管理体系。

（二）引导非政府主体开展“一带一路”投融资环境管理的政策建议

1. 金融机构：推动完善“一带一路”项目分级分类管理体系

编制完善“一带一路”项目绿色发展指南，加强对环境和气候风险突出行业的风险识别、风险量化和风险敞口管理。基于污染防治、生物多样性保护、能源高效利用、减缓和适应气候变化等生态环境保护和气候目标，设定绿色投资正向 / 负面清单、项目分级分类标准和绿色项目技术指南，据此开展绿色投资标的识别。依托“一带一路”生态环保大数据服务平台建设绿色项目库和投资环境风险管理平台。

2. 项目发起人 / 业主：加速建设项目环境气候风险筛查和影响评估框架

为从执行层面推动“一带一路”项目环境管理落地，需从项目规划阶段入手，搭建项目全生命周期环境气候风险筛查和影响评估框架，具体包括：①在项目遴选阶段，重点关注项目受托方的风险管理能力和水平，完成对项目风险及影响的初步筛选；②在项目规划和方案设计阶段，结合选定受托人管理资质，开展更为详尽的环境影响和气候风险评估；③在东道国对外投资、环境管理、企业社会责任规则框架下就项目的合规性进行评估；④在项目实施阶段，依据项目合同内容、与项目投资方的约定以及东道国和项目各相关方所在国家的监管要求，开展持续的项目报告、监测和评估，同时开展自主监测和独立监测评估，并在重大项目节点公开相关信息。

除以上内容外，该框架还需格外关注性别平等要素，识别项目对其所在社区妇女权益的可能影响，以及项目在改善当地社区女性就业、保护女性发展权益方面的贡献，并为后续其他项目的开展提供经验参考。

3. 市场主体：大力提升环境和气候管理的主流化水平

参与“一带一路”投融资的各类市场主体应制定全面可持续发展战略，将企业发展和绿色“一带一路”建设、联合国可持续发展议程紧密相连，并将生态环境保护和应对气候变化作为履行企业社会责任的重要实践。相关市场主体应在其管理组织中设立专门的环境与气候主流化管理部门或工作组，向项目工作人员分享可持续发展知识和理念，帮助其建立环保意识。该部门或工作组还将负责为关键岗位管理人员（如风险管理部门的风险业务经理等）以及项目受托方和其他相关方，提供环境、气候风险相关的管理培训、技术指导。在这一过程中，应确保女性能够平等地承担管理任务或获得培训机会。

4. 第三方参与：研究开发“一带一路”对外投资绿色管理工具包

以《绿色产业指导目录》以及《绿色债券支持项目目录》为代表的标准体系为

投资者识别绿色投资方向提供了明确的依据。“一带一路”项目全流程绿色评估框架、中国境外投资项目环境风险快速评估工具（ERST）、气候与环境风险评估工具（CERAT）以及“一带一路”生态环保大数据服务平台等在内的信息化工具，大大提升了环境气候风险和影响评估的便捷性，扩大了“一带一路”对外投资绿色管理的适用范围和受众群体，同时提升了对外投资环境管理的效率和可操作性。

建议围绕标的项目筛选、项目风险识别、风险和影响评估、分级分类管理、性别主流化、知识分享和能力建设、相关方沟通和信息披露等重点方向，开发信息化系统、标准化方法、评估指标体系、技术指南等管理工具，并组成对外投资绿色管理工具包供各相关方使用。

（三）加强“一带一路”项目全生命周期环境管理的关键节点

1. 适用于“一带一路”项目各阶段的绿色投资治理体系

加快对外投融资绿色化进程，加强项目全生命周期的环境管理。依据中国实践和国际惯例，投资项目生命周期可划分为项目规划和评估、项目监控以及项目报告和信息披露等多个阶段。各利益相关方应根据自身职责，引导投资项目在全生命周期内的绿色发展。监管机构参与、配套机制问责追责对于环境管理这一过程而言同样不可或缺。

2. 设置排除清单

部分国际监管机构和金融机构制定了投资项目“排除清单”，禁止为那些对环境有害的项目提供投融资服务。列入“排除清单”的项目包括，对气候、环境和生态发展目标有严重的、不可逆转的负面影响，且尚无可行缓解措施的项目。建议在《“一带一路”项目绿色发展指南》[24] 基础上，研究制定“一带一路”项目评估和分类指南。结合此前对其他国家、开发性金融机构政策标准的比较分析，建议先将煤炭开采、燃煤电厂以及可能导致生态系统恶化的项目纳入“排除清单”，逐步停止此类海外投资项目。

3. 环境影响评价

建议项目发起人 / 业主对具有环境和社会风险的项目进行环境影响评价。根据项目类型及特征，“一带一路”项目审批和主管部门应进一步明确需开展环境影响评价（EIA）的项目范围，以及不同类型项目 EIA 所需的精细化水平和管理要求。建议低风险项目至少开展符合项目所在地标准的环境影响评价；中高风险项目则需参照更高标准开展环境影响评价，如国际组织或多边机构通行标准、中国标准或其他最佳实践。

4. 环境和社会管理体系

建议中高风险项目发起人 / 业主建立包含环境和社会风险应对措施、管理计划、监测计划等在内的项目环境和社会管理（ESM）体系，并定期向项目管理当局、监管机构和其他利益相关方报告 ESM 进展。

5. 项目信息的报告披露

建议项目发起人 / 业主依据规定标准或通行国际标准，报告披露排放、污染、生物多样性目标和影响、风险管理、战略和治理等方面的信息，并采用“中文＋东道国主要语言文字”发布报告。此外，建议项目发起人 / 业主设计一套简单易行且透明公开的申诉机制，设立联络办公室，公开联系电话和电子邮件地址，便于各利益相关方表达关切。建议项目发起人 / 业主、东道国政府、金融机构等在内的利益相关方进一步加强合作，围绕环境数据和环境管理最佳实践开展信息共享，推动完善全球气候和生物多样性数据库。例如，赤道原则鼓励金融机构与全球生物多样性信息网络（GBIF）以及相关的国家和全球数据库共享非敏感商业项目的生物多样性数据。

参考文献

[1] 耿兴强，康从钦．中巴经济走廊首个落地大型水电项目投产发电 [EB/OL]. [2017-11-30]. http://finance.powerchina.cn/s/1103-3824-23100.html.

[2] 澎湃网．战略．惠民生与“一带一路”高质量发展 [EB/OL]. 2021. https://www.thepaper.cn/newsDetail_forward_11270601.

[3] 全球环境研究所．“一带一路”中国参与煤电项目概况研究 [EB/OL]. 2017. http://www.geichina.org/wp-content/uploads/2017/12/%E2%80%9C%E4%B8%80%E5%B8%A6%E4%B8%80%E8%B7%AF%E2%80%9D%E4%B8%AD%E5%9B%BD%E5%8F%82%E4%B8%8E%E7%85%A4%E7%94%B5%E9%A1%B9%E7%9B%AE%E6%A6%82%E5%86%B5%E7%A0%94%E7%A9%B6_%E4%B8%AD%E6%96%87%E7%89%88.pdf.

[4] 人民画报．“十四五”，进入共建“一带一路”高质量发展的新阶段 [EB/OL]. 2020. http://www.rmhb.com.cn/zt/ydyl/202012/t20201209_800229530.html.

[5] 人民网，商务部：1—9 月我国企业对一带一路沿线国家投资增长 29.7%[EB/OL]. 2020. http://finance.people.com.cn/n1/2020/1019/c1004-31896412.html.

[6] 商务部，国家统计局，国家外汇管理局．2019 年度中国对外直接投资统计公报 [EB/OL]. 2020. http://images.mofcom.gov.cn/hzs/202010/20201029172027652.pdf.

[7] 商务部．2020 年中国对外投资合作发展报告 [EB/OL]. 2020. http://www.gov.cn/xinwen/2021-02/03/5584540/files/924b9a95d0a048daaa8465d56051aca4.pdf.

[8] 吴浩．第三方市场合作：“一带一路”的新动能 [EB/OL]. 人民论坛・学术前沿．doi:10.16619/j.cnki.rmltxsqy.2019.02.010. 2019(02): 86-91.

[9] 今日中国．新冠肺炎疫情下“一带一路”发展危中有机 [EB/OL]. 2020. http://www.chinatoday.com.cn/zw2018/sp/202005/t20200518_800204786.html.

[10] 新华社．习近平在第二届“一带一路”国际合作高峰论坛开幕式上的主旨演讲 [EB/OL]. 2019. http://www.gov.cn/xinwen/2019-04/26/content_5386544.htm.

[11] 新华网．推动共建绿色“一带一路” 凝聚全球环境治理合力 [EB/OL]. 2020. http://www.xinhuanet.com/energy/2020-11/19/c_1126757797.htm.

[12] 新华网．习近平在博鳌亚洲论坛 2021 年年会开幕式上的视频主旨演讲（全文）[EB/OL]. 2020. http://www.xinhuanet.com/politics/leaders/2021-04/20/c_1127350811.htm.

[13] 新华网．中华人民共和国国民经济和社会发展第十四个五年规划和 2035 年远景目标纲要 [EB/OL]. 2021. http://www.xinhuanet.com/2021-03/13/c_1127205564_13.htm.

[14] 扬达．从软实力建构到硬实力缔造：日本对外发展的绿色举措 [J]. 云南社会科学，2019(2).

[15] 郑青亭．绿色是“一带一路”的底色：今年上半年可再生能源投资占比首超化石能源 [EB/OL]. 2020. https://m.21jingji.com/article/20201226/9ae533701b08176e780d9f0142c6554e.html.

[16] 中华人民共和国国务院新闻办公室网站．“一带一路”愿景与行动文件解读 [EB/OL]. 2015. http://www.scio.gov.cn/zhzc/35353/35354/Document/1506382/1506382.htm.

[17] 中华人民共和国商务部．中国海关总署：前三季度中国对“一带一路”沿线国家进出口增长

1.5%[EB/OL]. 2020. http://www.mofcom.gov.cn/article/i/jyjl/j/202010/20201003007782.shtml.

[18] 中央财经大学绿色金融国际研究院绿色“一带一路”中心 . 2020 年中国“一带一路”投资研究报告 [EB/OL]. 2021. https://green-bri.org/wpcontent/uploads/2021/04/2020%E5%B9%B4%E4%B8%80%E5%B8%A6%E4%B8%80%E8%B7%AF%E6%8A%95%E8%B5%84%E6%8A%A5%E5%91%8A.pdf.

[19] 中冶建研院 . 中冶节能环保助力马来关丹产业园 350 万 t 钢铁项目全线投产 [EB/OL]. 2019. https://www.sohu.com/a/322191424_331830.

[20] 周亚敏 . 以碳达峰与碳中和目标促我国产业链转型升级 [J]. 中国发展观察 (Z1), 2021:56-58.

[21] Asian Development Bank. Energy Policy: Supporting Low Carbon Transitions in Asia and the Pacific[EB/OL]. Manila, 2021.

[22] Asian Development Bank. Country Safeguard Systems Regional Workshop Proceedings: Towards Common Approaches and Better Results[Z]. Manila, 2012.

[23] Asian Infrastructure Investment Bank. Energy Sector Strategy: Sustainable Energy for Asia[Z]. Beijing: AIIB, 2018.

[24] BRIGC. Green Development Guidance for BRI Projects Baseline Study[Z]. 2020.

[25] BUNTAINE M. Giving Aid Effectively: The Politics of Environmental Performance and Selectivity at Multilateral Development Banks[Z]. Oxford University Press, 2016.

[26] CAF (Development Bank of Latin America). Annual Report 2019[Z]. Caracas: CAF, 2020.

[27] CAMPBELL L, SHUHARDIMAN D, GIORDANO M, et al. Environmental Impact Assessment: Theory, practice, and its implications for the Mekong hydropower debate[J]. International Journal of Water, 2015(4): 93-116.

[28] DE SOUZA B, CAIO, DA CUNHA CRUZ J. Country Systems and Environmental and Social Safeguards in Development Finance Institutions: Assessment of the Brazilian System and Ways Forward for the New Development Bank[Z]. São Paulo: Conectas, 2018.

[29] Development Bank of Southern Africa. 2020 Integrated Annual Report[Z]. Midrand, South Africa: DBSA, 2021.

[30] EBEKE C, DILANÖ. Fiscal Policy over the Election Cycle in Low-Income Countries[Z]. In Fiscal Politics, Vitor Gaspar, Sanjeev Gupta, and Carlos Mulas-Granados, Eds. Washington, DC: International Monetary Fund, 2017.

[31] EDUARDO B, MOLINA R, VIALE C, et al. Mining and Institutional Frameworks in the Andean Region[Z]. Lima: Natural Resource Governance Institute, 2017.

[32] FARAND C. Asian Multilateral Bank Promises to End Coal-Related Financing[EB/OL]. Climate Home News. 2020. https://www.climatechangenews.com/2020/09/11/asian-multilateral-bank-promises-end-coal-related-financing.

[33] Global Energy Monitor. Global Coal Plant Tracker. Online database[EB/OL]. 2021. https://globalenergymonitor.org/projects/global-coal-plant-tracker/.

[34] Green Investment Principles. Introduction to the Climate and Environment Risk Assessment Toolbox[EB/OL]. https://gipbr.net/cerat.aspx?id=999&m=7.

[35] HARSONO N. Explainer: New Rules in Revised Mining Law[EB/OL]. 2020. www.apbi-icma.org/

news/2943.

[36] HARVEY H, XU J, GALLAGHER K P. Climate Change and Development Bank Project Cycles[Z]. Beijing: Peking University International Research Initiative on PDBs and DFIs Working Groups Working Paper, 2020.

[37] HUMPHREY C. The "Hassle Factor" of MDB Lending and Borrower Demand in Latin America[Z]. In Global Economic Governance and the Development Practices of the Multilateral Development Banks, S. Park and J. Strand, Ed., 2015: 143-166.

[38] International Financial Corporation. IFC's Approach to Greening Equity Investments in Financial Institutions[Z]. Washington, DC: IFC, 2020.

[39] International Labour Organisation. Indigenous and Tribal Peoples Convention No. 169[Z]. Geneva: ILO, 1989.

[40] International Maritime Organization. International Convention for the Prevention of Pollution from Ships (MARPOL)[Z]. 1973.

[41] Introduction to the Climate and Environment Risk Assessment Toolbox, Green Investment Principles[Z/OL]. https://gipbr.net/cerat.aspx?id=999&m=7.

[42] IPCC AR5. Intergovernmental panel on climate change fifth assessment report (AR5) [R]. London: Cambrige University Press, 2013.

[43] Japan International Cooperation Agency. Signing of Japanese ODA Loan Agreement with Bangladesh: Contributing to Economic Revitalization by Responding to Rapidly Increasing Electricity Demand[Z]. Press release, 2019.

[44] MOSCOSO M, ALARCÓN PEÑA P. "El rol de la Corte Constitucional del Ecaudor en las iniciativas de consulta popular sobre actividades mineras" in Tutela de los Derechos de la Naturalezayel Ambiente Sano, Andrés Martínez Moscoso, Ed[Z]. Quito: Colegio de Jurisprudencia, Universidad San Francisco de Quito, 2021.

[45] Ministerio del ambiente y agua. Reglamento Ambeitnal de Actividades Mineras, MInisterio Ambiente. Ministerial Agreement 37[Z]. 2016.

[46] Ministerio del ambiente y agua. Sistema Única de Información Ambiental[EB/OL]. 2010. http://suia.ambiente.gob.ec.

[47] MORGADO, CRISHNA N, TASKINÖ. Managing Environmental Risks in Development Banks and Development Finance Institutions—What Role for Donor Shareholders?[Z]. Paris: OECD Development Co-operation Working Papers, 2019.

[48] MUÑOZ CABRÉ M, NDHLUKULA K, MUSASIKE T, et al. Expanding Renewable Energy for Access and Development: the Role of Development Finance Institutions in Southern Africa[Z]. Boston, MA: Boston University, Global Development Policy Center, 2020.

[49] NAKHOODA S. Asia, the Multilateral Development Banks, and Energy Governance[J]. Global Policy, 2011(2): 120-132.

[50] Organisation for Economic Co-operation and Development. Lessons Learned from Experience with Debt-for-Environment Swaps in Economies in Transition[Z]. Paris: OECD, 2007.

[51] PARK S. Norm Diffusion within International Organizations: A Case Study of the World Bank[J].

Journal of International Relations and Development, 2005(8): 111-141.

[52] PREETY B. Can swapping debt for climate action help with pandemic recovery?[EB/OL]. 2020. https://blogs.adb.org/blog/can-swapping-debt-climate-action-help-pandemic-recovery.

[53] PRINSLOO C, CHELSEA M, EL MOSTAFA J, et al. Informing the Approach of Multilateral Development Banks to Use Country Systems[Z]. London: Global Economic Governance Africa, 2017.

[54] PROCTOR D. Japan Pulls Back from Coal, Though New Plants Move Forward[EB/OL]. Power. 2021. https://www.powermag.com/japan-pulls-back-from-coal-though-new-plants-move-forward/.

[55] RAHILL B H. Review of Select Bilateral and Multilateral Practices Related to Environmental Standards and Risk Management[Z]. Commissioned by the International Institute for Sustainable Development, 2021.

[56] RAY R, GALLAGHER K P, CYNTHIA S. Development Banks and Sustainability in the Andean Amazon[Z]. London: Routledge Press, 2020.

[57] RAY R, GALLAGHER K P, ANDRES L, et al. China and Sustainable Development in Latin America: The Social and Environmental Dimension[Z]. London: Anthem Press, 2017.

[58] SAMBOH E. Guide to Omnibus Bill on Job Creation: 1,028 Pages in 10 Minutes[Z]. 2020.

[59] Seychelles Marine Spatial Planning. Secretariat of the Convention in Biological Diversity[Z]. 2019.

[60] SHEIKH P A. Debt-for-Nature Initiatives and the Tropical Forest Conservation Act (TFCA): Status and Implementation[Z]. Washington, DC: Congressional Research Service, 2018.

[61] STEFFEN B, SCHMIDT T S. A Quantitative Analysis of 10 Multilateral Development Banks' Investment in Conventional and Renewable Power-Generation Technologies from 2006 to 2015[J]. Nature Energy, 2019(4): 75-82.

[62] The Initiative. Seychelles Marine Spatial Plan[Z]. 2021.

[63] United Nations Economic Commission for Latin America and the Caribbean. Regional Agreement on Access to Information, Public Participation and Justice in Environmental Matters in Latin America and the Caribbean[Z]. 2018.

[64] United Nations Environment Programme. Convention for the Protection of the Marine Environment and Coastal Area of the South-East Pacific[Z]. 1984.

[65] United Nations General Assembly. United Nations Declaration on the Rights of Indigenous Peoples[Z]. Geneva: UNGA, 2007.

[66] UNRUH, J, PRITCHARD M, SAVAGE E, et al. Linkages Between Large-scale Infrastructure Development and Conflict Dynamics in East Africa[J]. Journal of Infrastructure Development, 2019, 11(1-2): 1-13.

[67] VANDANA G. ADB "Open" to Coal Plant Lending, But Doubts Economics: Q&A[EB/OL]. 2021. https://about.bnef.com/blog/adb-open-to-coal-plant-lending-but-doubts-economics-qa/.

[68] WARFORD J. Infrastructure Policy and Strategy in the East Asia and Pacific Region: Environmental and Social Aspects[Z]. Commissioned by the JBIC-ADB-World Bank Joint Flagship Study. State College, PA: Pennsylvania State University, 2004.

[69] WATKINS G G, SVEN-UWE M, HENDRIK M, et al. Lessons from Four Decades of Infrastructure Project-Related Conflicts in Latin America and the Caribbean[Z]. Washington, DC: Inter-American

Development Bank, 2017.
[70] Energy: Strategy[Z]. Washington, DC: World Bank, 2020.
[71] Notice of Cooperation: Platform in Support of Coal Regions in Transition: Western Balkans and Ukraine[Z]. Washington, DC: World Bank, 2019.
[72] Toward a Sustainable Energy Future for All: Directions for the World Bank Group's Energy Sector[Z]. Washington, DC: World Bank, 2013.
[73] XU J, RÉGIS M, RU X. Identifying and Classifying Public Development Banks and Development Finance Institutions[Z]. Paris: Agence française de développement, 2020.
[74] ZHUO G, SHI Y, GALLAGHER K P. Green BRI and 2030 Agenda for Sustainable Development[Z]. Beijing: CCICED Special Policy Study Report, 2020.
[75] ZOU S Y, OCKENDEN S. What Enables Effective International Climate Finance in the Context of Development Co-operation?[Z]. Paris: OECD Development Co-operation Working Paper, 2016(28).
[76] 「環境社会配慮確認のための国際協力銀行ガイドライン」[EB/OL]. 株式会社国際協力銀行 . https://www.jbic.go.jp/ja/business-areas/environment/confirm.html.
[77] 「ODA 研究発表」. 京大ユニセフクラブ 1997ODA 研究班 [EB/OL]. http://www.jca.apc.org/unicefclub/research/97_oda/.
[78] 「我が国の環境 ODA」. 外務省 . https://www.mofa.go.jp/mofaj/press/pr/pub/pamph/pdfs/oda_kankyo.pdf.
[79] 「JICA の環境社会配慮ガイドライン」. 独立行政法人国際協力機構 [EB/OL]. https://www.jica.go.jp/environment/guideline/index.html.
[80] 김호석、박준현、박준희 . 캄보디아의 환경분야 개발협력 방안 연구 : SDGs 연계성을 고려한 환경적 지속가능성 제고 . 대외경제정책연구원 연구보고서 [EB/OL]. 2019.
[81] 김은주 . OECD/DAC 원조규범 국내 시행기관 적용방안 연구 . 한국정책연구원 [EB/OL]. 2018.
[82] 관계부처 합동 . 제 3 차 국제개발협력 종합기본계혹（2021—2025）[EB/OL]. 2021.
[83] 관계부처 합동 . 제 2 차 국제개발협력 기본계획（안）[EB/OL]. 2015.
[84] 대한민국 ODA 통합홈페이지 추진체계 [EB/OL]. 2021. https://www.odakorea.go.kr/ODAPage_2018/category02/L02_S02_01.jsp .
[85] 대한민국 ODA 통합홈페이지 주요 정책 문서 [EB/OL]. 2021. https://www.odakorea.go.kr/ODAPage_2018/category02/L02_S01_02.jsp.
[86] 대한민국 ODA 통합홈페이지 국제개발협력위원회 구성 [EB/OL]. https://www.odakorea.go.kr/ODAPage_2018/category02/L04_S01_01.jsp，2021.
[87] 대한민국 외교부 [EB/OL]. 2021. http://www.mofa.go.kr/www/wpge/m_3925/contents.do.
[88] 주캄보디아 대한민국 대사관 [EB/OL]. 2021. http://overseas.mofa.go.kr/kh-ko/brd/m_3104/view.do?seq=1345597&srchFr=&srchTo=&srchWord=&srchTp=&multi_itm_seq=0&itm_seq_1=0&itm_seq_2=0&company_cd=&company_nm=.
[89] KOICA 주요사업 추진방향 [EB/OL]. 2021. https://www.koica.go.kr/koica_kr/%20900/subview.do.

第 8 章　全球绿色价值链

一、引言

（一）研究背景

全球价值链指从生产开始到消费结束各个阶段商品不断增值的过程，各阶段的执行者是世界各地的参与者。在全球价值链中，生产过程被划分到不同的国家，由不同企业承担特定工作。全球价值链在许多方面具有显著优势，但其对环境的影响不容忽视。全球价值链中的原材料来源于世界各地，其对全球生物多样性、气候变化、生态功能以及商品生产地区的社区权利和生计等造成的负面影响不容忽视。 全球价值链的绿色化是应对这些问题的有效策略。它提供了一种经济发展的双重前景，即对自然危害更小的同时，生产、贸易和消费过程也更安全、更稳定[1]。越来越多的全球价值链参与者通过负责任的商品生产和采购以及循环经济实践来追求绿色价值链，以增加产品的寿命、材料的重复利用率和最大限度地减少浪费。

作为世界上第一大出口国和第二大进口国，中国处于全球价值链的核心。中国受益于全球价值链在经济上实现历史性增长的同时，也可以发挥其影响力为全球价值链的绿色化做出积极贡献。为此，2020 年国合会主持开展了全球软性商品价值链绿色化专题研究课题，分析了中国推动全球商品价值链绿色化的重要意义和行动策略。2021 年的研究正是基于上述工作基础开展的。

中国正处于从小康社会迈入建设美丽中国和社会主义现代化强国的新发展阶段，“十四五”开启了新征程的序幕，强调发展的质量、安全和可持续性高于增长的数量。在新冠肺炎疫情冲击全球经济的背景下，中国提出构建国内国际双循环相互促进的新发展格局，并郑重承诺力争于 2030 年前实现二氧化碳排放达到峰值，努力争取 2060 年前实现碳中和，这些战略目标都对价值链的稳定和绿色化发展提出了新的、更高的要求，绿色价值链也与“六稳六保”政策中的确保供应链安全有密切关系，构建绿色价值链将为实现上述目标提供解决方案和现实路径。

关键术语定义见专栏 8-1。

专栏 8-1　关键术语定义

软性商品：指农业（农作物、牲畜）、海产品（水产养殖和渔业）和林业种植或生产的原材料及其衍生物，尽管本研究更多地聚焦在四大森林风险软性商品——牛肉、棕榈油、大豆和木材。

全球价值链：由世界不同地点完成的从生产到消费的不同阶段增加价值的过程[2]。

绿色价值链：指以负责任的方式开展商品生产和采购，并采取循环经济手段，进而降低环境与社会影响的价值链。

供应链：价值链的一个组成部分，主要是企业层面的物流联系[2]。

生产国：生产大量相关商品并经常出口这些商品的国家。

消费国：消费大量商品并经常进口这些商品的国家。

尽职调查：企业实施的一种风险管理程序，用于识别、预防、减轻和说明如何应对其运营、供应链和投资中的环境和社会风险及影响。

可追溯性：指在供应链的各个阶段（如生产、加工、制造和分销）追踪产品或其组件的能力。

绿色化：减少经济投资、活动和生产过程对环境和社会负面影响的政策与实践的简称。

循环经济：全球边界内，在产品设计、制造和使用中所采取的一种全新方式。强调在价值链中采用系统的整体解决方案，通过更好的产品设计，减少废物和污染物产生量，提高产品和材料使用寿命，有利于自然系统再生。

生态设计：在设计阶段将产品的整个生命周期对环境的负面影响降至最低的原则。包括在产品可维修性、可回收性、灵活性、可再利用性、可拆卸性、节能水平，在减少包装，确保材料和化学品安全，以及对产品生命周期等方面的考虑。

再利用：原材料和产品能尽可能长时间地重复利用。

公正转型：在向更可持续的经济转型过程中确保社会包容、人人享有体面工作和消除贫困等的概念。

绿色金融：用于确保在任何投资活动中考虑环境效益的金融工具。

绿色采购：政府、企业、公民和非营利组织利用其购买力来鼓励有利于环境的产品和服务，以促进可持续生产和消费。

（二）专题政策研究第一阶段成果回顾

2020 年国合会专题政策研究报告《全球绿色价值链——中国软性商品价值链绿色化》将大豆、牛肉、棕榈油等与热带雨林砍伐有关的软性商品作为研究对象，关注对生态和气候影响最大的生产和贸易环节，为中国领导层在全球软性商品价值链绿色化方面提供了令人信服的理由和具体的政策建议（专栏 8-2）。此专题政策研究提出的建议得到了国内外专家和利益相关方的认同。

专栏 8-2　2020 年国合会专题政策研究报告《全球绿色价值链》的主要建议

1. 实施国家绿色价值链战略，建立政策与机构支持框架。

（1）宣布实施中国绿色价值链发展战略。

（2）筹划设立绿色价值链高层协调机制。

（3）推动组建绿色价值链技术支持机构。

2. 加强监管与市场手段结合，逐步推进价值链绿色化进程。

（1）加强进口软性商品的合法性管理。

（2）推动尽职调查和可追溯体系应用。

（3）发展新兴产业以推动可持续饮食。

3. 推动绿色价值链理念融合，充分发挥协同增效作用。

（1）在多双边贸易协定中纳入绿色价值链理念。

（2）利用南南合作支持软性商品价值链绿色化。

（3）发挥绿色金融及绿色“一带一路”机制作用。

越来越多的中国利益相关者认识到价值链绿色化的重要性。2020 年，生态环境部对外合作与交流中心成立了绿色价值链研究所。商务部正在制定包括软性商品供应链可持续性在内的供应链安全指数。“一带一路”绿色发展国际联盟于 2020 年开展了绿色供应链政策研究，其中一项是为中国政府、企业和金融机构制定“绿色商品供应链指数”，以评估与商品供应链长期安全稳定相关的主要环境和社会风险。该指标提出了森林流失、水资源压力、产量增长、违法风险和人类发展 5 个指标来衡量供应链安全与稳定的风险。在国际上，中国最近参加了森林、农业和商品贸易对话（FACT）的启动活动。作为 COP26 的一部分，该对话旨在促进生产国和消费国在可持续软性商品供应链方面的合作。

（三）新形势下中国绿色价值链面临的机遇

新冠肺炎疫情和国际贸易摩擦对全球经济造成巨大影响，并带来未来的不确定性。为尽快实现经济复苏，世界各国都在酝酿出台提振经济的刺激措施。作为世界第二大经济体，中国将保障供应链的安全和稳定作为经济政策的重点之一。中国 2020 年出台的“六稳六保”政策将供应链安全列为确保就业、金融市场、贸易、国内外投资及市场预期稳定的“六保”之一。以玉米、大豆、牛肉、咖啡、木材等为代表的软性商品作为工业基础原材料，其供应直接影响着产业链、供应链的安全。对于软性商品而言，绿色价值链有助于降低供应链环境风险，确保供应的长期稳定，从而稳定供应价格。作为一个与未能实现绿色价值链相关风险的例子，最近的一项研究估计，巴西亚马逊和塞拉多地区因（1985—2012 年）失去的森林和稀树草原植被导致的极端高温，在 2012—2013 年的生长季节导致大豆收入损失超过 2 000 美元 /hm^2 [3]。此外，热带森林损失会延迟和缩短雨季，从而减少雨养农业收入 [4]。

中国提出了 “双循环”发展新格局，即以国内大循环为主体、国内国际双循环相互促进 [5]。绿色价值链可以通过支持价值链参与者（农民、制造商、供应商、消费者等）对国内业务的注重，助力“双循环”战略。循环转型将有助于促进生态设计、再利用模式以及贸易标准全球化等，同时最大限度地减少对某些商品进口的过度依赖。在中国采取更加积极主动的国内措施应对气候变化、实现生态文明愿景的背景下，绿色价值链为中国减少商品价值链的国际环境足迹提供了契机，也对这些国内措施形成了有力补充。此外，中国还可以通过自然资源管理、减少废弃物、促进价值链中的低碳足迹推动循环经济。

绿色价值链符合“十四五”规划（2021—2025 年）的最新政策重点和新发展模式。五年规划有史以来第一次没有设定具体的 GDP 增长目标，而是强调发展的质量、安全和可持续性。在供应链方面，该规划建议建立关键资源和大宗商品全球供应链预警系统，加强贸易和供应链国际合作，创新供应链融资模式。绿色价值链管理作为创新型管理工具，可以成为构建现代环境管理体系、打赢污染防治攻坚战的重要抓手，符合高质量发展的内在需求，推动全球价值链韧性和可持续性发展。

绿色价值链对于中国实现碳达峰、碳中和承诺，建设生态文明以及推动全球气候变化、生物多样性和可持续发展议程至关重要。中国国家主席习近平在 2020 年宣布中国二氧化碳排放力争 2030 年前达到峰值，努力争取 2060 年前实现碳中和。2021 年 2 月，国务院印发《国务院关于加快建立健全绿色低碳循环发展经济体系的指导意见》（国发〔2021〕4号）。该文件强调以全生命周期理念发展，即涵盖原材料生产、加工、制造、产品使用和报废的全过程。绿色价值链管理与这一全生命周期理念相结合，可以以系统的方式在整个价值链上实现节能减排。2021年7月，商务部和生态环境部联合印发《对外投资合作绿色发展工作指引》，明确了政府机构和公司“向绿色转型”和“为新发展范式奠定基础”的主要工作领域[6]。这些工作包括坚持绿色发展理念，推动绿色生产和经营（包括开展尽职调查，识别潜在环境风险，打造绿色供应链，实施绿色采购，实现产品全周期绿色环保），推动企业主体绿色转型（包括健全绿色合规体系建设，规范境外经营行为，补齐绿色短板），防范环境风险（包括在东道国没有相关法律法规，或者环保标准过低的情况下，鼓励企业采用国际组织或多边机构通行标准或中国标准开展投资合作活动）。

中国还实施了多项循环经济政策，以延长产品寿命、促进材料再利用和减少浪费。目前，中国已经建立了规范循环经济活动的法律体系，同时将“减量化、再利用、资源化”的循环经济理念作为国家战略经济增长的优先事项[7]。这些政策通过减少价值链中的原材料投入量和工业废物产生量来促进价值链的绿色化。例如2018年，中国与欧盟签署了一项关于交流知识和制定政策框架的谅解备忘录，以大力推进双方发展循环经济。2019年，上海出台了强制性垃圾分类条例，以促进绿色发展和循环经济实践。2021年，国务院强调了在纺织等行业建立低碳、循环和清洁生产体系的必要性。国务院还呼吁中国公民追求低碳生活方式，尤其是减少食物浪费（图8-1）。

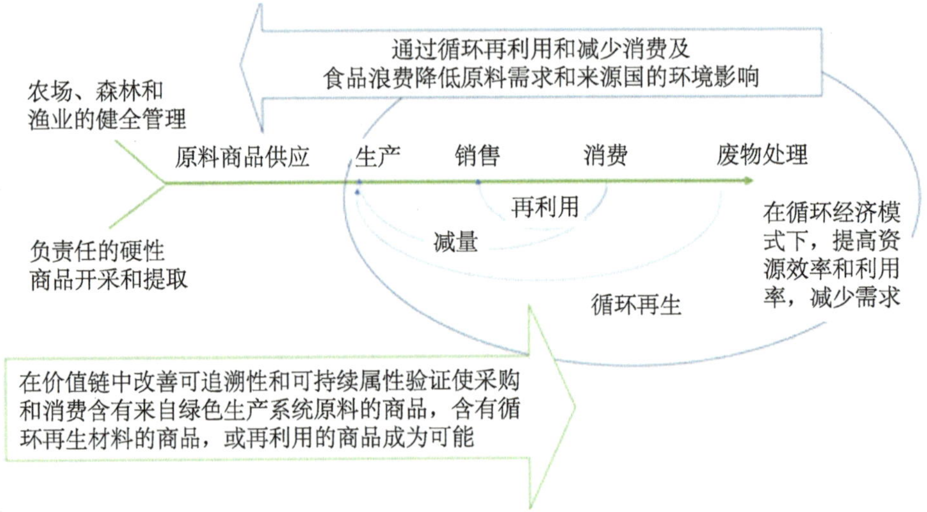

图 8-1 循环经济促进绿色价值链示意图

资料来源：世界资源研究所整理。

（四）中国实现价值链绿色化的挑战

当前的经济环境为中国价值链绿色化提供了新的机遇，但要实现这些机遇，还需要应对一些重大挑战。

第一个挑战是中国在绿色价值链方面缺乏清晰、有凝聚力的、与生态文明愿景、碳中和承诺和其他近期政策重点相联系的战略。绿色价值链的推动工作跨部门、跨领域，贸易、金融、环境、农业、林业和海关都涉及价值链管理[1]。虽然每种软性商品或循环经济的实践都有其独特的背景，需要量身定制的政策响应，但跨部门合作对于创建一致、高效和连贯的绿色价值链的全经济政策框架至关重要。本章政策建议（二）中提出的在中国发展绿色价值链协调和支持体系的建议，正是对这一挑战的直接回应。此外，中国可以对绿色价值链做出高级别的政策承诺，为政府机构、企业、金融机构和民间社会组织合作建立和实施强有力的绿色价值链战略提供动力。作为 CBD COP15 的东道主，中国有机会宣布一项雄心勃勃的全球绿色价值链的承诺，同时鼓励其他国家做出贡献。

第二个挑战是许多中国公司及其供应商还没有建立提供绿色产品所需的尽职调查和可追溯系统。没有这些系统，消费者就无法在日常采购中轻松做出绿色选择，企业以及为其提供融资的机构仍面临着价值链中不可持续的做法或非法活动带来的风险。本章政策建议（一）中的许多建议都针对这一挑战，包括引入与尽职调查相关的法规、采用新技术以支持可追溯性、创建新的金融工具以及将绿色价值链措施纳入贸易协定。

第三个挑战是缺乏整体、系统地提升循环经济理念和标准的方法来作为绿色价值链的驱动力。尽管中国在循环经济方面取得了巨大进步，仍然存在许多挑战。例如，循环经济在主流经济中的规模化发展受到了重点行业资源产出效率低，缺乏回收再利用标准体系，回收产品作为原材料的生产强度高、利用率低，回收产品相关标准和认证方法不成体系，缺乏足够的财政激励和基于无节制消费的商业模式等问题的制约（“十四五”规划）。

（五）本研究的主要内容

与 2020 年的研究相比，2021 年的研究将对第一阶段研究的问题和建议进行深化，深入探讨在中国推动全球价值链绿色化相关的挑战和机遇。主要内容包括：

- 提供更详细的法规和技术分析，以鼓励软性商品价值链的尽职调查和可追溯性，以及与贸易和金融相关的措施。

- 探讨循环经济解决方案如何有助于使价值链更加绿色化。
- 提出支持中国绿色价值链战略发展和实施的协调机制以及技术保障体系建设顶层框架设计和政策建议。

关于软性商品价值链，本研究基于 2020 专题政策研究（专栏 8-2）的政策建议，探讨了软性商品价值链合法性和可持续性的新兴规范［章节二（一）］，国际和中国对选定软性商品的尽职调查和可追溯性措施的经验，以及技术在软性商品价值链绿色化方面的作用［章节二（二）］。

本研究还探讨了循环经济理念对中国绿色价值链的贡献。报告首先讨论了循环经济在绿色价值链中的作用和潜力，将循环经济与中国政府提出的战略举措联系起来［章节三（一）］；然后探讨了五个跨领域推进循环经济政策和实践的因素［章节三（二）］。本专项政策研究尤其关注服装、食品、木材和塑料行业，因为它们对气候影响巨大且产生大量废弃物和污染。此外，服装、食品和木材行业与软性商品价值链存在直接联系。

二、软性商品价值链生产和溯源的绿色化

（一）软性商品价值链合法性、可持续性及可追溯性的新兴规范

专栏 8-3 关键要点——软性商品价值链合法性、可持续性及可追溯性的新兴规范

- 主要市场正在制定立法，要求对软性商品来源的合法性 / 可持续性开展尽职调查。
- 许多软性商品供应国已制定了限制森林转化和退化的法律，并建立了追溯体系用以核实商品生产符合法律规定。对于在法律严格但治理薄弱的国家生产的大宗商品，中国可以通过要求或鼓励中国企业开发和应用自己的尽职调查和追溯系统，来管理从非法或不可持续来源采购的风险。在此过程中，中国可以推广其木材行业开展木材合法性核查计划的经验。
- 世贸组织（WTO）规则允许中国在双边和多边贸易协议中纳入有关措施，以打造绿色软性商品价值链。中国可以与加入此类协议的软性商品生产国合作，共同设计相关的绿色标准和实施机制。

1. 法规和公共政策

许多生产或消费森林风险商品的国家已经或正在制定支持价值链内软性商品生产绿色化的监管措施和政策（表8-1）。

（1）消费国尽职调查法。此类法律要求企业开展尽职调查，以确保其采购的商品在原产国是合法生产的和/或符合关键的社会和环境保障措施。尽职调查在木材行业已取得显著进展。欧盟、美国、澳大利亚、日本和韩国都要求进行某种形式的尽职调查以确保木材产品不是由非法采伐的木材制成的。这些国家木材的进口量占世界林产品进口总量的52%[8]。此外，近年来联合国《濒危野生动植物种国际贸易公约》（CITES）已将数百种木材物种列入保护名单，以防止非法贸易。随着欧盟、英国和美国正在制定相关法律，要求企业对特定的农产品进行尽职调查以确保它们与非法砍伐没有关联，对毁林风险的农产品采取类似措施正在中国和国际上形成趋势。

（2）生产国禁止森林和其他自然生态系统的转化。大多数国家都已颁布相关法律，限制将森林和其他自然生态系统转化为牧场、农田或种植园。这些法律措施包括界定农业发展“禁区”的土地利用规划、土地清理或伐木许可证条例，以及禁止将特定的生态系统转为其他土地用途的规定。例如，印度尼西亚永久暂停原始森林或泥炭地内新的种植园森林清理或伐木许可。巴西的《森林法》规定了每个生物群落中每个农场可用于农业的最大土地面积（如亚马逊地区为20%，塞拉多地区为65%～80%）[9]。

（3）生产国核实合法性系统。越来越多的生产国正在建立政府管理或独立的追踪系统和程序，以核实出口或国内消费的商品是合法和/或可持续生产的。例如，15个热带国家已与欧盟签订了自愿伙伴关系协议，以确保向欧盟出口的木材来自合法来源。这些协议通常要求生产国建立强制性的公共木材追溯系统和报告平台。欧盟已经认可了印度尼西亚在建立此类体系方面取得的进展，向印度尼西亚颁发了许可证，有效地免除了印度尼西亚木材在欧盟木材法规下验证合法性的相关要求。加蓬则更进一步地规定了林业特许权持有人必须在2022年前获得森林管理委员会（FSC）认证。生产国开始对有毁林风险的农产品采取类似措施。例如，世界上最大的两个棕榈油生产国印度尼西亚和马来西亚都要求生产商获得国家棕榈油可持续性标准的认证。

（4）生产国管辖办法。许多生产国在国家层面以下的管辖区（省、州、区和市）正在划定和实施商品生产限制区，这样的管辖区作为“绿色”辖区获得优先进入市场的优惠。2017年发布的一份热带雨林联盟（TFA）报告记录了热带森林地区的34个管辖项目，这些项目支持棕榈油、大豆、咖啡、可可、纸浆和牛肉价值链内的可持续采购和生产战略[10]。这些项目通常将公共土地利用规划和治理改革与企业活动相结合，以促进可持续的商品生产。公私结合意味着这些项目能够很好地促进数据和最佳实践的共享、聚合并为小农户提供激励，并有利于在单个生产者拥有土地所有权的基础上发挥规模化效应 [11]。这些方法也可以在国家层面执行。例如，科特迪瓦和加纳政府与主要的可可和巧克力企业一起参与了可可和森林倡议，共同努力促进可持续的小农可可生产、社会包容和森林保护 [12]。

（5）绿色商品优先的公共采购政策。公共部门可以通过绿色公共采购为采购绿色软性商品设置优惠或提供激励措施。在全球范围内，绿色采购在建筑（包括木材）、办公用品（包括纸张）和能源（包括生物能源）等领域有着更为先进的实践经验。此外，一些部门已做出承诺要求在食品和餐饮方面推行无毁林采购。

表 8-1 软性商品绿色价值链相关监管措施和政策的国家实例

发展中国家	
印度尼西亚	•木材合法性保障体系（当地称为 SVLK）核实用于国内消费的出口木材的合法供应。印度尼西亚还实行原木出口禁令。 •根据印度尼西亚可持续棕榈油（ISPO）法规，棕榈油种植园必须获得合法经营认证。 •2019 年，印度尼西亚总统宣布永久中止原始林和泥炭地转化。 •印度尼西亚与欧盟签订了自愿伙伴关系协议（VPA），目前是唯一可以颁发 FLEGT 许可证的国家，以确保向欧盟出口的木材来自合法来源。 •10 个省和 36 个区有减少毁林的司法倡议
马来西亚	•依照 MPOB（许可）2005 年第 15 号法规，从 2020 年开始，棕榈油生产商必须获得马来西亚可持续棕榈油标准认证，否则将面临处罚和吊销许可证的风险。 •沙巴州有减少毁林的司法倡议
巴西	•《森林法》规定了每个生物群落中每个农场可用于农业的最大土地面积（如亚马逊地区为 20%，塞拉多地区为 65% ～ 80%）。 •马托格罗索州制定了“生产、保护和纳入”战略，通过在现有退化土地上实施商品生产集约化，将其他退化土地恢复为森林，并向生产者提供更好的推广服务和农村信贷，推进可持续农村发展议程。 •巴西央行对金融部门的可持续性尽职调查有详细规定，包括禁止 / 防止向非法砍伐森林地区提供贷款的要求，银行如不遵守将被罚款。目前还正在对新的农村信贷可持续发展规则进行公众咨询
哥伦比亚	•哥伦比亚签署了《可可、森林与和平倡议》，旨在消除与可可有关的毁林。 •哥伦比亚签订了棕榈油、乳制品、肉类和可可行业零毁林协议
巴拉圭	•《森林法》要求，在林区超过 20 hm^2 的农村财产，除河岸林外必须保持 25% 的天然林
利比里亚	•利比里亚与欧盟签订了自愿伙伴关系协议，以确保出口到欧盟的木材是合法来源
科特迪瓦	•科特迪瓦与欧盟签订了自愿合作协议，以确保出口到欧盟的木材是合法来源。 •科特迪瓦是可可和森林倡议的签署国，该倡议旨在结束可可产区的毁林，并恢复森林面积

发展中国家	
加纳	•加纳与欧盟签订了自愿伙伴关系协议，以确保出口到欧盟的木材是合法来源。 •加纳是可可和森林倡议的签署国，该倡议旨在结束可可产区的森林砍伐，以恢复森林面积
喀麦隆	•喀麦隆与欧盟签订了自愿伙伴关系协议，以确保出口到欧盟的木材是合法来源
加蓬	•加蓬强制要求林业特许权持有人在 2022 年前获得 FSC 认证。 •加蓬与欧盟签订了自愿伙伴关系协议，以确保出口到欧盟的木材是合法来源
中非共和国	•中非共和国与欧盟签订了自愿伙伴关系协议，以确保出口到欧盟的木材是合法来源
刚果民主共和国	•刚果民主共和国与欧盟签订了自愿伙伴关系协议，以确保出口到欧盟的木材是合法来源
刚果共和国	•刚果共和国与欧盟签订了自愿伙伴关系协议，以确保出口到欧盟的木材是合法来源
发达国家	
欧盟	•《欧盟木材法案》（2010 年）禁止在欧洲市场上销售非法来源的木材产品，并要求经营者和贸易商进行尽职调查，将进口非法采伐木材的风险降至最低。 •《2019 年关于加强行动促进全球森林保护与恢复公报》（2019 年）强调了 5 个重点事项，包括减少欧盟陆地消费的足迹和鼓励消费来自欧盟无毁林供应链的产品。 •欧盟 LULUCF 法规（2018 年）要求欧盟国家，确保在 2021—2030 年期间，土地使用、土地使用变化或林业产生的温室气体排放，至少与大气中二氧化碳的去除量相平衡
法国	•法国的《企业警戒责任法》（2017 年）要求法国大企业通过发布年度公众警戒计划，评估和应对其活动对人类和地球的不利影响。 •2018 年，法国通过了《消除进口贸易导致毁林的战略》，目标是到 2030 年结束因进口不可持续的森林和农产品而导致的毁林
英国	•英国正在提出一项环境法案，要求企业进行尽职调查，以确保毁林风险商品的生产符合当地保护森林和其他自然生态系统的法规
美国	•美国《雷斯法案修正案》（2008 年）禁止非法来源木材产品的贸易。 •美国国会正在讨论参议员布莱恩·沙茨（Brian Schatz）撰写的一份关于非法毁林的法案草案。此法案将禁止进口与非法毁林相关的产品
日本	•日本的《清洁木材法案》（2016 年）要求企业确保合法采伐国内或进口木材
韩国	•韩国《木材可持续利用法》（2017 年）要求企业确保合法采伐国内或进口木材
澳大利亚	•澳大利亚《禁止非法砍伐法》（2012 年）禁止进口非法采伐木材制成的木材、纸浆和纸制品，或禁止加工此类木材的原木

2. 私营部门自愿规范及最佳实践

除政府支持绿色价值链的措施外，越来越多的私营部门也开始致力于绿色价值链，新的最佳实践正在出现。“全球冠层森林 500”项目评估了对有森林风险供应链具有高度影响的 350 家企业和 150 家金融机构。2021 年，承诺停止与软性商品相关的森林砍伐的企业比例为棕榈油 71%、木材 66%、纸张 48%、大豆 31%、牛 28%、皮革 25%。在软性商品相关投资方面拥有毁林政策的金融机构比例为棕榈油 32%、木材 32%、大豆 24%、牛 20%[13]。

企业追求绿色价值链的商业原因有很多，包括确保大宗商品供应以及价格的长期稳定；减轻法律和声誉风险；预测未来市场，在这样的市场中消费者更关心他们所购买的商品的影响；满足跨国零售商和制造商的可持续发展标准；更好地管理价值链中的物流和财务原则；新技术使可追溯性变得更容易，也更实惠。

作为私营部门采取绿色软性商品价值链行动的排头兵，森林积极行动联盟中的企业正在寻求“推动集体变革，以消除关键商品供应链中的毁林、森林转化和退化现象，并支持森林积极行动”。联盟有两个核心战略。

（1）从无毁林和无转化的供应链转型到无毁林和无转化的业务（他们希望供应商的所有业务是绿色的，而不仅仅是他们所购买的特定商品）；

（2）通过与利益相关者的合作，采取更加综合的土地利用方式，鼓励关键生产领域发生更大变革（这与上文所述的管辖方法密切相关）。

问责框架倡议为如何实现软性商品绿色价值链提供了一套基于共识的规范、定义和指导。它为企业实现价值链无毁林、无转化和无侵犯人权提供了设定承诺、采取行动和监控流程等方面的指导。

人们对于企业如何在其基于土地的业务和软性商品价值链中核算温室气体排放问题的日益关注，推动了《温室气体议定书》的产生。该议定书是一个多方利益相关者组成的全球联盟，就如何计量和管理温室气体排放制定规则和标准，并就企业和组织如何在其温室气体清单中计入土地利用、土地利用变化、生物能源和相关主题的温室气体排放量和碳清除量制定新的指南。

越来越多的龙头企业正在呼吁制定强制性的尽职调查法规，保证公平竞争的环境（专栏 8-4）。

专栏 8-4　龙头企业呼吁制定强制性的尽职调查法规

2020 年 10 月，多家企业联合致信英国政府，支持政府制定强制性尽职调查要求，以应对全球毁林问题[14]。这些企业表示支持英国政府“建立一个以可持续的商品为常态的公平竞争环境”。他们要求政府考虑以下问题：

1. 将无毁林的定义与实现净零排放的要求结合起来，并将问责框架倡议和全球资源倡议作为毁林和土地转换定义的来源[15-16]。

2. 采用反映公司规模影响的阈值。

3. 为公司行动提供有利环境。

4. 落实特定行业的要求。商品应基于其生产和供应链环境的差异有不同的实用途径。

5. 保护弱势群体，认识到小农户往往是供应链中最边缘化的部分。

6. 激励良好的行为，而不仅仅是避免问题。

7. 允许恢复和补救。

8. 继续与私营部门协商合作。

3. 金融部门规范和最佳实践

G20 绿色金融工作组 2017 年的一项研究结论显示，金融决策者的环境风险分析可以改善信贷和投资政策，降低投资组合和公司层面的风险，促进产品创新，重新分配资本和加强利益相关者的参与。然而，广泛采用环境风险分析实践也存在一定障碍，其中包括缺乏明确和一致的政策信号；方法和相关数据有限；金融机构的能力不足；时间问题；投资条款问题；绩效激励问题。该研究还发现，由于缺乏和难以获得公开可用的环境数据，金融公司和其他机构分析和管理环境风险的能力受到限制，也不利于对绿色投资机会进行资源调配[17]。

2016 年，中国人民银行、财政部、国家发展改革委、环境保护部、银监会、证监会、保监会联合印发《关于构建绿色金融体系的指导意见》，以激励和推动绿色信贷、绿色债券、绿色基金、绿色保险、环境信息强制披露等形式的绿色金融[18]。

随着绿色金融日益受到关注，许多银行正在开发新产品和服务，以支持客户行动，使其价值链绿色化。例如，银行提供与可持续性挂钩的贷款，其条款与借款人价值链的可持续性相关的非金融关键业绩指标挂钩。人们对森林砍伐导致的气候风险的认识不断提高，呼吁对这类风险给予更多披露。下面给出一些例子。

（1）2019 年，巴西牛肉生产商马夫瑞集团发行了一份可持续转型债券，其收益将用于确保其购买的牛不来自森林砍伐地区、保护区或侵犯土著土地权利的地区。2021 年，绿色影响基金向该公司提供了一笔 3 000 万美元的 10 年期可持续发展贷款，用于将其牛肉追溯和毁林监测系统的覆盖范围扩大到间接供应商。如果马夫瑞集团能够比贷款协议中设定的目标日期提前实现对其间接供应商的追溯，其贷款利率有进一步下调的可能。

（2）一些新兴的融资机制，如低碳农业授信、低成本作物融资等，可以使无毁林耕作，相比清除原生植被开垦新耕地的方式，更具市场竞争力。如果农民所拥有的土地上存在原生植被，则可实施农民补偿计划，鼓励农民在其土地上保留原生植被[19]。

（3）2019 年，中粮国际从包括中国银行在内的 20 家银行组成的财团获得了 21 亿美元的可持续贷款，因其在 ESG（包括巴西可持续采购大豆）方面的表现节省了利息[20]。

（4）欧盟委员会在 2019 年发布《2019 年关于加强行动促进全球森林保护与恢复公报》时表示，有意采取措施加强企业对森林砍伐和退化相关活动的披露。与自然相关的财务披露工作组已经开始制定与自然相关的报告框架，希望在 2023 年发布和推广前对其进行测试和完善。目的是通过自然相关风险的标准化报告制度，提高与毁林相关信息透明度，强化问责机制，激励金融机构履行零毁林承诺。

（5）全球环境信息研究中心（CDP）运行着一个全球环境披露系统，有超过 9 600 家企业通过 CDP 报告了气候变化、水安全和森林相关信息。这些数据可以为投资者提供决策支持，有助于与企业接洽，减少风险和寻找机遇。2020 年，有 687 家公司报告了其在运营和供应链管理中所采取的无毁林行动。

（6）2019 年，代表 16.2 万亿美元管理资产的 230 家机构投资者呼吁企业，在亚马逊地区毁灭性的森林火灾之后采取紧急行动[21]。2020 年，Ceres 发布了《毁林和气候变化投资者指南》，提供了一个框架以帮助投资者了解其投资组合中毁林驱动的气候风险，并提出投资者可以采取的解决毁林风险的具体措施[22]。

4. 贸易规范

（1）多边和双边贸易协定，在符合 WTO 规则的前提下，可以有效推动价值链的绿色化。WTO 规则不仅在多边贸易谈判中有重要作用，同时也是签订双边自由贸易协定的基础[23]。

（2）各国正越来越多地利用贸易措施来实现环境目标。2019 年，WTO 记录了 672 份成员国提交的环境通告[24]。约有六分之一的 WTO 成员国通报了包括环境因素在内的贸易措施，在 2018 年通报此类措施的国家中，有 51% 来自发展中国家和最不发达国家[25]。大多数以环境为导向的贸易措施在 WTO 中并未引起任何分歧。WTO 仅裁定了 10 项涉及环境措施的争端，并且在任何情况下都从未质疑环境目标的有效性[25]。

（3）在符合《关税及贸易总协定》（GATT）规则或属于这些规则的例外情况下，WTO 成员可以为实现环境、健康和保护政策目标采取与贸易有关的措施[26]。GATT 要求环境措施不违反基本贸易规则，例如非歧视原则（专栏 8-5）和禁止数量限制原则；

然而，世贸组织成员为实现合法的政策目标也有例外。关于可持续性和环境措施，GATT 第二十条关于一般例外的条款，允许 WTO 成员采取虽不符合 GATT 规则，但目的是保护人类、动物或植物的生命或健康，或与保护可耗竭的自然资源有关的政策措施（专栏 8-5）。WTO 成员有自主决定各自环境目标的权利，这已在多个案例中得到重申[26]。

专栏 8-5　WTO 非歧视原则和 GATT（关税及贸易总协定）例外情况

根据 WTO 的非歧视原则，成员不得在下列产品间构成歧视：

• 来自不同贸易伙伴的“同类”产品（给予它们同等的“最惠国”或最惠国地位，关贸总协定第一条）；

• 本国产品与同类外国产品之间（给予它们“国民待遇”，关贸总协定第三条）。

GATT 关于一般例外的第二十条列出了 WTO 成员国可以免除 GATT 规则约束的若干具体情况。与可持续性和环境有关的两个例外情况在第二十条（b）款和（g）款中作了说明。

• （b）为保护人类、动物或植物的生命或健康所必需的；

• （g）与保护可耗竭自然资源有关，如果这些措施与对本国生产或消费的限制同时生效……

资料来源：WTO, Trade and Environment. 2021, https://www.wto.org/english/tratop_e/envir_e/envt_rules_intro_e.htm.

以防止森林和其他自然生态系统退化、破碎或被转化为目的的贸易措施，符合 GATT 第二十条中关于保护植物生命和保护可枯竭自然资源的例外情况。因此，只要有足够的科学证据，在避免随意性或歧视性的前提下，与软性商品价值链绿色化有关的贸易措施是可以被允许的[23, 25]。

各国可以采取多种形式在贸易协定中纳入支持软性商品绿色价值链的措施（专栏 8-6）。例如，欧盟已与 7 个木材生产国签署了自愿伙伴关系协定（VPA），以确保向欧盟出口的木材和木材产品均来自合法来源[27]。自愿伙伴关系协定是具有法律约束力的贸易协定，其中包括木材生产国对合法木材进行监控、核查和许可的措施，以及欧盟仅接受生产国许可的进口木材的措施。《美国—秘鲁贸易促进协定》（PTPA）是一项一般性自由贸易协议，但包括一项具有法律约束力的森林治理附件。该附件规定了降低秘鲁非法采伐木材进入美国的风险的具体政策和体制机制[1]。

专栏 8-6 贸易协定中环境条款的类型

一般环境条款：

- 序言中的引用；
- 基于 GATT 第二十条的一般和具体例外；
- 承诺维护环境法，而不是削弱环境法以吸引贸易。

实质性环境条款：

- 环境合作；
- 公众参与；
- 争端解决；
- 特定环境问题；
- 关于多边环境协定（MEAs）的具体规定；
- 实施机制；
- 事前相关影响评估。

资料来源：OECD, Environment and Regional Trade Agreements: Emerging Trends and Policy Drivers, https://www.oecd-ilibrary.org/docserver/5jz0v4q45g6h-en.pdf?expires=1615917071&id=id&accname=guest&checksum=B8FB6573354CE3D6319144B9A9FF530B.

除官方贸易协定外，各国还可以支持在区域或国际贸易对话中支持旨在促进软性商品价值链绿色化的多边倡议。例如，2020 年，50 个 WTO 成员发起了一项倡议，倡导 WTO 就贸易和环境可持续性（包括信息共享、环境合作和能力建设）进行有组织的讨论。以中国和斐济为首的 7 个 WTO 成员就塑料污染和环境可持续性塑料贸易建立了不限成员名额的非正式对话 [28]。

（二）软性商品尽职调查和可追溯系统

专栏 8-7 尽职调查和可追溯性的关键要点

- 监测和追踪技术的革命使尽职调查和可追溯性变得更加可行、实用和负担得起，它使得生产者（特别是中小型企业）更容易验证自身是否符合绿色标准。

• 通过采用这些系统，中国企业更便于遵守商品进出口国家的新规定。

• 中国已经就政府和企业在建设重点商品可追溯体系方面的作用发布了详细的指导意见。政府部门和企业可以借鉴中国在肉类和蔬菜、酒类产品、药品和草药等行业获得的经验，加强其他软性商品的可追溯性。

1. 国际经验——软性商品合法性尽职调查和价值链可追溯措施的可行性、实用性、成本和策略

尽职调查和可追溯性相结合可以验证商品的原产地和产销监管链是否合法、可持续和 / 或符合安全标准。企业可以借此提高物流管理水平，确保整个价值链符合财务规范，并能证明其采购的商品来源于已知的可持续生产，进而取得市场竞争优势。

就本研究而言，尽职调查是指在价值链或金融投资组合内，对商品生产中与非法或不可持续做法相关的风险进行评估和管理的一个程序。它包括收集有关供应商以及商品生产、收获或采购地点的相关信息，以及有关这些地点的生产实践和控制措施的信息。该程序使企业能够对违反法规或不符合可持续性标准所带来的风险进行评估，并采取措施减轻风险并验证合规情况。

可追溯性是指在供应链的生产、加工、制造和分销阶段，对产品或其组件进行追踪溯源的能力。实现可追溯性通常需要企业识别其供应链中的不同参与者，并理解他们之间的关系，这一过程被称为供应链映射[29]。充分的可追溯性是绿色价值链的重要组成部分。目前已有多种工具和方法（例如，在线森林监控系统可提供对卫星及其相关数据的访问，以评估正在进行森林砍伐的位置；自愿认证系统可提供第三方验证，证明商品是否符合可持续性标准以及监管链是否得到充分控制；供应商保证和相关供应商报告系统；计算机化产品跟踪；区块链技术；等等）可用于支持尽职调查和可追溯性。

2. 跨国和当地企业尽职调查和可追溯性系统的案例研究

（1）大品牌和零售商

沃尔玛承诺对 20 种商品实行更可持续的采购，并采取了多种实践来实现这一目标。它要求其供应商在一个名为“10 亿 t 减排计划”[30] 的中央管理项目中设定目标并报告关键的可持续性指标。此外，沃尔玛还与亚马逊地区的主要牛肉供应商合作，全面追踪直接牛肉供应，并承诺到 2021 年年底其从巴西、阿根廷和巴拉圭采购的牛肉 100% 无毁林[31]。自 2018 年以来，沃尔玛一直在使用区块链技术追踪其所有绿叶商品供应商[32]。沃尔玛与中国 3 000 多家供应商合作开展绿色采购。它还完成了一项概念验证试点，利用区块链将猪肉产品追溯到其在中国业务中的农场[33]。

亿滋国际绘制并公布了其全部直接棕榈油供应商的工厂位置[34]。该企业正在安装系统，以实现其棕榈油的完全可追溯性（工厂前的可追溯性），到 2021 年实现全部供应到种植田层面的可追溯性[35]。亿滋国际还绘制了西非 9 万多小农可可种植者的地图，并利用卫星软件不断监控森林砍伐情况[36]。

联合利华同样绘制了其全球全部棕榈油加工供应商的地图，并公布了因不遵守尽职调查要求而停止与之开展业务的供应商[37]。该企业正在使用卫星数据和手机，远程追踪来自种植园的间接供应[38]。

（2）跨国食品企业

邦吉集团将其直接购买的大豆 100% 追溯到巴西大豆相关毁林风险较高地区的农场层面，并发布了季度可追溯性报告[39]。它还启动了一项史无前例的计划，将其 100% 的间接供应追溯到农场层面[40]。

中粮国际最近宣布在 2023 年前实现其在巴西的直接大豆供应商的全面追踪[41]。

JBS 公司和马夫瑞集团是世界上第一大和第二大动物蛋白生产商，近十年来一直在亚马逊地区追踪其 100% 的直接牛肉供应。它们加起来占中国从巴西进口牛肉总量的 50% 以上[42]。两家公司最近都承诺采用新系统，100% 追踪它们的间接供应商到农场一级，并在巴西实现零森林砍伐[43]。马夫瑞集团已筹集了一笔混合融资，用于为上述工作提供长期资金支持。JBS 公司将运用区块链技术[44-45]。马夫瑞集团还建立了一个名为“马夫瑞俱乐部”的生产者支持计划，牧场主可以通过这个计划获得技术援助和信息以支持它们的业务。JBS 还宣布了一项“为亚马逊合作”基金，为符合森林保护要求的林区牧场主提供资金支持。

（3）本土及中型企业

哥伦比亚零售商 Grupo Exito 使用免费的全球森林观察专业版系统为其牛肉供应商绘制地图，任何企业都可以随时随地使用卫星来管理其供应链风险。Grupo Exito 已经绘制了超过 37 000 hm^2 的农田供应地图，并确定其 65% 的区域符合公司禁止毁林的政策。该公司声称自己是哥伦比亚“生产性畜牧业转型”的领导者[46]。

拉丁美洲银行已对其投资组合中的可持续性风险管理做出重要承诺，使其能够从美洲开发银行的私营部门（IDB Invest）获得优惠发展资金。Banco Sudameris 银行一直利用地理空间监测系统对新投资进行尽职调查，验证其可持续发展政策的合规性，并为其客户、拉丁美洲的农民提供支持。在一个报告的案例中，银行收到全球森林观察专业版系统的警报，称某客户的农场发生火灾，并通知该客户，以便其及时控制火势[47]。通过巴拉圭可持续金融圆桌会议，该国许多银行现在使用全球森林观察专业版系统来监控毁林事件或客户财产附近的森林砍伐事件[48]。这个系统被来自 30 多个国家的大小企业使用。

DSNG 是印度尼西亚的一家中型棕榈油生产商，它致力于供应无毁林的棕榈油，并正在通过系统提供其供应商的全面可追溯性。这项行动使该企业从一个专业投资者那里获得了 3 000 万美元的长期贷款。公司声明，“在受新冠肺炎疫情影响的全球信贷市场动荡的背景下，长期贷款机制为 DSNG 提供了多样化资金来源的灵活性”[48]。投资者称，“随着 NDPE（无毁林、无泥炭、无剥削政策）的实施，预计有 8 000 名小农户和 11 000 人将从就业、服务和收入改善中受益”[49]。

3. 技术在加强尽职调查和可追溯性系统方面的应用（图 8-2）

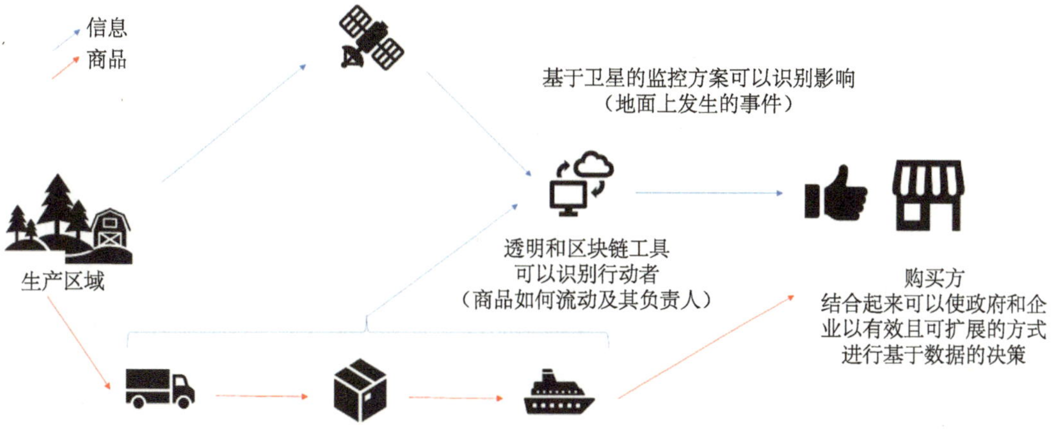

图 8-2　技术支持整个价值链的尽职调查和可追溯性示意图

全球价值链具有复杂性，且不同国家的政策和追溯系统之间缺乏一致性，这对追踪和监管软性商品整个生产过程中的可持续性和合法性提出了许多挑战。然而，新的科学技术为克服这些挑战提供了可选的方法和工具。以下列举了部分科学技术支持尽职调查和可追溯性的案例。

（1）基于卫星的遥感：遥感和云计算的进步为大规模森林和土地监测提供了多种全新的选择。这些技术使更频繁、更大面积、更低成本、更好地探测土地覆盖变化成为可能。与此同时，全球定位系统（GPS）使外地工作人员能够为其观测记录更详细的坐标点，并将这些数据上传到地理信息系统。这将产生更丰富的数据和手段，查明地面真实状况，实现对全球、大陆或国家尺度的卫星数据更好的自动解析、可视化和分析工作[50]。卫星图像的空间分辨率和可用性正在不断提高。欧洲航天局提供来自“哨兵”雷达卫星的开放 10 m 数据，可以穿透云层、烟雾和雾霾[51]。越来越多的商业卫星公司（如 Planet、TerraSar）提供高空间分辨率数据（低于 3 m）。虽然对于高分辨率卫星图像进行大规模处理通常是昂贵的，但将其用于对大尺度数据进行验证、校准和确认来说，成本有效性很高。例如，高分辨率图像可以用来对免费的低分辨率图像进行算法训练。此外，高分辨率图像的成本也在逐年显著下降。2020 年，Planet（图像提供商）与挪威政府合作，向所有热带森林地区免费开放近实时、高分辨率的图像[52]。

（2）在线地理空间智能平台：一些基于卫星的遥感在线工具，目前已经能够用于商品供应链的影响监测。例如，全球森林观察专业应用程序结合了遥感数据和云计算，可以帮助企业评估、监测和报告来自商品产地的毁林风险，这些风险可能发生在农场、原料棚、仓房或屠宰场[53]。Agroideal 是一个区域信息系统，可以帮助企业针对来自南美的主要软性商品，制订更加可持续的投资和采购计划。IBAT（综合生物多样性评估工具）提供了有关全球生物多样性的地图或报告等权威的明确地理信息。

（3）在线透明度工具：“开放木材门户”提供有关参与国家和公司森林管理实践和法律合规的信息。该门户网站综合了地理空间数据、木材生产者信息、法律文件和第三方森林监测员的观察资料，以友好的格式为用户提供数据。可持续发展政策透明度工具包（SPOTT）可追踪棕榈油公司的透明度。它以 100 多个行业特定指标为基准，每年对热带林业、棕榈油和天然橡胶公司进行评分。

（4）GPS 跟踪系统：这些系统可以跟踪陆地或海上货运船队的移动。卫星能够探测到安装在船只或车辆上的应答器发出的信号，从而识别船只的位置、路线、速度和类型。这些数据可以通过云计算进行近乎实时的处理，并应用于对供应链物流管理的改进（例如，重新规划路线以避免延误或更新客户的预期交付时间），并跟踪商品从一个地方到另一个地方的移动。

（5）区块链：区块链技术在确保信息的真实性上有明显的优势，可用于提高供应链中交易的可追溯性和可见性。许多最近的科学出版物探索了区块链技术满足消费者可追溯需求的潜力。例如，国际商业机器公司（IBM）提供了一项名为 IBM 食品信托的可追溯服务，该服务曾被用于创建“牛肉链”工具，以追踪美国的肉类来源，追踪牲畜中的疾病暴发。其他例子包括沃尔玛的鸡蛋项目和家乐福的家禽项目。这些可追溯性解决方案改善了可持续性，同时也解决了动物蛋白供应链的健康、安全和韧性 [54]。星巴克正在采用区块链技术使消费者可以将在商店购买的咖啡追溯到肯尼亚北部某个种植园。航运巨头马士基创建了 TradeLens，这是一个基于区块链的平台，使复杂供应链中的每个人都可以跟踪与业务相关的所有文档。森林管理委员会使用区块链来避免对其认证系统的欺诈使用。区块链技术可用来验证和认证产品在整个价值链中的可追溯性，包括从采购区域到贸易伙伴以及最终用户。

（6）监管链系统中的标识和数据记录技术：这些技术可以促进大量数据的快速收集，这些数据可以通过电子、时间戳和其他检查点的记录进行交叉核对，以检测和阻止篡改 [55]。含有纳米分子或条形码的标签可以被电子扫描。其他的如电子标签，可以使用无线电信号访问。越来越多的数据记录设备支持现场的数据捕获，以便立即或随后传输到在线数据库。这些设备可以是手持设备，也可以集成到现有的机械中，如卡车和收割机器。这类技术比手工方法更有效，因为它们减少了对容易出错的手工信息传输的需求。通过每个报告事件自动收集的元数据（例如，谁通过用户账户报告、何时通过时间戳收集信息，以及通过设备中的 GPS 模块收集信息的位置）也支持验证 [56]。

（7）“大数据”分析策略：“大数据”方法正在国际层面上用于识别农产品供应链中的毁林风险。可持续经济透明度（TRASE）工具利用公开可得的生产、贸易和海关数据和建模，可以追溯商品至其初始生产地，同时可以识别所涉及的参与者。它能识别特定商品的出口、运输和进口环节的不同企业，并通过改进的物流分析方法，将它们与产地联系起来。连锁反应研究等举措还结合了多种数据类型（森林砍伐警报、托管链和贸易数据、企业财务和治理数据），用于评估企业在农产品链中面临的重大财务风险 [57]。BVRio 研究所为巴西热带木材贸易开发了一个尽职调查和风险评估系统。该系统可利用公共可追溯系统、违规和定罪登记、商业物种分布和密度等的公开数据，以及全球森林观察、巴西政府和其他非政府组织的空间数据，识别出采伐许可报告中可疑或不现实的数量 [58]。

（8）法医学方法：这些方法被用于对有关农业、森林和野生动物产品的来源或含量等申明的质询或核实。例如，稳定同位素分析用于确定食品和木材的来源和合法性 [60]。DNA 基因分析被用于支持对非法野生动物和木材贸易的起诉 [61]。一些新型木材鉴定工具被检查人员用来筛查入境口岸的可疑材料，也被实验室科学家使用，用于形成对被控非法采购木材的企业进行起诉的证据。如果一种木材物种有足够广泛的自然采集物理参考样本，这些技术就可以用于验证或否定关于产品含量或其来源的申明 [50]。

（9）计算社会科学和自然语言处理：它提供了系统的方法来研究媒体和文本的在

线互动。通过自动翻译、解释和定位在线文本信息（如当地新闻和媒体），该技术可以了解社会动荡情况，创建危机早期预警系统[63]。例如，GDELT 项目（一个通过新闻媒体的眼睛看到的人类社会的实时开放数据全球图）每天持续监测来自 100 多种语言的全球广播、印刷和网络新闻。它可用于自动识别问题并标记这些信息，对非结构化的数据进行结构化处理。之后，这些数据库可以用于处理多种问题。例如，一些研究人员使用这种方法创建了印度的环境冲突地图[64]。世界资源研究所使用同样的方法，已经在巴西和印度尼西亚试点创建了与土地有关的近实时的冲突警报系统。如果将这些信息与追踪软性商品供应的工作结合起来，可以对可能出现的供应链中断情况做出重要判断，从而进一步提高供应链的韧性。

4. 中国环境尽职调查和产品追溯体系建设现状

（1）尽职调查政策与实践

对于软性商品价值链，“尽职调查”指企业实施的一种风险管理流程，用于识别、预防、减轻和说明其如何应对其运营、供应链和投资中的环境和社会风险及其影响。在中国，尽职调查的概念出现在许多政策和标准中，要求系统识别环境和合规风险，以达到财务目的，如获得或维持股票交易所的上市地位、收购和合并以及再融资建议等。

但是，目前中国没有明确的法规要求企业在软性商品价值链中开展尽职调查。2019 年 12 月 28 日，十三届全国人大常委会第十五次会议通过了《森林法》修订案，其第六十五条规定，个人和企业“不得明知而购买、加工、运输非法采伐或非法毁林等非法来源的木材”。修订案自 2020 年 7 月 1 日起生效，但实施细则尚未出台。

2009 年，中国和英国启动了“中国木材合法性认定体系研究项目”，旨在借鉴国际上木材合法性认定方法，结合中国的森林管理体系，开发一个程序简单、成本低的整体框架，以促进木材生产国的可持续森林管理。该框架主要包括以政府主导的同协议国签署双边协议的认定机制（CGTVS）和以行业协会主导的同非协议国之间建立的自愿性认定机制（CATVS），并从建立的基本原则、协议内容、木材合法性认定的执行管理办法、相关机构和职能、需要提交的材料、木材合法性证明文件和海关管理办法等方面加以说明。为了检验认定办法的科学性、实用性和可操作性，在原国家林业局的指导下，原国家林业局林产品国际贸易研究中心与中国林产工业协会合作在国内开展了木材合法性认定企业试点工作。这些试点为确保木材利用遵守《森林法》第六十五条，或经调整后适用于除木材以外的其他商品，提供了宝贵的经验。

（2）产品追溯系统政策与实践

中国自 2010 年开始，由商务部和财政部牵头，开展了商品追溯体系建设的探索。

2014 年，国务院发布的《关于促进市场公平竞争维护市场正常秩序的若干意见》（国发〔2014〕20 号）中提出“利用物联网建设重要产品等追溯体系，形成‘来源可查、去向可追、责任可究’的信息链条”。此后发布的《关于推进国内贸易流通现代化建设法治化营商环境的意见》[1]（国发〔2015〕49 号）从建设重要商品追溯体系、完善重要商品追溯体系的管理体制、扩大重要商品追溯体系应用范围等方面明确了构建重要商品追溯体系的内容和任务。2015 年，国务院办公厅发布《关于加快推进重要产品追溯体系建设的意见》（国办发〔2015〕95 号），明确了国家重要产品追溯体系建设的目标是：到 2020 年，追溯体系建设的规划标准体系得到完善，法规制度进一步健全；全国追溯数据统一共享交换机制基本形成，初步实现有关部门、地区和企业追溯信息互通共享；食用农产品、食品、药品、农业生产资料、特种设备、危险品、稀土产品等重要产品生产经营企业追溯意识显著增强，采用信息技术建设追溯体系的企业比例大幅提高；社会公众对追溯产品的认知度和接受度逐步提升，追溯体系建设市场环境明显改善。该文件还强调了企业、政府机构、行业协会和第三方服务平台在可追溯系统中的不同角色。

2017 年，商务部和其他六部门[2]联合发布《关于推进重要产品信息化追溯体系建设的指导意见》（以下简称《指导意见》）（商秩发〔2017〕53 号），从追溯管理体制、标准体系、信息服务、数据共享交换、互联互通和通查通识、应急管理等方面提出了重要产品信息化追溯体系的建设目标。《指导意见》从基本任务和分类任务两个维度提出了建设任务。在基本任务方面，提出要建立重要产品目录管理制度、完善追溯标准体系、健全认证认可制度、推进互联互通、促进线上线下融合、强化追溯信用监管六大任务；在分类任务方面，则分别从食用农产品、食品、药品、主要农业生产资料、特种设备、危险品、稀土产品和产品进出口八个方面提出建设任务，突出不同类别产品个性化建设需求。对于食品行业，它建议建立一个可追溯平台，汇集有关原产国和地区、生产公司、品牌、出口商或代理商、国内接收者以及进出口记录，与海关和检验检疫所需信息协调，以实现从生产到贸易和消费的可追溯性。

根据上述文件的要求，商务部牵头，会同财政部、工业和信息化、农业农村、市场监管等部门，负责组织构建重要产品追溯体系，以强化全过程质量安全管理与风险控制。

2016 年，商务部、财政部在山东、上海、宁夏、厦门启动重要产品追溯体系示

---

1 重要产品包括食用农产品、食品、药品、农业生产原料、危险品、稀土产品等[65]。
2 其他六部门包括工业和信息化部、公安部、原农业部、原质检总局、安全监管总局、食品药品监管总局。

范建设，并于 2018 年下半年顺利完成四地追溯示范工程的评估验收，随后针对肉类蔬菜、酒类产品、中药材等重要产品，在全国开展追溯体系建设试点示范工作。截至目前，全国共有五批 58 个城市开展肉菜流通追溯试点，三批 18 个省市开展中药材流通追溯试点，四个省市的 8 家企业开展酒类流通追溯示范。

在示范试点的引领下，追溯体系覆盖领域不断扩大。“建立健全养殖、加工、流通等全过程乳品质量安全追溯体系”写入了《国务院办公厅关于推进奶业振兴保障乳品质量安全的意见》；国家药监局将“实现药品可追溯”写入了《药品经营质量管理规范》，印发了《关于药品信息化追溯体系建设的指导意见》，还将“建立疫苗全程追溯制度”写入了《疫苗流通和预防接种管理条例》。“建立完善的产品质量安全追溯体系”“采取有效防伪、追溯技术，确保发放的每枚认证标志能够溯源到其对应的认证证书和获证产品及其生产、加工单位”“保证认证过程和结果具有可追溯性”等内容写入《有机产品认证管理办法》。在 2020 年实施的新版《有机产品认证实施规则》中，将产品追溯体系实施的有效性列入了有机产品认证的检查要点。

在国家政策引导下，各省也分别针对食用农产品、食品、药品、农业生产资料、特种设备及其他重要产品大力推进追溯体系建设，朝着省级重要产品追溯体系管理平台全覆盖的目标稳步迈进。一些地方还将追溯体系建设与精准扶贫工作有机结合，例如，国家级贫困县四川南江县在 2017 年年初启动了以丹参为主的中药材追溯体系建设。追溯体系一方面甄选优质中药材，提升产品质量；另一方面建立起长效造血机制，帮助扶贫地区扩大产业规模，实现提质增效。

在新冠肺炎疫情全球暴发蔓延的背景下，为降低病毒通过冷链食品传播的风险，2020 年 11 月国家卫生健康委发布《关于进一步做好冷链食品追溯管理工作的通知》，提出以畜禽肉、水产品等为重点，实现重点冷链食品从海关进口查验到贮存分销、生产加工、批发零售、餐饮服务全链条信息化追溯 [66]。2020 年 11 月，北京市冷链食品追溯平台正式启用，拉开各省市进口冷链追溯平台上线的序幕。督促引导进口冷链食品生产经营单位严格落实食品追溯主体责任，及时准确上传货物来源、去向、数量、位置等关键数据，实现进口冷藏冷冻肉类、水产品“来源可追、去向可查”。截至 2021 年 6 月，全国进口冷链食品追溯管理平台已有多个省市接入，冷链食品首站进口量占全国 90% 以上，另外的 10% 主要通过纸质台账、进货凭证等方式来记录追溯信息，也在掌控之中。

当前主要的物品溯源方式是通过在商品上粘贴二维码标签或电子标签标识商品身份，在每个流通环节，对商品进行扫码，记录重要信息，并将信息上传保存到云平台系统上。需要追溯商品来源信息时，仅需通过扫码标签，即可网络访问商品页面，查询相关商品流通、质检等信息。建立物品信息溯源的核心是实现一物一“码”，即每件物品上，都贴上一个物理标签，作为物品的“身份证”。从成本上考虑，整个行业应用更倾向于成本低廉的二维码标签。如果是采用电子标签，则可对标签写入较为丰富的信息（不可擦写），并在生产、装箱、出入库等环节，做到半自动化应用。

三、促进价值链中的循环经济

循环经济在中国不是个新概念。近 20 年来，中国在循环经济试点、政策和国家战略等方面取得了巨大进展，到 2020 年“十三五”结束之时，中国循环经济发展取得了显著成效 [67]。主要成效包括：①主要资源产出率 [1] 较 2015 年提高了约 26%；②单位 GDP 能源消耗继续大幅下降，单位 GDP 用水量累计降低 28%；③农作物秸秆综合利用率达到 86%，大宗固体废弃物综合利用率达到 56%；④建筑垃圾综合利用率达到 50%；⑤再生资源利用能力 [2] 显著增强；⑥废纸利用量约 5 490 万 t；⑦废钢利用率约 2.6 亿 t，替代 62% 品位铁精矿约 4.1 亿 t；⑧再生有色金属产量 1 450 万 t，占全国十种有色金属总产量的 23.5%，其中再生铜、再生铝和再生铅产量分别为 325 万 t、740 万 t、240 万 t。

显然，在绿色价值链的设计中引入循环经济模型可以提高国内制造和消费的资源效率，减少整个软性商品价值链中的原材料投入和废物量。中国在钢铁、煤炭、化工、有色金属、建材等重点行业工业园区内建立并试点了行业内、多行业和跨行业的循环经济模式。循环经济实践极大地提高了关键材料的资源利用效率和回收率，显著降低了污染物排放和能源消费。中国还开展了产业价值链上循环经济的实践，涵盖再生资源、固体废物、废水、余热等。例如，一些“城市矿产示范基地”成功整合了产品价值链中的回收、分类、深度加工、高价值利用和无害化处理环节。产品部件被拆解回收，成为未来生产的原料。园区企业互相联系成一个整体，生产过程中产生的废水、余热、固体废物等实现闭环回收再利用。

同样的循环经济设计原则可以应用到许多软性商品制造商，以帮助其价值链绿色化和扩大循环经济试点的应用。反过来，绿色价值链的实施也可以促进中国循环经济

---

1 主要资源产出率（元/t）= GDP（亿元，不变价格）÷ 主要资源实物消费量（亿 t）。主要资源包括化石能源（煤炭、石油、天然气）、钢铁资源、有色金属资源（铜、铝、铅、锌、镍）、非金属资源（石灰石、磷、硫）和生物质资源（木材、粮食）。

2 “十四五”规划中，可再生资源是指废钢铁、废有色金属、废塑料、废纸、废轮胎、废手机和废动力电池。

的发展。特别是专注于价值链可追溯性和透明度的新技术可以用于收集数据，这些数据也可以用于改进对材料和最终用户的分类，从而进一步提高最终产品的再利用和回收率。此外，绿色价值链采用的全球可持续标准可用于验证和跟踪国际贸易的回收材料和再利用产品。

如一（四）节所述，尽管取得了一些成就，中国在提升循环经济水平方面仍有很大空间。因此，本章探索了价值链中生产和消费环节的绿色化潜力。本研究关注的循环经济概念被定义为在地球边界内，产品设计、制造和使用过程中的创新方法，包括在价值链上采用整体分析方法，侧重于在设计阶段减少废物和污染物产生，保持产品、材料的使用性，促进自然系统再生。

尽管本研究主要关注软商品，但一旦商品进入生命周期的生产、消费和回收阶段，软性商品和硬性商品通常会结合在一起，例如，食品的塑料包装，或含有金属框架和由纺织品覆盖的家具等。因此，循环经济的整体分析方法必然也包括硬性商品。

（一）循环经济对于价值链绿色化的重要性（专栏 8-8）

专栏 8-8　关键要点——循环经济在绿色中国价值链中的重要性

• 采用循环经济的做法，通过减量化、再利用和资源化（3Rs）来减少生产中的原材料投入，可以减轻上游软性商品生产的压力。这些做法提供了大幅减排的附加收益，有助于中国实现碳中和承诺。

• 循环经济的方法，包括绿色消费和生活方式、可持续采购、产品共享平台、产品即服务、二级市场等，与全球范围内的可持续发展目标相一致，并推动创新，为国家和企业提供商业机会和竞争优势。

• 在 3Rs 中，减量化是影响最大的，其次是再利用，然后是资源化。减量化从影响习俗和习惯开始。这与中国的整体理念和生态文明理念是一致的。然而，需要有创新的政策和金融工具，通过影响、管理和鼓励大规模的可持续实践来加速社会转型。

• 主要发达国家普遍在全球价值链消费端开展循环经济实践。作为世界上最大的出口国，中国拥有巨大的全球贸易机遇，但这需要政策的培育和支持。中国的政策制定者必须保持开放的心态，不断更新政策，跟踪并借鉴国际经验，引领全球循环经济趋势。

1. 全球循环经济潜力

以 2011 年为基线，采用循环经济的方法，全球到 2030 年可以减少 39% 的温室气体排放、28% 的原材料消耗 [68]，减少 80% 的海洋塑料垃圾 [69]，由此带来的经济效益十分可观。向循环经济转型可以缩小全球 80 亿 t 的自然资源供需缺口，相当于到 2030 年创造 4.5 万亿美元经济机会，到 2050 年创造 25 万亿美元经济机会 [70]。到 2030 年循环经济可增加 600 万个就业机会，并有助于减少由塑料污染造成的每年 130 亿美元的费用经济损失 [71]。

约 45% 的全球温室气体排放来自原材料的提取、加工以及土地利用（图 8-3）[73]。农业是碳排放中很大一部分的核心：全球粮食系统（包括生产、加工和分销过程）每年排放 160 亿 t 二氧化碳 [74]，纺织业每年排放的 16 亿 t 二氧化碳中 23% 来自棉花种植 [25, 76]。

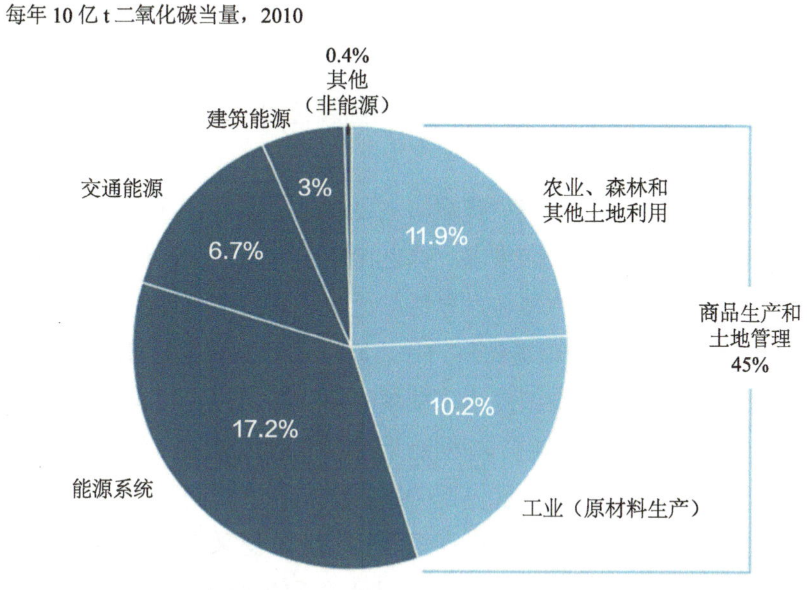

图 8-3 全球按部门划分的温室气体排放——45% 源于原材料生产和土地管理

资料来源：Ellen MacArthur Foundation. A New Textiles Economy: Redesigning Fashion’s Future. Ellen MacArthur Foundation, 2017. https://www.ellenmacarthurfoundation.org/assets/downloads/publications/A-New-Textiles-Economy_Full-Report.pdf.

循环经济的“3R”理念是“减量化、再利用和资源化”。“减量化”是指由于消费者减少购买而导致的需求的绝对减少。它可以通过多种方式实现，包括在价值链的所有阶段减少浪费。然而，需要注意的是，“减量化”与制造商及其在概念和设计生命周期等上市前阶段的角色紧密相关，强调每单位产品使用更少的材料。“再利用”是指产品在其制造形式下的重复和优化利用，理想地用于其设计预期的目的，而不是用于较低的价值目的。再利用过程涉及各类利益相关者，从消费者到收集者、零售商和生产者。“资源化”是对产品的单个材料部件进行再加工，使其成为可用的原材料，以替代原始原材料。去掉原始产品结构的回收材料也被称为“二次”材料，可以在任何地方重新应用[77]。

在水泥、铝、钢、塑料等关键材料的生产中，采取循环经济措施，到2050年可减少37亿t二氧化碳排放。此外，食物系统的循环经济战略，如向更自然的农业系统转型、更有效地利用已生产的食物，到2050年可以减少二氧化碳排放量56亿t。这相当于将所有交通运输的排放降至零[73]。

2. 循环经济对于中国的意义

研究显示，到2040年，全面实施循环经济有可能为中国企业和家庭节省在高质量产品和服务方面的支出约70万亿元（11.2万亿美元），约占中国预期GDP的16%。它还可以减少23%的温室气体排放和50%的细颗粒物，从而为中国城市居民带来健康和福祉[78]。

循环经济实践在全球价值链消费端的主要发达国家盛行。中国制造商需要满足其他地区对可持续产品不断增长的需求，这也将加强中国在软性商品全球价值链绿色化的努力。这一转变的核心是中国与世界更广泛的联系。中国已经有了完善的循环经济框架（以2008年《循环经济促进法》为代表），还可以通过完善政策以跟上全球循环经济趋势并借鉴国际经验，继续成为该领域的领导者。这些趋势有助于提高中国循环经济实践的雄心——从工业战略转向可持续消费。通过2018年签署的《中欧谅解备忘录》，中国已与欧盟结成联盟，就协调关键的循环经济机制、产品标准和体系进行政策交流。这些合作有助于推动创新循环经济实践的广泛采用，并支持全球低碳经济的发展[79]。此外，这是加强中国与世界各地贸易关系的绝佳机会。根据循环经济实践重新构建这些关系，为环境、经济和社会效益的双赢合作提供了机会。

综合来看，中国的“十四五”规划、“六保”、“六稳”和近期的2030/2060碳减排承诺，在很大程度上可以通过全面采用循环经济来解决，这将有利于中国全面实现“十四五”规划提出的经济、社会、生态和环境目标，对后疫情时代中国经济复苏和实现中国梦至关重要[1]。

3. 循环经济对中国 2060 碳中和目标的重要贡献

减少材料的使用可以显著减少碳排放。中国是世界上最大的钢铁生产国（占全球产量的 57%）、塑料生产国（占全球产量的 25%）和水泥生产国（占全球产量的 51%）[80-82]。中国农业粮食系统的温室气体排放也不容忽视，2018 年中国农业粮食系统的温室气体排放约为 10.9 亿 t 二氧化碳当量，占全国温室气体总排放的 8.2%[83]。因此，减少粮食损失和浪费可以显著减少农业食品工业的排放。可以采用以下循环经济措施减少碳排放。

首先，通过改进产品设计和生产流程，尽可能减少原材料的使用，增加回收材料的使用，延长产品的使用寿命。在这方面，需要创新来提高材料的机械化回收效率。例如，苹果公司为了更高比例回收废弃手机中的材料，通过技术创新研发了人工智能机器人来精细化拆解多达 15 个型号的苹果手机，每个小时最多可以拆解 200 台手机，拆解后的手机部件可以由专业化材料回收企业来进行材料级别的再生以供循环使用。目前最新款的苹果手机中已经在多个部件中使用多种再生材料，包括 100% 再生稀土的磁铁、100% 再生锡的主板焊料、100% 再生钨的震动引擎等[84, 85]。

其次，通过预防和减少生产、加工、分销和零售中的材料损耗和浪费，可以减少原材料的使用。目前，中国粮食损失和浪费量超过总产量（3 500 万 t）的 6%[86]。减少粮食损失和浪费每年有望减少 1 300 万 hm^2 农业用地的需求（“释放”边际农业用地，通过重新造林重建国家的碳汇），显著减少化肥污染（减少 N_2O 的排放）[87]，缓解农业生产对自然的压力。

最后，减少消费可以有效地减少总需求，从而降低与之匹配的生产产出。这就需要对我们当前的消费模式进行重大转变，减少食物浪费，鼓励共享经济，并通过二级市场和租赁市场提高产品的使用率。总之，这些措施可以延长产品的使用寿命，降低制造新产品所需的材料投入，从而降低上游生产压力和生产过程中产生的排放。

从减排的角度来看，重复使用产品可以节约用于生产不同产品的资源和过程中的能源。因此，一种产品被重复使用得越多，减排量和经济性就越大，不仅可以避免使用更多资源来生产新产品，还可以避免产品报废处理过程（如填埋或焚烧）中产生的碳排放。

在产品再利用之后，材料回收是下一个优先事项。通过回收利用减排的潜力因材料而异。表 8-2 列出了初级和次级生产中不同材料的温室气体清单[1]，显示了通过回收利用减少二氧化碳排放的明显潜力。值得注意的是，铝是回收后减排潜力最大的材料

1 初级生产是指在生产过程中使用原材料作为投入的生产，而二次生产是指在生产过程中使用回收材料作为投入的生产。

之一，其次是钢、塑料、玻璃、纸和纸板。这表明，某些材料的回收可带来比其他材料多 3 倍的减排量，因此应优先考虑这些材料的气候减缓战略。然而，证据也表明，并非所有的材料都可以无限循环利用。例如，铝、玻璃和金属等元素可以一次又一次地回收，而不会发生任何结构变化，而塑料平均回收次数为 3 次。在这个过程中，塑料失去了它的结构特性，因此只能用于低价值的产品，然后被扔进垃圾填埋场 [88]。

表 8-2 不同材料的二氧化碳减排潜力

单位：kg 二氧化碳当量 / kg 材料

材料	初级产品	次级产品	通过回收利用的减排潜力
玻璃 *	0.9	0.5	−0.4
铝 *	11	0.4	−10.6
钢 *	2.4	0.3	−2.1
塑料 *	2.1	1.3	−0.8
纸和纸板 *	1.1	0.7	−0.4
棉花 **	11	4.3	−6.7

资料来源：Hilman, Karl, Andres Damgaard, et al. Climate Benefits of Material Recycling Inventory of Average Greenhouse Gas Emissions for Denmark, Norway and Sweden. 2015. https://www.oecd-ilibrary.org/content/publication/tn 2015-547. Liu, Yun, Hailhong Huang, et al. Could the Recycled Yarns Substitute for the Virgin Cotton Yarns: A Comparative LCA, 2020. https://doi.org/10.1007/s11367-020-01815-8.

4. 循环经济对中国“双循环”政策的贡献

2019 年，中国国内需求对经济增长的贡献率达到 89%，最终消费支出对国内生产总值（GDP）的贡献率达到 58%[1]。当我们接近地球自然和矿物资源的极限时，目前的消费模式将不可持续，除非找到产生需求的其他模式，否则将阻碍增长。不断壮大的中产阶级和越来越多的年轻“网民”为中国消费的升级和绿色转型创造了这样一个机会，即转向更可持续的消费模式以及可持续溯源采购和生产的产品。以促进中国的绿色消费为重点，循环经济实践可以为有限资源条件下的持续增长提供切实可行的解决方案。

更特别的是，从生产的角度来看，新的循环经济模式通过强化从设计到生产全过程中的 3R 原则，促进材料在生产过程中的循环，提高资源效率，减少生产的影响，进而改善环境质量和人类健康。例如，随着消费者越来越关注可持续性和生态友好性，Lush 等美容品牌在 2018 年开设了第一家“裸体”商店，根据生态设计原则对产品进行重新设计，完全去掉了塑料包装。之后，其他公司也开始效仿。2019 年，玛莎百货开始在其托尔沃斯门店推出 90 多种完全不使用塑料包装的散装水果和蔬菜，预计在两年内节省 580 t 塑料垃圾。此外，训练有素的蔬菜水果销售商可为顾客提供选择和保存蔬菜水果的建议，以避免在家浪费食物[92]。如今，零废生活方式开始在欧洲兴起，仅英国一国就有超过 100 家提供无塑料购物的零废商店[93]。

在价值链的下游，循环经济还可以通过可持续采购、共享平台、“产品即服务”模式、二级市场等方式促进绿色消费，培育绿色生活方式。上述再利用模式延长了产品的使用寿命，并减少了上游生产的压力。与此同时，国内市场对高品质和可持续产品的需求不断增加，将加速进口原材料可持续和 / 或安全标准的采用，这也将巩固全球绿色价值链战略。下面，我们举几个具体的例子来说明循环经济如何支持中国的双循环政策。

（1）减少不可持续原材料的使用，以满足中国国内不断增长的绿色消费需求

目的性设计是循环经济的指导原则之一。产品未来对环境的影响约有 80% 是在设计阶段决定的（艾伦·麦克阿瑟基金会），为了品质、耐用性和健康，谨慎地对材料进行溯源采购和使用是关键。无论是长期拥有、基于服务的消费模式，还是重新利用一种材料，好的设计都可以激励消费行为，促进产品的修复、再利用和资源化。因此，这可以减少生产原材料的用量。在某些情况下，根据法律或认证的要求提高设计标准，可以加快价值链绿色化进程，提高资源效率和促进可持续溯源采购，以减少环境影响。

以生态设计为例，这个概念并不新鲜，但挑战在于如何激励生产商和制造商启动循环价值链。世界各国已经开展了旨在促进生态设计的立法和认证。例如，在欧洲，生态设计指令为影响能源消耗的欧盟产品（如加热器、用水设备和绝缘材料）提供了设计指导。预计到 2030 年，该措施每年可节省能源 167 TW·h，相当于丹麦每年的能源消耗[94]。法国在这一框架上更进一步，于 2020 年出台了《循环经济法》，对修复权、未售出商品销毁和废物管理提出了严格规定。例如，该法律将要求生产商和进口商告知消费者其产品的环境属性，从可回收成分到可重复使用的可能性[95]。欧盟近期更新了其生态设计指令，以涵盖产品使用寿命设计领域。新指令要求产品备件应更长时间供应市场，以便后续更简单易行的维修[96]。

作为循环经济的早期倡导者，中国传统上关注的是末端废物管理、污染预防和清洁生产。但在近期发布的循环经济“十四五”发展规划中，中国政府明确提出完善循环经济指标体系和绿色设计规范是未来五年的重点工作。通过向更系统的模式过渡，尤其是鼓励智慧的生态设计，中国可以继续管理这些问题，同时与循环的整体方法保持一致。同样，在城市地区推广绿色建筑，也是通过良好设计减少环境影响的范例。为了遏制建筑过程中的温室气体排放，减少其对整个价值链的自然资本

和生物多样性的影响，中国政府最近对房地产实施了更严格的监管。中国的“十三五”规划明确要求，到 2020 年，50% 的城市新建建筑需达到绿色建筑标准，绿色建筑材料的比例需达到 40%。与此同时，在 2012—2017 年，中国有兴趣购买绿色住宅的人数增长了 3 倍[97]。

新的法规和消费者行为的转变已经开始推动向采用更可持续建筑材料的绿色建筑的转变。2016 年，“中国房地产绿色供应链”倡议应运而生。“中国房地产绿色供应链”倡议是由房地产企业和上游（如建筑施工、建材制造）、下游（如家具制造）等关键利益相关者组成的商业联盟[1]。截至 2019 年，已涉及 100 家房地产公司和 3 669 家国内外白名单供应商。这些企业的年销售额为 2 900 亿美元，约占中国房地产行业总量的 20%[1]。

该倡议提出以来，取得了显著成效。自 2018 年起，所有成员企业将“白名单”标准纳入认可的联合采购招标文件中，为促进中国房地产行业对木材的合法和负责任采购做出了重要贡献。在全球森林和贸易网络的技术支持下，联合采购政策明确规定，绿色木材不得来源于具有高生态价值的森林、《濒危野生动植物国际贸易公约》所列树种、没有明确确定所有权的森林地区、正在进行森林和农地转换的地区，以及转基因木材。这些努力使得大约 2 800 万美元的源自合法采伐森林土地的木地板被采购（相当于中国总市场的 22%），这也是在森林保护和消除木材收获对生物多样性的负面影响方面的一项重要努力[1]。该倡议的目标是到 2025 年扩大这一努力，使超过 50% 的中国地板公司改用 FSC 认证的木材，使超过 500 万 hm^2 的森林得到可持续管理，并为全球生物多样性保护工作做出贡献[98]。

注重高质量的设计将使中国企业更好地解决国内日益增长的绿色消费，同时减少不可持续材料的使用和环境影响。然而，中国政府必须确保一个功能完善的监测和评估体系，以支持市场转型。例如，可以开发绿色价值链认证机制，并纳入其他已完善的全球认证计划和可持续标准，如 FSC 木材认证。此外，强化相关法规和执法也是取得预期效果的重要途径。

（2）基于数字解决方案的再利用商业模式可以助推中国实现资源约束下的经济增长

重复使用产品可以减少资源消耗，共享经济是一种新兴的商业模式，在共享出行、服装、充电宝等领域都已有具体应用。它通过个人或公司拥有产品并将其作为一种服务提供给消费者来实现对商品和服务的临时使用。最终，环境效益源于不同商品和资产利用度的提升及其使用寿命的延长，节约隐含能源和其他有价值的资源，避免新材料生产和报废处理相关的温室气体排放[99]。

以时尚行业为例，共享经济模式在过去十年中越来越受欢迎，尤其是设计师产品，包括中产阶级在特殊社交活动中偶尔使用的服装、鞋子和配饰。例如，2009 年，“Rent the Runway”租衣网作为一个电子商务平台出现，允许用户租用、订制或购买设计师服装和配饰。自 2016 年以来，该业务通过加速订制业务开始大幅扩张并开始盈利。截至 2019 年，该公司的估值超过 10 亿美元 [100]。这种商业模式可以在中国市场复制，对于快速增长的中产阶级来说可能有更大的商业潜力，预计到 2030 年，中产阶级的占比将从 2015 年的 57% 增长到 75% [101]。事实上，类似的概念早在 2014 年就在中国出现，如女神派（MSParis）、衣二三（YCloset）、云端衣橱（YEECHOO）、星洞（Starluxe）、一起贷（Yiqidai）和兜宝宝（Dou Baobao）[102]。

与此同时，随着中国人热衷于新的生活方式和消费习惯，奢侈品市场有望扩大和增长。这种快速增长的需求可以通过分享经济得到部分满足，其交易额预计将从 2020 年的 3.38 万亿元（5 224.7 亿美元）每年增长 10%[103]。此外，电子商务将加速奢侈品品牌的在线销售，使其可以到达一线城市以外的“95 后”人群，因为 80% 的中国人更喜欢在网上购买奢侈品 [104]。

另外，在二手市场购买二手服装或家具也可以达到再利用的目的。虽然租赁在奢侈品市场运作良好，但转售在中端市场更有效。中国电子商务巨头阿里巴巴集团运营着一个名为“闲鱼”的二手消费市场，用户可以在这里买卖二手产品，并可以选择使用母公司的物流系统。

总之，创建新的共享经济和再利用模式可以提高产品的使用率。这既能满足国内日益增长的高品质生活消费需求，也能在不增加生产的情况下拉动新需求的增长，进而实际减少原材料提取和生产的需求。这将成为“十四五”规划中强调的高质量发展和绿色增长的引擎。

尽管有这些重要的好处，共享经济可能产生的反弹效应（或称为杰文斯悖论）也不应被忽视。这里的反弹效应是指，因增加共享需求的行为改变而导致共享产品带来的资源利用效率提高的预期收益减少。共享经济模式使得消费者租用奢侈品比拥有奢侈品更便宜，这可能会使消费者增加对这些产品的需求。为了将意外反弹的风险降到最低，需要正确的政策激励措施来引导健康消费习惯的发展。

（3）增加回收可以提供替代解决方案，以满足由收入增长驱动的国内消费增长

在通过再利用使商品和材料保持在经济循环中的同时，不可再利用的部分则可以通过回收来保持价值。提高木质材料的回收率，有助于中国作为进口国减少对木材进口的依赖，从而减轻热带森林的压力。这可以通过对建筑施工、家具制造和造纸行业

等方面的干预来实现。

中国房地产行业市值位居世界第四（5 400 亿美元）[105]。它的扩张速度也是最快的，中国快速增长的城市每年增加 20 亿 m^2 的建筑面积 [106]。此外，中国房地产行业将通过“一带一路”倡议扩大其海外建筑业务。这种持续的扩张在国内和国际上都具有重要的环境影响。

2019 年，建筑和家具制造业占中国木材消费的 51%，其中 60% 是进口的 [107]。预计中国的木材消费量和进口总量将继续增长，以满足日益增长的市场需求。然而，由于对国内伐木的限制，国内资源难以满足中国的木材需求。因此，再生木材作为地板材料的市场迅速增长。在减轻上游生产压力的同时，中国政府必须完善和加强对再生材料使用的规范，最大限度地降低对人体健康的潜在风险。这是因为在生产阶段存在的有害物质将保留在回收材料中。一些国家已经制定了管理可回收材料的政策，以避免对健康造成负面影响。例如，欧盟（528/2012）的生物杀虫剂法规明确禁止在人造板上存在甲醛树脂等有害物质。

中国造纸行业自 2010 年以来纸张产量已经位居世界第一，占全球产量的 25%[108]。在过去的十年里，纸张的消费量大幅增长，这很大程度上是受电子商务和相关包装的蓬勃发展的推动。2017 年，该行业处理了 400 亿份订单，相当于每天处理 1 亿个包裹，产生了 790 万 t 包装废物。其中，86% 是瓦楞纸片，3.6% 是塑料。目前国内资源无法满足造纸生产中对原生纤维的需求 [109]。

在国际上采购木材和提高纸张回收率是一个明确的解决方案。然而，前者对采购国具有显著的当地影响。因此，以资源化为重点的循环实践可以让作为买方的中国减轻对大卖方国的压力 [110]。在满足对纸张不断增长的需求方面，回收利用具有巨大的潜力。例如，2017 年，60% 的纸包装和几乎全部的塑料都没有得到回收 [111]。

虽然提高回收率至关重要，但仅靠生产方面解决方案并不能解决我们当前不可持续增长模式的深层次问题：人口和收入的快速增长导致消费的不可持续扩张和增长。因此，另一种方法是完全取消纸和纸板包装，用可重复使用的容器和全面的逆向物流系统取而代之。后者也需要改变现有的消费模式。RePack 的商业模式就是一个很好的例子，该公司是一家为在线商店提供邮政包装产品的供应商。消费者可以选择 RePack 的包装服务，并在将包装寄回后获得代金券。虽然消费者可以在任何其他在线平台上使用优惠券，但零售商可以将自己与无害环境的送货服务结合起来，并培养忠诚的客户，减少他们日常生活对环境的影响。与一次性塑料包装相比，这使得 RePack 的碳足迹减少了 80%[112]。

5. 以可持续消费为核心的循环经济为高质量发展奠定基础

同样重要的是，循环经济的 3R 理念可以应用于加速消费者行为向“减少和再利用”模式的转变。这将减少对原材料的需求，同时增加对由回收材料制成的产品的需求，进而减少对用作生产投入的进口原材料的需求。以下列举了此类基于消费的策略的示例。

（1）转变消费模式，以减少食物损失和浪费以及塑料的使用

粮食损失和浪费（FLW）日益成为中国面临的主要挑战。中国每年损失和浪费的粮食约 3 500 万 t，约占其粮食总产量的 6%，这一数量可以养活 30 万～5 000 万人[86]。大约一半的粮食损失和浪费发生在供应链的下游端，无论是在零售店还是在消费者手中。餐馆和食堂平均占粮食损失与浪费的 28%[113]。与此同时，中国正面临着用于种植粮食的耕地的萎缩问题，这主要是由于土地退化，大约 40% 的土壤已经中度或严重退化[114]。这意味着中国必须通过下游消费解决粮食损失与浪费问题，以提高粮食安全并减轻农业扩张的压力。

中国已经在努力解决这个问题：2020 年，中国宣布发起“光盘行动”，鼓励消费者在餐馆点餐时减量[115]。此外，中国新的《反食品浪费法》将对任何在流行社交媒体渠道（如暴食视频）上宣扬暴饮暴食的人处以最高 10 万元的罚款。餐厅如果诱导或误导消费者“点餐过多，造成明显浪费”，也会面临罚款[116]。为响应反食品浪费运动，中国各地都开展了以地方为主导的行动。例如，自 2020 年 4 月起，合肥市中心的金陵大酒店向带走剩菜的食客提供 10% 的折扣或 50 元（7.19 美元）的优惠券以供下次使用[115]。

然而，需要更多的创新来促进人们习俗和文化态度的改变，从而减少浪费食物的消费习惯，并鼓励健康饮食[117]。例如，技术驱动的政策激励措施或新商业模式可以促使零售商打折出售可能被浪费的食品。再如，为了应对不确定的波动需求，Lunchie 公司和 ResQ 公司开发了一个移动应用程序，允许餐饮场所以折扣价向在特定时间窗口取餐的当地客户出售剩余食品。该应用程序提供了一个双赢的解决方案，即使消费者可以轻松地以较低价格获得高品质食物，也避免当地餐馆的实物浪费和相关收入损失[118]。

除了食品垃圾，塑料的一次性使用问题也亟待解决。中国每年生产约 2 000 万 t 一次性不可降解材料，其中包括 300 万 t 购物袋[121]，迫切需要政策创新来推动公民降低塑料包装的消费量。2020 年 1 月 16 日，中国国家发展和改革委员会（NDRC）和生态环境部联合发布禁令，禁止在餐厅、购物塑料袋和含有微塑料的化妆品中使用一次性塑料。该禁令已于 2021 年 1 月 1 日生效[82]，预计到 2025 年，城市外卖塑料使用量将

减少 30%。该政策的效果尚待观察，但全国各省已发布了实施该国家政策的计划。

同时，塑料的替代产品研究也在增加。例如，快餐店开始提供由高粱、大米和小麦粉制成的勺子、叉子，甚至筷子。EnviGreen 是一家印度公司，发明了由淀粉制成的储物袋，使用后可以成为动物的食物 [119]。已经有许多商业化的发明，为消费者提供了更多替代塑料的选择，从而支持减少塑料使用的行为转变。

（2）改变消费者的行为，鼓励塑料再利用，减少对原材料投入的需求

再利用模式是循环经济减少对原材料投入的需求，带来经济和环境效益的一个明显例子。例如，在全球范围内，再利用 20% 的塑料总量将产生 100 亿美元的经济效益 [73]。

包装再利用对中国非常重要。仅在 2010 年，中国公民就产生了 6 000 万 t 塑料垃圾 [72]。与此同时，中国也是塑料的主要生产国，生产了全球 20% 的塑料 [120]。在新冠肺炎疫情大流行期间，由于对个人防护设备和一次性塑料（如外卖容器和在线购买包装）的需求增加，塑料产量猛增。通过解决塑料的生产和使用，中国还能够减少化石燃料的消耗和进口，这是塑料生产的重要原材料 [121]。

有四种实用的方法可以通过企业对消费者（B2C）服务模式在价值链末端鼓励塑料再利用。首先，消费者可以在家里使用塑料容器重复灌装。为推广这种新商业模式，行业龙头企业应当联合起来重新设计标准化的容器。例如，总部位于美国的社会企业 TerraCycle 开发了 Loop 平台，旨在为全球消费者购买重复灌装包装产品提供便捷得体的购物方式。其次，企业可以提供取货服务以使用塑料容器重复灌装并将其退还给客户。再次，消费者可以选择在商店和其他零售地点重新填充容器。最后，消费者可以选择将他们的容器丢弃在特定地点，而企业可以从这些地点收集容器并进行清洁和重新灌装，以使产品可以再次在零售店销售。例如，Splosh 洗发水装在一个容器中，最多可重复使用 20 次。这样可以减少 95% 的材料使用以及塑料容器生产过程中所需的能源 [99]。

总而言之，从环境和经济的角度来看，塑料容器的再利用模式是有益的。同时，它们是多样的，可以不同的方式实施，适用于大量的产品。然而，推广再利用模式需要政府和企业创造激励措施来吸引更多消费者参与。

（3）转变消费，引领新的时尚潮流，促进环保材料的使用

纺织业由于生产、提取和利用原材料生产天然纤维而对环境产生重大影响。例如，棉花占欧洲市场使用的所有纤维的 43%，其特点是水足迹高。羊毛是另一种重要的纤维材料，其生产会产生大量温室气体排放 [122]。

随着消费者越来越意识到时尚行业的肮脏程度，他们已经开始采取行动向行业提

出更多的要求。消费者对更可持续消费的需求可以推动商业实践的改进，并促进新的可持续时尚趋势的出现。例如，标志性奢侈品牌 Hermes 与美国初创公司 MycoWorks 合作，使用 Sylvania（一种由菌丝体或蘑菇根制成的材料）重新打造其广受欢迎的 Victoria 行李袋[123]。

此外，原材料的稀缺迫使时尚界的许多品牌采用回收利用来满足对服装日益增长的需求。在过去的几年里，“纤维到纤维”作为原材料的可持续替代品已经开始出现。然而，回收纤维作为新产品原料的做法尚处于起步阶段，难以实现规模经济。不断变化的消费者需求可能会导致对技术创新的投资增加，这些创新将解决纤维回收转变过程中的问题，例如长度缩短、服装中纤维混合物的使用以及生产过程中的杂质。此外，消费者偏好的变化还可以推动时装设计中越来越多地使用回收和可回收材料，为时装业的可持续转型做出贡献。例如，Muiccia Prada 女士和 Raf Simons 先生的合作系列已开始生产由 100% 再生尼龙制成的服装[124]。服装品牌 H&M 与中国香港纺织及成衣研发中心（HKRITA）合作开发了一种技术，可以在不损坏纤维的前提下将棉花与再生聚酯纤维分离。 再生聚酯纤维随后被用于童装系列产品，为公司的减排目标做出了贡献[124]。

作为全球最大的纺织品生产国，国内外消费模式的变化对中国影响巨大。更环保的消费方式已经越来越受欢迎，尤其是在中产阶级中。如今，消费者通过社交媒体、活动和同行影响越来越意识到纺织品生产对环境的影响，并愿意为更可持续的生活方式买单。中央和地方政府也可以通过公共绿色采购支持向可持续消费的转变。例如，在荷兰，国防部在一份提供毛巾、衣服和工装裤的大型合同中明确规定优先使用回收纤维[75]。设计师在将再生材料融入时装设计方面也发挥着重要作用，这可以创造支持全球向绿色消费和更健康生活方式转变的时尚潮流。

6. 循环经济可以为中国企业带来新的商机

（1）全球贸易动态和政策变化对中国企业的影响

随着各国对循环经济的兴趣不断增强，全球贸易政策和实践在设计时也需要考虑循环性。这种对各国如何看待贸易的重要重构充满了机遇。虽然循环经济转型历来是通过国内政策（如上一节中提到的政策）推动的，但越来越明显的是，贸易也很重要，因为大多数商品以某种方式与全球价值链相关联[125]。作为全球贸易的主导力量，中国认识到跨境流动的经济、环境和社会影响至关重要。

在全球贸易发展过程中，单个国家可以制定政策推动国际贸易更具循环性。例如，生产者责任延伸（EPR）要求生产者将其对产品的责任延伸到产品生命周期的消费阶段之外。EPR 政策通常适用于国内销售的产品，但也可以扩展到出口产品，生产商负责在出口国对商品进行收集、分类和使用后回收 [126]。

与循环经济相关的全行业举措通常也需要支持贸易政策和实践才能取得成功。例如，通过优先考虑生态设计，一个行业可以通过更好的产品设计来减少浪费，并使产品的零部件更容易拆卸以再利用或回收。然而，这种做法需要“需求拉动”来推动供应。各国可以利用贸易法规以及统一的标准在多个跨境市场中创造这种需求。

以循环为理念设计的全球贸易提供了环境效益之外的好处，如经济多样化、技术增长和创新，以及新技能开发 [121]。如果监管得当，它可以将废物和材料运送到有更好分类和处理能力的目的地 [125]。开放市场可以成为有益的强大工具，而经过深思熟虑的贸易政策可以获得积极的商业利益，特别是中国可以通过将贸易和循环经济视为一个相互关联的系统来提高供应链的安全性和稳定性。此外，随着服务贸易在全球贸易中的吸引力越来越大，中国将产生新的循环经济商业模式，特别是那些小微科技公司，例如那些与循环经济相关的交易量巨大的服务，包括 IT 服务，其他专业、技术和商业服务（如技术测试或环境咨询服务），无运营商的租赁服务，研发服务，维护、维修和安装（建筑除外）服务，污水和废物收集服务以及与建筑服务相关的专业服务 [128]。

此外，中国有重要的机会在贸易和循环经济问题上发挥领导作用，特别是在这两者之间的联系仍处于起步阶段的情况下。例如，中国可以利用全球市场供给可回收或可重复使用的材料，同时鼓励其 14 亿公民转变消费习惯。同时，多边合作可以有利于国家间关系的健康发展，并从贸易扩展到其他事务。中国已经具有全球合作的精神，最近通过世界贸易组织率先发起了减塑倡议。如今，大多数商品以某种方式与全球价值链相关联 [129]。

（2）中国循环经济市场的蓬勃发展和商业创新

循环经济商业模式已经开始在中国的许多经济领域出现。其中许多企业创造了可观的市场收入，并创造了大量体面的就业机会。

共享经济和提供服务的机遇。如前所述，共享平台和产品的服务不仅带来了环境效益，也带来了经济机会。仅在中国，共享经济在 2019 年就支持了 6 亿人的 5 000 亿美元交易，预计到 2025 年将占中国 GDP 的 20%[130]。2018 年，中国约有 7.6 亿人参与共享经济，其中，服务提供者约 7 500 万人 [131]。2020 年，共享经济从业人员规模达到 8 400 万人，其中 631 万人直接受雇于网络销售平台 [131]。将共享经济模式扩展到租赁名牌服装和家具等领域，可能会进一步增加共享商品的市场机会。像 YCloset 这样的在线平台已经开始接受这一趋势，为每月支付订费的消费者提供服装租赁服务。

YCloset 吸引了阿里巴巴等知名投资者和 H&M 等品牌合作伙伴，截至 2019 年，已拥有 1 500 万注册用户 [132]。新经济模式要求企业从产品供应商向服务供应商转变，这可以产生可观的经济效益。例如，2019 年全球维护和维修市场的价值为 1.3 万亿美元 [133]。

再利用模式的机遇。据估计，全球每年有价值 4 600 亿美元的未被充分利用的服装被丢弃。如果一件衣服的平均穿着时间增加一倍，纺织行业的温室气体排放量可能会减少 44%[123]。此外，二手服装市场预计在未来 5 年内将增长 5 倍，达到 6 400 万美元 [134]。

在国内，再利用模式不仅可以减少中国对环境的负面影响，还可以创造商机。在中国，每年丢弃的约 2 600 万 t 纺织品中，只有 10% ～ 15% 得到回收和再利用，这表明有充足的机会进行更多的再利用 [135]。此外，奢侈品的二手市场在中国有着巨大的潜力，自 1990 年以来需求量稳步上升，到 2017 年总销售额达 80 亿元，预计还将以 20% 的速度增长。同年，二手奢侈品专卖店总数约为 2 500 家，其中专门经营二手新用品的商店有 400 家。对二手奢侈品的需求已成为日益壮大的中国中产阶级的可行选择 [136]。

再利用模式在包装领域也有显著的发展势头，有三分之一的包装最终被填埋 [137]。这种日益增长的兴趣源于人们越来越认识到，再利用模式不仅提供了一系列新的塑料污染解决方案，而且还具有释放巨大商业利益的潜力。例如，联合利华承诺到 2025 年将原始塑料包装减少 50%，其中三分之一来自绝对塑料减少，包装生产商 Amcor 的可重复使用和可再填充 PET 容器的销售额在过去两年翻了一番 [138]。智利初创公司 Algramo 旨在通过其智能自动售货机消除塑料包装，这些自动售货机将家用清洁产品等产品分配到可重复使用的包装中 [139]。这种创新也伴随着巨大的经济潜力。事实上，将全球 20% 的塑料包装转化为可重复使用的替代品，可以带来 100 亿美元的商机 [140]。

科技赋能回收新商业模式。在中国，越来越多的科技公司参与回收业务。物联网、大数据等新技术已被应用于改造家庭回收业务。它们可以改善生活垃圾的分选，大幅提高家庭回收率，并根据家庭的喜好创造包括礼物、信用、代金券等不同形式的奖励。高科技公司的参与将改变人们对回收行业的态度，创造更多体面的工作，尤其是对受过良好教育的年轻一代。

中国全国性的大规模回收系统仍处于起步阶段，但发展迅速。例如，2019 年中国启动了创建“无废城市”的试点计划，到 2020 年年底，该计划预计将新建 200 个大型回收基地来处理固体废物 [141]。新技术可以在扩大中国小规模回收模式方面发挥重要作用，尤其是针对最终消费者。例如，押金返还的回收模式在很多城市已经存在了几十年。装瓶公司通过当地社区商店有效地收集最终消费者的空玻璃瓶（如啤酒和可口可乐）。这些瓶子可以由同一家装瓶公司清洗和重复使用，这是一项重要的成本节约策略。其原理类似于西方国家的存款返还计划（DRS）。通过它，消费者被要求在交付他们购买的产品时支付一次性金属 / 玻璃或塑料容器费用。最常见的例子是瓶装饮料。退回瓶子后，消费者会收回押金[142]。中国可以采用 DRS 来扩展其现有的全国范围押金返还回收模式，并使用新技术更好地对废物进行分选，以提高回收率。

（二）推动中国价值链中循环经济发展的五个因素（专栏 8-9）

专栏 8-9 关键要点——推动中国价值链中循环经济发展的五个因素

更高的产品标准、绿色金融、先进技术、严格的规定和新的商业模式，这些措施的综合应用，对于促进中国循环经济发展至关重要。系统性的改变需要采用整体性解决方案，并通过一个协同的绿色价值链机制加以保证。

- 建立基于循环经济原则的设计和产品标准以及认证体系，可以支持更好地进行废物管理的国家战略，鼓励跨境贸易的透明度。设立法规和产品认证，支持可回收原材料、商品和废物的二级市场，间接支持消费者对更高质量的可回收产品的需求。
- 需要创新的绿色金融解决方案来打破循环经济商业模式融资的障碍，尤其是中小企业所寻求的融资模式。
- 机器人、区块链和物联网等先进技术可以通过颠覆性的变革来帮助加速向循环经济的过渡，从提高透明度到提高产品的可回收性或再利用性。
- 需要适当的监管来激励整个价值链中的循环经济。生产者责任延伸（EPR）和押金返还计划（DRS）已被证明对开发生产者和消费者的再利用和回收利用非常有用，需要加强机构能力和执法以确保其成功。
- 需要新的循环商业模式来确保企业在循环经济中蓬勃发展，并促使消费者做出优化的循环决策。

正如我们所讨论的，循环经济的机遇是巨大的，中国有无数种方法可以来应用最新的实践和趋势。在此过程中，中国可以利用五个跨领域的推动因素，加强和促进其循环经济发展，我们将在本节重点介绍。由于这些推动因素的交叉性要求采取协调的方法，因此可以将其与全球绿色价值链研究所的职能相结合。

1. 循环经济设计和产品标准及认证体系

中国有充分的条件发展符合最高标准的国内循环经济政策，并在国际舞台上发挥引领作用。中国可以成为设计和创新领域的公认力量，摆脱目前对其制造业“廉价低质”的看法。制定更明确的产品标准和认证体系，并通过中国绿色价值链推进机制加以实施，既可以支持更好的废物管理国家战略，也可以增强跨境贸易的透明度。通过建立法规和产品认证体系，中国可以直接支持可回收原材料、商品和废物的二级市场，并间接促进消费者对更高质量的回收产品的需求。

中国为减少塑料制品而采取的有关产品标准的法律和指南，为中国制定此类法规和标准提供了范例。国家质量监督检验检疫总局制定了两项产品标准：2013 年的塑料（特别是聚苯乙烯化合物）产品标准，以及 2014 年的纸和塑料（包括食品包装用复合薄膜和小袋）产品标准。但是，这些标准并不具有法律约束力[87]。

法规和标准促进循环经济主流化的例子还包括要求延长所有电子设备的保修期限；关于产品可修复性和再利用性的标准化信息；鼓励产品修复和再利用的相关激励措施。

还需要协调和整合针对价值链不同阶段的认证体系。例如，软性商品生产的认证标准可以更好地与产品中可回收成分的认证、产品全生命周期分析工具、环境产品披露以及与产品设计和使用相关的标准（如建筑认证体系）相结合。这种整合可以帮助消费者和采购部门减少对于特定产品或服务各种声明和认证系体系的困惑。中国机构应梳理已建立的国际标准和相关认证体系的清单，以便在中国的政策指导下更好地整合、采用或认可这些标准。生产国和消费国之间需要密切的多边合作，以协调跨境贸易不同产品标准的一致性。

2. 利用绿色金融支持循环商业模式

采用长期循环商业模式的中小企业短期投资回报通常较低，因此难以获得适当的融资。

中国政府、央行和金融监管机构可以帮助缓解这一问题。中国政府可以直接投资于循环经济活动和创新，通过定价外部性等方式确定方向和创造公平竞争环境。其中央银行和金融监管机构可以将循环概念整合到风险评估和建模中，扩展专用循环性衡量工具，并将循环指标集成到现有框架中[138]。

中国可以利用现有的绿色金融发展势头。中国发行的绿色债券数量已经超过除美国外的任何国家[143]，中国在“十三五”期间投入了大约 17 万亿元（2.5 万亿美元）用于环保项目。

中国政府可以制定政策，确保中小企业更好地获得金融服务，或许可以通过提供风险缓解融资计划作为贷款担保。例如，他们可以通过各种金融工具来帮助规模较小的废物管理和回收行业筹集资金，特别是当回收行业对投资者的吸引力普遍较低时[144]。例如，韩国向废物管理公司提供了财政援助。这种支持对于中国成为生态可持续的国家至关重要。《欧盟绿色金融分类》提供了一份有用的清单，列出了包括循环经济在内的环境可持续经济活动，可以为推动中国循环经济主流化的绿色金融优先事项的设定提供参考。

3. 利用 21 世纪的先进技术

中国已经是颠覆性技术的世界领先者之一，北京和上海等城市中心在量子计算、人工智能和大数据等领域处于领先地位[145]。中国可以利用自身的技术优势，引进新的理念和做法，完善循环经济政策，成为全球循环经济的先锋。机器人、区块链和物联网等先进信息技术可以通过颠覆性变革来帮助加速向循环经济的过渡。从提高材料的透明度到提高产品的可回收性或再利用性，此类创新使循环实践变得容易和可被采用，并有助于社会向更加循环的世界转变。这些技术还可以使追踪材料的来源变得更容易，从而鼓励全球通用的贸易标准，并通过嵌入的产品信息普遍提高材料的可追溯性。

世界各地的公司已经在上述建议领域将这些技术付诸实践。例如，Miniwiz 公司开发了一种专利塑料，通过制造过程将城市塑料垃圾与稻壳结合在一起，与传统工艺相比，该工艺的二氧化碳排放量减少了 40%[146]，而海尔公司利用 3D 打印快速制造家用电器的原型，允许迭代设计过程来提高产品质量。

4. 强化国内外法规和制度建设

中国需要通过加强法规和制度建设来推广循环经济原则。押金返还计划、生产者责任延伸制度和禁止塑料购物袋等产品，是可以更广泛应用的监管工具。

自 2015 年以来，中国已经建立了法律框架和法规，指导从产品设计到零售、消费、再利用、回收和废物管理的整个产品生命周期中实施生产者责任延伸制度。在“十四五”期间，政府可以在“十三五”电子产品、汽车产品、纸制饮料包装和铅酸电池等重点生产者责任延伸试点的基础上扩大试点。这需要新的机构来大规模推动这些计划，以产生预期的影响。

生产者责任延伸制度、押金返还计划和延长保修期等已被纳入中国有关法律、法规和政策文件中，包括 2008 年的《中华人民共和国循环经济促进法》、2015 年的《生态文明体制改革总体方案》和 2016 年的《生产者责任延伸制度推行方案》。但其有效实施需要建立配套的回收系统等基础设施以及其他相关领域的政策支持，如促进生产企业、回收企业和电子商务平台之间的信息共享和协作。

“十三五”期间，中国已开展电气和电子产品的生产责任者延伸试点项目。“十四五”规划要求汽车产品也开展生产责任者延伸试点。但是，重要的是要迅速将押金返还计划和生产者责任延伸制度扩展到其他部门，特别是在商品和食品的电子商务递送服务中使用包装材料。阿里巴巴、京东和苏宁等中国电子商务巨头已经通过各种激励措施（例如，价格折扣和购物券）鼓励消费者在网上订单中选择绿色包装，如无胶带包装盒和可生物降解的包装材料。然而，需要更多的激励措施来鼓励更多的参与。

例如，可以通过生产者责任延伸法律鼓励中国的造纸行业进行更多的回收利用。电子商务业务的责任也可以扩展到其他包装材料，包括约占二手包装的 40% 纸包装和塑料包装 [111]。2017 年，中国政府立法推动生产者责任延伸和生态设计，表明如果将考虑了可修复性和回收性的产品投入市场，我们不仅会减少材料的使用和影响，还会在不增加售出产品的情况下创造更多价值。

此外，生产者责任延伸计划可以跨境推广，以推动生产商生产高质量产品，扩大产品使用范围并减少国家管辖范围以外的环境影响。跨境生产者责任延伸计划的实施需要受到国际公约（如巴塞尔公约）框架下严格的国内政策的监管，该公约限制了有害或难以回收的塑料废物的出口。欧盟在其废物运输条例（EU 2020/2174）中已将限制塑料废物清单内化，但需要加强执法以确保该条例的有效性。

押金返还计划可以推动消费者支持包装回收的行为。迄今为止，全球约有 40 个国家 / 地区设立了押金返还计划 [147]。精心设计和实施良好的押金返还计划 可以提高饮料容器的收集率，并提高高纯度和高质量材料的捕获率，如德国、挪威和荷兰，都实施了押金返还计划，并报告塑料饮料瓶的收集和回收率达到 95% [148]。实施押金返还计划也有潜在的排放效益：苏格兰估计，其 2022 年在全国范围内对废旧瓶罐进行押金返还的计划，将在 25 年内减少 400 万 t 温室气体的排放。目前落后于西方国家的中国，可以实施押金返还计划以提高国内回收率。

5. 发展新型循环商业模式，支持向绿色消费转型

循环经济的转型引入需要新的商业模式，在这种模式下企业可以不依赖无节制消费而得到蓬勃发展。

从提供产品转向提供服务是最常见的方法，通常由先进的信息技术推动。公司保留资产的所有权，并从向客户出售服务中获得利润，从而确保最大限度地利用资产，并相应地减少对环境的影响。如三（一）节所述，为避免共享经济的意外反弹后果，需要政策激励和新的经营理念。

荷兰照明公司飞利浦就是一个例子。该公司早在 2009 年就推出了“循环照明”，即“按勒克斯付费”，客户可以与飞利浦签订个人服务合同，为以勒克斯为单位的设备设定特定亮度。飞利浦不销售灯泡，而是提供完整的安装、供电和维护服务，并鼓励安装寿命最长、效率最高的设备，而不是数量最多的灯泡 [129]。将这些服务内容整合到实体产品的价值主张中，可以建立高质量的品牌和消费者对品牌的忠诚度 [149]。

服装和家具行业的企业已实施回购、修理或翻新后再转售的模式，确保了品牌的二手价值。这最大限度地延长了使用寿命，并支持了为更长的寿命和可修复性而设计的必要性。

政府部门应继续开展相关倡议行动，如习近平主席倡导的反对食物浪费的“光盘行动”，加快促进消费者向“减量化和再利用”消费模式转变。抓住机遇，在政府、学校、国企和私营部门推动绿色采购主流化，在建筑和餐饮等行业采用循环经济手段。

四、政策建议

新冠肺炎疫情暴发和气候变化影响，给全球经济造成严重冲击的同时，也增强了人们对生产和消费绿色转型必要性和紧迫性的认识。中国应抓住历史机遇，采取如下优先行动，加快推进全球价值链的绿色化步伐（表 8-3）。

（1）针对软性商品价值链，完善尽职调查相关法规要求，推动追溯体系技术进步，开发绿色金融工具，采取有助于价值链绿色化的贸易政策，进而推动经济社会整体实现绿色转型。

（2）在价值链上游的生产环节和下游的消费环节中纳入循环经济原则，运用提高产品标准、发展绿色金融、利用先进技术、强化监督管理、创新商业模式等手段，鼓励全球范围内生产和消费的可持续转型。

（3）为落实上述优先行动，加快构建引进循环经济原则的全球绿色价值链推进机制与技术支撑体系。

表 8-3 政策建议汇总

六大优先事项	
宣传交流	构建并宣传中国绿色价值链战略框架
法规体系	完善尽职调查和追溯系统建设法规体系
技术体系	推动尽职调查和追溯体系建设技术进步

六大优先事项	
金融体系	开发有利于绿色价值链的创新金融工具
贸易体系	将绿色价值链相关要求纳入贸易协定中
循环经济	将循环经济原则纳入主流，促进绿色消费和可持续采购
加快推进中国绿色价值链技术支撑体系建设	
机制建设	构建中国绿色价值链协调机制框架
规划制定	制定绿色价值链发展规划及优先领域
研究和政策对话	促进科学研究和政策对话，支持整个价值链的绿色化

（一）现阶段中国绿色价值链发展六大优先事项

1. 构建并宣传中国绿色价值链战略框架

中国可以在国内相关高层活动上传达构建绿色价值链的意愿，为国内外的领导人、政府机构、企业、金融机构、民间社会组织和合作伙伴共同创建和实施一个强有力的全球绿色价值链战略提供动力。中国可以与国际合作伙伴交流其在绿色价值链方面的雄心和承诺。

（1）在《生物多样性公约》第十五次缔约方会议上宣布一项雄心勃勃的全球价值链绿色化承诺，同时鼓励其他国家共同参与并做出贡献。

（2）推动将构建全球绿色价值链作为议题之一纳入 G20 峰会，供全球领导人讨论，争取形成共识并采取共同举措。

（3）借助《联合国气候变化框架公约》第二十六次缔约方会议的契机，介绍中国推动全球价值链绿色化、通过绿色价值链推进“双循环”战略和实现“双碳”目标等方面的主张和立场。

（4）在《生物多样性公约》第十五次缔约方会议的“生态文明与生物多样性保护主流化”和“商业与生物多样性”论坛上设置绿色价值链相关议题和环节，宣介本研究成果，促进关键利益相关方的参与和交流，推动中国软性商品绿色价值链战略框架构建。

2. 完善尽职调查和追溯系统建设法规体系

开展尽职调查和推动追溯体系应用，有助于进口商、金融机构、政府部门和消费者正确识别商品来源的合法性和可持续性。为此，中国需加强相关法规体系建设，明确全球价值链参与方对商品来源开展尽职调查的责任和义务，同时，推动追溯体系建设与应用，增强商品来源合法性和可持续性方面的透明度，促进中国与全球主流市场相互协同，增强全球价值链的安全性和韧性。

这一法规体系的核心是要求参与全球价值链的企业和金融机构履行尽职调查义务，核查商品来源的合法性，确保商品生产符合原产国法律法规。在此基础上，可鼓励企业和金融机构利用尽职调查，进一步评估商品生产的可持续性。对尽职调查的强制性要求应适用于全球价值链上的所有企业，以及为商品生产和贸易提供融资的所有金融机构。

这一法规体系将与《对外投资合作绿色发展工作指引》[6] 中的要求保持一致。《对外投资合作绿色发展工作指引》中的相关要求包括：①推动绿色生产和经营，包括开展尽职调查，识别潜在环境风险，打造绿色供应链，实施绿色采购。②推动企业主体绿色转型，包括健全绿色合规体系建设，规范境外经营行为，补齐绿色短板。③防范环境风险，包括推动企业按照东道国法律法规要求，采取合理、必要措施降低或减缓投资合作可能产生的不良生态环境影响；在东道国没有相关法律法规，或者环保标准过低的情况下，鼓励企业采用国际组织或多边机构通行标准或中国标准开展投资合作活动。④优化绿色监管服务，包括加强企业绿色发展情况监测分析，提升信息化监管水平。⑤这一法规体系的构建可与"一带一路"环境大数据平台、"一带一路"国际绿色发展联盟的工作相协同，确保其与"一带一路"绿色价值链发展指数对接。该法规体系还应有助于为相关政府机构提供与绿色采购、供应链、贸易和金融未来相关的政策指导。

3. 推动尽职调查和追溯体系建设技术进步

中国应利用当前监测和追踪技术正在不断创新的良好时机，有效提高尽职调查和追溯体系应用的可行性、实用性和经济性，使得企业（特别是中小企业）能够更加方便地对其绿色标准符合性、商品来源合法性进行审查。对于循环经济而言，在追溯体系中采用区块链和数字标签技术可以提高原料来源的透明度，增强产品的可回收性或重用性，同时，加强上游生产者和下游消费者之间的联系，使循环经济的实践变得更加方便可行。

中国已经针对肉类和蔬菜、酒精产品、药品和中草药等重点商品开展了追溯体系建设的实践，发布了详细的指导意见。可以借鉴在这些领域取得的经验，加强其他软性商品和产品的追溯体系建设。绿色技术创新也被列为中国对外投资合作绿色发展的重点工作之一[6]。在此过程中，中国应让企业，尤其是中小型企业参与进来，以确保尽职调查和可追溯系统与业务流程相匹配，并且在实施时具有成本效益。

4. 开发有利于绿色价值链的创新金融工具

中国应利用金融机构的力量，通过创新金融工具促进绿色经济实践。这些工具反过来也将帮助金融机构对非可持续行为导致的金融风险（例如，合规性、客户的社会和市场风险、银行的违约和声誉风险等）进行有效管理。这些工具可以包括向符合绿色绩效标准的生产商、制造商和贸易商提供低利率和/或快速支付发票等创新贸易融资，以激励借款人实现可持续性、可追溯性和循环经济目标。此外，绿色债券、政府担保贷款等创新金融工具也可用于促进循环经济实践，为采用循环经济商业模式的中小企业打破融资障碍。

中国应探索如何更好地落实和利用《关于构建绿色金融体系的指导意见》，为绿色价值链和循环经济发展创造新的金融激励措施。中国银行保险监督管理委员会（CBIRC）可与主要银行合作，对新金融工具进行试点，并提供在中国环境下构建绿色价值链的具体指南，包括：①修订绿色信贷指引和绿色信贷统计制度；②扩大绿色信贷范围，以包括对满足相关可持续性和可追溯性要求的软性商品的融资，以及与循环经济实践相关的融资；③更新《关于促进银行保险业高质量发展的指导意见》，强化数据披露的有关要求。

这些绿色价值链金融工具的开发和应用，可以以“一带一路”绿色发展国际联盟的工作，以及正在开展的用以评估“一带一路”投资环境绩效的“交通灯系统”项目为基础。如果一个项目涉及软性商品的生产和加工，或涉及有可能间接鼓励扩大软性商品生产的基础设施建设，那么，对其应用“交通灯系统”将对价值链的绿色化提供有效支持。“交通灯系统”中应包括减少软性商品生产对环境和社会负面影响，并同时提高可持续林业和农业实践水平的有关要求。

中国应继续参与 G20 可持续金融工作组的工作，推动更广泛地采用环境风险分析做法，改善环境数据的公众可得性和可获取性，使金融机构能够更好地分析和管理环境风险，并为绿色投资机会融资分配资源。

5. 将绿色价值链相关要求纳入贸易协定中

中国可以在双边和多边贸易协定中纳入绿色软性商品进口相关措施。在世界贸易组织框架下，参与对绿色软性商品贸易提供关税优惠的相关工作。在亚太经合组织（APEC）和区域全面经济伙伴关系（RCEP）框架下，从一些试点与森林、农业和商品贸易（FACT）对话（在该对话框架下，各国承诺共同努力保护世界森林，促进可持续贸易）开始，开展软性商品生产和贸易可持续性标准协调工作。在森林、农业和商品贸易对话框架下，各国承诺共同努力保护世界森林，促进可持续贸易。

国家国际发展合作署（CIDCA）可通过南南发展援助，支持出口国加强绿色商品供应能力建设。这种援助可以包括赠款、无息贷款、优惠贷款和技术援助，以便在现有农业用地上增加商品产量（避免毁林），改进商品可追溯性，提高政策制定能力。其目的是确保商品生产的合法性，改进生产的可持续性，建立核查和追溯体系，从而支持对森林等生态系统的保护和恢复，进而保护生物多样性、减缓和适应气候变化，与此同时，尊重和满足当地农民、社区和土著居民的需要。

这些行动将与《对外投资合作绿色发展工作指引》[6] 中“优化绿色监管服务”的要求相一致。 该文件要求，“加强与有关国家绿色发展战略对接和政策沟通，为企业创造良好外部发展环境”，“鼓励境外中资企业商（协）会研究制定在东道国开展投资合作的绿色指引”。

随着各国对循环经济的兴趣不断增强，全球贸易政策和实践的设计需要考虑到循环性。 通过这种方式，贸易协定可以在促进绿色消费的同时，鼓励跨境贸易增加透明度。 最终，如果将贸易和循环经济视为一个相互关联的系统，中国和其他国家将在更安全、更稳定的供应链中受益。

6. 将循环经济原则纳入主流，促进绿色消费和可持续采购

中国应采取整体、系统的方法，将循环经济理念作为价值链中绿色消费和可持续采购的驱动力。 为此，中国应利用好循环经济的五个关键推动因素［如三（二）节中所述］。

①循环经济设计和产品标准及认证体系。

②利用绿色金融支持循环商业模式。

③利用 21 世纪的先进技术。

④强化国内外法规和制度建设。

⑤发展新型循环商业模式，支持向绿色消费转型。

由于这些推动因素具有跨部门交叉性，应授权绿色价值链协调机制［如四（二）节中所述］探索循环经济解决方案如何促进价值链绿色化，并协调和支持循环经济措施的实施，包括国内标准和方法如何与国际标准和协议相衔接。

（二）加快推进中国绿色价值链技术支撑体系建设

2020 年国合会全球绿色价值链研究课题第一阶段研究报告中，提出了筹划设立中国绿色价值链协调机制并组建绿色价值链技术支持机构“全球绿色价值链研究所”的建议。该机制将推动中国的绿色价值链战略，以支持中国的“十四五”规划、“双碳”目标和“双循环”新发展格局，同时，确保各相关部委和国际机构对绿色价值链的协调和技术支持，包括落实上述建议采取的优先行动。

1. 构建中国绿色价值链推进机制框架

初步考虑，中国应成立一个由相关部委和主管部门（如生态环境部、商务部、工业和信息化部、农业农村部、国家林草局、海关总署、银保监会、国家国际发展合作署等）参加的部际协调委员会，负责审查和批准中国绿色价值链战略、政策和行动计划，组织协调各成员单位推进工作任务。

各成员单位可委派业务司局及其负责人员作为联络机构和联络人，组成指导委员会，建立日常协调沟通机制，监督各项工作的实施及其效果。同时，相关行业协会、研究机构、国际组织和非政府组织等合作伙伴组成咨询 / 顾问委员会，为绿色价值链推进工作提供智力、技术、资金、项目等方面的支持。各类利益相关方可作为支持单位，为各项任务的实施提供资源和协助（图 8-4）。

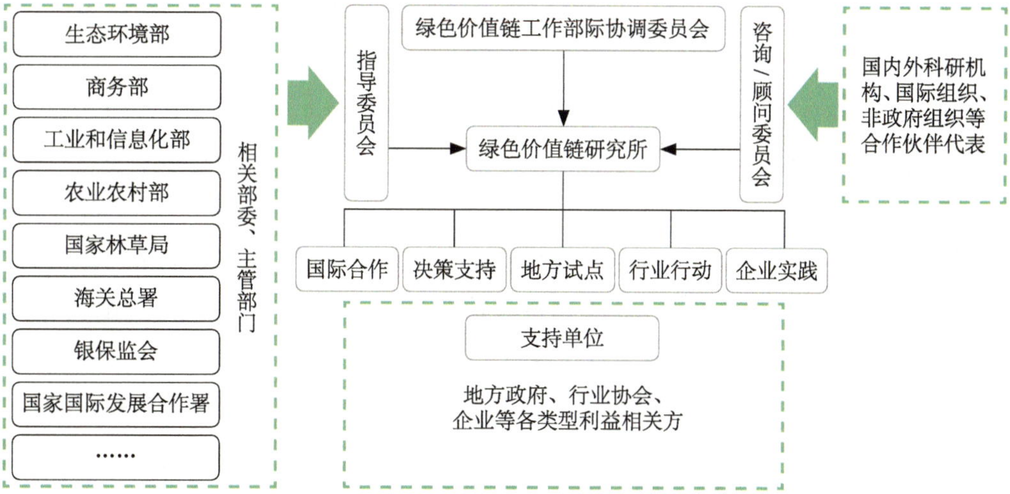

图 8-4　**中国绿色价值链推进机制示意图**

2. 制定绿色价值链发展规划和优先事项

中国已于 2020 年在生态环境部对外合作交流中心组建了“全球绿色价值链研究所”，作为中国绿色价值链推进机制的核心技术支持机构。其机构能力建设应尽快得到加强，同时，应尽快策划提出中国绿色价值链推进技术体系框架，形成多方参与的长效合作机制，启动相关技术支持工作，特别是谋划落实上节提出的优先行动建议。

此外，在全球绿色价值链研究所支持下，中国还应着手制定一个中国绿色价值链五年发展规划和路线图，并开展相关科学研究和政策对话。

基于本专题研究的结论，规划和路线图可优先考虑与软性商品价值链绿色化相关的行动，以及针对特定行业（如木材和粮食等）以促进可持续消费和规范循环经济实践为目标的措施，并逐步将范围扩大至硬性商品或其他行业部门。应该就中国和其他主要国家在全球价值链绿色化方面可以做什么、如何做（包括试点应用）以及谁需要做哪些事，制订针对大宗商品和行业的具体计划。为此，全球绿色价值链研究所应建立合作网络和信息交流平台，推动各利益相关方就促进中国绿色价值链影响最大化的国家战略达成共识。路线图应明确所提出的行动如何与中国的生态文明愿景、经济绿色复苏和其他主要政策框架相关联。路线图应鼓励所有利益相关方的参与，包括致力于社会和性别相关问题的利益相关方。

3. 促进科学研究和政策对话，支持整个价值链的绿色化

围绕软性商品尽职调查和可追溯系统的开发以及选定领域的循环经济实践，中国绿色价值链研究所应组织开展科学研究和政策对话，并在五年规划和路线图中对科学研究和政策对话的优先领域和排序予以明确。

对于软性商品价值链的研究和政策对话，应针对重点商品，确保其在原产国的生产是合法的和可持续的。例如，软性商品尽职调查和可追溯系统的初步工作可以集中在拉丁美洲的牛肉和大豆、刚果盆地的木材和印度尼西亚的棕榈油上。研究还应关注支持中国发展尽职调查和追溯系统的不同技术和工具的效益、成本和局限性。确保商品生产的合法性和可持续性的措施设计应包括能力建设，以确保整个价值链上的中小企业以及相关生产国的利益相关方（从政府机构到小农）的有效参与。在能力建设中，应注重和发挥先进的大公司在联合其供应商和召集竞争前全行业平台或管辖方案方面的作用，以便能够采用协调一致的体系。应根据相关政策路径和制度分析，明确哪些政府部门和行业需参与到这些商品的尽职调查和追溯体系建设当中。

对于循环经济方面的研究和政策对话，应借鉴国际最新循环经济政策和实践以及现有的法规和激励政策，支持可回收原材料、商品和废物的二级市场，引导和培育对高质量、可回收产品的消费需求。更绿色的消费可以促进市场对绿色产品的需求，这是推动生产实践发生重大变革以适应需求的重要诱因。在软性商品采购和生产环节以及循环经济优先行动取得进展之后，绿色价值链研究所应将研究和对话的重点扩展到更多商品或其他循环经济的发展目标。

参考文献

[1] CCICED. Global Green Value Chains - Greening China's "Soft Commodity" Value Chains. [EB/OL]. 2020. https://cciced.eco/wp-content/uploads/2020/09/SPS-4-2-Global-Green-Value-Chains-1.pdf.

[2] CCICED. China's Role in Greening Global Value Chains [EB/OL]. 2016-12. http://www.cciced.net/cciceden/POLICY/rr/prr/2016/201612/P020161214521503400553.pdf.

[3] Flach R, Abraho G, Bryant B, et al. Conserving the Cerrado and Amazon biomes of Brazil protects the soy economy from damaging warming[J]. World Development, 2021, 146(March):105582.

[4] Leite-Filho A T, Soares-Filho B S, Davis J L, et al. Deforestation reduces rainfall and agricultural revenues in the Brazilian Amazon[J]. Nature Communications, 2021, 12(1):2591.

[5] Xinhua, Xiplomacy. Xi's Vision of China's New Development Paradigm Attracts Global Attention [EB/OL]. (2021-03-08). http://www.xinhuanet.com/english/2021-03/08/c_139795116.htm.

[6] MOFCOM, MEE. Green Development Guidelines for Overseas Investment and Cooperation [EB/OL]. (2020-07-21).https://www.clientearth.org/latest/documents/green-development-guidelines-for-overseas-investment-and-cooperation-english-translation/.

[7] Guo C. Major Achievements and Basic Experience of China's Industrial Development in the Past 40 Years of Reform and Opening up[J]. Journal of Beijing University of Technology(Social Sciences Edition), 2018.

[8] FAO. FAOSTAT [EB/OL]. 2020. http://www.fao.org/faostat/en/#home.

[9] Soares-Filho, Britaldo, Rajao, et al. Cracking Brazil's Forest Code[J]. Science, 2014, 344(6182):363-364.

[10] TFA. Supporting Jurisdictional Leadership in Net Zero Deforestation through Sustainable Value Chains [EB/OL]. 2017. https://www.tropicalforestalliance.org/assets/Uploads/TFA2020-Supporting-jurisdictional-leadership-in-net-zero-deforestation-Report.pdf.

[11] TAYLOR, ROD, CHARLOTTE STRECK. Ending Tropical Deforestation: The Elusive Impact of the Deforestation-Free Supply Chain Movement[EB/OL]. 2018. https://files.wri.org/d8/s3fs-public/ending-tropical-deforestation-supply-chain-movement.pdf.

[12] Kroeger A, Koenig S, Thomson A, et al. Forest- and Climate-Smart Cocoa in Cte d'Ivoire and Ghana[J]. World Bank Other Operational Studies, 2017.

[13] Global Canopy. Time for Change: Delivering Deforestation-Free Supply Chains [EB/OL]. 2021. https://forest500.org/publications/time-change-delivering-deforestation-free-supply-chains.

[14] Hoare A. Due Diligence Requirements and Company Reporting: Policy Options to Promote Responsible Sourcing.

[15] Accountability Framework Initiative. About the Initiative [EB/OL]. 2021. https://accountability-framework.org/about/about-the-initiative/.

[16] Global Resource Initiative. Final Recommendations Report [EB/OL]. 2020. https://partnerships forforests.com/gri-final-recommendations-report/.

[17] G20 Green Finance Study Group. G20 Green Finance Synthesis Report 2017 [EB/OL]. 2017. http://

unepinquiry.org/wp-content/uploads/2017/07/2017_GFSG_Synthesis_Report_EN.pdf.

[18] The People's Bank of China, The Ministry of Finance, National Development, et al. Guidelines for Establishing the Green Financial System [EB/OL]. (2016). http://www.pbc.gov.cn/english/130721/3133045/index.html.

[19] The Nature Conservancy. Incentives for Sustainable Soy in the Cerrado [EB/OL]. 2019. https://www.nature.org/content/dam/tnc/nature/en/documents/TNC_IncentivesforSustainableSoyinCerrado_Nov2019.pdf.

[20] GTR. Cofco International Closes US $2.1bn Sustainability-Linked Club Loan [EB/OL]. 2019. https://www.gtreview.com/news/sustainability/cofco-international-closes-us2-1bn-sustainability-linked-club-loan/.

[21] Ceres. 230 Investors with USD $16.2 Trillion in AUM Call for Corporate Action on Deforestation, Signaling Support for the Amazon [EB/OL]. 2019. https://www.ceres.org/news-center/press-releases/investors-callcorporate-action-deforestation-signaling-support-amazon.

[22] Ceres: Investor Guide to Deforestation and Climate Change.[EB/OL]. (2020-07-29). https://www.ceres.org/resources/reports/investor-guide-deforestation-and-climate-change.

[23] Erixon, Fredrik, Philipp Lamprecht. The Role of Trade Policy in Promoting Sustainable Agriculture [EB/OL]. 2020. https://ecipe.org/publications/sustainable-agriculture/.

[24] WTO. WTO - Environmental Database (EDB) [EB/OL]. 2021. https://edb.wto.org/.

[25] WTO. Short Answers to Big Questions on the WTO and the Environment [EB/OL]. (2020). https://www.wto.org/english/news_e/news19_e/ddgaw_05dec19_e.htm.

[26] WTO. Trade and Environment [EB/OL]. 2021. https://www.wto.org/english/tratop_e/envir_e/envt_rules_intro_e.htm.

[27] EFI. What Is a VPA? [EB/OL]. 2020. https://www.euflegt.efi.int/what-is-a-vpa.

[28] WTO. New Initiatives Launched to Intensify WTO Work on Trade and the Environment [EB/OL]. 2020. https://www.wto.org/english/news_e/news20_e/envir_17nov20_e.htm.

[29] Accountability Framework Initiative. Topical Summary on Traceability. The Accountability Framework [EB/OL]. 2021. https://accountability-framework.org/the-framework/topics/traceability/.

[30] Walmart Sustainability Hub. Project Gigaton [EB/OL]. 2021. https://www.walmartsustainabilityhub.com/climate/project-gigaton.

[31] Eastham, Mark. Walmart Continues to Prioritize Forest Conservation by Stepping Up Efforts Toward 2025 [EB/OL]. 2020. https://corporate.walmart.com/newsroom/ 2020/12/22/walmart-continues-to-prioritize-forest-conservation-by-stepping-up-efforts-toward-2025.

[32] The New York Times. Farm to Blockchain: Walmart Tracks Its Lettuce [EB/OL]. (2018-09-25). https://www.nytimes.com/2018/09/24/business/walmart-blockchain-lettuce.html.

[33] Walmart. Walmart 2019 ESG Report [EB/OL]. 2019. https://corporate.walmart.com/media-library/document/2019-environmental-social-governance-report/_proxyDocument?id=0000016c-20b5-d46a-afff-f5bdafd30000.

[34] Mondelez International. Mondelēz International, Inc. - Palm Oil [EB/OL]. 2020. https://www.mondelezinternational.com/-/media/Mondelez/Snacking-Made-Right/ESG-Topics/Palm-Oil/Mills_

Data2125.pdf.

[35] Mondelēz International. Mondelēz International Advances Sustainable Palm Oil Sourcing with Enhanced Traceability [EB/OL]. 2020. https://ir.mondelezinternational.com/news-releases/news-release-details/mondelez-international-advances-sustainable-palm-oil-sourcing.

[36] NPR. Don't Cut Those Trees—Big Food Might Be Watching [EB/OL]. 2020. https://www.npr.org/sections/thesalt/2019/07/31/746192595/dont-cut-those-trees-big-food-might-be-watching.

[37] Unilever. Suspended Palm Oil Direct Suppliers or Oil Palm Growers by Unilever [EB/OL]. 2020. https://www.unilever.com/Images/suspended-unilever-palm-oil-suppliers-and-growers_tcm244-554815_en.pdf.

[38] Unilever. Unilever Palm Oil Traceability [EB/OL]. 2020. https://www.youtube.com/watch?v=tlxNOllpW9E.

[39] Bunge. Soft Commodities Forum Progress Report-Building Transparent and Traceable Soy Supply Chains [EB/OL]. 2020. https://www.bunge.com/sites/default/files/bunge_scf_dec2020.pdf.

[40] Bunge. Bunge Launches Unprecedented Program to Monitor Soybean Crops from Its Indirect Supply Chain in the Brazilian Cerrado [EB/OL]. 2021. https://www.bunge.com/news/bunge-launches-unprecedented-program-monitor-soybean-crops-its-indirect-supply-chain-brazilian.

[41] COFCO International. COFCO International Aims for Full Traceability of All Directly Sourced Soy across Brazil by 2023[EB/OL]. 2020. https://www.cofcointernational.com/stories/cofco-international-aims-for-full-traceability-of-all-directly-sourced-soy-across-brazil-by-2023/.

[42] Trase. Trase Supply Chains [EB/OL]. 2020. https://supplychains.trase.earth/.

[43] Bloomberg. Marfrig to Build Tracking System for Cattle Raised in Amazon [EB/OL]. 2020. https://www.bloomberg.com/news/articles/2020-07-10/marfrig-to-build-tracking-system-for-cattle-raised-in-the-amazon.

[44] AndGreen Fund. Portfolio - Marfrig Global Foods S.A. (Marfrig) [EB/OL]. 2021. https://www.andgreen.fund/portfolio-marfrig/.

[45] JBS. JBS Announces the "Together for the Amazon" Program [EB/OL]. 2020. https://jbs.com.br/en/jbs-news-en/jbs-announces-the-together-for-the-amazon-program/.

[46] Semana. Grupo Éxito presentó su modelo de ganadería sostenible [EB/OL]. 2020. https://www.semana.com/empresas/articulo/grupo-exito-presento-su-modelo-de-ganaderia-sostenible/310003/.

[47] Guthrie, Amy. Latin American Banks Hone Socially Responsible Lending Policies [EB/OL]. 2018. https://www.latinfinance.com/magazine/2018/march-april-2018/latin-american-banks-hone-socially-responsible-lending-policies.

[48] Sarsfield, Ryan. Presentation on Global Forest Watch Pro to the Sustainable Finance Roundtable of Paraguay [EB/OL]. 2019. http://www.mfs.org.py/es/wp-content/uploads/2019/07/Ryan-Sarsfield-WRI.pdf.

[49] AndGreen Fund. Portfolio-PT Dharma Satya Nusantara Tbk [EB/OL]. 2021. https://www.andgreen.fund/portfolio-pt-dharma-satya-nusantara-tbk-dsng/.

[50] Taylor R, Davis C, Brandt J, et al. The rise of big data and supporting technologies in keeping watch on the world's forests[J]. International Forestry Review, 2020.

[51] Reiche J, Lucas R, Mitchell A L, et al. Combining satellite data for better tropical forest monitoring[J]. Nature Climate Change, 2016.

[52] Planet. Planet, KSAT And Airbus Awarded First-Ever Global Contract To Combat Deforestation [EB/OL]. (2020-09-22). https://www.planet.com/pulse/planet-ksat-and-airbus-awarded-first-ever-global-contract-to-combat-deforestation/.

[53] World Resources Institute. A New Tool Can Help Root Out Deforestation from Complex Supply Chains [EB/OL]. (2020-07-10). https://www.wri.org/blog/2019/06/new-tool-can-help-root-out-deforestation-complex-supply-chains.

[54] Patelli N, Mauro M. Blockchain Technology and Traceability in the Agrifood Industry[J]. Journal of Food Science, 2020, 85(11): 3670-3678.

[55] ITTO. Tracking Sustainability: Review of Electronic and Semi-Electronic Timber Tracking Technologies [EB/OL]. 2012. http://www.itto.int/direct/topics/topics_pdf_download/topics_id=3145&no=0&disp=inline.

[56] INECE. Special Report on Next Generation Compliance [EB/OL]. 2015. https://inece.org/topics/next-gen-compliance/.

[57] WRI Indonesia. Mining Global Financial Data to Increase Transparency and Reduce Drivers of Deforestation [EB/OL]. 2018. https://wri-indonesia.org/sites/default/files/ending-tropical-deforestation-mining-global-financial-data.pdf.

[58] BVRio. Using Big Data to Detect Illegality in the Tropical Timber Sector A Case Study of BVRio Due Diligence and Risk Assessment System [EB/OL]. 2016. https://docspublicos.s3.amazonaws.com/madeira/BVRio-Big-data-to-detect-timber-illegality.pdf.

[59] Camin F, Boner M, Bontempo L, et al. Stable isotope techniques for verifying the declared geographical origin of food in legal cases[J]. Trends in Food Science & Technology, 2017, 61(Complete):176-187.

[60] EE Dormontt, Boner M, Braun B, et al. Forensic timber identification: It's time to integrate disciplines to combat illegal logging[J]. Biological Conservation, 2015:790-798.

[61] Janjua S, Fakhar-I-Abbas, William K, et al. DNA Mini-barcoding for wildlife trade control: a case study on identification of highly processed animal materials[J]. Mitochondrial Dna A Dna Mappseq Anal, 2016:1-3.

[62] Wasser S K, Torkelson A, Winters M, et al. Applied ecology combating transnational organized crime by linking multiple large ivory seizures to the same dealer[J]. 2019.

[63] Brandt J, Buckingham K, Buntain C, et al. Identifying social media user demographics and topic diversity with computational social science: a case study of a major international policy forum[J]. Journal of Computational Social Science, 2020, 3.

[64] Medium Gupta. Using AI to Identify Environmental Conflict Events — From Scrapping News Articles to Visualization [EB/OL]. 2019. https://medium.com/omdena/using-ai-to-identify-environmental-conflict-events-from-scrapping-news-to-map-visualisation-c9c74fb57169.

[65] General Office of the State Council. Opinions on Accelerating the Construction of Traceability System for Important Products [EB/OL]. 2015. http://www.gov.cn/zhengce/content/ 2016-01/12/content_10584.htm.

[66] National Health Commission. Notice on Further Improving the Traceability Management of

Cold Chain Food [EB/OL]. 2020. https://covidlawlab.org/wp-content/uploads/2021/01/China_2020.11.27_2020_263_Notice-on-further-improving-the-traceability-management-of-cold-chain-food_MAN.pdf.

[67] Xinhua. Outline of the People's Republic of China 14th Five-Year Plan for National Economic and Social Development and Long-Range Objectives for 2035 [EB/OL]. (2021-03-13). http://www.gov.cn/xinwen/2021-03/13/content_5592681.htm.

[68] Haigh L, Marc W, Caspar D, et al. Circularity Gap Report[M], Amsterdam, the Netherlands: Circle economy, 2021.

[69] Pewtrust.Org: Breaking the Plastic Wave: Top Findings for Preventing Plastic Pollution [EB/OL]. 2020. https://pew.org/2WmV10d.

[70] Accenture. The Circular Economy Could Unlock $4.5 Trillion of Economic Growth, Finds New Book by Accenture [EB/OL]. 2015. https://newsroom.accenture.com/news/the-circular-economy-could-unlock-4-5-trillion-of-economic-growth-finds-new-book-by-accenture.htm.

[71] EPA. Advancing Sustaintable Materials Management: Facts and Figures 2013 [EB/OL]. 2014. file:///Users/riiinna/Desktop/2013_advncng_smm_rpt.pdf.

[72] The Diplomat Albert. China Tackles Its Plastic Problem [EB/OL]. 2020. https://thediplomat.com/2020/01/china-tackles-its-plastic-problem/.

[73] Ellen MacArthur Foundation. Completing the Picture: How the Circular Economy Tackles Climate Change [EB/OL]. 2019. https://www.ellenmacarthurfoundation.org/assets/downloads/Completing_The_Picture_How_The_Circular_Economy-_Tackles_Climate_Change_V3_26_September.pdf.

[74] FAO. Off-Farm Activities Are a Growing Share of Food-System Greenhouse Gas Emissions [EB/OL]. 2021. http://www.fao.org/news/story/en/item/1402118/icode/.

[75] Ellen MacArthur Foundation. A New Textiles Economy: Redesigning Fashion's Future [EB/OL]. 2017. https://www.ellenmacarthurfoundation.org/assets/downloads/publications/A-New-Textiles-Economy_Full-Report.pdf.

[76] WWF. Cutting Cotton Carbon Emissions—Finding from Warangal, India [EB/OL]. 2017. https://coolfarmtool.org/wp-content/uploads/2017/09/WWF_Cotton_Carbon_Emission.pdf.

[77] Reike D, Vermeulen W, Witjes S. The circular economy: New or Refurbished as CE 3.0?— Exploring Controversies in the Conceptualization of the Circular Economy through a Focus on History and Resource Value Retention Options[J]. Resources Conservation & Recycling, 2017:S0921344917302756.

[78] Ellen MacArthur Foundation. The Circular Economy Opportunity for Urban & Industrial Innovation in China [EB/OL]. (2019-09-18). https://www.ellenmacarthurfoundation.org/assets/downloads/The-circular-economy-opportunity-for-urban-industrial-innovation-in-China_19-9-18_1.pdf.

[79] Ellen MacArthur Foundation. China-EU Agreement Paves Way for Global Adoption of Circular Economy [EB/OL]. 2018. https://www.ellenmacarthurfoundation.org/news/china-eu-agreement-paves-way-for-global-adoption-of-circular-economy.

[80] Our World in Data. Our World in Data [EB/OL]. 2018. https://ourworldindata.org/plastic-pollution.

[81] Statista. Global Cement Production [EB/OL]. 2021. https://www.statista.com/statistics/267364/world-cement-production-by-country/#:%7E:text=China%20produces%20the%20most%20cement,half%20of%20the%20world's%20cement.

[82] Library. China: Single-Use Plastic Straw and Bag Ban Takes Effect [EB/OL]. 2021. https://www.loc.gov/law/foreign-news/article/china-single-use-plastic-straw-and-bag-ban-takes-effect/#:%7E:text=(Mar.,from%20providing%20plastic%20shopping%20bags.

[83] Agfeg. China and Global Food Policy Report [EB/OL]. 2021. http://agfep.cau.edu.cn/module/download/downfile.jsp?classid=0&filename=2105141928327359.pdf.

[84] Apple. Environmental Progress Report 2019 [EB/OL]. 2020. https://www.apple.com/environment/pdf/Apple_Environmental_Progress_Report_2020.pdf.

[85] Elite Daily. Daisy & Dave, Apple's Recycling Robots Turning Your Old IPhones Into New Models [EB/OL]. 2021. https://www.elitedaily.com/p/heres-how-apple-recycles-old-iphones-into-new-models-by-using-actual-robots-29961761.

[86] IFAD. Fighting Food Waste in China: Local Efforts, Global Effects [EB/OL]. 2020. https://www.ifad.org/en/web/latest/blog/asset/42101415.

[87] Garcia B, Fang M M, Lin J. All Hands on Deck: Addressing the Global Marine Plastics Pollution Crisis in Asia[J]. Social Science Electronic Publishing.

[88] Earth 911. How Many Time Can That Be Recycled [EB/OL]. (2021-09-09). https://earth911.com/business-policy/how-many-times-recycled/.

[89] OECD. Benefits of Material Recycling Inventory of Average Greenhouse Gas Emissions for Denmark, Norway and Sweden [EB/OL]. 2015. https://www.oecd-ilibrary.org/content/publication/tn2015-547.

[90] Liu Y, Huang H, Zhu L, et al. Could the recycled yarns substitute for the virgin cotton yarns: a comparative LCA[J]. The International Journal of Life Cycle Assessment, 2020, 25(9).

[91] Damgaard A, Hillman K, Eriksson O, et al. Climate Benefits of Material Recycling : Inventory of Average Greenhouse Gas Emissions for Denmark, Norway and Sweden[M]. 2015.

[92] Sustainable Brands. Lush's First "Naked" Shop Opens in the UK [EB/OL]. 2019. https://sustainablebrands.com/read/chemistry-materials-packaging/trending-lush-m-s-nestle-accelerate-plastic-free-strategies.

[93] Pebble Magazine. Plastic Free Shopping: 100+ Best Zero Waste Stores in UK [EB/OL]. 2021. https://pebblemag.com/magazine/doing/plastic-free-shopping-13-of-the-uks-best-zero-waste-stores.

[94] European Commission. EU Communication (2019) on Stepping up EU Action to Protect and Restore the World's Forests [EB/OL]. 2019. https://ec.europa.eu/environment/forests/eu_comm_2019.htm.

[95] Vogel-Vogel, Sauvignon, Jean. Towards a Circular Economy in Europe [EB/OL]. 2020. vogel-vogel.com/towards-a-circular-economy-in-europe/?lang=en.

[96] European Commission. The New Ecodesign Measures Explained. European Commission [EB/OL]. 2019. https://ec.europa.eu/commission/presscorner/detail/en/qanda_19_5889.

[97] LouPan. What Is the Significance of the Green Building Proposal? [EB/OL]. 2018. https://www.loupan.com/.

[98] WWF. WWF Living Forests Report: Saving Forests at Risk [EB/OL]. 2015. http://awsassets.panda.org/downloads/lfr_chapter_5_executive_summary_final.pdf.

[99] Ellen MacArthur Foundation. Reuse-Rethinking Packaging. Ellen MacArthur Foundation https://www.ellenm[EB/OL]. 2019. acarthurfoundation.org/publications/reuse.

[100] Segran, Elizabeth. Inside Everlane's Effort to Remove New Plastic From Its Supply Chain [EB/OL]. 2019. https://www.fastcompany.com/90325711/everlanes-founder-vowed-to-remove-all-new-plastic-from-the-brands-supply-chain-by-2021-now-he-has-to-figure-out-how.

[101] Verot. class.upload.php - verot.net.

[102] Circulate. Six Chinese Fashion Platforms That Let You Share What You Wear [EB/OL]. 2019. https://medium.com/circulatenews/six-chinese-fashion-platforms-that-let-you-share-what-you-wear-34708af2348d.

[103] Ministry of Information Industry. China Sharing Economy Development Report [EB/OL]. 2021. https://programmersought.com/article/94527427564/.

[104] GMA. "China Luxury Market Guide." GMA Marketing to China, 2021. https://marketingtochina.com/china-luxury-market-guide/.

[105] Teuben B, Clacyjones M. The Size and Structure of the Global Real Estate Investment Universe[J]. Eres, 2014.

[106] Huang B, Zhao F, Fishman T, et al. Building Material Use and Associated Environmental Impacts in China 2000-2015[J]. Environmental Science and Technology, 2018, 52(23):14006-14014.

[107] Research and Markets China Timber Import Report 2019 [EB/OL]. 2018. https://www.prnewswire.com/news-releases/china-timber-import-report-2019-300780873.html.

[108] Lin B, Moubarak M. Estimation of energy saving potential in China's paper industry[J]. Energy, 2014, 65(feb.1): 182-189.

[109] Shang D, Diao G, Liu C, et al. The Impact of Waste Paper Recycling on the Carbon Emissions from China's Paper Industry[J]. Environmental Management, 2021(3).

[110] WWF. Deforestation Fronts: Drivers and Responses in a Changing World [EB/OL]. 2021. https://www.wwf.ch/sites/default/files/doc-2021-01/Deforestation%20fronts%20-%20drivers%20and%20responses%20in%20a%20changing%20world%20-%20full%20report.pdf.

[111] Duan H, Song G, Qu S, et al. Post-consumer packaging waste from express delivery in China[J]. Resources, Conservation and Recycling, 2019, 144: 137-143.

[112] SITRA. Reusable Postal Packaging as a Service [EB/OL]. 2017. https://www.sitra.fi/en/cases/reusable-postal-packaging-service/.

[113] OECD. Food Loss and Waste in China [EB/OL]. 2014. https://doi.org/10.1787/18156797.

[114] Reuters. More than 40 Percent of China's Arable Land Degraded [EB/OL]. 2014. https://www.reuters.com/article/us-china-soil-idUSKBN0IO0Y720141104.

[115] China Daily. China Steps up Battle against Food Waste [EB/OL]. 2020. http://www.chinadailyhk.com/article/140834.

[116] South China Morning Post. China's New Food Waste Law Hard to Stomach for Binge-Eating Internet Stars, Who Could Face Fines of US$15,000 for Promoting Overeating [EB/OL]. 2020. https://www.scmp.com/lifestyle/food-drink/article/3115661/chinas-new-food-waste-law-hard-stomach-binge-eating-internet.

[117] SITRA. Catering Service Using Mobile Technology [EB/OL]. 2017. https://www.sitra.fi/en/cases/catering-service-using-mobile-technology/.

[118] BBC. China Gets Tough on Firms over Single-Use Plastics [EB/OL]. 2020. https://www.bbc.com/news/business-55141157.

[119] USA TODAY. 19 Genius Inventions That Can Stop Us from Using so Much Plastic [EB/OL]. (2019-06-17). https://eu.usatoday.com/story/money/2019/06/17/19-genius-inventions-that-can-stop-us-from-using-so-much-plastic/39358833/.

[120] Wang W, Themelis N J, Sun K, et al. Current influence of China's ban on plastic waste imports[J]. Waste Disposal & Sustainable Energy, 2019.

[121] EIA. China's Crude Oil Imports Surpassed 10 Million Barrels per Day in 2019-Today in Energy - U.S. Energy Information Administration [EB/OL]. 2020. https://www.eia.gov/todayinenergy/detail.php?id=43216.

[122] European Parliamentary. Environmental Impact of the Textile and Clothing Industry What Consumers Need to Know [EB/OL]. 2019. https://www.europarl.europa.eu/RegData/etudes/BRIE/2019/633143/EPRS_BRI(2019)633143_EN.pdf.

[123] Theveganreview. Sustainable Fashion Trends Changing the Face of the Industry in 2021 [EB/OL]. 2021. https://theveganreview.com/best-sustainable-fashion-trends-changing-industry-2021/.

[124] Green Queen. Circular Fashion: HKRITA, H&M Set Up Green Machine To Produce Garments Out of Recycled Polyester [EB/OL]. 2021. https://www.greenqueen.com.hk/circular-fashion-hkrita-hm-set-up-green-machine-to-produce-garments-out-of-recycled-polyester/.

[125] OECD. International Trade and the Transition to a Circular Economy [EB/OL]. 2018. https://www.oecd.org/environment/waste/policy-highlights-international-trade-and-the-transition-to-a-circular-economy.pdf.

[126] Packaging Insight.Com. Ellen MacArthur Foundation: EPR Schemes Make Recycling Economics Work Coca-Cola, Danone and Diageo Show Support [EB/OL]. 2021. https://www.packaginginsights.com/news/ellen-macarthur-foundation-epr-schemes-make-recycling-economics-work-coca-cola-danone-and-diageo-show-support.html.

[127] Chatham House. Inclusive Circular Economy [EB/OL]. 2019. https://www.chathamhouse. org/2019/05/inclusive-circular-economy/executive-summary.

[128] SITRA. Trading Services for a Circular Economy [EB/OL]. 2020. https://media.sitra.fi/2020/10/26132739/trading-services-for-a-circular-economy.pdf.

[129] OECD. Business Models for the Circular Economy Opportunities and Challenges for Policy [EB/OL]. 2020. https://www.oecd-ilibrary.org/environment/business-models-for-the-circular-economy_g2g9dd62-en.

[130] Time. China's Bike-Sharing Fever Has Reached Saturation Point [EB/OL]. 2018. https://time.com/5218323/china-bicycles-sharing-economy/.

[131] iiMedia. 2018-2019 China Sharing Economy Industry Panorama [EB/OL]. 2019. https://www.iimedia.cn/c400/66502.html.

[132] Reuters. H&M's Brand COS to Test Clothing Rentals in China with YCloset [EB/OL]. 2019. https://www.reuters.com/article/us-h-m-rental-idUSKBN1YA17G.

[133] Business Wire. Global Repair and Maintenance Market 2020-2030: COVID-19 Impact and Recovery

[EB/OL]. 2019. https://www.businesswire.com/news/home/ 20200429005316/en/Global-Repair-and-Maintenance-Market-2020-2030-COVID-19-Impact-and-Recovery.

[134] ThreadUp. 2020 Resale Report [EB/OL]. 2020. https://www.thredup.com/resale/2020/.

[135] Netherlands Enterprise Agency. Textile Waste in Mainland China. [EB/OL]. 2019. https://www.rvo.nl/sites/default/files/2019/08/Textile-Waste-in-Mainland-China.pdf.

[136] Cui Y, Choi M Y, Lee Y J. A Study on Chinese Female Consumers' Purchase of Second-Hand Fashion Luxury[J]. International Journal of Costume and Fashion, 2019, 19(2): 1-19.

[137] McKinsey & Company, Ocean Conservancy. Stemming the Tide: Land-Based Strategies for a Plastic-Free Ocean [EB/OL]. 2015. https://www.mckinsey.com/business-functions/sustainability/our-insights/stemming-the-tide-land-based-strategies-for-a-plastic-free-ocean.

[138] Ellen MacArthur Foundation. Upstream Innovation. [EB/OL]. 2020. file:///C:/Users/Santiago/Downloads/Upstream%20Innovation%20(English).pdf.

[139] Closed Loop Partners. Algramo Introduces State-of-the-Art Refill Model to Deliver Affordable Cleaning Product Without Waste in New York City [EB/OL]. 2020.

[140] Ellen MacArthur Foundation. Reuse–Rethinking Packaging [EB/OL]. 2019. https://www.ellenmacarthurfoundation.org/publications/reuse.

[141] Reuters. China Launches Pilot "waste-Free City" Plan to Boost Recycling [EB/OL]. 2019. https://www.reuters.com/article/us-china-waste-idUSKCN1PI027.

[142] Instute of economic affairs. A Load of Rubbish? Introducing a Deposit Return Scheme to the UK [EB/OL]. 2019. https://iea.org.uk/wp-content/uploads/2019/04/SNOWDON-bottle-deposit-scheme-ED-1.pdf.

[143] Fleming, Sean. What Is Green Finance and Why Is It Important? World Economic Forum [EB/OL]. 2020. https://www.weforum.org/agenda/2020/11/what-is-green-finance/.

[144] European Union. Sustainable Finance for a Circular Economy [EB/OL]. 2019. https://ec.europa.eu/environment/international_issues/pdf/File%201%20-%20G20%20Sustainable%20Finance%20for%20Circular%20Economy%20(Tokyo%2010%20October%202019)%20-%20Report.pdf.

[145] KPMG. Four Major Cities in China Named among Top 20 Technology Innovation Hubs, Finds KPMG's Annual Survey [EB/OL]. 2019. https://home.kpmg/cn/en/home/news-media/press-releases/2020/03/four-major-cities-in-china-named-among-top-20-technology-innovation-hubs.html.

[146] Price Waterhouse Coopers. Closing the Loop – the Circular Economy, What It Means and What It Can Do for You [EB/OL]. 2018. https://www.closingtheloopfilm.com/.

[147] UK Parliament. Increasing Plastic Bottle Recycling [EB/OL]. 2017. https://publications.parliament.uk/pa/cm201719/cmselect/cmenvaud/339/33908.htm#footnote-040.

[148] UK Department for Environment, Food & Rural Affairs. Voluntary & Economics Incentives Working Group Report [EB/OL]. 2018. https://assets.publishing.service.gov.uk/government/uploads/system/uploads/attachment_data/file/694916/voluntary-economic-incentives-working-group-report-drinks-containers-final.pdf.

[149] Bocken N. Challenges and opportunities in circular business model innovation for clothing from a retailer perspective[J]. 2015.

第 9 章 绿色金融

一、引言

近年来，生态保护金融领域的国际实践发展迅速，以调动公共、私营部门资源为目的的创新模式层出不穷。但同时也面临资金缺口大、金融机构和机构投资者普遍对保护生态和生物多样性重视不够等诸多挑战。2010 年在日本爱知县举办的《生物多样性公约》第十次缔约方大会（CBD COP10）在全球范围内通过了《2011—2020 年生物多样性战略计划》，并为这十年间的生态保护工作制定了 20 个纲要目标，即“爱知目标”。但从目前情况看，多数的爱知目标将会落空。新冠肺炎疫情的巨大挑战表明，在健康、气候、生物多样性、空气污染、食品等领域，提高社会的韧性是实现可持续发展的基础。尽管部分地区已将应对气候变化作为其恢复计划中的一部分，但对生物多样性保护和基于自然的解决方案的关注仍然很少。同时，新冠肺炎疫情暴发以来全球特别是发展中国家面临经济衰退、公共债务恶化的困境，易引发贫困地区的森林砍伐等行为，当地政府在生物多样性保护方面的关注和投入也可能会降低，从而导致生物多样性受到损害。在此背景下，如何最大限度地调集金融资源，通过生态保护金融的发展更有力地支持生态保护与生物多样性保护至关重要。

绿色金融专题组在 2019—2020 年上半年第一阶段工作的基础上，于 2020 年下半年至今进行了第二阶段研究工作。研究成果包括“推进自然积极原则”“中国机构投资者生态保护金融实践”“生态保护金融工具创新”“农业补贴对金融机构行为的影响”“债务和生物多样性”五个专题和一个附件（“金融科技与生物多样性”），一个调研报告（“亟须发挥绿色金融在废弃矿山修复中的重要作用——以山东泗水惠丰农业为例”）。根据上述研究，绿色金融专题组为在中国云南举行联合国 CBD COP15 提出了发展生态保护金融的政策建议。

这些研究是在国合会的支持下，由绿色金融专题组中外研究团队共同努力完成的。中方专题组在北京和上海分别针对主权基金、公募和私募基金、券商、社保基金、银行理财子公司等展开了多次调研，并赴山东就矿山修复项目进行了专题调研。此外，由于疫情导致的出行限制，绿色金融中外专家组成员无法在研究的第二阶段线下见面。为了开展有成效讨论和工作会议，德国国际合作机构（GIZ）代表德国联邦环境、自然保护和核安全部（BMU）组织了三场网络研讨会—线上专家交流学习活动。邀请了来自主要国际机构和私营部门的专家，介绍他们的研究结果，包括 Simon Zadek 和 Ashley Gorst（F4B）、Sejal Patel 和 Paul Steele（国际环境与发展研究所，即 IIED）、Rebecca Ray（波士顿大学）、Guillaume Gruère 和 Silvia Sorescu（经济合作与发展组织）、Terrence Townshend（保尔森研究所）、Jeen Nijboer（荷兰合作银行），Marianne Haahr（绿色数字金融联盟）、Sebastian Bekker（自然资本金融联盟 / 联合国环境规划署 WMCM）和 Colette Grosscurt（ACTIAM）等，这些会议的交流结果已体现在各部分的报告中。

此外，本报告还特别关注性别议题在绿色金融中的作用和影响。联合国可持续发展目标之第五项“实现性别平等，增强所有妇女和女童的权能”作为一个跨领域主题，覆盖所有 2030 可持续发展目标，并被视为生物多样性保护的重要驱动力。联合国《生物多样性公约》下的“2015—2020 年性别问题行动计划”指出，考虑性别议题与生物多样性之间的联系，需要明确性别角色对生物多样性的利用、管理和保护的影响及其相关性。这里的性别角色包括基于性别不同的劳动分工与责任、优先事项、决策权利以及知识技能，这些都会影响男性和女性对生态资源的使用和管理。与此同时，各种生态保护政策和措施的制定与实行也会对不同性别角色产生至关重要的影响，进而决定性别平等目标的实现。本研究围绕生物多样性金融这一主题，将性别主流化观点融入各部分研究中，力求发现并阐述二者之间的内在联系与相互促进作用，并在政策建议中酌情考虑如何兼顾融合。

二、发展生态保护金融，推动实现“自然向好”

（一）金融发展与“自然积极”原则

金融体系位于整个经济的顶端，服务并影响着整个经济。有人认为，鉴于其重要角色，在金融领域内应用与自然相关的指导原则是必须的。[1] 在国际上，就气候变化而言，金融已被视为“净零转型”的核心，为推动这一目标实现，已经制定了融合财政设计、公共支出、监管和私营金融机构的相应政策。[2] 如果一个具有等同效果的“自然”原则被采纳，将可能会产生类似的深远影响，从而影响整个金融系统的决策和运作：私营部门方面，通过养老金、保险、资产管理和银行业等形式；公共部门方面，通过公共银行、主权财富基金、主权债务发行，中央银行市场运作和海外发展援助等形式。

《达斯古普塔报告》汇总的证据表明，要避免自然退化在未来造成巨大的经济损失，以及避免损害子孙后代的自然遗产，我们需要改变资金的流向和新的资金来源。[3]《联合国气候变化框架公约》和《生物多样性公约》缔约方大会将在 2021 年召开，气候变化和生物多样性成为 2021 年国家和国际议程的重中之重。在金融领域，系统的净零转型已经开始，同时，关于自然和生物多样性议题是否应紧随其后的辩论也已经开始。[4] 环境倡导界已开始国际探寻一个总体原则来描述和协调这种转型，“自然积极”（Nature Positive）已成为一个重要选项，得到了非政府组织（尤其是在北美和欧洲）的支持。[5] 本章描述了促进这一原则在国际上被接受，以及促进金融部门完整应用原则的一系列问题。

超越“不伤害”，“自然积极”原则既主动又雄心勃勃。国合会已对“不伤害”原则进行了研究，提出了涵盖可持续发展目标、生态保护红线，生物多样性筛选主流化，减缓措施递进和战略环境评估，以及框架实施的治理和融资结构等方面的建议。[6]“不伤害”原则与“无净损失”原则一起体现了保护和避免损失的理念，但问题是它们是否能解决大规模保护和恢复枯竭的自然系统，以确保构建一个繁荣的星球，它们是否足够有雄心。在这场国际争论中出现了一系列观点，讨论更具包容性的“自然”和更聚焦的“生物多样性”的表述、抵消的作用以及衡量绩效的指标等。[7] 这些国际观点，尤其是在非政府组织中，已经与“自然积极”原则合流，并且开始引起广泛的政治兴趣。本文考虑了在中国金融部门应用这一原则。

国际上，公民对自然状态关注的增强，已将这一问题提上了政治议程。2021 年 6 月举行的 G7 会议可能为 2021 年下半年举行的气候大会和生物多样性大会奠定政治框架，因此，可能会有明显的兴趣来制定自然与生物多样性指导性政策原则。金融领域为应对气候变化而建立的机构网络、文化和能力在处理自然相关的问题上还处在非常初始的阶段。例如，荷兰中央银行报告了自然系统枯竭引起的宏观审慎风险。[8] 这个体系虽然是为应对气候变化而建立，但可以扩展应用到自然领域。在过去的 18 个月中，国际上发表了大量关于该主题的论文，证实该机制和市场计划处于早期阶段。[9]

“自然积极”原则在金融中的应用创造了市场机遇。中国采纳绿色金融原则和净零原则将促进绿色金融的大幅增长。[10] 中国就低碳经济做出了大胆的承诺，要在 2030 年之前达到碳排放峰值，并在 2060 年之前实现碳中和。[11] 国际上，《生物多样性公约》

提出了2030年里程碑和2050年长期目标，以停止和扭转生物多样性丧失的趋势。[12]这给国际社会和中国都提出了一个问题："自然积极"转型能否实现类似的中期里程碑和长期目标？包括中国在内的世界各国已经制定了"净零排放"战略框架，包括里程碑、目标、目标分配和路线图、转型途径、政策工具和支持机构等。中国和其他国家下一步可采取类似的方式来实现自然转型。很多时候，一个国家在某一领域制定独立的政策，然后，在有足够的政策和政治势头时，将它们整合到一个统一的战略中。[13]一些迹象表明这一过程将很快在国际层面发生，包括发表论文、文章、政治声明，推动制定有关农业补贴新政策（如英国环境土地管理计划）的运动，启动有关自然相关金融风险的倡议（如TNFD），制定金融产品活动分类（欧盟可持续活动分类），关于自然和贸易规则的工作（欧盟、英国），以及一些国家正在为发布自然战略而进行的准备工作（如英国，2021年年底）。这些可能会在适当的时候，协调纳入总的自然转型政策中。

自然转型的早期可聚焦标准、数据和计量。尽管仍处于早期阶段，但帮助国家和市场治理和推进自然转型的机制现在已经开始建立。它们涉及标准（如IUCN关于基于自然的解决方案的标准方面的工作）、定义、监测、数据收集和可得性、指标以及计量。金融科技在将这些数据流连接到金融系统中起着至关重要的作用。[14]

转型可为自然领域（以前曾存在过撤资）和新的金融产品创造投资机会。在国际上，金融机构已经在追逐新资产类别（如可再生能源）和新产品（如以ESG为重点的投资组合）方面的增长，以满足消费者的需求。[15]同样，自然积极转型可能会在新资产类别（如基于自然的解决方案）和新产品（自然积极投资组合）以及金融技术领域的一系列辅助服务中提供新的战略机遇，这将在下文和附件中进行详细说明。国际上，最接近市场的相关领域（基于自然的解决方案和自然气候解决方案）引起了投资者极大的兴趣，并且投资已经开始流入相关金融科技领域，尤其是在过去的12个月中。[16]迄今为止，这仍是自愿行动，但是如果能够获得合规方面的驱动，随后的市场扩张将会非常迅速。在国际上，各国政府正在研究如何将海外发展资金大规模地引入这一领域。

在提倡和应用"自然积极"原则的过程中，金融机构和其他关键参与者应当理解及考虑到男性和女性的角色、需要和能力，并能基于这些理解来设计、实施和管理公平合理的金融倡议。在决策和运营中考虑性别要素不仅有助于提高性别的平等（可持续发展目标5，SDG5），而且能激发常常未给予机会的性别的潜力，从而提高生态保护金融项目的社会和环境收益。

在国际上，相关早期论证认为向"自然积极"金融体系的全面转型将涉及经济和财政方面的新政策。在其最完整的版本中，中央银行和金融服务监管机构可以制定等同于“自然积极”原则的政策。这类似于一些政府，如伦敦市，在应对气候变化领域采取的行动，比如财政部和监管机构运用了一些治理手段以追求“净零碳”目标：数据分析、信息披露和风险管理机制、投资政策以及金融部门的客户参与。[17] 国际上，关于自然的最雄心勃勃的新兴理念，例如“生物多样性金融倡议”和保尔森基金会的提议，是利用金融体系来实现自然积极转型或类似的总体目标。[1]

以上所有这些都与国家在国内采取的行动及其国际活动有关。在国际上，一些国家目前处于思考其国际活动中自然、生物多样性和金融之间联系的早期阶段，这些活动包括供应链金融、海外投资、购买主权债务和海外发展援助。[18] 可从已有的自然互换债务中吸取教训。[19]

本章使用国际示例来阐述：

- “自然积极”的定义；
- “自然积极”金融体系的作用；
- 中国在绿色金融、主流资产绿色化和新型自然资产方面的机遇；
- “自然积极”方法在绿色供应链投融资中的作用；
- 金融科技的作用；
- 在“一带一路”倡议中的应用；
- “自然积极”金融与生态保护红线之间的关系。

（二）“自然积极”原则的定义和属性

“自然积极”原则注重结果，这些结果就是自然提供的生态系统服务及潜在的资产。该原则体现了生物多样性，而不是用其他自然形式替代这种独特的生态系统服务。由于它是基于生态系统服务的，因此其遵循自然资本核算准则，并可以制定资产负债表来管理相关变更并与财务数据链接。[20]

“自然积极”原则具有可扩展性和适应性。它可以被各种类型的机构采用，并围绕已定义的、具有同等政策效果的任务进行调整，该任务可以在国际、区域、国家、地方以及机构本身的层面进行设置。因此，其可以与现有政策、法律、市场和体制结构相吻合。

实施“自然积极”原则可以与其他原则保持一致。预防原则、污染者付费原则、减缓措施递进和其他帮助实现公正、高效成果的规则，都是对“自然积极”原则的补充，因为它仅描述了应实现的目标，而不是应如何实现。它可以补充本土居民和消费者的权利和义务。而且，由于它是目标导向的，因此可以对更具描述性的分类系统进行补充，如欧盟经济和金融资产分类法（分类和标签）。[21] 尽管该原则与一些国际民间社会组织所反对的抵消做法相一致，但其也与自然资产的法律保护、高价值资产的保护以及诸如“生态灭绝”之类的新兴法律概念相一致。

对中国的建议

提出促进银行、保险公司（承销商）、资产所有者和资产管理人采纳“自然积极”标准的方案；

阐明“自然积极”目标与减少损失、净增加和复原之间的关系，以及它与指标之间的关系。

（三）金融系统向“自然积极”转型的框架

“自然积极”类似的指导原则可以应用于金融系统某些或全部要素中。“生物多样性融资倡议”提出了宏大的富有争议的观点，即如何充分将“自然积极”原则应用于六要素。在国际上，一些国家已经在其中某些领域采取了初步的试探性措施，现在正就哪些领域应优先行动以及推进相关工作的最终目标（多远）和路线图（多快）进行讨论。以下是该计划的建议。

1. 推进公民的自然选择：金融机构在其融资决策中考虑到公民个人和集体的与自然相关的权利和偏好

（1）金融机构告知和授权公民，如储蓄者、贷方、保险人、消费者、选民和纳税人，做出生物多样性相关的选择。

（2）监管机构要求金融机构采取合规程序，以尊重本土社区对生物多样性进行管理和利用的权利，并尊重其传统生计。

这意味着赋予公民选择具有特定的自然相关目标（如符合“自然积极”原则）的金融产品的权利。这是对 ESG 报告和投资组合的特定扩展，ESG 是在自愿基础上近年来在国际市场上快速增长的产品，并且受到越来越多消费者的欢迎。政府面临的一个问题是，是否干预市场自己的发展方式。

为了促进公民的自然选择，金融机构需要考虑不同群体（包括妇女群体）在投资、融资决策和项目实施方面与自然相关的权利和偏好。就社区而言，妇女作为看护人、自然资源管理者和使用者对其家庭、社区和社会非常重要。但有证据表明，妇女对资源仅有限制性的权利、进入、收益和控制。性别原则的主流化与“自然积极”原则互补，可以按照 CBD 性别行动计划来实施。

对中国的建议

2023 年前，确保养老金以及其他投资和储蓄基金为客户提供包括符合自然积极基金在内的产品选择。

2. 披露对自然的影响：金融机构公开披露实际和预期的自然相关的影响及相关风险

（1）金融机构应公开其披露的自然相关的影响和风险的相关数据和假设，以使公民和股东能够采取有效行动，并帮助制定有效的标准、政策和法规。

（2）监管机构应要求金融机构定期且公开地报告其整个资产负债表对自然的影响，并对预期的自然相关风险进行压力测试。

数据是早期行动领域之一。数据能提供很多公共利益，因此国际上一些政府对此产生兴趣，支持标准制定、平台开发以及数据研发方面的新倡议。特别是在金融领域，已经有政府关注和资金支持相关机构推动与自然相关的未来影响和风险的定量报告。依托 TNFD，私营金融机构的相关安排进展最快，准备了一些实施此要素所需的标准化实践。[22] 基本想法是，自然相关的压力测试可借鉴已经在全球多个国际金融组织实施的气候变化压力测试的做法。法国政府颁布了“警戒法”（Loi de Vigilance），引入了新的公司义务，即管理和强制披露其海外经营活动与人权、基本自由和环境有关的行动。[23] 这种措施同样可被用来保护自然。

对中国的建议

中国和国际银行针对标准的使用、与自然相关的风险和影响评估以及报告制定量化方法，并与其他国际机构合作以防止标准之间差异的扩大。

中国金融机构应参与 TNFD。

3. 为自然负责：建立法律制度使金融机构对生物多样性的影响负责

（1）立法者将企业对自然造成的损害责任扩展到为其提供资金的银行和其他机构。

（2）监管机构要求金融机构和企业将自然保护确立为公司董事在公司治理中的公共信托责任。

激励措施是造成当前自然枯竭实质性因素。在许多司法管辖区中，避免对自然造成伤害的金融激励措施仍然很弱或根本没有，在政治上，这仍然是最难改变的情况之一。在国际上，相关讨论聚焦软商品供应链，特别是木材，如欧盟提出立法，英国提出法案草案（正在其立法机构中审议）。迄今为止，只有一个国家通过将供应链责任的概念扩展到供应链资金的提供者。在投资管理中也没有类似于在责任投资组合中筛除烟草和军火的、筛除损害高价值保护区和濒危物种的投资管理（尽管未来可能会有）。此外，虽然尚未被任何一国的立法机构采纳，但法律改革专家已在讨论提出与物种丧失或生态系统严重破坏有关的“生态灭绝”这一新的罪行。

对中国的建议

应当讨论和识别用什么方式来体现投资者对破坏自然的相关行为的角色和责任，以及法律责任。

应考虑进行国际层面跨区域的法律合作，以防止利用资本和金融机构来资助超越国界的破坏自然的活动。

应定义“生态灭绝”的法律概念，以使法院能够审理最严重的损害案件。也应当支持和促进在国际法里发展该概念的行动。

4. 使公共资金与自然相适应：政府和公共机构应透明地使所有公共资金与生物多样性有关政策、目标和承诺相一致

（1）政府取消或改革所有对自然不利的补贴和税收，并制定和扩大恢复生物多样性的激励措施。

（2）这个过程包括采购、投资和金融工具设计，主权债务安排和货币惯例。

公共资金是政府的一个重要行动领域。财政改革应当定位包括农业和渔业补贴以及有助于恢复生物多样性的采购，[24] 关于补贴和公共支出改革的讨论已经进行了很多年，但是现在讨论范围已扩大到非财政部分。非财政部分包括政府作为国有金融机构（如国家银行和国际开发银行）的所有者和出资者以及政策管理者的角色，以及其作为发展金融机构的贷方或捐助者的角色。作为直接所有者，它可以使企业的政策符合其“自然积极”相关的国家政策；作为贷款人或捐助者，它可以使投资和赠款符合“自然积极”原则。政府还可以利用其在主权债务市场中的运作来限制其主权债券持有收益的使用，如目前国际上正在兴起并有可能在世界银行下成立专门的“自然绩效债券”等。[20]

对中国的建议

应当为公共财政和补贴（包括海外投资、政策银行和发展金融机构）制定“自然积极”转型路径。

应支持世界银行设计、启动国际债务、气候和自然平台。

5. 使私人融资与公共政策相一致：金融机构确保其活动与自然相关的公共政策、目标和承诺保持一致

（1）金融机构将其投融资与生物多样性相关的公共政策和国际承诺保持一致，例如，确保生物多样性和生态系统服务的净收益。

（2）监管机构要求金融机构在其管辖范围内的经营活动，包括金融工具、要约和服务的设计，需与自然相关的公共政策和自然相关的国际公共政策承诺保持一致。

研究表明，当今很多金融机构已制定了包括零净目标在内的气候变化政策，但很少有金融机构制定与自然和生物多样性有关的政策。[25] 有些机构签署了《生物多样性融资承诺》，但所有机构都还处于理解“自然积极”或类似转型含义的早期阶段。[26] 从国际上看，过去几年中金融机构在气候方面的行为模式似乎已被采纳，并不断提升政策的雄心，在未来五年中，自然和生物多样性领域也可能遵循这一模式。在国际上，金融监管者和政策制定者一直要求金融部门管理长期风险，但并未将其引入其投资政策中。这些监管者尚未开始研究自然和生物多样性，并且金融监管者和从业者是否具有足够的能力在气候变化问题之上应对自然问题也存在争议。但是如果他们真正决心解决自然问题，那么诸如“自然积极”之类的总体原则将为他们提供清晰的行动方向。

对中国的建议

应当界定金融机构在国家“自然积极”转型计划中的角色、期望行为标准、权利和责任。

6. 将自然融入金融治理

（1）治理安排，包括任务授权、工具和治理机构追责依据，在管理金融对于生物多样性影响方面，应负责、得力和有效。

（2）金融治理机构，包括金融监管机构和货币管理机构、标准制定者以及对金融资产负有信托责任的机构，应公开说明其决策和行动对生物多样性在过去和未来可能产生的影响。

2014 年之前，没有哪个中央银行认为气候变化在其业务范围之内。到 2020 年，世界上所有主要的中央银行对气候变化均采取前瞻性的措施。这种转变在很大程度上归功于典范的引领，引领者在其管辖范围内应对气候变化给金融稳定带来的风险。但实际上，他们深信中央银行和金融监管机构需要在应对全球性挑战中发挥自己的作用。的确，这些引领者通过搭建新平台，即中央银行与监管机构绿色金融合作网络（NGFS），确保现有的治理规范不会阻碍进步。NGFS 现在开始关注自然和生物多样性。荷兰中

央银行是先行者，发布了自然依赖度评估报告，为风险管理提供了依据。

负责全球融资的机构希望在筹资决策中考虑生物多样性的重要性。中央银行和金融监管机构只有采取行动才能在其职权范围内推进这一工作。然而，先例表明，其任务授权可以而且经常被笼统地解读。国际领先的金融机构组织，三十国国际财经事务顾问团（G30），在金融危机之后发布了里程碑式报告，指出中央银行应与长期公共政策目标保持一致（同时避免对短期公共政策措施反应过度灵敏）[60]。那么对于金融监管者而言，就需要讨论“一致”意味着什么。这可能意味着持牌的金融机构需使其行为和影响与这样的长期政策目标保持一致，而不仅仅是考虑稳健的风险定价和金融稳定性的需求。

对中国的建议

中国人民银行和银保监会、证监会应对各自部门对生物多样性风险和影响的认识达成一致，并制定有关“自然积极”转型的政策。

银行应采取与中国政府“自然积极”转型的相关原则、政策、里程碑和目标相符的政策。

（四）推进器：金融科技的作用

制定和采用“自然积极”标准是一项政策决策，使资金用于恢复受损的生态系统，并有利于自然环境与人类活动之间的总体平衡，从而实现金融系统与广义的生态文明目标的一致性。当前，明智地运用数字金融技术，即金融科技（FinTech）将大大促进“自然积极”标准的实施。

阻碍金融机构核算对自然造成影响的常见原因之一，是完整的工具尚未到位，即法规、标准、数据、核算和报告准则。在正常情况下，使这些措施到位是一个漫长而艰巨的过程。然而如今，金融科技可以极大地加速和促进新标准和实践的应用。

尽管与其他领域（如气候变化）相比，金融技术在自然和生态系统领域中的应用仍相对欠发达，但差距正在迅速缩小。国内外的进展表明，金融科技可以通过多种方式帮助加快金融系统满足自然的需求。这些关键技术如下。

大数据：自然和自然资源及其时间变化的数据和其可得性不断增加，这既缩减了开展研究与得出结果所需的时间，又为评估风险或衡量影响的财务决策提供了信息基础。开放的、可访问的数据库，如全球生物多样性信息网络，进一步提高了数据的可用性和可比性，从而大幅度地为制定合理财务决策减少了障碍。[28]

人工智能：在过去十年中，人工智能和机器学习的应用取得了巨大的进步，现在可以处理许多以前需要耗时且烦琐的研究。通过整合数据，人工智能既可以更精确地查明问题，又可以凸显解决这些问题的行动重点。目前人工智能在农业生产等领域已经取得良好发展，但在自然资源以及人类活动对自然资源影响等方面，尚需填补空白，且必须立即填补这一空白。

区块链：分布式账本技术（通常称为区块链）可以极大地提高自然损害核算相关数据和法律基础设施。区块链土地登记簿、合同和其他基础文件可以大大减少自然资源的获取和使用方面的冲突和腐败，并明确财产权和使用权。区块链还极大地增强了开发自然获得的产品的可追溯性和认证，包括绿色债券等金融工具。同样，他们可以纠正由于权力失衡而经常导致的私人对自然的过度利用。然而，应用区块链技术来减少人类活动对自然的影响仍处于起步阶段。[29]

物联网（IoT）：将技术、仪器、通信等连接到互联网，并收集自动生成的信息，这不仅极大地提高了数据的可用性，而且减轻了筛选和整合数据以获得所需信息的工作，从而减轻了工作负担。“自然积极”标准需要强大的数据基础，而物联网可以成为支撑其实施所需的大量数据的重要且自动化的提供者。

如果正确应用，源自新的金融科技应用的上述基本因素可以克服许多障碍，以便快速采纳和应用“自然积极”标准并大幅提升金融机构遵循公认准则的问责。应用各种金融科技方法将促进自然资产的数字化。

金融科技可以通过将自然资产（如树或河道）“数字化”实现贸易、投资和估值，来帮助建立尊重自然的经济发展模式。在这些资产的基础上建立一个开放的数字化平台将有助于提高透明度、可追溯性，并为绿色信贷系统等提供基础。它还可以克服数据分隔的问题，从而实现跨企业和金融机构的数据组合。

风险和影响的披露：评估金融交易面临的自然相关的风险，并衡量这些交易对自然的影响，是最主要的挑战。金融科技应用支持并促进透明度，并能简化这些风险和影响的披露，从而有可能极大地提高人们对自然在治理系统和政策中角色的认识。它使金融机构能够负责任地参与实施“自然积极”原则，并将其应用于借贷者或投资对象。

公众参与：实施“自然积极”标准的挑战来自供给侧和需求侧。金融科技为这两者都提供了便利。上文概述了金融科技对供给侧挑战的贡献。而且，通过促进透明度和信息准确性，它可以极大地支持消费者和公众关注自然的需求。依靠简单的手机应用，群体科学已经促进了相关问责，人们检查资金使用情况并与公共和私人投资者就此进行沟通，纠正错误信息并基于对更好的结果的需求结成群体。金融科技创造和强化对“自然积极”投资需求的潜力才刚开始被人们所理解。

21 世纪以来，中国的金融科技行业在全球范围内呈现出领先的发展态势。同时，中国也向世界展示了建立“国家生态文明”，参与“全球气候治理”的决心。这无疑为中国金融科技的绿色应用提供了最有利的外部政策环境。但和荷兰、德国、西班牙等国家一样，金融科技和绿色金融两个领域的政策融合性依旧非常有限，两个领域的政策指引均对“自然积极”原则重视不足。目前，金融科技支持生物多样性保护发展面临的主要挑战包括如下内容。

如何从商业可行性的角度去设计推进生物多样性保护：在科技公司对生物多样性保护的重要性和相关性普遍认识较低的背景下，将生物多样性保护纳入企业的经营战略，并依托金融科技手段对其进行测量、认证并转化为企业绩效的可操作性还处于探索阶段。市场上依旧缺乏像蚂蚁森林一样基于自然的可持续商业模式来供企业选择和参考。

如何从公民端推进生物多样性保护：利用金融科技手段唤起公民的绿色意识，挖掘个人的生态保护效应的潜力巨大，但其重要性和价值还未被充分认识。国家和地方政府层面均还未出台与消费者个人绿色行为直接挂钩的激励机制。

如何推进中小企业的参与：目前参与生物多样性保护和生态保护的中国金融科技企业不够广泛，以大企业、大项目为主，中小企业的参与还非常有限。“天生”的绿色金融科技公司非常稀少。

如何推进数据质量和数据共享：在数据和交易平台的跨国合作中，跨境信息传输、互认与共享面临复杂法律问题。同时，承载数据的生物多样性项目和资产的界定、定价和交易（流动性）问题，直接影响了数据的价值。

对中国的建议

应当明确提出鼓励金融科技支持生物多样性保护的战略性指引，向市场释放出强有力的政策信号来促进金融科技在生物多样性保护领域的深入发展。将金融科技的绿色应用发展作为战略机会纳入“十四五”规划，积极寻求在该领域中国金融科技行业在全球范围内的领先优势。

应识别并制定金融科技支持“自然积极”标准的可行路线，指出当前实践中的不足并设立专项项目来弥合差距。

应强化金融科技行业、公司的生态保护责任。积极搭建金融科技企业支持生物多样性保护的交流研讨平台和区域绿色教育中心，促进企业信息共享和绿色能力建设，推广宣传并激励企业创新基于自然的可持续商业模式。建立“金融科技＋生物多样性保护”先行试验/示范区。

应重点聚焦有助于透明度、信息披露以及精确评估金融和生物多样性相关的风险和影响的金融科技应用。从关键领域开始，既考虑国内也考虑国外的应用。

应支持提升各方参与“自然积极”标准实践机会的金融科技的应用。

应以政府为主导，引领绿色基础设施，尤其是绿色信息平台建设，持续推进绿色/生物多样性数据监测、研究和整理工作。建立“金融科技＋生物多样性保护”先行试验/示范区。

三、“节流”：确保资金流向支持自然保护

（一）中国机构投资者生态保护金融的实践

1. 相关背景

本文“机构投资者”是指在金融市场上进行投资的法人机构，包括主权基金、公募和私募基金、合格境外投资者（QFII）、券商、保险、社保基金、银行理财子公司、资产管理公司等。这类公司大多持有金融牌照，但也有部分机构如私募基金、小型资产管理公司、民间投资公司、政府投融资平台等尚未被纳入金融机构行列。近年来，机构投资者在中国金融市场上的活跃程度和投资额度逐年提高，已逐渐以 30% 的年均增速从 2003 年的 1 366 亿元增长到 2016 年的 47 181 亿元。随着中国绿色金融政策体系的建立和逐步完善，机构投资者特别是大型机构投资者在可持续投资、ESG 投资等方面也已经展开了不同程度的探索与实践。专题组的调研发现，当前中国机构投资者对绿色金融、ESG 投资的重视程度和投资热情持续提升，已有了一定数量的产品和实践。但完全意义上的生态保护金融还处于起步阶段，受制于基础设施不完善等多方面原因，主权财富基金、资产管理公司、商业保险公司等大型机构投资者尚未将生态保护和生物多样性保护纳入投资策略和决策体系。

2. 中国机构投资者发展生态保护金融的实践

（1）投资基金、证券公司、银行理财已展开较多生态保护金融实践

从实际情况来看，中国投资基金、券商、银行理财公司对生态保护金融更为重视，一些机构已经从战略层面将生态保护纳入发展框架，在发展绿色金融和 ESG 投资中积极探索生态保护的相关主题产品。

1）基金公司

基金公司在生态保护金融策略主要体现在 ESG 投资方面。近年来，已有一定数量的基金公司将绿色发展、ESG 纳入其投资战略。特别是自 2018 年 6 月 MSCI 将 A 股正式纳入 MSCI 新兴市场指数和全球指数，对中国上市公司进行 ESG 评级且定期剔除不符合标准的公司之后，越来越多的基金公司将 ESG 因素引入公司研究和投资决策框架。调研中发现，已有较多公募基金公司通过组建自己的 ESG 评价和投资团队，与第三方 ESG 评价和数据库合作等方式，完善 ESG 投资框架和体系。根据商道融绿与中国责任投资论坛（China SIF）联合发布的《中国责任投资年度报告 2020》，截至 2020 年 10 月底，中国共有泛 ESG 公募基金产品 127 只，总规模超过 1 200 亿元。

2）证券公司

当前，中国很多证券公司已经开始对生态保护投资进行专题研究，将其作为未来业务创新的重要路径。证券公司已经不再如十年前那样仅仅将绿色金融作为品牌形象宣传的“卖点”，而是将绿色证券与绿色投资作为可以获取社会和经济收益的创新性业务发展路径，从而形成包括证券类金融投资机构、私人投资者、绿色项目建设与运营实施方在内的多方共赢的良性市场。例如，兴业证券在绿色金融评价标准、经营考核标准、组织架构改革等方面贯彻落实绿色发展理念，已经制定了构建绿色投资、绿色融资、绿色研究、环境权益交易“四位一体”绿色金融服务体系的全面规划，力图在中国证券业中发挥示范和引领作用。

3）银行理财公司

商业银行是中国金融体系的核心，生态保护金融是商业银行发展绿色金融、践行可持续发展理念的重要体现。近年来，ESG 等生态保护理念被应用于银行理财中，“银行系”ESG 主题理财产品日趋成熟。2019 年 4 月华夏银行推出国内第一只 ESG 主题理财产品，截至 2020 年 12 月 10 日，银行理财产品市场中以“ESG”“环保”为主题的产品有 49 只。投资标的包括绿色债券、绿色 ABS、ESG 表现良好企业的债权类资产，覆盖了节能环保、生态保护、高质量发展、清洁能源、乡村振兴、民生领域等重点领域。

（2）主权基金、资管、保险、投资公司、政府投融资平台等主体生态保护金融进展较为缓慢

中国主权财富基金、资管公司、保险公司的生态保护金融进展相对缓慢。尽管近年来对生态保护金融的重视程度有所提高，但其在战略层面并没有制定专门的生态保护金融或生物多样性金融规划。究其原因，主要是资产所有者对生态保护关注

不够。由于所有者对管理人的绩效考核仍然以投资收益率为主，导致机构投资者在进行投资选择时将投资收益放在首要地位，以资产的保值增值为核心经营目标，对生态保护考虑较少。相比之下，接受重视自然生态保护的资金方（如来自欧洲的资金）委托的投资管理机构，则较早就开始组建 ESG 评价团队，在投资决策中引入 ESG 标准。

3. 中国机构投资者参与生态保护金融的政策环境

目前，中国政府虽然没有发布专门针对生态保护的政策，但发布了诸多与生态保护相关的绿色金融政策，为生态保护金融的起步和推广奠定了良好基础。

（1）金融政策

鼓励机构投资者参与生态保护金融的主要金融政策，一是在 2015 年和 2016 年发布的节能减排、生态环境保护以及绿色金融体系总体规划方案中有所涉及；二是在服务实体经济、推动经济高质量发展、乡村振兴以及健全绿色低碳体系的各类措施中有所涉及。就具体内容来看，偏重于宏观层面的意见指导，且多与绿色金融框架下的金融产品创新、低碳环保经济、生态环境修复相联系。

（2）财政政策

鼓励机构投资者参与生态保护金融的主要财政政策体现在“十三五”节能减排、生态环境保护规划以及绿色低碳体系建立等方面。就具体内容来看，偏重于加大节能减排、生态保护补偿财政资金支持，以及落实环境保护与污染防治相关税收优惠政策等方面。

（3）环保政策（产业政策）

鼓励机构投资者参与生态保护金融的主要环保（产业）政策体现在顶层制度设计这一宏观层面，在总体性的生态文明改革方案、《绿色产业指导目录》、“十四五”规划中有所涉及。就具体内容来看，偏重于健全各类生态保护制度和市场交易体系、生态环境修复、绿色低碳发展、生态产品供给等方面。

4. 中国机构投资者发展生态保护金融的问题与障碍

尽管近年来中国绿色金融有着显著进步，但绿色金融框架下的生态保护金融发展目前还处于起步阶段。总体上，机构投资者动力不足。对其而言，未来一方面需要将生态保护金融理念真正纳入投资战略；另一方面需要在业务实践中先行先试，勇于探索，开发相应的金融投资产品。

（1）认知和重视程度有待提高

目前，在中国政府推动下，绿色金融无论是在理论上还是实践上都得到了长足发展。但就生态保护金融而言，尽管与绿色金融概念有一定重合，但也存在一定差异。正如第二章所指出的，“自然向好”原则超越过去的“不伤害”原则与“无净损失”原则，对生态环境保护更加主动和更加注重效果。中国绿色经济更加关注经济的可持续性，在支持环境修复和生物多样性保护方面措施不多。由此导致生态保护金融的概念在中国还没有得到广泛推广和认知，诸多市场主体只知道绿色金融和ESG理念，没有将生态保护金融乃至生物多样性金融作为重要的业务目标。对生态保护金融的研究与创新相对不足，没有提出专门的策略或进行主题鲜明的生态保护投资。

（2）经济收益前景尚不明朗

一是中国绿色金融主要集中于传统产业绿色升级、节能减排、政府财政资金主导的重点生态资源修复、绿色乡镇与产业园区建设、以光伏和汽车锂电池为代表的新能源、以新材料和节能设备为代表的新兴产业等方面，生态保护类项目收益低、周期长、风险高，多数在短期内甚至较长期内无法获得直接收益，能够同时实现生态保护经济收益与社会收益的生态保护投资项目还比较少。在经济收益前景不明朗和投资回报无法有效估算、生态保护投资成功案例难以寻找的情况下，机构投资者缺乏试点生态保护金融业务的内在驱动力。

二是机构投资者缺乏可匹配的投资标的。中国监管部门对资产管理者投资项目的净资产等有严格的数额规定。基金等资产管理公司在二级市场上投资时，缺乏与生态保护直接相关的上市公司股票。

（3）基础设施尚不完善

生态保护最大的难点是投资周期长，投资回报在中短期内难以实现，投资收益难以量化且不确定性较高，并缺乏统一性的评价体系。一方面，除少数高污染行业外，中国尚未出台强制性生态保护信息披露监管要求，投资机构难以准确评判生态保护投资的风险收益；另一方面，生态保护的标准不清晰，形成的生态资产难以定价，使得投资机构也难以开展投资后的管理。

（4）政策激励相对不足

从项目层面来看，生态保护项目预期现金流不确定，目前生态保护项目的文化旅游收益、保护地本身（林地、湿地）的碳汇收益两大直接收益对投资者均没有正向激励。这是因为文旅项目实质是生态修复后环境改善所带来的溢出效应，并不能直接作为生态保护项目的收益分配给机构投资者；中国先前的试点碳市场配额分配较为宽松，碳价过低，导致碳汇在碳市场上能够获得的实际收益远不足以支撑项目本身的成本。因此，需要从政策层面对生态保护金融予以激励。但实际调研发现，目前的政策激励也相对不足，使机构投资者难以产生研发并推广相关产品的动力。

从管理层面来看，政府有关部门作为国有机构投资者的委托方和监管方，尚未将生态保护和生物多样性保护纳入绩效考评制度。在现行考评制度侧重于财务收益并有明确财务收益性考核标准的情况下，国有机构投资者投资于自然生态资产的动力明显不足。

（二）农业补贴政策对金融机构行为的影响

1. 中国农业补贴的主要形式及其对金融体系的影响

长期以来，为保障增产增收，中国构建了一套完整的、增产导向的农业支持政策体系。客观来说，这套体系在保障中国粮食供给和促进农民增收方面起到了重要作用，但也造成农业生态环境破坏的严重问题。进入新发展阶段后，中国逐渐改变片面追求增产的政策导向，开始实施兼顾增产与生态保护双重目标的新型农业补贴政策体系。

（1）中国农业补贴的主要形式

中国农业补贴以粮食生产补贴为主。2016 年，中国在基于试点经验的基础上，在全国推开了农业“三项补贴”改革，将农作物良种补贴、粮食直接补贴和农业生产资料综合补贴合并为农业支持保护补贴，政策目标调整为耕地地力保护和粮食适度规模经营。与此同时，中国还进行了临时收储政策改革，相继在东北地区和内蒙古取消了大豆和玉米临时收储政策，建立大豆目标价格补贴和玉米生产者补贴，并于 2017 年起将大豆目标价格补贴调整为大豆生产者补贴，实现玉米和大豆补贴机制的衔接。2016 年改革之后，中国的主要农业补贴可分为四类：直接补贴、生产者补贴、最低收购价政策和农业保险保费补贴，具体如表 9-1 所示。

表 9-1 当前中国主要农业补贴政策体系

农业补贴类型	WTO 箱体属性	补贴额 / 亿元（2016 年）
1. 直接补贴		
（1）农业支持保护补贴		1 633.56
耕地地力保护补贴	绿箱	1 416.60
粮食适度规模经营补贴	黄箱（非特定产品）	216.96
（2）农机具购置补贴	黄箱（非特定产品）	256.62
2. 生产者补贴		
（1）玉米生产者补贴	蓝箱	390.39

农业补贴类型	WTO 箱体属性	补贴额 / 亿元（2016 年）
（2）大豆生产者补贴	蓝箱	73.47
3. 最低收购价政策		
（1）水稻最低收购价政策	黄箱（特定产品）	—
（2）小麦最低收购价政策	黄箱（特定产品）	—
4. 农业保险保费补贴	绿箱	288.00

资料来源：WTO 国内支持通报文件，经作者整理，其中农业保险补贴为 2020 年数据。

（2）中国农业补贴政策对金融机构行为的影响

农业补贴政策的主要目的是调整农业生产者的行为。然而，不同方式的补贴也会对金融机构的行为产生不同的影响，总体来看，金融机构针对农业补贴政策做出的反应主要是两类，一是调整放贷规模，二是调整保费价格。

1）“绿箱”类补贴政策

绿箱政策即对农产品贸易和农业生产不会产生或仅有微小扭曲影响的政策，中国的绿箱政策主要是耕地地力保护补贴和农业保险保费补贴。

耕地地力保护补贴的补贴对象非常广，原则上是根据土地面积补给实际耕种者，但实际操作中，往往将补贴直接发给了拥有土地承包权的农户。因此，耕地地力补贴不容易对农户的生产行为产生影响，而更像是一种提高农户收入的转移支付。在补贴过程中，农户的收入得以提高，资金约束有所缓解，信贷需求随之下降，金融机构可能会因此缩小放贷规模。

农业保险保费补贴使政府替农户承担了一部分投保成本，因此将促进农户对农业保险的需求。农业保险保费补贴极大地增加了购买保险的农户数量，使农业保险市场规模显著扩大，这必然会促使各大金融机构增加农业保险产品供给，并提高保费价格。

2）“黄箱”类补贴政策

黄箱政策即对农产品的直接价格干预和补贴，这些措施会对农产品贸易产生扭曲。中国的黄箱政策主要是耕地适度规模经营补贴，农机具购置补贴和水稻、小麦最低收购价等政策。

粮食适度规模经营补贴是给予规模达到一定程度种粮农户的补贴，能有效促进农户的适度规模经营。在补贴刺激下，农户的粮食生产积极性将有所提高，流转土地扩大经营规模的行为会增加，规模扩大又将导致对农业机械的需求度提高，总体表现为信贷需求大幅增加。在中国农村土地经营权能够抵押的制度环境下，金融机构可能会相应地扩大放贷规模。

农机具购置补贴能降低农民购买农业机械的资金成本，有效刺激农户对农业机械的需求。然而，即使加上补贴，大部分农户也难以全款购买农业机械，因此农业机械需求的上升必然带来信贷需求的增长。此外，农业机械水平提高将刺激农户扩大生产规模，这又将带来更高水平的信贷需求增长。在这样的情况下，金融机构的放贷规模将有所上升。

最低收购价政策是为了保障水稻、小麦种植户的基本收益，避免过度受到农产品价格波动的影响，这无疑将提高农户种植水稻和小麦的积极性。这种积极性的提高，一方面会使更多土地投入农业生产，另一方面会使农户增加农药、化肥的使用，这些行为都会增加农户的资金需求。在这样的情况下，金融机构将会提高贷款门槛，并适度扩大放贷规模。此外，由于最低收购价政策与农产品价格补贴存在一定程度的替代效应，因此该补贴也会降低农户的保险需求，并使金融机构降低保险产品价格。

3）“蓝箱”类补贴政策

蓝箱政策即与生产限制计划相联系的直接支付的特殊黄箱措施，中国的蓝箱政策主要是玉米和大豆的生产者补贴。

生产者补贴的对象是种植玉米、大豆的农户，这种补贴是对农业结构的调整，会促使农户更多地种植玉米和大豆。中国的大豆和玉米产区主要在北方，增加玉米、大豆的种植面积将主要缩减小麦的规模。但由于小麦和玉米、大豆的生产成本差别不大，因此不会对农户的信贷需求产生大的影响。另外，由于品种的调整，针对玉米、大豆的保险产品需求将增加，金融机构也将推出更多针对玉米、大豆的保险产品，并提高保险保费价格。

表 9-2 农业补贴政策刺激下农户和金融机构的行为反应

政策类型	具体政策	农业生产者的行为反应	金融机构的行为反应
绿箱	耕地地力保护补贴	信贷需求下降	缩小放贷规模
	农业保险保费补贴	保险需求增长	提高保险保费价格
黄箱	粮食适度规模经营补贴	农业规模扩大，信贷需求提高	扩大放贷规模
	农机具购置补贴	农机具需求提高，信贷需求提高	扩大放贷规模
	最低收购价政策	生产积极性提高，信贷需求增长，保险需求减弱	提高贷款门槛，扩大放贷规模，降低保险保费价格
蓝箱	生产者补贴	玉米、大豆比重提高	提高玉米、大豆保费价格

2. 中国农业补贴方式对自然和生态系统的影响

（1）中国农业补贴可能对自然和生态系统产生的影响

传统的中国农业“四项补贴”大多没有和环境保护挂钩，对环境造成了一定负外部性。

第一，传统农业生产资料综合补贴政策产生的收入效应可能导致农户过度施用化肥、农药、地膜，造成农业面源污染。化肥和农药的广泛使用在促进粮食增产、保障中国粮食安全方面起到至关重要的作用，但同时种植业也是水体污染和土壤污染的重要来源。特定化肥农药的补贴政策有助于鼓励农民选择高产作物品种，但对土壤和水资源有长期的不良影响。根据全国污染普查数据，2007年种植业总氮流失量159.78万t，总磷流失量10.87万t，分别占全国总氮、总磷排放量的33.8%、25.7%。残留的农药和化肥还直接破坏农业伴随型生态系统，对鱼类、两栖类、水禽、兽类的生存和地区生物多样性造成较大威胁。地膜长期以来重使用、轻回收，部分地区地膜残留污染和土地侵蚀问题日益严重。

第二，多项补贴政策导致更多不适宜耕种的土地投入生产，存在破坏生态平衡的可能。为了获取多项农业补贴，存在过度开垦土地甚至荒地的现象。因过度开发导致植被破坏、水土流失和土壤侵蚀加重，一些河流枯水期流量减少甚至断流，江河含沙量增大，饮用水水源遭污染的情况仍时有发生，受内陆污染物远距离输送，以及本地污染源排放和静稳无风等不利气象条件的影响频繁。

第三，种粮农民直接补贴政策鼓励农户长期种植粮食作物，导致种植结构单一和土壤地力下降。多样化种植的传统模式对于维护农田生态系统的平衡极其重要，而由补贴引导的专业化单一农作物生产模式则打破了原有的农田生态平衡。同时，随外出务工潮现象日益显著，粮食主产区农业生产中，农民更倾向种植产量高、投入少、易于管理，且价格相对稳定的粮食作物。这降低了农田生态系统缓冲性能，以垄作、翻耕为主的耕作技术加剧了土壤有机质分解和结构破坏等，也加剧病虫害对粮食生产的威胁，成为严重影响我国粮食安全的潜在因素。

第四，农业保险的经济激励可能导致种植业和养殖业分离，畜禽废弃物排放成为水污染重要来源。传统上农民在进行多样化种植的同时，也兼营养殖业，并利用人畜粪便作为肥料对农作物进行施肥，同时农作物生产过程中产生的废料也可以作为动物的食物来源，这种绿色环保、原生态的循环经济发展模式，能够最大限度地减少外来物质对农村环境的不利影响。农业保险的出现对多样化种植的传统农业风险分散模式形成了一处替代作用，即农民通过购买农业保险服务一样可以为自己农业生产提供风险保障。如果农户在农业保险的经济激励下选择从事专业化的种植业或者养殖业，那原来的循环经济发展模式便不复存在，农户为了提高农产品产量必须不断增加农药、化肥的投入，导致土壤结构遭受破坏，而且大规模养殖造成的禽畜粪便无处理排放也将成为一个严重的环境问题。

（2）近年来中国农业补贴方式转型的特点

第一，农业生产资料补贴向绿色可持续对象转移。针对 21 世纪初化肥价格高位运行，而农村盲目施肥普遍、部分地区过量施肥严重的问题，2005 年，中央财政设立并实施了测土配方施肥补贴项目。截至 2019 年，中国测土配方施肥补贴累计投入 104 亿元。“十三五”期间，随着农业政策的调整、绿色发展政策的调整，2016—2019 年全国化肥使用量连续四年呈现负增长，化肥使用强度也保持减少态势。种植业方面，主要减排动力来自化肥施用总量的下降，化肥投入结构持续优化以及化肥利用率的进一步提高。

第二，农业生产资料补贴重点由推广使用端转向回收利用端。2017 年，农业部印发《农膜回收行动方案》，在甘肃、新疆、内蒙古 3 个重点用膜区，以玉米、棉花、马铃薯 3 种覆膜作物为重点，选择 100 个覆膜面积 10 万亩（1 亩 ≈ 666.67 m^2）的县，整县推进，推动补贴资金由补使用向补回收转变。大力推进地膜机械捡拾，对地膜回收机具敞开补贴，应补尽补。2019 年，中央财政继续支持地方开展废弃地膜回收利用工作，继续推动农膜回收示范县建设。

第三，建立有利于促进自然和生态系统平衡的生态补偿机制。如针对黄河中游地区水土流失严重情况，中央补贴加大对其补贴力度。再如 2019 年，国家发展和改革委员会出台《生态综合补偿试点方案》，在 10 个省份各选取 5 个县（市、区）率先开展生态综合补偿试点工作。

四、“开源”：增加绿色资金来源

（一）生态保护金融工具创新

1. 发展中国生态环境基础设施 REITs

（1）中国生态环境基础设施亟须拓宽融资渠道

1）生态环境基础设施投资需求巨大

传统生态环境基础设施主要是关于各类污染治理，涉及大气污染防治、固体废物污染防治、噪声污染防治等方面。2020 年 3 月，中国提出加快新型基础设施建设。生态环境新型基础设施包括传统基础设施的绿色化改造（如新能源汽车充电桩）、智能化和数字化改造（如基于物联网技术的生活垃圾转运系统）等。无论是传统还是新型的生态环境基础设施都需要巨大的资金投入。以中国城镇污水提标改造为例，据招商证券测算，仅此一项投资规模就超过 8 000 亿元。

2）生态环境基础设施资金来源不足

由于公益性强、商业回报率低的特点，生态环境基础设施的投资资金来源，一是政府财政资金或依托政府信用的银行信贷资金，包括通过政府支持的 PPP 项目进行融资。自 2020 年以来，新冠肺炎疫情带来的经济增速放缓和政府投资加大导致中国财政状况更加紧张。同时，化解地方政府的隐性债务的措施也导致这一渠道的资金量下降。二是企业从金融市场融资。受经济环境影响，中国电水气热、垃圾、危险废物行业企业资产负债率水平较高，融资能力受到限制。从事生态环境基础设施投资的企业不少是民营中小企业，很难在债券市场获得绿债发行资格或获得银行绿色信贷资金，而且自身经营面临困难，自有现金流对生态环境基础设施的投入下降。

针对上述问题，中国开始在基础设施领域引入 REITs。2021 年 6 月，中国首批 9 只基础设施 REITs 上市，其中 2 只属于生态环境基础设施项目。

（2）中国生态环境基础设施 REITs 存在的问题

1）缺乏税收优惠

中国环保类项目从建设、转让和处置等涉及诸多税收，如土地增值税、转让收入所得税、营业税、契税、印花税；在运营阶段，面临企业所得税和投资者个人所得税的双重征税，直接影响了中国 REITs 参与各方的积极性。而国际成熟的 REITs 通常配有各方面税收优惠政策，如美国规定若 REITs 公司满足一定要求，可免除企业所得税，仅向投资者征收个人所得税。

2）流动性不足，收益率较低

生态环境基础设施的不动产所有权和特许经营权均为固定期限，在一定程度上影响了资产的估值和定价。相较于房地产类 REITs，环保设施 REITs 在收益法测算下的估值逐年下降，并且由于流动性相对较差，进一步降低了环保设施类 REITs 的收益率。

3）特许经营权和所有权转让渠道不畅

基础设施基金应通过资产支持证券和项目公司等载体穿透取得项目完全所有权或特许经营权。但目前一些项目存在土地或股权转让限制、特许经营权转让需取得主管部门同意问题。在国资转让环节，还需要履行国资进场交易程序。这些原有的制度规定与 REITs 的特性存在矛盾，而解决上述问题的配套政策尚未出台。

2. 基于生态保护的政府引导基金实践

近年来中央和地方政府、国有企业层面在设立基于绿色发展的政府引导基金方面已展开一定探索与实践，但总体而言还处于起步阶段，与其他领域相比规模相对有限，未来尚有较大发展空间。[1]

（1）发展现状

目前，体现生态保护理念、投资生态保护相关项目的引导基金主要包括国家绿色发展基金、长江绿色发展基金以及地方政府发起设立的绿色产业投资基金。其中，国家绿色发展基金由财政部、生态资源部、上海市政府于 2020 年 7 月发起成立，运营实体为国家绿色发展基金股份有限公司（位于上海），首期规模为 885 亿元。长江绿色发展基金管理有限公司于 2019 年 11 月成立，由三峡集团旗下三峡资本控股有限公司、北控水务集团旗下北控金服（北京）投资控股有限公司联合出资，首期规模 200 亿元。

地方政府层面近年来也开始设立与绿色产业、可持续发展相关的引导基金。据不完全统计，全国已有十余个省含自治区在省级层面设立了近 20 只绿色发展引导基金，目标规模近 5 000 亿（表 9-3）。

表 9-3　近年来地方政策层面与生态保护相关的部分引导基金

序号	所属省市	基金名称及设立年份	基金规模	设立主体及主要投资方向
1	山东	山东省绿色发展基金，2017	100 亿元	综合运用亚洲开发银行、法国开发署等国家主权贷款资金，吸引社会资本共同参与。其是全国首只在省级层面利用国际金融组织贷款设立的绿色基金。重点投向节能减排、环境保护与治理、清洁能源、循环经济、绿色制造、气候变化等领域
2	山东	三峡绿色产业（山东）股权投资基金，2020	50 亿元	由三峡资本控股、青岛西海岸新区海洋控股集团及省、市、区三级引导基金共同投资设立。重点投向清洁能源、生态环保等绿色产业链领域，助推山东省新旧动能转换战略
3	河北	河北绿色经济发展基金，2019	首期 20 亿元	河北信投集团与国际绿色经济协会投资建立，重点扶持一批节能环保企业，构建具有河北特色的绿色制造产业
4	山西	山西国投绿色能源发展基金，2018	10 亿元	山西国投运营公司、山西证券、漳泽电力等省属国企联合发起，重点投向绿色发电项目
5	辽宁	辽宁省低碳绿色产业投资基金，2020	30 亿元，首期 5 亿元	重点投向环保产业领域的优秀企业股权、环保领域重点工程项目、先进环保装备制造、智慧环保、碳汇交易

1 本文的政府引导基金为广义概念，不仅包括政府财政出资设立的引导基金，也包括央企、国企层面设立的引导基金。

序号	所属省市	基金名称及设立年份	基金规模	设立主体及主要投资方向
6	辽宁	辽宁新能源和低碳产业投资基金，2011	50 亿元	辽宁能源投资（集团）有限责任公司与海通证券股份有限公司共同成立，重点投向新能源和低碳产业
7	江苏	江苏省生态环保发展基金 ,2017	800 亿，首期 60 亿	中国华融旗下华融天泽投资有限公司与江苏省政府投资基金共同发起设立，下设江苏生态环保投资基金、江苏生态环保设施升级基金等，重点投资“263”专项行动项目库内项目
8	浙江	“绿水青山就是金山银山”乡村振兴绿色发展投资基金，2020	10 亿元	安吉县人民政府、浙江金控、中国农垦产业发展基金共同设立，已储备投资项目 9 个，涵盖安吉县生态农业、旅游等多个行业
9	河南	河南省绿色发展基金，2019	160 亿元，首期规模 35 亿元	省财政、河南省农业综合开发公司及相关省辖市共同出资，重点支持河南省内清洁能源、生态环境保护和恢复治理、垃圾污水处理、土壤修复与治理、绿色林业等领域的项目
10	广东	广东绿色产业投资基金，2016	50 亿元	由政府 5 000 万元引导资金和 49.5 亿元社会资金共同组成，前期投资方向以推进城市绿色照明示范城市项目为主，推动绿色照明产业发展
11	四川	城乡绿色发展产业引导基金，2016	400 亿元	四川省住房和城乡建设厅、省发展改革委和省重点办及有关企业参与设立，重点支持处于起步阶段的创新型企业
12	甘肃	甘肃省绿色生态产业发展基金，2019	2 000 亿元	重点支持节能环保、文化旅游、数据信息、先进制造等十大绿色生态产业发展
13	陕西	陕西绿金智能科技投资基金，2020	2.85 亿元	榆煤基金联合陕西绿金投资管理公司、陕西省成长性企业引导基金、陕西省成长性企业引导基金等发起设立，投向为新能源、新材料、节能环保、绿色智能等高端制造领域
14	广西	广西绿色新兴产业基金，2020	50 亿元，首期认缴规模 10.01 亿元	中金资本运营有限公司、广西林业集团有限公司、南宁产业投资集团有限责任公司等共同合作设立，将重点服务绿色新兴产业发展，构建高端绿色家居全产业链发展格局，扶持高端制造业、电子信息及大健康产业等转型升级
15	宁夏	宁夏绿色产业发展基金，2017	20 亿元	润谷东方与宁夏农投集团共同设立，主要投向绿色产业项目
16	宁夏	宁夏环保产业基金，2017	10 亿元，首期规模为 5 亿元	政府引导性资金为 1 亿元，向社会投资人和金融机构募集 9 亿元
17	贵州	贵州省工业及省属国有企业绿色发展基金，2019	300 亿元	由贵州省财政工业专项资金、省属国有企业资金整合出资、社会资本定向募集三部分组成，投资于发展前景好、成长性好的优质工业及国有企业
18	贵州	贵州绿色产业扶贫投资基金，2017	2020 年确保达 900 亿元	重点围绕农村产业革命和十二大农业特色产业提供金融支持

注：笔者根据公开资料整理。

（2）存在的问题与障碍

1）绿色项目投入不多

从国家和地方层面的绿色发展基金来看，由于成立时间相对较短，目前还处于组织架构搭建、前期市场调研和扩大战略合作的层面，还没有具体的生态保护投资项目。从地方政府层面来看，公开资料能查到的基金设立时间均为 2016 年之后，且约有一半的基金是在 2019 年之后设立，很多处于募资阶段，还未实际运行。

2）基金定位和发展目标不明晰

首先，部分地方将生态保护引导基金与新兴产业投资基金、农业基金等同，只是在名称上注明“绿色”字样，实际投向多为高新技术企业或其他农业企业，并未严格投向生态保护项目。

其次，部分地方政府确定基金数量和目标金额时随意性较强。地方政府没有考虑当地经济、金融环境和绿色产业项目情况，设立的基金规模偏大，且希望通过财政资金放大社会资本的比例偏高。这不仅可能导致社会募资存在较大困难，还会使政府在后续基金投向上话语权较弱，不利于基金长期发展。

3）管理机制不完善

一方面，体制机制约束太多，决策程序较长。部分地方政府对于基金管理仍然停留在传统的财政专项资金管理思维上，以行政手段干预或替代监管，导致基金效率偏低。从现有投资资料来看，绿色基金披露的投资项目相对较少。

另一方面，监管与绩效评价不完善。目前是财政、发改以及产业部门多头监管的格局，且全国性的绩效评价体系尚未建立，部分文件只有原则性论述这就导致各地方政府评价体系也主要集中在对资本投向、进度、退出等方面，无法对基金日常管理运作的规范性、专业化进行有效监管和评价，无法据此做出全面客观的考核。

此外，引导基金多对投资收益和投资期限有严格规定，受到国有资产保值增值等方面的严约束。但生态保护相关项目一般投资期较长，且每年的现金流不能保证，这与引导基金的投资偏好不匹配，容易导致生态保护引导基金落地难。

4）缺乏投资标准

由于当前环境信息披露机制特别是关于非上市公司的信息披露尚不完善，生态项目、绿色项目的标准也尚未完全建立，这就导致生态保护引导基金与其他生态保护金融一样，缺乏投资抓手，推进较为缓慢。

（二）债务和生物多样性保护

中国越来越重视围绕自然制定政策。目标是在 2060 年前实现碳中和，并于今年举办 COP15，制定《2020 后全球生物多样性框架》，这凸显了中国在环境领域的全球领导地位。

在新兴市场中，债务和自然危机日益严重。一半的低收入国家处于高风险或处于债务困扰之中，因此需要尽快通过财政空间和资源来推动经济增长。其中许多国家依靠自然资本来推动生产力和支持偿还债务，从而引发了国际上有关债务和自然问题协同解决方案的讨论。G20 正在推进有关解决两种危机的解决方案的讨论，中国以债权人的身份参与了如何在危机中支持债务人的讨论。

可持续债务发行量在国际和中国金融市场中迅速增长。目前，与可持续发展相关的全球债务超过 1.5 万亿美元，2021 年占全球发行量的 10%。中国是绿色债券的全球领导者，其国内债券市场规模达到 1 200 亿美元，是世界第二大市场。基于先进的结构和实施能力，中国市场的迅速发展使其站在了国际债市新兴发展前沿。

新一代的主权债务工具抓住了自然和气候带来的金融风险和机会。自然绩效债券是指将债务条款与自然相关的结果联系起来的工具，为发行人和投资者提供了将绿色考虑因素纳入金融市场的途径。这包括将债务条款与绩效成果联系起来的可持续性相关工具，以及相对完善的侧重于自然受益投资的绿色债券。这些产品在主权和公司债券市场的增长为中国提供了在当前危机中部署这些工具，以及将自然要素更广泛地融入金融市场的全球机会。

中国处于独特的位置来抓住机会，并迅速制订计划以支持发行主权和国内自然绩效债券。为此，中国可以采取切实可行的步骤，巩固新兴的国际最佳实践，并在绿色债券市场丰富的国内经验基础上进一步发展。对中国推进这一议程的三项建议如下：①对国际经验及其提高生物多样性方面表现的短期和长期潜力进行技术分析；②参与关于绿色主权债务市场工具和架构的国际进程及讨论；③利用自然绩效债券发行一系列与自然相关的主权、次主权或国内债务交易。

1. 中国在自然与生物多样性方面引领全球的机遇

中国把自然置于其国内和国际政策制定的最前沿。自中国于 2018 年将“生态文明”政策纳入其宪法以来，特别是在习近平主席的领导下，优先考虑环境问题得到了越来越多的重视。确保在利用自然的同时将环境和社会维度的考量置于经济活动决策的核心，是中国展示其雄心的方式之一。

中国在 2021 年发挥引领作用很可能将塑造国际社会对气候和生物多样性的承诺。中国在应对气候变化领域做出的有力承诺包括 2060 年前实现碳中和。2021 年在昆明举行的 COP15 将制定全球 2020 年后生物多样性保护目标。在此会议之前，中国进一步强调了在资金动员、技术和能力建设领域加强对发展中国家的支持以创造实施条件和有利环境。

生态文明理念与自然在经济增长和复苏中至关重要的全球共识相一致。自然和支持自然的生物多样性决定空气质量、淡水和土壤的可用性、授粉和病虫害防治并减轻自然灾害的影响。世界经济论坛（WEF）估计，全球 GDP 的 40% 取决于自然，在许多发展中国家的这一比例更高。[30] 最近，英国《达斯古普塔报告 2021》中有关生物多样性经济学的内容强调，自然在支持恢复力和经济生产力方面的作用日益重要。[3] WWF 全球贸易分析项目（GTAP）和自然资本项目的研究表明，自然能够提供的服务下降与 GDP 增长之间存在明显的相关性。[31]

自然与经济增长驱动力之间的联系变得更容易理解和衡量，并且这与政策制定者和投资者息息相关。自然对于减缓气候变化和其他自然风险至关重要，并创造了越来越多的经济机会，包括碳信用和可持续旅游业。例如，联合国粮食及农业组织估计，95% 的农业依赖土壤的生产力，[32] 而自然旅游业对肯尼亚和纳米比亚的国内生产总值贡献了 10% ～ 20%。[33] 粮食和土地利用联盟（FOLU）估计，到 2030 年，通过加强保护和恢复 3 亿 hm^2 热带森林，保护和恢复自然将带来 2 000 亿美元的全球商业机会。[34]

然而，迄今为止，自然保护工作仍远远不足以维持其对经济和更广泛福祉的重要贡献。自然的健康状况和气候变化的影响给投资者带来当前和长期的风险，特别是那些依靠“自然资本”推动经济生产力和国民经济复苏的主权债务市场的投资者。尽管人们日益认识到自然和生物多样性在经济健康中发挥着至关重要的作用，但主权债务市场中投资者在将自然纳入国家主权债务的吸引力和风险方面仍然落后。目前，可用于自然保护的资金资源中有 80% 来自公共资源，这表明使私人资金与自然相适应仍有巨大差距和机遇。[35]

2. 全球主权债务市场的压力越来越大

在许多发展中国家背负巨额累积债务之际，这些考虑具有重大意义。新冠肺炎疫情的蔓延降低了大多数新兴市场国家的增长预期，全球经济衰退和新冠肺炎疫情应对措施使国际货币基金组织预期 2020 年新兴市场经济萎缩 5.7%。[36]

公共支出增加和政府收入减少的综合影响使许多经济体承受了巨大的财政压力，确保流动性迫在眉睫。新冠肺炎疫情的财务影响加剧了本已沉重的债务负担，使许多国家面临违约风险。新兴经济体在2020年和2021年的偿债成本将超过3万亿美元，这引起了金融市场对一些最贫穷国家债务可持续性的担忧。撒哈拉以南非洲19个国家债务与GDP的比率在2020年达到71%，而这一数字在2012年仅为26%。[37]厄瓜多尔、阿根廷、伯利兹、苏里南、赞比亚和安哥拉的债务重组是发展中国家和新兴国家市场压力的例证，国际货币基金组织警告说，超过半数的低收入国家处于高风险或处于债务困扰中。[38]

全球债务危机在那些经济更加依赖自然和生物多样性的国家尤为严重。国际环境与发展研究所的工作特别识别出债务条件恶化与关键的全球生物多样性和气候脆弱性地区重叠的国家。[39]这些国家包括肯尼亚、马达加斯加、莫桑比克、乌干达、安哥拉和喀麦隆等低收入撒哈拉以南非洲国家，以及越南、老挝和不丹等中等收入亚洲国家。迄今为止，对主权债务以及气候和自然双重危机的反应都不足以支持强劲的经济复苏，同时自然资本恶化给增长和恢复力带来长期风险。

3. 通过新的金融工具解决债务和生物多样性问题

目前的主权债务工具仅提供很少或根本没有提供相关机会，使借款人能够资本化自然资本的改善，或使投资者能够寻求更好的自然绩效。越来越多的人呼吁将自然和气候纳入新兴和全球债务市场的转型，从而为发行人和投资者提供相关工具，以更好地使资金成本与自然资本保持一致。近期，与可持续发展相关的债务的增长现已超过1.5万亿美元，预计到2021年将占全球发行量的10%，这说明全球范围内此类投资需求正在增长。[40]诸如TNFD以及相关政策和法规制定等举措已印证并加速了投资者的认识和问责。[22]

投资自然还可以为进一步确保债务可持续性和与自然有关的风险管理。国际货币基金组织指出，更好地管理自然资本会降低预期生产率和复原力的未来风险，从而改善债务发行国的信用状况，即使在发行更多债务的情况下也是如此。[41，42]投资自然还是一种实现各国保护生物多样性和其他环境目标（特别是减少排放量）承诺的经济有效的方式。推迟行动将使各国实现这些目标变得愈加困难。[43]

更好地将自然纳入主权债务市场既有短期的需求，也有长期的需求。在短期内，有机会使用一套新的债务工具来重新调整现有的不可持续债务的用途，或依据推动“自然受益”经济复苏的要求发行新债务。从长远来看，有希望推动向将自然风险和机遇纳入主权债务安排的转型。正如亨利·保尔森2020年9月指出：“随着政府的重建……决策者必须学会重视自然，提供适当条件和激励措施来推动变革。重点之一是创造一个包含生产性土壤，农作物授粉和集水区等在内的新资产类别。”[4]

现在已经有成熟的政策和市场举措来构建绿色主权债务市场。一些国家政府，包括 20 国集团（G20）成员，正在讨论新兴市场的绿色主权债务选择。世界银行和其他国际组织，包括国际货币基金组织、经合组织和联合国，正在组建催化新债务工具的机构以应对短期内新兴市场的需求，并促进转型以将自然更好地融入主权债务市场。[19]这些工作得到了包括联合国非洲经济委员会在内的国际组织提案的支持，该提案旨在为非洲国家提供满足当前流动性需求的工具，并在自然和气候投融资工具的支持下进行中期绿色刺激投资。[44]

4. 自然绩效债券

一系列新兴的债务工具，即自然绩效债券（NPB），提供了一种将债务支付与自然和气候绩效联系起来的解决方案。这些工具有潜力满足当前的流动性需求，并形成结构性解决方案，以实现长期和可持续增长。[45]NPB 将以各种方式为主权和公司发行人及其投资者提供选择，以便将自然纳入其融资决策。这些工具包括：

- 与 KPI 挂钩或与可持续性关联的债券，允许债券的一般用途，但可以在实现自然相关目标时减除债券本金或减少利息，来激励自然绩效提升。
- 使用收益债券，如绿色债券，将通过债券发行筹集的资金与基于自然的特定项目联系起来。

这些工具可以建立在现有的绿色债券模型的基础上，并支持一系列基于自然的目标，如恢复湿地、保护森林不受侵害以及减少对野生动植物物种的威胁。这些工具的主要特点是：提供流动资金以将资源用于经济复苏措施。

（1）以可持续性关联债券为例，可以用于一般用途，以资助眼前的经济和社会优先事项。债券发行后，债务人将获得全部资金，债务人可将其用于应对紧迫的资金需求或资本支出。然后，债务人根据商定的绩效指标的表现来确定每年和债券到期时偿还债权人的债务金额。巴基斯坦是最早承诺使用该工具来资助复苏计划的主权发行国之一。[46]

- 在使用收益债券的情况下，资金将用于支持基于自然的投资的战略，可与短期和长期的经济生产力驱动力相关联。截至 2020 年 11 月，已有 22 个国家的政府在过去4年发行了收益债券，[47]其中包括法国、德国和韩国等发达国家以及印度尼西亚、尼日利亚和塞舌尔等中等收入国家。[48]

（2）NPB 可以围绕一组标准化的自然成果进行构建，以便可以在整个市场上对其进行定期、一致的监控和使用。

- 绩效成果的报告及核证设计应透明且稳健，并与新兴的自然资本、生物多样性和气候标准相联系，以使主权国家和投资者能够将绩效指标与国际公认的指标进行比较。

• 建立可推广的资产类别的核心是与新兴的自然和气候绩效衡量标准保持一致的结构。这将使债券具有在生物多样性和气候机会各异的国家中推广的潜力，从而最大限度地发挥投资者的潜力。

（3）NPB 为发债人提供了根据其情况最有效地实现自然和生物多样性成果的灵活性。

• 与收益模型的使用相比，可持续性关联债券为发行人提供激励，使其至少能以最少的成本实现绩效成果，这将给债权人提供更多的激励以资助更能体现资本价值的自然和生物多样性成果。

图 9-1 概述了可持续性关联债券的结构。

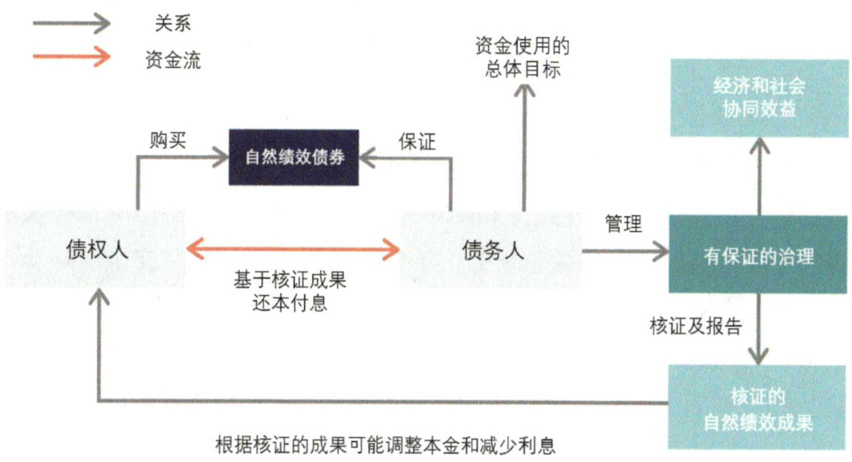

图 9-1 可持续性关联债券的结构

在某些情况下，NPB 可以得到公私混合融资的支持。

• 公共债权人可能希望使用这些工具来重新分配不可持续的债务，以立即为债务人提供流动性，或者可能愿意放弃一部分财务回报，以换取有保证的自然绩效。

• 混合或优惠融资可以支持私营部门投资者的最初参与，在这种情况下，公共投资者愿意为自然绩效成果付费。

• 随着债券变得越来越标准化和具有流动性，私营部门在自然绩效债券市场中的参与度将不断提高。如果私人债权人确信自然绩效结果会对偿付风险有实质性影响，他们将对这些资产越来越感兴趣。

专栏 9-1 公司债券市场中可持续性关联债券的并行发展

在开发 NPB 的同时，出现了许多类似的工具，这有助于证明 NPB 的可行性和潜在的应用范围，这些工具主要是由国际公司发行的可持续性关联债券：

2021 年 1 月，中国香港房地产开发商新世界发展公司在亚洲发行了第一只可持续性关联债券，10 年期，值 2 亿美元。

2019 年，意大利能源集团 Enel 发行了 15 亿美元的五年期可持续性关联债券。债券利率将取决于是否能在 2021 年实现 55% 的可再生能源装机容量目标。如果到 2021 年年底仍未达到 55% 的目标，则息票将增加 25 个基点，直到债券到期。

其他发行此类债券的公司也参考了这些早期实践，包括 LafargeHolcim（2020 年 11 月）、Suzano（2020 年 9 月）和 Novartis（2020 年 9 月）。

5. 中国在开发 NPB 方面的独特作用和潜力

中国现在有机会在现有绿色金融市场经验基础上融合新兴的国际最佳实践。具体来说，中国可以利用发展中的绿色债务市场专业知识，再加上其在全球环境领域的领导地位，来探索这种新资产类别的潜力，并有可能成为主权债务市场的标准。

中国可以率先设计和应用新的金融工具 NPB。至少有四个原因使中国处于引领自然受益主权债务市场转型，并推动积极应对当前债务和自然危机的独特地位。

首先，中国已经在引领全球生物多样性保护的雄心。中国的国内政策已证明，一个国家可以快速的恢复自然，今年在昆明举办的《生物多样性公约》第十五届缔约方大会将设定未来几十年全球生物多样性保护的目标。中国最近在应对气候变化领域的坚定承诺进一步强化了这一点，包括“十四五”规划中提到的在 2060 年前实现净零排放的目标。

其次，中国在主权债务市场中发挥着核心作用。迄今为止，中国是新兴经济体中最大的单一债权人。自 2021 年年初以来，中国积极参与并实施了暂停最贫穷国家的债务偿还的“G20 暂停债务倡议”（DSSI），并宣布暂停 77 个发展中国家和地区的债务还款。

再次，中国已经展现了加快绿色主权债务工具发展的能力，自 2015 年其已发行大量绿色债券。根据气候政策倡议组织（Climate Policy Initiative）发布的《中国绿色债券市场的状况和有效性》报告，目前，中国国内债券市场规模达 1 200 亿美元，是全球第二大市场，已成为全球领导者。[49] 中国还开展了独特的绿色金融试点，涵盖了 6 个省和 9 个地区，旨在为推进全国绿色金融政策之前在地方层面测试绿色金融政策选项。

最后，基于监管框架和相关支持机构，中国已经建立了设计、评估和结构化绿色债券工具的能力和机制，以允许市场快速扩张。主要的机构包括中国人民银行、绿色金融委员会和中国金融市场机构投资者协会。这些机构在设定绿色债券设计、结构化和认证标准方面发挥着核心作用，也为这些机构在利用现有能力开发类似性质的自然绩效债券发挥核心作用开辟了道路。

五、政策建议

（一）中国机构投资者发展生态保护金融的政策建议

1. 在政策层面突出生态保护金融在绿色金融的重要地位

一是从顶层设计的战略高度突出生态保护金融的重要地位，将生态保护金融作为支持可持续发展的重要领域。

二是若在短期内无法较快出台专门针对生态保护金融的专项政策措施或实施意见，建议修订原有的绿色金融政策，专门加入生态保护金融的内容。

三是在绿色金融制度中，进一步突出对机构投资者生态保护和生物多样性保护效果的考核。在支持政策方面，也更多地与“结果”而不是“过程”挂钩。

2. 完善生态保护金融基础设施

一是建立并完善企业生态保护的披露框架，分阶段分层次强制要求企业披露相关报告，为投资者提供决策提供依据。

二是尽快将生态保护金融作为绿色金融的细分领域并构建指标评价体系，为金融产品和服务创新提供标准支撑。

三是倡导并逐步要求机构投资者定期发布社会责任报告或责任投资报告，政府监管部门鼓励其发布生态保护投资报告，并对积极开展生态保护投资信息的机构给予一定的优惠政策倾斜，并在投资者推介和宣传上给予支持。

四是加快建立自然资源资产核算体系，为生态保护相关企业的资产核算提供公允的评价体系。在证券市场准入方面，制定有别于传统营利性企业的、专门的生态保护相关企业上市标准（如盈利标准等），以此增加生态保护相关项目融资渠道。

3. 突出资产所有者的生态保护责任

一是针对主权基金、政府产业投资基金和大型国有投资机构，在投资回报考核外，增加生态保护要求。在对产品进行监管时要考察是否名实相符，如主题基金若是以生态命名，其投资组合就应当针对现有的绿色行业目录中所定义的生态保护行业的相关企业。

二是针对机构投资者中开展生态保护投资产品开发、风险管理等相关人员进行定期的统一培训，提高其在投资过程中所需要的生态保护专业知识。

4. 推动机构投资者参与细分领域的国际合作

在生态保护金融的大框架下，应进一步增强对细分领域的研究和实践，特别是国际上的一些前沿领域，可通过加强国际合作的方式加快中国生态保护金融实践。如在海洋领域，2018 年欧盟发布“可持续蓝色经济融资原则倡议”， 2021 年联合国环境署金融倡议（UNEP FI）发布《大潮正起：绘制新十年海洋金融蓝图》、《扭转潮流：如何为可持续海洋复苏提供资金——金融机构使用指南》，以及与上述指南配套的《建议排除清单》。目前中国有已 3 家中小银行加入了 UNEP FI。建议政府部门成立专题特别行动小组，构建符合中国国情的蓝色经济融资原则和标准、指引，并鼓励机构投资者参与国际合作，加强与国际组织交流沟通。

5. 鼓励机构投资者发展生态保护金融时关注女性权益

性别主流化对机构投资者至关重要，主要体现在以下两方面。其一，ESG 理念中“S”所代表的社会责任议题包含了性别平等的诸多因素和场景（如内部运营与公司治理的性别包容性，投融资项目的性别风险识别与管理机制等），这本身就是实施 ESG 战略的重要体现；其二，基于性别平等原则开展的利益相关方交流与沟通，有利于机构投资者更加深入审视和理解不同性别的需求、利益、作用和所受到的影响（本文尤其关注生物多样性丧失带来的影响），从而使金融解决方案更加契合社会、环境诉求并由此推动多个可持续发展目标的实现。

目前，国内大型金融机构对于性别平等议题的关注更多聚焦在内部运营和公司治理，比如女性员工权益保护（见诸企业 CSR 报告），董事会女性董事或女性高管占比等。对于投融资项目是否能给妇女带来更多的就业机会、经济收入和更大的经济自主权，投融资活动如何避免给妇女和女童带来伤害，以及如何鼓励女性和女性团体代表参与生物多样性投融资的讨论与决策，并为此制定相应的政策机制和行动计划，都是机构投资者需要考虑和落实的内容。

（二）基于“自然积极”原则对农业补贴的政策建议

基于“自然积极”原则的农业补贴政策，有利于激励包括农业主管部门、金融监管部门、金融机构和地方政府在内的多部门共同合作，促进金融服务更加注重生态环境和生物多样性保护。未来中国的农业补贴改革需要从以下几个方面重点发力。

1. 调整农业补贴结构

中国当前的农业补贴设计，已经开始考虑到生态保护目标。并不是所有补贴都会对生物多样性造成损害，耕地地力保护补贴和农业保险保费补贴属于普惠性补贴，不会改变农民的生产行为，也不会对生物多样性造成影响；粮食适度规模经营补贴和农机具购置补贴推动了农业规模化和专业化，提高了化学品的利用效率，有利于保护生态环境。未来对农业补贴的改革，需要明确目标，重点调整改变农民生产行为的最低收购价政策和生产者补贴政策。这类政策鼓励农民大面积连片种植单一作物，有可能造成区域内生物种类过于单一，从而打破区域生态平衡。

具体来看，应适度减少对玉米、大豆生产者补贴力度，降低水稻、小麦最低收购价标准；同时加大普惠性质的补贴力度，在保证农民收入和农业产量不下降的情况下，减少补贴对生物多样性的损害。此外，可以考虑对生产者补贴政策实施区域上限制度，规定一定区域内生产者补贴总额的上限，使只有效率最高的玉米、大豆生产者才能获得补贴，这样一方面可以提高农业生产效率；另一方面可以避免区域内种植作物过于单一，影响生物多样性。

2. 加强对政策执行的监督

当前中国很多补贴政策虽然在设计时顾及了环境因素，但在具体执行过程中发生了扭曲，最终没有实现预期的政策目标。如耕地地力保护补贴，原则上只补贴对耕地保护卓有成效的土地所有者，但在实际操作过程中，基层为了降低政策实施成本，将其变为一种普惠性质的补贴，使得该项补贴仅增加了农民收入，并没有很好地实现保护耕地的目标。因此，未来中国应加强政策执行监管，根据地区特色制定出方便操作、可量化补贴者入围标准，并严格督促基层按照标准和要求执行，以加强补贴政策的针对性，减少农业补贴对生态环境的破坏。

3. 对农业的支持从直接补贴转向间接补贴

为实现生物多样性目标，未来应考虑减少对农业的直接补贴，将其转化为间接补贴。即减少直接发放到农业生产者手中的补贴金额，增加对农业科技创新和技术推广的投入，以降低技术价格的方式，提高农业生产现代化水平，改变农业补贴危害生物多样性现状。

4. 将环境保护目标纳入被补贴者认定标准

为实现生物多样性目标，未来可以考虑将环境保护目标纳入被补贴者的认定标准范围，即只有在生产中兼顾了生态保护的农业生产者才能获得农业补贴。当前中国农业补贴设计已经出现了向这个方向发展的趋势，如耕地地力补贴就要求农户在生产过程中注重对土地的保护，只是在基层执行过程中没有实现预期目标。未来应将环境保护目标纳入更多补贴政策的认定标准中，制定更严格的被补贴者认定标准，对被补贴者提出更多的生态保护方面的要求，如检验水质、空气、土壤等，将检验结果作为农民能否获得农业补贴的一项标准。

5. 政策上注重对女性农民的支持

基于目前农村劳动力中女性占大部分的现状，应特别提供面向女性农民的知识普及和能力培训。由于农村人口中受教育水平普遍偏低，而女性（包括妇女和儿童）获得教育资源的权利、机会相比男性更为贫乏，在开展生物多样性和生态保护的知识与技能培训方面，需要充分考虑农村女性的习惯、需求和能力。国际研究显示，女性对环境所表现的兴趣和友好行为均优于男性，这与联合国《生物多样性公约》强调性别主流化，并提出性别问题行动计划的做法吻合。合理的农业补贴政策不仅可以促进生态环境保护，而且为改善农村女性的经济状况提供了支持，从而有助于实现在经济上为女性赋能的性别平等目标。

（三）生态保护金融工具创新的政策建议

1. 推进生态环境基础设施 REITs 方面

（1）出台 REITs 税收优惠等支持政策

基于基础设施 REITs 产品本身的特性和复杂的架构设计，明确各环节的税收政策并给予适度优惠是必不可少的。建议结合国际税收经验，在设立环节减轻税负，如免征 REITs 中发行方将目标资产划转至项目公司时，项目公司所需缴纳的契税等；为避免重复征税，建议对 REITs 中用于分红的收入仅在项目公司层面或投资者层面征收一次企业所得税或个人所得税；在持有和设立环节，减免印花税。

（2）放松特许经营权和所有权转让限制

对 REITs 中特许经营权转让的相关审批流程进行明确，放松管制，出台国资转让相关配套支持政策，为 REITs 产品的长期发展奠定基础。

（3）扩大底层资产来源

扩大试点重点支持的行业范围，加大对新型生态环境基础设施 REITs 的支持力度。

2014 年以来生态环境类项目主流运作模式为 PPP 模式，但该模式在特许经营项目中的总金额占比不高，能满足试点要求的不低于三年运营期的 PPP 项目占比更低。建议对生态环境基础设施 REITs 项目的遴选设置过渡期，允许从 2014 年之前的存量 BOT 项目中挑选。

（4）加强信息披露和投资者教育

通过形式丰富、简明易懂的方式，帮助公众投资者正确理解生态环境基础设施 REITs 的产品特性和风险，使产品与投资者风险偏好相匹配。加强信息披露监管，对于法律法规明确规定及对投资者决策具有重大影响的信息应披尽披，以严格的日常监管保障市场的健康有序发展，保护投资者合法权益。

2. 基于生态保护的政府引导基金方面

（1）创新国有资本与社会资本合作机制

现有产业投资基金的运作模式，基本是政府发起，按照 1 ∶ 1 或更高的比例吸引社会资本。而决策机制基本掌握在政府授权的国有投资机构手中，对社会资本无论在决策权利和利益分配上都无很大吸引力。可以考虑借鉴国际经验，政府资金不以营利为目标，而是以与社会资本分担风险，促进生态保护投资为目标。为此，建议：一是限定不对等收益权，在投资期限内投资项目成功政府资本以零回报率退出，投资失败政府资本与社会资本共担损失；二是设立更加市场化的投资决策机制，通过科学组建投资决策委员会决定投资方向。

（2）完善绩效考核评价体系

建议国家或相关职能部门在出台统一的引导基金绩效评价指导框架的基础上，针对生态保护引导基金发布专门的绩效评价办法，兼顾基金的政策效益和绿色经济效益等。对国有生态保护投资资金，适当放宽基金投资期限，注重基金长期绩效，避免在短期内过度追求经济回报。

（四）中国如何在发展绿色主权债务市场方面发挥全球领导作用

为了解决当前的债务和自然危机，并获得 NPB 在长期债务和自然可持续性方面的收益，中国应迅速采取行动开发这种新的资产类别。这个新的市场细分可能会迅速与正在扩张的绿色债券市场的规模相匹敌，并引领全球运动，将自然与气候完全纳入主权债务市场。 抓住此机遇的主要建议有以下几点。

1. 对国际工具经验及其改善生物多样性成果的短期和长期潜力开展技术分析

中国可以委托和监督收集现有和将有的自然关联债务最佳国际实践的工作。通过以下方法快速评估这些工具的短期和长期市场规模以及潜力。

（1）与参与自然关联债务工具设计的主要国际倡议和利益相关者开展合作

中国可以快速与在金融和生物多样性交叉领域的领先倡议及网络开展合作，以整理国际最佳实践。为了有效地做到这一点，中国可与关键知识伙伴建立联系，包括生物多样性金融倡议，该倡议在召集关键国际利益相关方方面发挥作用。

（2）对自然关联债务工具的短期和长期潜力进行技术分析

与国际倡议和金融机构合作后，中国可以综合国际最佳实践，并了解开发新的自然关联债务工具市场的机遇。 这将涉及以下方面的具体工作。

第一，将债务与自然和气候绩效指标联系起来的一套工具，包括可持续性关联债券、NPB、绿色和蓝色债券。

第二，主权、次主权和企业债券市场中已经采用工具的国际示例和案例研究。

第三，可在新一代绩效工具中使用的自然和气候指标的类型，包括监测及核证自然绩效结果的指标和框架，以及为吸引投资者而将这些指标与全球可持续性关联债券发行挂钩的相关工作。

第四，基于七部委发布的《关于构建绿色金融体系的指导意见》，回顾可能参与中国和国际工具开发的市场基础设施、监管框架和利益相关者。

这将使中国能够迅速汲取国际经验，并在国际上形成这种自然关联债务市场之前做好规划。通过评估这些工具在 COP15 关于 2020 年后生物多样性框架下资金动员讨论和催动市场发展中的潜力，中国可以从绿色金融市场的现有经验中受益。

2. 参与绿色主权债务市场工具和架构相关的国际进程及讨论

（1）中国可与 G20 就新兴市场主权债务危机的国际应对政策进行合作

基于其领导力，通过与其他 G20 成员国、债务国和金融机构合作，中国应促进将债务与自然和气候关联的讨论。中国作为可持续金融研究小组（SFSG）的联席主席，可与志趣相投的国家合作，发挥领导力并分享学习经验。具体来说，中国可与 20 国集团的成员合作，评估可扩展的自然关联债务在债务处置共同框架下的作用。

（2）中国可在世界银行建立支持自然和气候关联主权债券发行的新机构倡议中发挥核心作用

该机构将提供相关条件并协调利益相关者，以便在近期和长期债务危机情况下，将自然相关的考量纳入主权债务市场。这可能会催生全球性的自然绩效债券市场，中国可以在其中扮演核心角色。作为 G20 可持续金融学习小组联合主席，中国可以通过与世界银行合作并确保与 G20 政策保持一致来发挥引领作用。该倡议还可以通过支持为生物多样性目标动员公共和私人资金来确保其设计满足《2020 后生物多样性框架》的需求。

（3）中国还可以与领先的金融业界合作，进一步评估支持这些工具的短期和长期潜力

在一些倡议下，国际专家汇聚一堂，并从国际利益相关者汲取设计和实施这些债务工具的专业见解。这包括由生物多样性金融倡议建立的债务与自然学习小组，其目的是讨论在全球不同背景下推广自然绩效债务工具的市场和技术障碍及机会。中国可以作为这些倡议的观察员，了解挑战和机遇，并关注新兴的国际最佳实践。

3. 使用 NPB 启动自然关联主权、次主权或国内债务交易

（1）中国可以参与一个为期一年的计划 NPB 国际试点计划

在国际债务重组或发行新债时试行是一种能够大幅提升自然和生物多样性成果的方法，这也将增强各国债务承受能力。考虑到当前的全球债务状况，中国已经与许多新兴经济体接触，这为中国磋商有利的债务条件提供了机会。基于中国绿色债券市场的发展，该举措还可以支持国内公司发行 NPB。

（2）快速识别在支持财政和自然绩效方面具有共同利益的国家

这既可以为 NPB 支持中国债务人的讨论铺平道路，并为需要流动性的高度脆弱的债务人提供支持，同时也可以推动与中国现有或计划中的“一带一路”投资相关的自然绩效的改善。中国已经开始实行战略转型以支持可持续的绿色增长，并认识到这是国家的长期利益。如专栏 9-2 所示，一些面临违约风险的中国债务国，已确定了一系列可以迅速开展的生物多样性项目或倡议。

（3）构建绿色“一带一路”

2019 年 4 月，“一带一路”绿色发展国际联盟（BRIGC）成立，联盟为实现以下目标设立了相关倡议和伙伴关系：生物多样性和生态系统管理、绿色金融和投资、环境立法和标准等。通过识别中国在支持生物多样性或气候结果方面有共同利益的国家，中国可以为讨论脆弱债务人利用自然债券的相关问题奠定基础，同时推动与中国现有或计划中的“一带一路”投资中自然绩效的提升。

（4）开展国内 NPB 试点

中国特有的“绿色金融试验区计划”涵盖了六个省和九个地区，从而创造了试点 NPB 的机会，以支持国内地方政府或企业实现基于自然的绩效目标。江西省赣江新区为智能公用事业管道融资的第一笔市政绿色债券被超额认购了 12 倍，这突显了强劲的投资者需求。扩大该试点计划以资助中国的自然优先事项可能会进一步扩大国内绿色债券市场。

专栏 9-2 持有较多中国债务并且生物多样性重要性较高的国家 / 地区

中国目前持有的官方债务中有很大一部分与自然绩效债券有关。根据国际绿色金融研究所的研究，中国在 52 个有资格获得“债务暂停倡议”（DSSI）支持的“一带一路”沿线国家中持有 1 020 亿美元债务，这意味着这些国家面临着巨大的债务负担风险，以及重大的自然和生物多样性丧失风险。

中国持有债务最高的 5 个国家是：巴基斯坦（200 亿美元）、安哥拉（150 亿美元）、肯尼亚（75 亿美元）、埃塞俄比亚（65 亿美元）和老挝（50 亿美元）。

全球发展政策中心识别处有 41 个与生物多样性和气候潜力相关的、中国债务减免潜力最大的国家，包括安哥拉、柬埔寨、老挝、缅甸、乌干达和所罗门群岛，这些国家具有生物多样性或气候成果的互惠潜力，并高度依赖中国贷款。

（5）通过努力，中国可以与主要债务国或国内公司合作发行第一批票据

这将与更广泛的关于减免债务的国际讨论保持一致，凸显中国在解决债务和生物多样性危机方面的努力，并在全球范围内推进生态文明。中国的领导力可能极大促进鼓励其他债权国研究将优化债务条件与生物多样性目标联系起来。

（6）规划新的市场和监管基础设施，以支持扩大新型债务市场规模

这将鼓励公司和投资者迅速开发和发行自然和气候关联债务工具，并迅速成为这些工具的领先市场。中国可以通过应用符合《巴黎协定》1.5℃目标和《生物多样性公约》目标的标准，在加强绿色和可持续发展债券市场方面发挥重要作用，从而促进保护气候和生物多样性工作。随着绿色债券市场在国际上的发展，投资者对可靠交付成果的兴趣日益浓厚。国际标准正在改进，并且与基于科学的气候方法一起，将被越来越多地纳入针对其他环境问题的科学目标。中国在加强这些标准和增加其应用方面可以发挥作用。

（7）协调国内主要监管机构就发行这些新工具进行规划和能力建设

这些机构包括中国人民银行、中国银保监会、中国证监会、国家发展和改革委员会等，其可以快速开展发行新资产类别的能力建设，将使中国能够拓展这一以人民币为主的全球能够迅速发展发行新资产类别的能力，中国可以扩大国内和国际市场，这一市场有潜力成为以人民币为主的大型全球债券市场细分市场。

参考文献

[1] FFBI. Aligning Global Finance with Nature's Needs: A Framework for Systemic Change [EB/OL]. (2020-10-20).https://www.f4b-initiative.net/publications-1/aligning-global-finance-with-nature%E2%80%99s-needs%3A-a-framework-for-systemic-change-.

[2] EU. Aligning Finance for the Net Zero Economy [EB/OL]. (2020-08) https://www.unepfi.org/wordpress/wp-content/uploads/2020/08/200915_J932-CKIC-UNEP-ThoughtLeadershipSeries-DrBenCaldecott-11.pdf.

[3] GOV. UK. Final Report - The Economics of Biodiversity: The Dasgupta Review [EB/OL].(2021-02-02). https://www.gov.uk/government/publications/final-report-the-economics-of-biodiversity-the-dasgupta-review.

[4] PAULSON INSTITUTE. Financing Nature: Closing the Global Biodiversity Financing Gap [EB/OL]. https://www.paulsoninstitute.org/key-initiatives/financing-nature-report/.

[5] WWF. Nature Positive By 2030 [EB/OL]. (2020-08). https://wwfeu.awsassets.panda.org/downloads/wwf_global_biodiversity_framework_leaflet_aug_2020.pdf.

[6] CCICED. From Recovery to Green Prosperity:Accelerating the transition toward high-quality green development during the 14th Five-Year Plan perio [EB/OL]. (2020-08). http://en.cciced.net/POLICY/APR/202008/U020200803051237292688.pdf.

[7] WWF. Nature is too big to fail Biodiversity: the next frontier in financial risk management [EB/OL]. (2020-01). https://www.pwc.ch/en/publications/2020/nature-is-too-big-to-fail.pdf.

[8] De Nederlandsche Bank. Indebted to nature Exploring biodiversity risks for the Dutch financial sector [EB/OL]. (2020-06). https://www.dnb.nl/media/4c3fqawd/indebted-to-nature.pdf.

[9] World Bank Group. MOBILIZING PRIVATE FINANCE FOR NATURE [EB/OL]. http://pubdocs.worldbank.org/en/916781601304630850/Finance-for-Nature-28-Sep-web-version.pdf.

[10] IISD. GREENING CHINA's FINANCIAL SYSTEM [EB/OL]. (2020). https://www.iisd.org/system/files/publications/greening-chinas-financial-system.pdf?q=sites/default/files/publications/greening-chinas-financial-system.pdf.

[11] IEA. China's net-zero ambitions: the next Five-Year Plan will be critical for an accelerated energy transition [EB/OL]. (2020-10-29).https://www.iea.org/commentaries/china-s-net-zero-ambitions-the-next-five-year-plan-will-be-critical-for-an-accelerated-energy-transition.

[12] CBD. 2050 CBD Vision [EB/OL]. (2020). https://www.cbd.int/doc/strategic-plan/Post2020/postsbi/ngs.pdf.

[13] UN. What is net zero and why is it important? [EB/OL]. (2020-12-02). https://news.un.org/en/story/2020/12/1078612.

[14] FFBI. Fintech for Biodiversity: A Global Landscape [EB/OL]. (2020-03-01) https://www.f4b-initiative.net/publications-1/fintech-for-biodiversity%3A-a-global-landscape-

[15] OECD. ESG Investing: Practices, Progress and Challenges [EB/OL]. (2020) https://www.oecd.org/

finance/ESG-Investing-Practices-Progress-Challenges.pdf.

[16] EIB. INVESTING IN NATURE: FINANCING CONSERVATION AND NATURE-BASED SOLUTION [EB/OL]. Shttps://www.eib.org/attachments/pj/ncff-invest-nature-report-en.pdf.

[17] Bank of England. The Bank of England's climate-related financial disclosure 2020 [EB/OL]. (2020-06-18) https://www.bankofengland.co.uk/prudential-regulation/publication/2020/climate-related-financial-disclosure-2019-20.

[18] UN COP26. PRIORITIES FOR PUBLIC CLIMATE FINANCE IN THE YEAR AHEAD [EB/OL]. (2021-01). https://2nsbq1gn1rl23zol93eyrccj-wpengine.netdna-ssl.com/wp-content/uploads/2021/01/PRIORITIES-FOR-PUBLIC-CLIMATE-FINANCE-IN-THE-YEAR-AHEAD.pdf.

[19] FFBI. Greening Sovereign Debt: New Paper: Building a Nature and Climate Sovereign Bond Facility [EB/OL]. (2021-02-25) https://www.f4b-initiative.net/publications-1/greening-sovereign-debt%3A-new-paper%3A-building-a-nature-and-climate-sovereign-bond-facility.

[20] SEEA. Ecosystem Accounting [EB/OL]. https://seea.un.org/ecosystem-accounting.

[21] European Commission. Why do we need an EU taxonomy? [EB/OL]. https://ec.europa.eu/info/business-economy-euro/banking-and-finance/sustainable-finance/eu-taxonomy-sustainable-activities_en.

[22] TNFD. Taskforce on Nature-related Financial Disclosures [EB/OL]. https://tnfd.info/.

[23] Duty Of Vigilance Radar. The law on the duty of vigilance [EB/OL]. https://plan-vigilance.org/la-loi/.

[24] CCICED: Progress in Environment and Development Policies in China and Impact of CCICED's Policy Recommendations（2015-2016）[OE/OL]. https://cciced.eco/wp-content/uploads/2020/06/2015-2016-Report-on-Progress-on-Environment-and-Development-Policies-in-China-and-Impact-of-CCICEDs-Recommendations.pdf.

[25] UN WCMC. The finance sector should urgently set biodiversity targets [EB/OL]. (2020-06-30). https://www.unep-wcmc.org/news/the-finance-sector-should-urgently-set-biodiversity-targets.

[26] FFBP. FINANCE FOR BIODIVERSITY PLEDGE [EB/OL]. https://www.financeforbiodiversity.org/.

[27] G30. Consultative Group on International Economic and Monetary Affairs, Inc. [EB/OL]. https://www.group30.org/.

[28] GBIF. Free and open access to biodiversity data [EB/OL]. https://www.gbif.org/.

[29] ICMA. New FinTech applications in bond markets [EB/OL]. https://www.icmagroup.org/Regulatory-Policy-and-Market-Practice/fintech/new-fintech-applications-in-bond-markets/.

[30] World Economic Forum. Nature Risk Rising: Why the Crisis Engulfing Nature Matters for Business and the Economy [EB/OL]. (2020-01-19). https://www.weforum.org/reports/nature-risk-rising-why-the-crisis-engulfing-nature-matters-for-business-and-the-economy.

[31] WWF. Global Futures: modelling the global economic impacts of environmental change to support policy-making. Technical Report [EB/OL]. (2020-02). https://www.wwf.org.uk/globalfutures.

[32] FAO. State of knowledge of soil biodiversity—Status, challenges and potentialities [EB/OL]. (2020-12-05). https://ecfs.msu.ru/images/documents/Soil_Day_conf/2020/presentations/Vargas.pdf.

[33] World Bank. Harnessing the Potential for Nature-Based Tourism for Poverty Reduction. [EB/OL]. (2015-05).https://thedocs.worldbank.org/en/doc/137751449520243805-0120022015/original/ENR2015NatureBasedTourism.pdf.

[34] Food and Land Use Coalition. Growing Better: Ten Critical Transitions to Transform Food and Land Use. [EB/OL]. (2019-10-01). https://www.unsdsn.org/growing-better-ten-critical-transitions-to-transform-food-and-land-use.

[35] UN. The Little Book of Investing in Nature [EB/OL]. (2021-01-11). https://forest-finance.un.org/content/little-book-investing-nature.

[36] IMF. World Economic Outlook [EB/OL]. (2020-10). https://www.imf.org/en/Publications/WEO/Issues/2020/09/30/world-economic-outlook-october-2020.

[37] Fitch Ratings. Sub-Saharan Africa Sovereigns See Record Downgrades in 2020 [EB/OL]. (2020-10-27). https://www.fitchratings.com/research/sovereigns/sub-saharan-africa-sovereigns-see-record-downgrades-in-2020-pressures-remain-27-10-2020.

[38] IMF. The Evolution of Public Debt Vulnerabilities In Lower Income Economies [EB/OL]. (2020-02-10). https://www.imf.org/en/Publications/Policy-Papers/Issues/2020/02/05/The-Evolution-of-Public-Debt-Vulnerabilities-In-Lower-Income-Economies-49018.

[39] IIED. Tackling the triple crisis. Using debt swaps to address debt, climate and nature loss post-COVID-19 [EB/OL]. https://pubs.iied.org/16674iied.

[40] Institute for International Finance. Global Debt Monitor. [EB/OL]. (2020-02-10). https://www.iif.com/Research/Capital-Flows-and-Debt/Global-Debt-Monitor.

[41] IMF. Climate Shocks and Sovereign Bonds. 2020 [EB/OL]. (2020-06-05). https://www.imf.org/en/Publications/WP/Issues/2020/06/05/This-Changes-Everything-Climate-Shocks-and-Sovereign-Bonds-49476#:~:text=Summary%3A,risk%20to%20the%20global%20economy.&text=That%20is%2C%20countries%20that%20are,risks%20associated%20with%20climate%20change.

[42] Feeling the Heat. Climate Shocks and Credit Ratings. [EB/OL]. (2020-12-18). https://www.imf.org/en/Publications/WP/Issues/2020/12/18/Feeling-the-Heat-Climate-Shocks-and-Credit-Ratings-49945?utm_medium=email&utm_source=govdelivery.

[43] Vivideconomics. The Urgency of Biodiversity Action [EB/OL]. (2021-02). https://www.vivideconomics.com/wp-content/uploads/2021/02/210211-The-Urgency-of-Biodiversity-Action.pdf.

[44] United Nations Economic Commission for Africa. Building forward together: financing a sustainable recovery for the future of all [EB/OL]. (2020). https://repository.uneca.org/handle/10855/43829.

[45] FFBI. Recapitalising Sovereign Debt: Technical Paper [EB/OL]. (2020-09-10). https://www.f4b-initiative.net/publications-1/recapitalising-sovereign-debt%3A-technical-paper.

[46] WEF. How Pakistan is aiming for a green recovery from the pandemic [EB/OL]. (2021-02-12). https://www.weforum.org/agenda/2021/02/pakistan-green-recovery/.

[47] Climate Bonds Initiative. Sovereign Green, Social, and Sustainability Bond Survey [EB/OL]. (2021-01-14). https://www.climatebonds.net/resources/press-releases/2021/01/sovereign-green-social-and-sustainability-bond-survey-2021.

[48] OECD. Growing momentum for sovereign green bonds [EB/OL]. (2020-09-29). http://www.oecd.org/coronavirus/en/data-insights/growing-momentum-for-sovereign-green-bonds.

[49] CPI. e State and Effectiveness of the Green Bond Market in China [EB/OL]. (2020-07). https://www.climatepolicyinitiative.org/wp-content/uploads/2020/06/The_State_and_Effectinevess_of_the_Green_Bond_Market_in_China.pdf.

附 录

附录 1 推动战略转型，迈向低碳包容自然和谐的绿色发展新时代
——中国环境与发展国际合作委员会 2021 年年会给中国政府的政策建议

一场百年一遇的转型正在进行。世界正面临新冠肺炎疫情应对与经济复苏、气候变化、自然破坏和污染等多重危机。联合国政府间气候变化专门委员会（IPCC）第六次评估报告第一工作组报告指出，气候变化影响广泛、快速且不断加剧，诸如海平面上升等变化不可逆转。第五版《全球生物多样性展望》认为，当前生物多样性丧失速度之快在人类历史中前所未见。整合低碳、自然保护和污染防控应成为当前经济复苏的战略优先事项。

全球抗疫实践再次表明，全球生态系统是一个相互关联的整体。没有一个国家或地区能独善其身，这迫切需要全球团结和国际合作。当前，实现碳中和、保护自然、减少废弃物和污染、支持整体健康等综合议程，以及实现社会公平的承诺正在世界各国和社会各个层面得以深化。在中国昆明举办的《生物多样性公约》缔约方大会第十五次会议（COP15）和在英国格拉斯哥举办的《联合国气候变化框架公约》缔约方大会第二十六次会议（COP26）为推进包容、碳中和以及自然和谐的综合议程提供了历史性机遇。加强环境治理体系建设，增进多边环境公约间协同增效，对于支持综合施策至关重要。

中国环境与发展国际合作委员会（以下简称国合会）委员们高度赞赏中国国家主席习近平关于建设生态文明、实现人与自然和谐共生的相关论述，以及中国“十四五”规划和 2034 年远景目标纲要为推动高质量绿色发展主流化设立的目标和规划的举措。

委员们认为，习近平主席做出的碳达峰、碳中和承诺，为中国疫后复苏和绿色繁荣指明了方向，世界也期待从中国的践信守诺中汲取智慧和力量。为高效、平稳、有序落实承诺，需要关注不同经济部门的政策一致性、行政手段与市场机制的相互作用，

以及需求侧的发展变化。

基于国合会政策研究成果，并结合年会讨论，委员们建议，中国应把握科技革命和产业绿色变革的契机，重视结构转型的目标、时间安排和实现路径，建立明确、稳健、综合性、系统性的绿色发展政策体系，从宏观和微观两个层面明确可以采取的行动，推进社会经济全面绿色转型。

- 坚持全球生态系统的整体性。推动应对气候变化、生物多样性保护、污染防治等主流化，强化跨部门、跨区域的政策衔接。通过生态资本核算探索建立绿色责任账户，夯实绿色低碳发展的微观基础，保障转型的全面性、平稳性、普惠性。
- 打造绿色城镇化新范式。将碳达峰、碳中和（“双碳”）目标作为绿色城镇化的重要战略抓手，依托城市更新、县域发展和绿色乡村振兴三大支柱，构筑低碳空间新格局。
- 协同推进可持续生产和消费。重视绿色数字创新赋能，将低碳、生态系统保护等相关标准纳入绿色供应链，加强产品设计、材料、产品回收再利用等上下游绿色联动，推动循环经济发展，打造绿色“双循环”，为高质量发展提供新动能。
- 协同推进国内绿色发展目标举措与国际合作及多边治理进程，建立更紧密的绿色发展伙伴关系。通过绿色投融资主流化、绿色供应链与可持续贸易、共建绿色“一带一路”等，推动包容绿色转型和发展成果共享。

具体建议如下。

一、坚持生态系统的整体性，推动自然议程主流化，形成人与自然和谐共生新格局

（一）统筹有序落实“双碳”目标

1. 建议碳达峰碳中和工作领导小组工作制度化和常态化，建立跨行业、跨部门的沟通协作机制，制定面向碳中和的中期目标、时间表和行动路线图。推动部分可再生能源禀赋好的省（市）以及电力、钢铁、水泥等高碳行业率先碳达峰。到 21 世纪中叶，构建碳中和经济社会体系，争取实现二氧化碳近零排放。

2. 在 COP26 前更新国家自主贡献，缩小全球雄心与《巴黎协定》目标之间的差距。建立碳排放总量上限控制制度，以温室气体总量控制约束性目标替代能源消费总量控制目标。关注甲烷等非二氧化碳温室气体减排。进一步推动提高能源利用效率，加强需求侧管理。尽快将高排放行业纳入碳市场。提供长期、明确、稳定的市场预期和有效的价格传导机制，完善国家碳排放权交易体系建设。充分考虑不同行业、不同地区

碳达峰时间表的差异性，利用市场手段提供价格、投资等方面的激励，鼓励尽早行动。明晰碳排放权的资产属性，推动建立市场主体碳账户，完善碳排放信息披露制度。为面向未纳入碳排放权交易体系的主要行业开征碳税预留政策窗口，择机建立混合式碳定价体系。实施气候友好的大气污染防治战略。

3. 夯实低碳转型的法律基础。继续推动“双碳”目标相关的公众意识提高和公众教育，鼓励全社会共同参与。开展洪水、热浪、沿海风暴、干旱等气候压力因素导致的极端天气事件相关的气候风险评价，在长江、黄河等流域范围内进一步提升适应能力。

4. 加速制造业脱碳，严控“两高”行业新增产能。推动钢铁、有色金属、水泥、化工和石化等难减排行业净零技术创新和科研成果应用。推动低碳、气候韧性高、“自然向好”的基础设施规划和项目设计，提升可再生能源占比的同时对生物多样性的影响最小化。制定实施交通、建筑等领域的低碳路线图。

5. 设立具有明确目标任务和时间表的绿色投资路线图，推动实现“双碳”目标。针对拟建设的碳密集型基础设施开展成本效益分析，包括评估资产搁浅的经济和金融风险。全面实施气候风险信息披露和气候风险报告。鼓励开展气候投融资产品和工具创新，启动地方试点，开发适用、高效、先进的气候投融资分类标准体系。积极推动取消化石燃料补贴。

6. 稳妥应对转型可能带来的公平公正问题，尤其是煤炭依赖地区的就业和经济发展等问题。在公平转型进程中促进性别平等。制定煤炭退出机制，研究并提出安置补偿、就业转型等解决方案。建立公正转型专门基金，优先支持有序退煤、高耗能产业升级、落后困难地区包容转型等相关项目。

（二）大力推进生物多样性主流化

7. 推动生物多样性保护在不同经济部门的主流化。将自然保护和基于自然的解决方案纳入公共和私营部门投资规划。制定基于科学、量化、兼具雄心和务实的生物多样性目标，并设立相关指标用于跟踪进展，关注生物多样性面临的压力、现状以及应对措施的影响和成效。

8. 加强国家公园和保护区建设。识别低成本高效益的优先保护区，在各自能力基础上，提高保护实效，保障国家公园和海洋、荒野保护区的生态高度完整性。特别关注跨区域生物多样性热点地区的绿色连通性。评估生态保护红线区域碳封存总体潜力，识别碳封存潜力较大的区域。

9. 推动 2020 年后全球生物多样性框架全面落实，分享生态保护红线、生态补偿等创新目标落实机制，建立可靠的、操作性强的进展评估指标体系，充分考虑自然资本和生态系统服务价值，为联合国生态系统恢复十年行动计划目标做出积极贡献。

10. 扩大生物多样性保护相关投融资。将生态保护、修复与再生作为绿色金融的重要领域。进一步识别必要举措，开展生态保护金融试点、风险披露、报告、压力测试及私营部门投资公共责任等，确保公共和私营部门资金流向符合生物多样性目标。促进金融科技在生物多样性保护领域的应用，包括建立“金融科技＋生物多样性保护”试点示范区。确保当地社区从自然保护中获益。关注绿色债务安排等生态保护金融国际新兴实践。

11. 识别对环境有害的激励、规定、空间规划、补贴等，并推动改革，例如取消对环境有害的农业补贴，支持低碳、再生农业实践等。因地制宜出台便捷、可量化的补贴认定标准。增加对农业绿色科技创新和技术推广的投入。注重对女性农民的支持，开展针对性的知识和技能培训。

12. 充分发挥全社会共治，在“整体健康”框架下，协同推进家畜、野生动物和植物健康，生态系统完整性，疾病预防，以及早期预警系统建设等工作。

（三）强化陆海统筹，推动基于生态系统的海洋综合治理

13. 加强对重要海洋物种及其栖息地的保护和恢复，提高海洋生态系统的质量和稳定性。开展海洋生态系统价值核算基线研究；正确评估海岸带发展与各种活动对海洋自然资本的影响；开展对红树林、海草床、盐沼、珊瑚礁、沙丘和海岛等沿海气候脆弱且富碳地区的生态系统保护及适应成效监测与评估。加强海岸生态系统保护与恢复，通过海岸基于自然的解决方案等方式增强气候韧性。

14. 建立健全联合科技攻关机制，加强基于科学的海洋管理，包括应对点源及非点源污染。强化陆海统筹的污染防治。加强汞污染物分析监测与溯源；强化海洋塑料污染和微塑料的源头管控，减少塑料污染，提高废物管理和处置能力。

15. 设立可持续海产品供应链管理的目标和规划。建设完善的追溯和监测系统，落实监管目标，提高公众对可持续渔业的认知度。设计并使用基于科学的指标、标准和管理机制，跟踪可持续渔业进展。开发长效且盈利的商业模式。识别绿色金融工具和市场机遇，支持渔业可持续性溯源。整合社区与社会资源，探索渔业资源保护的共同管理模式。

16. 丰富全球海洋公共产品，深度参与全球海洋环境治理。借鉴国际经验，构建符合中国国情的蓝色经济融资原则、标准和指引。将渤海湾和粤港澳大湾区等建设成为“美丽海湾”保护与建设的先行示范区。

二、以城市更新、县域发展和绿色乡村振兴为三大支柱，打造绿色城镇化新范式，构筑低碳空间新格局

17. 将“双碳”目标作为绿色城镇化的重要战略抓手。充分发挥城市群对于经济发展和环境保护的引领作用，让乡村振兴和城市绿色转型相互促进。以生态产品新供给重新定义城乡功能和城乡分工。支持地方政府通过多利益相关方共同参与的模式，制定城市可持续发展愿景和战略。

18. 将城市更新作为绿色城镇化转型的重大契机。设立绿色城市更新目标以及设计建造标准，鼓励能够带来生态环境保护、公共健康、人力资本、生活品质提升等多重优势的最佳实践；充分认识老旧城区独特的文化历史价值，并以各种形式进行活化，将其转化成“金山银山”。严控大拆大建，重视棕地修复。加强老旧街区和建筑的绿色翻新，包括使用绿色循环建筑材料、提高能效等。将绿色景观、城市空间以及温室气体排放影响评估纳入新开发项目的审批流程。

19. 加大城市绿色低碳基础设施改造力度。加快城市雨洪体系建设和管理，包括采用海绵城市等基于自然的解决方案。考虑平均温度不断上升，应特别关注应对城市热岛效应。加大城市绿色基础设施投融资。探索可再生能源供能街区试点，推动实现数字化、智慧化城镇，支持碳中和目标实现。

20. 健全县域绿色发展战略体系，包括农村征地制度、土地流转制度等领域的改革，适度增加农民的土地自主交易权利，将盘活土地资源与现代绿色农业转型升级、工业布局调整、农民就业和持续增收等领域相结合。充分发挥县城在市与乡之间的产业、要素、资源配置等方面的衔接功能，带动城市与乡村同步发展。

21. 坚持绿色发展为主导，多元化发展为支撑的“一极多翼”乡村融合发展模式。协助各地市明确绿色转型路线图及绿色发展优势，大幅拓展绿色发展空间，帮助欠发达地区部署绿色技术、推广绿色实践，摆脱传统发展模式、实现跳跃式发展。推广生态、气候友好旅游业，引导乡村因地制宜地将生态资源、生态优势转化为经济资源、产业优势，谋划绿色发展。为地方政府推动绿色、智慧、公众参与的城市转型能力建设提供资金支持。推进农村生态环境保护、乡村环境整治与发展特色农村经济相结合，实现以绿色生态农业为导向的多元化、规模适度的农村产业经营发展。

三、重视数字技术创新赋能，协同推进可持续生产和消费，构建全球绿色价值链，打通绿色“双循环”的堵点

（一）从循环经济视角构建绿色供应链

22. 在中国国内和国际贸易价值链上游的产品设计和生产环节以及下游的消费环节中纳入绿色低碳要素，遵循循环经济原则，运用提高产品标准、绿色金融、先进技术、强化监管、创新商业模式等手段，鼓励全球范围内生产和消费的可持续转型。

23. 加强相关法律法规体系建设，明确全球价值链参与方责任。加快构建绿色价值链支持体系，包括建立尽职调查体系，确保采购产品来源可持续，特别关注软性大宗商品（大豆、棕榈油、牛肉、纸浆和纸、木材等）的毁林风险。加强区块链、数字标签等追溯技术应用，支持可信、稳健、透明、独立的第三方核证、标签等机制建设，提高绿色、再生性消费品和服务在市场中的比例。发挥绿色价值链研究所的支持作用，推动制定中国绿色价值链五年发展规划和路线图。

24. 在世界贸易组织及其他机制框架下，识别对可持续软性大宗商品贸易提供优惠关税的机遇，评估打击一次性塑料贸易的相关工作。在亚太经合组织（APEC）和区域全面经济伙伴关系（RCEP）框架下，推动试点软性大宗商品生产和贸易可持续性标准衔接工作。

（二）协同推进可持续生产和消费

25. 将扩大绿色消费与深化供给侧结构性改革有机结合，打造绿色“双循环”，激发高质量发展的新动能。将建立完善绿色生产与消费法律议题纳入国家立法进程。构建绿色消费统计制度，建立绿色消费评价指标体系和中长期目标指标。建立全国统一的绿色消费信息平台，发布绿色产品和服务信息情况。通过开展绿色消费相关能力建设和培训、建立相关方网络等方式，提高公众对低碳、生物多样性友好消费的意识。

26. 推进产业的数字化、绿色化、智能化转型，全面推广工业产品生态设计工具，提高生产效率。建立数字化与可持续发展之间的强关联，推动面向可持续发展的数字化创新愿景和模式。以数字能力现代化引领数字变革。建立数字化与可持续发展研究网络，形成公民、政府、私营企业、科学界等主体对话机制，确保可持续发展理念深入数字经济体系。

27. 建立部门间治理和产业上下游主体间协调机制，协同推进绿色消费。出台生态设计和低碳循环经济法规及指南等指导或规范性文件。健全绿色、生物多样性友好、低碳产品、服务和企业的认证制度，打造统一认证体系，扩大绿色产品与服务供给。

鼓励疫情下出现的绿色低碳工作和生活方式常态化。加大绿色物流建设力度。推广应用生产者责任延伸制度、押金返还制度等循环经济手段，开展源头治理。进一步提升废弃物回收利用水平，充分发挥资源回收利用的市场潜力。积极引导二手市场和共享经济发展，支持低碳循环经济发展。

28. 在钢铁行业推行全生命周期评价方法，建立减污降碳协同增效的钢铁行业绿色设计标准、评价体系和认证认可制度。推动汽车行业绿色税制改革，实施鼓励开发和使用非氢氟碳化物类替代技术的财税政策。应用生态设计的理念和方法，加强信息披露和公众参与机制，将垃圾焚烧设施提升为提供良好人居环境产品的绿色设施。

29. 指导公共部门将可持续性纳入公共采购标准。建立绿色采购实践和案例研究平台，分享绿色采购的商业案例以及减少碳排放、自然保护等成效。制定并实施全面的绿色标签计划，为绿色公共采购奠定基础。

30. 推动落实《中华人民共和国反食品浪费法》，开展持续的普法宣传，提高公众意识，改变饮食习惯，减少食物浪费；针对具体规定，制定可操作的实施细则和方案；建立政府主导、行业协会和社会组织引导、餐饮企业带头、消费者自律的协同机制。

四、积极参与国际环境治理，打造更紧密的绿色发展伙伴关系；重视绿色国际标准的共商共建，推动发展成果共享

31. 拓宽“一带一路”建设的“绿色”边界，深入对接联合国 2030 年可持续发展议程，将减缓与适应气候变化、经济适用的清洁能源、生物多样性保护等可持续发展目标的落实纳入绿色丝绸之路建设中，并加强目标间的协同增效。丰富投融资主体和参与形式，进一步拓宽“一带一路”绿色投资资金来源，增加可再生能源、可持续储能和电网，以及保护金融等领域融资，建立机制确保未来“一带一路”投融资不再支持新建煤电项目。推动绿色能源、绿色基建、绿色金融等跨领域合作，支持推动共建“一带一路”国家可持续发展和疫后绿色低碳复苏。

32. 构建“一带一路”项目绿色管理体系。立足全生命周期管理需求，开展环境、生物多样性与气候风险筛查和影响评估。立足项目绿色投融资管理需求，基于标准、保障措施和环境、社会与公司治理国内外最佳实践，推动建立“一带一路”绿色投融资评估体系。加强境外投融资主管部门、生态环境主管部门、金融监管部门间的沟通协作和信息共享，完善“一带一路”投融资项目分级分类管理体系。与主要部委合作，将“绿色、可持续”纳入金融机构和项目开发绩效评估的核心风险评估指标。

33. 依托专业平台，强化对话交流和能力建设。加强“一带一路”绿色发展国际联盟、“一带一路”生态环保大数据服务平台、“一带一路”绿色投资原则等多边合作平台建设，促进共建国家在绿色低碳项目界定、投融资环境气候管理、绿色标准互识互认等关键领域的政策对话、信息共享和经验交流。结合“一带一路”应对气候变化南南合作计划、绿色丝路使者计划，进一步实施能力建设项目，向共建国家积极宣传绿色解决方案的优势，打造更紧密的绿色、可持续发展伙伴关系。举办“一带一路”绿色发展博览会，展示绿色产品，加强绿色产业技术对接，分享绿色、可持续服务贸易的新兴实践。

附录 2 基于自然的解决方案
——中国环境与发展国际合作委员会专项研究报告

一、引言

2021 年 3 月 15 日，习近平主席在中央财经委员会第九次会议的发言中强调，要把碳达峰、碳中和纳入生态文明建设整体布局。他指出，应当有效发挥森林、草原、湿地、海洋、土壤、冻土的固碳作用，提升生态系统碳汇增量。

2021 年 1 月，生态环境部发布了《关于统筹和加强应对气候变化与生态环境保护相关工作的指导意见》（以下简称《指导意见》），强调通过系统治理实现统筹、协同和加强气候和生态环境保护的重要性。《指导意见》强调了基于自然的解决方案（Nature-based Solution，NbS）的重要性，并认为它是实现以下目标的工具：

> ……减缓和适应气候变化，协同推进生物多样性保护、山水林田湖草系统治理等相关工作，增强适应气候变化能力，提升生态系统的质量和稳定性。……此外，基于城市的解决方案 / 城市绿色和蓝色基础设施也能为人体健康提供多重效益。

近年来，NbS 得到国际社会、各国和地方政府，以及企业界越来越多的关注，应用范围涉及生态保护、减缓和适应气候变化、淡水管理、生态农业等各领域。NbS 被公认为是“自然向好”和“碳中和”路径的重要支撑，也是联结昆明和格拉斯哥多边议程的手段。因此，在 2020 年第三季度，中国环境与发展国际合作委员会（以下简称国合会）建立了 NbS 专家组，以期识别未来工作中有前景和紧迫的领域。中方专家和国际专家分别举行了会议，并举行了两次中外联合会议。

得益于会议交流和专家评审建议，本报告的结构如下：第一部分概述了一些重要概念、科学证据、挑战和研究趋势；第二部分列举了 NbS 在经济等部门的实例；第三部分提供了 NbS 的案例研究；第四部分分析了 NbS 的成效评估方法；第五部分列出了 NbS 在治理层面的例子。报告得出的结论：NbS 应该成为国合会未来工作的一项议题，包括围绕 NbS 设立专题政策研究项目。这项工作应该与国合会正在开展的相关工作，如生物多样性保护、减缓和适应气候变化、水资源综合管理以及绿色“一带一路”、绿色供应链、绿色 / 生态保护金融等国际合作，相互协同。

对国合会的其他建议包括：

（1）明确推进 NbS 工作的关键部门、地区和目标，采用清晰、一致的 NbS 定义，定义中应包括适当的保障措施。2021 年联合国粮食系统峰会是国合会识别生态农业、再生农业和其他路径的机会。

（2）识别 NbS 国际合作的机遇，包括南南合作和“一带一路”绿色投融资创新等。

（3）搭建 NbS 案例数据库和平台，并明确案例筛选标准。

（4）应用创新性 NbS 成效评估方法，如包容性财富指数。

（5）识别实施 NbS 所需的政策与伙伴关系。

二、背景和定义

在项目层面，NbS 已经存在了数十年。它被归入不同的类别，有不同的定义。例如，采用基于生态系统的方法，帮助减缓和适应气候变化及减灾（经联合国《生物多样性公约》缔约方同意）；水资源综合管理（IWRM）相关项目；支持降低自然灾害风险的措施，以及农林业、可持续农业、城市绿色和蓝色基础设施、可持续生计等领域的支持性措施。

正如《指导意见》所强调，NbS 在与减缓气候变化有关的森林和其他生态系统保护方面发挥重要作用。1997 年，为支持《京都议定书》，制定了一个重要机制，即“减少砍伐毁林和森林退化导致的温室气体排放”（REDD），以促进项目融资、评估工具和方法开发。2008 年，在《联合国气候变化框架公约》第十四次缔约方大会（UNFCCC COP14）上，REDD 升级为 REDD+，以支持增加森林碳储量的措施。自 REDD+ 被纳入 2015 年《巴黎协定》以来，与碳汇相关的类似资金机制包括世界银行森林碳合作伙伴基金、非洲森林景观恢复倡议、波恩挑战和 REDD+ 交易框架等相继出台。

除了固碳功能，NbS 受到多方关注的一个关键假设是其可以带来多重、协同的自然资本和人力资本收益。这一点可以从 NbS 宽泛的定义中看出，例如，基于生态系统的适应、自然气候解决方案、基于生态系统的减灾防灾、自然保水措施；气候适应相关的其他术语，气候自然解决方案、基于生物的碳捕获和储存、生物工程；气候减缓相关的其他术语，气候智慧农业、保护性农业、可持续生态恢复、可再生粮食系统、“自然向好”的粮食生产系统及可持续粮食体系相关的术语；自然工程、绿色基础设施及与绿色基础设施有关的术语。许多 NbS 定义与当前正在开展的生态系统服务保育、测量、监测和货币化等工作密切相关。例如，世界经济论坛（WEF）近期提出了促进“自然向好”的粮食、土地和海洋系统的行动，其中不少行动都与 NbS 的措施相关。

世界自然基金会将 NbS 定义为：

> 有计划地进行生态系统保护、管理和 / 或恢复干预，提供可衡量的、正向的气候适应和 / 或减缓效益，以及人类发展和生物多样性保护协同效益，降低会损害自然长期效能的气候风险。

联合国粮农组织与大自然保护协会在涉及 NbS 的工作（2021 年 1 月）中，引用了世界自然保护联盟（IUCN）2016 年的定义。该定义与 IUCN 最近发布的 NbS “黄金标准”是目前对 NbS 的常用定义：

> 为保护、可持续管理和恢复自然或经改造的生态系统而采取的行动，该行动能够有效并且因地制宜地应对社会挑战，同时为人类福祉和生物多样性带来效益。

除此之外，一些政府机构也提出了各自的 NbS 定义。例如，欧盟将 NbS 定义为：

> 具有成本效益的、受自然启发和支持的解决方案，可同时提供环境、社会和经济收益，并有助于构建韧性。通过因地制宜、节约资源和系统性的干预措施，此种解决方案可将更多的、更多样化的自然和自然特征及过程引入城市、陆地景观和海洋景观。因此，NbS 必须有益于生物多样性并支持一系列生态系统服务功能的实现。

保护优先：IUCN 的定义确立了 NbS 的优先次序，保护现有生态系统排在第一位。数据显示全球生态系统丧失的局面正在不断恶化，包括对热带森林的破坏不断加速，保护森林、栖息地和生态系统以及生物物种迫在眉睫。森林的破坏对气候具有双重、实质性的负面影响，既导致碳汇的减少和固碳能力的退化，还会因为土地清理焚烧森林和森林火灾增加带来温室气体净排放。由于森林在陆地生物多样性和固碳中的双重角色（表 2-2），热带森林被破坏成为全球生态和气候面临的最紧迫的挑战之一。

IUCN 的定义进一步强调了在 NbS 中确保人类福祉的重要性。由于基于景观的 NbS 需要因地制宜的方案，如避免薪柴采伐、农林管理、耕地养分管理、避免草地变化、改善水稻和豆类种植或牲畜养殖，坚持以人为本是 NbS 项目和政策成功的关键。同时，IUCN 强调生态系统恢复的重要性，允许景观在免受干扰的情况下自然恢复[1]，或通过万亿棵树造林倡议等及类似倡议的政策干预来实现景观恢复。

保障措施：虽然 NbS 可以带来多重效益，但此类“双赢”的结果不会自发产生且来之不易。只关注单一产出，如增加或扩大碳汇，NbS 项目可能会对生态系统带来不利影响。例如，在大规模的造林或再造林项目中引入单一的非本地物种，或许能够带来减碳的收益，但会损害生态系统的完整性、威胁生物多样性并给当地社区带来损失。同样，支持气候适应的 NbS 项目，如修复沿海红树林，已证明对降低洪水风险和帮助当地社区有显著效益（见第三部分案例）。然而，如没有尽职调查、计划、咨询和保障措施，红树林也可能会对上下游的淡水供应带来风险。

IUCN《基于自然的解决方案全球标准》提出了有关 NbS 保障措施的原则和更高层次的指导。对保障措施的阐释可见八项具体准则，包括治理和社区一级的参与原则、NbS 透明度及举措的重要性，以及定量化的保障措施准则，如确保所有 NbS 项目能够比“不伤害”原则走得更远，实现持久的净正向收益。

建议：国合会应支持中国根据自身理论、实践、治理模式和国际合作，提出与 IUCN 和其他国际定义相一致的 NbS 定义。

三、新兴部门、系统和地区

NbS 正在应用于不同经济部门（如农业）、不同尺度（如城市群内部和更大的流域）、不同生态系统（如森林或草地）。本部分列举了一些 NbS 的应用实例。国合会未来的研究项目需提出联结关键部门、系统和地区的准则，这些准则也将指导案例筛选。

（一）可持续粮食系统

当前许多农业生产系统及农业相关政策是不可持续的。例如，土地利用方式变化导致生态系统、栖息地和生物多样性丧失的趋势，淡水资源的短缺、非点源污染、供灌溉和农场使用的蓄水层的枯竭、有机土壤退化和气候变化等。农业也越发容易受到与气候引发的极端事件的影响，如长期干旱、洪水等。

欧盟委员会于 2020 年开展的一项评估指出，集约农业生产中的土壤管理实践，导致土壤有机物大量流失。因此，欧洲大多数农业土壤很可能是“大气碳的净贡献者，而非碳汇”[2]。农业也是温室气体的主要净来源之一，尤其是二氧化碳、氧化亚氮和甲烷。联合国政府间气候变化专门委员会（IPCC）最近指出，农业、森林砍伐和其他土地利用变化带来的综合影响，贡献了约三分之一的温室气体排放，其中包括 40% 的甲烷排放。欧盟委员会 2020 年的分析指出，相比林业 / 植树造林、城市碳封存或蓝色 NbS 项目（包括保护和恢复海草床和盐沼），可持续农业管理能带来更高的碳效益[2]。

大量文献显示，保护性 / 可持续农业实践，包括低耕或免耕，可以减少排放量，增加土壤有机质含量，继而提高碳储量（AgEvidence）。景观的再野化也有助于恢复生态系统、增加生物多样性、支持减缓气候变化。具体而言，可采用本地物种替代反刍牲畜以减少甲烷排放[3]。

由于不断加剧的全球自然危机和保护性资金的短缺，减少和取消对环境有害的农业补贴的工作在经过数十年的努力后[4]，重获政治动力。2020 年发布的《为自然融资：填补生物多样性资金缺口》报告建议，政府每年在农业、林业和渔业补贴上花费约 5 400 亿美元，识别、减少、取消和改革有害补贴可弥合全球生物多样性保护的资金缺口。近期其他改革农业补贴的工作包括法国开发署 2021 年出版的《投资自然：为地球脉动融资的综合指南》，以及国际货币基金组织在财政政策改革背景下开展的相关工作。

在政策层面，欧盟宣布了协调共同农业政策和“绿色新政”的措施，包括“从农场到餐桌”计划及其他行动。中国的“光盘行动”倡议是一项旨在减少食品浪费的重要国家计划。联合国粮食及农业组织估算，全球每年有三分之一的食品被浪费，水果和蔬菜的总体浪费率已上升至 45%（联合国粮食及农业组织“粮食损耗指数”）。

联合国粮食系统峰会于 2021 年 9 月举行，为通过 NbS 推动可持续粮食系统提供了重要机遇。该峰会也可帮助实现不同多边进程的协同，例如，联合国《生物多样性公约》与可持续粮食系统的协同。在该峰会的五条行动路线中，WWF 与其他机构共同牵头“行动路线三：促进对自然有积极影响的生产”（附表 2-1）。

附表 2-1　行动路线三：促进对自然有积极影响的生产

行动路线三旨在：

（a）保护自然生态系统，免受粮食和饲料生产侵蚀；
（b）可持续地管理现有粮食生产系统，造福自然和人类；
（c）恢复和重建退化的生态系统和土壤功能，实现可持续的粮食生产。

建议：2021 年联合国粮食系统峰会为推进与农业有关的 NbS 提供了机会。国合会应召开非正式会议，识别通过 NbS 支持联合国粮食系统峰会的相关机遇。

（二）陆地生态系统

科学预测表明，NbS 可以成本有效的方式，实现《巴黎协定》目标所需温室气体减排量的 33% ～ 37%[5]。IPCC 得出结论，NbS 对实现碳中和“不可或缺”。

森林砍伐导致的温室气体排放量约占全球总排放量的 10%，是继化石能源排放之后的第二大单一排放源（附表 2-2）。

附表 2-2 森林对固碳的双重作用

碳储存	碳固定
碳库是指库中储存的碳的绝对量。这个库是除大气之外气候系统的一部分，它有能力储存、累积或释放碳。碳库的例子包括海洋、土壤和森林	增加除大气外碳库的碳含量的过程即为碳固定。生物固碳方法包括直接从大气中移除二氧化碳。植物通过光合作用移除大气中的二氧化碳

资料来源：Wind 等 [2]。

《科学》杂志 2019 年刊发了一篇被广泛引用的文章。文章指出，大规模持续植树造林“是我们可用来减缓气候变化的最有效解决方案之一” [6]。例如，若目前所有的生产性森林完全发挥固碳作用，植树每年有望实现的碳汇量最多可达美国年排放量的 20%。

其他研究表明，让自然界不受干扰地进行自我恢复，可实现更大的固碳收益。因此，相比造林和再造林，对生态系统保护更加重要。对森林固碳率的实证研究（基于约 13 000 项实地研究）显示，允许自然更新可能比造林更可取。《自然》杂志 2020 年的一篇文章指出，IPCC 对现存森林的固碳潜力的估算，地上部分碳汇累积量可能被低估了 32%，且不同生态区域之间存在显著差异；天然林的再生长力被高估了 11%。

附表 2-3 提供了不同生态系统的全球碳储量估算情况。以下估算是基于不同生态系统的地理范围和每公顷平均碳含量得出的，测算范围包括地上、地下和 30 cm 深度内的土壤有机碳。

附表 2-3 不同生态系统的全球碳储量估算

生态系统	典型碳密度 /（t 碳 /hm^2）	估算的全球碳含量 / 十亿 t 碳
红树林	502	7.3
海草	111	5.0
沼泽地	265	5.6
寒带森林	264	283
温带阔叶林	268	133
温带针叶林	272	66
热带干旱森林	166	14
热带湿润森林	252	295
寒带泥炭地	500	181
温带泥炭地	500	9.3

生态系统	典型碳密度 /（t 碳 /hm²）	估算的全球碳含量 / 十亿 t 碳
热带泥炭地	504	30
温带草原	77	39
热带草原	43	30
山地草原	104	27

资料来源：Goldstein 等 [7]。

附表 2-4 展示了在不同生态系统碳封存所需的时间，再次印证了世界自然保护联盟等定义中提出的优先顺序。为实现气候效益，应优先选择保护和可持续管理，再寻求恢复和修复。

附表 2-4　不同生态系统碳封存所需的时间

生态系统	固碳功能丧失后恢复所需的平均时间 / 年
热带草原	19
温带草原	35
山地草原	205
热带潮湿森林	60
热带干旱森林	77
温带阔叶林	78
温带针叶林	78
寒温带针叶林	101
沼泽地	64
海草	93
红树林	153
寒温带 / 温带泥炭地	＞100
热带泥炭地	＞200

资料来源：Goldstein 等 [7]。

建议：国合会应识别最佳的固碳核证体系，包括第三方审核、针对性的核算体系和其他保障措施。

（三）水资源管理

保护和恢复景观中的生态过程会对水文地理产生重要影响。另有证据表明，与生态系统服务紧密耦合的 NbS 有助于提高水质。例如，使湿地有能力净化废水、改善养分管理以减少养分径流等非点源水污染。中国在利用 NbS 减少洪水风险方面处于世界领先地位，在约 30 个城市启动了海绵城市建设。

NbS 对淡水管理的贡献如附图 2-1 所示。

附图 2-1 水管理的自然投资——为多重目的自然投资

资料来源：IUCN。

海绵城市：NbS 一项重要的创新是中国的海绵城市。2014 年，中国启动了海绵城市战略，以减轻城市地区的用水风险。该战略的目标是确保市区能够吸收和再利用与台风、沿海洪水和其他事件有关的大部分雨水。由于不同城市的洪水风险暴露程度不同，取决于区位、水文和其他特征，海绵城市的目标和指标基于科学的目标进行了相应调整[8]。包括北京、上海和深圳在内的约 30 个城市实施了多项试点举措，绿色—蓝色基础设施投资总计约 3 000 亿美元，包括旨在降低洪水风险的城市湿地、雨水花园和人工池塘（作为集水区）和透水路面[4]。中国还一直与 TNC 合作，通过建筑改造试点、开展绿色金融创新（例如发行环境影响债券），助力海绵城市建设。

建议：国合会未来在流域相关工作中应关注 NbS，可考虑开展 NbS 相关的防洪灰色基础设施应用试点项目。初期工作还应包括开展项目层面的成本—效益分析。

（四）可持续城市

许多城市 NbS 案例都减少了与气候相关的危害，例如热岛效应、洪水或森林砍伐造成的滑坡风险。城市 NbS 包括增加植被覆盖、扩大或创造新的绿色空间、建造绿色屋顶或垂直花园，以及混合使用绿色和灰色的基础设施，如雨水池塘、生物通道或修复河岸带以恢复自然水文功能[9]。欧盟的“城市自然地图集”对 1 100 多个城市 NbS 项目的 12 种协同效益进行了分类，其中一些效益与可持续发展目标是相关的（附表 2-5）。

附表 2-5 与可持续发展目标相关的城市 NbS 效益

效益	可持续发展目标
气候适应、韧性和减缓	SDG 13
沿海修复力和海洋保护	SDG 14
经济增长与体面工作	SDG 8
环境质量，包括空气质量和废物管理	—
绿地、生物多样性和栖息地	SDG 15
健康与福祉	SDG 3
包容与有效的治理	SDG 16
再生、土地利用和城市发展	SDG 11
社会正义、凝聚力和公平	—
可持续生产与消费	SDG 12
水资源管理	SDG 6

资料来源：自然创新中心（Naturvation）。

（五）海洋

海洋在减缓和适应气候变化中发挥着重要作用。有证据表明，海洋底栖软沉积物为生态系统中的生物提供了重要的栖息地，在调节生物地球化学循环、气候活性气体、海洋化学以及从海洋—大气系统中清除碳等方面发挥了重要作用。例如，海洋巨型动物在促进垂直养分转移上发挥的作用，这是通过鲸类的深饲、表层排便和物理混合实现的；反之，这也可能会大规模影响碳封存[10]。

建议：在国合会的后续研究中，应制作一份全面的清单，列明 NbS 能够带来确定收益（包括农业、基础设施和资源开采）的经济部门、生态系统和地理区域。

四、工具与案例

（一）地图与空间规划

联合国《生物多样性公约》科学、技术和工艺咨询附属机构指出，综合空间规划对于统筹气候和生物多样性有着重要意义。土地利用贡献了全球二氧化碳排放量的13%、甲烷排放量的44%、氧化亚氮排放量的81%。土地也是一个净排放源，主要驱动因素为森林砍伐，即便植树造林和再造林抵销了部分排放[11]。

长期以来，保护区和保护地规划工具考虑了多种景观特征。相比之下，这些工具很少被用于碳汇规划之中。不过，随着中国成为应对气候变化的“全球领导者”，这一情况正在发生变化：“生态保护红线”正在被用来划定兼具自然保护和碳汇收益的区域。联结生物多样性和碳封存的其他地图和景观级规划工具还包括如下内容。

- 自然地图提供有关陆地生物多样性、生物量碳密度、受威胁物种、人类对森林的影响以及其他指标的测试数据。
- 生态系统服务与权衡综合评估（InVEST）工具识别了维持人力资本的生态系统服务的位置和估值。
- 联合国开发计划署的基本生命存储（ELS）区域地图提供了有关生物多样性保护、食物、水和碳存储服务的区域地理空间信息。ELS 平台的两份试点地图（哥斯达黎加和乌干达）确定了可以协同推进联合国可持续发展目标、《联合国气候变化框架公约》和联合国《生物多样性公约》的地区；
- 其他案例包括：由 TNC 支持的、在美国中西部地区开展的农业和环境整合工作的“农业证据（AgEvidence data portal）数据门户”。

专家们建议，应将地图工具纳入国家自主贡献（NDC）以及《中国生物多样性保护战略与行动计划》（NBSAPs）中，实现具体实施层面的协同。

建议：国合会应考虑中国如何与国际伙伴有效分享大尺度空间规划和生态保护红线的经验，包括那些具有重要生物多样性、碳固定、人力资本和其他资源的国家和地区。2021 中非峰会、绿色“一带一路”、南南合作及其他平台均可提供分享这些经验的机会。

（二）案例研究

NbS 案例不计其数，已有很多可访问的在线门户平台分享 NbS 相关经验。例如，联合国环境规划署基于自然的解决方案贡献平台，该平台列出了近 200 项倡议（其中约 40 项来自中国）；新西兰和中国合作为 2019 年联合国“气候行动峰会”编撰的《基于自然的解决方案案例汇编》；“城市自然地图集”、“健康地球的全景式解决方案门户网站”、“科学促进自然和人类伙伴关系”、美国陆军工程兵部队的“自然工程地图集”以及“生态形状”等。

城市自然地图集配合互动情景规划工具，可以评估单独的或多项 NbS 政策路径，以及预期的成果和预算。

以下是一些 NbS 的案例，筛选的初步原则是以案例的主要目标（防洪、城市热岛效应、森林保护、水域管理等）来划分的。本研究的专家强调，案例筛选标准需要凸显多重、非线性生态系统关联，包括长时间范围内的协同效益。

1. 沿海防洪

坦桑尼亚海岸保护项目 为了降低因为海平面上升、极端风暴增多以及平均海浪高度增加导致的沿海洪灾风险，坦桑尼亚在全球环境基金（GEF）的支持下，建设了基于生态系统适应的沿海防洪系统设施，集合了灰色和绿色基础设施。沿海防洪工程包括 2 400 m 的海堤，恢复约 1 000 hm^2 的红树林和 3 000 m^2 的珊瑚礁。此外，修建 2 300 m 的排水系统，以减少水生昆虫繁殖空间并降低公共卫生风险；在附近的森林中划定禁采区；通过钻井和其他收集设施增强雨水收集服务。该项目得到了当地社区和家庭的参与，旨在使 500 000 人受益 [12]。

荷兰瓦登地区三角洲防洪盐沼项目 荷兰尤其容易受到与气候有关的沿海洪水的影响，如海平面升高、极端潮汐水平、极端高度海浪以及强风。该项目重点是利用绿色基础设施来维护和强化沿海防洪，包括通过稳定的沉积物补充增加堰洲岛、盐沼和潮间带。通过在约 9 000 hm^2 的土地上加强自然屏障，减少了海浪的影响，同时扩大了盐沼，为一些植物和鸟类提供宝贵的新栖息地。项目还创造了新的绿色旅游空间，可以开展步行、观鸟、骑行、滩涂远足等活动。2016 年，项目还设立了一个讲解中心，开展沼泽功能的宣教 [13]。

哥斯达黎加红树林修复项目 自 20 世纪 80 年代以来，哥斯达黎加已经丧失了约 25 000 hm^2 的红树林，占该国红树林总面积的 40% 以上。这一趋势反映了严峻的全球生态形势：全球 30% ～ 50% 的红树林遭到破坏，红树林已经成为全球最为濒危的热带物种之一。随着红树林的消失，生长旺盛的蕨类植物取而代之，高达 3 m，阻碍了红树林的重新生长。

这个 NbS 项目计划清除 2 000 hm^2 的入侵蕨类，让红树林重新生长。项目第一阶段已清除了 30 hm^2 的蕨类植物，并种植了 28 000 棵红树林树苗。项目带来的收益包括：促进当地就业；社区恢复红树林可获得 1 500 美元 / hm^2 的收入，每年恢复面积可达 100 hm^2；收获生长在红树林中的本地贻贝；红树林碳储存和沿海韧性提高相关的多重气候效益 [13]。

2. 城市绿色基础设施

中国深圳海绵城市 2016 年，深圳成为中国海绵城市计划的早期试点城市，通过部署绿色基础设施来减少城市内涝风险。广泛应用的硬化路面和为了泄洪而修建的雨水管道，不仅限制了应对极端事件的能力，还导致更多陆源污染通过暴雨径流进入海湾，加剧了深圳内涝的风险。截留雨水的绿色基础设施的例子包括绿色屋顶、用于集水的绿植区域、恢复城市森林和绿色空间、修建蓄水塘和城市湿地。这些都有助于模拟自然对雨水的截留、过滤和缓释功能。深圳的绿色屋顶在缓解城市热岛效应方面也有切实的作用 [14]。

肯尼亚塔拉河流域绿色基础设施 塔拉河供应内罗毕 80% 的饮用水，也是 70% 的水电和 645 km^2 农田灌溉水的来源。数十年来，河床和山坡被改造成农田，加剧了土壤侵蚀和泥沙淤积，降低了流域水库的完整性，并增加了水处理成本。NbS 包括改善河流的河岸管理，建立山坡梯田，恢复退化的土地，包括在河流附近的农场增加草地。内罗毕市自来水和污水处理公司是该项目的合作伙伴，与当地的环保组织和其他组织合作，报告了作为水源地的收益，包括避免过滤和降低水处理的能源成本。这一为期十年、耗资 1 000 万美元的项目估计将在 30 年内带来 2 150 万美元的收益。

南非开普敦“大开普敦水基金” 开普敦在 2018 年出现供水危机后，通过咨询、建模等步骤，拟订了一项新的商业计划，为该市上游流域集水区提供 2 500 万美元的修复资金。通过保护上游集水区的自然系统，该项目预计将在 30 年内供应 1 000 亿 L 淡水，其中一半供水能力将在 5 年内实现。研究表明，集水区恢复的成本仅为其他备选方案的十分之一，比包括灰色基础设施解决方案在内的其他供水增量解决方案的成本效益要高得多（Panorama）。

英国谢菲尔德市“灰变绿”项目 该项目第一阶段，一条老旧的多余混凝土公路被替换为 1.2 km 长的城市绿地，绿地种植野花、树木和灌木，修建了小路并安放长椅。除为当地居民提供绿色空间（和艺术装置）外，这条绿带还创建了自然的雨水花园，发挥了城市排水系统的作用，从而降低了洪水风险。该项目在 2016 年获得多个奖项，其中包括埃里克—休斯改善可持续性杰出贡献奖。

美国纽约市绿色基础设施规划 该市利用灰色和绿色基础设施来截留城市暴雨径流，例如，利用生物水槽和绿色屋顶在多雨的天气里采集 90% 的富余水量，同时增强了生物多样性，降低了城市日间的空气温度。该市的一个大型会议中心搭建了面积为

2.7 hm^2 的绿色屋顶，可截留半数以上的暴雨降水，从而减少了暴雨径流污染和洪水。

美国中西部上游地区利用城市林木减少极端高温 增加城市树木覆盖率有助于调节极端高温。威斯康星州麦迪逊市的一个试点项目沿道路和十字路口种植树木，测量全天平均热度的变化，并对昼夜温度进行对比。结果显示，空气温度随着树木覆盖率的增加而降低：平均树木覆盖率增加一倍时，10 km 范围内的日间平均温度降低 0.7℃，30 km 范围内的日间平均温度降低 1.3℃ [15]。

3. 湿地

加拿大阿尔伯塔省弓河和南萨斯喀彻温河的湿地保育和修复项目 自 2013 年极端洪水灾害后，人们对 NbS 减少洪水危害的关注集中在保护现有湿地和恢复其他湿地。该地区已经失去了超过 60% 的自然湿地，这些湿地被抽干，用于耕种、放牧或建设。项目分析、建模和咨询得出的结论是，投资于湿地恢复比新建额外的灰色基础设施更具成本效益。NbS 预计节省了 2.57 亿美元，在农村地区，每公顷可避免洪灾损失 10 000 美元，而在靠近卡尔加里市中心的地方，节省的费用翻了一番。

白俄罗斯泥炭地修复项目 白俄罗斯在欧洲泥炭地恢复工作中处于领先地位。在过去十年中，估计有 50 000 hm^2 的退化泥炭地得到了恢复，主要位于欧洲仅存的原始森林之一的 Bia owieża 森林。这片森林是联合国教科文组织世界遗产、重要的鸟类和生物多样性地区，栖息着大约 250 种鸟类。政府宣布计划到 2030 年，实现对 29% 泥炭地的保护。其收益包括增加碳汇能力、改善水质和加强生物多样性保护。

中国长江流域通过江湖连通管理洪水 1998 年洪水之后，世界自然基金会（WWF）开始在流域层面思考对长江的保护，特别是在湿地保护、江湖连通、生态调度、流域综合管理政策倡导等方面持续发力，希望与政府、企业、公众一起，重塑长江作为一条“生命之河”的活力。从 2002 年开始，WWF 帮助中国政府制订江湖连通计划，通过 NbS 推行经济可行的洪水管理。到 2010 年，长江流域已有 30 多个湖泊，约 2 000 km^2 实现了季节性江湖连通，加上鄱阳湖与洞庭湖两个自然通江湖泊，已经有近 6 000 km^2 的湖泊连通长江，新增防洪能力 15 亿 m^2。其中，洞庭湖和鄱阳湖湿地的洪水储蓄能力与三峡大坝相当。与此同时，39 种受威胁物种的种群数量增加，3 000 万人口获得更加清洁的用水。

香港米埔内后海湾拉姆萨尔湿地生态养殖管理 米埔内后海湾拉姆萨尔湿地位于珠江口的内后海湾，由潮滩、红树林、沼泽、传统虾塘（基围虾）和鱼塘组成，每年为 8 万多只水鸟提供越冬和过境的栖息地。根据记录，该地区出现过 400 多种鸟类，包括 24 种依赖湿地的全球濒危鸟类。它们的生存取决于这片湿地的质量。米埔的养殖作业提供了一个很好的案例，表明半人工栖息地可以在适当的管理下支持生物多样性。在20世纪50年代，米埔的沿海红树林大部分已被改造为潮汐养殖池塘，池塘中还保留着一些红树林，为虾、牡蛎和鱼类提供营养。各个池塘在轮流排水后，吸引水鸟捕食剩余的小鱼或无脊椎动物。目前，大多数虾塘被管理作为候鸟的栖息和觅食地；另外，米埔也尝试创新管理方式，在淡水湿地放牧水牛，发现比人工管理方法能更有效地创造栖息地用以吸引水鸟。除观鸟和环境教育活动参与者外，拉姆萨尔湿地内的人类活动受到严格限制，而在自然保护区旁边的商业鱼塘，场主们也参与实施与湿地保护相适应的生态养殖方法。因此，这片管理良好的湿地区域能支持重要的碳汇和生物多样性热点。

4. 森林

中国的坡地退耕计划（或称“退耕还林计划”） 该计划是世界上最大的植树项目之一，始于20多年前，覆盖25个省，涉及人口约1.24亿人。通过直接支付或粮食供应来支持农民退耕，已将约2 800万 hm^2 的陡坡耕地变为森林和草原。该计划的多重目标是扭转森林砍伐和土地退化趋势、应对气候变化、保护生物多样性和减贫。2016年的一项分析表明，在土壤侵蚀下降的情况下，如果森林覆盖率增加10%，碳储量就能得到提升。同时，栽种混合树种、取代单一树种的工作也取得进展，带来了更大的生物多样性效益[16]。

加蓬森林保护项目 2019年，加蓬和挪威商定了一项为期10年、1.5亿美元的协议。根据该协议，现有森林维持原状可以获得支付，通过这种方式来资助生境保护，避免森林砍伐，维持重要的森林碳汇，同时避免因森林砍伐和土地退化导致的温室气体排放。该协议通过中部非洲森林倡议（CAFI）进行协调。该协议支持加蓬正在开展的工作，包括加蓬自2000年以来建立的13个国家公园，其中一个是联合国教科文组织的自然遗产地，并支持公园以外的可持续森林管理。通过这些措施，加蓬的大片森林保持完好，60%受威胁的非洲森林大象就生活在这里。挪威—加蓬森林协议被视为西非地区和中非森林在减缓气候变化方面的典范协议。

美国北部大平原的牧场系统和生存力规划网络 该项目由世界银行主导，为蒙大拿州、内布拉斯加州和南达科他州的牧场主提供支持，以改善超过100万 hm^2 土地上的牲畜放牧。其收益包括提升草场质量、增加固碳能力和加强生态系统保护。对牧场主的支持包括个人知识共享、培训、资金支持以及用于衡量保护和气候成效的监测工具。该地区有1 595种植物、300种鸟类、95种哺乳动物、28种爬行动物和许多重要的传粉者。该项目于2020年启动，项目合作伙伴包括支持可持续采购的麦当劳、沃尔玛基金会、嘉吉和世界自然基金会。

危地马拉农—林—牧综合管理项目 危地马拉采取了雄心勃勃的行动，将基于生态系统的适应措施作为核心纳入其国家发展计划（K'atun 2032 计划）。该国持续推进治理体系创新，包括通过扶持性立法、开展社区层面的协商及融资，并制定了项目升级路线图。如今，该国是中美洲气候适应项目最多的国家。该项目支持从集约化的单一作物生产转向广泛的间作，将玉米、马铃薯等主要作物的种植，与豆类、蔬菜等次要作物种植以及牧羊融合在一起。在过去十年间，作物总产量显著增加，社区积极参与森林保护和农林实践，提升了社区抵御气候相关灾害的韧性，如作物歉收、疾病和虫害等（国际气候倡议组织 /PAGE）。

秘鲁北攸攸斯保护地山区生态系统修复 平均气温的变化加上冰雹等极端天气事件会对牲畜和农业生计产生不利影响。该项目包括恢复水渠和水库，提高淡水供应的安全性；保护草原，提高牧民的生活水平，并增强对干旱和霜冻的抵御能力；加强对本地物种骆马（当地用于生产动物纤维）的保护；扩大自然草原上的社区牲畜管理。该项目的收益包括增加草场的碳储量；单位公顷的畜牧承载力增加 6 倍；减少对牧场、湿地和高山生态系统的总体压力；改善生物多样性指标；加强地方治理和参与。

建议：首先，国合会应制定分享国际案例的标准，包括：①以量化方式展示气候适应、气候减缓和自然保护成效的案例。②提供如何设计和实施保障措施的相关信息。③就成本和效益开展量化分析。其次，为支持南南合作，国合会应汇编具有高价值的生态系统、碳汇和人力资本估值的主要国家的数据、地图等信息。最后，国合会应建立并更新在线案例库。

五、衡量 NbS 的成果和收益

衡量和量化 NbS 的效益是一项复杂的工作。不同项目使用不同的基线、规模和时间框架。一种估算 NbS 相关成本和收益的方法，是将 NbS 与可比的基于工程的方法（如灰色基础设施项目）进行比较。前文一些案例就采用了这种比较成本的方法。然而，从 NbS 本身来讲，要衡量其能够实现的成效，这项工作仍然充满挑战。

（一）估算碳储量

25 年来，土地利用、土地利用变化和林业（LULUCF）的碳汇计算方法得到了详细的阐述和改进。《2006 年 IPCC 国家温室气体清单指南》（简称《指南》）为国家和项目层面的温室气体核算（包括 LULUCF 清单的核算）提供了良好实践。《2006 年 IPCC 国家温室气体清单指南 2019 修订版》（简称《指南修订版》）对温室气体清单核算方法进行了标准化，包括更新后的关于农业、林业等土地利用方式（AFOLU）清单核算方法（第 4 卷）。碳预算的定义如附表 2-6 所示。

附表 2-6 碳预算的定义

碳预算：碳库之间或某特定碳循环环路（如大气—生物圈）内的碳交换平衡。 以上为“碳预算”在国家温室气体清单中的通用定义。该术语可能在不同语境中有其他特定含义

IPCC 于 2019 年发布的《指南修订版》向推动温室气体清单方法的“标准化”迈出了重要的一步。与此同时，方法学方面的挑战依然存在。例如，许多温室气体清单是根据有限的实地样本所作的统计推断，而任何推断都可能在微观层面对准确性造成挑战。比如，在不同的景观和生态系统中，清单并不能准确评估碳通量（如野火导致的碳库年度变化）。由于人们对私营部门碳汇日益增长的兴趣，出现了很多第三方碳汇认证机构，包括 VCS，碳信托，气候、社区和生物多样性联盟等。

基于 IPCC 在 2016 年发布的《指南》，加州空气资源委员发布的 2018 年温室气体清单技术更新是温室气体清单方法在州层面上一个非常有效的应用，包括使用地图、通过大气环流方法来核算从土地和木制品碳库流入 / 流出大气的碳通量（包括进口产品）、使用土地火灾数据，以及通过遥感手段加强实地监测，提供碳储量变化的最新估值。

基于 IPCC《指南》中涉及 LULUCF 碳固定内容开发的国家一级的温室气体排放清单系统和工具有：TNC、WRI 和美国气候联盟下的各团体共同发布的“自然地与耕地（NWL）”，以及美国国家环保局的“国家清单和预测工具”。“自然地与耕地”排放清单的范围包括森林、湿地、草地和灌木、耕地和牧场、湿地和城市地区，强调了不同生物质生态系统之间碳汇和碳储量的特征差异。该清单还进一步区分了湿地的碳属性，具体包括潮汐湿地恢复、泥炭地恢复、避免海草床损失和海草床恢复。

（二）估算成本和效益

对于全球 NbS 效益有很多估算。据估计，珊瑚礁提供的沿海防洪保护的全球价值约为 2 700 亿美元[18]。对 52 个沿海防洪减灾和风暴潮保护 NbS 项目的评估显示，与“灰色基础设施”及其相关的工程解决方案相比，这些 NbS 项目的成本效益平均高出 2 ～ 5 倍。世界经济论坛 2020 报告认为，通过投资“自然向好”经济，在 2030 年前，每年产生的额外商业收入和节约的成本将达到 10 万亿美元，并将增加 3.95 亿个就业机会。

这样的全球总量估计有助于了解 NbS 相关投资回报的量级。类似地，项目层面分析也显示，NbS 投资与灰色 / 工程解决方案相比，资本投入和运行成本更低，多年投资回报率更高。例如，绿色屋顶、绿色空间和“树冠城市”项目显示，局地温度降低了 0.5 ～ 7℃，减排成本则控制在 10 ～ 100 美元 /t 二氧化碳当量。反过来，通过减少在极端高温下的暴露，可以降低公共健康危害并减少空调和工业制冷行业对能源的需求。

由于设计良好的 NbS 项目可同时提供多种效益，因此生态系统服务估值的技术也可用于量化 NbS 的产出。NbS 能够带来的生态系统服务包括降低与气候相关的洪水、增加碳储存和封存、改善水管理和排水、加强生态保护，以及人力和社会资本收益 [18]。已开展的估算工作显示，城市森林的价值为 1 500 美元 /hm^2 [19]，沿海生态系统的绿色旅游和休闲价值为 4 700 美元 /hm^2 [20]，绿色屋顶的价值可为 290 美元 / m^2 和 700 美元 /m^2 [21]。

生态系统估值领域一项长期存在的挑战是将对本地行动“自下而上”的评估与“自上而下”或高度集成的观测联系起来。2021 年 2 月发布的《生物多样性经济学：达斯古普塔评估》做出了一项重要贡献，即建立了支持宏观和微观评估的、稳健的估值方法框架。基于过去几十年的工作和更健全的数据及新方法，达斯古普塔评估在包容性财富（基于自然资本、人力资本、社会资本和生产资本）估算方面的研究，对世界银行目前的工作以及近期联合国环境生态核算系统有所裨益。

然而，集成或大规模项目层面的收益估算仍是一项关键挑战。例如，最近一项研究显示，全球湿地每年在防洪方面的贡献是 7 000 美元 /hm^2，在提供淡水方面的贡献是 3 400 美元 /hm^2，在水质服务方面的贡献是 5 800 美元 /hm^2 [21]。综合来看，全球湿地的服务价值为 265 亿美元。然而，考虑加州总局湿地服务价值的不确定性，这项研究警告说，这一全球估值的误差高达 202 亿美元。高达 80% 的边际误差凸显了生态系统服务价值估算长期面临的挑战，包括 NbS 的成效评估。

GEF 于 2020 年对 NbS 项目开展评估，关键结论也强调了 NbS 成效评估面临的挑战，并呼吁：

> （需要）更关注干预措施的成本和效益，全面评估社会和自然的各种成效；（需要）巩固与监测和评估相关的证据基础，让投资者（无论是公共还是私人）对……投资回报更有信心。

量身定做的评估方法：附件一探讨了包容性或综合性财富如何适用于 NbS 测量。标准化的经济测量工具，如 IUCN 全球 NbS 标准中推荐的成本效益分析、成本有效性分析，以及经济影响分析在全面评估 NbS 综合价值方面存在缺陷和局限。由于这些标准化的经济框架不能很好地为 NbS 服务，因此需要一种更全面的方法。无论是达斯古普塔评估还是更新后的联合国环境经济核算体系，都可以用来衡量自然资本对国民整体财富的贡献。同时，需要更多地从国家或整个经济体系的视角，开展对项目层面NbS的包容性财富评估，特别是对生态系统的评估，以及从人力和社会资本角度评估对家庭、农民、林业工作者的长期影响。

建议：国合会应在更宽泛的包容性财富框架下，基于更全面的生态或自然资本核算，为微观或项目层面的NbS成效评估提供新的方法。

六、政策、途径和实践

中国及其他向碳中和目标前进的国家面临的一项重要挑战是，如何从单个NbS项目转向以兼顾生态和公平的方法对NbS进行大规模推广。下文将对可能的方法做进一步阐述。

（一）绿色金融

2020年，国家层面和公司层面包括1 500家领先公司的气候雄心得到极大提振，中国于2020年9月做出的碳中和承诺是其中最重要的承诺。例如，达能、微软、梅赛德斯—奔驰、马士基、耐克和星巴克等公司加入“零碳转型”倡议（2020年中启动）。该倡议得到美国环保协会（EDF）的支持，旨在分享脱碳的经验。《联合国气候变化框架公约》的“奔向零碳”倡议，涵盖了超过2 000家公司、127家全球大型投资机构和超过500所大学，旨在于2050年或更早实现净零排放。

受到不断增加的脱碳压力，私营市场需要扩大对碳汇的投资以实现减排目标。例如，扩大自愿性碳市场工作组2021年第一份报告预计，NbS相关的碳汇投资未来可能增加到500亿～1 000亿美元的规模。相比之下，用于森林保护的28亿美元总投资，仅有1 590万美元来自自愿性碳市场。森林相关碳汇投资规模预计会增大，引发越来越多关于森林碳汇生态完整性的讨论。

在可预见的私营部门扩张融资过程中，至关重要的是保证项目设计的完整性和透明度、采用可比的核算系统，并采取相应的保障措施确保为当地社区、农民、林业从业者和其他部门提供收益的同时，保护和提高生态系统完整性。已有的融资模式，包括水基金模式和保护信托基金，为撬动更多资金提供了现成的治理模板。

一个利用现有资金机制的机会是保护储备计划。这一计划旨在停止重要生态用地上的农业生产活动，恢复原生树木、草地和灌木以保护水质，减少土壤侵蚀和增加栖息地。通过这项自愿性计划，美国农业部向土地所有者提供了约20亿美元，10多万km^2的土地在10～15年的合同期限内退出农业生产。总体成果包括在该项目划定的保护地上，径流中的氮和磷含量减少了 80% ～ 90%，增加了对表土的保护，减少侵蚀，并保护了 2 000 万 hm^2 土地。

另一个利用现有治理模式撬动 NbS 资金的例子是中国支持森林、草地和湿地保护的生态补偿。2014 年发布的《中华人民共和国环境保护法》提出，“国家加大对生态保护地区的财政转移支付力度。有关地方人民政府应当落实生态保护补偿资金，确保其用于生态保护补偿。国家指导受益地区和生态保护地区人民政府通过协商或者按照市场规则进行生态保护补偿”。2018 年 2 月发布的《关于建立健全长江经济带生态补偿和长效保护机制的指导意见》等法律法规进一步阐释了生态补偿制度下的财政转移支付。2019 年，国家发展改革委宣布将以森林和河流为重点领域，在 50 多个县推进国家层面的生态补偿计划试点。

（二）长江流域

长江经济带是一个涉及多个辖区的大规模区域。虽然本报告绝大多数的案例都涉及某个行政辖区的项目，但是生态系统往往是跨区域的。采用流域视角来试点和推广 NbS 为协调不同的解决方案提供了机会。鉴于长江和黄河流域在“十四五”规划中的重要性，NbS 项目可以拓展现有的可持续生态修复，水稻、小麦及其他作物相关的再生农业，以及水力资源保护试点项目。例如，在 TNC 可持续水电中心的支持下，将 NbS 淡水项目与潜在的水资源综合管理措施相结合，包括关注兼顾地表水和地下水问题的 NbS，以及将生态系统恢复与有机土壤碳汇修复结合起来的 NbS。

（三）国家法律和法规

在治理层面，可通过国家法律和法规来支持 NbS。秘鲁是最早就 NbS 立法的国家之一，其法规包括了保护饮用水水源地的绿色基础设施投资条款，并详细阐述了补偿或赔偿制度的原则。美加利福尼亚州也出台了一项行政令，为支持 NbS 设立了一系列指导原则。

对很多国家而言，NbS 仍是一个相对较新的概念，因此并无相关法律法规。不过，一些国家已经开始尝试将 NbS 融入法律体系中，如美国和中国。在另一些国家，非政府组织、检察官和法官已经尝试将 NbS 的原则带入法庭案件中。

建议：①国合会应强调将 NbS 融入中国气候和生物多样性战略的重要性；强调增强中国立法框架的重要性，包括将 NbS 纳入新环评法，为生态保护红线建立一个强有力的法律框架，并加强预防性公益诉讼。②国合会应继续助力降低海外投资和贸易对自然的风险，强调实施交通灯系统以及《“一带一路”项目绿色投资原则》的重要性。

参考文献

[1] Jia M, Wang Z, Zhang Y, et al. Monitoring loss and recovery of mangrove forests during 42 years: The achievements of mangrove conservation in China[J]. International Journal of Applied Earth Observation and Geoinformation, 2018, 73:535-545.

[2] Wild, Tom, Tiago Freitas, et al. Nature-Based Solutions: State of the Art in EU-funded projects[Z]. European Commission: Directorate-General for Research and Innovation, 2020 .

[3] Sandom C J, Middleton O, Lundgren E, et al. Trophic rewilding presents regionally specific opportunities for mitigating climate change[J]. Philosophical Transactions of The Royal Society B Biological Sciences, 2020, 375(1794).

[4] OECD. OECD Workshop of Environmentally Harmful Subsidies [EB/OL]. 2020. https://www.oecd.org/site/agrehs/35217152.pdf.

[5] Griscom B W, Adams J, Ellis P W, et al. Natural climate solutions[J]. Proceedings of the National Academy of Sciences of the United States of America, 2017, 114(44):11645-11650.

[6] Bastin J F, Finegold Y, Garcia C, et al. The global tree restoration potential[J]. Science, 2019, 365(6448):76-79.

[7] Goldstein A, Turner W R, Spawn S A, et al. Protecting irrecoverable carbon in Earth's ecosystems[J]. Nature Climate Change, 2020.

[8] Li Z , Dong M , Tony W , et al. Objectives and Indexes for Implementation of Sponge Cities—A Case Study of Changzhou City, China[J]. Water, 2018, Water 2018,(5):623.

[9] Hobbie S E, Grimm N B. Nature-based approaches to managing climate change impacts in cities[J]. Philosophical Transactions of The Royal Society B Biological Sciences, 2020, 375(1794):20190124.

[10] Solan M, Bennett E M, Mumby P J, et al. Benthic-based contributions to climate change mitigation and adaptation[J]. Philosophical Transactions of The Royal Society B Biological Sciences, 2020, 375(1794):20190107.

[11] Arneth A, Barbosa H, Benton T G, et al. Summary for Policymakers. In: IPCC Special Report on Climate Change and Land[M]. 2019.

[12] UNEP. Compendium of Contributions: Nature Based Solutions [EB/OL]. 2019 https://wedocs.unep.org/bitstream/handle/20.500.11822/29988/Compendium_NBS.pdf?sequence=1&isAllowed=y.

[13] Loon-Steensma V, Jantsje M. Salt marshes to adapt the flood defences along the Dutch Wadden Sea coast[J]. Mitigation & Adaptation Strategies for Global Change, 2015, 20(6):929-948.

[14] He B J, Zhu J, Zhao D X, et al. Co-benefits approach: Opportunities for implementing sponge city and urban heat island mitigation[J]. Land Use Policy, 2019, 86:147-157.

[15] Ziter C D, Pedersen E J, Kucharik C J, et al. Scale-dependent interactions between tree canopy cover and impervious surfaces reduce daytime urban heat during summer[J]. Proceedings of the National Academy of Sciences of the United States of America, 2019, 116(15).

[16] Hua F, Wang X, Zheng X, et al. Opportunities for biodiversity gains under the world's largest reforestation programme[J]. Nature Communications, 2016, 7:12717.

[17] Beck M W, Losada I J, Menéndez P, et al. The global flood protection savings provided by coral reefs[J]. Nature Communications, 2018, 9(2186).

[18] Keniger L, Gaston K, Irvine K, et al. What are the benefits of interacting with nature?[J]. International Journal of Environmental Research and Public Health, 2013, 10(3):913-935.

[19] Brander L M, Koetse M J. The value of urban open space: Meta-analyses of contingent valuation and hedonic pricing results[J]. Journal of Environmental Management, 2011, 92(10):2763-2773.

[20] Ghermandi A, Nunes P. A global map of coastal recreation values: Results from a spatially explicit meta-analysis[J]. Ecological Economics, 2013, 86(FEB.):1-15.

[21] Bianchini F, Hewage K. How "green" are the green roofs? Lifecycle analysis of green roof materials[J]. Building & Environment, 2012, 48(Feb.):57-65.

附录 3 气候变化背景下的流域管理
——中国环境与发展国际合作委员会专题政策研究项目前期研究

一、摘要

本报告主要围绕气候变化背景下的流域管理开展前期研究，探索研究范围及可行性，着眼全球，并重点关注中国。

本报告研究了 14 种压力类别，即由人类活动导致的流域内或流域外压力。在中国以及世界各地，河流系统面临多重压力，压力叠加从而导致不同变化。气候变化对其中很多压力类别会产生影响，并与许多其他压力因素相互作用，包括水流改道和沉积物迁移、地表水和地下水抽采、污染（包括残留污染）、影响沉积物和水流的土地利用方式等。

尽管真正的综合流域管理系统操作起来困难重重，但针对流域管理各个方面可行的治理方法正在崭露头角。虽然我们在改善水质和管理洪水风险方面目前取得了一些显著成效，但这些成效通常是来自单个部门的治理。要想形成高质量的流域管理，还需要更系统、跨部门与多主体参与的治理方式。

总体而言，气候变化正在极大地改变流域管理整体的政策、治理和研究。许多人，包括政治家和商界领袖，如今都意识到气候变化的破坏性影响。然而，此时此刻，许多国家的政策和战略未能充分考虑气候变化的直接和连锁效应，以及可能在短时间内对某些河流系统产生严重影响的其他压力因素。这不仅阻碍了气候变化适应工作，更不利于实现生态文明和可持续发展目标。

然而正因如此，流域提供了一个探索创新和新型治理的关键机会。实现生态文明是一个系统的过程，而河流系统恰好为实现生态文明，以及达成绿色低碳目标提供了契机。流域边界明确，流域内外界定清晰。河流流域或可实现可持续管理，同时也能为社会提供多种生态系统服务。流域系统复杂程度适中，面临的挑战比较明确，存在比较可行的潜在解决方案。此外，过去的教训一目了然，所以未来的优化方向比较清晰，转型需要技术创新、方法创新和治理创新。

流域管理当前面临的挑战、差距，构成了中国环境与发展国际合作委员会（国合会）专题政策研究的议题。具体包括：愿景构建和广泛参与；统一的法律；空间规划和利益冲突应对程序；考虑不确定性和私营部门参与的融资和长期适应性预算；压力

源 / 风险因素的定量评估以及跨辖区、跨机构的持续性监测。虽然真正的系统管理仍在探索中，但已经有一些值得关注的优秀案例可用于专题政策研究。

解决河流系统面临的多重压力需要系统性方式。无论是在单个行政辖区内还是地跨多个行政区域，河流系统必须作为一个自然单元实施管理。

本报告对全球河流系统的压力因素和流域管理典型案例的分析结果，可归纳为五条整体性原则。这些原则在每个流域发挥的作用不尽相同，可作为最终的专题政策研究选择案例的框架。

此外，这些原则可作为中国政府或国合会参与 2023 年联合国水行动十年大会的潜在框架。此次会议可为中国在引领全球解决河流相关挑战方面提供一个难得的机会。

（1）从源头到沿海，责任共担。不转移问题，不从上游推脱到下游，不拖延时间。牢记流域是自然单位，人与自然的利益都包括在内。

（2）以百年为计，规划蓝图。重视不确定性，并以应对不确定性作为战略、规划和调整的核心。

（3）共创愿景，流域共治。政策的制定与实施过程中，注重流域利益相关方和私营部门的诉求及参与。

（4）气候适应型流域管理。将气候变化和其他主要河流压力因素融入流域管理各个方面，包括规划、管理和治理。尽可能采用基于自然的解决方案。制定全面的、跨部门的空间规划。

（5）创新探索，加强交流。继续加强和创新管理方法、知识计划、政策工具和前瞻性融资机制。继续在中国国内和世界范围内进行经验交流。

二、对国合会研究的建议

（1） 鉴于治理和经验挑战，以及流域能为气候适应和实现生态文明提供的短期及长期的政策创新机会，建议国合会考虑下一阶段的流域专题政策研究，重点关注以下六项内容。

内容一：国内外典型案例经验总结。选择国内外值得关注的重要案例，展示气候适应型发展，制定真正一致性、综合性政策的可行方法，以及利益相关方参与调研和政策制定过程。

内容二：流域动态监测评价评估方法。从具有创新方法和衡量标准的国际案例中总结经验教训，用以监测、评价和评估中国和全球流域的动态发展，包括定期评估压力（包括气候变化）如何影响河流地区的监测和评估指标，以及在可持续发展背景下，河流用水、流域功能和价值如何变化。

内容三：气候适应性与可持续性评估准则。从全球范围内的传统方法和新方法中总结经验教训，评估计划和投资的成功与否，以可持续发展目标和生态文明理念所代表的共同价值观为基础，提高决策的气候适应性和可持续性。

内容四：河海交界区域的政策探索。在全球范围内探索针对河流与海洋交界区域的有效战略和政策法规，重点是协调流域高水质区、沿海和海洋的要求，并在海平面上升、地面沉降、城市化深入发展、经济发展，以及淡水和沉积物流量不断变化等挑战下，支持三角洲的长期安全发展。

内容五：既有模型的优劣势评估。评估中国可用模型系统的现状、优势和劣势，支持深化对单个流域系统的理解；基于问题分析和未来预测，制定正确、公平和从实际出发的政策，应对不可避免的气候变化挑战。

内容六：借鉴长江经济带与黄河流域转型的中国经验。借鉴国内经验，特别是长江经济带和黄河流域这两大经济区的转型，探索应对气候变化、降碳和践行生态文明理念的综合途径和方案。若雅鲁藏布江高海拔大坝的开发在专题政策研究期间进行，可考虑作为第三个新的研究议题。

（2）国合会应以流域专题政策研究的开展为契机，根据研究的早期发现，按照上述五项原则为 2023 年联合国水行动十年大会提供相关研究成果。

（3）建立和实施以气候变化时期流域管理为重点的专题政策研究需要广泛而系统的方法，不仅需要关注水力、水文、沉积物和水质，还需要考虑土地利用规划、生态学、社会经济等方面。尽管如此，建议坚持以气候变化适应为切入点，与其他相关专题政策研究发挥协同效应，如联合开展实地研究。该研究与 2022—2027 年有关海洋、城市发展和基于自然的解决方案，以及农业更新和降碳的研究尤为相关。

附录 4 中国环境与发展重要政策进展与中国环境与发展国际合作委员会政策建议影响（2020—2021 年）

一、前言

2021 年，国际社会在“疫情反复震荡”中蹒跚前进。各个国家积极开展疫情防控，通过国际产业链合作，努力实现经济和社会的恢复发展。中国在应对疫情方面取得了阶段性胜利，复工复产工作取得了重大进展，经济发展和社会活动逐步恢复到疫情前的局面，并呈现快速发展的势头。

2021 年，中国转向高质量发展阶段，开启了全面建设现代化的新征程。习近平主席于 2020 年 9 月 22 日在联合国第七十五届大会一般性辩论上，提出中国力争在 2030 年前实现碳达峰和 2060 年前实现碳中和（“30·60 目标”目标），掀起多轮国际社会积极应对气候变化的高潮，诸多国家纷纷推出更有力度的减排承诺。“30·60 目标”已纳入“十四五”规划和 2035 远景目标纲要，并作为生态文明建设的重要内容，纳入新一轮生态环境保护工作中。

过去一年，中国保持住了生态文明建设的战略定力，坚持以生态环境保护为抓手“倒逼”社会转型发展，推动国民经济迈向高质量发展新阶段，以较高标准实现了“打赢污染防治攻坚战”三年目标，助力“十三五”规划圆满收官。其中，北京市实现了污染物治理的重大进步，2020 年 $PM_{2.5}$ 平均浓度首次降低至 38 $\mu g/m^3$。

过去一年，着眼“环境质量持续改善，生态环境持续向好”为目标导向的各项生态文明体系制度建设继续得到完善。中央生态环保督察制度对环境违法行为起到较大的震慑作用，成为推动地方开展生态环保行动的有力武器，为 2035 年美丽中国建设目标基本实现奠定了良好基础。

在过去的一年中，习近平生态文明思想不断丰富发展，提出“人不负青山，青山定不负人”等一系列新论断，生态环境保护工作得到了全面加强。加强生态环境法治建设，开展《中华人民共和国土壤污染防治法》、《中华人民共和国野生动物保护法》和有关执法检查，颁布《中华人民共和国长江保护法》、《中华人民共和国生物安全法》，完成《中华人民共和国固体废物污染环境防治法》的修订，推动黄河保护立法等。加强生态环境保护督察执法，开展污染防治攻坚行动，推进产业结构、能源结构、交通运输结构、用地结构优化调整，加强区域联防联控，蓝天保卫战成效持续显现。

积极应对气候变化，启动编制2030年前二氧化碳排放碳达峰行动方案，出台《碳排放权交易管理办法（试行）》，启动全国碳排放权交易市场等。

经过努力，《中华人民共和国国民经济和社会发展第十三个五年规划纲要》确定的生态环境领域9项约束性指标和污染防治攻坚战阶段性目标任务圆满完成，中国自然生态和社会环境有了新面貌，老百姓有了明显的获得感和幸福感。

作为中国政府政策的直通车和中国与国际开展环境合作的纽带、桥梁和窗口，国合会坚持“引进来”，充分发挥国内外顶尖专家学者的战略咨询作用，对国内外环境与发展具有重大影响的议题开展研究，为推动中国生态文明建设研提政策建议；同时，国合会坚持“走出去”，在新冠肺炎疫情期间创新工作方式，持续开展智库交流与咨询活动，为推动世界可持续发展贡献智慧和力量。

二、环境与发展规划

“十三五”规划期间，生态环境部门紧紧扭住“打赢污染防治攻坚战”这一战略目标，协同有关部门和地方政府持续开展污染防治攻坚行动，实现了生态环境9项约束性指标圆满超额完成。“十四五”规划将在巩固当前阶段成果的基础上，持续打好污染防治攻坚战，持续推进经济结构调整和绿色发展，持续改善生态环境质量，为全面开启社会主义现代化建设新征程奠定生态环境基础。

国合会2019年政策建议提出，“十四五”规划应该体现并支持美丽中国2035愿景、应对气候变化和生物多样性保护2050全球愿景。国合会2020年政策建议系统性提出，“十四五”应进一步推进包括发展理念、政策目标、重点领域、体制机制等在内的绿色发展综合框架，在世界范围内树立可持续发展典范。要坚定不移推进生态文明建设，贯彻落实“绿水青山就是金山银山”理念，推动经济社会全面绿色转型，实现以人为本的绿色高质量发展。在重点领域方面，以绿色技术创新为驱动，以可持续生产和消费为两翼，以城市绿色发展为载体，推动形成绿色生产和生活方式。在实现机制方面，采取综合措施，有效衔接短期和中长期目标，推动体制机制协调一致。这些建议体现了国合会系统的思维和全局的高度，对国家“十四五”生态环保规划具有重要的战略指导意义，特别是“十四五”规划绿色发展目标与联合国2030年可持续发展议程、应对气候变化相互衔接与融合。

（一）“十四五”规划和2035年远景目标纲要

“十四五”规划和2035年远景目标的核心是要“实现人与自然和谐共生”，总的指导原则是要坚持“绿水青山就是金山银山”理念，坚持尊重自然、顺应自然、保护自然，坚持节约优先、保护优先、自然恢复为主，实施可持续发展战略，完善生态文明领域统筹协调机制，构建生态文明体系，推动经济社会发展全面绿色转型，建设美丽中国。

“十四五”规划和 2035 年远景目标纲要重点围绕“提升生态系统质量和稳定性”“持续改善生态环境质量”“加快发展方式绿色转型”三个方面提出规划方向和目标，为未来 5 年和 2035 年勾勒出清晰的蓝图和着力重点。

1. 在“生态系统质量和稳定性”方面，“十四五”规划纲要提出坚持山水林田湖草沙系统治理，重点是提高生态系统自我修复能力和稳定性，坚持守住自然生态安全边界，最终以促进自然生态系统质量整体改善为目标，从而实现对全面社会主义现代化建设的有力支撑和持续支撑。具体包括完善生态安全屏障体系，构建自然保护地体系，健全生态保护补偿机制。

2. 在“持续改善生态环境质量”方面，“十四五”规划纲要提出“深入打好污染防治攻坚战，建立健全环境治理体系，推进精准、科学、依法、系统治污，协同推进减污降碳，不断改善空气、水环境质量，有效管控土壤污染风险”。通过“持续改善生态环境质量”，让人们生产和生活环境变得更清新和美丽，让空气更加干净、水质更加清澈、土壤更加健康，增强人民获得感。具体包括深入开展污染防治行动，全面提升环境基础设施水平，严密防控环境风险，积极应对气候变化，以及健全现代生态环境治理体系。

3. 在“加快发展方式绿色转型”方面，“十四五”规划纲要提出“坚持生态优先、绿色发展，推进资源总量管理、科学配置、全面节约、循环利用，协同推进经济高质量发展和生态环境高水平保护”。实现“人与自然和谐共生”，根本在于产业生态化，推动生产方式绿色转型和高质量发展，最大限度地减少资源消耗和环境负荷。具体包括全面提高资源利用效率，构建资源循环利用体系，大力发展绿色经济，构建绿色发展政策体系。

在“十四五”规划和 2035 年远景目标纲要中，特别强调深入开展 VOCs 废气治理和源头替代，推动污染物与温室气体减排协同控制。随着时间推移，地方“十四五”规划纲要也陆续出台。例如，湖北、江西、湖南、贵州、四川、海南、辽宁、吉林和上海等省（市）的“十四五”规划建议明确，建立健全地上地下、陆水统筹的生态环境治理制度；全面实施排污许可制，推进排污权、用能权、用水权、碳排放权市场化交易；支持有条件的地区开展试点示范，加快建立生态产品价值实现机制；推进绿色法规、政策和标准体系建设，鼓励绿色基金、绿色信贷、绿色债券、绿色保险等金融政策创新。

在“十四五”规划和2035年远景目标纲要公布后，“十四五”生态环保专项规划正在抓紧推进。

（二）黄河流域生态环保规划与高质量发展

国合会2020年政策建议提出，健全生态资本服务价值核算方法和实现机制，推动黄河流域高质量发展。坚持在资源环境承载能力范围内发展，强化自然资本价值核算在空间规划中的应用，保障流域生态系统的完整性和健康可持续发展。创新生态补偿机制，从水资源、水环境和水生态三个维度，加快流域横向生态补偿进程。

2020年8月，中共中央政治局审议《黄河流域生态保护和高质量发展规划纲要》，要求因地制宜、分类施策、尊重规律，改善黄河流域生态环境。要大力推进黄河水资源集约节约利用，把水资源作为最大的刚性约束，以节约用水扩大发展空间。要着眼长远，完善防灾减灾体系，提高应对各类灾害能力。要采取有效举措推动黄河流域高质量发展，加快新旧动能转换，建设特色优势现代产业体系，优化城市发展格局，推进乡村振兴。要大力保护和弘扬黄河文化，延续历史文脉。加强统筹协调，落实沿黄各省区和有关部门主体责任，加快制定实施具体规划、实施方案和政策体系，努力在“十四五”期间取得明显进展。

最高人民法院在2020年6月5日出台《关于为黄河流域生态保护和高质量发展提供司法服务和保障的意见》（以下简称《意见》）。《意见》分别从落实严格责任、助推水沙调节、促进绿色用水、支持创新驱动等7个方面，对人民法院依法公正高效审理各类案件，充分发挥审判职能作用提出了具体要求，坚持最严法治观，坚持新发展理念，坚持分类施策，促进黄河流域生态环境质量整体改善。目前，黄河流域9省区的法院已经设立环境资源审判庭117个，环境资源合议庭或者审判团队246个。2019年在黄河流域上游甘肃省还设立了专门环境资源法庭，统筹全省重要环境资源案件审判工作。

国务院副总理韩正在2021年7月赴山东调研时指出，要完整、准确、全面贯彻新发展理念，加强黄河流域生态保护治理，加大科技创新力度，推动高质量发展取得新进展。要尊重自然、尊重科学，加强对黄河三角洲湿地和鸟类的保护，减少人类活动对鸟类的影响，提高鸟类栖息地生境质量。要深入研究论证黄河水沙关系演变态势，合理调控水沙关系，确保黄河沿岸安全。

2021年5月，水利部发布《黄河保护立法草案》（征求意见稿），并向社会公开征集意见。全国人大常委会已将黄河保护立法列入2021年度立法工作计划。

三、生态系统与生物多样性保护

（一）CBD COP15 和生物多样性保护

国合会2020年政策建议提出，以成功举办2021年CBD COP15（以下简称“COP15”）为契机，激发有雄心的多边合作，加强国家行动，保护自然和人类福祉。

中国政府作为东道国举办联合国 CBD COP15，将与各国共商全球生物多样性保护大计，制定“2020 后全球生物多样性框架”，规划未来十年的全球生物多样性工作目标并强化执行机制。

中国政府围绕生物多样性工作开展了大量的工作。截至 2021 年 5 月，有 1.18 万处各级各类自然保护地，占国土陆域面积的 18%，海域面积的 4.1%。通过加强保护，许多濒危野生动植物种群稳中有升，生存状况不断改善。其中，野生大熊猫从 20 世纪七八十年代的 1 114 只增加到 1 864 只，由濒危物种降为易危物种。与此同时，加快建立以国家公园为主体的自然保护地体系，国家林草局先后启动了大熊猫、东北虎豹、三江源等十处国家公园体制试点工作。2021 年 8 月，云南野生亚洲象在向北迁移 110 多天后均安全顺利南返，体现了中国生物多样性保护工作取得扎实成效。

地方开展的生物多样性保护工作成果丰硕，其中西藏实行最严格的生态保护政策，将全区约 50% 的国土面积划入生态保护红线，一些高原特有珍稀野生动物种群数量得到明显恢复。比如西藏野牦牛数量达 4 万多头，比 2003 年增加了约 2.5 万头；藏羚羊数量由 8 万只增加到超过 20 万只；藏野驴由 5 万头增加到约 9 万头；新发现珍稀野生动物 5 种，过去认为已经灭绝的西藏马鹿已突破 1 万只。江苏严格进行生态空间管控，共建设自然保护区 31 个，保护面积达江苏省总面积的 5.5%，自然湿地保护率达 46.2%，庇护了省内近六成的物种，麋鹿、丹顶鹤等珍稀濒危物种种群数量不断增长。河南省进一步完善了监测防控体系。截至 2020 年年末，重点野生动物保护率达到了 95%，保护力度明显增强。

（二）“绿盾”专项行动继续推进

2021 年是“绿盾”自然保护区监督专项行动第四年。在“2020 绿盾”专项行动的基础上，2021 年“绿盾”专项行动针对重点检查问题的整改进展，推进“绿盾”自然保护地监督检查工作。

2020 年，生态环境部联合有关部门和单位开展了“2020 绿盾”自然保护地强化监督工作。截至 2020 年年底，国家级自然保护区内的 5 503 个重点问题点位，已整改完成 5 038 个，整改完成率 92%；长江经济带 11 省（市）国家级自然保护区的 1 388 个重点问题点位，已整改完成 1 217 个，整改完成率 87%。

地方上，山东省不断深化“2020 绿盾”行动，山东省 7 个国家级自然保护区四类 1 099 个重点问题、省级以上自然保护区 4 107 个违法违规问题，全部整改完成。宁夏回族自治区检查自然保护区人类活动点 2 646 处，保留和已完成整治 2 632 处，整改完成率 99.47%。河南省对自然保护区采石采砂、工矿用地、核心区缓冲区旅游设施和水电设施等重点问题，通过采取限期关闭、拆除、恢复植被等措施，在 2 983 个人类活动线索中，重点问题整改完成率达到 91.9%。

（三）生态保护红线划定和生态保护工作取得新进展

国合会 2020 年政策建议提出，设立基于生态保护红线和保护区的生态廊道建设目标，构建高效、稳定的生态安全网络，保护生态系统完整性。

2020 年 11 月，生态环境部批准《生态保护红线监管技术规范基础调查（试行）》等七项标准为国家环境保护标准，并予发布。2020 年 12 月，生态环境部印发的《关于加强生态保护监管工作的意见》提出，到 2025 年初步形成生态保护监管法规标准体系，初步建立全国生态监测网络，提高自然保护地、生态保护红线监管能力和生物多样性保护水平，生态系统质量和稳定性进一步提升。到 2035 年，建成与美丽中国目标相适应的现代化生态保护监管体系和监管能力，促进人与自然和谐共生。

2020 年 12 月，生态环境部印发《关于加强生态保护监管工作的意见》《自然保护地生态环境监管工作暂行办法》，制定生态保护红线监管相关指标和标准，推进生态保护红线监管平台建设。指导长江经济带和青海等 12 个省（市）发布实施“三线一单”（生态保护红线、环境质量底线、资源利用上线和生态环境准入清单），完成各省（市、区）及新疆生产建设兵团“三线一单”技术审核，推进生态环境分区管控体系建设。

各地推进“三线一单”落实工作。截至 2020 年 12 月，第一梯队 12 省（市）人民政府已全部完成了“三线一单”发布工作，全面进入落地实施应用阶段；第二梯队 19 省（市、区）及新疆生产建设兵团“三线一单”成果已全部通过技术审核。

（四）生态补偿和生态产品价值实现机制探索

国合会 2019 年政策建议提出，推动长江经济带绿色发展，加快建立“一纵多横”的全流域生态补偿机制，形成以地方财政为主、中央财政给予激励、社会积极参与的“一纵多横”的全流域生态补偿机制。国合会的政策建议对黄河全流域生态补偿机制的建立也具有借鉴意义。

2020 年 5 月，财政部、生态环境部、水利部、国家林业和草原局联合印发《支持引导黄河全流域建立横向生态补偿机制试点实施方案》，要求山西、内蒙古、山东、河南、四川、陕西、甘肃等地区通过逐步建立黄河流域生态补偿机制，建立健全生态产品价值实现机制，实现黄河流域生态环境治理体系和治理能力进一步完善和提升。地方上也根据上述实施方案制定了本地的具体办法。如山东省印发了《关于建立流域横向生态补偿机制的指导意见》，为省内地市执行制定了补偿基准、补偿方式、补偿额度等依据。

2021 年 4 月，中共中央办公厅、国务院办公厅印发《关于建立健全生态产品价值实现机制的意见》，指出建立健全生态产品价值实现机制，是践行“绿水青山就是金山银山”理念的关键路径，提出到 2025 年，生态产品价值实现的制度框架初步形成，比较科学的生态产品价值核算体系初步建立，生态保护补偿和生态环境损害赔偿政策制度逐步完善，生态产品价值实现的政府考核评估机制初步形成，生态产品“难度量、难抵押、难交易、难变现”等问题得到有效解决，保护生态环境的利益导向机制基本形成，生态优势转化为经济优势的能力明显增强。到 2035 年，完善的生态产品价值实现机制全面建立，具有中国特色的生态文明建设新模式全面形成，广泛形成绿色生产生活方式，为基本实现美丽中国建设目标提供有力支撑。

地方上针对《关于建立健全生态产品价值实现机制的意见》已开展相关工作。比如 2021 年 6 月，江西省委、省政府召开全省生态文明建设先进表彰暨建立健全生态产品价值实现机制推进大会，提出牢固树立生态优先、绿色发展导向，深入践行“绿水青山就是金山银山”理念，坚持以体制机制改革创新为核心，以产业化利用、价值化补偿、市场化交易为重点，精心做好生态价值转化，推动生态产品价值实现机制建设走在前列。

四、能源与气候

国合会 2020 年政策建议提出，以能源转型升级为核心，积极应对气候变化，构建低碳社会。建设清洁、低碳、安全和高效的能源体系。制定更有力度的温室气体减排约束性目标。

2020 年 9 月 22 日，中国国家主席习近平宣布“中国将提高国家自主贡献力度，采取更加有力的政策和措施，二氧化碳排放力争于 2030 年前达到峰值，争取在 2060 年前实现碳中和”。在后来的气候雄心峰会、气候领导人峰会等九次会议中，习近平主席多次强调中国“30·60 目标”，努力推动构建公平合理、合作共赢的全球环境治理体系。

2021 年 3 月 15 日，习近平主席在中央财经委员会第九次会议上强调，实现碳达峰、碳中和是一场广泛而深刻的经济社会系统性变革，要把碳达峰、碳中和纳入生态文明建设整体布局，拿出抓铁有痕的劲头，如期实现2030年前碳达峰、2060年前碳中和的目标。

2021年4月22日，中国国家主席习近平在全球领导人气候峰会上发表了题为《共同构建人与自然生命共同体》的重要讲话，特别提出中国将严控煤电项目，“十四五”时期严控煤炭消费增长、“十五五”时期逐步减少。中国承诺实现从碳达峰到碳中和的时间，远远短于发达国家所用时间，需要中方付出艰苦努力。

2021年5月26日，碳达峰碳中和工作领导小组第一次全体会议在北京召开。中共中央政治局常委、国务院副总理韩正指出，要围绕推动产业结构优化、推进能源结构调整、支持绿色低碳技术研发推广、完善绿色低碳政策体系、健全法律法规和标准体系等，研究提出有针对性和可操作性的政策举措。

在碳达峰碳中和工作领导小组统一部署下，国家发展和改革委员会正会同有关部门制定碳达峰、碳中和顶层设计文件，抓紧编制2030年前碳达峰行动方案和分领域分行业实施方案，谋划金融、价格、财税、土地、政府采购、标准等保障方案，加快构建碳达峰碳中和“1+N”政策体系。

（一）建设以新能源为主体的新型电力系统

国合会2020年政策建议提出，中国需要加大可再生能源发电基础设施投资，包括发展大规模离岸风电、智能电网和储能技术等，推进绿色电力市场改革。制定国家层面的氢能经济政策，在交通和热电联产领域推广燃料电池，提高可持续生物质制气在能源结构中的占比。

2021年3月15日，中国国家主席习近平主持召开中央财经委员会第九次会议，明确指出要构建清洁低碳安全高效的能源体系，控制化石能源总量，着力提高利用效能，实施可再生能源替代行动，深化电力体制改革，构建以新能源为主体的新型电力系统。此前国家能源局的相关表述是“构建适应高比例可再生能源发展的新型电力系统”。

2021年5月15日，南方电网公司在广州发布《南方电网公司建设新型电力系统行动方案（2021—2030年）白皮书》，加快步伐构建以新能源为主体的新型电力系统，全面建设安全、可靠、绿色、高效、智能的现代化电网。预计2030年前基本建成新型电力系统。2021年5月19日，国家电网有限公司召开构建以新能源为主体的新型电力系统专家研讨会，为实现碳达峰、碳中和目标贡献力量。

根据中国国家能源局数据，截至2020年年底，全国可再生能源发电装机总规模达到9.3亿kW，占总装机的42.4%。其中水电3.7亿kW、风电2.8亿kW、光伏发电2.5

亿 kW、生物质发电 2 952 万 kW。国家能源局将制定更积极的新能源发展政策，锚定 2030 年非化石能源消费比重 25% 和风电光伏装机 12 亿 kW 以上的目标，构建清洁低碳、安全高效的能源体系。

（二）加强节能和提高能效

2020 年，各地区各部门认真落实能源消费总量和强度双控工作部署，推进工业、建筑、交通运输、公共机构等重点领域节能，加强重点用能单位节能管理，强化节能法规标准约束，加大节能宣传力度，推动能耗强度持续下降，能源消费增速明显回落，能源利用效率继续大幅提升。

2020 年 12 月，国家能源局在全国能源工作会议中指出，要着力提高能源供给水平，加快风电光伏发展，稳步推进水电核电建设，大力提升新能源消纳和储存能力，深入推进煤炭清洁高效开发利用，进一步优化完善电网建设。

2020 年 12 月，工信部在全国工业和信息化工作会议上提出，鼓励和引导工业企业改善电能质量，加强用电设备改造和信息化建设，全面提升用能效率和需求响应能力。在引导开展电力需求侧管理工作基础上，形成一批示范企业和园区，并在重点地区和行业做好推广。实施工业低碳行动和绿色制造工程，加大力度倡导工业领域电力需求侧管理，引导工业企业转变能源消费方式，更好推进节能减排。

2021 年 5 月 30 日，生态环境部发布《关于加强高耗能、高排放建设项目生态环境源头防控的指导意见》，提出各级生态环境部门应加快推进“三线一单”成果在“两高”行业产业布局和结构调整、重大项目选址中的应用。承接钢铁、电解铝等产业转移地区应严格落实生态环境分区管控要求，将环境质量底线作为硬约束。严格“两高”项目环评审批。严把建设项目环境准入关。新建、改建、扩建“两高”项目须符合生态环境保护法律法规和相关法定规划，满足重点污染物排放总量控制、碳排放碳达峰目标、生态环境准入清单、相关规划环评和相应行业建设项目环境准入条件、环评文件审批原则要求。推进“两高”行业减污降碳协同控制，将碳排放影响评价纳入环境影响评价体系。

2021 年 6 月，国家发展改革委办公厅印发《关于进一步加强节能监察工作的通知》，通过落实节能法律法规标准、保障能耗双控目标，推动实现碳达峰、碳中和。

（三）积极推进温室气体与大气污染物协同治理

国合会 2020 年政策建议提出，中国要以能源转型升级为核心，积极应对气候变化，制定更有力度的温室气体减排约束性目标，并涵盖甲烷、氢氟碳化物等非二氧化碳类温室气体，将气候指标纳入中央生态环保督察范围。

生态环境部门高度重视大气污染物与温室气体协同控制。《大气污染防治行动计划》实施以来，通过结构调整和末端治理等措施，大气污染物排放量显著下降，同时对温室气体控制起到重要促进作用。《打赢蓝天保卫战三年行动计划》明确要求，大幅减少主要大气污染物排放总量，协同减少温室气体排放。

2020 年 6 月下旬，生态环境部印发《2020 年挥发性有机物治理攻坚方案》，其中提到，我国面临 $PM_{2.5}$ 污染形势依然严峻和臭氧污染日益凸显的双重压力，特别是在夏季，臭氧已成为导致部分城市空气质量超标的首要因子，京津冀及周边地区、长三角地区、汾渭平原、苏皖鲁豫交界地区等区域尤为突出。局域大气污染物和温室气体排放主要源于化石燃料的燃烧使用，具有同源减排的物理基础。非二氧化碳温室气体的协同减排对改善局部地区环境质量和保护人体健康具有极大的正向影响，同时对减缓全球变暖及其不利影响也有显著的贡献。

2021 年 1 月，生态环境部印发《关于统筹和加强应对气候变化与生态环境保护相关工作的指导意见》。加快推进应对气候变化与生态环境保护相关职能协同、工作协同和机制协同，加强源头治理、系统治理、整体治理，以更大力度推进应对气候变化工作，实现减污降碳协同效应，为实现碳达峰目标与碳中和愿景提供支撑保障，助力美丽中国建设。

（四）全国碳市场启动

国合会 2020 年政策建议中提出：扩大中国碳排放权交易市场覆盖行业，进一步促进外部成本内部化。

2020 年 9 月，中国确定了“30·60”目标后，全国碳排放权交易市场加速推进。2020 年 12 月 30 日，生态环境部正式发布《2019—2020 年全国碳排放权交易配额总量设定与分配实施方案（发电行业）》以及《纳入 2019—2020 年全国碳排放权交易配额管理的重点排放单位名单》。2021 年 2 月 1 日，《碳排放权交易管理办法（试行）》正式施行。上述文件的发布标志着全国碳市场正式投入运行。

2021 年 5 月 27 日，全国碳排放权交易市场正式落地，交易中心落地上海，注册登记系统设在湖北武汉。2021 年 6 月 22 日，上海环境能源交易所发布的《关于全国碳排放权交易相关事项的公告》明确了全国碳排放权交易相关事项，包括交易场所、交易方式、交易时段及交易账户等相关事项。

2021 年 7 月 16 日，全国碳交易市场完成了首笔线上交易。首批进入交易的是 2 162 家电力企业，管控规模达到 45 亿 t 二氧化碳。未来将更多纳入钢铁、水泥等主要碳排放行业。此外，全国碳市场交易体系将分阶段引入核证自愿减排量、碳汇等交易产品，建立碳金融衍生品交易机制，积极引导社会投资。

（五）绿色城镇化和可持续消费推动低碳发展

国合会 2020 年政策建议提出，要以绿色繁荣、低碳集约、循环利用、公平包容、安全健康为目标，推进城市绿色转型。同时，国合会还建议，以绿色消费革命为抓手，提升全社会绿色消费意识，大幅增加绿色消费产品和服务供给。

《中华人民共和国国民经济和社会发展第十四个五年规划和 2035 年远景目标纲要》就绿色城镇化发展、绿色消费提出了专章要求。其中，第八篇—“完善新型城镇化战略 提升城镇化发展质量”提出：“统筹推进基础设施协调布局、产业分工协作、公共服务共享、生态共建环境共治。”第十四章 “全面促进消费”提出：“顺应居民消费升级趋势，把扩大消费同改善人民生活品质结合起来，促进消费向绿色、健康、安全发展，稳步提高居民消费水平。”

2021 年 2 月，国务院印发《关于加快建立健全绿色低碳循环发展经济体系的指导意见》，提出“健全绿色低碳循环发展的消费体系”，包括“加大政府绿色采购力度，扩大绿色产品采购范围，逐步将绿色采购制度扩展至国有企业。加强对企业和居民采购绿色产品的引导，鼓励地方采取补贴、积分奖励等方式促进绿色消费。加强绿色产品和服务认证管理，完善认证机构信用监管机制”。

2021 年 4 月 29 日，第十三届全国人民代表大会常务委员会第二十八次会议通过《中华人民共和国反食品浪费法》，旨在通过防止食品浪费，保障国家粮食安全，倡导文明、健康、节约资源、保护环境的消费方式，提倡简约适度、绿色低碳的生活方式，促进经济社会可持续发展。

五、污染防治与海洋治理

（一）大气污染防治

国合会 2020 年政策建议提出，强化对煤电的经济性评估，制定逐步减少并最终淘汰煤电的路线图。加大可再生能源发电基础设施投资，包括发展大规模离岸风电、智能电网和储能技术等，推进绿色电力市场改革。国合会 2019 年政策建议也提出，进一步控制煤炭使用，坚决打赢蓝天保卫战。制定国家零排放长期战略，逐步淘汰煤炭。加大对可再生能源的补贴和资金支持，逐步取缔化石能源补贴。争取于 2020 年前后实现京津冀和汾渭平原地区散煤禁用。优先保证非化石能源发电上网。

2020 年 9 月，生态环境部发布《京津冀及周边地区、汾渭平原 2020—2021 年秋冬季大气污染综合治理攻坚行动方案》，提出 2020 年 10 月至 12 月，各城市重度及以上污染天数平均控制在 5 天以内。

2020 年 6 月 3 日，党中央、国务院发布《关于统筹做好疫情防控和经济社会发展生态环保工作的指导意见》，指出要突出抓好重点时段细颗粒物和臭氧协同控制，突出抓好重点行业 VOCs 和氮氧化物治理。全面推进石化、化工、工业涂装、包装印刷等重点行业和油品储运销、工业园区、企业集群等 VOCs 综合治理。

2020 年 6 月 29 日，生态环境部发行《重污染天气重点行业应急减排措施制定技术指南（2020 年修订版）》，对 39 个重点行业企业开展绩效分级差异化管控，根据生产工艺、污染治理技术、污染物排放限值、无组织排放管理、监测监控水平、环境管理水平、运输方式、运输监管等差异化指标达成情况，将企业按照管理绩效分为 A、B、C 三级。

2021 年，生态环境部持续推进空气质量提升行动。继续推动北方地区冬季清洁取暖、钢铁行业超低排放改造、锅炉与炉窑综合治理，推进水泥、焦化、玻璃、陶瓷等行业深度治理。强化新生产车辆达标排放监管，加速老旧车辆淘汰，加大对机动车和非道路移动机械的执法监管力度。积极推动铁路专用线建设，提高铁路货运比例。加强区域大气污染防治协作。做好北京冬奥会和冬残奥会空气质量保障工作。

（二）水污染防治

2020 年 6 月 3 日，生态环境部发布《关于在疫情防控常态化前提下积极服务落实“六保”任务 坚决打赢打好污染防治攻坚战的意见》，提出要推进城市黑臭水体治理攻坚，补短板和防反弹并重。要推进农业农村污染治理攻坚。指导完成县域农村生活污水治理专项规划编制，有序推进农村生活污水治理，推进农村黑臭水体治理试点。

2020 年 11 月 3 日，生态环境部通过《“十四五”国家地表水监测及评价方案（试行）》以及《电子工业水污染物排放标准》，提出进一步完善监测评价方式，优化监测资源配置，更好支撑精准治污、科学治污、依法治污。要进一步优化地表水监测指标和评价方式，逐步在有条件的流域和地区探索开展新型污染物监测评估工作。要不断加强监测数据质量管理，确保数据“真、准、全”，客观真实反映水环境质量状况。要做好地表水环境质量信息公开工作，自觉接受社会监督，压实地方政府水污染防治责任。

此外，“十四五”规划中提出应持续改善环境质量。推进城镇污水管网全覆盖，基本消除城市黑臭水体。全面实行排污许可制，推进排污权、用能权、用水权、碳排放权市场化交易。

（三）土壤污染防治

2020 年 6 月 3 日，生态环境部发布《关于在疫情防控常态化前提下积极服务落实“六保”任务 坚决打赢打好污染防治攻坚战的意见》，指出要分类强化土壤污染管控和修复，积极配合做好土壤污染防治法执法检查。要分类强化固体废物污染防治，落实《禁止洋垃圾入境推进固体废物进口管理制度改革实施方案》，继续大幅度削减进口固体废物数量，到 2020 年年底基本实现固体废物零进口。深化“无废城市”建设试点。强化“一废一库一品”（危险废物、尾矿库、化学品）环境监管和风险防控。持续推进危险废物规范化环境管理，加快补齐医疗废物、危险废物收集处理设施方面的短板，开展危险废物专项排查整治行动。

2020 年 7 月 17 日，国家发展改革委、生态环境部、工业和信息化部、住房城乡建设部、农业农村部、商务部、文化和旅游部、市场监管总局、供销合作总社九部门联合印发《关于扎实推进塑料污染治理工作的通知》，要求对减塑重点领域落实落细工作措施。包括禁限厚度小于 0.025 mm 的超薄塑料购物袋、厚度小于 0.01 mm 的聚乙烯农用地膜、一次性发泡塑料餐具、一次性塑料棉签等，规范零售餐饮等领域塑料购物袋使用、加大塑料废弃物分类回收和处置等重点工作。

2020 年 9 月 1 日，新修订的《固体废物污染环境防治法》施行。依法推动突出问题解决，落实生活垃圾分类制度，严格危废处理处置，营造良好生活环境。2020 年 9 月 9 日，生态环境部召开全国危险废物环境管理工作会议暨危险废物专项整治三年行动推进会，贯彻落实新修订的《固体废物污染环境防治法》，强化危险废物环境监管，推进危险废物专项整治三年行动及专项执法行动。2020 年 11 月，生态环境部、国家发展改革委、公安部、交通运输部和国家卫生健康委修订发布了《国家危险废物名录（2021 年版）》。

2020 年，全国土壤环境风险得到基本管控。经初步核算，受污染耕地安全利用率达到 90% 左右，污染地块安全利用率达到 93% 以上，土壤污染加重趋势得到初步遏制。全国农用地土壤环境状况总体稳定。

（四）海洋生态保护

国合会 2020 年政策建议提出：强化海洋综合管理，提升海洋生态系统韧性，支持蓝色经济可持续增长。严格管控围填海，加大滨海湿地保护修复力度，重建关键栖息地。划定海洋生态保护红线区域和海洋保护区，助力海洋生物多样性保护和渔业发展。加强科学研究和监测，强化执法，推进海洋生态系统保护恢复和海洋经济高质量发展，更好地发挥部际协调机制和国家级海洋咨询机构作用，制定基于生态系统的海洋综合管理政策。建立绿色渔船和绿色渔港，发展绿色海水养殖，建立海洋水产品溯源制度，推动绿色航运。

2020 年 7 月 30 日，生态环境部召开全国海洋生态环境保护“十四五”规划编制工作推进会。会议指出要突出抓好“美丽海湾”建设，扎实推动沿海各地市海湾水质改善和生态保护修复。要细致谋划目标指标体系，注重生态要素，有效衔接“十三五”重要指标，形成合理指标体系。

2020 年 9 月 17 日，生态环境部召开 2020 年前三季度渤海综合治理攻坚战视频调度会。会议要求，巩固提升海域环境质量，紧盯近岸海域优良水质比例和入海河流国控断面水质等关键指标，采取有力措施，推动近岸海域水质稳定改善。加快推进生态修复任务，将生态修复与统筹谋划“美丽海湾”保护和建设结合起来。

2020 年，中国管辖海域海水水质保持平稳向好，夏季符合一类标准的海域面积占 96.8%。全国近岸海域优良（一、二类）水质面积比例为 77.4%，同比上升 0.8 个百分点；劣四类水质面积比例为 9.4%，同比下降 2.3 个百分点。其中，渤海近岸海域优良水质面积比例同比上升 4.4 个百分点，劣四类水质面积比例同比下降 3.6 个百分点。

六、治理与法治

（一）新法颁布和推行

2020 年 12 月，第十三届全国人大常委会第二十四次会议表决通过《中华人民共和国长江保护法》，并于 2021 年 3 月 1 日起施行。作为第一部流域专门法律，《中华人民共和国长江保护法》对于加强长江流域生态环境保护和修复，促进资源合理高效利用，保障生态安全，实现人与自然和谐共生，以及中华民族永续发展具有重大意义。关于推动长江的立法保护，国合会早在 2004 年就提出加快制定《长江水资源与水环境保护管理条例》的政策建议，国合会 2018 年政策建议提出要制定《中华人民共和国长江保护法》。

2021 年 1 月 22 日，第十三届全国人大常委会第二十五次会议通过了对《中华人民共和国行政处罚法》的修订，自 2021 年 7 月 15 日起施行。新修订的《中华人民共和国行政处罚法》规定了推行综合行政执法的领域包括城市管理、市场监管、生态环境、文化市场、交通运输、应急管理、农业等，将生态环境保护纳入综合行政执法领域。据此，生态环境领域综合行政执法有了明确的法律依据。新法生效后，生态环境保护综合行政执法队伍可以依法相对集中行使行政处罚权。

2020 年 5 月 28 日，十三届全国人大三次会议表决通过了《中华人民共和国民法典》。其规定了生态环境损害的惩罚性赔偿制度，并明确了生态环境损害的修复和赔偿规则，有助于推动生态环境法治走向完善。

2021 年 1 月 24 日，国务院公布《排污许可管理条例》，自 2021 年 3 月 1 日起施行。

其加强了排污许可管理，规范了企业事业单位和其他生产经营者的排污行为，有助于控制污染物排放，保护和改善生态环境。

（二）推进“放管服”

2021 年 1 月 7 日，生态环境部印发《关于优化生态环境保护执法方式提高执法效能的指导意见》，要求各地生态环境部门不断严格执法责任、优化执法方式、完善执法机制、规范执法行为，全面提高生态环境执法效能。其指导意见中体现的差异化、智能化、规范化监管以及加强执法帮扶等思路，将有利于得到企业行业支持，促进全社会形成良好的执法氛围。

2021 年 6 月，生态环境部印发《关于进一步加强生态环境“双随机、一公开”监管工作的指导意见》，做好与监督执法正面清单、信用监管、排污许可管理、重污染天气应对、联合检查等制度机制的统筹衔接。做好上下级生态环境部门以及其他部门间监管执法工作衔接，实现在随机抽查计划期间内信息互通互联，检查结果互认，避免多头监管、重复监管。

（三）生态环保督察常态化

做好生态保护监管工作是生态文明建设的重要内容，是打好污染防治攻坚战的重要任务，是落实生态环境监管体制改革的重要举措。

根据党中央、国务院的决策部署，利用 2019 年、2020 年、2021 年三年的时间对被督察对象开展新一轮督察；再利用 2022 年一年的时间，对一些地方和部门开展“回头看”，2022 年实现对所有省份第二轮督察全覆盖。按照这一时间安排，第二轮第二批中央生态环境保护督察在 2020 年 8 月全面启动，对北京、天津、浙江 3 个省（市），中国铝业集团有限公司、中国建材集团有限公司 2 家中央企业开展督察进驻工作，并对国家能源局、国家林业和草原局 2 个部门开展督察试点。

2021 年 1 月 29 日，中央第五生态环境保护督察组对北京、天津、浙江 3 个省（市）及中国建材集团的督察反馈，均指出了存在问题和整改建议。2021 年 1 月 29 日，中央第六生态环境保护督察组向国家能源局进行反馈。督察组指出，国家能源局生态环境保护没有摆上应有高度，政策体系体现生态环境保护要求不够。《大气污染防治行动计划》《打赢蓝天保卫战三年行动计划》等措施要求落实不到位。督察要求，国家能源局要建立健全绿色发展的能源政策体系，落实管行业必须管环保的责任；持续推进北方地区清洁取暖，加快能源结构调整，高质量发展可再生能源，优化煤电开发产业布局和结构，指导督促解决行业存在的普遍性生态环境问题。

2021 年 4 月，第二轮第三批中央生态环保督察全面启动，8 个督察组分别对山西、辽宁、安徽、江西、河南、湖南、广西、云南 8 个省（区）开展督察。4 月 16 日，生态环境部发布通报称，现场督察查实了一批突出生态环境问题。截至 5 月 9 日，各督察组受理转办的 29 133 件群众举报（未计重复举报），已办结 12 732 件，阶段办结 6 393 件；立案处罚 2 575 家，罚款 19 128.21 万元；立案侦查 160 件，拘留 95 人；约谈党政领导干部 1 708 人，问责 844 人。

需要特别指出的是，遏制高耗能高排放项目已纳入中央环保督察范围。中央第一生态环保督察组进驻山西省督察时发现，晋中市介休、平遥、灵石等县（市）不顾水资源禀赋和环境承载能力，盲目上马一批高耗水、高耗能、高污染的焦化项目，带来严重生态环境问题。

（四）生态环境治理效能提高

加快推进生态环境治理体系和治理能力现代化。要着力建立、完善与新发展格局相适应的生态环境保护制度体系，在生态文明体制改革顶层设计总体完成的基础上，充分有效发挥改革措施的系统性、整体性、协同性，有效激发相关责任主体内生动力。国合会 2019 年建议提出：加强信息披露和公众参与。为调动个人和非政府组织的参与积极性，应全面实施环境信息公开与公众参与制度。

2020 年 4 月 22 日，生态环境部印发《关于实施生态环境违法行为举报奖励制度的指导意见》。通过实施举报奖励制度，鼓励公众参与生态环境保护，是构建政府为主导、企业为主体、社会组织和公众共同参与的生态环境保护社会共治大格局的重要举措。

2021 年 5 月 24 日，中央全面深化改革委员会第十七次会议审议通过了《环境信息依法披露制度改革方案》。其全面强化了企业披露责任、落实企业披露义务，切实保障公众知情权。同时，聚焦重点主体、重点信息，通过强化部门协作、引导公众监督切实提高依法监督和社会监督效能，保障环境信息及时、真实、准确、完整。

2021 年 6 月 3 日，生态环境部和中央文明办联合印发《关于推动生态环境志愿服务发展的指导意见》。该意见是国内首份专门针对生态环境志愿服务工作的全国性行动纲领文件，从指导思想、基本原则、丰富内容形式、加强队伍建设、完善服务管理和强化保障措施六个方面为推动生态环境志愿服务发展工作提供了指引。2021 年 6 月 30 日，生态环境部印发《关于加强生态环境保护综合行政执法队伍建设的实施意见》，严格实施执法人员持证上岗和资格管理制度，建立考核奖惩制度，积极落实执法案卷评查和评议考核制度，建立责任追究和尽职免责制度，建立和实行领导干部违法违规干预执法活动、插手具体生态环境保护案件查处责任追究制度 5 项制度，实行完善纠错问责机制等 3 项机制。

七、区域和国际参与

（一）绿色“一带一路”新进展

国合会政策建议 2020 年提出，继续参与多边环境与发展进程，促进绿色“一带一路”建设和全球绿色供应链发展，加强绿色国际合作，推动实现全球绿色繁荣，共建地球生命共同体。因此，必须要充分发挥“一带一路”绿色发展国际联盟和“一带一路”可持续城市联盟等平台作用，推动建设绿色、环保及可再生能源示范项目，支持清洁、高效能源基础设施项目，加强“一带一路”国家绿色转型案例研究和经验推广，抓住疫后经济复苏的战略机遇，推动绿色发展。

2020 年以来，面对复杂的国际形势特别是新冠肺炎疫情的冲击，中国同有关国家守望相助、共克时艰，推动共建“一带一路”取得了新进展、新成效。

2021 年 3 月 15 日，中央财经委员会第九次会议时指出，“十四五”是碳达峰的关键期、窗口期，要加强应对气候变化国际合作，推进国际规则标准制定，建设绿色丝绸之路。2021 年 4 月 20 日，国家主席习近平在博鳌亚洲论坛 2021 年年会开幕式视频主旨演讲中，提出要完善“一带一路”绿色发展国际联盟、“一带一路”绿色投资原则等多边合作平台，建设更紧密的绿色发展伙伴关系。

2021 年 6 月 23 日，“一带一路”亚太区域国际合作高级别视频会议在北京举行。会议发布了 29 国共同发起的“一带一路”疫苗合作伙伴关系倡议和绿色发展伙伴关系倡议，强调人类只有一个地球，保护生态环境是各国的共同责任。各国需要齐心协力，共同促进绿色、低碳、可持续发展。各国应采取气候行动以应对气候变化。开展国际合作以实现绿色和可持续经济复苏，促进疫情后的低碳、有韧性和包容性经济增长。支持建设绿色丝绸之路，加强在绿色基建、绿色能源、绿色金融等领域合作，促进绿色、低碳、可持续发展。

2021 年 7 月 16 日，商务部、生态环境部发布关于印发《对外投资合作绿色发展工作指引》的通知。该指引指出今后中国发展的重点工作包括支持太阳能、风能、核能、生物质能等清洁能源领域对外投资，参与全球能源生产和消费革命，构建清洁低碳、安全高效的能源体系。秉持人类命运共同体理念，提出中国绿色主张、绿色立场。建设中国企业绿色投资、绿色基础设施案例库，编制中国企业对外投资绿色发展指数，发布中国企业对外投资绿色发展报告。

（二）引领气候变化国际合作

2020 年是气候变化《巴黎协定》正式实施前的最后一年，也是根据公约授权各国提交更新自主国家贡献目标的关键之年。然而，突如其来的新冠肺炎疫情使得原定的联合国气候大会被迫延迟。2020 年 9 月，在全球气候治理进程可能出现倒退的关键时刻，中国提出新的减排目标：二氧化碳排放力争于 2030 年前达到峰值，努力争取 2060 年前实现碳中和。中国“30·60”目标提出，为国际社会应对气候变化树立了信心，推动国际气候合作出现新高潮。

2021 年 4 月 22 日，国家主席习近平在领导人气候峰会上，基于中国建设生态文明和应对气候变化实践，提出了“坚持人与自然和谐共生、坚持绿色发展、坚持系统治理、坚持以人为本、坚持多边主义、坚持共同但有区别的责任原则”的中国方案，为中国参与国际气候治理明确了方向。

2021 年 6 月 17 日，中国常驻联合国代表团向联合国秘书长交存了中国政府接受《〈关于消耗臭氧层物质的蒙特利尔议定书〉基加利修正案》的接受书。该修正案将于 2021 年 9 月 15 日对中国生效（暂不适用于中国香港特别行政区）。《基加利修正案》通过后，《蒙特利尔议定书》开启了协同应对臭氧层耗损和气候变化的历史新篇章。作为最大的发展中国家，虽然面临很多困难，但中国决定接受《基加利修正案》，并将为全球臭氧层保护和应对气候变化做出新贡献。

中国主动承担国际责任，为全球应对气候变化、推进绿色复苏注入新动力。国际社会越来越清楚认识到，中国不仅为达成《巴黎协定》发挥了关键作用，而且在落实《巴黎协定》方面也发挥了引领作用。

（三）助力全球海洋治理

国合会政策建议 2020 年指出，强化海洋综合管理，提升海洋生态系统韧性，支持蓝色经济可持续增长。

中国政府积极参与应对海洋垃圾和塑料污染的国际进程，参与了联合国环境署区域海洋行动计划，认真遵守《控制危险废物越境转移及其处置巴塞尔公约》，积极推动出台《东亚峰会领导人关于应对海洋塑料垃圾的声明》《G20 海洋垃圾行动计划的实施框架》等文件，共同推进全球海洋垃圾和塑料污染防治。同时，中国也积极推动双边合作，比如中日、中加、中美都建立海洋垃圾防治方面的合作机制。

2020 年 10 月 11 日，海洋保护领域首份《中国海洋保护行业报告》（2020）发布。截至 2019 年年底，中国已建立 271 个海洋保护区。中国海洋生态环境保护专门领域的第一个全国性五年规划——《全国海洋生态环境保护“十四五”规划》即将完成编制，这表明中国将以更大的决心和更高的战略定位进一步统筹海洋保护相关事务。

2021 年 6 月 23 日，《联合国海洋法公约》（以下简称《公约》）第三十一次缔约国会议召开。多年来，中国积极参与《公约》三大机构工作，支持发展中国家加强能力建设，坚决维护《公约》的完整性和严肃性，为推动构建现代海洋秩序发挥了积极作用。

中国一直积极履行保护海洋承诺，参与海洋保护国际合作，提出海洋命运共同体理念。中国已同葡萄牙、欧盟、塞舌尔等建立蓝色伙伴关系，共同推动全球海洋治理体系不断完善。中国还在“21 世纪海上丝绸之路”沿线国家推广应用自主海洋环境安全保障技术，在海洋观测和监测、海洋环境预报、海洋生态保护等方面提供中国技术和中国方案。

八、结语

过去一年多来，国合会继续在推动中国环境与发展事业中发挥高端智库作用，提出了很多系统性、前瞻性的政策建议，充分反映了国合会中外委员、特邀顾问、中外专家对国内外形势的高超预判能力以及对国际环境与发展规律的洞悉。国合会政策建议继续得到了中国政府的高度重视，在政策实践和探索中得到了不同程度的体现。比如，国合会 2020 年政策建议提出的“保持生态文明建设”的战略定力，将“十四五”规划绿色发展目标与联合国 2030 年可持续发展议程，尤其是“气候变化减缓和适应行动相互衔接”，在中国“十四五”规划和 2035 年远景目标中有充分体现。又如，国合会提出的“将应对气候变化纳入中央生态环境保护督察工作体系。加强地方应对气候变化机构、队伍和能力建设，充分利用现有生态环境保护督察制度优势，切实推进落实应对气候变化工作部署”，都充分展现了国合会建议的前瞻性。

回顾过去五年，中国在生态环境保护和经济社会发展方面取得举世瞩目的重大成就，蓝天碧水绿地成为不少城市和地区的新常态，美丽中国建设迈出坚实步伐。中国仅用了不到十年的时间，基本上实现了工业化国家三十多年甚至更长时间的绿色清洁转型。中国环境与发展的转变不仅加快了中国自身可持续发展的进程，也大大加快了世界可持续发展进程。

未来的世界尽管由于疫情冲击、国际政治局势紧张而面临诸多不确定性，但开放合作、和衷共济、构建人类命运共同体已成为历史发展的必然趋势。全球气候变化问题、海洋治理问题、生物多样性保护问题等都需要国际社会共同合作应对挑战。展望“十四五”规划和 2035 年远景目标，中国将继续以更加开放的姿态与国际社会开展合作。

2021 年是中国“十四五”规划的开局之年。这一年国合会聚焦于国家各项规划纲要及远景目标，提供了很多积极有效的建议。未来国合会在政策研究中将更加精准地把握新时代的定位，把握国内外环境与发展趋势，聚焦研究成果的“创新性”“前瞻性”，针对国内外关注的绿色可持续发展、气候治理、低碳转型等议题提出更加具有战略性的政策建议。

附录 5　2020—2021 年专题政策研究性别主流化报告

国合会秘书处[1]

一、内容摘要

2018 年，中国环境与发展国际合作委员会（简称“国合会”）将性别平等确定为跨领域主题和研究重点。为支持将性别纳入 2020—2021 年专题政策研究，国合会秘书处国际支持办公室编写了本报告。

本报告有两大目的：第一，根据专题政策研究的最终研究报告，提炼总结国合会 2020—2021 年研究工作中有关性别问题的研究结果和建议；第二，为下阶段研究工作如何重点考虑性别议题提供建议。

国合会近期研究主要有三方面的发现：①性别平等问题十分重要，不容忽视。如果要促进可持续发展目标的实现，性别平等可谓“推进可持续性的加速器”。②必须将性别平等意识和行动纳入主要环境政策、战略和方案。③妇女既是利益相关方（加入妇女商业协会或社区团体或参与协商），也是变革推动者（承担了社会网络领导者、把关者、传播者、理智的消费者或企业家等多重角色），在多个领域发挥着重要作用。虽然人们十分认同性别平等的重要性，也必须实现，但如何实现仍然面临重大挑战。

二、性别平等和国际框架

针对性别平等和可持续发展，中国对国内外的承诺包括：

- 《消除对妇女一切形式歧视公约》（CEDAW，1979）
- 联合国环境与发展大会《21 世纪议程》（UNCED，1992）
- 联合国世界妇女大会《北京宣言和行动纲要》（北京，1995）
- 联合国千年发展目标 （MDGs）
- 联合国 2030 年可持续发展议程和可持续发展目标
- 《中国妇女发展纲要（2011—2020 年）》

《联合国气候变化框架公约》（以下简称《公约》）（UNFCCC）缔约方也认识到男女平等参与《公约》进程以及制定实施促进性别平等的国家气候政策的重要性，为此在《公约》下设立了专门的议程项目，处理性别和气候变化问题，并将总体案文

1 由 WPS 集团、Kristine St-Pierre 和 Jennifer Savidge 起草，于 2021 年 9 月 2 日定稿交付。

纳入《巴黎协定》。同时，也有呼吁让女性团体、国家妇女及性别机构参与制定和更新气候相关政策、计划、战略和行动。

可持续发展目标 5 是一个独立目标，旨在实现性别平等，赋能妇女和女童。其中包括帮助妇女获取自然资源和有用技术，以及提高妇女在环境决策中的参与度。此外，可持续发展目标 5.5 旨在号召确保妇女充分有效地参与政治、经济和公共生活的各级决策，并有平等的机会入选各级领导层；可持续发展目标 5，旨在呼吁开展改革，让妇女依法享有平等获得经济资源、拥有或支配土地及其他财产、金融服务、继承权和自然资源的权利。该可持续发展目标还致力于消除社会、政治和经济生活中所有领域、所有形式的性别歧视，破除性别相关的陈规陋习。

可持续发展目标 5 也是一个跨领域重点，它不仅与气候变化、健康、能源、海洋和生态系统管理等目标相关，还能加快目标的实现。例如，与气候行动相关的可持续发展目标 13 就特别强调妇女更多参与气候变化相关规划的重要性。此外，妥善处理性别问题对于实现健康与环境（可持续发展目标 3）、能源（可持续发展目标 7）、减灾（可持续发展目标 11），以及生态系统和森林（可持续发展目标 15）等目标具有重要意义。中国在实现其他可持续发展目标中取得进展，而性别平等作为交叉重点议题贯穿这些目标，为两性从中更平等地获益提供多重机会。毕竟如果没有女性半边天的参与和支持，可持续发展目标就难以实现。

三、国合会 2021 年专题政策的研究性别平等相关工作：主要发现

本节根据性别平等指南要求，介绍每项专题政策研究领域内关于性别平等重要性的主要发现，同时还识别出环境政策制定和治理中进一步促进性别平等的机会。

（一）生物多样性

目前，全球都在推动将性别视角纳入生物多样性框架。《生物多样性公约》下的 2015—2020 年性别问题行动计划即为例证，亦说明其重要性。由于性别规范，女性和男性在利用和管理自然资源方面通常扮演着不同的角色。为应对生物多样性丧失，确保公平获取有限的生存资源，了解不同性别的角色定位至关重要，在发展中国家尤其如此。尽管基于性别的差异化责任分工因地区而异，但在世界多地，妇女仍然是主要的守护者和自然资源管理者，负责取水拾柴、垃圾清理、中草药健康护理等活动。生物多样性丧失会直接影响妇女的活动，同时她们的健康、安全和教育也会受到波及，进一步影响妇女享有平等权利及参与决策制定。因此，利益相关方有关生物多样性保护的协商，女性都应参与其中，同时设计和监测生态保护措施中应使用性别分组的

数据，在规划和实施过程中应考虑风险、成本和收益的性别差异。

2021 年的专题政策报告《2020 后全球生物多样性保护》有效整合了与 2020 年后生物多样性保护相关的重要性别平等概念和背景。首先，在执行摘要和背景中提出了性别平等对生物多样性保护的重要性，并在报告第 7.4 节“性别差距”中加以详述。该报告的性别部分全面概述了性别与生物多样性，2020 年后生物多样性保护相关举措，以及在该领域做出的主要承诺和建议。该报告明确了关于性别问题的讨论对 CBD COP15 的重要性，也在建议 4 中包含性别平等。

此外，与专题政策研究相关的《性别、生物多样性和生态系统》工作报告准确概述了性别和生物多样性及相关倡议。该工作报告与上述专题政策研究一道，系统性提供了关于性别和生物多样性的深度参考信息。

未来的研究领域可以涵盖对生物多样性保护措施的性别视角分析，证实按性别分类收集和分析数据的重要性，了解不同性别角色如何与生态系统进行互动。进一步研究可以突出新冠肺炎疫情对妇女和女童造成的巨大影响，妇女在生物多样性方面的关键作用，以及将女性意见和领导力纳入疫后复苏进程的必要性。

（二）全球气候治理

气候变化和性别平等的关系讨论早已存在。有大量的研究着眼于评估气候变化对社区的影响，尤其是对女性的影响。研究发现，改善性别平等能够提高环境政策的效率和有效性，促进经济增长和可持续性，还能保障男女两性的基本人权。气候变化的影响及其相关的安全风险都与性别密切相关，这影响着不同背景的男性和女性如何应对加剧的风险。越来越多的文献表明，气候变化和相关灾害的影响加剧了性别差异，女性往往比男性更容易受到气候变化的不利影响。事实上，如果不考虑性别因素，政策或举措可能会无意中加剧现有的性别不平等，或阻碍应对气候变化和环境退化的努力。

尽管有上述研究发现，但对性别特别是妇女在气候治理中作用的研究仍然缺乏。更确切地说，是在温室气体管理与减排以及气候融资、绿色技术和绿色复苏等相关领域的研究有限。实地调查也表明，气候变化的影响会导致社会经济领域发生重大转变。其中，决定经济活动、社会关系和领导层的传统性别规范也会发生转变。如果应对得当，社会规范的转变可以为妇女实现经济赋能、参与决策制定、预防冲突与缔造和平创造切入点。

2021 年专题政策报告《全球气候治理与中国贡献》有效地整合了性别因素。该报告认为性别平等与可持续发展相关，并指出性别平等对应对全球气候变化至关重要。报告认为性别平等是个重要的跨领域问题，“应该被纳入所有气候变化政策、战略和方案的重点考虑范围”。为此，该报告中的一个章节专门分析性别，其中作者就三个特定工作领域进行分析：①跨领域的性别和气候问题；②妇女在碳中和就业市场的参与；③妇女的安全和交通。该章节通过从性别角度开展数据分析为气候治理分析做出了重要贡献，并就如何保障两性在绿色和低碳发展中公平享有机会和成果，给出具体建议。

未来其他研究领域可包括：从性别层面研究碳定价、可再生能源发展政策和绿色金融等不同政策，进一步研究基础设施建设的发展和商品贸易的扩大如何对女性和男性产生不同的影响，以及女性如何受到更大影响，特别是其中已被边缘化的女性弱势群体；提高女性和妇女组织在气候变化治理中的参与度和参与质量；通过支持不同群体（包括社区和妇女组织）的能力建设，提高女性气候风险意识以及适应和减缓气候变化的能力。

（三）全球海洋治理

性别平等对于有效保护海洋、促进海洋和海洋资源可持续管理以及实现可持续发展目标至关重要。然而，关于这些问题的数据和研究仍然很少，这也为专题政策研究提供了很多研究机会。妇女为海洋治理研究、管理和政策所作的贡献经常遭到忽视或低估。例如：

- 根据联合国教科文组织的数据，如今世界海洋科学研究人员中女性占比只有38%，这个占比在发展中国家甚至更低；
- 海运业几乎完全由男性掌控。2016 年，前 100 家海鲜公司中只有一家由女性经营；
- 尽管全球、地区和国家等各个层面都采取了许多举措，增加女性进入科学、技术、工程和数学（STEM）以及蓝色经济等新兴领域的机会，但最不发达国家、内陆发展中国家和小岛屿发展中国家的女性在这些领域的参与度仍然很低。因此，必须进一步努力鼓励她们投身其中。

2021 年专题政策报告《全球海洋治理与生态文明》强调了“海洋活动与管理中性别视角”的重要性，并提及了女性为实现蓝色经济的绿色发展所做出的贡献，包括研究如何加强女性参与决策。另外，还有两份专题工作组报告，旨在研究中国的可持续渔业政策和海洋污染。这些领域为将性别视角纳入可持续渔业和海洋污染等有关问题提供了重要机会。切入点包括如下内容。

- 从性别维度对营养循环中断进行研究。
- 从性别角度评估汞的影响。评估还应包括：①性别分组的数据对于了解汞污染对不同人群影响的重要性；②重点研究汞污染对妇女和儿童的影响。

- 采取多利益相关方的方法，确保妇女和弱势群体参与政策制定和决策过程。
- 加强对化学品暴露、人体健康与环境效应，风险及影响的性别差异之间关系的认知。
- 支持女性更好地获取、使用和管理渔业资源等海洋资源。
- 加强女性在海洋治理决策过程中的参与和作用，让女性成为各级变革的推动者。
- 通过加强对女性和男性在资源可持续管理和利用中不同角色的认识，使女性成为具体受益群体。
- 提升妇女技能和能力，支持包括社区和妇女组织在内的不同群体的能力建设。

（四）全球绿色价值链

全球价值链，包括全球绿色价值链，会对男性和女性产生不同的影响，因为两性扮演的角色各不相同，消费者、生产者或工作人员。然而，价值链对两性的差异化影响，往往对女性不利。作为工作人员和生产者而言，全球价值链对女性的影响不同于男性，主要区别如下：

- 女性在低附加值领域就业机会较多，而男性在高附加值领域就业机会较多；
- 长期实施性别分工，妇女只能从事低工资、低技能、保护有限的工作，无法担任决策和领导职务；
- 与男性相比，女性生产者获取技术培训、信贷、土地或技能等资源的渠道越来越少，难以达到出口市场的标准。

为了支持全球绿色价值链发展，促进循环经济，在建立体系、提出倡议时必须关注女性和男性在全球绿色价值链中发挥的不同作用；实施政策方案时，必须将性别视角纳入考虑范围，考虑女性和男性各自的观点、需求和能力。这点非常重要，能够确保“不伤害”方针，在全球绿色价值链内促进性别平等和可持续发展。同样重要的是要建立相关机制，支持全球绿色价值链利用女性的能力促进绿色消费和生产，因为有证据表明，女性更有兴趣和意愿在其实践中优先考虑环境和可持续性因素。

通过开展价值链的性别敏感性分析，或对与全球绿色价值链相关环节进行性别分析，可以了解全球绿色价值链中女性和男性的角色、需求和能力。这些分析结果也有助于制定性别相应的立法、政策和实践，助推全球绿色价值链。这将促进而非阻碍性别平等，亦可赋能妇女和女童，支撑绿色发展。

未来的专题政策研究可通过对价值链的性别敏感性分析，探讨合法性和可追溯性制度对女性和男性的不同影响，研究女性和男性在全球价值链中的独特作用，这些作用与可追溯性制度有何关联，以及政策制定如何考虑性别因素，从而降低风险并促进利益公平。也可利用案例分析，展示全球价值链中的性别考虑，例如女性都集中在服装行业，以及如何在全球绿色价值链中减缓与性别相关的挑战。鉴于女性消费者和生产者更加关注有环境影响的行为，研究还可以探讨她们对循环经济的影响潜力。

（五）绿色“一带一路”

包括绿色“一带一路”在内的基础设施项目对女性和男性的影响有所不同。虽然这类项目好处颇多，但也可能产生负面的社会和经济影响，如丧失生计和土地或让人们流离失所。由于刻板的性别角色，在获取资源、参与决策和享有权利方面存在性别不平等，妇女受到此类项目的影响往往格外明显。

通过将性别视角纳入相关政策制定和实施，绿色“一带一路”投资的环境和社会框架，包括风险评估和环境管理，都会变得更加有效公平。性别主流化能够使采取的措施考虑女性和男性不同需求和能力及受到的影响，并尽力减少此影响。这个过程的关键之处是将妇女和女童、妇女组织或其他代表女性利益的组织等作为利益相关方共同协商。此过程有助于确保女性和男性受到的影响不致差距过大，让他们从该倡议中平等受益、共同贡献。如若不然，则可能加剧性别不平等，致使包括妇女在内的最弱势群体受到更大冲击，也丧失了用其所长的机会。

对性别敏感的影响评估，包括侧重环境影响的评估，可以有效减少经济发展带来的不良社会影响，还要求确保以跨部门的性别视角来评估项目的环境影响。这种视角可以根据性别角色及其不同的需求、能力和观点，评估对来自不同背景的女性和男性的影响差异。性别影响评估可以独立完成，也可以是环境或社会影响评估的一部分。

近年来，多边机构和国际投资银行通过建立环境和社会框架与政策，加强了对投资项目的环境和社会风险及影响的管理。这些框架指导将环境和社会因素纳入投资项目的所有阶段。性别平等和包容越来越多地融入环境和社会政策与实践中，也融入利益相关方的磋商中，以确保项目具有性别敏感性、性别责任性和包容性。改进措施可以发挥来自不同背景的女性和男性的独特能力和见识，争取两性的充分参与。

同样，由于女性和男性在社区中的性别角色和期望不同，在资源开发与利用行业的投资项目上，她们受到的影响也有所不同。妇女往往最先受到环境负面影响。因此，这些领域的投资项目必须建立机制，识别、应对和减轻对女性和男性的差异化影响。

2021 年专题政策报告《绿色“一带一路”和 2030 年可持续发展议程》初稿中包含一节题为“透明度增强：关于性别和种族的特殊考虑”的内容。本节很好地概述了涉及绿色“一带一路”和新兴开发金融机构（DFI）考虑的性别问题，特别是总结出了一些与社区协商方面的重要经验。

未来的研究可以分析将性别视角纳入“一带一路”生态环境管理取得的进展，无论是单独考量，还是将性别视角纳入环境或社会管理机制，或提出标准化体系，切实将性别因素纳入绿色“一带一路”项目的环境管理准则。此外，亦可从案例研究入手，关注性别和环境影响的相互关联，展示能协同评估和管理基础设施项目性别影响的标准和工具，将其应用于“一带一路”的绿色发展。

（六）绿色金融

纳入性别因素和促进性别平等对于绿色金融的发展非常重要。受性别规范影响，女性和男性在使用和管理自然资源方面角色有所不同，受到环保措施的影响也不同。尽管生物多样性对女性的生活很重要，但由于歧视性的性别规范，女性往往无法参与决策和能力建设，而这些决策和能力建设是保护生物多样性举措的基础。了解女性和男性的不同角色、需求和能力，并将其纳入绿色金融倡议的设计、实施和监测中，对于应对生物多样性丧失非常重要。

通过纳入促进性别平等的目标，可以强化融入“自然向好”原则的金融工具。还可以从创新型金融工具中吸取经验和方法，如性别视角的投资和混合融资工具。这些工具考虑性别和气候的相互关联，在这两个领域都要承担相应责任。这是在具有环境和社会意识的投资者促进性别平等和生物多样性保护的重要模式。确保女性获得生物多样性农业补贴不仅利于助推保护成效，还可以通过为女性增加生计来源促进性别平等，消除为妇女经济赋能的一大障碍。

2021 年专题政策报告《促进生态保护和生物多样性融资》明确涵盖性别视角。该报告指出人们已经认识到生物多样性、性别角色和性别平等之间的联系，并提出注意纳入性别视角与追求“自然向好”原则的互补性。重点关注女性和绿色金融之间关系的章节包括：第 3 章鼓励机构投资者在发展生态保护型金融时关注女性权利，第 5 章关注对农村女性的支持。这种性别视角的融入进一步体现在性别视角的政策建议内容，如关注农村女性；融入性别因素的政策建议内容，如在自然保护基金中考虑性别因素。

未来还可以进一步探究如何在性别分析的基础上，让生物多样性农业补贴融入性别因素，确保人人都能公平获取补贴，并从中获益，支持妇女在保护生物多样性的同时增加生计来源。此外，在债务转换类的生物多样性保护机制中，性别主流化的重要性也值得研究。这些研究有助于厘清女性经常遇到的结构性与社会文化性的性别障碍，正是这些障碍影响她们享有权利、参与决策以及获取和调配资源。此外，绿色金融机制的案例研究或性别分析也是有价值的研究课题。

（七）绿色技术

可持续绿色能源转型为消除社会中的性别不平等和歧视，提升社区和城市包容性和公平性，提供了契机。创新和技术行业为女性以及其他弱势群体提供了前所未有的机会。这一点很重要，因为在越来越多与气候有关的灾害中，女性仍然首当其冲，但她们却几乎没有任何改变现状的能力。因此，认识到女性在水资源、能源、交通、建筑、土地和粮食等社会生产和再生产领域的重要作用，对考虑其需求和观点，并让其作为独立的利益相关方和创新者参与绿色发展至关重要。创造一个促进性别平等的环境并发挥女性潜力，是中国城市和社区发展面临的两大首要目标。

促进性别平等需要进行性别分析，以确定男性和女性在该领域的作用、女性参与其中所受到的限制和面临的机会，以及获取资源和参与决策的渠道和相关收益。还可研究女性和男性如何为绿色技术的开发和实施做出贡献。更重要的是我们要意识到，女性创新人员在绿色技术领域仍不具有代表性：如今，科技领域领导职位的女性只占1%，这意味着她们在科技和创新领域仍然没有得到应有的地位。联合国妇女署最近的一项研究还表明，在创新和技术领域，以下障碍使性别差距长期存在：对满足女性需求的创新成果缺乏足够的市场意识和投资、创新忽视性别要素，以及女性创新人员和企业家不具备代表性。

提升绿色转型多样化和包容性的必要性愈加显著，政府可以利用可持续能源转型来消除社会中的系统性性别歧视。在此过程中，要特别注意发现在绿色技术和绿色产品研发政策中融入性别视角的最佳实践。此外，还应总结全球各城市和社区性别敏感型绿色技术国际经验。若能取得成功，则意味着女性与男性为绿色转型做出同等贡献。

2021 年专题政策报告《重大绿色技术创新及实现机制》中的有一章专门探讨了性别因素。这一章题为“性别与人群视角：分享和共同参与”，其中包括关于女性如何在社区绿色发展中发挥作用，以及基于老人和儿童需求进行社区改造。专门探讨女性的内容极为重要，因为它不仅强调了女性在绿色生活方式中发挥的作用，还强调了女性参与其中和加入领导层的必要性，通过技术驱动的绿色转型以及鼓励更多女性的参与，“提高政府应对气候变化的能力”，“助力消除性别差距和歧视，促进包容和平等”。

未来的研究可以考虑进一步支持女性获取、使用和掌握绿色技术和创新。例如，可提高她们在绿色技术各级决策过程中的参与度。还可通过进一步提高人们对女性和男性在可持续管理和绿色技术使用方面的作用的认识，将女性作为特定的受益群体。另外，未来的研究亦可通过支持不同群体（包括社区和妇女组织）的能力建设，关注女性技能和能力的提升。

（八）绿色转型 / 消费

绿色转型，包括绿色消费和生产，为解决系统性性别不平等提供了可能，并使社会能从更多样化的劳动力中获益。绿色转型和可持续社会治理政策会对性别问题产生诸多影响。

绿色或可持续消费的职责通常由女性承担，这与以下因素相关：女性在社会繁育环节的角色，包括育儿；女性养育子女且成为主要消费者的固有观念；女性特质与自然之间的联系。一些消费领域受性别因素影响较大，针对发展中国家的研究发现，女性和男性的消费偏好有很大差异。此外，有国际研究表明，无论是在城市还是农村，女性都是消费的关键决策者和推动者（在一些欧洲国家，85% 的消费决定都由女性做出）。

2021 年专题政策报告《绿色转型与可持续社会治理》明确指出，鉴于女性和男性不同的生产和消费模式，以及这种生产和消费的不同影响，可持续性发展中考虑性别因素十分重要。该报告还包括性别相关章节，概述了德国、瑞典和日本如何将性别平等融入可持续社会发展实践。最后，报告还为促进产品开发和使用等方面的性别平等提供了具体建议。

未来研究应包括基于绿色生产和消费的性别分类数据开展性别分析，突出中国重点地区以及城乡差异。其他方面的研究可以分析影响妇女参与绿色增长的因素，探讨在消费模式和消费优先级方面的性别差异，以及如何获取绿色生活方式、妇女组织的作用以及绿色产业中女性企业的作用等方面的信息。

在研究相关国际经验时，建议总结在绿色转型研究的每个细分领域中，促进性别平等和为女性赋能的相关政策经验和良好实践。例如，钢铁、建材和汽车等相关行业的国家和地方政策与实践需要更明确地考虑性别问题以及女性角色、需求和能力。对于汽车行业来说，考虑女性在供应链中的位置十分重要，同时还应确保女性企业领导能参与生态设计工具的开发。

四、国合会下一步研究建议

为了进一步将性别问题纳入专题政策研究领域，我们建议在当前研究中加入以下因素：

- 每项专题政策研究开展专门的性别分析。这项工作应在确定研究议题的早期进行，并先于详细研究大纲的制定，这有助于确定该专题从哪些方面、以何种方式考虑性别问题。在规划阶段就纳入性别视角比在后期引入更加容易、也更为有效，也有助于为研究奠定基础。

- 基于专题政策研究的性别分析，有针对性地开展面向各专题研究研究人员的性别问题培训。这项工作应在研究早期，即正式确定研究大纲之前进行，以便确定研究中性别问题应重点关注的领域，并将性别视角纳入整体研究中。
- 鼓励将性别问题纳入专题政策研究报告，并进入报告撰写标准。为此，应使用性别敏感型语言和按性别分列的数据，并在相关方面强调性别因素。例如，每份报告都应提及可持续发展目标 5，并界定和解释这一目标与其他可持续发展目标的联系（参考“气候专题政策研究”）。此外，每项专题政策研究都应认识到女性在自然资源决策和领导中的代表性不足，并确保所有利益相关方的协商都有女性或妇女组织的参与，关于她们的参与方式也应有具体规定。每项专题政策研究还应说明性别暴力与环境治理之间的关联，并具体阐释如何改善这种情况。
- 每项专题政策研究中以独立的章节，重点关注性别平等及其与相关领域的交叉问题。在一些报告中涵盖重点关注性别问题的章节有助于深入解决与性别有关的问题。如果在制定专题政策研究大纲之前和初期能及早确定加入性别专章的必要性，有助于确定并吸纳有兴趣有能力的研究人员，进行以性别为重点的研究，并起草相关章节。
- 每项专题政策研究小组指定一位性别问题联络人。该联络人应对与性别问题有兴趣，并有足够的号召力鼓励小组其他成员将性别问题纳入各自的研究中。该联络人也应当成为性别问题专家的主要联络人。
- 每项专题政策研究中纳入注重性别问题的案例分析。这种做法将极大地帮助研究组成员和读者理解每项专题政策研究中的性别问题。
- 每项专题政策研究中至少包括一项以关注性别的建议。这有助于确保在采纳建议时不会忽视性别层面。如果仅将性别问题纳入正文而非最终的政策建议，则无助于提高高层决策者的认识，那就是无效的。此外，还应大力鼓励项目组成员将性别视角纳入其他建议内容。

附录 6　第六届中国环境与发展国际合作委员会组成人员名单（截至 2021 年 12 月）

主席团

中 方

韩　正	国务院副总理	国合会主席
黄润秋	生态环境部部长	国合会执行副主席
解振华	中国气候变化事务特使	国合会副主席
周生贤	原环境保护部部长	国合会副主席
赵英民	生态环境部副部长	国合会秘书长
刘世锦	全国政协经济委员会副主任、中国发展研究基金会副理事长	国合会中方首席顾问
韩文秀	中央财经委员会办公室副主任	
杨伟民	全国政协经济委员会副主任	
马朝旭	外交部副部长	
辛国斌	工业和信息化部党组成员、副部长	
朱忠明	财政部党组成员、副部长	
王　宏	自然资源部副部长、党组成员，国家海洋局局长	
王受文	商务部党组成员、副部长兼国际贸易谈判副代表	
周　伟	交通运输部专家委员会主任，交通运输部原总工程师	
陈雨露	中国人民银行副行长、全国政协经济委员会副主任	
陈　立	第十三届全国人民代表大会华侨委员会委员	
王　峰	第十三届全国人民代表大会监察和司法委员会委员	
徐宪平	国务院参事、北京大学光华管理学院特聘教授	
仇保兴	国务院参事	
李小林（女）	中国人民对外友好协会原会长	
唐华俊	农业农村部党组成员、中国农业科学院院长、中国工程院院士	
张亚平	中国科学院副院长、党组成员，院士	

蔡　昉	第十三届全国人民代表大会农业与农村委员会副主任委员，丝绸之路研究院理事长	
郝吉明	清华大学环境学院教授，中国工程院院士	
薛　澜	清华大学苏世民书院院长、清华大学全球可持续发展研究院联席院长、清华大学公共管理学院教授	
舒印彪	中国华能集团有限公司董事长、党组书记，国际电工委员会第 36 届主席，中国工程院院士	
傅育宁	华润（集团）有限公司原董事长	
钱智民	国家电力投资集团公司董事长、党组书记	
王小康	中国工业节能和清洁生产协会会长	
王天义	中国光大国际有限公司执行董事兼行政总裁	
杨敏德（女）	溢达集团董事长	

外　方

威尔金森	加拿大环境与气候变化部部长	国合会执行副主席
施泰纳	联合国开发计划署署长、联合国副秘书长	国合会副主席
安德森（女）	联合国环境规划署执行主任、联合国副秘书长	国合会副主席
哈尔沃森（女）	挪威奥斯陆国际气候与环境研究中心主任，挪威前副首相、财政大臣	国合会副主席
索尔海姆	世界资源研究所高级顾问	国合会副主席
魏仲加	国际可持续发展研究院原院长	国合会外方首席顾问
蒂默曼斯	欧盟委员会常务副主席	
李　勇	联合国工业发展组织总干事	
罗姆松（女）	瑞典环境科学研究院环境法律与政策专家，瑞典前副首相兼气候与环境大臣	
庄鹤扬	荷兰基础设施与水管理部秘书长	
麦卡夫	澳大利亚农业、水利和环境部常务副部长	
达礼斯	柬埔寨环境部国务秘书	
沙巴拉拉（女）	南非环境、林业和渔业部秘书长	
蒙塔纳罗	意大利环境、领土与海洋部国际司司长	
伊纳莫夫	俄罗斯自然资源与环境部国际合作司司长	
梅森纳	德国联邦环保署署长	
伏格乐	世界银行副行长	

南川秀树	日本环境卫生中心理事长，环境省原事务次官
阿姆斯贝格	亚洲基础设施投资银行副行长
赛义德	亚洲开发银行副行长
莱　西	经济合作与发展组织环境总司司长
石井菜穗子（女）	东京大学理事、未来愿景研究中心教授、全球公共中心主任，全球环境基金原首席执行官兼主席
卡梅拉	国际可再生能源署总干事
兰博蒂尼	世界自然基金会总干事
斯蒂尔	贝索斯地球基金总裁兼首席执行官
韩佩东（女）	儿童投资基金会首席执行官
莫瑞丝（女）	大自然保护协会首席执行官
汉　兹	洛克菲勒兄弟基金会总裁兼首席执行官
奥伯尔	世界自然保护联盟总干事
茹冠洁（女）	美国环保协会执行副总裁
弗洛伦宗	国际可持续发展研究院总裁兼首席执行官
瑞斯伯尔曼	全球绿色发展研究院总干事
格罗夫	沙特阿拉伯国家发展基金会总裁
贝德凯	世界可持续发展工商理事会会长兼首席执行官
戴芮格（女）	公共土地信托基金会总裁兼首席执行官
马瑟尔	国际太阳能联盟总干事，印度总理气候变化委员会委员，印度能源与资源研究所原所长
汉　森	国际可持续发展研究院高级顾问
温　特	挪威极地研究所科研主任
德吉奥亚	乔治城大学校长
麦克尔罗伊	哈佛大学环境科学教授
尹丞準	首尔国立大学教授
费翰思	世界竹组织大使，国际竹藤组织前总干事
海　茨	能源基金会前首席执行官
特瑟克	大自然保护协会前首席执行官
麦克劳夫林（女）	沃尔玛基金会主席，沃尔玛公司高级副总裁兼首席可持续发展官
佩　纳	盈迪德集团首席可持续发展官

特邀顾问

中 方

张 勇	中央财经委员会办公室秘书局局长
范 必	中国国际经济交流中心特邀研究员
李俊峰	国家应对气候变化战略研究和国际合作中心学术委员会主任
李朋德	自然资源部中国地质调查局副局长
吉拥军	中国人民对外友好协会人事工作部副主任
胡保林	天津大学中国绿色发展研究院名誉院长，国务院三峡办原副主任
董小君（女）	中央党校（国家行政学院）经济学教研部副主任
张永生	中国社会科学院生态文明研究所所长、研究员
张远航	北京大学环境科学与工程学院院长，工程院院士
贺克斌	清华大学环境学院院长，工程院院士
赵忠秀	山东财经大学校长、党委副书记
叶燕斐	中国银行保险监督管理委员会政策研究局一级巡视员
陈信健	兴业银行党委委员、董事、副行长、董事会秘书
马 骏	清华大学金融与发展研究中心主任
刘天文	软通动力董事长兼首席执行官
刘昆（女）	中国通用技术（集团）控股有限责任公司协同健康联合党支部书记、协同发展部总经理、医药医疗健康事业部总经理
翟 齐	中国可持续发展工商理事会副秘书长

外 方

阿布杜拉维	亚洲开发银行中亚区域经济合作学院副院长
艾弗森	挪威国际气候与环境研究所原所长
拜姆森	全球水伙伴主席，澳大利亚国立大学监管与全球治理学院荣誉教授
巴布纳	自然资源保护协会总裁兼首席执行官
哈德尔斯顿（女）	加拿大环境与气候变化部双边事务和贸易司司长
龙 迪	克莱恩斯欧洲环保协会（英国）北京代表处首席代表

卡斯缔尔加	戈登与贝蒂—摩尔基金会前高级研究员
科 恩（女）	以色列环境部可持续发展高级副司长
康提思	德国环境部联合国和发展中国家合作部主任、2030 可持续发展目标专员
格伦玛瑞克	绿色气候基金执行主任
希尔顿（女）	《中外对话》高级顾问
杰斯佩森（女）	IDH 可持续贸易倡议机构原国际合作伙伴和融资部主任，丹麦全球绿色增长论坛原主任
库伊雷斯梯纳	斯德哥尔摩环境研究院研究主任
李永怡（女）	英国皇家国际事务研究所研究主任
马克穆多夫	中亚区域环境中心执行主任
麦克格洛（女）	加拿大皮尔逊学院前院长
麦克唐娜德（女）	国际可持续研究院执行副总裁
莫马斯	荷兰环境评估委员会主席
蒂艾宁	芬兰环境部行政及国际事务司司长
谢孝旌	非洲开发银行执行董事
沃格雷	世界经济论坛前执行董事、全球可持续发展中心负责人
张红军	霍兰德奈特律师事务所合伙人，美国能源基金会董事兼董事会中国委员会主席
张建宇	美国环保协会副总裁、北京代表处首席代表
邹 骥	能源基金会首席执行官兼中国区总裁

致 谢

中国环境与发展国际合作委员会（简称国合会）在 2021 年开展了“全球气候治理与中国贡献”“2020 后全球生物多样性保护”“全球海洋治理与生态文明”“区域协同发展与绿色城镇化战略路径”“绿色转型与可持续社会治理”“重大绿色创新技术及实现机制”“绿色‘一带一路’与 2030 年可持续发展议程”“全球绿色价值链”“绿色金融”“气候变化背景下的流域治理”“基于自然的解决方案”等研究，得到了中外相关专家（包括国合会中外委员、特邀顾问）和各合作伙伴的大力支持。本书以 2021 年政策研究成果为基础编辑而成。在此，特别感谢参与这些研究工作的中外专家以及为研究做出贡献的有关人员，他们是：

综 述 /Scott Vaughan、刘世锦、李永红、张建宇、Knut Alfsen、Dimitri de Boer、Robyn Kruk、张慧勇、刘侃。

第一章 / 解振华、刘世锦、Scott Vaughan、Arthur Hanson、Knut Alfsen、郭敬、李高、周国梅、李永红、Kate Hampton、邹骥、王毅、雷红鹏、刘强、钟丽锦、赵笑、祁悦、顾佰和、辛嘉楠、董钺、张笑寒、赵文博、刘宇炫、才婧婧、刘靖、张慧勇、刘侃、姚颖。

第二章 /Art Hanson、李琳、高吉喜、马克平、邹长新、刘冬、魏伟、朱丽、申小莉、吴琼、罗茂芳、Beate JESSEL、Hideki MINAMIKAWA、Lennart KUEMPER-SCHLAKE、Guido SCHMIDT-TRAUB、Marcel Theodorus Johannes KOK、Eliane UBALIJORO、Akanksha KHATRI、林乃峰、徐梦佳、张琨、朱莹莹、崔鹏、武建勇、刘军会、曹彦荣、王冉。

第三章 / WINTHER Jan-Gunnar、苏纪兰、王菊英、刘慧、沈威、NJÅSTAD Birgit、MIMIKAKIS John、王俊、黄硕林、曹玲、杨松颖、李道季、刘素美、姚子伟、穆景利、YOUNG、Jeff、张俊杰、孙芳、费成博、陈新颖。

第四章 / 张永生、郑思齐、Bob Moseley、Sander van der Leeuw、Jiang LIN、Yue (Nina) Chen、李晓江、张建宇、许伟、危平、杨继东、李栋、刘璐、李婷、裘熹、禹湘、张莹、丛晓男、赵勇、张敏、赵海珊。

第五章 / 任勇、罗姆松、张勇、范必、张建宇、俞海、周宏春、李继峰、黄永和、张小丹、赵芳、周长波、刘晓洁、Eva Ahlner、Ulf Dietmar Jaeckel、Hideki Minamikawa、Miranda Schreurs、Vanessa Timmer、Charles Arden-Clarke、Mushtaq Ahmed MEMON、陈刚、韩国义、孟令勃、李宫韬、唐华清。

第六章 / 李晓江、Dominic Waughray、Dirk Messner、翟齐、王凯、叶青、詹鲲、郑德高、张菁、郭继孚、李艺、方莉、胡京京、李秋萍、吕晓蓓、张永波、伍速锋、任希岩、魏保军、周俊、葛春晖、郭永聪、林伯强、林江、Khee Poh Lam、樊胜根、Charles Godfray、Arjan Harbers、Carlo Ratti、Claudia Sadoff、Barbara Lenz、Sha Song、秦奕、费成博、张敏。

第七章 / 周国梅、史育龙、Kevin P. Gallagher、蓝艳、刘援、Rebecca Ray、于晓龙、彭宁、李盼文、刘悦、倪碧野、韩宇超、Greg Radford、郭江汶、袁凌、刘蕾、孙丹妮、费成博、赵海珊。

第八章 / Manish Bapna、杨敏德、陈明、Craig Hanson、Rod Taylor、Kevin Moss、Helen Ding、李博、Serena Li、付晓天、刘婷、董鑫、袁钰、柴伊琳、Erik Solheim、Scott Vaughan、John Hancock、牛红卫、Guillermo Castilleja、Joaquim Levy、任勇、叶燕斐、张建宇、周国梅、张建平、唐丁丁、张立、Antonia Gawel、Cristianne Close、David Cleary、方莉、Frank Jotzo、Guido Schmidt-Traub、Hans Herrmann、Hau L. Lee、Jocelyn Blériot、John Ehrmann、Justin Adams、Leonardo Fleck、Marcus Gover、Margot Wood、Mari Pantsar、Michael Obersteiner、Peter Börkey、Tim Forslund、朱春全、陈洁、陈颖、林梦、毛涛、谭林、王颖、于洁、郭占强、赵凯、关一松、万坚。

第九章 / 张承惠、Stephen P Groff、张俊杰、Sagarika Chatterjee、Mark Halle、Robin Smale, 危平、张正河、陈健鹏、孙飞、王洋、胡祎、刘常瑜、余晓文、刘冬惠、陈星辰、叶子欣、王珂礼、Stephan Contius、Vanselow Anne-Marerike、Margaret Kuhlow、罗施毅、陈亚芹、王冉。

前期研究 /Scoping Study: Willem Ligtvoet、Jan Bakkes、Wilfried ten Brinke、Jim Best、Renato Almeida、Frans van de Ven、Bob Tansey、于秀波、杨波、李立峰、苏纪兰、Ma Chaode、Henk Ovink、Howard Bamsey、Claudia Pahl-Wostl、Karin Schwandt、姚颖。

与此同时，我们还要特别感谢国合会的捐助方及合作伙伴，包括加拿大、挪威、瑞典、德国、荷兰、意大利等国家政府；欧盟、联合国环境规划署、联合国开发计划署、联合国工业发展组织、世界银行、亚洲开发银行、儿童投资基金会、世界经济论坛、世界自然基金会、美国环保协会、美国能源基金会、洛克菲勒兄弟基金会、大自然保护协会、世界资源研究所、国际可持续发展研究院、克莱恩斯欧洲环保协会等国家、国际组织和机构、国际非政府组织等，他们提供的资金及其他方式的支持是政策研究工作顺利开展的坚实基础。特别感谢由德国国际合作机构（GIZ）代表德意志联邦共和国联邦环境、自然保护和核安全部（BMU）实施的“中德环境伙伴关系”项目二期为本书出版提供支持。

另外，我们还要感谢以下及其他未列出名字但作出贡献的人员，包括黄颖、王钰明子、潘雯、朱桉毅等，他们都为本报告的编辑和最终出版付出了大量辛劳。